昆虫病原线虫学

Entomopathogenic Nematology

〔美〕R. 高格勒 编著

许艳丽 赵奎军 王 义
樊 东 李春杰 潘凤娟 译

谨以此书献给
中国科学院东北地理与农业生态研究所建所60周年
东北农业大学建校70周年

科学出版社
北京

图字：01-2014-1647 号

内 容 简 介

昆虫病原线虫与其共生菌是昆虫致命的寄生物。在过去十年里，昆虫病原线虫学研究经历了突飞猛进的发展，现在这些“小虫”被广泛地用做园艺和农业害虫的生物防治制剂。这是一本关于昆虫病原线虫的综合性论著。本书首先主要阐述了昆虫病原线虫的基础生物学，以及与其细菌的分类基础，接下来的章节描述了昆虫病原线虫与共生细菌之间的关系，以及对寄主昆虫的侵染机制、线虫的逆境生理和行为生态学。后几章介绍了利用昆虫病原线虫进行害虫防治的方法和线虫生产技术进展。

本书适合作为相关专业本科生和研究生的参考教材，同时也将是我国昆虫病原线虫学研究工作者的一本重要参考书。

图书在版编目（CIP）数据

昆虫病原线虫学/（美）R. 高格勒（Randy Gaugler）编著；许艳丽等译. —北京：科学出版社，2018.10

书名原文：Entomopathogenic Nematology
ISBN 978-7-03-057227-1

Ⅰ.①昆… Ⅱ.①R… ②许… Ⅲ. ①昆虫–线虫感染 Ⅳ.①Q968.9

中国版本图书馆 CIP 数据核字（2018）第 083320 号

责任编辑：王 静 陈 新 夏 梁 赵小林 / 责任校对：王晓茜
责任印制：张 伟 / 封面设计：铭轩堂

科学出版社出版
北京东黄城根北街 16 号
邮政编码：100717
http://www.sciencep.com

北京凌奇印刷有限责任公司印刷
科学出版社发行 各地新华书店经销
*
2018 年 10 月第 一 版 开本：787×1092 1/16
2019 年 1 月第二次印刷 印张：21 1/4
字数：504 000

POD定价： 150.00元
（如有印装质量问题，我社负责调换）

献　词

谨以本书献给用毕生精力致力于线虫研究的 George O. Poinar Jr.先生，他的早期工作阐述了昆虫病原线虫斯氏线虫属（*Steinernema*）和异小杆线虫属（*Heterorhabditis*）与它们共生细菌的关系，这为 Rudolf Glazer 的最初研究及其后来研究者的工作起到了非常重要的桥梁作用。Poinar 先生是建立生物系统学的一位非常重要的专家，他所建立的系统是昆虫病原线虫发展的重要里程碑。他编著或与人合著了共 5 部专著，发表了 400 多篇关于线虫系统学、结构、个体生态学、古生物学、天敌、动物流行病学和寄主-寄生物关系的文章。近来的研究热点主要是利用琥珀中的化石对线虫进化史进行研究。发表此类文章会对该领域的每位研究者产生非常重要的影响。

原书参编者

Byron J. Adams, Entomology and Nematology Department, University of Florida, PO Box 110620, Gainesville, Florida, USA (e-mail: bjadams@ufl.edu)

Ray Akhurst, CSIRO Entomology, Canberra ACT 2600, Australia (e-mail: ray.akhurst@ento.csiro.au)

Noël Boemare, Laboratoire de Pathologie Comparée, CC 101, INRA - Université Montpellier II, Place Eugène Bataillon, 34095 Montpellier Cedex 5, France (e-mail: boemare@ensam.inra.fr)

Ann Burnell, Institute of Bioengineering and Agroecology, Department of Biology, National University of Ireland Maynooth, Maynooth, Co. Kildare, Ireland (e-mail: ann.burnell@may.ie)

Genhui Chen, Welichem Biotech Inc., Burnaby, British Columbia, V5G 3L1, Canada

David Clarke, Department of Biology and Biochemistry, University of Bath, Bath BA2 7AY, UK (e-mail: bssdjc@bath.ac.uk)

Barbara C.A. Dowds, Department of Biology and Institute of Bioengineering and Agroecology, National University of Ireland, Maynooth, Co. Kildare, Ireland (e-mail: barbara.c.dowds@may.ie)

Steven Forst, Department of Biological Sciences, PO Box 413, University of Wisconsin, Milwaukee, Wisconsin 53201, USA (e-mail: sforst@uwm.edu)

Randy Gaugler, Department of Entomology, Rutgers University, New Brunswick, New Jersey 08901-8524, USA (e-mail: gaugler@rci.rutgers.edu)

Ramon Georgis, EcoSmart Technologies, 318 Seaboard Lane, Suite 202, Franklin, Tennessee 37067, USA (e-mail: rgeorgis@ecosmart.com)

Itamar Glazer, Department of Nematology, ARO, The Volcani Center, Bet Dagan, Israel (e-mail: glazeri@netvision.net.il)

Dawn H. Gouge, Department of Entomology, University of Arizona, Maricopa, Arizona 85239, USA (e-mail: dhgouge@ag.arizona.edu)

Parwinder S. Grewal, Department of Entomology, Ohio State University, Wooster, Ohio 44691-4096, USA (e-mail: grewal.4@osu.edu)

Richou Han, Guangdong Entomological Institute, 105 Xingang Road W., Guangzhou 510260, China (e-mail: en@gdei.gis.sti.cd.cn)

William M. Hominick, CABI Bioscience UK Centre, Bakeham Lane, Egham, Surrey TW20 9TY, UK (e-mail: b.hominick@cabi.org)

Kaiji Hu, Welichem Biotech Inc., Burnaby, British Columbia, V5G 3L1, Canada

Harry K. Kaya, Department of Nematology, One Shields Avenue, University of California, Davis, California, USA (e-mail: hkkaya@ucdavis.edu)

Albrecht M. Koppenhöfer, Department of Entomology, Rutgers University, New Brunswick, New Jersey 08901, USA (e-mail: koppenhofer@aesop.rutgers.edu)

Edwin E. Lewis, Department of Entomology, Virginia Polytechnic Institute and State University, Blacksburg, Virginia 24061-0319, USA (e-mail: lewise@vt.edu)

Jianxiong Li, Welichem Biotech Inc., Burnaby, British Columbia, V5G 3L1, Canada

Khuong B. Nguyen, Entomology and Nematology Department, University of Florida, PO Box 110620, Gainesville, Florida, USA (e-mail:

kbn@gnv.ifas.ufl.edu)

Roland N. Perry, Plant Pathology Interactions Division, IACR-Rothamsted, Harpenden, Hertfordshire AL5 2JQ, UK (e-mail: roland.perry@bbsrc.ac.uk)

Arne Peters, E-Nema GmbH, Klausdorfer Strasse 28026, Raisdorf, Germany (e-mail: a.peters@e-nema.de)

David I. Shapiro-Ilan, USDA-ARS, SE Fruit and Tree Nut Research Lab, Byron, Georgia 31008, USA (e-mail: dshapiro@saa.ars.usda.gov)

Kirk Smith, University of Arizona, Maricopa Agricultural Center, Maricopa, Arizona 85239-3010, USA (e-mail: cpt-kirk@ag.arizona.edu)

Donald R. Strong, Section of Evolution and Ecology and The Bodega Marine Laboratory, University of California, Davis, California 95616, USA (e-mail: drstrong@ucdavis.edu)

John M. Webster, Department of Biological Sciences, Simon Fraser University, Burnaby, Vancouver, British Columbia, V5A 1S6, Canada (e-mail: jwebster@sfu.ca)

Denis J. Wright, Department of Biology, Imperial College of Science, Technology and Medicine, Silwood Park, Ascot, Berkshire SL5 7PY, UK (e-mail: d.wright@ic.ac.uk)

译 者 序

该书是美国罗格斯大学的 Randy Gaugler 教授组织美国、中国、英国、加拿大、澳大利亚、爱尔兰、法国、德国和以色列 9 个国家 28 位昆虫病原线虫学专家共同编著，由 CABI 出版的书籍。

昆虫病原线虫是近几十年发展起来的一种很有潜力的生物因子，我国在该领域的研究和应用起步较晚。近年随着我国食品安全意识的提高，害虫生物防治愈发引起人们的重视，昆虫病原线虫学教学、科研和产品开发等急需专业书籍，但到目前为止我国还没有一部专门的昆虫病原线虫学论著，而该书既详尽、系统地介绍了昆虫病原线虫的理论知识，也全面介绍了昆虫病原线虫的繁殖、生产和应用技术，非常符合我们的需求。经与原著作者 Randy Gaugler 教授联系，并通过科学出版社向英国 CABI 申请，获得了将该书翻译为中文版的许可。

本书共分 17 章，内容包括昆虫病原线虫分类、昆虫病原线虫共生细菌生物学和次生代谢物及分类、昆虫病原线虫共生细菌与线虫的共生关系和致病机理、昆虫病原线虫生物学和生态学及遗传学等生物学特性、昆虫病原线虫繁殖和生产技术、线虫制剂应用技术、制剂管理和安全性等。该书涵盖了昆虫病原线虫研究的各个方面，也介绍了实际应用技术，将为我国昆虫病原线虫的教学和研究起到重要的推动作用。

参加该书翻译的大多数译者是有相关研究工作经历的昆虫病原线虫专家、研究骨干或国外留学人员。王义（美国罗格斯大学 Randy Gaugler 教授实验室）、许艳丽、赵奎军对全书进行了校对。尽管如此，限于时间和译校者水平，在译著中难免有疏漏或不足之处，在此，谨向原著作者和广大读者表示歉意，并真诚欢迎读者和同行批评指正。

译著的出版得到了“现代农业产业技术体系建设专项（CARS-04）”的资助。感谢所有参与翻译和校阅，以及为我们的工作提供方便的教师和研究生。在该书的翻译、校阅过程中，也使我们系统地学习到了昆虫病原线虫的理论知识和翻译技巧。

译 者

2017 年 11 月

前　　言

过去的10年里，昆虫病原线虫学经历了突飞猛进的发展，全世界有60多个国家、约100个实验室在从事这些线虫及其共生细菌的研究，研究范围从分子生物学领域到农业生态学领域，研究的共同目的是害虫生物防治。30年前，一些研究者提出了用线虫防治害虫的初步设想，而今天，这种想法已不再只是实验室里的奇想，人们已经开始接受昆虫病原线虫作为一种对环境无副作用的杀虫剂以取代化学杀虫剂。美国佛罗里达州每年有25 000hm^{2}柑橘类植物利用线虫防治害虫，还利用线虫防治酸果蔓类植物的害虫（葡萄黑象甲和蔓越橘环切虫），草坪害虫（蝼蛄、夜蛾、黏虫和象鼻虫等），洋蓟（野李蛾），蘑菇上的害虫（尖眼蕈蚊），苹果和桃树上的害虫［果柱蛾属（*Carposina*）］，观赏植物上的害虫（象甲和食菌蝇）及园艺、农业、庭院和花园里的许多害虫。

昆虫病原线虫的实际应用把昆虫病原线虫学推到了科学研究的前沿。近年来，全世界的科研人员对新的遗传材料进行广泛收集并发现了数以千计的线虫新品系，推动了线虫分类鉴定方法的改进，使已描述种的数量迅速增加。已经用研究亲缘关系（同一总科）和秀丽隐杆线虫（*Caenorhabditis elegans*）的分子技术研究昆虫病原线虫的其他种类，发现只有可作生防制剂的线虫研究能达到分子生物学研究水平。目前，在阐述昆虫病原线虫搜寻寄主策略、室温下制剂、生态作用、种群动态及昆虫病原线虫学的其他许多方面的研究都取得了很大的进步与突破。

本书主要讲述了昆虫病原线虫的一些基础知识与应用，来自9个国家的专家分别为本书各章提供了全面的、最新的研究与发现，并作以权威的概述，包括最近在基因工程、生物多样性、发酵、毒素、土壤生态、寄主-寄生物互作、共生、安全评价及防治方面取得的研究成果。本书首先阐述了线虫的基础生物学、分类和系统发育等方面的基础知识。然后根据已有的线虫分布数据库对记录的线虫种类进行分析，重点阐述线虫寄生和线虫生态方面的功能过程。本书从整体上介绍了昆虫病原线虫及一些研究得较为透彻的线虫种类，特别强调了线虫从原始的自由生存到寄生生存所进化的一些适应性。其余章节主要讲述线虫作为一种生防杀虫剂的技术优势。目前，线虫在防治应用中存在的一些问题在笔者以前的文章中也有所描述，主要是针对线虫应用、生产、质量和商业化的影响。昆虫病原线虫在研究与应用之间还存在一定差距，这也为我们提供了一些很有前景的研究方向，关键是制定一个研究计划，这样便可以把昆虫病原线虫的潜力充分地挖掘出来。

昆虫病原线虫是线虫与细菌的复合体，是建立在互利共生基础上的共生关系。与早期出版物（《生物防治中的昆虫病原线虫》，1990年，CRC出版社）内容的不同之处在于，本书把细菌共生体从不被关注的位置搬上了备受瞩目的舞台。强调细菌在保持共生关系和杀死寄主方面的作用，可能是细菌产生一系列不同的代谢物在起作用，但目前研究得还不是很清楚，需要运用生物学技术来研究这些细菌产物。因此，商业开发除关注线虫外，细菌也成了一个新的焦点。

本书的编著得到了 George O. Poinar Jr.的大力支持与帮助，Poinar 先生对我在昆虫病原线虫的研究方面帮助很大，尤其对我的研究生和博士后的学习和研究有深刻的影响，在此表示感谢。同时也要感谢所有的撰稿人，没有他们的支持本书无法完成。最后，感谢 Cheryl 为本书编著提供的大量帮助。

Randy Gaugler

2001 年 4 月

目　　录

1 昆虫病原线虫的鉴定、命名及系统分类学

Byron J. Adams 和 Khuong B. Nguyen
Entomology and Nematology Department, University of Florida, PO Box 110620, Gainesville, Florida, USA

1.1 引　　言

昆虫病原线虫的发现与害虫生物防治的历史需求息息相关。20 世纪初，发现了格氏斯氏线虫（*Steinernema glaseri*），随后开发利用该线虫控制害虫，但当时化学农药防治害虫成本低、药效高和相对未被限制，使利用线虫控制害虫经历了一段停滞状态。20 世纪 60 年代，人们认识到了化学药剂对环境的负面影响，又因其效率逐渐降低、代价大，使用逐渐受到限制。所以，寻找替代化学药剂的生物防治害虫的课题再次受到科学家的重视。20 世纪 80 年代，政府和企业投入了大量资金，昆虫病原线虫的研

究得到了迅速的发展，人们不断地寻找线虫新种以用于有效且持续性的害虫控制并进入商业化生产。

1.2 一般生物学

在斯氏线虫属（*Steinernema*）侵染期（侵染期幼虫，IJ），线虫肠道前部携带共生细菌致病杆菌（*Xenorhabdus*），当侵染期线虫进入寄主昆虫血腔后，释放细菌。细菌在昆虫血液中迅速繁殖，通常情况下在 24-48h 使昆虫患败血病而死亡。然后线虫变成取食的 3 龄幼虫，取食细菌，接着蜕皮发育成 4 龄，变成雌雄成虫，完成了第一代的生长发育。雌雄交配后，雌虫产卵，卵孵化成 1 龄幼虫，然后蜕皮依次发育成 2 龄、3 龄和 4 龄。4 龄线虫发育成第二代的雌雄成虫。成虫再继续交配，第二代雌虫产卵孵化为 1 龄，蜕皮成为 2 龄，线虫继续繁殖，直到寄主尸体内营养被耗尽才停止。通常情况下，在昆虫体内线虫能繁殖 2-3 代（图 1.1，长生活史）。如果食物供应不足，第一代雌虫产生的卵直接发育成侵染期线虫（图 1.1，短生活史）。寄主昆虫尸体内营养耗尽时，2 龄幼虫停止取食，并将一些细菌存放于前端的细菌囊中，然后它们蜕皮形成侵染前期和侵染期阶段幼虫，并携带 2 龄期蜕下的皮作为保护壳。一般情况下，侵染期线虫离开死虫体后继续寻找新的寄主。侵染期线虫在不取食的情况下可以在土壤中存活几个月。

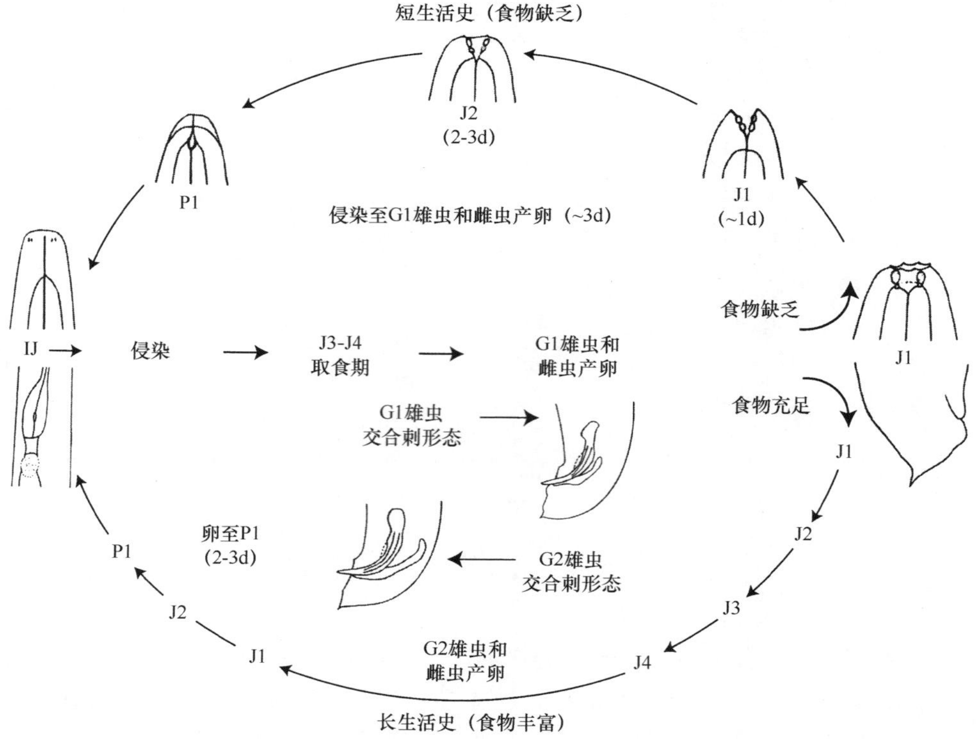

图 1.1　斯氏线虫属生活史图解

图中以蝼蛄斯氏线虫（*S. scapterisci*）为例描述了斯氏线虫非常重要的不同发育阶段。G1. 第一代；G2. 第二代；J1. 1 龄幼虫；J2. 2 龄幼虫；J3. 3 龄非侵染期幼虫；P1. 侵染前期幼虫；IJ. 3 龄侵染期幼虫；J4. 4 龄幼虫。已经观察到了异小杆线虫属（*Heterorhabditis*）生活史长或短导致其形态的差异（Wouts, 1979）

新斯氏线虫属（*Neosteinernema*）的生活史与斯氏线虫属的生活史相似，但新斯氏线虫属只能繁殖一代，雌虫离开寄主进入环境后，它的后代在雌虫体内形成侵染期线虫。新斯氏线虫属体内的共生细菌已被发现，但它的特性还不明确，该线虫除了分类上有所描述，其他情况还不详。

异小杆线虫属（*Heterorhabditis*）的生活史与斯氏线虫属的生活史也很相似，但异小杆线虫属的第一代是雌雄同体，而斯氏线虫属是雌雄异体，并且共生细菌是发光杆菌（*Photorhabdus*），而不是致病杆菌。

1.3 起　　源

Poinar（1983，1993）认为斯氏线虫属和异小杆线虫属起源于古生代中期（3.75 亿年前）。他还推断了既独立又相互共存的进化使得这两个属具有相似的形态和生活史特征。根据它们口腔和雄虫尾的结构相似性，Poinar 推断异小杆线虫属是从沙质的海洋环境中“类暗杆亚属”（*Pellioditis*-like）的祖先演化而来的，而斯氏线虫属是从陆地上“小杆线虫原型”（proto-Rhabditonema）的祖先演化而来的。

关于异小杆线虫属和斯氏线虫属的起源，Poinar 的观点是基于 18S 核糖体 DNA（Blaxter et al.，1998）建立线虫最初的进化树。依据该进化树的描述，异小杆线虫属与脊椎动物的寄生虫——圆线虫目（Strongylida）关系非常近。异小杆线虫属与圆线虫目有着亲缘关系最近的、共同的祖先暗杆亚属（*Pellioditis*）[小杆目（Rhabditida），小杆总科（Rhabditoidea）]。该进化树也描述了斯氏线虫属与小杆目的两个总科——全凹总科（Panagrolaimoidea）和类圆线虫科（Strongyloidae）的进化关系最近，并且是最大的进化枝的一个成员，包括滑刃目（Aphelenchida）和垫刃目（Tylenchida）中的植物寄生虫、食真菌线虫和食细菌线虫，还包括小杆目中的头叶科（Cephalobidae）。因此，最初的分子数据显示异小杆线虫属起源于自由生活的取食细菌线虫的祖先，然而关于斯氏线虫属祖先营养习性的进化还不清楚。

Blaxter 等（1998）不赞同 Poinar 的观点，即认为异小杆线虫属和斯氏线虫属起源于不同祖先的假说，虽然这一假说与其他人的分析结果一致（Sudhaus，1993；Liu et al.，1997；Adams et al.，1998）。所有分析结果均表明异小杆线虫属和斯氏线虫属与细菌及昆虫间的演化关系是分别独立且不相关的。然而，Burnell 和 Stock（2000）认为这些观点不成熟，并且提出一个令人惊讶的说法，即斯氏线虫属起源于并系类群（paraphyletic group），异小杆线虫属起源于斯氏线虫科（Steinernematidae）。

1.4 分子系统分类学

由于对昆虫病原线虫新种描述的困难，昆虫病原线虫分类学家正在迅速减少。对于非专业人员，斯氏线虫属内不同种线虫，特别是异小杆线虫属内线虫，外表看上去很相似。尽管有形态分类检索表（Hominick et al.，1997），但是对田间采集的大量线虫样本进行分类整理合并，并进行种水平的鉴定还是很令人头疼。近年来，分子生物学和进化理论的发展为线虫学家提供了新的鉴定、定义和描述昆虫病原线虫种类的手段（Liu et al.，2000）。近几年来，有几个种的描述就是采用形态学和分子遗传学数据相结合的方法进行的（Gardner et al.，1994；Liu and Berry，1996a；Stock et al.，1996；Stock，1997，1998；Van Luc et al.，2000）。

分子特征可以和形态特征一样进行线虫种的鉴定、诊断和定义。分子数据是它们的遗传基础，当不同的环境及寄主导致线虫形态不同时，分子分类法占有绝对优势。但是如果不仔细地进行分子鉴定，敏感、客观和有力的分子生物学方法也有可能导致鉴定结果不准确。下面介绍一些鉴定和诊断昆虫病原线虫种通用的分子标记法的应用。

1.4.1 种的鉴定

从理论上讲，可以采用线虫的全基因组进行分子遗传标记来区分特殊种，然而，若对一个未鉴定的昆虫病原线虫进行分类地位的确定，利用基因库中最有代表性的标记进行比较是最方便的。因此，当标记的分子在基因库中没有或结果不一致时，则这种方法是不可行的。种群结构（亚种变异）提供的重要信息，在确定种界限上经常被忽视。

基于遗传数据库的描述，鉴定未知线虫最常用的标记法是测定 18S rDNA 或小核糖体亚单位 RNA 基因的序列（SSU）（Blaxter et al.，1998；Dorris et al.，1999）。对于非线虫学家或对昆虫病原线虫不熟悉的人来说，这种标记能够区分一个未知样品是否是线虫，并指出其是异小杆线虫科（Heterorhabditidae）还是斯氏线虫科。网站列出了线虫 18S rDNA 的 PCR 引物一览表：www./nema.cap.ed.ac.uk/biodiversity/sourhope/nemoprimers.html。

确定异小杆线虫属或斯氏线虫属的分子标记应选择核糖体内转录间隔区的核糖体基因序列（ITS rDNA），这种标记可区分异小杆线虫属或斯氏线虫属种间的异质性（Adams et al.，1998；Szalanski et al.，2000；Nguyen et al.，2001），这些在公开的 DNA 序列数据库已有很好的描述。一些昆虫病原线虫种群内部存在差异（B. Adams 和 T. Powers，未发表数据），对这些差异需要谨慎地评价，尤其当这种标记被用在系统发育研究中更要谨慎。细胞色素氧化酵素（COⅡ）-16S（Szalanski et al.，2000）、ND4（Liu et al.，1999）、线粒体基因和 28S 核糖体亚单位间隔区分析等其他位点在区分线虫种水平上已证实是可行的（Stock et al.，2001）。

卫星 DNA 探针已经被认为是鉴定异小杆线虫属和斯氏线虫属的工具（Grenier et al.，1995，1996，1997；Abadon et al.，1998）。这些探针能迅速地确定线虫的特征是否属于已被描述的很少的分类群，但是，当所有探针都被构建时，这种标记可以用于鉴定。目前报道的这些探针在种水平鉴定上不如 rDNA ITS 或 IGS 方法敏感（Stack et al.，2000）。卫星 DNA 探针的一个缺点是只能揭示未知样品是否属于已有的种类（基本的，所有其他种）。另外，卫星 DNA 探针不能提供用于弥补系统发育关系的信息。

随机扩增多态性 DNA（RAPD）技术已经应用于昆虫病原线虫种间和品系间遗传多样性研究（Hashmi and Gaugler，1998），以确定系统发育关系（Liu and Berry，1996b），并进行新种的描述（Gardner et al.，1994；Liu and Berry，1996a；Stock et al.，1996）。当 DNA 模板数量和质量及 PCR 循环参数稍有变化时，RAPD 分析法可以敏锐地捕捉到，但该方法重演性不好，因此，该方法很少被人们在系统分类研究中采用。然而，随着周密的实验步骤和明确的规范化，RAPD 分析法在探索种以下的区别时成为一种有力的手段。例如，它已被成功地用于检测异小杆线虫属不同种群间的同系繁殖后代（Shapiro et al.，1997）。

与 RAPD 分析的信息内容相似的扩增片段长度多态性（AFLP）也是一种有力的分子分类手段。该技术可替代 RAPD 技术，但 AFLP 要求更严格的扩增条件来提高可重复性结果，AFLP 标记法也被应用于昆虫病原线虫分类，并且也证明了植物寄生线虫的根结线虫属（*Meloidogyne*）亚种关系的丰富性和近缘种间的遗传差异（Semblatt，1998）。AFLP 标记法对于系统研究的最大缺点是它只能分析显性遗传而不能分析共显性突变遗传的等位基因（Mueller and Wolfenbarger，1999），AFLP 很难通过基本特征来鉴定同源标记，不支持亲缘关系较远的系统发育关系。对于昆虫病原线虫，AFLP 在探索种群结构的基因型分析和指纹图谱分析方面非常有效，其在绘制有趣的特征轨迹分析时更有用（Qin et al.，2000；Van der Voort et al.，2000）。

DNA 测序技术对某种昆虫病原线虫大量种群个体测定效果大都很理想，该技术对具有特有特征的种鉴定很有效。通过 rDNA ITS（Adams et al.，1998）和 mtDNA ND4 位点（Blouin et al.，1999；Liu et al.，1999）可以区分异小杆线虫属群体内一部分亚种间的变化。在相对水平上，这样的差别也许存在于斯氏线虫属群体间和种内部（Szalanski et al.，2000）。微卫星位点在其他生物种群水平研究中已成为普遍的标记（Jarne and Lagoda，1996；Goldstein and Pollock，1997），且已成功地应用于异小杆线虫属和斯氏线虫属的研究中。研究者试图用传统基因文库筛选的方法寻找异小杆线虫属和斯氏线虫属线虫微卫星标记，但结果失败了，并且这些改进的技术（Casey and Burnell，2001）仅从 rDNA 区域得到了少量（n<5）可重复图形（Casey，Maynooth，2001，个人交流）。

虽然建立数据库比 DNA 测序要难，并且准确度也低，但是利用限制性内切核酸酶酶切 PCR 扩增产物（PCR RFLP）可以提高速度，并可替代 DNA 测序。异小杆线虫属和斯氏线虫属中有几种线虫存在 ITS 区（内部转录区间）限制性片段（Joyce et al.，1994；Nasmith et al.，1996；Reid et al.，1997；Pamjav et al.，1999；Stack et al.，2000），并且更容易从如 GenBank 这样的公共数据库中得到 ITS 序列。Hominick 等（1997）提出采用清晰而有用的 PCR RFLP 操作程序来鉴定斯氏线虫属和异小杆线虫属。非专业人员或将来的分类专家采用该方法可以迅速地从调查样品中得到新种以做进一步详细研究。例如，用 PCR 扩增线虫样品，设计几个特异酶，产生的谱带模式与已知种类相比较，如果谱带一致，则认为种类相同（还需进一步分析显示），如果谱带显示新的模式，可能是新种，但要继续检测相近的基因和形态结构。

1.4.2 系统发育分析

对于种水平系统发育分析，前面所提到的分子标记都被用过，然而目前尚未发现一种较理想的分子标记能够解释异小杆线虫属和斯氏线虫属种类之间的关系（Adams et al.，1998；Liu et al.，1999；Nguyen et al.，2001）。除了形态结构特征，DNA 序列数据在系统发育变化上是最经得起检验的分子标记。假设所鉴定的种有很少的分裂位点被覆盖，当 RFLP 数据标记正确时（如绘制分裂位点），可能会产生正确的系统发育树。但是，若用 RAPD 扩增同源片段，那么这种假设是很难被证实的，并且对于评价昆虫病原线虫种间关系也不是最理想的（Liu and Berry，1996b）。

在DNA序列分析中，18S标记由于保守一直不能完全可靠地解决异小杆线虫属和斯氏线虫属种类之间的关系（Liu et al.，1997）。另外，使用ITS、COⅡ-16S和ND4标记的置换率太高，结果导致没有太多（或很少）同源基因的描述（只是大量序列罗列着）（Adams et al.，1998；Liu et al.，1999；Nguyen et al.，2001；Szalanski et al.，2000）。前面所提到这些分子应用研究的另一个问题是实验样品不充足（丢失种）。由于实验材料所有权的原因，一些分类单元经常要被排除。当发现新材料时，保存样本或DNA，并提供给分类学家，他们需要信息来产生最新的研究。经过这样的合作后，申请生物防治应用专利便会很顺利，而且这些资料还能充分地促进遗传改造（Graybeal，1998；Hillis，1998；Poe，1998）。

种命名注解：1997年，Stock等和Hominick等建议改变几种昆虫病原线虫具体性质的描述，因为《动物学术语国际代码》要求种名结尾的性别和通用名相一致（第4版，34.2款）。1982年以前，大多数斯氏线虫属种类被归属于新斯氏线虫属，新斯氏线虫属只有雌性。1982年后，新斯氏线虫属成为新的斯氏线虫属代名词（Wouts et al.，1982）。斯氏线虫属性别是中性，因此斯氏线虫属的命名也随之改变。

1998年，Liu等对命名的改变提出反对，并声称：对起始种描述，原创作者是作为名词还是形容词不清，使用证据不确定，命名应仍用名词而不应改变（第4版，文章34.2.1）。Liu等（1998）还认为*S. affinis*、*S. anomali*、短小尾斯氏线虫（*S. neocurtillis*）和锐比斯氏线虫（*S. riobravis*）的具体名称可以是名词或形容词。然而，这并不完全正确。*anomali*和*neocurtillis*可能是名词所有格，*affinis*是形容词，后来几乎没有人对最开始描述的原创作者命名的改变有疑义。在本章我们以Hominick等（1997）为准，根据ICZN（International Com Zoc：Nom）建立的规定：

*S. affinis*应该是*S. affine*，因为*affinis*是形容词。

中长斯氏线虫（*S. intermedia*）应该是*S. intermedium*，因为*intermedia*是形容词。

古巴斯氏线虫（*S. cubana*）应该是*S. cubanum*，因为有原创作者自己的意图（Hominick et al.，1997）。

短小尾斯氏线虫（*S. neocurtillis*）应该是*S. neocurtillae*，因为有原创作者自己的意图（Hominick et al.，1997）。

*S. oregonensis*应该是*S. oregonense*，因为*oregonensis*是形容词。

波多黎各斯氏线虫（*S. puertoricensis*）应该是*S. puertoricense*，因为*puertoricensis*是形容词。

稀少斯氏线虫（*S. rara*）应该是*S. rarum*，因为*rara*是形容词。它在其他地方也都被替换了，如新杆状线虫（*Caenorhabditis rara*）、*Stegellesta rara*和稀有茎线虫（*Ditylenchus rarus*）。

锐比斯氏线虫（*S. riobravis*）应该变成*S. riobrave*，因为*riobravis*会产生歧义，除非不管它是名词还是形容词。

*H. indicus*应该是印度异小杆线虫（*H. indica*），因为*indicus*是形容词（在属命名中*indica*、*indicus*和*indicum*经常被用作形容词）。

所有其他种的名称应该用原创作者命的名。

1.5　斯氏线虫科系统分类学 （Chitwood and Chitwood，1937）

1.5.1　形态观察

雄虫：在斯氏线虫科分类中，雄虫形态特征是最重要的。**头**：膨大或不膨大（图 1.2A、B），头上的 4 个乳突通常要比唇部的 6 个乳突大，前部有的带骨膜片。**后躯**：生殖器官也很重要，如图 1.2C 所示，雄虫排泄道前有 10 对生殖乳突（正常是 6 个或 7 个）。**尾部**：通常有 1 个乳突状物，肛前的腹面有两对乳突状物（图 1.2D a、b）、左侧两对脊（subdorsal）、右侧一对脊。**尾端**：有的有尾尖突（mucron）。**交合刺**：在新斯氏线虫属中线虫交合刺比较大，呈足状（图 1.2E）。交合刺的头部有的长大于宽，有的长宽一样，有的宽大于长（图 1.2F-H）；叶身几乎都是直的或弯的；有的有软颚和喙状突起，有的没有（图 1.2G、H）。**交配引带结构**：腹部急剧或逐渐地变细（图 1.2I-K）；楔片呈 V 形、Y 形和箭头形。

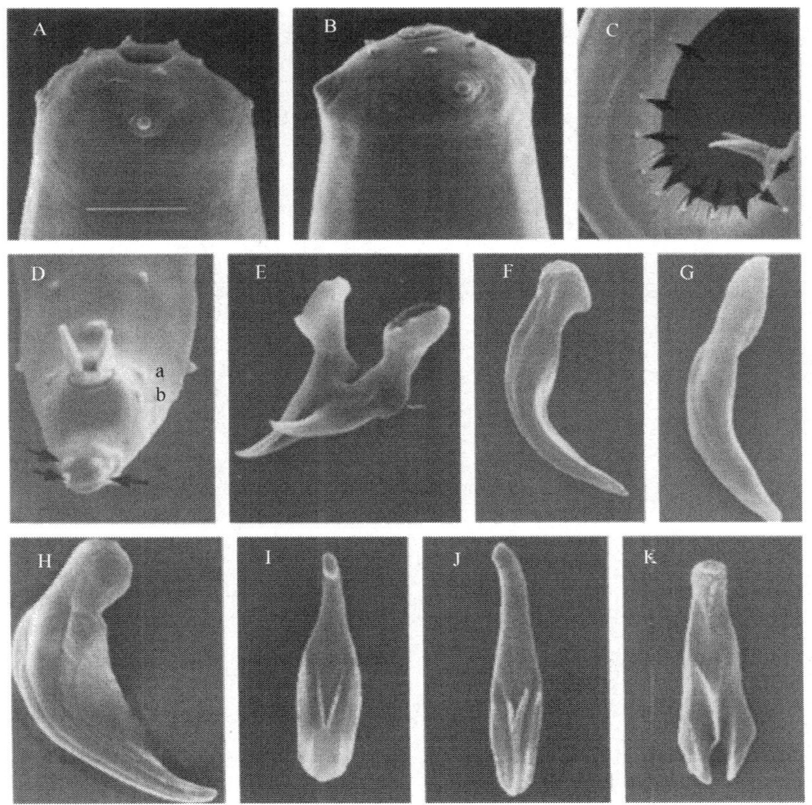

图 1.2　斯氏线虫科雄虫形态结构扫描电镜（SEM）显微图片

A、B. 头部口唇张开，唇部和头部乳突；C. 雄虫尾部交合刺和肛门前生殖乳突（箭头指示）；D. 从前面看，雄虫尾部只有一个肛门前生殖乳突，一对下乳突，一对侧乳突，两对傍臀乳突（a 和 b），两对近尾部乳突（两个左箭头）和一对近尾部背乳突；E. 新斯氏线虫属的交合刺；F-H. 斯氏线虫属的交合刺（F. 交合刺头宽大于长；G. 交合刺长大于宽；H. 交合刺有很大的膜和显著的喙状突起）；I-K. 斯氏线虫属的交配引带结构（I. 楔片呈 V 形；J. 楔片呈 Y 形；K. 楔片呈箭头形）。标尺：A、B=10μm，C=50μm，D-K=22μm

雌虫：在斯氏线虫科分类中，一些雌虫的特征也很重要。所有种的头前部几乎都相似（图 1.3A）。体表面有的有膜，有的没有（图 1.3C、D）。尾端圆，具有尾尖突，较钝，这些可作为鉴定特征（图 1.3B）。

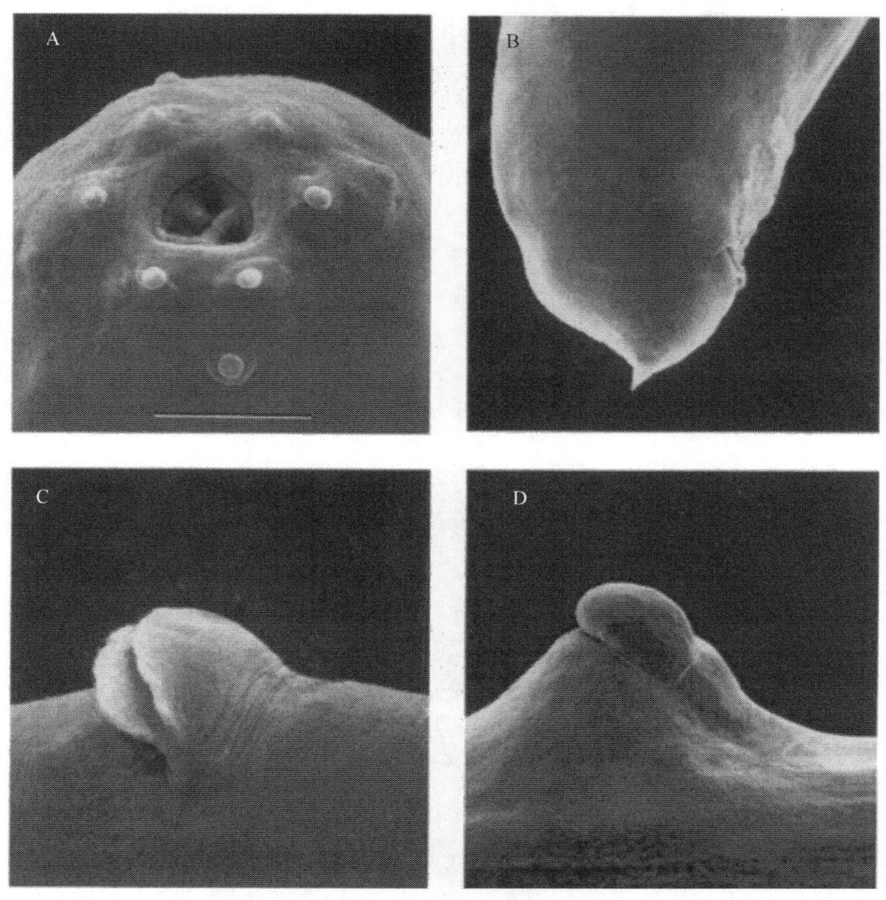

图 1.3 斯氏线虫科雌虫形态结构扫描电镜（SEM）显微图片

A. 从头部看唇部和头部乳突；B. 棘状的尾；C. 两个副翼侧膜；D. 具有一个厚的副翼阴户。

标尺：A=10μm，B=52μm，C、D=20μm

侵染期幼虫：头部有 4 个乳突状物，唇部有 6 个乳突状物，或者仅有头部 4 个乳突状物，没有唇部 6 个乳突状物。侧面从头到尾排列的脊和图案是很重要的鉴定特征（图 1.4）。图 1.4 中的形态特征是 2、5、6、8、2 条背脊，尾感器小、大或缺失，表 1.1 列出了斯氏线虫属内的种、种的分类者、分离寄主、收集地点及用于诊断和系统性利用的公开的 DNA 数据库。

1.5.2 分类

分类现状：Steiner（1923）描述了第一个昆虫病原线虫——*Aplectana kraussei*。Travassos（1927）重新将该属名改成斯氏线虫属。两年后 Steiner 又描述了另外一个属和种，即格氏斯氏线虫（*Neoaplectana glaseri*），格氏斯氏线虫与锯蜂斯氏线虫（*Steinernema*

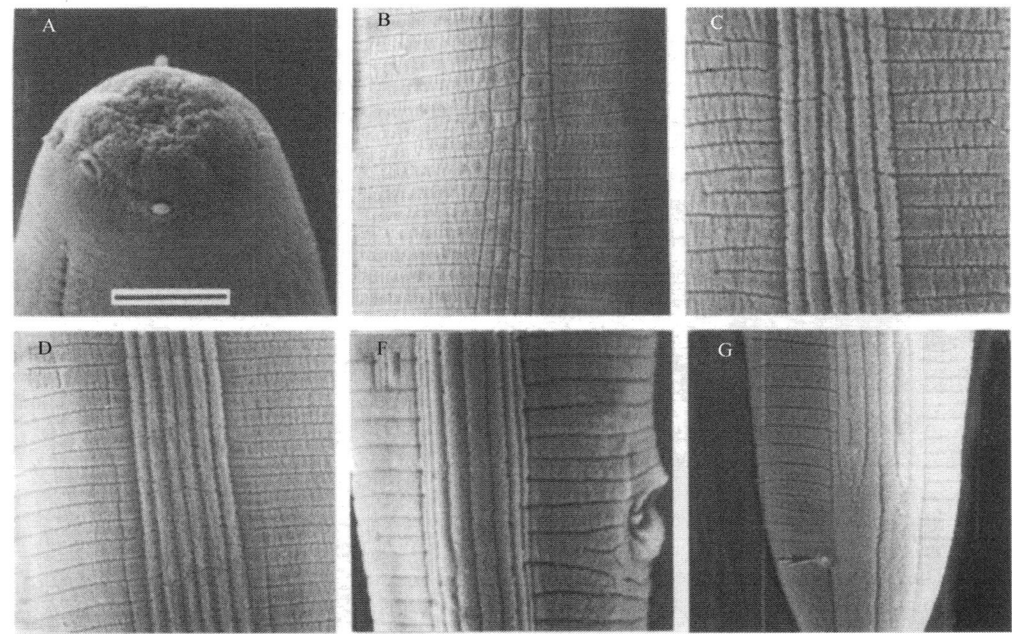

图 1.4 侵染期格氏斯氏线虫（*Steinernema glaseri*）侧区沟*

侧区沟类型分别有 2、5、6、8、2 条背脊。标尺：A、G=6μm，B、D、F=7.5μm，C=5μm

表 1.1 斯氏线虫属分类者、分离寄主、收集地点和有效基因库登记号

种名	分类者	分离寄主或场所	收集地点	DNA 基因库登录号
S. abbasi	Elawad，Ahmad and Reid，1997	土壤	阿曼，Sultanate	
S. affine	（Bovien，1937）Wouts，Mracek，Gerdin and Bedding，1982	毛蚊科（Bibionidae）	丹麦，Skive	
S. arenarium	（Artyukhovsky，1967）Wouts，	土壤	俄罗斯中部	ITS1：AF192985
同物异名	Mracek，Gerdin and Bedding，1982			
N. arenaria	Artyukhovsky，1967			
N. anomali	Kozodoi，1984	异丽金龟属昆虫（*Anomala dubia*）		COⅡ-16S：AF192-994
N. anomalae	（Kozodoi，1984）Curran，1989			
S. bicornutum	Tallosi，Peters and Ehlers，1995	土壤	南斯拉夫，Vojvodina	ITS1,2：AF121048
S. carpocapsae 同物异名	（Weiser，1955）Wouts，Mracek，Gerdin and Bedding，1982	苹果蠹蛾（*Cydia pomonella*）	捷克斯洛伐克	ITS1,2：AF121049 COⅡ-16S: AF192995
N. carpocapsae	Weiser，1955			ITS1：AF192987
N. feltiae	Sensu Stanuszek，1974，nec Filipjev，1934			18S：AF036604 18S：U70633
S. caudatum	Xu，Wang and Li，1991	土壤	中国，广东	
S. ceratophorum	Jian，Reid and Hunt，1997	土壤	中国，辽宁	
S. cubanum	Mracek，Hernandez and Boemare，1994	土壤	古巴，Pinar del Rio	

* 译者注：原著中该图的分图编号不连续

续表

种名	分类者	分离寄主或场所	收集地点	DNA 基因库登录号
S. feltiaesyn (=*bibionis*) 同物异名	(Filipjev，1934) Wouts，Mracek，Gerdin and Bedding，1982	毛蚊科 (Bibionidae)	丹麦，Skive	ITS1，2：AF121050 COⅡ-16S：AF192-991
N. feltiae	Filipjev，1934	棉铃虫 (*Heliothis armigera*)	澳大利亚	18S：U70634
N. bibionis	Bovien，1937			
S. bibionis	(Bovien，1937) Wouts，Mracek，Gerdin and Bedding，1982			
S. glaseri 同物异名	(Steiner，1929) Wouts，Mracek，	日本丽金龟 (*Popillia japonica*)	美国，新泽西	ITS1，2：AF121015
N. glaseri	Gerdin and Bedding，1982 Steiner，1929			COⅡ-16S：AF192-994 18S：U70640
S. intermedium 同物异名	(Poinar，1985) Mamiya，1988	土壤	美国，南卡罗来纳	ITS1，2：AF122016
N. intermedia	Poinar，1985			18S：U70636
S. karii	Waturu，Hunt and Reid，1997	土壤	肯尼亚中部省份	
S. kushidai	Mamiya，1988	赤铜丽金龟 (*Anomala cuprea*)	日本，滨北市	ITS1：AF192984
S. kraussei 同物异名	(Steiner，1923) Travassos，1927	云杉卷叶锯蜂 (*Cephaleia abietis*)	德国	
Aplectana kraussei	Steiner，1923			
S. longicaudum	Shen and Wang，1991	土壤	中国，山东	
S. monticolum	Stock，Choo and Kaya，1997	土壤	韩国，庆尚南道	ITS1，2：AF122017
S. neocurtillae 同物异名	Nguyen and Smart，1992	*Neocurtilla hexadactilla*	美国，佛罗里达	ITS1，2：AF122018
S. neocurtillis	Nguyen and Smart，1992			
S. oregonense 同物异名	Liu and Berry，1996a	土壤	美国，俄勒冈	ITS1，2：AF122019
S. oregonensis	Liu and Berry，1996a			
S. puertoricense 同物异名	Roman and Figueroa，1994	土壤	波多黎各，Loiza	
S. uertoricensis	Roman and Figueroa，1994			
S. rarum 同物异名	(Doucet，1986) Mamiya，1998	土壤	阿根廷，科尔多瓦	
S. rara	Doucet，1986			
S. riobravis	Cabanillas，Poinar and Raulston，1994	谷实夜蛾 (*Helicoverpa zea*)	美国，得克萨斯	ITS1：AF192994
S. ritteri	Doucet and Doucet，1990	土壤	阿根廷，科尔多瓦	
S. scapterisci 同物异名	Nguyen and Smart，1990	西印度蝼蛄 (*Scapteriscus vicinus*)	乌拉圭，里韦拉	ITS1，2：AF122020
N. carpocapsae	Nguyen and Smart，1988			

续表

种名	分类者	分离寄主或场所	收集地点	DNA 基因库登录号
S. siamkayai	Stock，Somsook and Reid，1998	土壤	泰国，碧差汶	
S. tami	Luc，Nguyen，Reid and Spiridonov，2000	土壤	越南，吉仙县	

kraussei）相似。Filipjev（1934）把斯氏线虫属和新线虫属（*Neoaplectana*）放在一个新的亚科——斯氏线虫亚科（Steinernematinae）中，认为新线虫属和斯氏线虫属是同源的。Chitwood 和 Chitwood（1937）把斯氏线虫亚科提升为斯氏线虫科。Wouts 等（1982）重新检查了两个种—— 锯蜂斯氏线虫和格氏斯氏线虫，认为新线虫属是斯氏线虫属低一级的同义词，二者应为同一属。1994 年，Nguyen 和 Smart 描述了一个新属——新斯氏线虫属（*Neosteinernema*），并把它加入这个新科，修正了该科的描述，把 *Neosteinernema* 提为新属。通常情况下，这个科里包括两个属：斯氏线虫属有 25 个种，新斯氏线虫属仅有 1 个种。

诊断（1994 年，Nguyen 和 Smart 对新斯氏线虫属进行了描述）：Cephalobina，小杆目（Rhabditida）。**雄虫**（图 1.2）：比雌虫小。前端通常有 6 个唇部乳突状物，4 个大的头部乳突，通常带骨膜片。食道（rhabditoid），具有稍微肿大的食道球（metacorpus），狭窄的狭细部由神经环围绕着，大的基部球状物上有薄的膜瓣。只有 1 个睾丸，具有反折，1 对交合刺。交配引带结构长，有时与交合刺一样长，没有黏液囊。尾端圆，掌状或棘状。1 个单生和 10-14 对生殖突并有 7-10 对前泄殖腔（precloacal）。

雌虫（图 1.3）：身体较大，但大小不同。表皮是滑的并有环纹，没有侧区沟（lateral field）。有明显的排泄孔，几乎到达神经环。头圆形，端部平，很少有分支（offset），有 6 个唇部分或全部融合，每个唇有个乳突（图 1.3A），每个乳突附近有时有其他乳突状结构。有 4 个头部乳突，有感觉器，小。口腔收缩（collapsed），唇口腔壁明显形成一个环，侧面看像两个硬化的点。一部分气门形成不均匀的漏斗，前端较厚。食道中食道球稍肿大，狭窄的狭细部由神经环围绕着，大的基部球状物上有薄的膜瓣。食道肠间瓣明显。生殖系统为双卵巢型，左右对称，反折。阴门在身体中部，有时在结节部（图 1.3D），有的有侧膜（图 1.3C）。雌虫卵生或卵胎生，由幼虫发育成侵染期阶段并从雌虫体内钻出。尾有的长于肛门处体宽，有的短于肛门处体宽，有的没有明显的尾觉器。

侵染期幼虫：3 龄侵染期幼虫，口腔收缩。身体细长，有的没有外鞘（即 2 龄幼虫的表皮）。表皮有环纹，侧面有 1-9 个侧带沟和 3-8 个光滑的脊，形成特殊的图案（图案的形状如图 1.4 中 2、5、6、8、2 条背脊）。食道和肠变少，排泄孔明显，前部到神经环。尾呈圆锥形或丝状，尾觉器位于尾中部，明显、不明显或观察不到。典型的为斯氏线虫属（Travassors，1927）。

1.5.2.1 斯氏线虫种的诊断和鉴定

多歧分类检索表里包含斯氏线虫属中种的形态鉴定特征（表 1.2），用起来较容易，按照侵染期线虫体长大小顺序排列，重要的特征用加粗字体标注。随着新的研究和发现，在线诊断检索表进行更新查询的网址是 www.ifas.ufl.edu/~kbn/steinkey.htm。

表 1.2 斯氏线虫属的多歧检索表

种	形态特征（变化范围）										
	L	*W*	EP	NR	ES	*T*	*a*	*b*	*c*	*D*%	*E*%
S. cubanum	**1283**	37	**106**	116	148	**67**	35	8.6	19.2	70	**160**
侵染期幼虫	1149-1508	33-46	101-114	106-130	135-159	61-77	na	na	na	na	na
雄虫	**SL=58**(50-67)；GL=39(37-42)；*W*=97(77-117)；***D*%=70**；SW=1.41；GS=0.7；**MUC=A**。										
	显微镜下交合刺和引带：										
	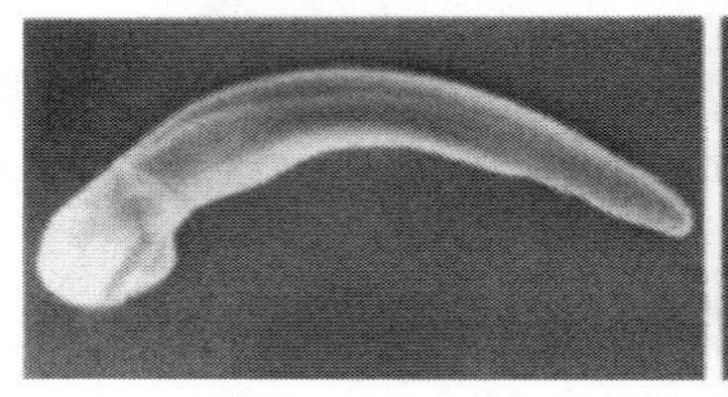 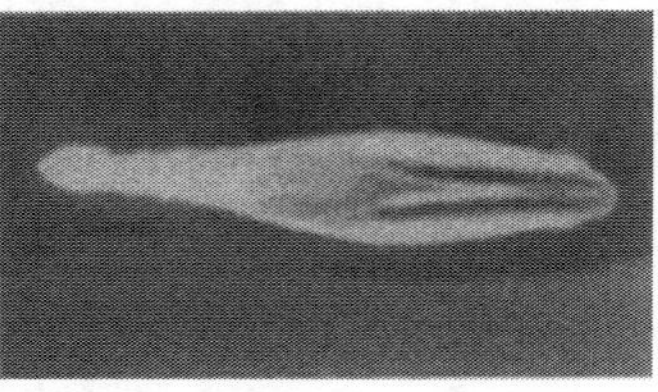										
S. puertoricense	**1171**	51	**95**	117	143	**94**	23	8.2	12.4	66	**101**
侵染期幼虫	1057-1238	47-54	90-102	111-121	138-147	88-107	20-24	7.4-8.6	11.6-13.6	62-74	88-108
雄虫	**SL=78**(71-88)；GL=40(36-45)；*W*=101(67-148)；***D*%=77**；SW=1.52；GS=0.5；**MUC=A**。										
雌虫	具有阴唇膜的雌虫。										
	显微镜下交合刺和引带：										
	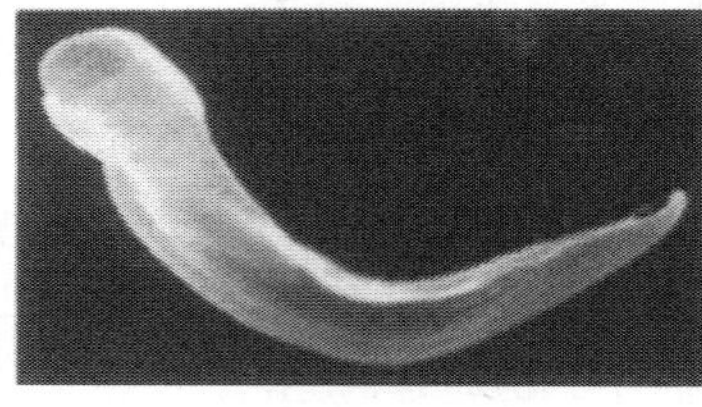 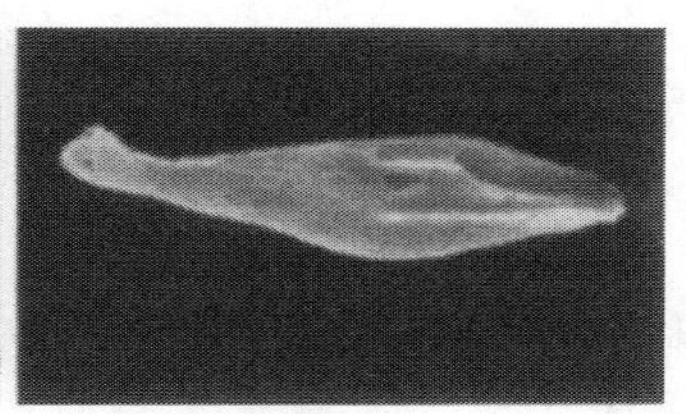										
S. glaseri	**1130**	43	**102**	120	162	**78**	29	7.3	14.7	65	**131**
侵染期幼虫	864-1448	31-50	87-110	112-126	158-168	62-87	26-35	6.3-7.8	13.6-15.7	58-71	122-138
雄虫	**SL=77**(64-90)；GL=55(44-59)；*W*=72(54-92)；***D*%=70**(60-78)；**SW=2.1**(1.64-2.43)；GS=0.7(0.6-0.85)；**MUC=A**。										
	显微镜下交合刺和引带： 具体特征： 交合刺尖有刻痕。										
	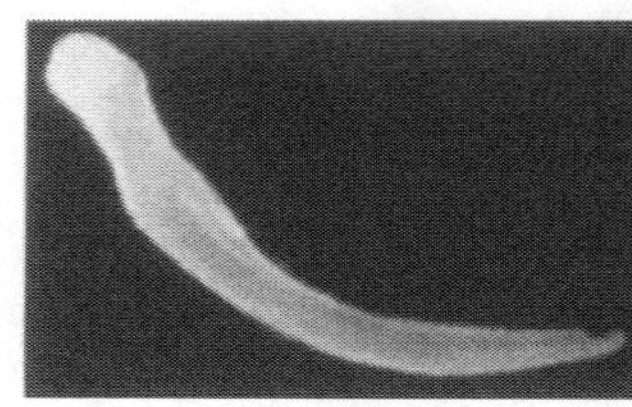 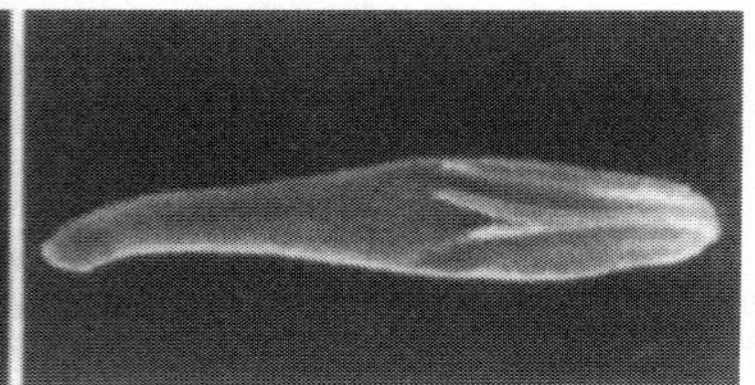										
S. caudatum	**1106**	36	**82**	109	156	**88**	31	7.1	12.6	52	**94**
侵染期幼虫	933-1269	34-41	76-89	104-126	149-175	80-100	na	na	na	na	87-100
雄虫	**SL=75**；GL=52；*W*=91；***D*%=71**；SW=2.22；GS=0.70；**MUC=A**。										
	无插图。										
	具体特征：EP 和 T 短，交合刺末端无钩形。										
S. longicaudum	**1063**	40	**81**	107	145	**95**	27	7.3	11.2	56	**85**
侵染期幼虫	(无数据)										

续表

种	形态特征（变化范围）										
	L	*W*	EP	NR	ES	*T*	*a*	*b*	*c*	*D*%	*E*%
雄虫	**SL=77**；GL=48；*W*=155；***D*%=62**；SW=1.60；GS=0.62；**MUC=A**。 显微镜下的交合刺和引带： 具体特征： IJ 尾长； 交合刺急剧变细，形成末端平的尖。										
S. arenarium	**1034**	46	**83**	109	138	**75**	26	7.6	13.8	55	**119**
侵染期幼虫	724-1408	28-77	76-86	100-120	123-160	64-84	17-34	5.5-10.8	9.4-16.9	52-59	106-130
雄虫	**SL=84**(81-91)；GL=55(49-60)；*W*=188(184-219)；***D*%=93**(88-102)；SW=2.1；GS=0.65(0.60-0.66)；**MUC=A**。 显微镜下的交合刺和引带： 具体特征： 交合刺末端呈球形。										
S. oregonense	**980**	34	**66**	na	132	**70**	30	7.6	14.0	50	**100**
侵染期幼虫	820-1110	28-38	60-72	na	116-148	64-78	24-37	6.0-8.0	12.0-16.0	40-60	90-110
雄虫	**SL=71**(65-73)；GL=56(52-59)；*W*=138(105-161)；***D*%=73**(64-75)；SW=1.51；GS=0.79；**MUC=A**。 显微镜下的交合刺和引带： 具体特征： 与 *Steinernema feltiae* 非常相似，除了雄虫没有底突和 IJ 较长。										
S. kraussei	**951**	33	**63**	105	134	**79**	29	7.1	12.1	47	**80**
侵染期幼虫	797-1102	30-36	50-66	99-111	119-145	63-86	na	na	na	na	na
雄虫	**SL=55**(52-57)；GL=33(23-38)；*W*=128(110-144)；***D*%=53**；SW=1.10；GS=0.71；**MUC=P**。 显微镜下的交合刺和引带： 具体特征： 交合刺短、*D*%低。										
S. karii	**932**	33	**74**	105	134	**74**	29	68	12.6	57	**96**
侵染期幼虫	876-982	31-35	68-80	97-112	122-147	64-80	na	na	na	na	na
雄虫	**SL=83**(73-91)；GL=57(42-64)；*W*=136(107-166)；***D*%=66**(57-78)；**MUC=A**。 手绘的交合刺和引带(重绘自 Waturu et al., 1997)：										

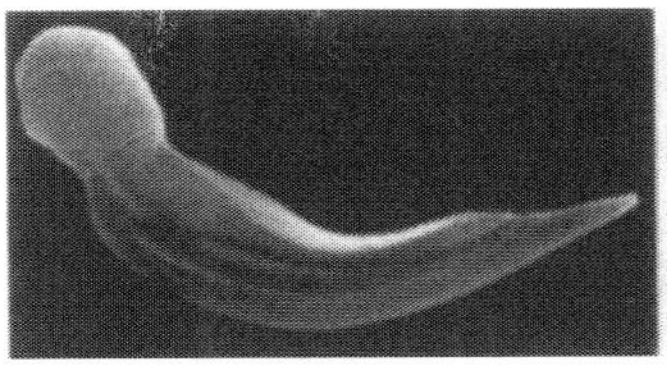

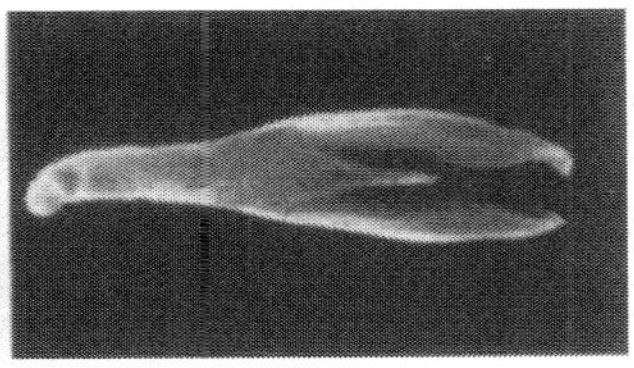

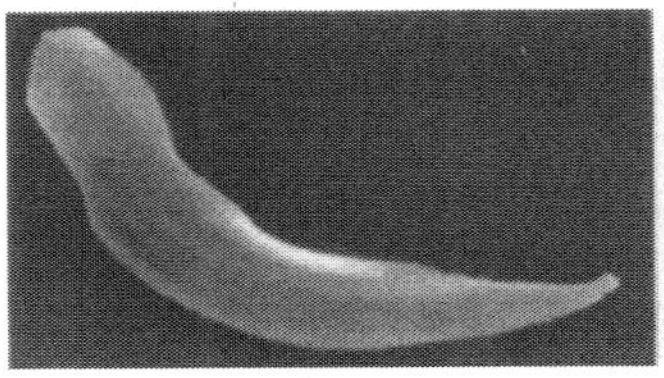

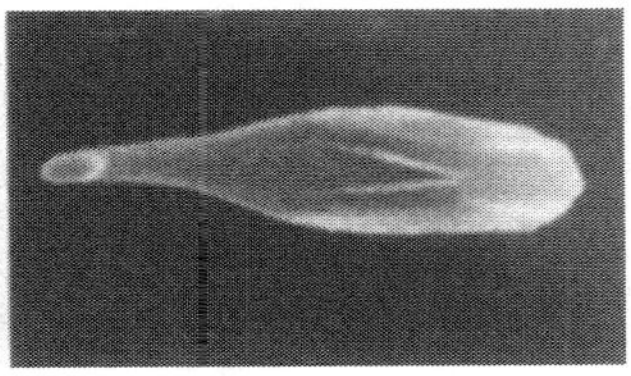

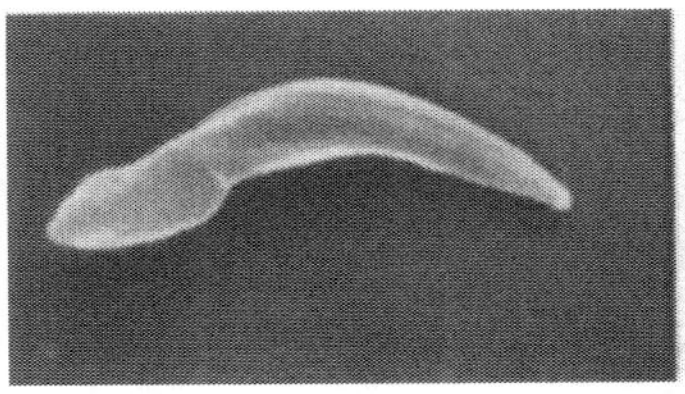

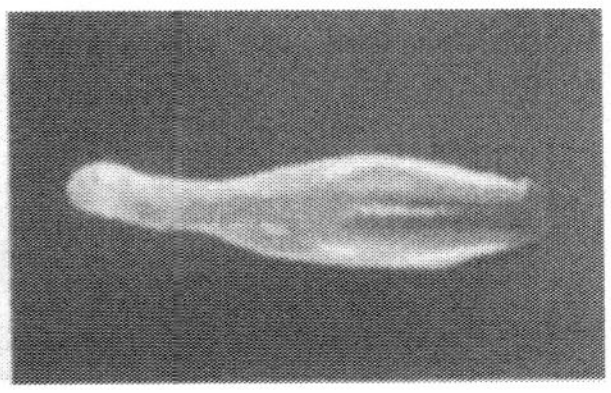

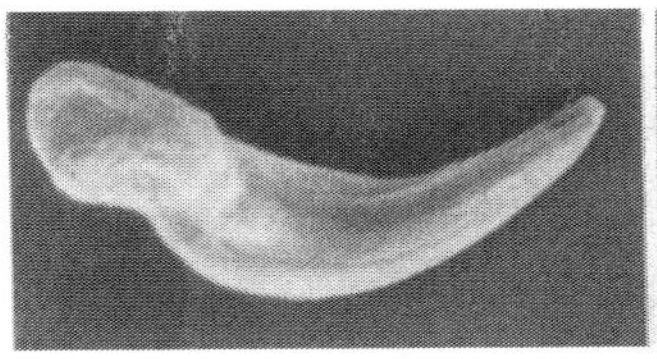

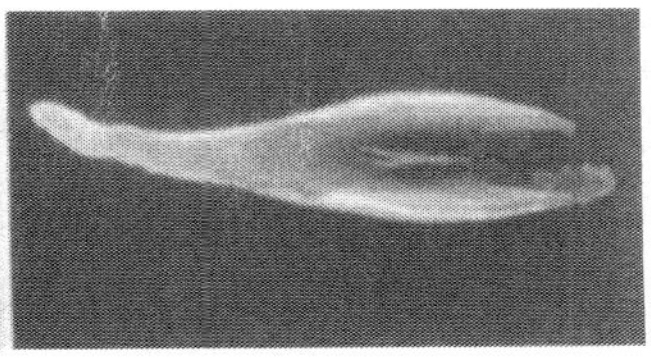

续表

种	形态特征（变化范围）										
	L	*W*	EP	NR	ES	*T*	*a*	*b*	*c*	*D*%	*E*%
	具体特征： 交合刺长。 										
S. neocurtillae	**885**	34	**18**	107	144	**80**	26	6.1	11.2	12	**23**
侵染期幼虫	741-988	28-42	14-22	100-119	130-159	64-97	22-29	5.4-6.7	9.1-14.2	10.0-15.0	18-30
雄虫	**SL=58**(52-64)；GL=52(44-59)；*W*=111(77-144)；***D*%=19**(13-26)；SW=1.43(1.18-1.64)；**GS=0.89**(0.82-0.93)；**MUC=P**。显微镜下的交合刺和引带： 具体特征： EP 极短； GS 极高； 在大蜡螟中不能形成。 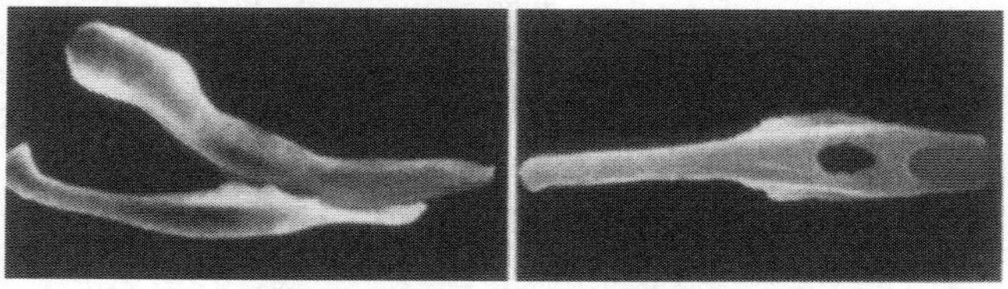										
S. feltiae	**849**	26	**62**	99	136	**81**	31	6.0	10.4	45	**78**
侵染期幼虫	736-950	22-29	53-67	88-112	115-150	70-92	29-33	5.3-6.4	9.2-12.6	42-51	69-86
雄虫	**SL=70**(65-77)；GL=41(34-47)；*W*=75(60-90)；***D*%=60**；SW=1.13(0.99-1.30)；GS=0.59(0.52-0.61)；**MUC=P**。显微镜下的交合刺和引带： 具体特征： 交合刺头长； 雄虫底突长。 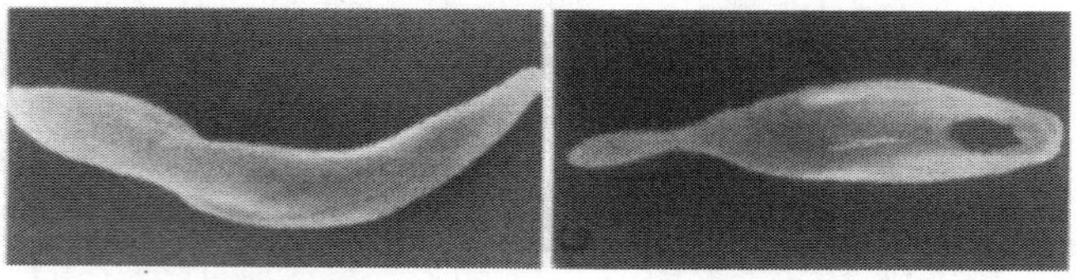										
S. bicornutum	**769**	29	**61**	92	124	**72**	27	6.2	10.7	50	**84**
侵染期幼虫	648-873	25-33	53-65	88-100	113-135	63-78	23-29	5.6-6.9	9.7-12.0	40-60	80-100
雄虫	**SL=65**(53-70)；GL=48(38-50)；*W*=109(80-127)；***D*%=52**(50-60)；**SW=2.22**(2.18-2.26)；GS=0.72；**MUC=A**。显微镜下的交合刺和引带： 注：IJ 唇区的 2 个角状结构。 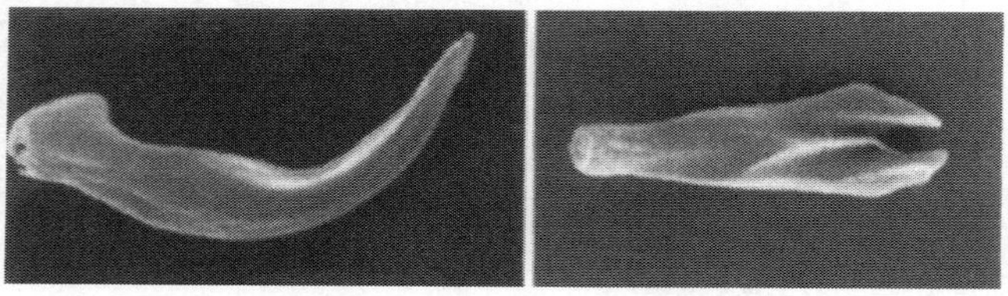										
S. monticolum	**706**	37	**58**	88	124	**77**	19	5.7	9.3	47	**76**
侵染期幼虫	612-821	32-46	54-62	81-93	120-131	71-95	14-22	5.0-6.4	7.6-11.1	44-50	63-86
雄虫	**SL=70**(61-80)；GL=45(35-54)；*W*=160(117-206)；***D*%=55**(49-61)；SW=1.40(1.20-1.50)；GS=0.6(0.5-0.7)；										

续表

种	形态特征（变化范围）										
	L	*W*	EP	NR	ES	*T*	*a*	*b*	*c*	*D*%	*E*%
	MUC=P。显微镜下的交合刺和引带：具体特征：IJ 尾长；*E*%低。 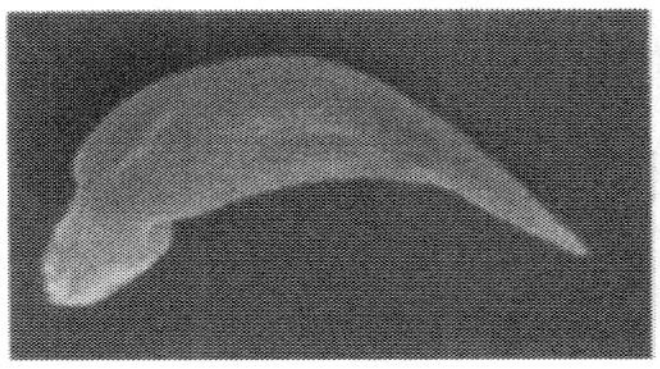 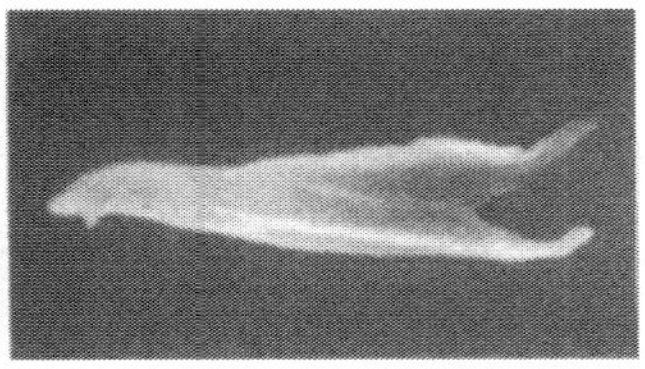										
S. ceratophorum	**706**	27	**55**	92	123	**66**	26	na	10.6	45	**84**
侵染期幼虫	591-800	23-34	47-70	79-103	108-144	56-74	24-28	na	8.8-12.9	40-56	74-96
雄虫	**SL=71**(54-90)；GL=40(25-45)；*W*=146(104-185)；***D*%=51**(33-65)；**SW=1.4**(1.0-2.0)；GS=0.6(0.4-0.8)；**MUC=A**。显微镜下的交合刺和引带：注：与 *S. bicornutum* 一样，IJ 唇区的 2 个角状结构。 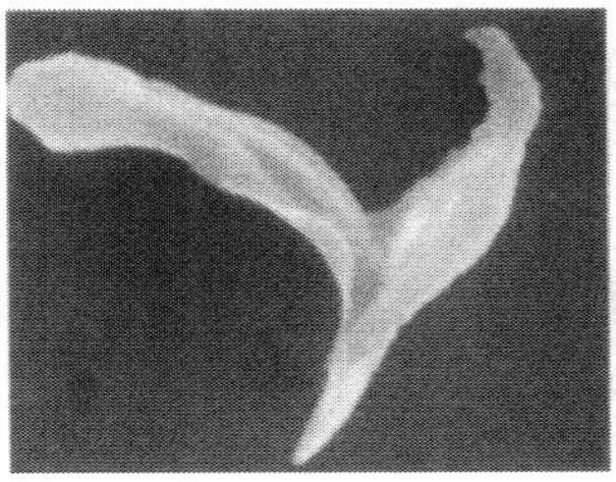 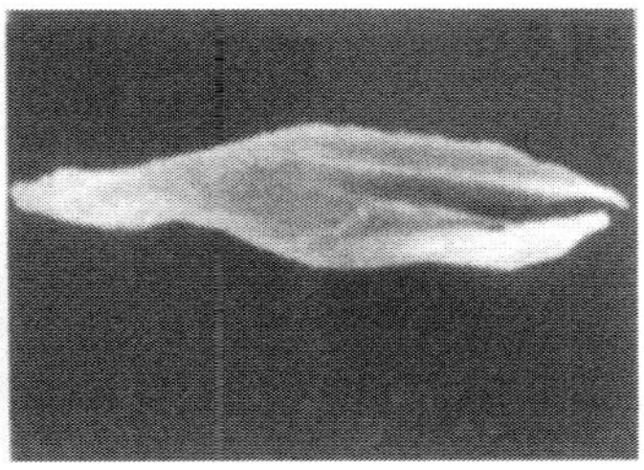										
S. affine	**693**	30	**62**	95	126	**66**	23	5.5	10.5	49	**94**
侵染期幼虫	608-880	28-34	51-69	88-104	115-134	64-74	21-28	5.1-6.0	9.5-11.5	43-53	74-108
雄虫	**SL=70**(67-86)；GL=46(37-56)；*W*=118(95-164)；***D*%=61**；SW=1.17；GS=0.56；**MUC=P**。显微镜下的交合刺和引带：具体特征：IJ 尾端的刺状结构(鞘)。 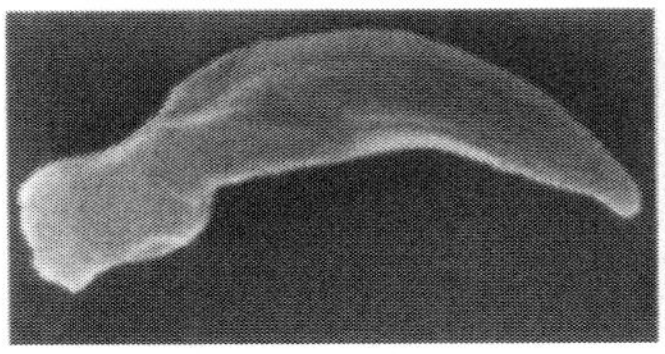 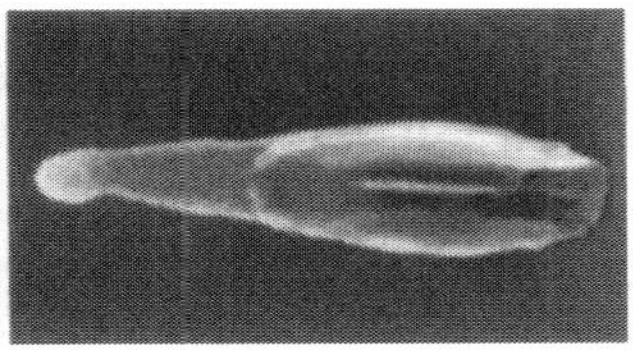										
S.intermedium	**671**	29	**65**	93	123	**66**	23	5.3	10.0	51	**96**
侵染期幼虫	608-800	25-32	59-69	85-99	110-133	53-74	20-26	5.0-6.0	9.3-10.8	48-58	89-108
雄虫	**SL=91**(84-100)；GL=64(56-75)；*W*=168(113-207)；***D*%=67**(58-76)；SW=1.24(1.03-1.39)；GS=0.69(0.62-0.77)。**MUC=A**。显微镜下的交合刺和引带：具体特征：*Steinernema* spp. 交合刺最大。 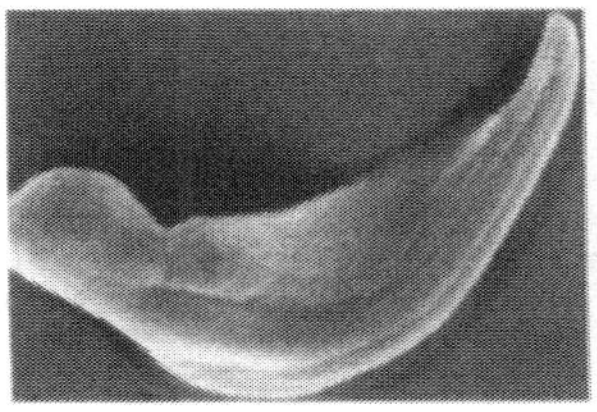 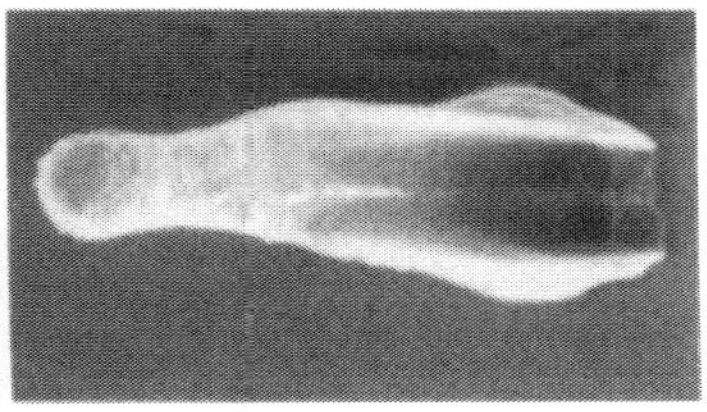										
S. riobrave	**622**	28	**56**	87	114	**54**	23	5.4	11.6	49	**105**
侵染期幼虫	561-701	26-30	51-64	84-89	109-116	46-59	20-24	4.9-6.0	10.1-12.4	45-55	93-111
雄虫	**SL=67**(62.5-75.0)；GL=51(47.5-56.2)；*W*=133(116-159)；***D*%=71**(60-80)；SW=1.14；GS=0.76；**MUC=A**。显微镜下的交合刺和引带：										

续表

种	形态特征（变化范围）										
	L	*W*	EP	NR	ES	*T*	*a*	*b*	*c*	*D*%	*E*%
	具体特征： 引带颈部宽度与后部宽度相似。	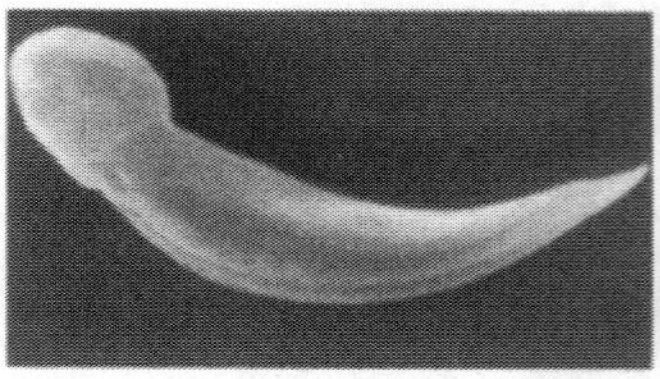 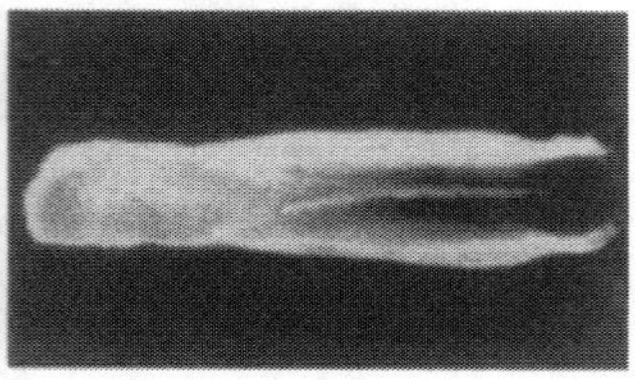									
S. kushidai	**589**	26	**46**	76	111	**50**	22.5	5.3	11.7	41	**92**
侵染期幼虫	524-662	22-31	42-50	70-84	106-120	44-59	19-25	4.9-5.9	9.9-12.9	38-44	84-95
雄虫	**SL=63**；GL=44；*W*=97；***D*%=51**；SW=1.50；GS=0.70；**MUC=A**。显微镜下的交合刺和引带：										
	具体特征： SL/交合刺宽度约为3.9。 注：在大蜡螟中不能产生。	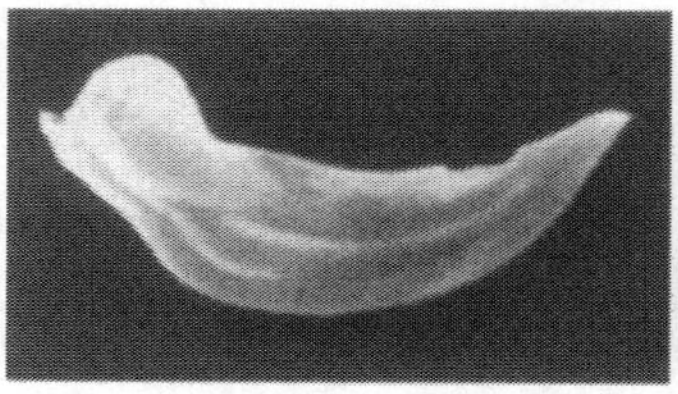 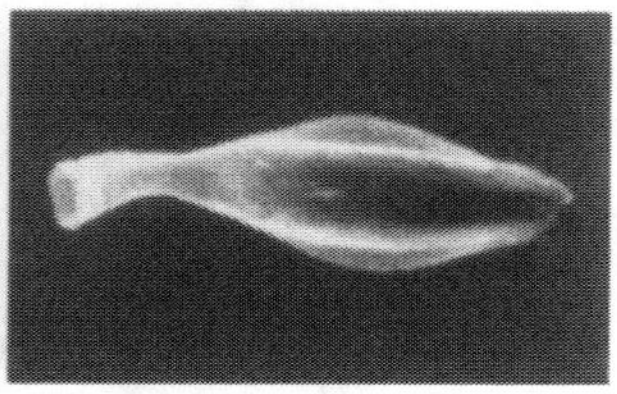									
S. scapterisci	572	24	**39**	97	127	**54**	24	4.5	10.7	31	**73**
侵染期幼虫	517-609	18-30	36-48	83-106	113-134	48-60	20-31	4.0-4.6	9.2-11.7	27-40	60-80
雄虫	**SL=83(72-92)**；**GL=65(59-75)**；***W*=156(97-213)**；***D*%=38**(32-44)；**SW=2.52**(2.04-2.80)；GS=0.78； **MUC=P**。显微镜下的交合刺和引带：										
	具体特征如下。 雌虫：阴唇膜非常大；分泌导管椭圆形。雄虫：交合刺长。注：在大蜡螟中发育不良。	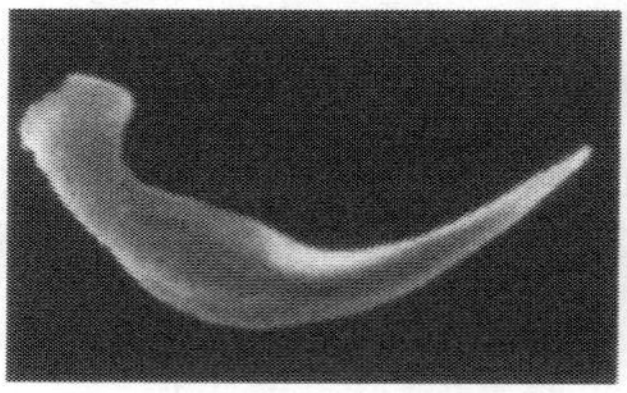 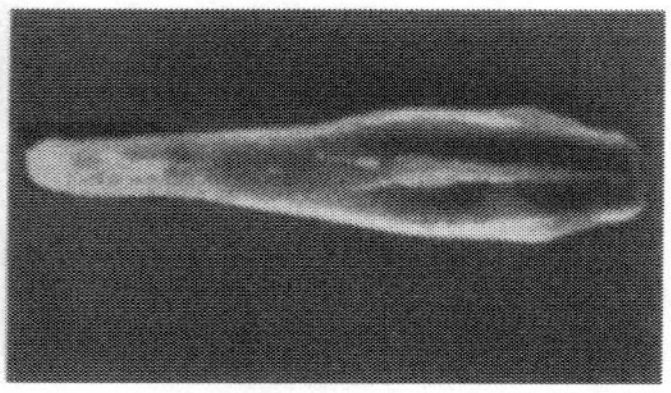									
S. carpocapsae	**558**	25	**38**	85	120	**53**	21	4.4	10.0	26	**60**
侵染期幼虫	438-650	20-30	30-60	76-99	103-190	46-61	19-24	4.0-4.8	9.1-11.2	23-28	54-66
雄虫	**SL=66**(58-77)；GL=47(39-55)；*W*=101(77-130)；***D*%=41**(27-55)；**SW=1.72**(1.40-2.00)；GS=0.71(0.59-0.88)； **MUC=P**。显微镜下的交合刺和引带：										
	具体特征： 交合刺头宽大于长。 引带前部短。	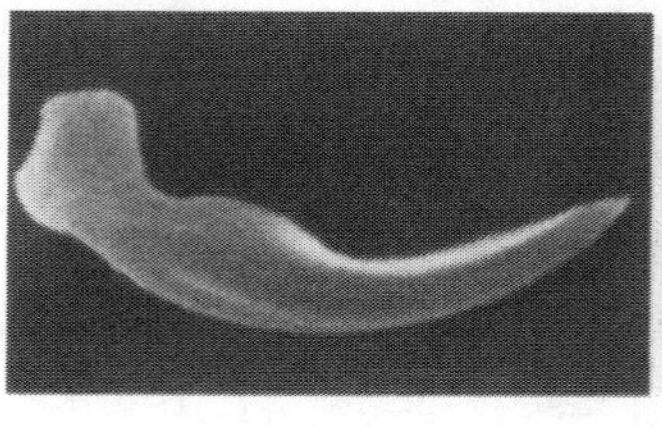 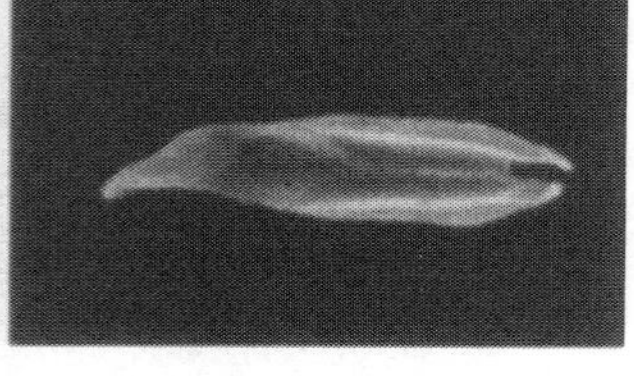									

续表

种	形态特征（变化范围）										
	L	*W*	EP	NR	ES	*T*	*a*	*b*	*c*	*D*%	*E*%
S. abbasi	**541**	29	**48**	68	89	**56**	18	6.0	9.8	53	**86**
侵染期幼虫	496-579	27-30	46-51	64-72	85-92	52-61	17-20	5.5-6.6	8.1-10.8	51-58	79-94
雄虫	**SL=65**(57-74)；GL=45(33-50)；*W*=87(82-98)；***D*%=60**(51-68)；SW=1.56(1.07-1.87)；GS=0.7(0.58-0.85)；**MUC=A**。手绘的交合刺和引带(重绘自 Elawad et al., 1997) 具体特征： 雄虫无底突。 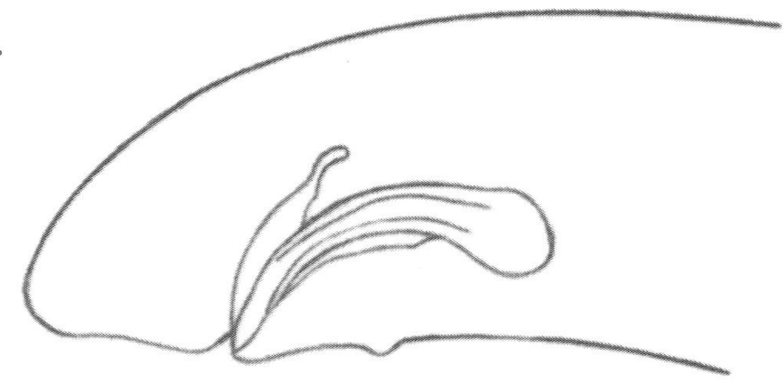										
S. tami	**530**	23	**36**	na	117	**50**	23	5.0	10.0	31	**73**
侵染期幼虫	400-600	19-29	34-41	na	110-123	42-57	19-28	3.7-5.1	9.0-11.0	28-34	67-86
雄虫	**SL=77**(71-84)；GL=48(38-55)；*W*=129(98-161)；***D*%=44**(30-60)；**SW=2.0**(1.4-3.0)；GS=1.6；**MUC=P**。 显微镜下的交合刺和引带： 具体特征： 线虫体短，但交合刺长，轴突出，SW 大于其他体短的线虫。 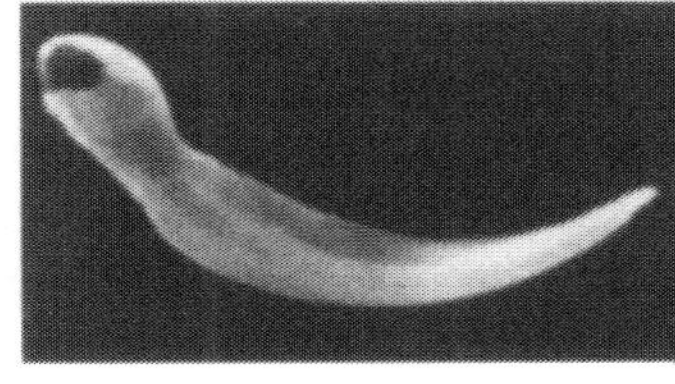 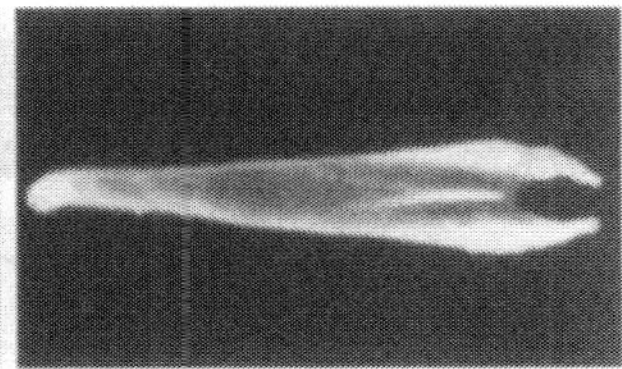										
S. rarum	**511**	23	**38**	70	102	**51**	23	**4.7**	9.8	35	**72**
侵染期幼虫	443-573	18-26	32-40	60-88	89-120	44-56	20-26	4.1-5.6	8.7-11.0	30-39	63-80
雄虫	**SL=47**(42-52)；GL=34(23-38)；*W*=123(100-142)；***D*%=50**(44-51)；SW=0.94(0.91-1.05)；GS=0.71(0.55-0.73)；**MUC=P**。显微镜下的交合刺和引带： 具体特征： 线虫短，交合刺短，后部有急弯。 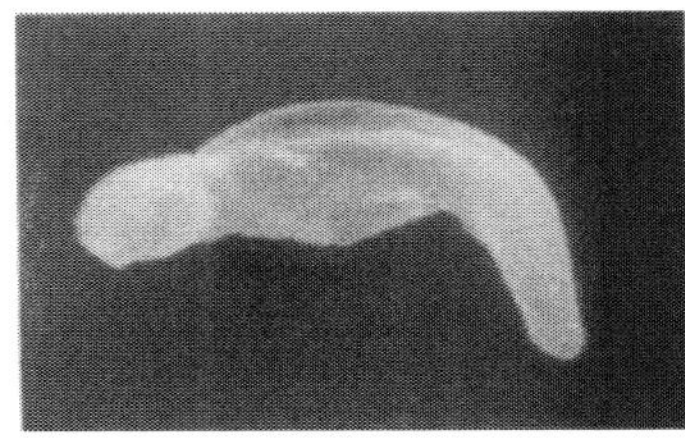 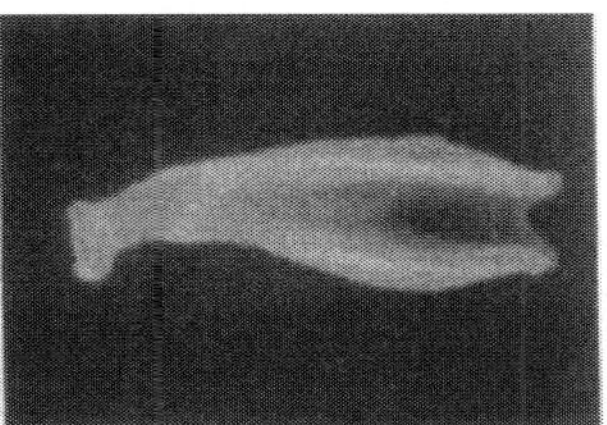										
S. ritteri	**510**	22	**43**	73	92	**49**	24	5.5	10.6	46	**88**
侵染期幼虫	470-590	19-24	40-46	68-85	85-95	44-54	19-31	4.9-6.3	9.2-13.1	44-50	79-97
雄虫	**SL=69**(58-75)；GL=44(33-50)；*W*=130(110-176)；***D*%=47**(44-50)；SW=1.56(1.44-1.57)；GS=0.64(0.57-0.67)；**MUC=A**。手绘的交合刺和引带(重绘自 Doucet and Doucet，1990)：										

续表

种	形态特征（变化范围）										
	L	*W*	EP	NR	ES	*T*	*a*	*b*	*c*	*D*%	*E*%
	具体特征： 线虫短，第一代雄虫无底突。 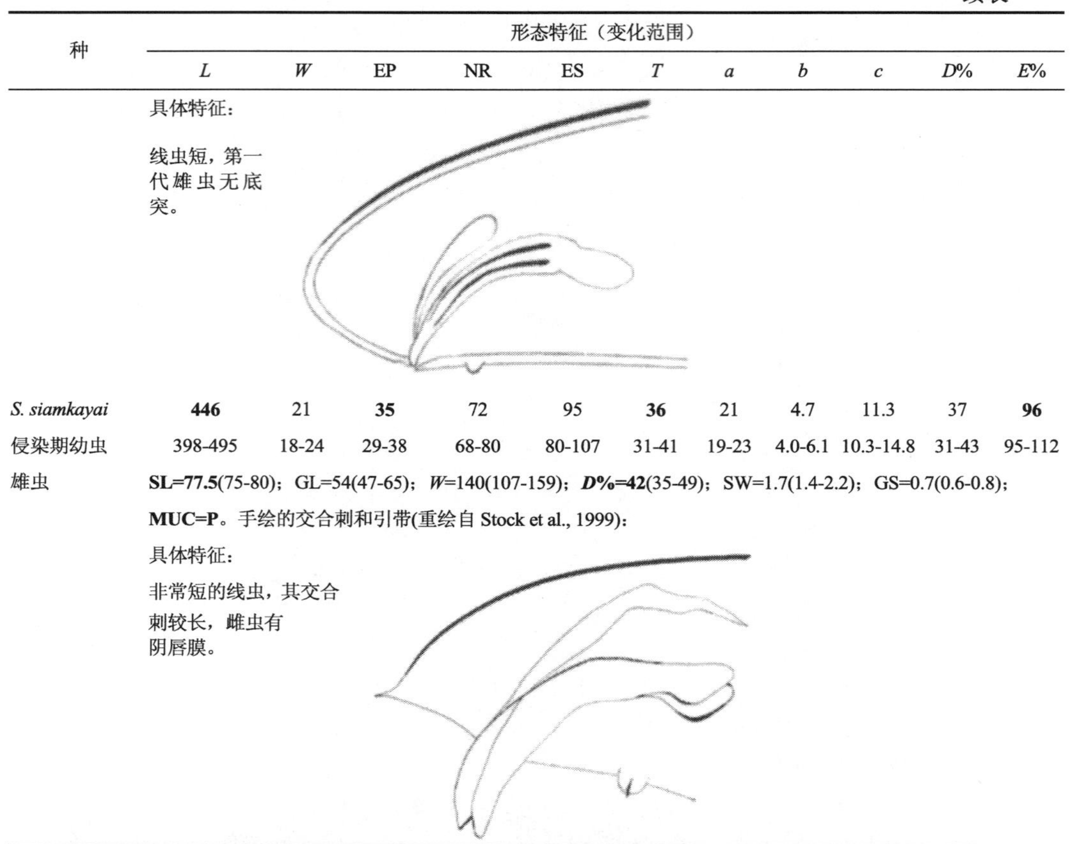										
S. siamkayai	**446**	21	**35**	72	95	**36**	21	4.7	11.3	37	**96**
侵染期幼虫	398-495	18-24	29-38	68-80	80-107	31-41	19-23	4.0-6.1	10.3-14.8	31-43	95-112
雄虫	**SL=77.5**(75-80)；GL=54(47-65)；*W*=140(107-159)；***D*%=42**(35-49)；SW=1.7(1.4-2.2)；GS=0.7(0.6-0.8)； **MUC=P**。手绘的交合刺和引带(重绘自 Stock et al., 1999)： 具体特征： 非常短的线虫，其交合刺较长，雌虫有阴唇膜。										

注：检索表中的比值和缩写如下。*L*=体长；*W*=最大的体宽；EP=从前端到排泄孔的距离；NR=从前端到神经环的距离；ES=食管长度；*a*=*L*/*W*；*b*=L/ES；*c*=*L*/*T*（*T*=尾长）；*D*%= EP/ES×100；*E*%=EP/*T*×100；ABW=肛门宽；SL=交合刺长；GL=交配引带结构长度；IJ=侵染期线虫；SW=SL/ ABW；GS=交配引带结构长/交合刺长；MUC=棘状；A=缺失；P=存在；na=未获得。所有数据均来自于原始作者

如何使用该检索表：线虫鉴定，应该考虑以下步骤。①显示寄生在寄主体内的昆虫病原线虫包括寄主的形态学和形态变化。对于结果一致的线虫，应该尽可能用大蜡螟培养（Nguyen and Smart，1996；Hominick et al.，1997）；②同一种线虫个体之间可能存在不同，至少需测量 10 条侵染期线虫及雄虫的体长；③将侵染期线虫体长与检索表中类似线虫体长相比较来确定；④比较收集的测量数据，识别总体和具体特征；⑤确定调查中相似的线虫；⑥考虑最初的描述及深入细节调查后，确定鉴定结果。

1.5.2.2 新斯氏线虫属（Nguyen and Smart，1994）

诊断：雄虫比雌虫小，尾部腹面上有单个腹鳍和 13-14 对生殖乳突，其中 8 对在肛门之前；侧尾腺孔明显（图 1.5D），尾端指状，交合刺足状，其背面稍隆起（图 1.5C）。交配引带几乎与交合刺同长。**雌虫：**正面看像斯氏线虫属（图 1.5A）；侧尾腺孔明显位于尾部后端（图 1.5B）；尾长度比体宽长（*T*/ABW=1.10-1.68）；卵胎生，幼虫蜕皮及变成侵染期线虫均在母体内完成。**侵染期线虫：**头部稍肿大（图 1.5E）；尾觉器大，尾伸长或丝状，与食管一样长，通常尾部末端弯曲（图 1.5F），比值 *c* 约为 5.5。

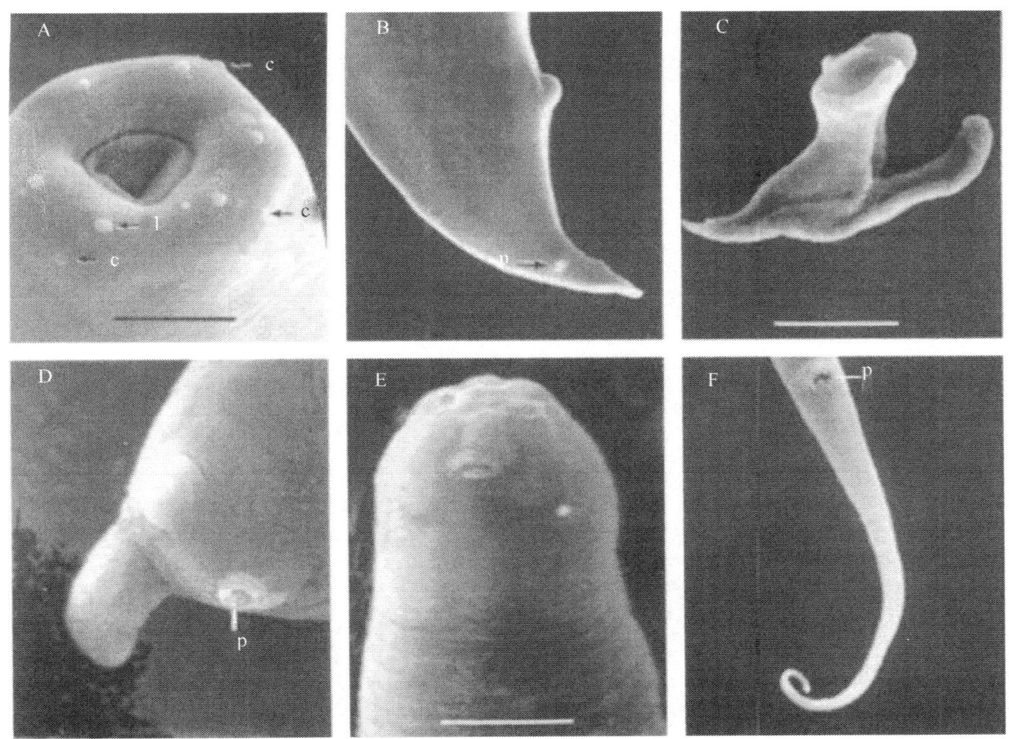

图 1.5 长弯尾新斯氏线虫的扫描电镜（SEM）显微图片

A. 从正面看头部乳突（c）、唇部乳突（l）和前端口腔；B. 雌虫尾具有明显的尾腺孔（p），尾尖；C. 足形的交合刺和交配引带结构；D. 尾端具有指状的尾尖和显著的尾腺孔（p）；E. 侵染期线虫头部膨大，头部乳突对生；F. 侵染期线虫卷曲的尾上有较大的尾觉器。标尺：A=12μm，B=30μm，C=23μm，D=5μm，E=3μm，F=17μm

典型且唯一的种类：长弯尾新斯氏线虫（*Neosteinernema longicurvicauda*）（Nguyen and Smart，1994），诊断同属所描述。

1.5.3 系统发育关系

早期关于斯氏线虫属（*Steinernema* spp.）的系统发育关系研究，包括 rDNA 的 ITS 区间 PCR RFLP 分析（Reid et al.，1997）、形态学、随机扩增多态性 DNA（RAPD）（Liu and Berry，1996b）和 18S 核糖体 RNA 基因序列（Liu et al.，1997）。最近，COⅡ-16S、ITS 和 18S rDNA 区间序列已有报道（Szalanski et al.，2000；Nguyen et al.，2001；Stock et al.，2001）。由于起初很难获得描述斯氏线虫属种内的材料，没有考虑系统发育分析。图 1.7A 显示了 3 种单独分析的复合进化树。

一般情况下，形态学相似的线虫的几种系统发育关系模式也相同。例如，*S. oregonense* 与夜蛾斯氏线虫（*S. feltiae*）在形态学上较相似，除了 *E*%（从头部距离/尾长×100）比较大，其尾端无交合刺。这两个种 ITS 分析 DNA 序列达到 91.8%同源性，表明其为同一个属的遗传发育关系最近的并列种（图 1.7A）。格氏斯氏线虫（*S. glaseri*）和中长斯氏线虫（*S. intermedium*）两个种在形态特征上显示关系很远（Nguyen and Smart，1996），ITS 分析 DNA 序列相似率仅达到 58.1%，并且遗传发育有分歧（Nguyen et al.，2001）。

1.6 异小杆线虫科系统分类学（Poinar，1976）

1.6.1 形态观察

雄虫：黏液囊有 9 个乳突（图 1.6D）。所有种类囊的结构都相似。交合刺（图 1.6E）和在腹部的交配引带结构（图 1.6F）能作为诊断特征。

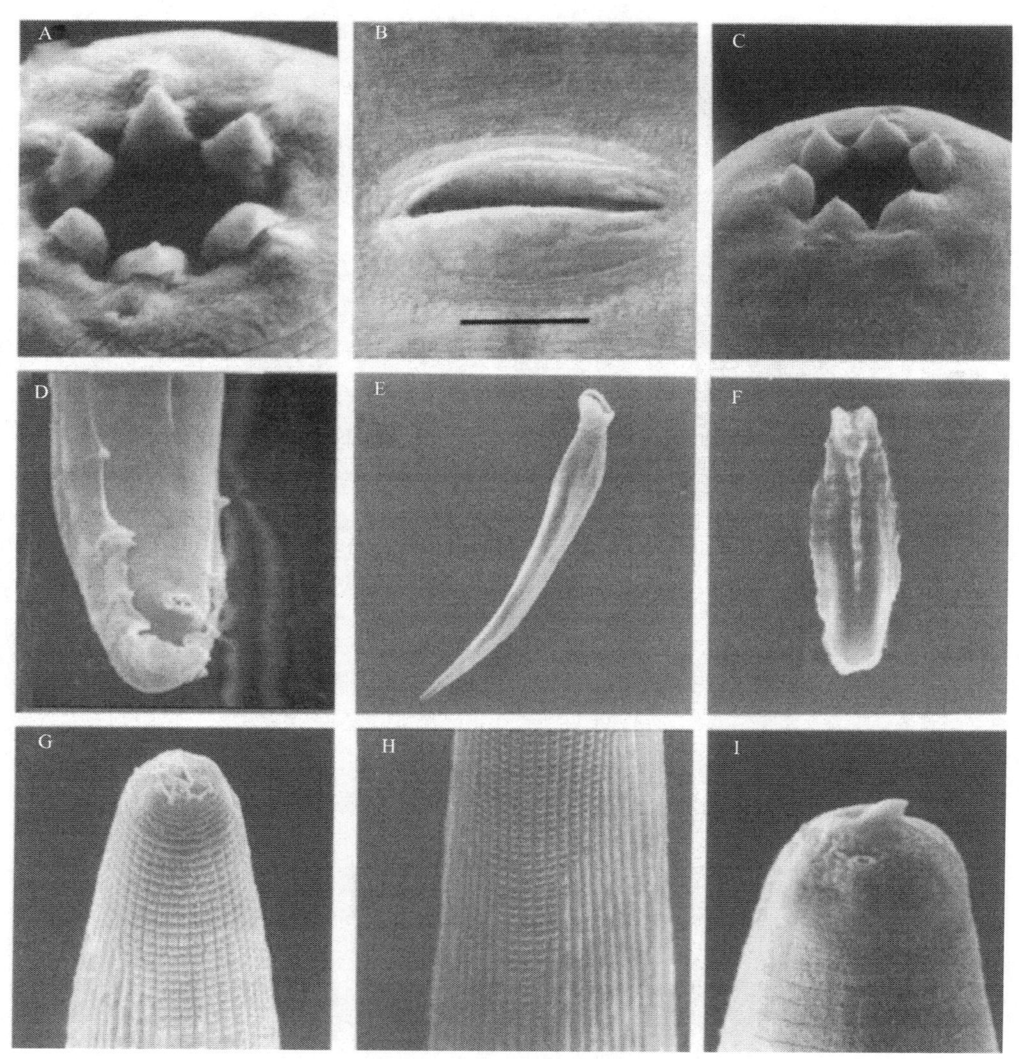

图 1.6 异小杆线虫属的扫描电镜（SEM）显微图片

A. 第一代雌性线虫唇、唇部乳突和感觉器；B. 阴门外形；C. 第二代雌性线虫横切面；D. 黏液囊；E. 交合刺；F. 交配引带纵切面；G、H. 3 龄侵染期线虫具有 2 龄幼虫表皮，前部呈镶嵌的网格结构，形成纵向桥；I. 侵染期线虫前端齿和明显的感觉器。标尺：A=5μm，B=8.6μm，C=6μm，D=20μm，E=15μm，F=8.6μm，G=8.6μm，H=10μm，I=3.8μm

雌虫：头部有 6 个伸向前方的乳突（图 1.6A、C），除了夏威夷异小杆线虫（*Heterorhabditis hawaiiensis*）唇部乳突向外弯曲之外，几乎所有种类均相似。阴门形状是其很好的诊断特征（图 1.6B）。

侵染期幼虫：侵染期线虫的形态特征如图 1.6G-I 所示。很多种类的形态特征研究很少，作为鉴定依据不是很可靠，故种类鉴定主要依靠形态学和分子数据进行。

表 1.3 总结了目前所有公认的异小杆属线虫种、分类者、分离寄主、收集地点和已发表的有关诊断和系统用途的 DNA 序列数据。

表 1.3 异小杆线虫属分类者、分离寄主、收集地点和基因库有效登录号

种名	分类者	分离寄主	收集地点	DNA 基因库登录号
H. argentinensis[a]	Stock，1993	白缘象甲（*Graphognathus* sp.）	阿根廷，Santa Fe	ITS1：AF029706
H. bacteriophora	Poinar，1975	细点突夜蛾（*Heliothis punctigera*）	澳大利亚，Brecom	18S：AF036593 ND4：AF066888
同物异名				
H. heliothidis	Khan，Brook and Hirschmann，1976	谷实夜蛾（*Heliothis zea*）	美国	ITS1：AF066890 18S：U70628
	Poinar，Thomas and Hess，1977			
Chromonema heliothidis	Khan，Brook and Hirschmann，1976			
H. brevicaudis	Liu，1994	土壤	中国，福建	
H. hawaiiensis[a]	Gardner，Stock and Kaya，1994	土壤	美国，夏威夷	ITS1：AF029707
H. indica	Poinar，Karunakar and David，1992	红尾白禾螟（*Scirpophaga excerptalis*）	印度，Coimbatore	ITS1：AF029710 18S：U70625 ND4：AF066878
H. marelatus	Liu and Berry，1996a	土壤	美国，俄勒冈	ITS1：AF029713
同物异名				18S：U70630 ND4：AF066881
H. hepialius	Stock，1997			
H. megidis	Poinar，Jackson and Klein，1987	日本丽金龟（*Popillia japonica*）	美国，俄亥俄	ITS1：AF029711 18S：U70631 ND4：AF066885
H. zealandica	Poinar，1990	黑异爪犀金龟（*Heteronychus arator*）	新西兰，Auckland	ITS1：AF029705
H. poinari	Kakulia and Mikaia，1997	土壤	美国，乔治亚	

[a] 表明这些种可能分别是嗜菌异小杆线虫（*H. bacteriophora*）和印度异小杆线虫（*H. indica*）的别名（Adams et al.,1998）

1.6.2 分类

1976 年，Poinar 在描述异小杆线虫属（*Heterorhabditis*）和嗜菌异小杆线虫（*Heterorhabditis bacteriophora*）特征的同时建立了异小杆线虫科（Heterorhabditidae）。这个科仅包括异小杆线虫一个属。目前，这个属有 8 个种；还有一个新种来自爱尔兰，正在对其进行描述（A. M. Burnell and Maynooth，2000，个人交流）。第 9 个种 *H. poinari* 已发表（Kakulia and Mikaia，1997），但有几个鉴定信息不足（形态值、测量样本数量、缺少变异评价和典型材料获得），这还有待进一步的研究。

诊断［由扫描电镜（SEM）揭示其他研究信息以作修改］：有益的昆虫寄生，侵染期线虫携带共生细菌，出现两性和两性融合的雌虫。

雌雄同体的雌虫：头部平，略圆，6 个圆锥形分开的唇，每个唇缘有一个乳突（图 1.6A），在每个唇基部有时有 1-2 个明显可见的翘起结构；感觉器口小。口腔宽而浅，唇口腔壁可见，形成一个环。从侧面看，似有两个有折叠力、能伸长的结构。口腔其他部分融合形成一个后食道腺。口腔的后部被食管缠绕着，食管没有中食道球；狭细部狭长；基球膨大；基球瓣缩小。神经环在狭细部中部。排泄孔通常位于食管末端。阴门似裂缝被椭圆形环包围；卵精两性融合起作用。卵生，之后形成卵胎生。尾比臀区体宽长，出现后臀区增大。

两性杂交繁育的雌虫：除了比雌雄同体的雌虫小外，其余特征与雌雄同体的雌虫相似；唇部乳突明显（图1.6C）。生殖系统两性杂交繁殖，阴门不能产卵（卵在雌性线虫体内孵化），但是有交配功能。

雄虫：睾丸 1 个，反折的。交合刺成对且分离，并稍微弯曲（图 1.6E）。交合刺头部短，通过收缩藏在锥板内。交配引带通常是交合刺的一半长。黏液囊具有 9 对生殖乳突（图 1.6D）。

侵染期幼虫：3龄侵染期幼虫通常有外壳（2龄幼虫表皮形成）。前部的外壳形成花纹，通过线虫身体纵向形成脊（图1.6G、H），侵染期幼虫表皮有花纹，在侧面有两个脊。头部前面有个突出的端齿（图1.6I）。嘴和肛门关闭，口腔看上去像一个由平行的壁形成的腔。食管和肠减少，排泄孔靠近神经环。在肠道内发现共生细菌细胞。尾尖，唯一典型的属是异小杆线虫属（Poinar，1976）。

异小杆线虫属种诊断和鉴定特征如多歧检索表所示（表 1.4）。为了方便检索，线虫按照侵染期线虫体长顺序排列，重要的特征已用黑体标注。另一种检索方式是在线检索，可以得到发表的最新研究成果（http://ifas.ufl.edu/~kbn/hetekey.htm）。

如何应用检索表：见斯氏线虫科部分。

表 1.4　异小杆线虫的多歧检索表

种	形态特征（变化范围）										
	L	*W*	EP	NR	ES	*T*	*a*	*b*	*c*	*D*%	*E*%
H. megidis	**768**	29	**131**	109	155	**119**	26	5.0	6.5	85	**110**
侵染期幼虫	736-800	27-32	123-142	104-115	147-160	112-128	23-28	4.6-5.9	6.1-6.9	81-91	103-120
雄虫	**SL = 49**(46-54)；GL = 21(17-24)；*W* = 47(44-50)；***D*% = 122**；**TR = 128**；**SW = 1.35**(1.30-1.40)；GS = 0.43										
	显微镜下鉴定结构：具有膜环的背齿、交合刺和交配引带。										
	具体特征：侵染期线虫长，在孔口周围具有膜状环。 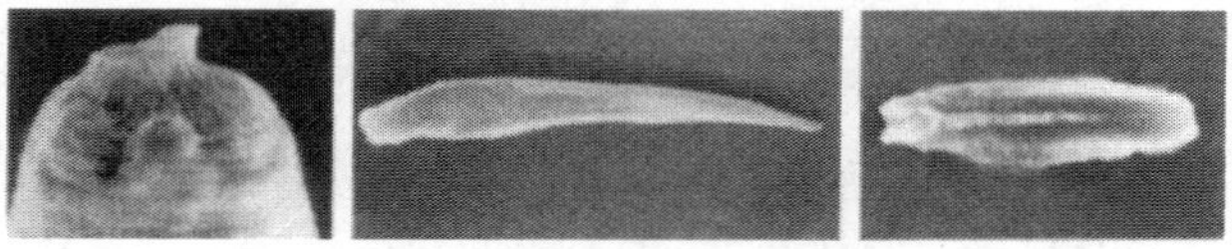										
H. zealandica	**685**	27	**112**	100	140	**102**	25	4.9	**6.6**	80	**108**
侵染期幼虫	570-740	22-30	94-123	90-107	135-147	87-119	24-26	4.2-5.0	6.2-6.7	70-84	103-109
雄虫	**SL = 51**(48-55)；GL = 22(19-25)；*W* = 41(36-45)；***D*% = 118**；**TR = 132**(88-173)；SW = 1.81(1.60-2.09)；GS = 0.43										
	显微镜下鉴定结构：阴门形状和交合刺。										

续表

种	形态特征（变化范围）										
	L	*W*	EP	NR	ES	*T*	*a*	*b*	*c*	*D*%	*E*%
	具体特征：交合刺有显著的喙状突起。 注：侵染期大蜡螟通常转绿。 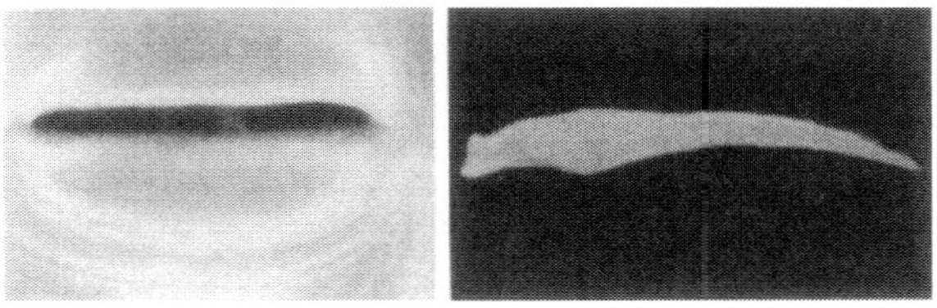										
H. marelatus	**654**	28	**102**	99	133	**107**	24	4.9	**6.1**	77	**96**
侵染期幼虫	588-700	24-32	81-113	83-113	121-139	99-117	21-29	4.7-5.4	5.5-6.6	60-86	89-110
雄虫	**SL = 45**(42-50)；GL = 19(18-22)；*W* = 51(48-56)；*D*% = 113；**TR = 91**(67-136)；SW = 1.75(1.73-1.78)；GS = 0.41										
	注：未发现有形态学差异。诊断主要是基于形态测量值的测定。										
H. bacteriophora	**588**	23	**103**	85	125	**98**	25	4.5	**6.2**	84	**112**
侵染期幼虫	512-671	18-31	87-110	72-93	100-139	83-112	17-30	4.0-5.1	5.5-7.0	76-92	103-130
雄虫	**SL = 40**(36-44)；GL = 20(18-25)；*W* = 43(38-46)；***D*% = 117**；**TR = 76**(61-89)；**SW = 1.28**(1.20-1.34)；GS = 0.50										
	鉴定结构如显微图所示：侵染期幼虫头、阴门纹和交合刺。 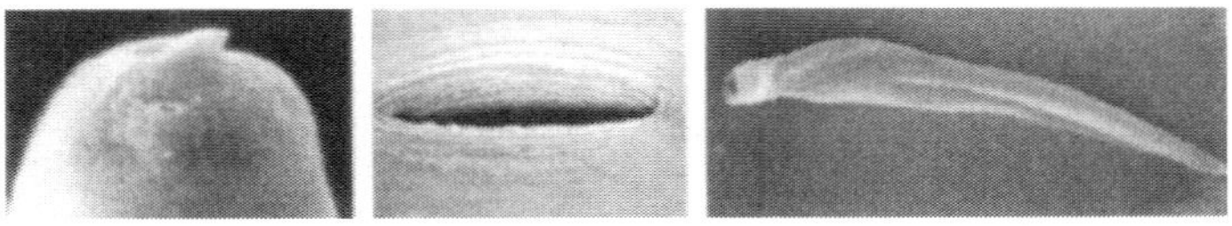										
H. hawaiiensis	**575**	25	**114**	92	133	**90**	23	4.3	**6.4**	86	**127**
侵染期幼虫	506-631	21-28	95-132	79-103	115-181	82-108	na	na	na	na	na
雄虫	**SL = 47**(40-51)；GL = 22(18-26)；*W* = 63(49-84)；***D*% = 110**；**TR = 174**(114-198)；SW = 1.73(1.44-1.95)；GS = 0.47										
	鉴定结构如显微图所示：交合刺和交配引带。 注：该线虫可能是 *H.indica* 低一级的同物异名。 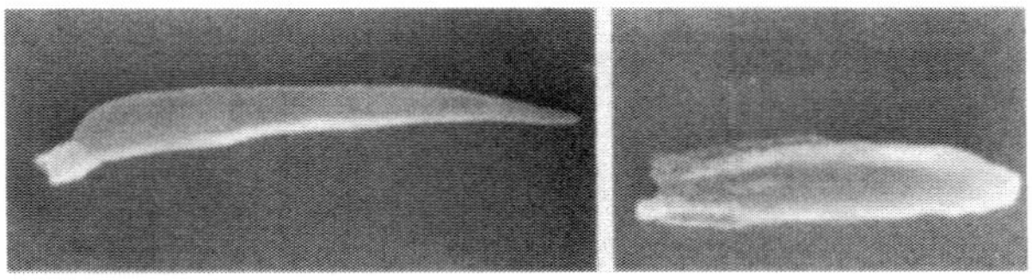										
H. brevicaudis	**572**	22	**111**	101	124	**76**	26	4.6	**7.6**	90	**147**
侵染期幼虫	528-632	20-24	104-116	96-104	120-136	68-80	na	na	6.6-8.6	na	na
雄虫	**SL = 47**(44-48)；GL = 22(20-24), *W* = 43(40-48)；***D*% = 88**；**TR = 194**(162-240)；SW = na；GS = 0.47										
	注：该线虫尾部非常短，需要进一步研究来澄清该特征，目前没有模式材料。										
H. indica	**528**	20	**98**	82	117	**101**	26	4.5	**5.3**	84	**94**
侵染期幼虫	479-573	19-22	88-107	72-85	109-123	93-109	25-27	4.3-4.8	4.5-5.6	79-90	83-103

续表

<table>
<tr><td rowspan="2">种</td><td colspan="11">形态特征（变化范围）</td></tr>
<tr><td>L</td><td>W</td><td>EP</td><td>NR</td><td>ES</td><td>T</td><td>a</td><td>b</td><td>c</td><td>D%</td><td>E%</td></tr>
<tr><td>雄虫</td><td colspan="11">SL = 43(35-48)；GL = 21(18-23)；W = 42(35-46)；D% = 122；TR = 106(78-132)；SW = 1.90(1.80-2.00)；GS = 0.49
注：该种与 H.hawaiiensis 形态特征非常相似。</td></tr>
</table>

注：检索表中的比值和缩写如下。*L*=体长；*W*=最大的体宽；EP=从前端到排泄孔的距离；NR=从前端到神经环的距离；ES=食管长度；*a*=*L*/*W*，*b*=*L*/ES，*c*=*L*/*T*（*T*=尾长），*D*%=EP/ES×100，*E*%=EP/*T*×100，ABW=肛门宽，SL=交合刺长，GL=交配引带结构长度，IJ=侵染期线虫，SW=SL/ABW，GS=交配引带结构长/交合刺长；MUC=棘状；A=缺失；P=存在；TR=睾丸反折；na=未获得。所有数据来自于原始作者

1.6.3 系统发育关系

根据 Adams 等（1998）的分析，图 1.7B 中得出了一个推论，描述了系统发育关系。

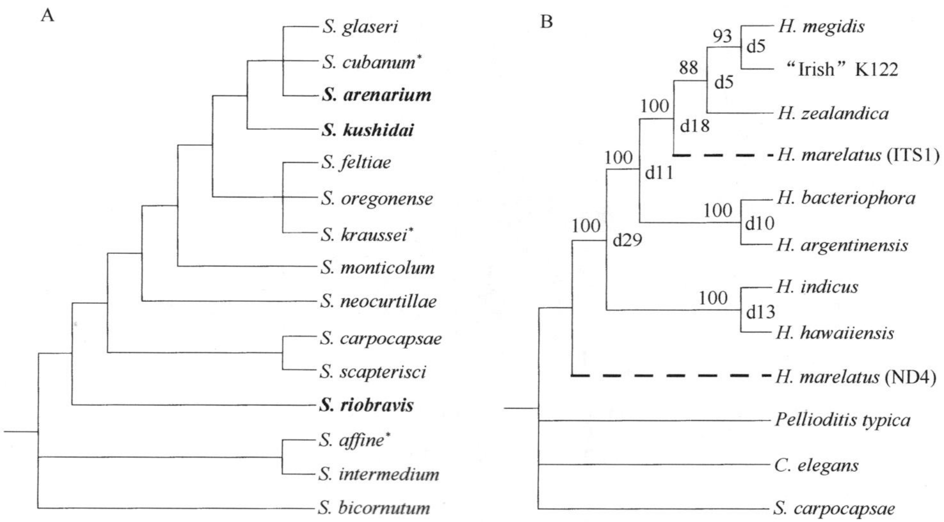

图 1.7 斯氏线虫属和异小杆线虫属遗传进化关系

A. 斯氏线虫属种间遗传进化关系的最佳评价。用 3 种分析方法形成了该进化树（Reid et al.，1997；Szalanski et al.，2000；Nguyen et al.，2001），该进化树起源于燕麦胞囊线虫（*Heterodera avena*）、大豆胞囊线虫（*Heterodera glycines*）、异常珍珠线虫（*Nacobbus aberrans*）、花生根结线虫（*Meloidogyne arenaria*）、燕麦真滑刃线虫（*Aphelenchus avenae*）、猪蛔虫（*Ascaris suum*）、犬蛔虫（*Toxocara canis*）、鸡异刺线虫（*Heterakis gallinarum*）和秀丽隐杆线虫（*Caenorhabditis elegans*）的 5.8S rDNA 分析（Nguyen et al.，2001）。通过部分 ITS 和 COⅡ-16S 序列分析（Szalanski et al.，2000）描述了分类总体类型。*表示的是通过 ITS-PCR- RFLP 进行分类描述的（Reid et al.，1997）。不必用 3 种分析方法，只有双角斯氏线虫（*S. bicornutum*）能确定遗传位置，1997 年 Reid 等把它放在蝼蛄斯氏线虫（*S. scapterisci*）和小卷叶蛾斯氏线虫（*S. carpocapsae*）的同等位置。Liu 和 Berry（1996b）用 RAPD 和形态特征研究遗传进化树是适合的，但是与部分 18S rDNA 序列分析有显著不同（Liu et al.，1997）（对来源于 18S rDNA 遗传树的分析非常好，以至于试图把它和其他结果统一，推翻大多数的结论）。B. 异小杆线虫属种间的遗传进化关系树。该遗传进化树主要来源于 Adams 等（1998），除了 *H. marelatus* 的分类地位，其他与 Liu 等（1999）的结果是一致的。基于 ND4 mtDNA 序列，Liu 等将 *H. marelatus* 从未知属中作为一个分支分离出并对其描述。

引导程序（Bootstrap）频率（100 个重复）和衰退指数（在该指数前加字母“d”）来源于 Adams 等（1998）

他们用 ITS1 rDNA 序列分析的结果和线粒体 ND4 序列分析相匹配（Liu et al.，1999），但未描述马乐异小杆线虫（*H. marelatus*）的分类地位，Liu 等从剩余的类群中描述为一个分支。关系最近的种类关系被很好地描述［印度异小杆线虫（*H. indica*）+夏威夷异小杆线虫（*H. hawaiiensis*）、嗜菌异小杆线虫（*H. bacteriophora*）+*H. argentinensis*、大异小杆线虫（*H. megidis*）+爱尔兰类型（'Irish type'）］，然而更进一步的证据却不太明确。例如，Adams 等（1998）对新西兰异小杆线虫（*H. zealandica*）的分类地位与相关的大异小杆线虫和大异小杆线虫+爱尔兰类型（'Irish type'）的进化分支表示了怀疑。他们的担心是基于较低的引导和衰减指数的支持，而且在不同群体中和遗传树参数下新西兰异小杆线虫的稳定性差。Liu 等（1999）的研究没有包括新西兰异小杆线虫或爱尔兰类型（'Irish type'）种类，但仍然不支持 *H. marelatus* 和大异小杆线虫这两个种的关系。两个不统一的研究排除了异小杆线虫属内建立关系的结论，尤其在关系较远的种之间。

1.7　结论与展望

大多数昆虫病原线虫种的分类史也许是简要的，但是近 10 年已经历了严格的审查，甚至可以和以人类为中心的问题相媲美。线虫分类和系统分类学的研究不仅推动和帮助了应用该类线虫在害虫治理中的研究，也为利用昆虫病原线虫来探讨自然科学中的生物学问题打下了良好的基础。异小杆线虫属有个小基因组，较容易被培养，在分类上与秀丽隐杆线虫属于同一个科，这意味着这个属可以作为蛋白质组学比较及分子发育研究的候选属。斯氏线虫属中不同线虫特异性寄主的分布和不同寻找寄主行为，为研究其行为生态史提供了很好的证据。目前建立的系统分类框架能够研究生态和进化史（Brooks and Mclennan，1991；Harvey and Pagel，1991），包括其历史、分子机制、寄生物和共生菌的遗传稳定性。昆虫病原线虫在研究共生作用的进化遗传学中也起着重要的作用，并且开创和检验了致病性、寄主专一性和物种形成的理论模式。

可以加强和提高目前的系统知识，通过培训分类学家传统分类和分子学方法以揭示昆虫病原线虫的多样性，因此将会有更多的来自系统研究、结合形态学和分子特征的系统发育结论和解释性的证据。分子生物学的发展和有潜力的基因组学将显著拓宽我们的分子标记技术和分析手段，将来在非专业人员收集样品的过程中也可以对其进行鉴定，这可增加生物多样性调查的速度和效率。人们共同努力、互相合作，并结合以往研究，最终将促进更有效的生物防治工程发展，提升昆虫病原线虫的地位及其共生细菌对生物体的作用。

致谢

我们感谢 A. Burnell、D. Casey、S. Nadler 和 P. Stock 提供了他们尚未发表的数据。

参 考 文 献

Abadon, M., Grenier, E., Laumond, C. and Abad, P. (1998) A species-specific satellite DNA from the entomopathogenic nematode *Heterorhabditis indicus*. *Genome* 41, 148–153.

Adams, B.J., Burnell, A.M. and Powers, T.O. (1998) A phylogenetic analysis of *Heterorhabditis* (Nemata: Rhabditidae) based on internal transcribed spacer 1 DNA sequence data. *Journal of Nematology* 30, 22–39.

Artyukhovsky, A.K. (1967) *Neoaplectana arenarium* nov. sp. (Steinernematidae: Nematoda) inducing nematode disease in chafers of the Voronezh region. *Trudy Voronezhskogo Gosudarstvennogo Zapovednika* 15, 94–100.

Artyukhovsky, A.K., Kozodoi, E.M., Reid, A.P. and Spiridonov, S.E. (1997) Redescription of *Steinernema arenarium* (Artyukhovsky, 1967) topotype from Central Russia and a proposal for *S. anomalae* (Kozodoi, 1984) as a junior synonym. *Russian Journal of Nematology* 5, 31–37.

Blaxter, M.L., De Ley, P., Garey, J.R., Liu, L.X., Scheldeman, P., Vierstraete, A., Vanfleteren, J.R., Mackey, L.Y., Dorris, M., Frisse, L.M., Vida, J.T. and Thomas, W.K. (1998) A molecular evolutionary framework for the phylum Nematoda. *Nature* 392, 71–75.

Blouin, M.S., Liu, J. and Berry, R.E. (1999) Life cycle variation and the genetic structure of nematode populations. *Heredity* 83, 253–259.

Bovien, P. (1937) Some types of association between nematodes and insects. *Videnskabelige Meddeleser fra Dansk Naturhistorisk Forening Kobenhaven* 101, 1–114.

Brooks, D.R. and McLennan, D.A. (1991) *Phylogeny, Ecology, and Behaviour: a Research Program in Comparative Biology*. University of Chicago Press, Chicago, 434 pp.

Burnell, A.M. and Stock, S.P. (2000) *Heterorhabditis*, *Steinernema* and their bacterial symbionts – lethal pathogens of insects. *Nematology* 2, 31–42.

Cabanillas, H.E., Poinar, G.O. and Raulston, J.R. (1994) *Steinernema riobravis* n. sp. (Rhabditida: Steinernematidae) from Texas. *Fundamental and Applied Nematology* 17, 123–131.

Casey, D.G. and Burnell, A.M. (2001) The isolation of microsatellite loci in the Mediterranean fruitfly *Ceratitis capitata* (Diptera: Tephritidae) using a biotin/streptavidin enrichment technique. *Molecular Ecology* 1, 120–122.

Chitwood, B.G. and Chitwood, M.B. (1937) *An Introduction to Nematology*. Monumental Printing Company, Baltimore, Maryland, 213 pp.

Dorris, M., De Ley, P. and Blaxter, M.L. (1999) Molecular analysis of nematode diversity and the evolution of parasitism. *Parasitology Today* 15, 188–193.

Doucet, M.M.A. (1986) A new species of *Neoaplectana* Steiner, 1929 (Nematoda: Steinernematidae) from Cordoba, Argentina. *Revue de Nématologie* 9, 317–323.

Doucet, M.M.A. and Doucet, M.E. (1990) *Steinernema ritteri* n. sp. (Nematoda: Steinernematidae) with a key to the species of the genus. *Nematologica* 36, 257–265.

Elawad, S., Ahmad, W. and Reid, A. (1997) *Steinernema abbasi* sp. n. (Nematoda: Steinernematidae) from the Sultanate of Oman. *Fundamental and Applied Nematology* 20, 433–442.

Filipjev, I.N. (1934) The classification of the free-living nematodes and their relations to parasitic nematodes. *Smithsonian Miscellaneous Collections* 89, 1–63.

Gardner, S.L., Stock, S.P. and Kaya, H.K. (1994) A new species of *Heterorhabditis* from the Hawaiian islands. *Journal of Parasitology* 80, 100–106.

Goldstein, D.B. and Pollock, D.D. (1997) Launching microsatellites: A review of mutation processes and methods of phylogenetic inference. *Journal of Heredity* 88, 335–342.

Graybeal, A. (1998) Is it better to add taxa or characters to a difficult phylogenetic problem? *Systematic Biology* 47, 9–17.

Gurran, J. (1989) Chromosome numbers of *Steinernema* and *Heterorhabditis* species. *Revue de*

Nématologie 12, 145–148.

Grenier, E., Laumond, C. and Abad, P. (1995) Characterization of a species-specific satellite DNA from the entomopathogenic nematode *Steinernema carpocapsae. Molecular and Biochemical Parasitology* 69, 93–100.

Grenier, E., Laumond, C. and Abad, P. (1996) Molecular characterization of two species-specific tandemly repeated DNAs from entomopathogenic nematodes *Steinernema* and *Heterorhabditis* (Nematoda: Rhabditida). *Molecular and Biochemical Parasitology* 83, 47–56.

Grenier, E., Castagnone-Sereno, P. and Abad, P. (1997) Satellite DNA sequences as taxonomic markers in nematodes of agronomic interest. *Parasitology Today* 13, 398–401.

Harvey, P.H. and Pagel, M.D. (1991) *The Comparative Method in Evolutionary Biology*. Oxford University Press, Oxford, 239 pp.

Hashmi, G. and Gaugler, R. (1998) Genetic diversity in insect-parasitic nematodes (Rhabditida : Heterorhabditidae). *Journal of Invertebrate Pathology* 72, 185–189.

Hillis, D.M. (1998) Taxonomic sampling, phylogenetic accuracy, and investigator bias. *Systematic Biology* 47, 3–8.

Hominick, W.M., Briscoe, B.R., del Pino, F.G., Heng, J.A., Hunt, D.J., Kozodoy, E., Mracek, Z., Nguyen, K.B., Reid, A.P., Spiridonov, S., Stock, P., Sturhan, D., Waturu, C. and Yoshida, M. (1997) Biosystematics of entomopathogenic nematodes: current status, protocols and definitions. *Journal of Helminthology* 71, 271–298.

International Commission on Zoological Nomenclature. (1999) *International Code of Zoological Nomenclature*, 4th edn. International Trust for Zoological Nomenclature, London, 306 pp.

Jarne, P. and Lagoda, P.J.L. (1996) Microsatellites, from molecules to populations and back. *Trends in Ecology and Evolution* 11, 424–429.

Jian, B., Reid, A.P. and Hunt, D.J. (1997) *Steinernema ceratophorum* n. sp. (Nematoda: Steinernematidae) a new entomopathogenic nematode from northeast China. *Systematic Parasitology* 37, 115–125.

Joyce, S.A., Burnell, A.M. and Powers, T.O. (1994) Characterization of *Heterorhabditis* isolates by PCR amplification of segments of mtDNA and rDNA genes. *Journal of Nematology* 26, 260–270.

Kakulia, G. and Mikaia, N. (1997) New species of the nematode *Heterorhabditis poinari* sp. nov. (Rhabditida; Heterorhabditidae) G. Kakulia et N. Mikaia. *Bulletin of the Georgian Academy of Sciences* 155, 457–459.

Khan, A.W., Brooks, M. and Hirschmann, H. (1976) *Chromonema heliothidis* n. gen., n. sp. (Steinernematidae, Nematoda), a parasite of *Heliothidis zeae* (Noctuidae, Lepidoptera), and other insects. *Journal of Nematology* 8, 159–168.

Kozodoi, E.M. (1984) A new entomopathogenic nematode *Neoaplectana anomali* sp. n. (Rhabditida: Steinernematidae) and observations on its biology. *Zoological Journal* 63, 1605–1609.

Liu, J. (1994) A new species of the genus *Heterorhabditis* from China (Rhabditida: Heterorhabditidae). *Acta Zootaxonomica Sinica* 19, 268–272.

Liu, J. and Berry, R.E. (1996a) *Heterorhabditis marelatus* n. sp. (Rhabditida: Heterorhabditidae) from Oregon. *Journal of Invertebrate Pathology* 67, 48–54.

Liu, J. and Berry, R.E. (1996b) Phylogenetic analysis of the genus *Steinernema* by morphological characters and randomly amplified polymorphic DNA fragments. *Fundamental and Applied Nematology* 19, 463–469.

Liu, J. and Berry, R.E. (1996c) *Steinernema oregonensis* n. sp. (Rhabditida: Steinernematidae) from Oregon, USA. *Fundamental and Applied Nematology* 19, 375–380.

Liu, J., Berry, R.E. and Moldenke, A.F. (1997) Phylogenetic relationships of entomopathogenic nematodes (Heterorhabditidae and Steinernematidae) inferred from partial 18S rRNA gene sequences. *Journal of Invertebrate Pathology* 69, 246-252.

Liu, J., Poinar, G.O., and Berry, R.E. (1998) Taxonomic comments on the genus *Steinernema* (Nematoda: Steinernematida): specific epithets and distribution record. *Nematologica* 44, 321-322.

Liu, J., Berry, R.E. and Blouin, M.S. (1999) Molecular differentiation and phylogeny ofentomopathogenic nematodes (Rhabditida : heterorhabditidae) based on ND4 gene sequences of mitochondrial DNA. *Journal of Parasitology* 85, 709-715.

Liu, J., Poinar, G.O. and Berry, R.E. (2000) Control of insect pests with entomopathogenic nematodes: the impact of molecular biology and phylogenetic reconstruction. *Annual Review of Entomology* 45, 287-306.

Luc, P.V., Nguyen, K.B., Reid, A.P. and Spiridonov, S.E. (2000) *Steinernema tami* sp. n. (Rhabditida: Steinernematidae) from Cat Tien Forest, Vietnam. *Russian Journal of Nematology* 8, 33-43.

Mamiya, Y. (1988) *Steinernema kushidai* n. sp. (Nematoda: Steinernematidae) associated with scarabaeid beetle larvae from Shizuoca, Japan. *Applied Entomology and Zoology* 23, 313-320.

Mracek, Z., Hernandez, E.A. and Boemare, N.E. (1994) *Steinernema cubana* sp. n. (Nematoda: Rhabditida: Steinernematidae) and the preliminary characterization of its associated bacterium. *Journal of Invertebrate Pathology* 64, 123-129.

Mueller, U.G. and Wolfenbarger, L.L. (1999) AFLP genotyping and fingerprinting. *Trends in Ecology and Evolution* 14, 389-394.

Nasmith, C.G., Speranzini, D., Jeng, R. and Hubbes, M. (1996) RFLP analysis of PCR amplified ITS and 26S Ribosomal RNA genes of selected entomopathogenic nematodes (Steinernematidae, Heterorhabditidae). *Journal of Nematology* 28, 15-25.

Nguyen, K.B. and Smart, G.C. (1988) A new steinernematid nematode from Uruguay. *Journal of Nematology* 20, 651.

Nguyen, K.B. and Smart, G.C. (1990) *Steinernema scapterisci* n. sp. (Steinernematidae: Nematoda). *Journal of Nematology* 22, 187-199.

Nguyen, K.B. and Smart, G.C. (1992) *Steinernema neocurtillis* n. sp. (Rhabditida: Steinernematidae) and a key to species of the genus *Steinernema*. *Journal of Nematology* 24, 463-477.

Nguyen, K.B. and Smart, G.C. (1994) *Neosteinernema longicurvicauda* n. gen., n. sp. (Rhabditida: Steinernematidae), a parasite of the termite *Reticulitermes flavipes* (Koller). *Journal of Nematology* 26, 162-174.

Nguyen, K.B. and Smart, G.C. (1996) Identification of entomopathogenic nematodes in the Steinernematidae and Heterorhabditidae (Nemata: Rhabditida). *Journal of Nematology* 28, 286-300.

Nguyen, K.B., Maruniak, J. and Adams, B.J. (2001) The diagnostic and phylogenetic utility of the rDNA internal transcribed spacer sequences of *Steinernema*. *Journal of Nematology* (in press).

Pamjav, H., Triga, D., Buzas, Z., Vellai, T., Lucskai, A., Adams, B., Reid, A.P., Burnell, A., Griffin, C., Glazer, I., Klein, M.G. and Fodor, A. (1999) Novel application of PhastSystem polyacrylamide gel electrophoresis using restriction fragment length polymorphism - internal transcribed spacer patterns of individuals for molecular identification of entomopathogenic nematodes. *Electrophoresis* 20, 1266-1273.

Poe, S. (1998) Sensitivity of phylogeny estimation to taxonomic sampling. *Systematic Biology* 47, 18-31.

Poinar, G.O. (1976) Description and biology of a new insect parasitic rhabditoid, *Heterorhabditis bacteriophora* n. gen. n. sp. (Rhabditida: Heterorhabditidae n. fam.). *Nematologica* 21, 463-470.

Poinar, G.O. (1983) *The Natural History of Nematodes.* Prentice-Hall, Englewood Cliffs, New Jersey, 323 pp.

Poinar, G.O. (1985) *Neoaplectana intermedia* n. sp. (Steinernematidae: Nematoda) from South Carolina. *Revue de Nématologie* 8, 321-327.

Poinar, G.O. (1990) Taxonomy and biology of Steinernematidae and Heterorhabditidae. In: Gaugler, R. and Kaya, H.K. (eds) *Entomopathogenic Nematodes in Biological Control.* CRC Press, Boca Raton, Florida, pp. 23-60.

Poinar, G.O. (1993) Origins and phylogenetic relationships of the entomophilic rhabditids, *Heterorhabditis* and *Steinernema. Fundamental and Applied Nematology* 16, 333-338.

Poinar, G.O., Jackson, T. and Klein, M. (1987) *Heterorhabditis megidis* sp. n. (Heterorhabditidae: Rhabditida) parasitic in the Japanese beetle, *Popillia japonica* (Scarabaeidae: Coleoptera), in Ohio. *Proceedings of the Helminthological Society of Washington* 54, 53-59.

Poinar, G.O., Karunakar, G.K., and David, H. (1992) *Heterorhabditis indicus* n. sp. (Rhabditida: Nematoda) from India: separation of *Heterorhabditis* spp. by infective juvenliles. *Fundamental and Applied Nematology* 15, 467-472.

Qin, L., Overmars, B., Helder, J., Popeijus, H., van der Voort, J.R., Groenink, W., van Koert, P., Schots, A., Bakker, J. and Smant, G. (2000) An efficient cDNA-AFLP-based strategy for the identification of putative pathogenicity factors from the potato cyst nematode *Globodera rostochiensis. Molecular Plant-Microbe Interactions* 13, 830-836.

Reid, A., Hominick, W. and Briscoe, B. (1997) Molecular taxonomy and phylogeny of entomopathogenic nematode species (Rhabditida: Steinernematidae) by RFLP analysis of the ITS region of the ribosomal DNA repeat unit. *Systematic Parasitology* 37, 187-193.

Roman, J. and Figueroa, W. (1994) *Steinernema puertoricensis* n. sp. (Rhabditida: Steinernematidae) a new entomopathogenic nematode from Puerto Rico. *Journal of Agriculture, University of Puerto Rico* 78, 167-175.

Semblatt, J.P., Wajnberg, E., Dalmasso, A., Abad, P. and Castagnone-Sereno, P. (1998) High resolution DNA fingerprinting of parthenogenetic root-knot nematodes using AFLP analysis. *Molecular Ecology* 7, 119-125.

Shapiro, D.I., Glazer, I. and Segal, D. (1997) Genetic diversity in wild and laboratory populations of *Heterorhabditis bacteriophora* as determined by RAPD-PCR analysis. *Fundamental and Applied Nematology* 20, 581-585.

Shen, C.P. and Wang, G.H. (1991) Description and study of an entomopathogenic nematode: *Steinernema longicaudum* sp. nov. *Proceedings of the First National Academy Symposium. Young and Middle Aged Science and Technology Works, Plant Protection.* Chinese Science and Technology Press, Beijing, pp. 220-231.

Stack, C.M., Easwaramoorthy, S.G., Metha, U.K., Downes, M.J., Griffin, C.T. and Burnell, A.M. (2000) Molecular characterisation of *Heterorhabditis indica* isolates from India, Kenya, Indonesia and Cuba. *Nematology* 2, 477-487.

Stanuszek, S. (1974) *Neoaplectana feltiae* complex (Nematoda, Steinernematidae) its taxonomic position within the genus *Neoaplectana* and intraspecific structure. *Zeszyty Problemowe Postepow Nauk Rolniczych* 154, 331-360.

Steiner, G. (1923) *Aplectana kraussei* n. sp., eine in der Blattwespe *Lyda* sp. parasitierende Nematodenform, nebst Bomerkungen uber das Seitenorgan der parasitischen Nematoden. *Zentralblatt für Bakteriologie Parasitenkunde Infektionskrankheiten und Hygiene Abteilung I Originale* 59, 14-18.

Steiner, G. (1929) *Neoaplectana glaseri* n. g., n. sp. (Oxyuridae) a new nemic parasite of the Japanese beetle (*Popillia japonica* Newm.). *Journal of the Washington Academy of Science* 19, 436–440.

Stock, S.P. (1993) A new species of the genus *Heterorhabditis* Poinar, 1975 (Nematoda: Heterorhabditidae) parasitizing *Graphognathus* sp. larvae (Coleoptera: Curculionidae) from Argentina. *Research and Reviews in Parasitology* 53, 103–107.

Stock, S.P. (1997) *Heterorhabditis hepialius* Stock, Strong & Gardner, 1996 a junior synonym of *H. marelatus* Liu & Berry, 1996 (Rhabditida: Rhabditidae) with a redescription of the species. *Nematologica* 43, 455–463.

Stock, S., Strong, D. and Gardner, S. (1996) Identification of *Heterorhabditis* (Nematoda: Heterorhabditidae) from California with a new species isolated from the larvae of the ghost moth *Hepialis californicus* (Lepidoptera: Hepialidae) from the Bodega Bay Natural Reserve. *Fundamental and Applied Nematology* 19, 585–592.

Stock, S.P., Choo, H.Y. and Kaya, H.K. (1997) An entomopathogenic nematode, *Steinernema monticolum* sp. n. (Rhabditida: Steinernematidae) from Korea with a key to other species. *Nematologica* 43, 15–29.

Stock, S.P., Somsook, V. and Reid, A.P. (1998) *Steinernema siamkayai* n. sp. (Rhabditida: Steinernematidae), an entomopathogenic nematode from Thailand. *Systematic Parasitology* 41, 105–113.

Stock, S.P., Campbell, J.F. and Nadler, S.A. (2001) Phylogeny of *Steinernema* Travassos, 1927 (Cephalobina: Steinernematidae) inferred from ribosomal DNA sequences and morphological characters. *Journal of Parasitology* 87, 877-889.

Sudhaus, W. (1993) Die mittels symbiontischer Bakterien entomopathogenen Nematoden Gattungen *Heterorhabditis* und *Steinernema* sind keine Schwestertaxa. *Verhandlungen der Deutschen* 86, 146.

Szalanski, A.L., Taylor, D.B. and Mullin, P.G. (2000) Assessing nuclear and mitochondrial DNA sequence variation within *Steinernema* (Rhabditida: Steinernematidae). *Journal of Nematology* 32, 229–233.

Travassos, L. (1927) Sobre o genera *Oxysomatium. Boletim Biologico* 5, 20–21.

van der Voort, J.R., van der Vossen, E., Bakker, E., Overmars, H., van Zandroort, P., Hutten, R., Lankhorst, R.K. and Bakker, J. (2000) Two additive QTLs conferring broad-spectrum resistance in potato to *Globodera pallida* are localized on resistance gene clusters. *Theoretical and Applied Genetics* 101, 1122–1130.

Van Luc, P., Nguyen, K.B., Reid, A.P. and Spiridonov, S.E. (2000) *Steinernema tami* sp. n. (Rhabditida: Steinernematidae) from Cat Tien Forest, Vietnam. *Russian Journal of Nematology* 8, 33–43.

Waturu, C.N., Hunt, D.J. and Reid, A.P. (1997) *Steinernema karii* sp. n. (Nematoda: Steinernematidae), a new entomopathogenic nematode from Kenya. *International Journal of Nematology* 7, 68–75.

Wouts, W.M. (1979) The biology and life cycle of a New Zealand population of *Heterorhabditis heliothidis* (Heterorhabditidae). *Nematologica* 25, 191–202.

Wouts, W., Mracek, M.Z., Gerdin, S. and Bedding, R.A. (1982) *Neoaplectana* Steiner, 1929 a junior synonym of *Steinernema* Travassos, 1927 (Nematoda: Rhabditida). *Systematic Parasitology* 4, 147–154.

Xu, F.Z., Wang, G.H. and Li, X.F. (1991) A new species of the genus *Steinernema* (Rhabditida: Steinernematidae). *Zoological Research* 12, 17–20.

2　发光杆菌和致病杆菌的生物学与系统分类学

Noël Boemare

Laboratoire de Pathologie comparée, CC 101, INRA-Université Montpellier II, Place Eugène Bataillon, 34095 Montpellier Cedex 5, France

2.1　引　　言

2.1.1　生存环境和在变形菌门中的分类地位

致病杆菌（*Xenorhabdus*）和发光杆菌（*Photorhabdus*）两个细菌属分别与斯氏线虫属（*Steinernema*）和异小杆线虫属（*Heterorhabditis*）侵染期昆虫病原线虫互惠共生。大多数致病杆菌和所有的发光杆菌被注射进昆虫血腔后，对寄主昆虫是有致病性的。另外，目前还鉴定出一个非共生发光杆菌（*Photorhabdus asymbiotica*）菌株，该菌株是人类的机会病原（Farmer et al.，1989），还有一组发光杆菌，目前还没有鉴定到种的水平，它引起的侵染需要抗生素才能治疗（Peel et al.，1999）。

在过去的20年里，对从野生型线虫中分离的菌株研究表明，致病杆菌和发光杆菌分别位于斯氏线虫属和异小杆线虫属的侵染期幼虫的肠道中（Forst et al.，1997）。有时会发现，斯氏线虫还携带其他的细菌菌株（Lysenko and Weiser，1974；Aguillera et al.，1993；Elawad et al.，1999），这些菌株可能是线虫体表的污染物（Bonifassi et al.，1999），在各种情况下都发现了其共生菌存在于侵染期线虫的肠道中。在异小杆线虫中，有时也能分离到苍白杆菌属（*Ochrobactrum* spp.）（Babic et al.，2000）和雷氏普罗威登斯菌（*Providencia rettgeri*）（Jackson et al.，1995），这两种菌可能也是存在于线虫表皮和鞘之间。

致病杆菌和发光杆菌作为昆虫和脊椎动物共生体，属于变形菌门（Proteobacteria）的γ-亚纲。这两个属的细菌都是硝酸还原酶阴性，致病杆菌是过氧化氢酶阴性，这是肠杆菌科（Enterobacteriaceae）所特有的两个主要性状，然而，它们还具有肠杆菌所特有的抗原（Ramia et al.，1982）。此外，从基于核糖体建立起来的亲缘关系来看，肠杆菌科内两个属分支较远，没有任何的同源性，与它们亲缘性最近的属是变形杆菌属（*Proteus*）。

2.1.2 基本属性和应用价值

对于共生菌属性的研究，如细胞膜、外酶活性、特殊代谢物和致病过程，以及区分不同生存条件下菌落的多细胞种群的数量的能力，尤其是对致病机制和特殊代谢途径的研究，都为微生物学提出了一些新的观点。在不久的将来，随着相当多的关于这些细菌和无脊椎动物相互作用的数据的积累，研究者有可能对这些机制提出一个进化性的见解。

对于共生菌最具应用价值的研究是它们对营养成分的需求，从而改善用于害虫生物防治的线虫大量生产的条件。我们知道，共生菌接种体的生存和防止污染能力对于有效的商业生产是非常重要的（Ehlers et al.，1990，1998）。研究这些细菌的第二个价值是利用它们的次生代谢物，这些次生代谢物在药物和农林业方面的商业潜力很大（Webster et al.，1998）。研究的第三个价值是细菌产生的蛋白毒素，在发光杆菌中已经鉴定出蛋白毒素（Bowen et al.，1998），该毒素可以提高共生细菌进行独立控制害虫的能力。人们已经提出在植物的基因组中插入蛋白毒素基因以对农业害虫进行防治，如苏云金芽孢杆菌（*Bacillus thuringiensis*）（简称Bt）。另外，由于靶标昆虫对这些转Bt植物产生了抗性，人们建议在植物中同时转入苏云金芽孢杆菌和发光杆菌的毒素基因（ffrench-Constant and Bowen，1999）。

2.2 共生细菌致病杆菌和发光杆菌的生物学

2.2.1 生活史——在寄主昆虫中的生长繁殖和在线虫中的休眠

当昆虫病原线虫［主要是异小杆线虫属（*Heterorhabditis*）］通过一些自然孔道（口、肛门或气门），或直接通过体壁进入寄主昆虫体内时，寄生就开始了。斯氏线虫属

(*Steinernema*)可以诱导毒素的产生(Boemare et al.,1982,1983b),同时产生一种免疫抑制因子,该因子可有效地抑制昆虫产生抗菌肽(Götz et al.,1981);异小杆线虫属的这方面情况还不清楚。斯氏线虫和异小杆线虫两个属的侵染期线虫,都是将共生菌释放到昆虫的体腔中并大量繁殖,线虫在寄主体内进一步发育成4龄幼虫和成虫,寄主昆虫死亡的主要原因是患败血症(Forst et al.,1997)。线虫在寄主昆虫的尸体内繁殖并取食共生菌菌体,同时,共生菌分解昆虫的组织。

在共生菌的生活史中有两个不同的生理状态,相应的有两个不同的生态域。一个是静止状态,共生菌寄生在侵染期线虫的肠腔中。致病杆菌寄生于侵染期斯氏线虫属线虫肠腔的特殊囊泡内(Bird and Akhurst,1983),而发光杆菌属寄生于侵染期异小杆线虫属肠腔前端(Boemare et al.,1996)。另一个是生长繁殖状态,共生菌被线虫携带进入寄主昆虫的血淋巴中(haemolymph)。因此,共生菌在营养丰富和贫瘠的两种生存状态下反复交替。如果我们比较几种与动物共生的细菌(参见第3章,Forst and Clarke)会发现,这些共生细菌是比较独特的,它们是与线虫共生,并且对寄主昆虫具有致病性。

2.2.2 共生菌的毒性和对线虫的作用

除了少数菌株通过取食后才有致病性,一般情况下,在线虫进入寄主昆虫体内后,共生菌就开始侵染了。共生菌的作用部位是昆虫的血淋巴,到目前为止,还未在寄主昆虫的肠腔中发现共生菌。根据线虫、共生菌和寄主昆虫的相互作用,昆虫病原线虫的致病过程可能是三方共同作用的结果,即昆虫对线虫和共生菌的抵抗作用、线虫或共生菌的单独作用及线虫与共生菌的共同作用。

Bucher(1960)认为,当细菌对昆虫的致死中量 LD_{50}<10 000 个细胞时,就可认为细菌对昆虫有致病作用。大多数致病杆菌菌株对大蜡螟(*Galleria mellonella*)幼虫有较高的致病性,LD_{50}<100 个细胞(Akhurst and Boemare,1990)。然而,单独注射 *X. poinarii* 时对大蜡螟的致病性较低(LD_{50}>5000 个细胞),同时注射 *X. poinarii* 和与其共生的线虫——无菌格氏斯氏线虫(*S.glaseri*)对大蜡螟有较高的致病性,格氏斯氏线虫是大蜡螟的天然寄主(Akhurst,1986b)。无菌的蝼蛄斯氏线虫(*S. scapterisci*)和其共生菌单独对大蜡螟无致病作用,但两者结合形成共生体后对大蜡螟具较高的致病性(Bonifassi et al.,1999)。

据目前报道,所有发光杆菌属(*Photorhabdus*)菌株对昆虫均具有致病作用,对大蜡螟的致病性 LD_{50}<100 个细胞(Fischer-Le Saux et al.,1999b)。因此,认为发光杆菌属对昆虫具有较高的致病性。其中,一些菌株通过消化作用对寄主昆虫有致病性(ffrench-Constant and Bowen,1999)。发光杆菌属所产生毒素的作用部位是昆虫的中肠上皮细胞,毒素通过肠腔甚至体腔作用于中肠上皮细胞(Blackburn et al.,1998)。

2.2.3 保持共生性的抗菌屏障

在离体培养时,致病杆菌可以产生大量的抗菌化合物(Paul et al.,1981;Akhurst,1982;McInerney et al.,1991a,1991b;Sundar and Chang,1993;Li et al.,1996,1997),在昆虫体内也可产生这些抑菌物质(Maxwell et al.,1994)。在离体和活体培养时,发

光杆菌属都可产生抗菌物质（Paul et al.，1981；Richardson et al.，1988；Li et al.，1995；Hu et al.，1997）。所有这些微小抗菌物质均表现出较强的抑菌活性（Webster et al.，第5章）。相反，这两个属共生菌产生的细菌素，对其他一些亲缘关系相近的种、属有较强的抑制作用，如致病杆菌属、发光杆菌属和亲缘关系最近的变形杆菌属（*Proteus*）（Boemare et al.，1992；Thaler et al.，1995）。因此，共生菌的抗微生物屏障通过清除微生物竞争者，在保护共生体中起到了重要的作用（Boemare et al.，1993b；Thaler et al.，1997）。

2.2.4 无菌生物学

昆虫病原线虫在单菌状态（只含有 1 种细菌）下繁殖，这种单菌状态发生在线虫寄生昆虫期间；在昆虫病原线虫的休眠期，其肠腔内仅携带一种共生菌。在微生物生态学中，昆虫病原线虫的这两个特征是一特例，这也产生了在昆虫病原线虫中自然单菌寄生的概念（Bonifassi et al.，1999）。一般情况下，生物体死亡后，其肠腔内的微生物使尸体腐烂。然而在昆虫病原线虫侵染致死的昆虫中不是这样的，昆虫尸体中仅有共生菌，共生菌在虫尸内大量繁殖，产生多种胞外酶分解昆虫组织，线虫以共生菌细胞和昆虫组织为营养进行繁殖。当营养匮乏时，线虫与共生菌重新结合，形成侵染期线虫离开虫尸，进行下一次侵染。在侵染期线虫休眠期长期饥饿过程中，线虫肠腔内仅携带大约 100 个共生菌细胞。对此有两种假设，一是大量的共生菌被饥饿的线虫消化掉（Selvan et al.，1993）；二是共生菌没被消化。后者认为共生菌没有被消化而是被保护了，这说明侵染期线虫可能具有一种特殊的行为方式，共生菌具有特殊的生理休眠状态。

另外一个有意义的特征是线虫可在人工培养基上繁殖，这是作为一种生物杀虫剂的昆虫病原线虫可以大规模生产的原因。将无菌的昆虫病原线虫与共生菌结合起来，可以形成线虫-共生菌的共生体。这种无菌生物学试验说明，一些非共生菌也可与线虫结合，如大肠杆菌（*E. coli*），使线虫发育繁殖（Ehlers et al.，1990）。斯氏线虫科（Steinernematidae）和异小杆线虫科（Heterorhabditidae）都属于小杆目（Rhabditida），这个目的线虫可取食各种微生物。昆虫病原线虫也保留了其祖先的特征，可以取食非共生菌，并可以繁殖，然而和非共生菌不能保持长久的关系（Akhurst and Boemare，1990；Ehlers et al.，1990；Han and Ehlers，1998）。离体培养时，发光杆菌属菌株不能支持任意一个斯氏线虫属种的繁殖；致病杆菌也不能支持异小杆线虫属种的繁殖（Akhurst，1983；Akhurst and Boemare，1990；Han et al.，1990；Gerritsen and Smits，1993）。一些非共生菌可以与线虫建立暂时性的关系，而共生菌可提供线虫最适的生长发育条件。这些现象看起来有些自相矛盾，但实际上说明我们对共生细菌为线虫提供的这种营养需要，以及为昆虫病原线虫提供的特殊营养或激素物质理解得还不透彻。

2.2.5 种内生物多样性

通过染料的吸收和抗生素的产生，可以很容易检测任何共生菌菌株的“型态变化”（Akhurst，1980）。在自然条件下昆虫病原线虫体内只能分离出初生型共生菌，在离体培养过程中，部分共生菌在菌落与细胞形态（Boemare and Akhurst，1988）、运动性（Givaudan et al.，1995）、胞内和胞外酶的产生、呼吸酶活性（Smigielski et al.，1994）和次生代谢物的产生比例（Akhurst，1980，1982）上会有些变化。嗜线虫致病杆菌（*X. nematophila*）的型态变化可以恢复（Akhurst and Boemare，1990；Givaudan et al.，1995），这说明致病杆菌型态变化与经典型态变化的定义一致。在细菌学中，型态变化是指由 DNA 的不稳定性引起的可逆转的遗传特性。但在发光杆菌属中还未发现型态变化的逆转，事实上表型变化的术语是比较恰当的。对于致病杆菌属和发光杆菌属，"型态变化"通常是指同一基因组控制的生理特征的表达与不表达的交替平衡。共生菌在不同的型态有些特征是可以量化的（如荧光素和抗生素），其他与型态变化有关的特征很有可能也受遗传调节（参见本书第 3 章，Forst and Clarke）。

2.2.5.1 生理学的差异

初生型共生菌可以为线虫的生长发育和繁殖提供必要的营养物质，并能产生多种抗菌物质。虽然次生型共生菌也可杀死寄主昆虫，但不能为线虫的生长发育提供必要的条件（Akhurst，1980，1982；Akhurst and Boemare，1990）。另外，发光杆菌属的一些次生型菌可能对其共生的线虫有害（Ehlers et al.，1990；Gerriten and Smits，1993）。目前，对次生型共生菌的生态作用还没有一种满意的解释，它是共生菌的一种生存形式，或是随线虫生活周期而转变的一种形式。

2.2.5.2 分类学研究的结果

不同实验室的研究人员对共生菌型态变化的看法不同，它产生在所有的致病杆菌属和发光杆菌属种间水平上，但对区分种的一些形态特征没有什么影响（Akhurst and Boenare，1988）。

在检测细菌的特性时，对于一个菌株来说，即使只有一个变量是阳性的，其他变量都是阴性的，也将此菌株定义为阳性。实际上，我们分类的目标必须与被研究菌株的所有可能表达的定义相一致。

2.3 系统分类学

最初将所有的昆虫病原线虫共生菌都归于致病杆菌属（*Xenorhabdus*）（Thomas and Poinar，1979）。早期命名的"发光异短杆菌"（*Xenorhabdus luminescens*）与其他共生菌在 DNA 上的相关性（Boemare et al.，1993a；Akhurst et al.，1996）和表型特征上有较大的差异（Fischer-Le Saux et al.，1999b）。因而将发光异短杆菌归属于新属，即发光杆菌属（*Photorhabdus*），并将发光光杆状菌（*P. luminescens*）作为模式种（Boemare et al.，1993a）。致病杆菌和发光杆菌的 16S rDNA 序列有较大的差异，致病杆菌在 208-211 位点的碱基序列为 TTCG，而发光杆菌在 208-213 位点的碱基序列为 TGAAAG（Rainey et al.，1995；Szállás et al.，1997）。

用限制性内切核酸酶分析 16S rRNA 基因多态性（Brunel et al.，1997；Fischer-Le Saux et al.，1998），可以快速准确地检测共生菌的生物多样性（图 2.1）。致病杆菌和发光杆菌的初生型期，在细胞形态学上有明显的不同，原生质内含体也存在着较大的差异（图 2.2）。

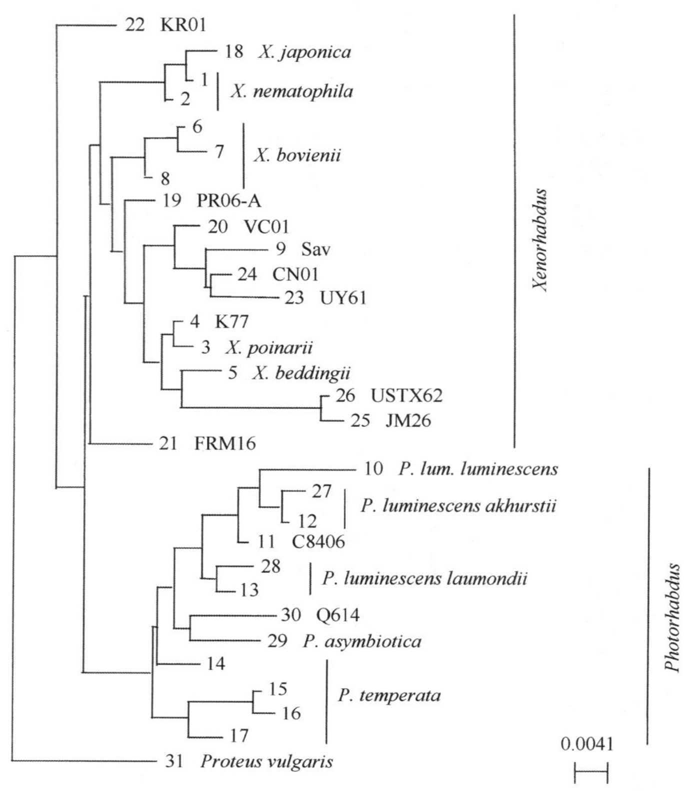

图 2.1 采用邻接法对 117 个菌株中的 30 个基因型进行定义

基因型的数量来源于 Fischer-Le Saux 等（1998），遵循种和品系的命名（Boemare and Akhurst，2000）。标尺：每点的替代数

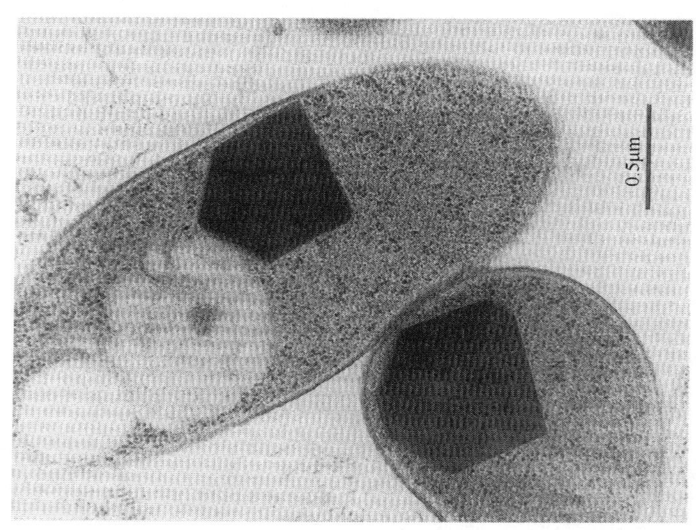

图 2.2 发光杆菌（*Photorhabdus temperata*）NJ 菌株原生质内含体

快速冷冻固定和低温-置换后转至电子显微镜，经乙酸双氧铀和柠檬酸盐染色后，结晶状内含体结构（非常明显，黑暗区）和“髓磷脂膜”（透明区）可见，这些结构在功能上的差别还不清楚

发光杆菌细菌的名字是依照细菌命名法，对以前的描述稍作改进，即根据细菌命名法的第 65（2）条的细菌命名编码，发光杆菌和致病杆菌的后缀都为 *rhabdus*（来自于 *rhabdos*，在希腊语中是一个阴性词），目前，在现代拉丁语中也是一个阴性词（Euzéby and Boenare，2000）。因此，"嗜线虫致病杆菌（*X. nematophilus*）"和"*X. japonicus*"改为嗜线虫致病杆菌（*X. nematophila*）和 *X. japonica*，发光杆菌属的新种改为 *P. temperata* 和 *P. asymbiotica*。在 Boemare 和 Akhurst（2000，2001）及 Akhurst、Boemare（2001）的文章中对这些属和种都有详细描述。

2.3.1 致病杆菌属细菌

通过全面的表型分析，将以前命名为亚种的一些菌归属到种的分类地位（Akhurst，1983），如嗜线虫致病杆菌（*X. nematophila*）（*X. nematophilus*）、伯氏致病杆菌（*X. bovienii*）、*X. poinarii* 和 *X. beddingii*（Akhurst and Boenare，1988）。*Xenorhabdus japonica* 和 *Steinernema kushidai* 有共生的关系，在后边的章节中有描述（Nishimura et al.，1994），这就意味着目前这 5 个种已被确定。通过 DNA/DNA 杂交（Suzuki et al.，1990；Boemare et al.，1993a；Akhurst et al.，1996）和 16S rDNA 分析（Suzuki et al.，1996；Brunel et al.，1997；Szállas et al.，1997；Fischer-Le Saux et al.，1998）确定了致病杆菌属的 5 个种的分类地位。

然而，DNA/DNA 杂交和表型数据的多变量分析表明，该属可能还存在一些新种[如 *S. arenarium*、*S. puertoricense*、锐比斯氏线虫（*S. riobrave*）、蝼蛄斯氏线虫（*S. scapterisci*）和 *S. serratum* 的共生菌]，但由于数量太少，很难确定它们的分类地位（Bonifassi et al.，1999；Fischer-Le Saux et al.，1998）。

2.3.1.1 致病杆菌属的主要特征

致病杆菌细胞不产孢、杆状、大小为（0.3-2）μm×（2-10）μm、兼性厌氧、革兰氏染色呈阴性，新陈代谢过程中能够进行呼吸和发酵。其最适生长温度为 28℃，稍低于该温度也能够生长；少数菌株在 40℃也能够生长。葡萄糖产生酸性物质（非气体），其他的一些碳水化合物对发酵不利。过氧化氢酶（catalase）阴性，不能将硝酸盐还原为亚硝酸盐。该属在大多数辨别肠杆菌科（Enterobacteriaceae）细菌的测试反应下呈阴性。在固体培养基上培养时能够发生不同程度的型态变化（Boemare and Akhurst，1998）。在固体培养阶段 I 型细胞能够产生蛋白晶体内含体（Boemare et al.，1983a），具有周生鞭毛，能够在 0.6%-1.2%的琼脂培养基上运动（Givaudan et al.，1995），在卵黄培养基上能够产生卵磷脂酶。II 型细胞不具有吸收染料（Akhurst，1980）、产生抗生素（Akhurst，1982）、蛋白内含体和其他一些 I 型细胞的特征。利用 Tween-20（美国圣路易斯的 Sigma 公司）可以对脂肪酶进行检测，用 Tween-40、Tween-60、Tween-80 和 Tween-85 能够对大部分菌株中的水解酶进行检测；II 型细胞分解脂肪的反应比 I 型细胞强。尽管一些菌株的 II 型细胞也能够运动，但运动性是 I 型细胞的基本特征。大部分菌株能够产生脱氧核糖核酸酶和蛋白酶，对肠杆菌科（Enterobacteriaceae）的致病杆菌进行生化特性鉴定，其主要特征见表 2.1 和表 2.2。目前已知的致病杆菌只能从斯氏线虫科的肠道内腔及被这些线虫侵染的昆虫体内分离到。

表 2.1 肠杆菌科中致病杆菌属和发光杆菌属区别于其近缘属变形杆菌的主要特征

	致病杆菌	发光杆菌	变形杆菌
生物荧光	–	+	–
过氧化氢酶	–	+	+
环状溶血	–	d	–
尿素水解	–	d	+
吲哚	–	d	d
产生 H_2S	–	–	[+]
硝酸盐还原	–	–	+
甘露糖产酸（致病杆菌）	+	+	–

注：+表示 90%-100%的菌株呈阳性反应；[+]表示 76%-89%的菌株呈阳性反应；d 表示 26%-75%菌株呈阳性反应；–表示 0%-10%菌株呈阳性反应

表 2.2 致病杆菌属特征描述

	X. nematophila	*X. bovienii*	*X. poinarii*	*X. beddingii*	*X. japonica*
来源					
S. carpocapsae	+	–	–	–	–
S. feltiae，*S. intermedium*	–	+	–	–	–
S. affine，*S. kraussei*					
S. glaseri，*S. cubanum*	–	–	+	–	–
Steinernema spp.（未鉴定到种）	–	–	–	+	–
S. kushidai	–	–	–	–	+
生长温度上限/℃	35	32	40	39	35
对鳞翅目昆虫致病性	+	+	–	+	–
运动性	d	d	d	+	d
染色	ow	y	br	Ib	yb
Simmon's 柠檬酸	+	+	+	+	–
七叶苷水解	–	–	d	+	–
苯丙氨酸解氨酶	d	[–]	[–]	–	d^w
色氨酸脱氨酶	–	+	–	$+^w$	–
产酸来源					
肌肉肌醇	$+^w$	d^w	–	–	–
核糖	–	+	–	+	–
水杨苷	–	–	–	+	–
利用					
二氨基丁烷	–	[+]	–	–	–
D,L-甘油酸酯	+	+	[–]	+	–
L(-)组氨酸	–	+	[+]	+	–
肌肉肌醇	$+^w$	d^w	–	–	–
核糖	–	[+]	–	+	–
L-酪氨酸	–	[+]	–	+	–
卵磷脂（卵黄琼脂）	d	d	–	d	d
脂肪酶（Tween-80）	d	+	$+^w$	$+^w$	–

注：所有的测定都是在 28℃条件下进行的；+表示 90%-100%的菌株为阳性；[+]表示 76%-89%的菌株为阳性；d 表示 26%-75%的菌株为阳性；[–]表示 11%-25%的菌株为阳性；–表示 0-10%的菌株为阳性。上角标 w，如$[+]^w$表示弱反应。染色反应：ow 为白色；y 为黄色；br 为褐色；Ib 为浅褐色；yb 为黄褐色

2.3.1.2 *Xenorhabdus beddingii*

该菌生长上限温度为39℃，它的两种型态都是可运动的（Givaudan et al.，1995），Ⅰ型很不稳定，易转化成非常稳定的Ⅱ型。这种菌能水解七叶苷（aesculin），生成的色素呈浅棕色。它们与两种未被描述的种有关，一种是澳大利亚的斯氏线虫（*Steinernema*）（Akhurst，1986a），另一种是中国报道的，可能是长尾斯氏线虫（*S. longicaudum*）。

2.3.1.3 伯氏致病杆菌（*Xenorhabdus bovienii*）

此菌生长上限温度为32℃，有些菌株在5℃也能生长，Ⅱ型可运动（Givaudan et al.，1995）。它与一些来自于气候温和地区的斯氏线虫共生［如夜蛾斯氏线虫（*S. feltiae*）、中长斯氏线虫（*S. intermedium*）、锯蜂斯氏线虫（*S. kraussei*）和*S. affine*］（Boemare and Akhurst，1988；Fischer-Le Saux et al.，1998）。

2.3.1.4 *Xenorhabdus japonica*

该菌在35℃开始生长，染色呈微黄棕色，只与日本的锯蜂斯氏线虫共生，它的特性与嗜线虫致病杆菌相似，*X. japonica* 可能是嗜线虫致病杆菌的亚种。

2.3.1.5 嗜线虫致病杆菌（*Xenorhabdus nematophila*）

该菌在营养肉汤中的生长上限温度为35℃。两种型态都没有颜色，但Ⅰ型有很强的吸附染料的能力（Akhurst，1980）。在超微结构和分子水平上对表面吸附物、蛋白质与Ⅰ型已经有描述：如多糖蛋白复合物和菌毛（Brehélin et al.，1993；Moureaux et al.，1995）、一种特殊外膜蛋白 OpnP（Forst et al.，1995）、调节合成作用隔膜（Givaudan et al.，1995，1996；Givaudan and Lanois，2000）。一些菌株具有溶原性（lysogenic），在加热或丝裂霉素（mitomycin）C 作用下，能产生型变并生成细菌素（bacteriocin）（Boemare et al.，1992，1993b；Baghdiguian et al.，1993）。这种菌只与小卷叶蛾斯氏线虫（*S. carpocapsae*）共生。

2.3.1.6 *Xenorhabdus poinarii*

它是致病杆菌属中耐热性最强的种，一些菌株生长上限温度为40℃，Ⅰ型有很强的着色性，从浅色到微红棕色，Ⅱ型可运动。有些菌株Ⅰ型不产生抗生素，有些菌株两种型态都不能产生抗生素，与格氏斯氏线虫（*S. glaseri*）（Akhurst，1986b）和古巴斯氏线虫（*S. cubanum*）（Fischer-Le Saux et al.，1999a）共生。这种菌单独对大蜡螟（*G. mellonella*）没有致病作用，只有与其共生的线虫一起作用时才对大蜡螟致病。

2.3.2 发光杆菌

Poinar 等（1977）从嗜菌异小杆线虫（*Heterorhabditis bacteriophora*）（Poinar，1976）分离到一种细菌，并指出在致病杆菌（*Xenorhabdus*），如发光异短杆菌（*X. luminescens*）（Thomas and Poinar，1979）中含有发光的内含体，后来这种发光的内含体被转运到发光光杆状菌（*Photorhabdus luminescens*）新组合（comb. nov.）中（Boemare et al.，1993a）。

Akhurst 等(1996)通过采用羟磷灰石的方法和 S1 核酸酶方法(Fischer-Le Saux et al., 1999b)分析了发光杆菌的异源双链核酸分子 DNA-DNA，证实了两个 DNA 相关组和异小杆线虫属与含有人类疾病有关的线虫标本的关系（Farmer et al., 1989)。

Fischer-Le Saux 等（1999b）通过应用多相鉴定方法，结合 16S rDNA、DNA-DNA 杂交和表现型的数据描述了发光杆菌中的种和亚种，如下文描述。基于 16S rDNA 测序方法，一个新的澳大利亚人类疾病临床菌株（Peel et al., 1999）可能形成一个新的种(Akhurst，澳大利亚，2000，个人交流)。一个不发光的品系(Akhurst and Boemare，1986）也可能是另一个新种（Akhurst et al., 1996)。

2.3.2.1 发光杆菌的主要特征

发光杆菌细胞不产孢、杆状[(0.5-2)μm×(1-10)μm]，革兰氏染色阴性，凭借周生鞭毛运动。它们是兼性厌氧菌，可以进行呼吸和发酵性的新陈代谢。最适生长温度通常为 28℃，一些品系可在 37-38℃生长。所有品系过氧化氢酶都呈阳性，但不能降解硝酸盐，它们没有肠杆菌科（Enterobacteriaceae）的许多特征。该属能水解明胶，而且大多品系都是溶血在羊血和马血培养基上，在羊血培养基上 25℃时可以产生特殊的环形溶血反应。在 Tween-20 中，所有菌株都可以分解脂肪，有一些可以在 Tween-40、Tween-60、Tween-80 和 Tween-85 中分解脂肪。在无氧条件下，葡萄糖（glucose）可以转变成酸，果糖（fructose)、D-甘露糖（mannose)、麦芽糖（maltose)、核糖和 *N*-乙酰氨基葡萄糖(acetyl glucosamine）能被酸化。甘油（glycerol）发酵能力差，延胡索酸盐（fumarate)、氨基葡萄糖（glucosamine)、L-谷氨酸盐（glutamate)、L-苹果酸盐（malate)、L-脯氨酸(proline)、琥珀酸（succinate）和 L-酪氨酸（tyrosine）都可作为单一的碳源和能源被利用。再次培养过程中菌型间自然地转变，包括II型菌的出现。I型菌变异体是从自然环境中分离得到的野生无性系，在稳定时期合成的原生质内含体在细胞中有很高的比例，占细胞比例的 50%-80%(图 2.2)，而且内含体具有发光性，在黑暗中适应的眼睛通常可以看到发出像白光一样的不同波长的光。在一些分离菌株中，它们的差异程度只有通过分光光度计或闪烁计数器才能检测出来。在大约 150 个已报道的菌株中，仅知道一个不发光的分离株(Akhurst and Boemare，1986)。I型菌的变异体发出的光强度是II型菌光强的 100 多倍。I型菌变异体在琼脂培养基上能产生粉色、红色、橙色、黄色或绿色的色素群体，II型菌变异体很少产生色素或产生不同的色素。II型菌变异体主要通过在 MacConkey 琼脂培养基上缺少中性红吸附作用和不产生抗生素的特征来辨别。

不幸的是，从发光光杆状菌（*P. luminescens*）Hb 品系中获得一些该属的典型特征并不能代表发光杆菌，因为大量新分离出来的菌株被分类后，还没有发现属于这个分类单元的。到目前为止，品系 Hm 仍然是唯一一个与 Hb 品系亲缘关系较近的菌株。肠杆菌科内不同的特性和种的特征列于表 2.1 和表 2.3 中。

2.3.2.2 发光光杆状菌

该菌在营养肉汤中生长上限温度范围是 35-39℃，很多品系能产生吲哚类物质。大多品系可以将果糖、*N*-乙酰氨基葡萄糖、葡萄糖、甘油、麦芽糖、甘露糖、核糖和海藻糖转变成弱酸性物质，一些品系可以将甘露醇酸化。该菌的自然生活环境是在嗜菌异小杆

表 2.3 发光杆菌属特征描述

	分离自 *Heterorhabditis* spp. 的 *Photorhabdus luminescens*	分离自 *H. bacteriophora* Brecon 组的 *P. luminescens luminescens*	分离自 *H. bacteriophora* HP88 组的 *P. luminescens laumondii*	分离自 *H. indica* 的 *P. lumenescens akhurstii*	分离自 *Heterorhabditis* spp.的 *Photo rhabdus temperata* spp.	分离自 *H. megidis* Palaea-rtic 组的 *P. temperata temperata*	人血液和伤口中分离的 *Photorhabdus asymbiotica*
生长上限温度范围/℃	35-39	38-39	35-36	38-39	33-35	34	37-38
原生质内含体	+	+	+	+	+	+	–
染料吸附	+	+	+	+	+	+	–
杀菌物质	+	+	+	+	+	+	–
产生吲哚	+	+	+	d	[–]	–	–
Simmon's 柠檬酸	d	+	d	d	d	d	$+^{w}$
七叶苷水解	+	+	+	+	[+]	d	+
脲酶，Christensen's	D	–	[+]	D	D	[–]	+
苯基丙氨酸脱氨酶	[–]	–	D	–	[+]	D	–
色氨酸脱氨酶	[–]	–	D	–	$[–]^{w}$	–	–
酸类物质来源							
肌肉肌醇	d	+	[+]	[+]	d^{w}	[–]	d^{w}
D-甘露醇	d	d^{w}	–	+	[–]	–	–
海藻糖	$[+]^{w}$	$+^{w}$	$[+]^{w}$	$[+]^{w}$	[+]	+	[+]
利用							
L-海藻糖	d	d	–	[+]	d	+	–
D,L-甘油酸酯	[–]	d	–	–	+	+	d
L(-)组氨酸	d	+	$[+]^{w}$	d	[+]	+	d
肌肉肌醇	+	+	+	+	[+]	d	d
D,L-乳酸	[–]	–	–	d^{w}	–	–	–
D-甘露醇	d	+	–	+	[–]	–	–
卵磷脂（卵黄琼脂）	+	+	+	+	+	+	–
脱氧核糖核酸酶	[–]	–	+	–	+	+	–
环状溶血（羊血琼脂）	D	+	[–]	+	+	$+^{w}$	+
环状溶血（马血琼脂）	d	+	–	d	+	+	+

注：所有测定都是在 28℃条件下进行的；+表示 90%-100%的菌株呈阳性反应；[+]表示 76%-89%的菌株呈阳性反应；d 表示 26%-75%的菌株呈阳性反应；[–]表示 11%-25%的菌株呈阳性反应；–表示 0-10%的菌株呈阳性反应；上角标 w（如 $[+]^{w}$）表示反应较弱

线虫（Brecon 和 HP88 亚群）和印度异小杆线虫（*H. indica*）体内的肠腔中，这个种被分为 3 个亚种。

2.3.2.3 发光光杆状菌 *luminescens* 亚种

在营养肉汤中生长的上限温度是 38-39℃。七叶苷能被水解，产生很少的吲哚类物质，没有脱氧核糖核酸酶、色氨酸脱氨酶和脲酶。在羊血和马血琼脂培养基上产生的环状的红细胞溶解现象是这个群体的典型特征。该亚种不能利用 D,L-乳酸作为单一的碳源，甘油醇可作为单一的碳源和能源被利用。它可与嗜菌异小杆线虫 Brecon 亚组的线虫共生，是异小杆线虫属（*Heterorhabditis*）中的典型种（Poinar，1976）。

2.3.2.4 发光光杆状菌 *laumondii* 亚种

此亚种在营养肉汤中生长上限温度低于上一个亚种，为 35-36℃。七叶苷能发生水解作用，有吲哚和 DNA 酶类物质。色氨酸脱氨酶是多样的，含有脲酶。在羊血琼脂培养基上可见到环状的红细胞溶解现象，发光杆菌很少产生环状反应。不能利用 L-果糖、D,L-甘油酸酯、D,L-乳酸和核酸。它与在南美、北美、南欧和澳大利亚分离的嗜菌异小杆线虫的 HP88 亚组的线虫有共生关系，和 HP88 品系线虫的卫星 DNA 探针一致（Grenier et al.，1996a，1996b）。

2.3.2.5 发光光杆状菌 *akhurstii* 亚种

这个亚种是第一个被描述的，它在营养肉汤中生长阈值的上限是 38-39℃。七叶苷能发生水解作用，但色氨酸解氨酶和脱氧核糖核酸酶不起作用。脲酶和吲哚是多样性的，在羊血琼脂培养基上可见到环状的红细胞溶解现象。D,L-乳酸作为唯一的碳源，当起作用时是不稳定的。甘露醇被利用并酸化，但 D,L-甘油酸酯不起作用，它与热带和亚热带印度异小杆线虫品系共生。

2.3.2.6 *Photorhabdus temperate*

其菌落是高度发光的，它在营养肉汤中生长阈值的上限是 33-35℃。有 DNA 酶，大多品系没有吲哚类物质。七叶苷能发生水解作用，并且大多数有色氨酸脱氨酶，脲酶是多样的。酸性物质产生于果糖、*N*-乙酰氨基葡萄糖、葡萄糖、甘露糖和核糖，很少产生于甘油和麦芽糖。在羊血琼脂培养基上可见到环状的红细胞溶解现象。这个种能利用 D,L-甘油酸酯，但是不能够利用 D,L-乳酸作为唯一的碳源，甘露醇不能被大多品系利用。自然存在于大异小杆线虫（*H. megidis*）和嗜菌异小杆线虫及新西兰异小杆线虫（*H. zealandica*）的 NC 亚组的线虫肠腔中。

2.3.2.7 发光杆菌温带亚种（*Photorhabdus temperata* subsp. *temperata*）

该亚种经常在第 I 和第 II 两个极端阶段的变异体之间产生一些中间体。在高于 34℃ 时，品系不能生长，不能产生吲哚类物质，有 DNA 酶，七叶苷能发生水解作用，但产生的色氨酸脱氨酶是多样的，脲酶多数都不起作用。在多数分离物中都可以观察到在羊血琼脂培养基上有环状的红细胞溶解现象。亚种可以利用 D,L-甘油酸酯和 L-果糖，但不能利用 D,L-乳酸和甘露醇作为唯一的碳源。自然存在于大异小杆线虫的古北区（palaearctic）亚群线虫内的肠腔中。

2.3.2.8 *Photorhabdus asymbiotica*

尽管该种与线虫不是共生的，但由于它与发光杆菌有相似性，因此在这里提一下。在营养肉汤中的生长上限温度为 37-38℃。产生黄色或褐色的色素，没有发现 I 型菌，菌株不吸收染料。在蛋黄培养基上，有时可以产生少量的抗生素，但不产生卵磷脂酶。可产生脲酶、七叶苷水解物和 Christensen's 柠檬酸盐，且只产生少量 Simmon's 柠檬酸盐。不产生色氨酸脱氨酶、吲哚类物质和 DNA 酶。酸性物质是由果糖、*N*-乙酰氨基葡萄糖、葡萄糖、麦芽糖、甘露糖和核糖产生，很少由甘油产生；基本无法合成原生质内含体；Tween-40 酯酶是多种多样的；这个种是第一次发现发光杆菌属在羊血和马血琼脂培养基（Akhurst et al.，1996）上可以产生典型环状的红细胞溶解现象（Farmer et al.，1989）。不能利用海藻糖、D,L-乳酸或甘露醇。自然的栖息地不确定，所有分离出来的菌都是从人的疾病样本中获得的。

2.4 细菌共生体和线虫寄主之间联合物种的形成

当比较致病杆菌（*Xenorhabdus*）和它的寄主线虫的分类学数据时，它们分类学结构的相近关系揭示了细菌和线虫共同物种的起源（表2.4）。在致病杆菌-斯氏线虫（*Xenorhabdus-Steinernema*）中有3-4个这样的联系特征，如嗜线虫致病杆菌（*X. nematophila*）和小卷叶蛾斯氏线虫（*S. carpocapsae*）、*X. japorica* 和 *S. kushidai*。在发光杆菌-异小杆线虫（*Photorhabdus-Heterorhabditis*）组合里也有这样的联系，如 *P. luminescens akhurstii* 和印度异小杆线虫（*H. indica*）、*P. temperate temperata* 及大异小杆线虫（*H. megidis*）所在的古北群。

表 2.4 线虫与其共生细菌种类

斯氏线虫属和致病杆菌	
S. kraussei	*Xenorhabdus bovienii*
S. abbasi	*Xenorhabdus* sp.
S. arenarium（同物异名：*S. anomalae*）	*Xenorhabdus* sp.
S. affine	*Xenorhabdus bovienii*
S. bicornutum	*Xenorhabdus* sp.
S. carpocapsae	*Xenorhabdus nematophila*
S. cubanum	*Xenorhabdus poinarii*
S. feltiae	*Xenorhabdus bovienii*
S. glaseri	*Xenorhabdus poinarii*
S. intermedium	*Xenorhabdus bovienii*
S. kushidai	*Xenorhabdus japonica*
S. longicaudum（?）	*Xenorhabdus beddingii*
S. monticulum	*Xenorhabdus* sp.
S. puertoricense	*Xenorhabdus* sp.
S. rarum	*Xenorhabdus* sp.
S. riobrave	*Xenorhabdus* sp.
S. scapterisci	*Xenorhabdus* sp.
S. serratum	*Xenorhabdus* sp.
异小杆线虫属(*Heterorhabditis*)和发光杆菌(*Photorhabdus*)	
H. bacteriophora Brecon 亚群	*Photorhabdus luminescens luminescens*
H. bacteriophora HP88 亚群	*Photorhabdus luminescens laumondii*
H. indica	*Photorhabdus luuminescens akhurstii*
H. zealandica	*Photorhabdus temperata*
H. bacteriophora NC 亚群	*Photorhabdus temperata*
H. megidis Nearctic 群（俄亥俄、威斯康星）	*Photorhabdus temperata*
H. megidis Palaearctic 群	*Photorhabdus temperata temperata*
临床偶发菌系	*Photorhabdus asymbiotica*

2.4.1 分类学的不确定并不否定协同物种形成的概念

然而，有时致病杆菌属的种可以与斯氏线虫属的很多种共生。正如先前提到的伯氏致病杆菌（*X. bovienii*）可以与 *S. sffine*、夜蛾斯氏线虫（*S. feltiae*）、锯蜂斯氏线虫（*S. kraussei*）

和中长斯氏线虫（*S. intermedium*）共生；*X. beddingii* 共生于两种尚未命名的线虫，其中一种可能是长尾斯氏线虫（*S. longicaudum*）（R. Akhurst，澳大利亚，2000，个人交流）。*X. poinarii* 可以与古巴斯氏线虫（*S. cubanum*）和格氏斯氏线虫（*S. glaseri*）共生。相反，两个发光杆菌属的亚种（*P. luminescens luminescens* 和 *P. luminescens laumondii*）可能与一个异小杆线虫属的种共生。这些报道并不能改变协同物种形成这一概念，这基本是细菌和线虫分类学对种的定义不确定性的结果，细菌生物学家不能利用一些生物学家利用的杂交方法来区分种。在细菌生物学中，一个种是一个模拟的概念。在≤5℃时 DNA 变性条件下（ΔT_m），≥70%的 DNA/DNA 同源性的一群菌株定义为一个种（Wayne et al.，1987），如果有一种比较标准的方法的话，划分到亚种也是有可能的。例如，用 16S rDNA 进行 PCR-RFLP 得到不同的基因型，已识别出伯氏致病杆菌（Brunel et al.，19997；Fischer-Le Saux et al.，1998），所以我们可以以 16S rDNA 序列为基础对细菌亚种进行定义，但是奇怪的是每一个亚种都与夜蛾斯氏线虫、*S. affine*、中长斯氏线虫和锯蜂斯氏线虫一致（Boemare 数据未发表）。

以古巴斯氏线虫和格氏斯氏线虫为例，类似的困难也存在于那些已经定义了的线虫种中。我们描述古巴斯氏线虫时，可以认为它是格氏斯氏线虫的一个相关种（Mrácek et al.，1994）。形态学的特征和核糖体内转录间隔区（ITS）限制性片段分析揭示了这两个种的高度相似性（Hominick et al.，1997）。

唯一遗留下来的谜就是嗜菌异小杆线虫（*H. bacteriophora*）的 NC 品系为 *P. temperata* 提供了栖息地，并且发光光杆状菌亚种中没有一个可以作为嗜菌异小杆线虫的共生生物。在自然界中这个群在分离过程中需要控制，以免与以前的样本相混淆。

2.4.2 共生菌和寄主耐热能力的相关性

在细菌属中，细菌开始生长的上限温度是区分种的一个关联特征（表 2.2，表 2.3）。如果我们研究相同关系品系的生态学，可以看出生态学特征和种的起源是相关的。例如，伯氏致病杆菌和 *P. temperata* 品系适应来自于低温地区的线虫共生菌（夜蛾斯氏线虫和大异小杆线虫），而 *X. poinarii* 和 *P. luminescens akburstii* 适应来自于热带和亚热带地区的线虫（格氏斯氏线虫、古巴斯氏线虫和印度异小杆线虫）共生菌（Fischer-Le Saux et al.，1999a，1999b）。因此，在肠体中细菌的复合体对温度的耐受性是反映其长时期适应不同气候条件的一个重要特征。

2.4.3 协同进化机制

存在共生现象的两者有共同的物种起源这一现象导致了共同的进化。细菌和线虫又存在怎样的特殊关系呢？可能是有一个信号化合物参与两者的识别。就致病杆菌属而言，在寄主整个生活史过程中，细菌可以被保护在侵染期线虫肠道里一个专门的泡囊中（Bird and Akhurst，1983），可以防止被侵染期线虫消化。这就是一个很清晰的共同进化的特点，自由生活在土壤中的其他小杆目（Rhabditida）线虫中就没有这个器官，与共生细菌有专门联系的这个器官保证了共生现象的存在。然而，这种关系的分子基础还是未知的。细菌的鞭毛和多糖-蛋白质复合物被认为是在寄主体内饥饿时期特殊的支持结构物（Brehelin et al.，1993；Moureaux et al.，1995）。

Poinar（1993）研究表明，异小杆线虫属（*Heterorhabditis*）是由海洋生物进化而来的，以生物学、分类学和生态学的论据为基础，认为异小杆线虫属是由生活于海洋里沙性环境中的类暗杆亚属祖先进化而来的。其认为海洋中的细菌进行水平基因转移是可能的，而且已经获得了 *lux* 基因，所以共生现象也许起源于海滨。

2.5 结论与展望

对微生物生态学进一步研究才能解释肠道共生关系在多代以后的稳定性。要接受细菌-线虫共生体的自然单菌概念，那么下面这一特性必须成立，即在自然条件下，如果给线虫携带任何一种非共生细菌，那么这个线虫和细菌虽然可以使昆虫寄主死亡，但繁殖后代的概率应该很低。

尽管发光杆菌-异小杆线虫（*Photorhabdus-Heterorhabditis*）和致病杆菌-斯氏线虫（*Xenorhabdus-Steinernema*）的生活史很相近，但是共生关系还是相差很远。侵染类型的相似性和线虫的共生关系应该被认为是源于进化的趋同。事实上，细菌与线虫共生、致病和转型的特性只是共生的条件，故而不能说明具有同样的生理机制。当前遗传学研究也许会整理出一个清晰的思路来解释发光杆菌-异小杆线虫和致病杆菌-斯氏线虫共生关系的协同进化。

参考文献

Aguillera, M.M., Hodge, N.C., Stall, R.E. and Smart, G.C. (1993) Bacterial symbionts of *Steinernema scapterisci*. *Journal of Invertebrate Pathology* 62, 68-72.

Akhurst, R.J. (1980) Morphological and functional dimorphism in *Xenorhabdus* spp., bacteria symbiotically associated with the insect pathogenic nematodes *Neoaplectana* and *Heterorhabditis*. *Journal of General Microbiology* 121, 303-309.

Akhurst, R.J. (1982) Antibiotic activity of *Xenorhabdus* spp., bacteria symbiotically associated with insect pathogenic nematodes of the families *Heterorhabditidae* and *Steinernematidae*. *Journal of General Microbiology* 128, 3061-3065.

Akhurst, R.J. (1983) Taxonomic study of *Xenorhabdus*, a genus of bacteria symbiotically associated with insect pathogenic nematodes. *International Journal of Systematic Bacteriology* 33, 38-45.

Akhurst, R.J. (1986a) *Xenorhabdus nematophilus* subsp. *beddingii* (*Enterobacteriaceae*): a new subspecies of bacteria mutualistically associated with entomopathogenic nematodes. *International Journal of Systematic Bacteriology* 36, 454-457.

Akhurst, R.J. (1986b) *Xenorhabdus nematophilus* subsp. *poinarii*: Its interaction with insect pathogenic nematodes. *Systematic and Applied Microbiology* 8, 142-147.

Akhurst, R.J. and Boemare, N.E. (1986) A non-luminescent strain of *Xenorhabdus luminescens* (*Enterobacteriaceae*). *Journal of General Microbiology* 132, 1917-1922.

Akhurst, R.J. and Boemare, N.E. (1988) A numerical taxonomic study of the genus *Xenorhabdus* (*Enterobacteriaceae*) and proposed elevation of the subspecies of *X. nematophilus* to species. *Journal of General Microbiology* 134, 1835-1845.

Akhurst, R.J. and Boemare, N.E. (1990) Biology and taxonomy of *Xenorhabdus*. In: Gaugler, R. and Kaya, H.K. (eds) *Entomopathogenic Nematodes in Biological Control*. CRC Press, Boca Raton, Florida, pp. 75-90.

Akhurst, R.J. and Boemare, N.E. (2001) The *Xenorhabdus* genus. In: Krieg, N.R., Staley, J.T. and Brenner, D.J. (eds) *Bergey's Manual of Systematic Bacteriology*, Vol. 2, 2nd edn. Williams and Wilkins, Baltimore, Maryland.

Akhurst, R.J., Mourant, R.G., Baud, L. and Boemare, N.E. (1996) Phenotypic and DNA relatedness study between nematode symbionts and clinical strains of the genus *Photorhabdus* (Enterobacteriaceae). *International Journal of Systematic Bacteriology* 46, 1034-1041.

Babic, I., Fischer-Le Saux, M., Giraud, E. and Boemare, N.E. (2000) Occurrence of natural dixenic associations between the symbiont *Photorhabdus luminescens* and bacteria related to *Ochrobactrum* spp.in tropical entomopathogenic nematodes *Heterorhabditis* spp. (Nematoda Rhabitida). *Microbiology* 146, 709-718.

Baghdiguian, S., Boyer-Giglio, M.-H., Thaler, J.-O., Bonnot, G. and Boemare, N.E. (1993) Bacteriocinogenesis in cells of *Xenorhabdus nematophilus* and *Photorhabdus luminescens: Enterobacteriaceae* associated with entomopathogenic nematodes. *Biology of the Cell* 79, 177-185.

Bird, A.F. and Akhurst, R.J. (1983) The nature of the intestinal vesicle in nematodes of the family *Steinernematidae. International Journal of Parasitology* 13, 599-606.

Blackburn, M., Golubeva, E., Bowen, D. and ffrench-Constant, R.H. (1998) A novel insecticidal toxin from *Photorhabdus luminescens*, toxin complex a (Tca) and its histopathological effects on the midgut of *Manduca sexta. Applied and Environmental Microbiology* 64, 3036-3041.

Boemare, N.E. and Akhurst, R.J. (1988) Biochemical and physiological characterization of colony form variants in *Xenorhabdus* spp. (*Enterobacteriaceae*). *Journal of General Microbiology* 134, 751-761.

Boemare, N.E. and Akhurst, R.J. (2000) The genera *Photorhabdus* and *Xenorhabdus*. In: Dworkin, M., Falkow, S., Rosenberg, E., Schleifer, K.-H. and Stackebrandt, E. (eds) *The Prokaryotes: an Evolving Electronic Resource for the Microbiological Community*. Springer-Verlag, New York. http://www.prokaryotes.com

Boemare, N.E. and Akhurst, R.J. (2001) The *Photorhabdus* genus. In: Krieg, N.R., Staley, J.T. and Brenner, D.J. (eds) *Bergey's Manual of Systematic Bacteriology*, Vol. 2, 2nd edn. Williams and Wilkins, Baltimore, Maryland.

Boemare, N.E., Laumond, C. and Luciani, J. (1982) Mise en évidence d'une toxicogénèse provoquée par le nématode entomophage *Neoaplectana carpocapsae* Weiser chez l'insecte *Galleria mellonella* L. *Comptes Rendus des séances de l'Académie des Sciences, Paris*, Sér. III. 295, 543-546.

Boemare, N.E., Louis, C. and Kuhl, G. (1983a) Etude ultrastructurale des cristaux chez *Xenorhabdus* spp., bactéries inféodées aux nématodes entomophages *Steinernematidae* et *Heterorhabditidae. Comptes Rendus de la Société de Biologie* 177, 107-115.

Boemare, N.E., Bonifassi, E., Laumond, C. and Luciani, J. (1983b) Etude expérimentale de l'action pathogène du nématode *Neoaplectana carpocapsae* Weiser; Recherches gnotoxéniques chez l'insecte *Galleria mellonella* L. *Agronomie* 3, 407-415.

Boemare, N.E., Boyer-Giglio, M.-H., Thaler, J.-O., Akhurst, R.J. and Brehélin, M. (1992) Lysogeny and bacteriocinogeny in *Xenorhabdus nematophilus* and other *Xenorhabdus* spp. *Applied and Environmental Microbiology* 58, 3032-3037.

Boemare, N.E., Akhurst, R.J. and Mourant, R.G. (1993a) DNA relatedness between *Xenorhabdus* spp. (*Enterobacteriaceae*), symbiotic bacteria of entomopathogenic nematodes and a proposal to transfer *Xenorhabdus luminescens* to a new genus, *Photorhabdus* gen. nov. *Inter-*

national Journal of Systematic Bacteriology 43, 249–255.

Boemare, N.E., Boyer-Giglio, M.-H., Thaler, J.-O. and Akhurst, R.J. (1993b) The phages and bacteriocins of *Xenorhabdus* spp., symbiont of the nematodes *Steinernema* spp. and *Heterorhabditis* spp. In: Bedding, R., Akhurst, R. and Kaya, H. (Eds) *Nematodes and the Biological Control of Insect Pests.* CSIRO Publications, East Melbourne, Vic., Australia. pp. 137–145.

Boemare, N.E., Laumond, C. and Mauléon, H. (1996) The nematode-bacterium complexes: biology, life cycle and vertebrate safety. *Biocontrol Science and Technology* 6, 333–345.

Boemare, N.E., Givaudan, A., Brehélin, M. and Laumond, C. (1997) Symbiosis and pathogenicity of nematode-bacterium complexes. *Symbiosis* 22, 21–45.

Bonifassi, E., Fischer-Le Saux, M., Boemare, N.E., Lanois, A., Laumond, C. and Smart, G. (1999) Gnotobiological study of infective juveniles and symbionts of *Steinernema scapterisci*: a model to clarify the concept of the natural occurrence of monoxenic associations in entomopathogenic nematodes. *Journal of Invertebrate Pathology* 74, 164–172.

Bowen, D.J., Rocheleau, T.A., Blackburn, M., Andreev, O., Golubeva, E., Bhartia, R. and ffrench-Constant, R.H. (1998) Insecticidal toxins from the bacterium *Photorhabdus luminescens. Science* 280, 2129–2132.

Brehélin, M., Cherqui, A., Drif, L., Luciani, J., Akhurst, R.J. and Boemare, N.E. (1993) Ultrastructural study of surface components of *Xenorhabdus* sp. in different cell phases and culture conditions. *Journal of Invertebrate Pathology* 61, 188–191.

Brunel, B., Givaudan, A., Lanois, A., Akhurst, R.J. and Boemare, N.E. (1997) Fast and accurate identification of *Xenorhabdus* and *Photorhabdus* species by restriction analysis of PCR-amplified 16S rRNA genes. *Applied and Environmental Microbiology* 63, 574–580.

Bucher, G.E. (1960) Potential bacterial pathogens of insects and their characteristics. *Journal of Insect Pathology* 2, 172–195.

Ehlers, R.-U., Stoessel, S. and Wyss, U. (1990) The influence of phase variants of *Xenorhabdus* spp. and *Escherichia coli* (*Enterobacteriaceae*) on the propagation of entomopathogenic nematodes of the genera *Steinernema* and *Heterorhabditis. Revue de Nématologie* 13, 417–424.

Ehlers, R.-U., Lunau, S., Krasomil-Osterfeld, K. and Osterfeld, K.H. (1998) Liquid culture of the entomopathogenic nematode-bacterium-complex *Heterorhabditis megidis/Photorhabdus luminescens. BioControl* 43, 77–86.

Elawad, S., Robson, R. and Hague, N. (1999) Observation on the bacterial symbiont associated with the nematode, *Steinernema abbasi.* In: Boemare, N., Richardson, P. and Coudert, F. (eds.) *Taxonomy, Phylogeny and Gnotobiological Studies of Entomopathogenic Nematode Bacterium Complexes.* COST 819 Biotechnology, European Commission, Directorate-General XII, Luxembourg. pp. 105–111.

Euzéby, J.-P. and Boemare, N.E. (2000) The modern Latin word *rhabdus* belongs to the feminine gender, inducing necessary corrections according to Rules 65(2), 12c(1) and 13b of the Bacteriological Code (1990 revision). *International Journal of Systematic and Evolutionary Microbiology* 50, 1691–1692.

Farmer, J.J., Jorgensen, J.H., Grimont, P.A.D., Akhurst, R.J., Poinar, G.O. Jr, Ageron, E., Pierce, G.V., Smith, J.A., Carter, G.P., Wilson, K.L. and Hickman-Brenner, F.W. (1989) *Xenorhabdus luminescens* (DNA hybridization group 5) from human clinical specimens. *Journal of Clinical Microbiology* 27, 1594–1600.

ffrench-Constant, R. and Bowen, D. (1999) *Photorhabdus* toxins: novel biological insecticides. *Current Opinion in Microbiology* 2, 284–288.

Fischer-Le Saux, M., Mauléon, H., Constant, P., Brunel, B. and Boemare, N.E. (1998)

PCR-ribotyping of *Xenorhabdus* and *Photorhabdus* isolates from the Caribbean region in relation to the taxonomy and geographic distribution of their nematode hosts. *Applied and Environmental Microbiology*64, 4246–4254.

Fischer-Le Saux, M., Arteaga-Hernández, E., Mrácek, Z. and Boemare, N.E. (1999a) The bacterial symbiont *Xenorhabdus poinarii* (*Enterobacteriaceae*) is harbored by two phylogenetic related host nematodes: the entomopathogenic species *Steinernema cubanum* and *Steinernema glaseri* (*Nematoda: Steinernematidae*). *FEMS Microbiology Ecology* 29, 149–157.

Fischer-Le Saux, M., Viallard, V., Brunel, B., Normand, P. and Boemare, N.E. (1999b) Polyphasic classification of the genus *Photorhabdus* and proposal of new taxa: *P. luminescens* subsp. *luminescens* subsp. nov., *P. luminescens* subsp. *akhurstii* subsp. nov., *P. luminescens* subsp. *laumondii* subsp. nov., *P. temperata* sp. nov., *P. temperata* subsp. *temperata* subsp. nov. and *P. asymbiotica* sp. nov. *International Journal of Systematic Bacteriology* 49, 1645–1656.

Forst, S., Waukau, J., Leisman, G., Exner, M. and Hancock, R. (1995) Functional and regulatory analysis of the OmpF-like porin, OpnP, of the symbiotic bacterium *Xenorhabdus nematophilus. Molecular Microbiology* 18, 779–789.

Forst, S., Dowds, B., Boemare, N.E. and Stackebrandt, E. (1997) *Xenorhabdus* spp. and *Photorhabdus* spp.: bugs that kill bugs. *Annual Review of Microbiology* 51, 47–72.

Gerritsen, L.J.M. and Smits, P.H. (1993) Variation in pathogenicity of recombinations of *Heterorhabditis* and *Xenorhabdus luminescens* strains. *Fundamental and Applied Nematology* 16, 367–373.

Gerritsen, L.J.M., de Raay, G. and Smits, P.H. (1992) Characterization of form variants of *Xenorhabdus luminescens. Applied and Environmental Microbiology* 58, 1975–1979.

Givaudan, A. and Lanois, A. (2000) *flhDC*, the flagellar master operon of *Xenorhabdus nematophilus*: requirement for motility, lipolysis, extracellular hemolysis and full virulence in insects. *Journal of Bacteriology* 182, 107–115.

Givaudan, A., Baghdiguian, S., Lanois, A. and Boemare, N.E. (1995) Swarming and swimming changes concomitant with phase variation in *Xenorhabdus nematophilus. Applied and Environmental Microbiology* 61, 1408–1413.

Givaudan, A., Lanois, A. and Boemare, N.E. (1996) Cloning and nucleotide sequence of a flagellin encoding genetic locus from *Xenorhabdus nematophilus*: phase variation leads to differential transcription of two flagellar genes (*FliCD*). *Gene* 183, 243–253.

Götz, P., Boman, A. and Boman, H.G. (1981) Interactions between insect immunity and an insect-pathogenic nematode with symbiotic bacteria. *Proceedings of the Royal Society of London Series B* 212, 333–350.

Grenier, E., Bonifassi, E., Abad, P. and Laumond, C. (1996a) Use of species-specific satellite DNAs as diagnostic probes in the identification of *Steinernematidae* and *Heterorhabditidae* entomopathogenic nematodes. *Parasitology* 113, 483–489.

Grenier, E., Laumond, C. and Abad, P. (1996b) Molecular characterization of two species-specific tandemly repeated DNAs from entomopathogenic nematodes *Steinernema* and *Heterorhabditis* (*Nematoda: Rhabditida*). *Molecular and Biochemical Parasitology* 83, 47–56.

Han, R.C. and Ehlers, R.-U. (1998) Cultivation of axenic *Heterorhabditis* spp. dauer juveniles and their response to non-specific *Photorhabdus luminescens* food signals. *Nematologica* 44, 425–435.

Han, R.C., Wouts, W.M. and Li, L. (1990) Development of *Heterorhabditis* spp. strains as characteristics of possible *Xenorhabdus luminescens* subspecies. *Revue de Nématologie* 13, 411–415.

Hominick, W.M., Briscoe, B.R., Garcia del Pino, F., Heng, J., Hunt, D.J., Kozodoy, E., Mrácek, Z., Nguyen, K.B., Reid, A.P., Spiridonov, S., Stock, P., Sturhan, D., Waturu, C. and Yoshida, M. (1997) Biosystematics of entomopathogenic nematodes: current status, protocols and definitions. *Journal of Helminthology* 71, 271-298.

Hu, K.J., Li, J.X. and Webster, J.M. (1997) Quantitative analysis of a bacteria-derived antibiotic in nematode-infected insects using HPLC-UV and TLC-UV methods. *Journal of Chromatography B Biomedical Applications* 703, 177-183.

Hu, K.J., Li, J.X., Wang, W.J., Wu, H.M., Lin, H. and Webster, J.M. (1998) Comparison of metabolites produced *in vitro* and *in vivo* by *Photorhabdus luminescens*, a bacterial symbiont of the entomopathogenic nematode *Heterorhabditis megidis*. *Canadian Journal of Microbiology* 44, 1072-1077.

Jackson, T.J., Wang, H., Nugent, M.J., Griffin, C.T., Burnell, A.M. and Dowds, B.C.A. (1995) Isolation of insect pathogenic bacteria, *Providencia rettgeri*, from *Heterorhabditis* spp. *Journal of Applied Bacteriology* 78, 237-244.

Larsen, N., Overbeek, R., Harrison, S., Searles, D. and Garrity, G. (1997) Bergey's Revision of the RDP Tree. In: Garrity, J. and Harrison, S. (eds) *Bergey's Website*. Williams and Wilkins, Baltimore, Maryland, pp. 49-50. http://www.cme.msu.edu/Bergeys/btcomments

Li, J.X., Chen, G.H., Wu, H.M. and Webster, J.M. (1995) Identification of two pigments and a hydroxystilbene antibiotic from *Photorhabdus luminescens*. *Applied and Environmental Microbiology* 61, 4329-4333.

Li, J.X., Chen, G.H. and Webster, J.M. (1996) *N*-(indol-3-ylethyl)-2′-hydroxy-3′-methylpentanamide, a novel indole derivative from *Xenorhabdus nematophilus*. *Journal of Natural Products* 59, 1157-1158.

Li, J.X., Chen, G.H. and Webster, J.M. (1997) Nematophin, a novel antimicrobial substance produced by *Xenorhabdus nematophilus* (*Enterobacteriaceae*). *Canadian Journal of Microbiology* 43, 770-773.

Lysenko, O. and Weiser, J. (1974) Bacteria associated with the nematode *Neoaplectana carpocapsae* and the pathogenicity of this complex for *Galleria mellonella* larvae. *Journal of Invertebrate Pathology* 24, 332-336.

Maxwell, P.W., Chen, G., Webster, J.M. and Dunphy, G.B. (1994) Stability and activities of antibiotics produced during infection of the insect *Galleria mellonella* by two isolates of *Xenorhabdus nematophilus*. *Applied and Environmental Microbiology* 60, 715-721.

McInerney, B.V., Gregson, R.P., Lacey, M.J., Akhurst, R.J., Lyons, G.R., Rhodes, S.H., Smith, D.R.J., Engelhardt, L.M. and White, A.H. (1991a) Biologically active metabolites from *Xenorhabdus* spp. Part 1. Dithiolopyrrolone derivatives with antibiotic activity. *Journal of Natural Products* 54, 774-784.

McInerney, B.V., Taylor, W.C., Lacey, M.J., Akhurst, R.J. and Gregson, R.P. (1991b) Biologically active metabolites from *Xenorhabdus* spp., Part 2. Benzopyran-1-one derivatives with gastroprotective activity. *Journal of Natural Products* 54, 785-795.

Moureaux, N., Karjalainen, T., Givaudan, A., Bourlioux, P. and Boemare, N.E. (1995) Biochemical characterization and agglutinating properties of *Xenorhabdus nematophilus* F1 fimbriae. *Applied and Environmental Microbiology* 61, 2707-2712.

Mrácek, Z., Hernandez, E.A. and Boemare, N.E. (1994) *Steinernema cubana* sp.n. (*Nematoda: Rhabditida, Steinernematidae*) and the preliminary characterization of its associated bacterium. *Journal of Invertebrate Pathology* 64, 123-129.

Nishimura, Y., Hagiwara, A., Suzuki, T. and Yamanaka, S. (1994) *Xenorhabdus japonicus* sp. nov. associated with the nematode *Steinernema kushidai*. *World Journal of Microbiological Biotechnology* 10, 207-210.

Paul, V.J., Frautschy, S., Fenical, W. and Nealson, K.H. (1981) Antibiotics in microbial ecology. Isolation and structure assignment of several new antibacterial compounds from the insect-symbiotic bacteria *Xenorhabdus* spp. *Journal of Chemical Ecology* 7, 589-597.

Peel, M.M., Alfredson, D.A., Gerrard, J.G., Davis, J.M., Robson, J.M., McDougall, R.J., Scullie, B.L. and Akhurst, R.J. (1999) Isolation, identification and molecular characterization of strains of *Photorhabdus luminescens* from infected humans in Australia. *Journal of Clinical Microbiology* 37, 3647–3653.

Poinar, G.O. Jr (1976) Description and biology of a new insect parasitic rhabditoid, *Heterorhabditis bacteriophora* n. gen. n. sp. (*Rhabditida; Heterorhabditidae* n. Fam.). *Nematologica* 21, 463–470.

Poinar, G.O. Jr (1993) Origins and phylogenetic relationships of the entomophilic rhabditids, *Heterorhabditis* and *Steinernema. Fundamental and Applied Nematology* 16, 333–338.

Poinar, G.O. Jr, Thomas, G.M. and Hess, R. (1977) Characteristics of the specific bacterium associated with *Heterorhabditis bacteriophora* (*Heterorhabditidae: Rhabditida*). *Nematologica* 23, 97–102.

Rainey, F.A., Ehlers, R.-U. and Stackebrandt, E. (1995) Inability of the polyphasic approach to systematics to determine the relatedness of the genera *Xenorhabdus* and *Photorhabdus. International Journal of Systematic Bacteriology* 45, 379–381.

Ramia, S., Neter, E. and Brenner, D.J. (1982) Production of enterobacterial common antigen as an aid to classification of newly identified species of the families Enterobacteriaceae and Vibrionaceae. *International Journal of Systematic Bacteriology* 32, 395–398.

Richardson, W.H., Schmidt, T.M. and Nealson, K.H. (1988) Identification of an anthraquinone pigment and a hydroxystilbene antibiotic from *Xenorhabdus luminescens. Applied and Environmental Microbiology* 54, 1602–1605.

Selvan, S., Gaugler, R. and Grewal, P. (1993) Water content and fatty acid composition of infective juvenile entomopathogenic nematodes during storage. *Journal of Parasitology* 79, 510–516.

Smigielski, A.J., Akhurst, R.J. and Boemare, N.E. (1994) Phase variation in *Xenorhabdus nematophilus* and *Photorhabdus luminescens*: differences in respiratory activity and membrane energization. *Applied and Environmental Microbiology* 60, 120–125.

Sundar, L. and Chang, F.N. (1993) Antimicrobial activity and biosynthesis of indole antibiotics produced by *Xenorhabdus nematophilus. Journal of General Microbiology* 139, 3139–3148.

Suzuki, T., Yamanaka, S. and Nishimura, Y. (1990) Chemotaxonomic study of *Xenorhabdus* species-cellular fatty acids, ubiquinone and DNA-DNA hybridization. *Journal of General and Applied Microbiology* 36, 393–401.

Suzuki, T., Yabusaki, H. and Nishimura, Y. (1996) Phylogenetic relationships of entomopathogenic nematophilic bacteria: *Xenorhabdus* spp. and *Photorhabdus* sp. *Journal of Basic Microbiology* 36, 351–354.

Szállás, E., Koch, C., Fodor, A., Burghardt, J., Buss, O., Szentirmai, A., Nealson, K.H. and Stackebrandt, E. (1997) Phylogenetic evidence for the taxonomic heterogeneity of *Photorhabdus luminescens. International Journal of Systematic Bacteriology* 47, 402–407.

Thaler, J.-O., Baghdiguian, S. and Boemare, N.E. (1995) Purification and characterization of xenorhabdicin, a phage tail-like bacteriocin, from the lysogenic strain F1 of *Xenorhabdus nematophilus. Applied and Environmental Microbiology* 61, 2049–2052.

Thaler, J.-O., Boyer-Giglio, M.-H. and Boemare, N.E. (1997) New antimicrobial barriers produced by *Xenorhabdus* spp. and *Photorhabdus* spp. to secure the monoxenic development of entomopathogenic nematodes. *Symbiosis* 22, 205–215.

Thomas, G.M. and Poinar, G.O. Jr (1979) *Xenorhabdus* gen. nov., a genus of entomopathogenic nematophilic bacteria of the family *Enterobacteriaceae. International Journal of Systematic Bacteriology* 29, 352–360.

Wayne, L.G., Brenner, D.J., Colwell, R.R., Grimont, P.A.D., Kandler, O., Krichevsky, M.I., Moore, L.H., Moore, W.E.C., Murray, R.G.E., Stackebrandt, E., Starr, M.P. and Trüper, H.G. (1987) Report of the ad hoc committee on reconciliation of approaches to bacterial systematics. *International Journal of Systematic Bacteriology* 37, 463–464.

Webster, J.M., Chen, G. and Li, J. (1998) Parasitic worms: an ally in the war against the superbugs. *Parasitology Today* 14, 161–163.

3 细菌-线虫之间的共生关系

Steven Forst[1] 和 David Clarke[2]

[1]Department of Biological Sciences, PO Box 413, University of Wisconsin, Milwaukee, Wisconsin 53201, USA; [2]Department of Biology and Biochemistry, University of Bath, Bath BA2 7AY, UK

3.1 引　　言

致病杆菌（*Xenorhabdus*）和发光杆菌（*Photorhabdus*）是运动型革兰氏阴性细菌，分别与昆虫病原线虫斯氏线虫科（Steinernematidae）和异小杆线虫科（Heterorhabditidae）互惠共生（Forst et al.，1997a）。这两种细菌都属于肠杆菌科，它们不能还原硝酸盐，只能吸收利用有限的几种碳水化合物，这种细菌存在于侵染期线虫的肠道里。在土壤中，侵染期线虫寻找昆虫幼虫并进入幼虫体腔，共生细菌被释放到昆虫血腔中，并不断增殖产生毒素和水解性胞外酶（hydrolytic exoenzyme），使寄主昆虫死亡并通过生物转化将昆虫幼虫转化成适宜线虫生长和繁殖的营养物质。当营养供给受到限制的时候线虫不再繁殖，此时的线虫已经发育成能够被共生细菌识别的侵染期幼虫。这种不同寻常的相互依赖进行繁殖的循环是细菌和线虫之间相互作用高度进化的结果。

无论是致病杆菌还是发光杆菌，如果延长培养时间就会发生低频率的型态变化，这种不同型态的细胞，也就是所说的Ⅱ型或次生型细胞，与从线虫体内分离到的Ⅰ型或初生型细胞在特性上有很大的不同。

这种独特的生活周期使得致病杆菌和发光杆菌只与一种线虫寄主互惠共生，对某一个单独的昆虫寄主具有较强的致病作用。这种共生关系使得细菌在土壤的竞争环境中受到线虫保护，并被传送到昆虫病原线虫营养丰富的昆虫血腔中。而反过来，线虫利用细菌的致病性来杀死昆虫寄主。细菌还能够为线虫的生长和繁殖提供营养物质，并保护昆虫的尸体不受土壤中其他微生物的污染。通过近几年对致病杆菌和发光杆菌的研究，专家认为遗传系统在线虫和细菌相互作用过程中起着重要的作用。这里首先介绍一下研究得较为深入的生物荧光细菌［也称费氏弧菌（*Vibrio fischeri*）］-鱿鱼共生模式系统。接下来具体讨论一下线虫-细菌共生的不同阶段，并将这种共生关系与细菌-鱿鱼系统的共生关系相比较。本章的第二部分着重讲述对于这种共生关系的分子机制的理解，并探讨不同型态细胞的形成。这一章中还将介绍发光杆菌-异小杆线虫（*Photorhabdus-Heterorhabditis*）和致病杆菌-斯氏线虫（*Xenorhabdus-Steinernema*）之间的显著差异。

3.2 细菌和动物之间的共生关系

许多细菌与真核生物寄主具有互惠共生的关系。根据自然发生在细菌与动物之间联系的几个模式系统来看，共生关系是由多种复杂的分子作用引起的，这需要细菌和寄主之间基因的协同表达及信号在属间的传递。典型的一个例子是细菌的布赫纳氏菌属（*Buchnera* spp.）和其蚜虫寄主之间的关系（Baumann et al.，1995）。布赫纳氏菌存活于蚜虫体内一种特殊的含菌细胞中，并通过卵一代代地传递。含菌细胞提供细菌生长的大部分营养物质，致使布赫纳氏菌属的基因组（0.64Mb）（Shigenobu et al.，2000）与自由生活的细菌如大肠杆菌（*Escherichia coli*）的基因组（4.6Mb）相比大大减少。基因组的体积变小是与真核细胞相互作用的细菌的一个普遍特征。尽管其基因组的体积大规模地减少，但布赫纳氏菌属仍然保留着为蚜虫寄主编码必要氨基酸和维生素的基因。

夏威夷短尾鱿鱼（*Euprymna scolopes*）和生物荧光细菌（也有称费氏弧菌）是细菌-动物之间共生关系研究得最为深入的一种。它们之间的共生关系并不是必需的，可以独立生活。然而，通过从野生环境中分离鱿鱼（*Euprymna*），并使所有分离到的鱿鱼与生物荧光细菌共生进行繁殖，结果表明这种关系具有选择优势。生物荧光细菌存在于鱿鱼体内一种特殊的器官（称为发光器官）中，在该器官中细菌生长达到很高的细胞密度并发光（Ruby，1996）。鱿鱼以氨基酸的形式向细菌提供营养（Graf and Ruby，1998）。鱿鱼利用细菌的生物荧光作为照明系统以消除本身的阴影，从而能够不被位于下方觅食的食肉动物发现（McFall-Ngai，1998）。

刚孵化的小鱿鱼的不成熟发光器官里缺少细菌，鱿鱼孵化到海水中以后（Nyholm et al.，2000）只要存在低浓度（<10 个细胞/ml 海水）的生物荧光细菌，其就能够在发光器官里迅速繁殖。在不含有生物荧光细菌的海水环境中发光器官存在这种细菌，非共生有机体的负向选择机制及生物荧光细菌的正向选择说明这是一种选择性定殖。生物荧光细菌的存在导致鱿鱼分泌黏液使其自身能够被选择性地捕捉到，并使细菌大量繁殖（Nyholm et al.，2000）。另外，生物荧光细菌的存在导致发光器官的发育变化，其中包含了寄主基因表达系统的调节。很明显，寄主和细菌之间的信号传递在这种共生关系的维持及进化过程中起到了很重要的作用（Lemus and McFall-Ngai，2000；Nyholm et al.，2000）。

共生菌对寄主免疫系统的调节是为了建立一个合适的栖境，以便为与线虫之间的共生关系奠定稳定的基础（McFall-Ngai，1999；Lemus and McFall-Ngai，2000）。在调节过程中生物荧光起到了很重要的作用（Ruby and McFall-Ngai，1999）。其产生荧光的荧光素酶（luciferase）对分子氧具有很高的亲和力。有假说认为荧光素酶与寄主在抵御细菌侵入反应中产生活性磷酸盐的酶类，该酶类可竞争氧气（Ruby and McFall-Ngai，1999）。因此，生物荧光细菌（*V. fischeri*）对于发光器官发生突变的菌株具有明显的竞争优势（Visick et al.，2000）。这种调节寄主环境及传递信号的方式可能是所有的细菌-宿主及共生和致病关系的基本原则。

3.3 细菌-线虫之间的周期性共生关系

细菌和线虫之间的共生关系与弧菌（*Vibrio*）-鱿鱼之间的关系有一定的相似性。例如，这种关系并不是必需的，因为在实验室条件下发光杆菌（*Photorhabdus*）和致病杆菌（*Xenorhabdus*）都能够在没有线虫的条件下生长。另外，细菌和线虫之间的共生关系具有高度的专化性。这种专化性对于异小杆线虫-发光杆菌更加严格，一种线虫只能与一种细菌共生。相比较而言，斯氏线虫-致病杆菌的共生关系就没有那么严格，一种致病杆菌可以与不同种的线虫共生（Akhurst and Boemare，1990）。

不同的细菌-线虫共生体的生活史都很相似，但是通过仔细的检查验证以后就会发现，异小杆线虫-发光杆菌和斯氏线虫-致病杆菌共生体之间也有一定的差异。发光光杆状菌（*Photorhabdus luminescens*）和嗜线虫致病杆菌（*X. nematophila*）分别是与发光杆菌和致病杆菌联系最紧密的两个菌。通过比较这些细菌的主要表型特征发现它们存在很大的不同（表 3.1）。发光光杆状菌具有过氧化氢酶活性，是生物荧光体（bioluminescence），能够产生羟基芪（hydroxystilbene）类抗生素和蒽醌（anthraquinone）类色素复合物。原生质晶体内含物主要是由 11.6kDa（CipA）或 11.3kDa（CipB）的晶体蛋白构成的。许多发光杆菌的菌株具有尿素酶的活性并可以产生吲哚、水解七叶苷，但也有例外。相比较而言，嗜线虫致病杆菌产生的过氧化氢酶达不到检测水平，能够产生特殊的抗微生物化合物［异香豆素（xenocoumacins）、二硫吡咯酮类化合物（杀菌素 xenorhabdins）和吲哚衍生物］，不含有色素，其产生的原生质内含体主要是由 26kDa 或 22kDa 的晶体蛋白构成的。嗜线虫致病杆菌不具有尿素酶活性，不产生吲哚，也不能水解七叶苷。嗜线虫致病杆菌和发光光杆状菌之间进行比较对于阐明这两个属之间的差异是很有用的，值得注意的是在致病杆菌和发光杆菌两个属中有显著的型态特性变化及生物特性（Akhurst，1986；Boemare and Akhurst，1988）。

表 3.1 发光杆菌和致病杆菌的特征区别

表型特征	发光光杆状菌（*P. luminescens*）	*X. nematophila*
过氧化氢酶	+	–
生物荧光体	+	–
色素	蒽醌	–
抗生素	羟基芪	异香豆素 二硫吡咯酮类化合物 吲哚衍生物
晶体蛋白	11.6kDa 11.3kDa	26kDa 22kDa
尿素酶活性	d	–
产生吲哚	d	–
水解七叶苷	d	–

注：d 表示品系之间有差异

异小杆线虫科和斯氏线虫科间存在几个显著差异（表 3.2）。异小杆线虫的第一代成虫雌雄同体，并且侵染期幼虫携带的共生细菌位于肠道的后半部分。斯氏线虫（*Steinernema*）第一代成虫雌雄异体，它们的共生细菌位于特殊的肠道囊泡中。这两种线虫都属于小杆目（Rhabditida），异小杆线虫分支包含秀丽隐杆线虫（*Caenorhabditis elegans*），并且大部分与圆线虫目（Strongylida）有密切的亲缘关系，而斯氏线虫是一个独立的分支，与类圆线虫科（Strongyloididae）的亲缘关系更加紧密（Blaxter et al.，1998）。另外，区分这两个线虫属的形态特征也在表 3.2 中列出了。

表 3.2 异小杆线虫属和斯氏线虫属的特征区别

表型特征	异小杆线虫	斯氏线虫
第一代成虫	雌雄同体	雌虫和雄虫
共生菌寄生位置	后 2/3 肠腔	肠腔中的特殊囊泡中
系统发生关系[a]	Rhabditida（Rhabditidae）和 Strongylida	Rhabditida（Strongyloididae）和 Rhabditida（Panagrolaimidae）
次生型细菌携带	不能	能
侵染期幼虫	具有角质化的牙齿	不具有角质化的牙齿
	排泄孔位于神经环侧下部	排泄孔位于神经环侧上部
	有 2 排	有 6-8 排
第一代雄虫	具交合伞	不具交合伞
	≤9 对生殖乳突（肋柱）	10 或 11 对+1 个生殖乳突

[a] 参考 Blaxter 等（1998）

这两个属线虫的生长特性也存在着显著差异。无菌的斯氏线虫在人工培养基上能够生长，但到目前为止还没有发现任何一种人工培养基能够支持无菌的异小杆线虫生长。当无菌线虫小卷叶蛾斯氏线虫（*Steinernema carpocapsae*）被注射进大蜡螟体内时能够进行生长并发育为侵染期幼虫。无菌的异小杆线虫仅能发育成 1 龄幼虫，这些幼虫便会逐渐死亡，不能发育成侵染期线虫（Han and Ehlers，2000）。无菌斯氏线虫可以在其共生菌致病杆菌的次生型中生长，而异小杆线虫在其共生菌发光杆菌的次生菌中不能生长或生长不良。综上所述，这些现象更加支持了这一观点——细菌-线虫的周期性共生关系是协同进化的结果。

细菌-线虫的共生关系可以被描述为一种周期性循环，该循环以土壤中的侵染期线虫开始，也以侵染期线虫结束。线虫和细菌的发育过程划分成 3 个阶段，主要是以细菌和线虫发育的关键时期为依据（表 3.3）。

表 3.3　线虫和共生菌的生活史

时期	线虫生活史	共生菌生活史
Ⅰ	侵染期线虫在土壤中搜寻寄主昆虫 侵染期线虫进入昆虫血淋巴中	共生菌携带于线虫的肠腔中并进入昆虫血淋巴中
Ⅱ（初期）	在血淋巴中发育	共生菌被释放到昆虫血淋巴中，产生致毒因子使寄主昆虫死亡
Ⅱ（末期）	线虫繁殖	共生菌进入稳定生长期，产生抑菌素、晶体蛋白；昆虫生物转化
Ⅲ	发育成新的侵染期线虫	重新寄生于侵染期线虫的肠腔中

3.3.1　阶段Ⅰ

在这个阶段中，线虫为不取食的侵染期幼虫，对外界胁迫具有一定的抵抗力，因而能在土壤中长时间存活（Poinar，1979）。斯氏线虫的侵染期线虫所携带的共生菌位于肠腔的特殊囊泡中。Ciche 和 Ensign（Madison，2000，个人交流）发现发光杆菌位于异小杆线虫消化道的中部。斯氏线虫和异小杆线虫携带共生菌的种类及其位点特异性可能是由于线虫肠腔上皮细胞的特异性受体与共生菌细胞表面分子相互作用的结果。

侵染期线虫搜寻到寄主昆虫，并进入寄主体内。斯氏线虫的侵染期线虫主要通过气门、口和肛门进入昆虫体内，随后转移到血腔中。异小杆线虫在口附近有一类似于牙齿的附肢，可使线虫穿透昆虫表皮直接进入血腔（表 3.2）。

3.3.2　阶段Ⅱ（初期）

在这一阶段中，线虫在昆虫血淋巴中恢复取食，并将共生菌释放到血淋巴中使寄主昆虫死亡。

3.3.2.1　侵染期线虫恢复

侵染期线虫进入昆虫血淋巴后，开始取食并进一步发育。线虫再次发育的这个阶段称为恢复期。异小杆线虫侵染期线虫恢复并发育成自我授精的雌雄同体线虫，斯氏线虫发育成雌雄异体的雌虫和雄虫。

不同的食物信号可能控制不同阶段线虫的发育。体外试验证明，即使没有共生菌存在，斯氏线虫和异小杆线虫的侵染期线虫也可发育为成虫（Han and Ehlers，2000）。这说明侵染期线虫主要的恢复信号可能来源于昆虫的血淋巴。共生菌也可产生恢复信号，控制侵染期线虫的发育。Grewal 等（1997）研究发现，蝼蛄斯氏线虫（*Steinernema scapterisci*）侵染期线虫的恢复依靠的是其共生菌产生的特殊信号。Strauch 和 Ehlers（1998）

曾经报道，在人工培养基上发光杆菌产生一种食物信号，刺激侵染期线虫的恢复，这种食物信号在共生菌的指数生长后期还未产生。这说明共生菌产生的食物信号不可能直接使侵染期线虫恢复，但它可能参与控制线虫的后期发育。

3.3.2.2 共生菌的繁殖和致病性

昆虫通过细胞和体液免疫反应（Kusch and Lemaitre，2000）保护昆虫不受外来病原物的侵染。细胞免疫反应主要是通过血淋巴细胞的吞噬作用破坏外来侵染物。如果侵染物较大（如线虫），血细胞也会随之做出相应的反应，形成瘤，也就是说用几层血细胞将侵染物包裹起来从而完成免疫反应。血淋巴细胞可激活酚氧化酶系统，在侵染物周围沉积一层黑色素并通过黑化作用破坏侵染物；体液免疫主要是通过可迅速产生的溶菌酶和抑菌肽来完成免疫反应（Kusch and Lemaitre，2000）。小卷叶蛾斯氏线虫可产生一种蛋白质，抑制昆虫的免疫反应，这可能与共生菌的释放有关（Wang and Gaugler，1998；Simoes et al.，2000）。目前对于异小杆线虫是否也能够分泌类似的蛋白质还不清楚。

当发光杆菌和致病杆菌直接注射到昆虫幼虫中时，大多数共生菌对昆虫具有较高的毒性。LD_{50}的最小值为 1 个昆虫 1 个细菌（Clarke and Dowds，1995）。很显然，这些共生菌具有一种高效的防御机制，能躲避寄主的免疫反应。致病杆菌的一些种，如 *X. poinarii* 和 *X. japonica* 对某些昆虫无注射毒性，但与其共生线虫同时注射时，对昆虫具有较高的毒性（Akhurst，1986；Yamanaka et al.，1992）。发光杆菌可能产生一种对昆虫酚氧化酶系统具有抑制作用的因子（S. Boundy and S. Reynolds，Bath，2000，个人交流）。而致病杆菌可能是通过附着或进入昆虫血淋巴细胞来躲避免疫反应（Dunphy and Webster，1991）。与其共生的线虫一样，发光杆菌和致病杆菌可能具有不同的躲避寄主免疫反应的机制。

致病性是细菌-线虫共生关系形成的先决条件，现在已经研究得很清楚，即共生菌产生的毒性因子使昆虫幼虫死亡。发光杆菌编码蛋白质的基因组具有与在哺乳动物病原体中发现的大多致病因子相似的序列（ffrench-Constant et al.，2000）。有关这些毒性因子在昆虫的致病过程中所起的作用还没有一个很好的解释。

3.3.3 阶段Ⅱ（末期）

这一阶段的主要特点是，细菌大量繁殖并达到一个很高的密度，同时将昆虫尸体进行生物转化，使之成为适合线虫生长和繁殖的营养源。

3.3.3.1 昆虫尸体的生物转化

昆虫的血淋巴是一个营养丰富的营养源，共生菌在昆虫尸体中可以大量繁殖（Forst and Tabatabai，1997b；Hu and Webster，2000）。这一阶段通常是指线虫侵染后 24-48h，此时寄主昆虫由于被侵染已死亡。共生菌达到稳定生长期，可产生多种大分子物质，包括在共生过程中起重要作用的抗生素和胞外酶等。

发光杆菌和致病杆菌在人工培养基上进行培养时，在指数生长后期可以产生不同的蛋白酶、脂肪酶、几丁质酶和卵磷脂酶的复合体（Akhurst and Boemare，1990；Thaler et al.，1998）。无论是活体内，还是人工培养，发光光杆状菌（*P. luminescens*）在指数生长后期都能够产生金属蛋白酶（Clarke and Dowds，1995；Daborn et al.，2001）。因此，酶调控的活体外研究与活体内的情况或许是有关联的。

3.3.3.2 线虫的生长发育

线虫的生长发育依赖于昆虫尸体中共生菌的存在。在异小杆线虫-发光杆菌（*Heterorhabditis-Photorhabdus*）共生体中，这种依赖关系是必需的也是专化的。只有当昆虫尸体中存在发光杆菌时，异小杆线虫才能生长繁殖（Han and Ehlers，2000）。然而，当异小杆线虫在人工培养基中进行培养时，对共生菌的依赖性不是十分严格，这说明共生菌对于寄主昆虫的生物转化十分重要（R.-U. Ehlers，Kiel，2000，个人交流）。另外对于斯氏线虫，昆虫体内即使没有致病杆菌存在，也能进行少量的繁殖（Han and Ehlers，2000）。

根据不同的线虫和环境条件，线虫进入寄主昆虫后，新一代侵染期线虫产生的时间为 7-21d。这段时间里，保护昆虫尸体不受其他腐生生物的侵染是很必要的。发光杆菌和致病杆菌能够产生多种具有广泛抑菌活性的抗生素（Paul et al.，1981；Akhurst，1982；Richardson et al.，1988）。Hu 和 Webster（2000）曾报道在大蜡螟（*Galleria mellonella*）幼虫体内细菌的指数生长后期，一种发光杆菌能够产生大量的 3,5-二羟基-4-乙基二苯乙烯（3,5-dihydroxy-4-ethylstilbene），能够抑制寄主肠道内的细菌。有趣的是，Hu 等（1999）表明 ST 对于一些自由生活的线虫，如秀丽隐杆线虫（*C. elegans*）具有抑制作用。另一种发光杆菌产生的 ST 能够抑制一些斯氏线虫。最后，发光杆菌产生的化合物可以保护昆虫尸体不受其他腐生生物的侵染，从而确保了线虫的生长发育（Baur et al.，1998）。

3.3.4 阶段Ⅲ

阶段Ⅲ主要是侵染期线虫形成，并被其共生细菌重新定殖的时期。

3.3.4.1 侵染期线虫形成

昆虫病原线虫的侵染期幼虫与自由生活的耐久型幼虫如秀丽隐杆线虫具有很多类似的特征。秀丽隐杆线虫的耐久型幼虫的形成是线虫发育过程对环境适应的结果。在食物充足的情况下，侵染期线虫经历不同龄期的幼虫（L1→L2→L3→L4），最后发育为成虫；当食物匮乏、线虫密度较大时，线虫就发育成侵染期线虫，也就是耐久型幼虫。对秀丽隐杆线虫大量的基因研究表明，有几个不同的信号途径共同调控侵染期线虫的形成。

昆虫病原线虫侵染期线虫的形成对共生关系的建立至关重要。在体内，侵染期线虫通常由第 3 代线虫发育而来，说明侵染期线虫的形成受到严格的控制。在体外研究表明，食物的量对侵染期线虫的形成具有决定性作用（Johnigk and Ehlers，1999）。

3.3.4.2 侵染期幼虫的定殖

发光杆菌和致病杆菌在侵染期线虫体内定殖后就会大量繁殖，而在弧菌-鱿鱼共生体系中不需如此。细菌在线虫肠道内的定殖需要线虫肠上皮细胞与共生菌细胞表面特征的相互作用。目前有关这种相互作用的本质还不清楚。当异小杆线虫在从不同的线虫体内分离到的非自身共生菌中培养时，线虫可以生长发育，然而线虫不能和这些非自身的细菌共生（Gerritsen et al.，1997，1998）。Han 和 Ehlers（2000；R.-U. Ehlers，Kiel，2000，个人交流）认为，虽然在人工培养基上，次生型共生菌可以支持嗜菌异小杆线虫（*H. bacteriophora*）的生长发育，但线虫不能携带次生型共生菌。线虫-细菌共生作用的特异性依赖共生菌的菌型，说明共生作用可能需要共生菌特殊基因的表达。

3.4 型态变异：初生型细胞和次生型细胞

发光杆菌（*Photorhabdus*）和致病杆菌（*Xenorhabdus*）一个显著的特点是在体外传代培养过程中共生菌细胞能够发生型态变化（Akhurst，1980；Boemare et al.，1997）。初生型细胞（Ⅰ型）是被侵染期线虫所携带的共生菌，它们具有许多表型特征。在这些变体细胞中，被称为次生型细胞（Ⅱ型）的许多初生型细胞表型特征发生了改变或消失。到目前为止，还未从自然环境中分离出过次生型共生菌。

发光杆菌和致病杆菌的次生型细胞保留了一些特征，同时有些特征也改变了（Boemare and Akhurst，1988；Boemare et al.，1997；Forst et al.，1997a）。这些特征包括非黏性菌落的形成，丧失了结合染料的能力，减少了色素、抗生素和晶体内含物的产生。许多菌株的另外一个特点是，具有黏着血红细胞、降解血红细胞和聚集于琼脂表面的能力。同样，发光杆菌和致病杆菌的许多次生型细胞产生脂肪酶、卵磷脂酶和蛋白酶的能力也下降了。另外，*X. nematophila* 不能够产生稳定生长期所需的外膜蛋白 OpnB，而在发光杆菌的次生型细胞中几乎检测不到生物荧光现象。Smiglielski 等（1994）指出，次生型细胞中呼吸酶的活性比初生型细胞高，能更快地与脯氨酸结合。他们还认为，次生型细胞是细菌在线虫体外的另一种生存方式。发光杆菌的一个离体存在种 *P. asymbiotica* 是从人的伤口中分离出来的（Farmer et al.，1989；Peel et al.，1999）。根据这一发现得出这样一种可能，就是说 *P. asymbiotica* 缺少几种初生型菌所具有的特性，以自由生活的状态存在于土壤中。值得注意的是其次生型菌与初生型菌一样，对昆虫具有毒力（Akhurst，1980；Forst et al.，1997a）。在一些发光光杆状菌（*P. luminescens*）中低渗透压能够导致次生型细胞的形成（Krasomil-Osterfeld，1995）。

次生型细胞形成的现象被称为“型态变异”（Boemare and Akhurst，1988）。传统学说认为型态变异包括 DNA 的重组和修饰，并且发生的频率较高。型态变异涉及一个或几个特殊基因，并且具有选择优势，能够逃避寄主的免疫反应，并在一个新的生境中定殖。致病杆菌和发光杆菌中次生型细胞的形成与传统学说认为的型态变化不同。次生型细胞形成的频率较低，形成的频率也是未知的，其表型症状也发生了改变。致病杆菌共生菌从次生型转变为初生型比较罕见，而发光杆菌更是无人报道过。DNA 重排、插入、重组或是质粒的缺失并不参与次生型细胞的形成（Forst et al.，1997a）。因此，将次生型细胞形成的现象称为“型态变异”。

致病杆菌和发光杆菌的型态变体之间存在重要的差异。首先，有报道发光杆菌能够产生中间型菌落，而致病杆菌不能产生中间型菌落（Hu and Webster，1998）。其次，致病杆菌次生型细胞能够向初生型细胞转化，而发光杆菌不能发生这种转化（Thaler et al.，1998）。最后，线虫与其共生菌的次生型细胞生长能力截然不同。斯氏线虫能够在生长致病杆菌的次生型细胞的富含油脂的培养基上生长（Volgyi et al.，2000），而异小杆线虫不能在发光杆菌的次生型细胞中生长（Gerritsen and Smits，1997；Hu and Webster，

1998；Bintrim and Ensign，1998；A. Fodor，Budapest，2000，个人交流）。同样，当细菌和线虫被置于富含肾脏和肝脏的琼脂上或昆虫血腔中共同生长时，斯氏线虫在含有致病杆菌次生型细胞时的生长发育程度比含有初生型细胞时要低，而异小杆线虫在次生型细胞上生长时，生长发育急剧降低（Akhurst，1980）。当大异小杆线虫（*H. megidis*）HSH 在初生型和次生型混合菌中生长时，线虫比较偏向于初生型共生菌而避开次生型菌（Gerritsen and Smits，1997）。尽管大异小杆线虫 HSH 在自身共生菌的次生型菌中不能生长，但该线虫在发光光杆状菌其他菌株的次生型菌中能够低水平地生长发育。当小卷叶蛾斯氏线虫（*S. carpocapsae*）在次生型和初生型菌比例为 4∶1 的混合菌中生长时，侵染期幼虫只能与初生型细胞共生（Akhurst，1980）。综上所述，初级产物和特性与线虫和细菌之间的共生关系有关。初生型细胞可能分泌一些目前还不太清楚的化合物，如在线虫发育过程中起作用的信号分子，而次生型细胞中并不存在这些分子。

3.5 初级特殊基因及基因产物

分离编码初级-特殊性状的基因，并弄清楚其受调控的基因途径，可以为弄清细菌-线虫之间共生的分子机制提供一种新的途径。最近的研究主要是围绕几个初级特殊性状基因及基因产物展开的，初级特异性基因产物在共生作用中所起的作用会在后面相关章节进行讨论。此外，个别的初级-特异性基因产物也参与了致病过程。

3.5.1 晶体蛋白

在初生型细胞中发现了两种类型的蛋白晶体内含物，而在次生型细胞中并不存在。这些晶体蛋白的功能还不太清楚，但都没有杀虫活性。嗜线虫致病杆菌（*X. nematophila*）中的Ⅰ型晶体蛋白内含物是由富含甲硫氨酸的 26kDa 蛋白组成的，Ⅱ型内含物是由 22kDa 蛋白组成的（Couche and Gregson，1987）。目前，编码这些晶体蛋白的基因还没有被提取出来。而发光光杆状菌中编码两种晶体蛋白（Cip）的基因已经进行了测序（Bintrim and Ensign，1998）。*cipA*、*cipB* 分别编码 11.6kDa 的富含甲硫氨酸的蛋白和 11.3kDa 的蛋白。Cip 蛋白的氨基酸序列与其他一些已知蛋白的氨基酸序列不具有同源性，而 Cip 蛋白之间却具有 25%的同源序列。通过 Northern 杂交分析证实，在初级和次级细胞中都含有 *cip* mRNA，说明次生型细胞中晶体的消失是由于后期转录的结果（J. Ensign，Madison，2000，个人交流），Western 杂交分析表明，致病杆菌和发光杆菌中的晶体蛋白是在稳定生长期的早期合成的（Couche and Gregson，1987；Bowen and Ensign，2001）。

cipA 或 *cipB* 基因的缺失导致基因失活，从而产生了细胞变体，形成了次生型细胞（Bintrim and Ensign，1998）。另外，像次生型细胞一样，缺乏 *cip* 的菌株不能够维持嗜菌异小杆线虫的生长，说明晶体蛋白可能是一种营养贮存体。相应的，*cip* 突变表明可能会间接地影响其他一些线虫和生长所必需的初级-特异分子的产生，含有 *cip* 的菌株对于烟草天蛾（*Manduca sexta*）具有毒性。这些发现说明初级-特异性产物对于异小杆线虫生长是必需的，但并不直接参与致病过程。

3.5.2　胞外酶：卵磷脂酶、脂肪酶和蛋白酶

大部分致病杆菌和发光杆菌的许多菌株都能够产生胞外酶，个别菌株可能会有所变化。在检测的菌株中，嗜线虫致病杆菌和伯氏致病杆菌（*X. bovienii*）能够产生卵磷脂（lecithinase），而一些发光杆菌则不能产生（Thaler et al.，1998）。在嗜线虫致病杆菌中，当细胞进入稳定生长期后，产生卵磷脂的活性急剧增加，只在大部分的次生型细胞中产生较少。而在一些菌株的次生型细胞中其产卵磷脂的活性也增加（Volgyi et al.，2000）。Thaler 等（1998）研究认为，浓的卵磷脂酶并不在细胞溶解和对昆虫毒性的过程中出现。有人认为卵磷脂酶参与昆虫磷脂的水解从而为斯氏线虫的生长提供脂类资源。另外，Tn5 诱导的伯氏致病杆菌中的卵磷脂突变，需要较野生型菌株多于 4 倍的细菌细胞来杀死寄主幼虫（Pinyon et al.，1996）。

发光杆菌的大部分初生型细胞都具有脂肪酶活性，而次生型细胞不具有这种活性（Thaler et al.，1998）。发光光杆状菌 K122 中次生型细胞的脂肪酶活性水平降低是在转录后发生的（Wang and Dowds，1993）。编码脂肪酶的基因 *lip-1* 已经从次生型细胞中克隆出来，并且初生型和次生型细胞中存在的 *lip-1* mRNA 水平是相等的。初生型和次生型细胞分泌到细胞外培养基的 Lip-1 蛋白的数量也是相同的，尽管次生型细胞产脂肪酶的活性水平降低。次生型细胞分泌的 Lip-1 脂肪酶是一种非活性状态，能够被 SDS 激活。Clark 和 Dowds（1995）研究表明，Lip-1 对大蜡螟具有杀虫活性。致病杆菌中产生的脂肪酶活性是多样的，实际上致病杆菌的一些次生型细胞比初生型细胞产生的脂肪酶水平要高（Boemare and Akhurst，1998；Volgyi et al.，2000）。

Dunphy 等（1997）研究表明，嗜线虫致病杆菌的无毒突变株（AV1）与野生菌株相比，脂肪酶活性和细胞群体感应信号分子羟基丁醇高丝氨酸内酯（hydroxybutanoyl homoserine lactone，HBHL）含量要低。添加从哈维氏弧菌（*Vibrio harveyi*）中提取的 HBHL 可刺激脂肪酶的产生，并使 AV1 恢复毒性。以上研究结合某些细菌中 HBHL 在毒力中的作用，说明 HBHL 可能和致病杆菌的致病性有关，至于其是否与共生关系有关还有待于进一步研究。

致病杆菌和发光杆菌的初生型可以产生蛋白酶，而次生型产生的蛋白酶活性降低。Wee 等（2000）的研究结果表明，发光光杆状菌的次生型细胞可以产生一种蛋白酶抑制剂，抑制蛋白酶的活性。这就可以进一步说明为什么在发光杆菌的初生型细胞中能够检测到蛋白酶活性，而在次生型细胞中检测不到。不同菌株产生蛋白酶的量及活性水平有一定的差异（Bowen et al.，2000）。蛋白酶主要是参与分解寄主昆虫的组织蛋白，为细菌和线虫的生长发育提供营养。从发光光杆状菌 HM 的初生型细胞中分离出一种 61kDa 的金属蛋白酶（Schmidt et al.，1988），次生型细胞中不能产生该酶类。另外，从肉汤培养的发光光杆状菌 W14 菌落中分离出由 3 种截然不同的组分构成的蛋白酶（Bowen et al.，2000）。其中一种组分的分子质量为 55kDa，另外两种是分子质量大约为 40kDa 的复合物。这些分泌的蛋白酶对烟草天蛾（*Manduca sexta*）无胃毒性，进一步支持了胃毒性与高分子质量毒性复合物有关的结论（ffrench-Constant and Bowen，1999）。

3.5.3 外膜蛋白

嗜线虫致病杆菌的外膜蛋白（Opn）已经被鉴定出来。OpnP 是一种成孔/造孔蛋白，占构成外膜蛋白的总蛋白含量的 50%，与大肠杆菌的 porin 蛋白 OmpF 具有同源性（Forst et al.，1995）。球形调节蛋白 OmpR，调控大肠杆菌中 *ompF* 和嗜线虫致病杆菌中 *opnP* 的表达（Tabatabai and Forst，1995；Forst et al.，1997b）。当细胞进入稳定生长期，外膜蛋白 OpnB 和 OpnS 就能诱导表达，并且不受 OmpR 的调控。Volgyi 等（1998）研究表明，在嗜线虫致病杆菌的一些次生型菌株中不能产生 OpnB 蛋白。目前，有关 OpnB 的功能还不清楚，有人猜测它可能与稳定生长期的营养吸收有关，也可能与线虫肠道表面具有某些特殊的作用有关。

3.5.4 菌毛和鞭毛

嗜线虫致病杆菌的初生型细胞能够产生细胞附属物，称为菌毛，有人认为菌毛可能与细菌和线虫肠道内的上皮细胞之间的特异性关系有关。嗜线虫致病杆菌的菌毛是由大量的 17kDa 亚单位构成的直径为 6-7nm 的坚硬结构（Moureaux et al.，1995）。这些菌毛表现出对甘露糖的抗性，与奇异变形杆菌（*Proteus mirabilis*）中 *mrp* 编码的菌毛类似。嗜线虫致病杆菌的次生型细胞不产生菌毛，有人认为菌毛可能与其在侵染期线虫肠道内的定殖有关。

有专家对致病杆菌不同菌株的初生型和次生型细胞的运动能力进行了分析（Givaudan et al.，1995）。在检测的大部分嗜线虫致病杆菌菌株中，初生型细胞表现出群游现象，而次生型细胞因缺乏鞭毛而不具有运动能力（图 3.1）。在某一个菌株（ATCC19061）中，次生型细胞在肉汤培养基上能够运动，而在琼脂培养基上不能运动（Volgyi et al.，1998）。最后的这个结果说明初生型细胞和次生型细胞的运动特性具有可变性（Givaudan et al.，1995）。为了阐明次生型细胞不能产生鞭毛的原因，Givaudan 等（1996）克隆了 *X. nematophila* 中的鞭毛基因 *fliC* 和 *fliD*，结果表明在次生型细胞中 *fliCD* 的操纵子是完整的，但没有转录。*fliCD* 的转录受鞭毛调节因子 *flhDC* 调控。为了阐明次生型细胞不能产生鞭毛的原因，Givaudan 和 Lanois（2000）克隆了 *flhDC* 操纵子，结果发现初生型和次生型细胞中的 *flhDC* 结构没有差异，*flhDC* mRNA 的数量也相同。这说明次生型细胞不能合成鞭毛，无运动能力并不是由缺少 *flhDC* 调控复合体造成的。有人认为可能是次生型细

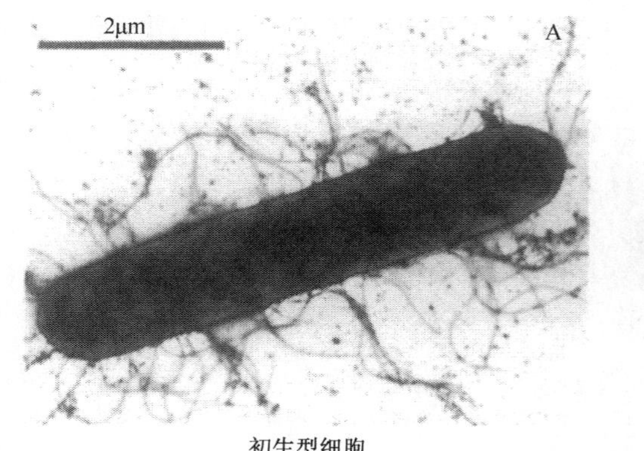

初生型细胞

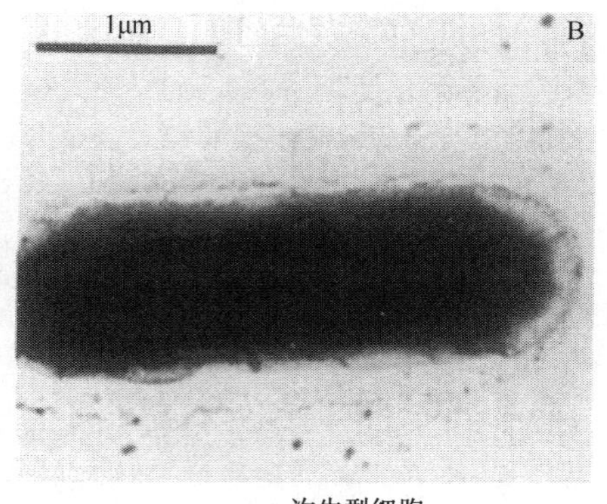

次生型细胞

图 3.1 嗜线虫致病杆菌中初生型细胞有鞭毛（A）而次生型细胞无鞭毛（B）

胞缺少 *fliCD* 转录所必需的 sigma 因子 *fliA*，从而导致次生型细胞丧失运动能力。最后表明，在初生型细胞中，*flhDC* 的插入性失活并不影响初级特殊性状，但脂肪酶和溶血素的含量减少，使其对昆虫致病性降低（Givaudan and Lanois，2000）。这些结果说明在嗜线虫致病杆菌中，共生菌是利用鞭毛分泌途径将脂肪酶和溶血素运出胞外的。

3.5.5 *lux* 基因

Hosseini 和 Nealson（1995）的研究结果表明，在初生型和次生型细胞中存在着相同数量的 *lux* mRNA，说明初生型细胞中缺乏产光能力是转录后引起的。发光杆菌含有荧光素酶和过氧化氢酶活性，这两种酶可能与保护细菌和线虫不被昆虫血腔产生的活性氧破坏有关。致病杆菌不具有这些活性，说明它可能是通过不同的机制来保护自身不受活性氧的破坏。更多关于发光杆菌生物荧光的详细描述，已经在引言中说明了（Forst and Nealson，1996）。

3.6 初级性状的调控

许多初级特异性产物在细胞进入稳定生长期后便同时表达，这个发现说明有一个协同调节的网络系统调控这些初级基因的表达。那么，就会有一些问题需要解决：①调节初级性状的分子机制是什么？②致病杆菌和发光杆菌调节系统是相似的吗？③某一个基因发生突变能够导致次生型细胞的产生吗？

为了阐明一个独特的遗传位点可以协同调控初生型的细胞特征，利用转座子（transposon）诱导突变的方法诱导出了 3 个突变菌株（Volygi et al.，2000）。转座子在这 3 个突变株中的染色体插入位点是不同的，但都表现出次生型细胞的特征。这些突变株与原菌株的分裂速度是一致的，而且均有较高的致病性。其中一个突变菌株 ANV2，它的转座子被插入一个新的基因 *var1* 中。*var1* 基因编码含有 121 个氨基酸残基的蛋白质，此蛋白质与 GenBank 中的任何一个蛋白质都不具有相似性。将一个含有 *var1* 基因的质粒插入 ANV2 菌株中，则可完全恢复初生型细胞特征。而其他转座子诱导产生的次生型菌株和自然分离的次生型菌株不能通过插入含有 *var1* 基因的质粒而恢复初生型特征。这说明初生型细胞的特征是受多基因控制的，单基因失活可影响初生型细胞特征的表达。ANV2 菌株能够支持线虫的生长发育，但其从线虫肠腔中释放出的时间要比野生菌株晚。当含 *var1* 基因的质粒插入 ANV2 菌株中时，其从线虫肠腔中释放出的时间与野生型菌株是相同的。这些结果进一步说明了细菌与线虫的共生与初生型细胞的一些特征有关。

一些研究表明，致病杆菌的初生型细胞特征不受球形反应调节因子 OmpR（B. Boylan and Forst，未发表）、sigma 因子 RpoS（Vivas and Goodrich-Blair，2001）、鞭毛调节操纵子 *flhDC*（Givaudan and Lanois，2000）、同源结合蛋白 RecA（Pinyon et al.，2000）和 *hin* 特异位点转移酶（site-specific invertase）（R. Akhurst，Canberra，1996，个人交流）的调控。

发光杆菌中 *cip* 基因的失活可导致许多初生型基因不能表达。发光杆菌的突变菌株表现出不同的特征，即在次生型细胞中有些初生型特征的基因被激活（O'Neill，1999）。从紫外线照射过的次生型细胞中分离出一个突变菌株 *kpv*，经检测该菌株具有与初生型相似的特征。*kpv* 菌株产生的可溶性蛋白和野生型菌株稳定生长期产生的蛋白质特征相似。有趣的是，从初生型和自然分离的次生型菌中分离到的指数生长期产生的蛋白质的特征相同，而在稳定生长期产生的蛋白质的特征却截然不同。初生型菌产生的蛋白质包括 58kDa 的过氧化氢酶、40kDa 和 12kDa 的蛋白质；每一种蛋白质都与秀丽隐杆线虫中的预测蛋白具有 60% 以上的同源性。*kpv* 菌株只产生 58kDa 的过氧化氢酶，不产生 40kDa 的蛋白质。这说明在 *kpv* 菌株中存在一个反向调控因子，该基因的失活能够使次生型细胞特征转变为初生型细胞特征。

在发光杆菌中还存在另外一个潜在的球形调控子。*ner* 基因能够编码 DNA-结合蛋白，该基因存在于许多革兰氏阴性菌和噬菌体中，首次是在噬菌体 Mu 阶段中被发现的。该基因在细胞溶解酶和溶原形成之间起反向调控作用。*ner* 基因从发光光杆状菌 K122 的次生型中克隆出来（O'Neill，1999）。插入一个含有 *ner* 基因的多拷贝质粒，可使初生型细胞特征转变为次生型。核苷酸序列分析表明，初生型、次生型和 *kpv* 菌株的 *ner* 基因是相同的。因此说明，*ner* 基因与天然分离到的次生型细胞的形成无关，并且在 *kpv* 菌株中 *ner* 基因也未发生突变。这些结果说明，与致病杆菌一样，发光杆菌的型态变化也是受多基因控制的。

很显然，单基因突变可以影响共生菌的许多表型特征，使初生型转变为次生型或中间类型。目前，有关其表型特征改变的分子机制，以及致病杆菌和发光杆菌中控制初生型细胞特征的网络调控系统是否相同尚不清楚，型态变化的生物学意义还未解决。其中一种可能是型态变化有利于共生菌在线虫体外的存活。如果是这样的话，对于细菌尤其是发光杆菌不能从次生型变为初生型菌株从而重新进入线虫体内，没有一个合理的解释。另一种可能是控制初生型细胞特征的网络调控系统发生自然突变，这种突变可能发生在共生菌的体外延长培养期，这可解释为什么在初生型共生菌的指数生长期未分离到次生型。

3.7 参与细菌-线虫相互作用的基因

嗜线虫致病杆菌和小卷叶蛾斯氏线虫相互作用的有关基因发生突变，但并不影响初生型细胞基因表达的突变株已经被分离出来。在肠细菌中，OmpR 是一种球形调控蛋白，参与调控许多细胞过程，如波林蛋白基因的表达和毒性作用。OmpR 也可负向控制大肠杆菌中的 *flhDC* 操纵子。在嗜线虫致病杆菌中，*ompR* 失活形成的突变菌株也能够支持线虫的生长发育，但却不具有与线虫共生的竞争优势（B. Boylan 和 S. Forst，未发表）。由于嗜线虫致病杆菌中含有 *ompR* 的菌株具有运动能力，因此推测 OmpR 也可负向调控 *flhDC*。通过大量研究 sigma 因子 RpoS 在稳定生长期诱导基因表达和在致病性中的作用发现，*rpoS* 基因的失活不能改变嗜线虫致病杆菌初生型基因的表达，但能够影响线虫的繁殖能力，使其致病性降低。但是，*rpoS* 突变株不能在线虫肠道内定殖（Vivas and Goodrich-Blair，2001）。令人惊奇的是，在嗜线虫致病杆菌中，*ompR* 和 *rpoS* 的失活不影响线虫的致病性，但在其他肠细菌中这两个基因是致病性的正向调控因子。因此，在昆虫病原线虫共生菌中，*ompR* 和 *rpoS* 这两个基因有不同于其非共生菌的功能。

利用转座子诱导突变的方法获得了发光光杆状菌的一个突变菌株（Ciche et al.，2001），该菌株具有初生型的许多特征，但不能支持线虫的生长和繁殖，不能产生含铁细胞，也无抑菌活性。转座子被插入与大肠杆菌 EntD 同源的编码 Ppant 转移酶的可读框中。Ppant 转移酶是肠细菌合成含铁细胞儿茶酚类肠菌素所必需的。Ppant 转移酶可催化部分 Ppant 从辅酶 A 转移到载体蛋白的酰基或肽基上，这些载体是合成脂肪酸和非核糖体蛋白多肽所必需的。这些结果表明，Ppant 转移酶与发光杆菌生长发育所需的营养物质的合成和发育信号因子有关。

3.8 基因组和横向基因转移

发光光杆状菌 TT01 的基因组序列在 2001 年完成测序（www.tigr.org）。发光杆菌的基因组大小为 5.56Mb，比其他已知细菌序列的平均大小要大 1.4Mb。发光光杆状菌 W14 的随机基因组序列表明发光杆菌含有大量编码丁香霉素和聚酮化合物合成酶的基因（ffrench-Constant et al.，2000）。丁香霉素是由丁香假单胞菌分泌的一种环状脂肽毒素，具有植物性毒素活性和广谱抑菌活性。聚酮化合物是由具有抑菌和抗寄生虫活性的小的羧酸产生的不同种类分子。发光杆菌中编码聚酮化合物合成酶的基因与土壤中的革兰氏阳性菌中的基因非常相似，说明这些基因是通过横向转移获得的。

lux 操纵子为横向基因转移提供了大量的例证，在许多海洋微生物中都存在 *lux* 操纵子。而发光光杆状菌是唯一含有这个操纵子的陆生细菌。系统发育分析表明，发光杆菌的 *lux* 操纵子是从霍乱弧菌（*Vibrio cholerae*）的无毒菌株中获得的（C. Wimpee，Milwaukee，个人交流，2000）。致病杆菌和发光杆菌的毒性复合基因（*tc* 基因）可能也是横向转移的结果（ffrench-Constant et al.，2000）。编码毒素复合物的基因由 115kb 的质粒嗜虫沙雷菌（*Serratia entomophila*）携带，引起草地蛴螬 Amber 病（Hurst et al.，2000）。致病杆菌和发光杆菌稳定生长期的一些产物（如晶体蛋白）的生化特性有着显著的差异，说明它们有着不同的遗传起源。致病杆菌和发光杆菌中含有可诱导的缺陷噬菌体颗粒和噬菌体序列，可能与将外源 DNA 转移到细胞中有关（Boemare et al.，1992；ffrrench-Constant et al.，2000）。综上所述，致病杆菌和发光杆菌的许多基因都是通过横向基因转移获得的。

3.9 结　论

致病杆菌和发光杆菌是细菌中比较独特的一类细菌，因为它们能与单一寄主形成互惠共生关系，并且对不同门类的昆虫都具有致病力。基因研究表明一些球形调控蛋白和 sigma 因子在这复杂的关系中起着重要的作用。对初生型性状的表达调控包括复杂的对基因表达的网络调控及转录前、转录后的调控。最近的研究使人们对于细菌-线虫的共生关系的了解更加深入，但仍有一些问题需要解决。

为什么异小杆线虫-发光杆菌（*Heterorhabditis-Photorhabdus*）之间共生关系的专一性要比斯氏线虫-致病杆菌（*Steinernema-Xenorhabdus*）严格？细菌提供的促进线虫发育的信号分子是什么？线虫取食细菌并将其作为共生体又是由什么来控制的？线虫对寄主及组织的选择特异性是由什么决定的？细菌是怎样存留在线虫寄主体内的呢？细菌是通过什么机制从线虫体内释放到昆虫血腔中去的呢？横向基因转移在共生-致病体系中所起的作用是什么？基因组测序为这些问题的解答提供了条件。比较致病杆菌和发光杆菌的不同属和种之间基因组的不同，并结合先进的研究方法（如特征标记突变、微阵列技术），有利于阐明调控细菌-线虫共生关系的机制。

致谢

非常感谢 P. Stock 和 S. Joyce 分别为我们提供表 3.1 和表 3.3 的信息。还要感谢以下人员为我们提供了一些未发表的数据信息：R. Akhurst、R.-U. Ehlers、A. Fodor、K. O'Neill、S. E. Reynoids、D. Roche 和 C. Wimpee。另外还要感谢 R. Akhurst、N. Boemare、S. Bornstein-Forst、D. Bowen、B. Dowds、P. Grewal 和 S. Joyce 提出的宝贵建议。

参 考 文 献

Akhurst, R.J. (1980) Morphological and functional dimorphisms in *Xenorhabdus* spp., bacteria symbiotically associated with the insect pathogenic nematodes *Neoaplectana* and *Heterorhabditis*. *Journal of General Microbiology* 121, 303-309.

Akhurst, R.J. (1982) Antibiotic activity of *Xenorhabdus* spp., bacteria symbiotically associated with insect pathogenic nematodes of the families *Heterorhabditidae* and *Steinernematidae*. *Journal of General Microbiology* 128, 3061-3065.

Akhurst, R.J. (1986) *Xenorhabdus nematophilus* subsp. *poinarii*: its interaction with insect pathogenic nematodes. *Systematic and Applied Microbiology* 8, 142-147.

Akhurst, R.J. and Boemare, N.E. (1990) Biology and taxonomy of *Xenorhabdus*. In: Gaugler, R., Kaya, H.K. (eds) *Entomopathogenic Nematodes in Biological Control*. CRC Press, Boca Raton, Florida, pp. 75-90.

Baumann, P., Baumann, L., Lai, C.Y., Rouhbakhsh, D., Moran, N.A. and Clark, M.A. (1995) Genetics, physiology, and evolutionary relationships of the genus *Buchnera*: intracellular symbionts of aphids. *Annual Review of Microbiology* 49, 55-94.

Baur, M.E., Kaya, H.K., and Strong, D.R. (1998) Foraging ants as scavengers on entomopathogenic nematode-killed insects. *Biological Control* 12, 231-236.

Bintrim S.B. and Ensign, J.C. (1998) Insertional inactivation of genes encoding the crystalline inclusion proteins of *Photorhabdus luminescens* results in mutants with pleiotropic phenotypes. *Journal of Bacteriology* 180, 1261-1269.

Blaxter, M.L., Le Ley, P., Garey, J.R., Liu, L.X., Scheldman, P., Vierstrate, A., Vanfleteren, J.R., Mackey, L.Y., Dorris, M., Frisse, L.M., Vida, J.T. and Thomas, W.K. (1998) A molecular evolutionary framework for the phylum Nematoda. *Nature* 392, 71-75.

Boemare, N.E. and Akhurst, R.J. (1988) Biochemical and physiological characterization of colony form variants in *Xenorhabdus* spp. (*Enterobacteriaceae*). *Journal of General Microbiology* 134, 751-761.

Boemare, N.E., Givaudan, A., Brehelin, M. and Laumond, C. (1997) Symbiosis and pathogenicity of nematode-bacterium complexes. *Symbiosis* 22, 21-45 .

Boemare, N.E., Boyer-Giglio, M.-H., Thaler, J.-O., Akhurst, R.J. and Brehelin, M. (1992) Lysogeny and bacteriocinogeny in *Xenorhabdus* spp., bacteria associated with entomopathogenic nematodes. *Applied and Environmental Microbiology* 58, 3032-3037.

Bowen, D., Blackburn, M., Racheleau, T., Grutzmacher, C. and ffrench-Constant, R.H. (2000) Secreted proteases from *Photorhabdus luminescens*: separation of the extracellular proteases from the insecticidal Tc toxin complexes. *Insect Biochemistry and Molecular Biology* 30, 69-74.

Bowen, D.J. and Ensign, J.C. (2001) Isolation and characterization of protein inclusions produced by the entomopathogenic bacterium *Photorhabdus luminescens*. *Applied and Environmental Microbiology* 67, 4834–4841.

Ciche, A., Bintrim, S.B., Horswill, A.R. and Ensign, J.C. (2001) A phosphopantetheinyl transferase homolog is essential for *Photorhabdus luminescens* to support growth and reproduction of the entomopathogenic nematode *Heterorhabditis bacteriophora*. *Journal of Bacteriology* 183, 3117–3126.

Clarke, D.J. and Dowds, B.C.A. (1995) Virulence mechanisms of *Photorhabdus* sp. strain K122 toward wax moth larvae. *Journal of Invertebrate Pathology* 66, 149–155.

Couche, G.A. and Gregson, R.P. (1987) Protein inclusions produced by the entomopathogenic bacterium *Xenorhabdus nematophilus* subsp. *nematophilus*. *Journal of Bacteriology* 169, 5279–5288.

Daborn, P.J., Waterfield, N., Blight, M.A. and ffrench-Constant, R. (2001) Measuring virulence factor expression by the pathogenic bacterium *Photorhabdus luminescens* in culture and during insect infection. *Journal of Bacteriology* 183, 5834–5839.

Dunphy, G.B. and Webster, J.M. (1991) Antihemocytic surface components of *Xenorhabdus nematophilus* var. *dutki* and their modification by serum of nonimmune larvae of *Galleria mellonella*. *Journal of Invertebrate Pathology* 58, 40–51.

Dunphy, G.B., Miyamoto, C. and Meighen, E. (1997) A homoserine lactone autoinducer regulates virulence of an insect-pathogenic bacterium, *Xenorhabdus nematophilus* (Enterobacteriaceae). *Journal of Bacteriology* 179, 5288–5291.

Farmer, J.J., Jorgernsen, P.A., Grimont, P.A.D., Akhurst, R.J., Poinar. G.O., Ageron, E., Peirce, G.V., Smithe, J.A., Carter, G.P., Wilson, K.L. and Hickman-Brenner, F.W. (1989) *Xenorhabdus luminescens* (DNA hybridization group 5) from human clinical specimens. *Journal of Clinical Microbiology* 27, 1594–1600.

ffrench-Constant, R.H. and Bowen, D. (1999) *Photorhabdus* toxins: novel biological insecticides. *Current Opinions in Microbiology* 2, 284–288.

ffrench-Constant, R., Waterfield, N., Burland, V., Perna, N.T., Daborn, P., Bowen, D. and Blattner, F.R. (2000) A genomic sample sequence of the entomopathogenic bacterium *Photorhabdus luminescens* W14: potential implications in virulence. *Applied and Environmental Microbiology* 66, 3310–3329.

Forst, S., Waukau, J., Leisman, G., Exner, M. and Hancock, R. (1995) Functional and regulatory analysis of the OmpF-like porin, OpnP, of the symbiotic bacterium *Xenorhabdus nematophilus*. *Molecular Microbiology* 18, 779–789.

Forst, S. and Nealson, K.H. (1996) Molecular biology of the symbiotic-pathogenic bacteria *Xenorhabdus* spp. and *Photorhabdus* spp. *Microbiological Reviews* 60, 21–43.

Forst, S., Dowds, B., Boemare, N. and Stackebrandt, E. (1997a) *Xenorhabdus* spp. and *Photorhabdus* spp.: bugs that kill bugs. *Annual Review of Microbiology* 51, 47–72.

Forst, S. and Tabatabai, N. (1997b) Role of the histidine kinase, EnvZ, in the production of outer membrane proteins in the symbiotic-pathogenic bacterium, *Xenorhabdus nematophilus*. *Applied and Environmental Microbiology* 63, 962–968.

Gerritsen, L.J.M. and Smits, P.H. (1997) The influence of *Photorhabdus luminescens* strains and form variants on the reproduction and bacterial retention of *Heterorhabditis megidis*. *Fundamental and Applied Nematology* 20, 317–322.

Gerritsen, L.J.M., Wiegers, G.L. and Smits, P.H. (1998) Pathogenicity of new combinations of *Heterorhabditis* spp. and *Photorhabdus luminescens* against *Galleria mellonella* and *Tipula oleracea*. *Biological Control* 13, 9–15.

Givaudan, A. and Lanois, A. (2000) *flhDC*, the flagellar master operon of *Xenorhabdus nematophilus*: requirement for motility, lipolysis, extracellular hemolysis and full virulence in insects. *Journal of Bacteriology* 182, 107-115.

Givaudan, A., Baghdiguian, S., Lanois, A. and Boemare, N.E. (1995). Swarming and swimming changes concomitant with phase variation in *Xenorhabdus nematophilus. Applied and Environmental Microbiology* 61, 1408-1413.

Givaudan, A., Lanois, A. and Boemare, N.E. (1996) Cloning and nucleotide sequence of a flagellin encoding genetic locus from *Xenorhabdus nematophilus*: phase variation leads to differential transcription of two flagellar genes (*fli*CD). *Gene* 183, 243-253.

Graf, J. and Ruby, E.G. (1998) Host-derived amino acids support the proliferation of symbiotic bacteria. *Proceedings of the National Academy of Sciences USA* 95, 1818-1822.

Grewal, P.S., Matsuura, M. and Converse, V. (1997) Mechanisms of specificity of association between the nematode *Steinernema scapterisci* and its symbiotic bacterium. *Parasitology* 114, 483-488.

Han, R. and Ehlers, R.-U. (2000) Pathogenicity, development, and reproduction of *Heterorhabditis bacteriophora* and *Steinernema carpocapsae* under axenic *in vivo* conditions. *Journal of Invertebrate Pathology* 75, 55-58.

Hosseini P.K. and Nealson, K.H. (1995) Symbiotic luminous soil bacteria: unusual regulation for an unusual niche. *Photochemistry and Photobiology* 62, 633-640.

Hu, K. and Webster, J.M. (1998) *In vitro* and *in vivo* characterization of a small-colony variant of the primary form of *Photorhabdus luminescens* MD (Enterobacteriaceae). *Applied and Environmental Microbiology* 64, 3214-3219.

Hu, K., Li, J. and Webster, J.M. (1999) Nematicidal metabolites produced by *Photorhabdus luminescens* (Enterobacteriaceae), bacterial symbiont of entomopathogenic nematodes. *Nematology* 1, 457-469.

Hu, K. and Webster, J.M. (2000) Antibiotic production in relation to bacterial growth and nematode development in *Photorhabdus-Heterorhabditis* infected *Galleria mellonella* larvae. *FEMS Microbiological Letters* 189, 219-223.

Hurst, R.H., Glare, T.R., Jackson, T. and Ronson, C. (2000) Plasmid-located pathogenicity determinants of *Serratia entomophila*, the causal agent of amber disease of grass grub, show similarity to the insecticidal toxins of *Photorhabdus luminescens. Journal of Bacteriology* 182, 5127-5138.

Johnigk, S.-A. and Ehlers, R.-U. (1999) *Endotokia matricida* in hermaphrodites of *Heterorhabditis* spp. and the effect of food supply. *Nematology* 1, 717-726.

Krasomil-Osterfeld, K.C. (1995) Influence of osmolarity on phase shift in *Photorhabdus luminescence. Applied and Environmental Microbiology* 61, 3748-3749.

Kusch, R.S. and Lemaitre, B. (2000) Genes that fight infection: what the *Drosophila* genome says about animal immunity. *Trends in Genetics* 16, 442-449.

Lemus, J.D. and McFall-Ngai, M.J. (2000) Alterations in the proteome of the *Euprymna scolopes* light organ in response to symbiotic *Vibrio fischeri. Applied and Environmental Microbiology* 66, 4091-4097.

McFall-Ngai, M.F. (1998) The development of cooperative associations between animals and bacteria: establishing détente between domains. *American Zoology* 38, 3-18.

McFall-Ngai, M.J. (1999) Consequences of evolving with bacterial symbionts: insights from the squid-*Vibrio* associations. *Annual Review of Ecological Systematics* 30, 235-256.

Moureaux, N., Karjalainen, T., Givaudan, A., Bourlioux, P. and Boemare, N. (1995) Biochemical characterization and agglutinating properties of *Xenorhabdus nematophilus* F1 fimbriae. *Applied and Environmental Microbiology* 61, 2707-2712.

Nyholm, S.V., Stabb, E.V., Ruby, E.G. and McFall-Ngai, M.J. (2000) Establishment of an animal-bacterial association: recruiting symbiotic vibrios from the environment. *Proceedings of the*

National Academy of Sciences (USA) 97, 10231–10235.

O'Neill, K. (1999) Phase variation in *Photorhabdus luminescens*. PhD thesis. National University of Ireland, Maynooth, Ireland.

Paul, V.J., Frautschv, S., Fenical, W. and Nealson, K.H. (1981) Antibiotic in microbial ecology: isolation and structure assignment of several new antibacterial compounds for the insect symbiotic bacteria *Xenorhabdus* spp. *Journal of Chemical Ecology* 7, 589–597.

Peel, M.M., Alfredson, D.A., Gerrard, J.G., Davis, J.M., Robson, H.M., McDougall, R.J., Scullie, B.L. and Akhurst, R.J. (1999) Isolation, identification and molecular characterization of strains of *Photorhabdus luminescens* from infected humans in Australia. *Journal of Clinical Investigation* 37, 3647–3653.

Pinyon, R.A., Linedale, E.C., Webster, M.A. and Thomas, C.J. (1996) Tn5-induced *Xenorhabdus bovienii* lecithinase mutants demonstrate virulence for *Galleria mellonella* larvae. *Journal of Applied Bacteriology* 80, 411–417.

Pinyon, R.A., Hew, F.H. and Thomas, C.J. (2000) *Xenorhabdus bovienii* T228 phase variation and virulence are independent of RecA function. *Microbiology* 14, 2815–2824.

Poinar, G.O. Jr (1979) *Nematodes for Biological Control of Insects*. CRC Press, Boca Raton, Florida, 270 pp.

Richardson, W.H., Schmidt, T.M. and Nealson, K.H. (1988) Identification of an anthraquinone pigment and a hydroxystilbene antibiotic from *Xenorhabdus luminescens*. *Applied and Environmental Microbiology* 54, 1602–1605.

Ruby, E.G. (1996) Lessons from a cooperative bacterial-animal association: the *Vibrio fischeri-Euprymna scolopes* light organ symbiosis. *Annual Review of Microbiology* 50, 591–624.

Ruby, E.G. and McFall-Ngai, M.J. (1999) Oxygen-utilizing reactions and symbiotic colonization of the squid light organ by *Vibrio fischeri*. *Trends in Microbiology* 7, 414–420.

Schmidt, T.M., Bleakley, B. and Nealson, K.H. (1988) Characterization of an extracellular protease from the insect pathogen *Xenorhabdus luminescens*. *Applied and Environmental Microbiology* 54, 2793–2797.

Shigenobu, S., Watanabe, H., Hattori, M., Sakaki, Y. and Ishikawa, H. (2000) Genome sequence of the endocellular bacterial symbiont of aphids *Buchnera* sp. APS. *Nature* 407, 81–86.

Simoes, N., Caldas, C., Rosa, J.S., Bonifassi, E. and Laumond, C. (2000) Pathogenicity caused by high virulent and low virulent strains of *Steinernema carpocapsae* to *Galleria mellonella*. *Journal of Invertebrate Pathology* 7546–7554.

Smigielski, A., Akhurst, R.J. and Boemare, N.E. (1994) Phase variation in *Xenorhabdus nematophilus* and *Photorhabdus luminescens*: differences in respiratory activity and membrane energization. *Applied and Environmental Microbiology* 60, 120–125.

Strauch, O. and Ehlers, R.-U. (1998) Food signal production of *Photorhabdus luminescens* inducing the recovery of entomopathogenic nematodes *Heterorhabditis* spp. in liquid culture. *Applied and Microbiological Biotechnology* 50, 369–374.

Tabatabai, N. and Forst, S. (1995) Molecular analysis of the signal transduction genes, *ompR* and *envZ*, in the symbiotic bacteria, *Xenorhabdus nematophilus*. *Molecular Microbiology* 17, 643–652.

Thaler, J.-O., Duvic, B., Givaudan, A. and Boemare, N. (1998) Isolation and entomotoxic properties of the *Xenorhabdus nematophilus* F1 lecithinase. *Applied and Environmental Microbiology* 64, 2367–2373.

Visick, K.L., Foster, J., Doino, J., McFall-Ngai, M. and Ruby, E.G. (2000) *Vibrio fischeri lux* genes play an important role in colonization and development of the host light organ. *Journal of Bacteriology* 182, 4578–4586.

Viras, E. and Goodrich-Blair, H. (2001) *Xenorhabdus nematophilus* as a model for host-bacteria interactions: *rpos* is necessary for mutualism with nematodes. *Journal of Bacteriology* 183, 4687-4693.

Volgyi, A., Fodor, A., Szentirmai, A. and Forst, S. (1998) Phase variation in *Xenorhabdus nematophilus*. *Applied and Environmental Microbiology* 64, 1188-1193.

Volgyi, A., Fodor, A. and Forst, S. (2000) Inactivation of a novel gene produces a phenotypic variant cell and affects the symbiotic behaviour of *Xenorhabdus nematophilus*. *Applied and Environmental Microbiology* 66, 1622-1628.

Wang, H. and Dowds, B.C.A. (1993) Phase variation in *Xenorhabdus luminescens*: cloning and sequencing of the lipase gene and analysis of its expression in primary and secondary phases of the bacterium. *Journal of Bacteriology* 175, 1665-1673.

Wang, Y. and Gaugler, R. (1998) Host and penetration site location by entomopathogenic nematodes against Japanese beetle larvae. *Journal of Invertebrate Patholology* 72, 313-318.

Wee, K.E., Yonan, C.R. and Chang, F.N. (2000) A new broad-spectrum protease inhibitor from the entomopathogenic bacterium *Photorhabdus luminescens*. *Microbiology* 146, 3141-3147.

Yamanaka, S., Hagiwara, A., Nishimura, Y., Tanabe, H. and Ishibashi, N. (1992) Biochemical and physiological characteristics of *Xenorhabdus* species, symbiotically associated with entomopathogenic nematodes including *Steinernema kushidai* and their pathogenicity against *Spodoptera litura* (Lepidoptera: Noctuidae). *Archives of Microbiology* 158, 387-393.

4　昆虫病原线虫的致病机制

Barbara C.A. Dowds[1] 和 Arne Peters[2]

[1]*Department of Biology and lnstitute of Biorngineering and Agroecology, National University of lreland, Maynooth, Co. Kildare, lreland;* [2]*E-Nema GmbH, Klausdorfer Str. 28026, Raisdorf, Germany*

4.1　引　　言

通过对斯氏线虫属（*Steinernema*）和异小杆线虫属（*Heterorhabditis*）的研究表明，杆状线虫有 3 种预适应的途径，这 3 种途径使它们的生活方式得以进化发展（Sudhaus, 1993）。首先，小杆目（Rhabditida）线虫进化的一些种与昆虫有各种各样的关联。其次，杆状线虫具有耐受态幼虫期，在该阶段当缺乏食物时线虫能够侵入昆虫体内，并在体内停留。最后，杆状线虫是食菌者，因此这种预适应为线虫和昆虫线虫病原细菌在昆虫血腔中形成的互惠关系提供了条件。

共生细菌必须侵染寄主才能使其致病（致病性），但是寄主被侵染并不意味着会发病（毒性）（Finlay and Falkow，1989）。毒素是毒性的主要决定因素，但是很多毒素在线虫的生活史中只起到次要作用，它们在微生物生态中的作用了解甚少。在本章中毒性因素将围绕着对侵染和致病有贡献的因子（但不包括细菌在非生物基质上的生长调控因子）进行讨论。Hentschel 等（2000）比较了共生体和病原体在细菌-寄主相互作用的相似性后强调，有很多细菌的基因与昆虫的侵染有关，并且这些基因在与线虫的互惠关系中起作用。

4.2 侵染与定殖

4.2.1 侵染寄主昆虫

线虫的一个重要功能是能够携带昆虫病原细菌进入昆虫寄主，因此，它们会遇到各种行为上和机制上的抵抗。日本丽金龟（*Popillia japonica*）幼虫就显示了一种用它们的腿和身体尾部的臀毛梳、抓、挠和逃避的行为（Gaugler et al.，1994）。机械障碍包括筛板，它可以用来保护许多土著幼虫的气门（spiracle）（图 4.1A），使线虫不可能通过气管系统进入大多数蛴螬（Forschler and Gardner，1991）、长脚蝇蛆（Peters and Ehlers，1994）和蛆（Renn，1998）体内；然而，在锯蝇幼虫中气门是一个重要的侵染途径（Georgis and Hague，1981）。

第二条侵染途径是通过口孔（mouth opening）和肛门（anus），但如果昆虫的口孔和肛门过窄，侵染期线虫无法进入，如金针虫（Eidt and Thurston，1995），昆虫的下颌骨可以将线虫捻碎（Gaugler and Molloy，1981）。把肛门作为侵染的位点可以避免上述问题，也成为线虫侵染家蝇幼虫和潜叶蝇幼虫的主要途径（Renn，1998）。然而，通过排便可以排斥线虫进入肛门，线虫对蛴螬和锯蝇幼虫的侵染通过口孔比通过肛门的成功率要高（Georgis and Hague，1981；Cui et al.，1993）。当线虫到达胃盲囊（gastric caeca）或马氏管（Malpighian tubule）或位于围食膜（peritrophic membrane）和中肠（midgut）上皮细胞（epithelium）之间的缝隙时就可以避免通过排便被排除。通过肠道进入寄主的线虫遇到的一个普遍的问题是，有 40%的线虫被寄主的肠道液杀死，这一点显著地降低了线虫通过肠道进入寄主的概率（Wang et al.，1995）。

在成功地进入寄主的肠道（Intestine）和气管（tracheal）系统后，侵染期幼虫必须分别通过气管壁和肠道壁（gut wall）。脆弱的气管壁很容易被线虫头部的机械压力所穿透。但是，围食膜对肠壁可以起到一定的保护作用（图 4.1B），肠壁是线虫进入的主要障碍（Frschler and Gardner，1991）。格氏斯氏线虫（*Steinernema glaseri*）需要 4-6h 才能穿过日本丽金龟的中肠（Cui et al.，1993），线虫通常从中肠和盲肠穿过。Bedding 和 Molynex（1982）观察到嗜菌异小杆线虫（*Heterorhabditis bacteriophora*）的侵染期幼虫能用它最前端的端齿咬破昆虫的体壁，一直以来认为只有异小杆线虫才能够穿过昆虫类似表皮的组织，而斯氏线虫的幼虫缺乏这样的牙齿。而有报道说在穿透幼虫肠组织时，格氏斯氏线虫比嗜菌异小杆线虫有更优越的穿透率（Wang and Gaugler，1998），夜

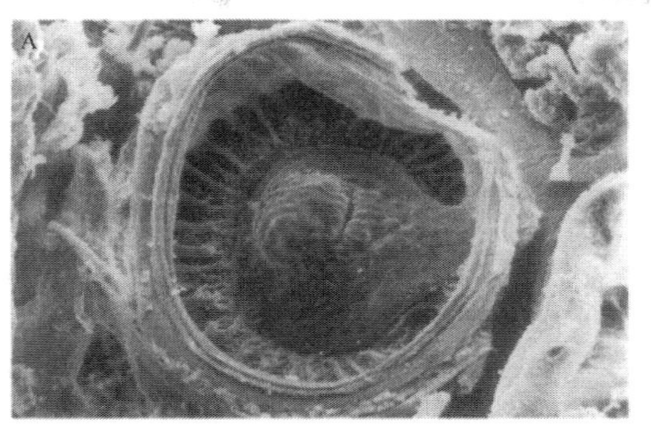

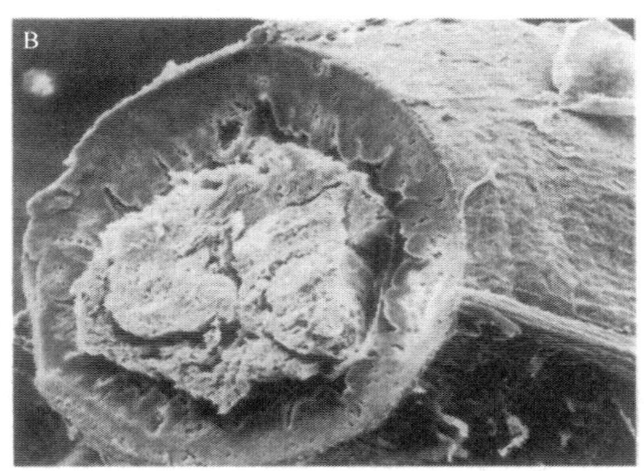

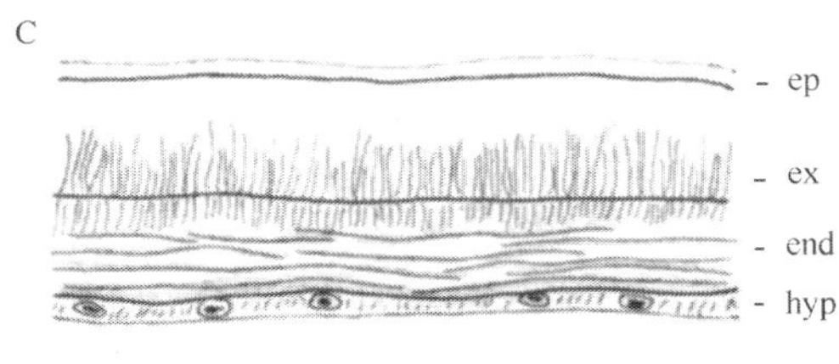

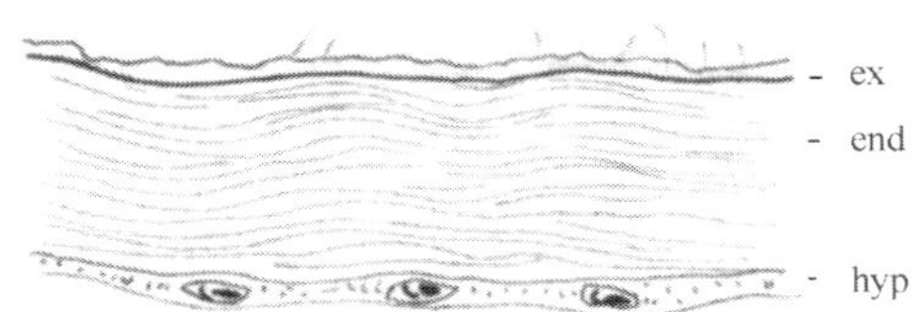

图 4.1 机械障碍可以保护昆虫免受线虫的侵入

A. 在庭园发丽金龟（*Phyllophaga hirticola*）幼虫气门上的筛板，其内部图显示中心物和外围的气孔板；B. 田间收集的庭园发丽金龟幼虫的中肠内腔，可以看到多褶的较厚的围食膜；C. 示意黄粉虫（*Tenebrio molitor*）（上层）和欧洲大蚊（*Tipula paludosa*）（下层）表皮覆盖物的横截面示意图，图中显示在欧洲大蚊中缺乏上表皮和未发育的真皮［Forschler and Gardner，1991（A、B）；Ghilarov and Semenova，1957（C）］。ep. 上表皮；ex. 下表皮；end. 内皮；hyp. 真皮

蛾斯氏线虫（*S. feltiae*）在穿透长脚蝇蛆虫表皮时也有较好的穿透率（Peter and Ehler，1994），这些报道对前述观点提出了挑战。这也证实了线虫的分泌物参与了穿透这一过程，至少在斯氏线虫中：蛋白酶抑制剂能够降低格氏斯氏线虫对日本丽金龟肠壁（Abu Hatab et al.，1995）和大蜡螟（*Galleria mellonella*）中肠上皮细胞的穿透能力，这说明无菌的小卷叶蛾斯氏线虫（*S. carpocapsae*）的分泌物可使组织溶解（Simoes，1998）。

夜蛾斯氏线虫穿透长脚蝇蛆的表皮可能就是因为它的上表皮缺乏蜡质层（图 4.1C），此蜡质层可以降低酶的溶解活性（Peters and Ehlers，1994）。

4.2.2 细菌侵染步骤

共生菌被线虫携带被动地进入昆虫体内后，共生细菌必须附着在寄主内某组织表面以感染寄主。嗜线虫致病杆菌表面的菌毛具有潜在的吸附能力，人们发现这些菌毛能够使得初生型嗜线虫致病杆菌与大蜡螟血细胞在体外胶合（Moureaux et al.，1995），但它们在体内的作用尚不清楚。对发光光杆状菌（*P. luminescens*）的基因组（ffrench-Constant et al.，2000）随机测序表明，它与鼠疫菌属（*Yersinia* spp.）的侵染位点的基因具有序列相似性。这些基因赋予了鼠疫菌穿过寄主肠腔上皮细胞的能力。致病杆菌（*Xenorhabdus*）和发光杆菌（*Photorhabdus*）生活在细胞外的空隙中，这就要求对寄主的免疫系统具有一定的适应能力（参见 4.3.3 节），同时也要满足其对营养的需求。昆虫病原细菌可以为其自身提供营养，而感染它们的线虫的共生体，可以通过分泌各种胞外酶（extracellular enzymes）降解寄主组织以获取营养。血液中的生物通过循环获取含铁细胞或者选择别的方式来去除紧紧杂合在寄主蛋白上的铁离子，而 DNA 序列更加详细地说明了发光光杆状菌中含铁细胞的产生（ffrench-Constant et al.，2000）。

4.3 线虫与昆虫免疫系统的相互作用

4.3.1 昆虫的免疫系统

昆虫的免疫反应（Trenczek，1998）由交互式的细胞和血清的活动两部分组成，血细胞的作用机制包括噬菌作用、结节和包埋，体液的反应包括黑化包埋和产生可以诱导或合成抗菌肽；应急反应包括对线虫的包埋作用和对细菌的噬菌作用，或者在大块的部位生有瘤块。同时，受伤或微生物的感染可以诱导抗菌肽的产生。然而，反应的具体变化依昆虫和病原体的种类及它们生理上的部位而不同。

4.3.2 线虫的包埋

当侵染期幼虫侵染到昆虫血腔后，昆虫对外来体反应系统开始作用于线虫。共生菌由线虫肠腔携带，侵染后 30min-5h 被释放出来（Dunphy and Thurston，1990；Wang et al.，1994），线虫会被困在黑色素加固了的细胞胶囊内，或在有黑色素组成的游离的细胞胶囊内。此包埋的先决条件是对线虫的非自身识别。

昆虫病原线虫的包埋在直翅目（Orthoptera）、鞘翅目（Coleoptera）、双翅目（Diptera）和鳞翅目（Lepidoptera）都有报道（表 4.1）。在这些目中，有的种类对入侵的线虫也不进行包埋。包埋是否发生主要取决于特定的线虫和昆虫结合体。在家蟋蟀（*Acheta domesticus*）中，小卷叶蛾斯氏线虫和嗜菌异小杆线虫可被包埋，而蝼蛄斯氏线虫（*S. scapterisci*）则不被包埋（Wang et al.，1994）。有趣的是，人们发现蝼蛄斯氏线虫与直翅目的西印度蝼蛄（*Scapteriscus vicinus*）有天然的联系。与小卷叶蛾斯氏线虫和嗜菌异小杆线虫相反，通常认为格氏斯氏线虫与金龟子的幼虫有联系，但它在日本丽金龟中不被包埋。这些研究结果表明，线虫在寄主体内逃避包埋与它们和寄主天然的联系很相似。

表 4.1 斯氏线虫属和异小杆线虫属在昆虫幼虫体内的包埋

昆虫	线虫	文献
脉翅目（Dictyoptera）		
美洲大蠊（*Periplaneta americana*）	*H. bacteriophora*	Zervos and Webster，1989
直翅目（Orthoptera）		
家蟋蟀（*Acheta domesticus*）	*S. carpocapsae*	Wang et al.，1994
	S. glaseri	
	H. bacteriophora	
鞘翅目（Coleoptera）		
日本丽金龟（*Popillia japonica*）	*S. carpocapsae*	Wang et al.，1994
	S. scapterisci	
	H. bacteriophora	
松大象甲（*Hylobius abietis*）	*S. carpocapsae*	Pye and Bruman，1978
黑葡萄耳象（*Otiorhynchus sulcatus*）	*S. kraussei*	Steiner，1996
玉米根萤叶甲（*Diabrotica virgifera virgifera*）	*S. carpocapsae*	Jackson and Brooks，1989
马铃薯叶甲（*Leptinotarsa decemlineata*）	*S. carpocapsae*	Thurston et al.，1994
双翅目（Diptera）		
埃及伊蚊（*Aedes* spp.）（5 个种）	*S. carpocapsae*	Welch and Bronskill，1962
库蚊（*Culex restuans*）	*S. carpocapsae*	Poinar and Leutenegger，1971
淡色库蚊（*Culex pipiens*）	*S. carpocapsae*	Poinar and Leutenegger，1971
大蚊（*Tipula oleracea*）	*S. anomali*	Peters and Ehlers，1997
欧洲大蚊（*T. paludosa*）	*S. carpocapsae*	Peters and Ehlers，1994，结果未发表
	S. feltiae	
	S. glaseri	
	S. kraussei	
	S. intermedium	
鳞翅目（Lepidoptera）		
一点黏虫（*Mythimna unipuncta*）	*S. carpocapsae*	Simoes，1998

线虫抵抗昆虫的包埋通常依靠避免被识别（逃避），或对包埋反应的忍耐（耐受），或主动抑制包埋反应（抑制）。

4.3.2.1 逃避

Dunphy 和 Webster（1987）曾经报道过逃避，他们发现外来体识别能力的缺乏会妨碍小卷叶蛾斯氏线虫被包埋在大蜡螟中。而侵染期线虫在感染前用脂肪酶处理，它就会被识别和包埋。笔者由此得出结论，认为线虫体表的油脂成分可以保护线虫不被识别。侵染期线虫在侵染过程中会分泌这些物质或从寄主体内得到这些物质。在异小杆线虫属中，2 龄幼虫的表皮在逃避过程中起到重要的作用。关于花蚊（*T. oleracea*）的研究表明，异小杆线虫属通过在进入昆虫的体腔前后蜕掉 2 龄幼虫皮来逃避对外来体的识别。

4.3.2.2 忍耐

包埋反应的忍耐获得可能是通过大量线虫侵入体腔，而多头入侵对昆虫病原线虫来说是非常普遍的，对于雌雄异体的斯氏线虫也是非常重要的。昆虫形成包囊包埋线虫的潜能可能会被限制。Welch 和 Bronskill（1962）推测，埃及伊蚊（*A. aegypti*）形成包囊的潜力在 6 条或 7 条线虫。而 1-2 条线虫即使是已经被包埋的线虫侵入蚊子幼虫也能将其杀死（Molta and Hominick，1989）。在马铃薯叶甲（*Leptinotarsa decemlineata*）幼虫中发现对小卷叶蛾斯氏线虫最大的包埋量为 21 条，但当有超过 9 条线虫侵染后，至少会有 1 条线虫逃避包埋（Thurston et al.，1994），在大蚊属（Peter and Ehlers，1997）和日本丽金龟（Wang et al.，1994）的幼虫中也观察到了相似的结果。在被侵染的昆虫幼虫的血淋巴中也发现了两种共生菌，它们在包囊形成以前就被释放或从包囊中逃出（图 4.2）。

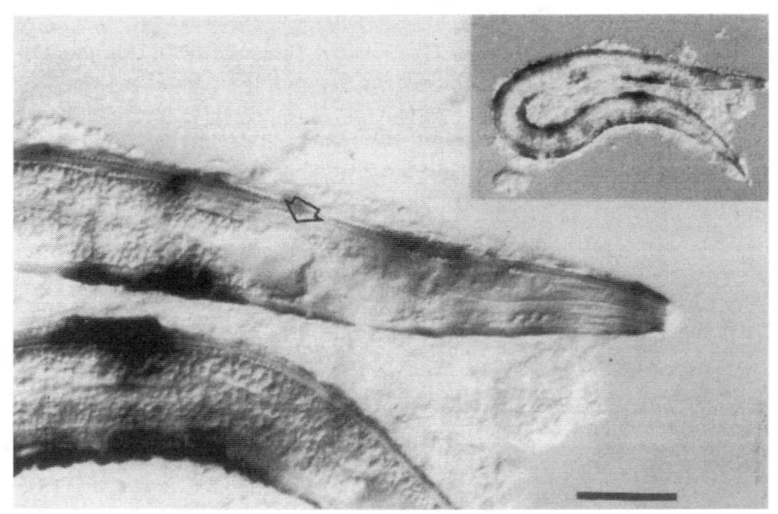

图 4.2　接种 24h 后的花蚊幼虫体腔中包埋的夜蛾斯氏线虫

血细胞的吸附作用和胶囊的黑化作用在这时候就开始了。放大部分显示了肠的最接近的膨胀部分（箭头）。在幼虫中的共生菌在这个位置曾被包埋在小泡里并且已经被释放出来。细菌的释放是阻碍包埋反应的关键（参见 4.3.3 节）

4.3.2.3　抑制

用被小卷叶蛾斯氏线虫侵染了的大蜡螟来测定免疫系统的抑制作用，通过建立一个对共生菌来说非竞争环境的假设来使检测到的抑制作用缺乏合理化（Dunphy and Thurston，1990）。然而，最近发现小卷叶蛾斯氏线虫和它的共生菌嗜线虫致病杆菌能够抑制芜菁的夜蛾黄地老虎（*Scotia segetum*）（Yokoo et al.，1992）。同样在侵染日本丽金龟幼虫的格氏斯氏线虫中也发现了包埋反应的抑制作用（Wang and Gaugler，1999）。已证明两种表面蛋白能够降低在日本丽金龟中血细胞的数量。它们其中的一种表面蛋白能显著降低黑化作用和吞噬血细胞的能力。酚氧化酶前体到酚氧化酶的转化和酶活性本身对受伤的修复是必需的，但不受抑制。同样，在感染线虫 4h 后，只有包埋和血细胞的活性被部分抑制，这样能消除杂菌对受伤组织的进入和穿透。

共生细菌致病杆菌或发光杆菌一被释放，免疫反应即被激活。共生细菌的出现提高了夜蛾斯氏线虫（*Steinernema feltiae*）在长脚蝇蛆虫中的反应（Peters and Ehlers，1997）。与此同时，共生细菌黏附并杀死血细胞后就开始抑制免疫反应（Dunphy and Webster，1988）。从线虫侵染到共生细菌释放的这个时期是阻碍包埋反应至关重要的时期。

4.3.3 对抗共生细菌的免疫响应

致病杆菌（*Xenorhabdus*）和发光杆菌（*Photorhabdus*）对昆虫的免疫响应作用在鳞翅目中已经被充分研究，尤其对大蜡螟的研究，已经有了完整的概念来阐明病原菌的菌株和寄主的详细区别（Dunphy and Thurston，1990；Forst and Nealson，1996；Forst et al.，1997）。细菌在侵染后不同时间通过不同品系的线虫被释放出来（参见 4.3.2 节和 4.3.4 节）。最近用绿色荧光蛋白基因标记发光光杆状菌（*P. luminescens*）表明，释放与线虫肠道的蠕动有关，细菌移动到线虫口，并在 3h 内不断地离开线虫体内（Ensign and Ciche，2000）。在细菌出现于血淋巴的几分钟里，细菌被昆虫的血淋巴识别，然后通常会形成结节（Dunphy and Thurston，1990）。细菌在结节中增殖后重新进入血腔内，在这一阶段细菌的新陈代谢是独立的，但要借助于细胞膜才能实现。如果细菌不被困在结节中或只在结节中延迟，细菌仍会增生或杀死寄主（Dunphy and Thuston，1990；Dunphy and Bourchier，1992）。在甜菜夜蛾（*Spodoptera exigua*）中，对异体的识别会导致生结，这可以由类二十烷酸（eicosanoids）来调节，嗜线虫致病杆菌通过同样的途径受到抑制（Park and Kim，2000）。

同样，这些细菌出现在昆虫血淋巴（haemolymph）当中，细菌会破坏鳞翅目昆虫（Dunphy and Thurston，1990；Dunphy，1994，1995）和直翅目昆虫的血细胞（haemocyte）（Van Sanbeek and Wiesner，1999），随后引起脂肪体的溃解（Dunphy and Bourchier，1992），该脂肪体是抗菌肽的主要来源（Trenczek，1998）。寄主的血清会使脂多糖（lipopolysaccharide，LPS 或内毒素）从细菌的外层膜释放出来，脂多糖使细胞的数量迅速增长，这种和血细胞破坏有关的现象并不是对血细胞刺激的显示。脂多糖是细胞色素通过脂质 A 的一部分绑定到氨基葡萄糖在血细胞的接受器上，并且脂质 A 的脂肪酸会发挥毒素作用（Dunphy and Thurston，1990），嗜线虫致病杆菌和发光光杆状菌（而不是大肠杆菌）的脂多糖都能抑制酚氧化酶原激活系统（prophenol oxidase）在大蜡螟和舞毒蛾（*Lymantria dispar*）中的活性，推测这样能够保护线虫，因为小卷叶蛾斯氏线虫能被激活的酚氧化酶（phenol oxidase）杀死（Dunphy and Webster，1991；Dunphy and Bourchier，1992）。在对另一种鳞翅目昆虫黄地老虎（*Agrotis segetum*）的研究中发现，不论是死的还是活的嗜线虫致病杆菌的细胞都能抑制酚氧化酶前体的激活（Yokoo et al.，1992）。大蜡螟的血淋巴含有绑定蛋白质的脂多糖，它可以抑制嗜线虫致病杆菌血细胞上的脂多糖和酚氧化酶原激活系统的作用（Dunphy and Halwani，1997）。因此当内毒素一种关键的调节因子被释放出来的时候，昆虫能够使脂多糖解毒。体外检测表明，小卷叶蛾斯氏线虫-嗜线虫致病杆菌共生体产生一种具有活性血细胞和细胞毒素的蛋白质，而脂多糖不对这种血细胞产生作用（Ribeiro et al.，1999）。这表明脂多糖和其他血腔中的因子共同起破坏血细胞的作用。

发光光杆状菌对大蜡螟产生的溶解酵素（ysozyme）是不敏感的，但在具有免疫能力的昆虫体内，诱导产生的抗菌肽被认为是能够从血腔中消除细菌的最主要的免疫蛋白。这种消除作用能够被特异的抗菌肽降解蛋白酶所抑制，这种蛋白质由线虫嗜菌异小杆线虫的共生菌发光光杆状菌所分泌，主要由此菌的Ⅱ型菌细胞所分泌，Ⅰ型菌相对产生较少（Jarosz，1998）。这种酶能够抑制鳞翅目幼虫和蛹产生的抗菌肽的量，同时也能抑制一些膜翅目昆虫的幼虫产生杀菌肽的数量。

以前就曾经讨论过昆虫的死亡到底是因为细菌在体内的生长败血症还是发生在细菌生长繁殖以前这个问题。Forst 和 Nealson（1996）曾经提出烟草天蛾（*M. sexta*）的死亡发生于共生菌嗜线虫致病杆菌在血腔增殖以前（LT_{50}=42h），随之得出结论：昆虫的死亡是受一种强毒力的昆虫毒素调节的。然而，Clarke 和 Dowds（1995）测定了幼虫匀质化后总细菌的量，发现所有的大蜡螟幼虫在发光光杆状菌（*Photorhabdus luminescens*）达到固定相以后，感染线虫 27-41h 后死亡。在以前的实验中，细菌会在昆虫死亡之前的结节内增生扩散，但要证实这种昆虫的死亡受细菌增殖生长调节的机制还很难，因为关于毒性突变的研究表明，对血细胞的破坏并不是嗜线虫致病杆菌或发光光杆状菌将大蜡螟幼虫致死的一个主要原因（Dunphy，1994，1995；Dunphy and Hurlert，1995）。总之，似乎败血病（septicemia）是导致细菌-昆虫结合体死亡的主要原因，但在其他类型中不一定是这样。此外，破坏昆虫的免疫系统对细菌的存活很重要，但作为一个毒性因素并不是主要的。

4.3.4 在共生关系中的增效和协同作用

只有很少致病杆菌（*Xenorhabdus*）和发光杆菌（*Photorhabdus*）的菌株能够通过昆虫进食侵染昆虫，因此，线虫在共生体当中一个最突出的作用就是携带共生菌进入昆虫的血腔，然而，线虫的作用要远远超过于此。

1966 年 Poinar 和 Thomas 报道，即使一条无菌的小卷叶蛾斯氏线虫（*S. carpocapsae*）也足以杀死大蜡螟（*G. mellonella*），不过需要在几周内完成，同样，用 5 条无菌的夜蛾斯氏线虫（*S. feltiae*）侵染大蜡螟，结果大蜡螟在 4 周内死亡（Ehlers et al.，1997）。Burman（1982）发现无菌纯培养的线虫小卷叶蛾斯氏线虫分泌的一种蛋白毒素对大蜡螟具有毒性。在用纯培养的小卷叶蛾斯氏线虫感染大蜡螟后，在其体内发现了一种 45kDa 的蛋白质，这种蛋白质和蛋白毒素很相似（Simoes et al.，2000）。但并不是所有的斯氏线虫（*Steinernema*）种都能显示出无菌的毒性。例如，格氏斯氏线虫（*S. glaseri*）如果没有共生菌的话就不能杀死大蜡螟（Akhurst，1986）。同样无菌的嗜菌异小杆线虫（*H. bacteriophora*）和大异小杆线虫（*H. megidis*）也不能杀死大蜡螟的幼虫（Gerritsen et al.，1998）。

线虫和细菌毒素单独的作用并不能解释细菌-线虫结合体的高毒性。有许多种类的昆虫，如松树上的大松象鼻虫（*Hylobius abietis*）或长脚蝇的蛆虫（*Tipula* spp.）等，它们对致病杆菌和发光杆菌具有抗性，对这些昆虫和其他昆虫的研究表明，当细菌和线虫共同作用以后，它们的毒性增强了（表 4.2）。

这种协同作用机制已经被部分阐明。在无菌培养的小卷叶蛾斯氏线虫中发现了昆虫的抗菌蛋白抑制因子（Götz et al.，1981）。对小卷叶蛾斯氏线虫分泌物的免疫抑制作用在免疫幼虫大蜡螟、家蚕（*Bombyx mori*）和鞘翅目的黄粉虫（*Tenebrio molitor*）中已被证实（Simoes，1998）。这种活性蛋白是 58kDa 的金属蛋白酶，研究发现它并不抑制伏蝇（*Phormia terranovae*）中的溶解酵素和抗菌蛋白的活性。在发光光杆状菌中已经鉴定出了抗菌肽组中抗菌蛋白抑制剂（Jarosz，1998），但在异小杆线虫属（*Heterorhabditis* spp.）中的抗菌蛋白抑制剂还未被检测出来，因为无菌的纯培养没有成功。

表 4.2 线虫和细菌共生体对寄主昆虫的致病性

线虫	细菌	昆虫	细菌毒性	线虫毒性	线虫-细菌结合体毒性	文献
Sternernema glaseri	*Xenorhabdus poinarii*	*G. mellonella*	没有死亡	没有死亡	1 条线虫能杀死 100%昆虫	Akhurst，1986
		Popillia japonica	没有死亡	不确定	1 条线虫能杀死 100%昆虫	Yeh and Alm，1992
S. carpocapsae	*X. nematophilus*	*Hylobius abietis*	LC_{50}：3 500[a]	不确定	1 条线虫能杀死 100%昆虫	Burman，1982
		Hyalophora cecropia	LC_{50}：500 N[b] LC_{50}：500 000 I[c]	大约 500（N 和 I）	LC_{50}<10[a]	Götz et al.，1981
S. feltiae	*X. bovienii*	*Tipula oleracea*	LC_{50}：>15 700	以每头昆虫注射 20 条线虫的剂量，33%昆虫死亡	以每头昆虫注射 20 条线虫的剂量，90%昆虫死亡	Ehlers et al.，1997
Heterorhabditis megidis	*Photorhabdus luminescens*	*Tipula oleracea*	LC_{50}：>100 000	按 300 条线虫/头昆虫的应用剂量，昆虫没有死亡	按 300 条线虫/头昆虫的应用剂量，昆虫死亡率 70%-90%	Gerritsen et al.，1998
H. bacteriophora	*P. luminescens*		LC_{50}：100 000	按 300 条线虫/头昆虫的应用剂量，昆虫没有死亡	按 300 条线虫/头昆虫的应用剂量，昆虫死亡率 30%-54%	

[a] LC_{50} 表示每头昆虫中注射的细菌（活细胞）或线虫的量；[b] N：无免疫能力的蛹；[c] I：产生抗细菌蛋白但不具有免疫能力的蛹

除了线虫抗菌蛋白的作用，细胞的免疫反应同样受到影响。细胞包囊在线虫周围形成以前，很多血细胞附着在包囊上并死亡，这可以解释在大蚊（*Tipula oleracea*）中夜蛾斯氏线虫-伯氏致病杆菌（*S. feltiae-X. bovienii*）结合体的增效作用（Peters and Ehlers，1997）。在黄地老虎中酚氧化酶原激活系统可以被活的或热杀死的小卷叶蛾斯氏线虫和共生菌所抑制（Yokoo et al.，1992）。这能降低外来的识别和来自血腔的嗜线虫致病杆菌的螯合。在日本丽金龟中活的无菌格氏斯氏线虫的表面分泌物可以保护线虫不受黑化作用的包埋（Wang and Gaugler，1999）。通过降低血细胞的数量和噬菌作用或者通过抑制结节的形成，这些分泌物会减弱寄主的抗菌防御能力，这为格氏斯氏线虫和 *X. poinarii* 的增效作用提供了合理的解释。

这种增效作用在斯氏线虫的种中得到了证实，而大多数研究表明，异小杆线虫的致病性主要靠它们的共生细菌。然而在花蚊（*Tipula oleracea*）中的异小杆线虫和发光杆菌的共生体也显示了增效作用（Gerritsen et al.，1998）。研究者意识到了很难概括线虫-细菌在昆虫免疫系统中的互作关系。

细菌在寄主体内释放的时间表可以大概反映共生体中每个组分所起的作用。异小杆线虫依靠它的共生细菌来克服昆虫的免疫系统。大异小杆线虫（*H. megidis*）共生体在线虫侵入的 12h 内抑制蝗虫体内血细胞的噬菌作用，大量的血细胞在接下来的 12h 内死亡（Van Sambeek and Wiesner，1999）。在嗜菌异小杆线虫（*H. bacteriophora*）侵入日本丽金龟期间或者侵入不久之后释放共生细菌可能会抑制线虫的包埋（Wang et al.，1994）。另外，格氏斯氏线虫在12h后释放共生细菌，线虫作为抑制血细胞噬菌（phagocytosis）作用的媒介，只在局部形成最初的结节。整个系统抑制作用超过4h（Wang and Gaugler，1999）。因此，延迟释放无致病性细菌 *X. poinarii* 对于在昆虫寄主体内的定位至关重要。

4.4 细菌致病性

4.4.1 毒素

作为有效杀虫剂的细菌蛋白包括苏云金芽孢杆菌（*Bacillus thuringiensis*，Bt）和球形芽孢杆菌（*B. sphaericus*）的晶体蛋白（δ-内毒素 endotoxin）、苏云金芽孢杆菌的 Vip 毒素和链霉菌（*Streptomyces* spp.）的胆固醇氧化酶（cholesterol oxidase），所有这些物质都可以溶解昆虫寄主的中肠上皮细胞（Bowen et al.，1998）。在发光光杆状菌（*P. luminescens*）和嗜线虫致病杆菌中也发现了相似的活性。

Bowen 和 Ensign（1998）研究了发光光杆状菌的4个菌株分泌的毒素产物，用来检验对鳞翅目昆虫烟草天蛾的毒性，尽管注射时对线虫 Hm、Hb 和 NC-19 品系有很高的毒性，但对鳞翅目昆虫没有显示出致死的口服毒性，不过从佛罗里达州分离到一个新的菌株 W-14，其分泌的一种毒素无论是采用注射还是口服都可以杀死昆虫幼虫。W-14 毒素对于4个目的昆虫会有相似的致病行为，不像不同的 Bt δ-内毒素通常只针对某一个特殊的昆虫种群。W-14 毒素的分离和基因克隆是由 Guo 等（1999）完成的，他们发现了口服的毒素可以对抗南方玉米根虫。检测到这种毒素的Ⅱ型与Ⅰ型培养是一样的，它是一种由几个亚基组成的相对分子质量约为 10^6 的蛋白质复合物（Bowen and Ensign，1998）。发光杆菌通常是由异小杆线虫释放到昆虫的血腔内，令人惊讶的是 W-14 菌株是一种口服活性的毒素，它在烟草天蛾的中肠内发挥的作用与上面提到的其他杀虫剂毒素作用相似。Blackburn 等（1998）观察到了昆虫中肠上皮细胞的顶端膨胀和水泡形成，进入体腔内脏并且最终使上皮细胞溶解。将毒素注射到血腔内与口服毒素具有相似的组织病理学作用，这意味着毒素既能从顶端也能从底部表面侵袭中肠。一些学者认为体腔的其他组织（骨骼肌肉系统、神经系统和马氏管）不易受到侵袭（D. Bowen 美国，个人交流），认为活体内毒素的主要作用位点可能不是内脏。

已经克隆到了4种毒素复合编码位置，*tca*、*tcb*、*tcc* 和 *tdc*（Bowen et al.，1998），每个位置都包含一个或多个可读框，在毒素中已发现了与所有可读框相符的3种多肽。不同的预测都表明 Tc 蛋白的氨基酸之间具有很高的相似性，最近对嗜虫沙雷菌（*Serratia entomophila*）的昆虫毒素基因测序显示出与 *tc* 基因具有同源性（Hurst et al.，2000）。此外，有两种 Tc 多肽的部分区域和沙门氏菌（*Salmonella*）毒力蛋白相似，这种毒力蛋白是沙门氏菌在哺乳动物的巨噬细胞中生长和致病所必需的，因此，研究者认为发光光杆状菌同源体均可侵染昆虫的血腔。通过删除或中断一个或一对位点，可看出 *tca* 和 *tcd* 编码毒素的口服活性，而它们可一起影响侵染烟草天蛾的大部分活性。然而，无论单独删除 *tcd* 或 *tcc* 都同样会减少死亡，因此，认为它们的产物 Tca 或 Tcd 在对抗烟草天蛾时相互作用，当然，它们的毒力在抵抗其他昆虫种群时可能起到更重要的作用。对 W-14

基因组随机测序显示，有其他类 *tc* 位点存在，同时也存在着类 Rtx 的序列和类 A 血腔毒素及其他输出系统（ffrench-Constant et al.，2000）。

从嗜线虫致病杆菌中也已经分离到毒素和它们的编码基因，其中一个对大蜡螟（*G. mellonella*）具有注射毒性（Smigielski and Akhurst，1999），一个对欧洲粉蝶（*Pieris brassicae*）、菜粉蝶（*Pieris rapae*）和小菜蛾（*Plutella xylostella*）具有口服毒性（Jarrett et al.，1998）。编码后一种活性的 DNA 序列与发光光杆状菌的 *tc* 位点具有较强的同源性。

研究了 200 多个发光杆菌（*Photorhabdus*）和致病杆菌（*Xenorhabdus*）的菌株样品，其中一些显示出高水平的口服毒性，这些口服毒性的菌株中大部分集中于发光光杆状菌的 *akhurstii* 亚组，采用严格的试验方法测定获得了这些结果；在此试验中，细菌的培养条件和寄主种群的同一性必须有较大差异，以检测一个给定的致病杆菌或发光杆菌菌株的口服活性（D. Bowen，美国，个人交流）。尽管许多菌株能够产生口服毒素，但大部分的致病杆菌和发光杆菌产生的毒素只具有注射活性却无口服活性，在对发光光杆状菌和嗜线虫致病杆菌的研究中曾经报道过此类现象（Jarosz et al.，1991；Clarke and Dowds，1995）。

4.4.2 其他潜在的毒力剂

目前，已经对一些胞外酶和其他一些细菌表型性状在毒力中的作用做了大量的研究（Dowds，1998）。第一种方法是将纯化的大分子或具某种特殊表型性状的细菌分别注射到昆虫幼虫体内以研究它们各自的毒力（表 4.3，第 1 列）。第二种方法是使某一特定的基因失活，以检测其在毒力中的作用（表 4.3，第 2 列）。注射研究表明单独的卵磷脂酶没有毒性，但突变研究表明，其在致病过程中起作用。第三种方法是对无毒突变株中的突变部位（插入突变）进行检测，并对其生化特性进行分析。Xu 等（1991）研究表明，转座突变能使大量的基因失活，并具有高度的多样性（Hurlbert，1994）。通过对有毒菌株和无毒突变株的对比研究发现，突变株中某些在致病过程中起作用的功能消失（表 4.3 第 3 列）。例如，Xu 等（1991）对缺少红细胞溶解能力和运动能力的无毒突变株的研究表明，这两种能力在致病过程中发挥作用。然而插入突变虽然能够保持毒力但却丧失了红细胞溶解能力和运动能力，表明这两种能力在杀死昆虫方面不是必需的。表 4.3 总结了此次试验的结果，发现只有脂肪酶和脂多糖（LPS）具有毒素活性，卵磷脂酶在毒性中起作用，但不能单独作为毒素起作用。因此，可以认为脂肪酶能够直接分解寄主组织，而脂多糖能够破坏血细胞（Dunphy and Thurston，1990）；卵磷脂酶只有在其他毒性因子存在时才对昆虫的死亡起作用。

Ⅰ型菌能够产生多种表型性状，而Ⅱ型菌不表现或很少表现出这些性状（如降解酶、抗生素、鞭毛、菌毛和多糖-蛋白质复合物）（Forst et al.，1997）。这些性状可能与其侵染有关。因而具有较高毒力的Ⅱ型菌就较引人关注，尽管其毒性要比初生型细菌的毒性低，并且在被测菌株当中只有少数的Ⅱ型菌完全没有毒性（表 4.4）。这说明在具有毒性的Ⅱ型菌中，一些在侵染过程中所必需的物质发生了缺失，Ⅱ型菌不能够为线虫的生长提供一个良好的生存环境（详见第 3 章）。一些Ⅱ型菌无毒菌株在产生毒素的同时可能会发生型变，或者其致病过程不是通过分泌毒素而是通过使寄主患败血症产生毒性。

表 4.3 潜在的毒力特性

表型性状	独立毒性（注射研究）	现存的其他毒性因子对死亡率的影响	
		野生型背景	突变体背景
蛋白质酶	无（a）		无（b）
卵磷脂酶	无（c）	有（d）	
脂肪酶	有（e）		无（b）
抗生素			无（b）
运动性			无（b）
红细胞溶解能力			无（b）
晶体蛋白		无（f）	
脂多糖（LPS）	有（g）/ 无（e,h）		
生物荧光	无（i）		

（a）Bowen et al.，2000；发光杆菌（*Photorhabdus*）；烟草天蛾（*Manduca sexta*）

（b）Xu et al.，1991；*Xenorhabdus nematophilus*；大蜡螟（*G. mellonella*）

（c）Thaler et al.，1998；嗜线虫致病杆菌（*X. nematophila*）；大蜡螟（*G. mellonella*）、烟草天蛾（*M. sexta*）、棉贪夜蛾（*Spodoptera littoralis*）和飞蝗（*Locusta migratoria*）

（d）Pinyon et al.，1996；伯氏致病杆菌（*X. bovienii*）；大蜡螟（*G. mellonella*）

（e）Clarke and Dowds，1995；发光杆菌（*Photorhabdus*）；大蜡螟（*G. mellonella*）

（f）Bintrim and Ensign，1998；发光杆菌（*Photorhabdus*）；烟草天蛾（*M. sexta*）

（g）Dunphy，1994；嗜线虫致病杆菌（*X. nematophila*）和大蜡螟（*G. mellonella*）；Dunphy，1995；发光杆菌（*Photorhabdus*）和大蜡螟（*G. mellonella*）

（h）Clarke and Dowds，1992；发光杆菌（*Photorhabdus*）；大蜡螟（*G. mellonella*）

（i）Dunphy et al.，1998；嗜线虫致病杆菌（*X. nematophila*）；大蜡螟（*G. mellonella*）

表 4.4 Ⅰ型和Ⅱ型细菌毒力的差异

细菌种	品系	两型毒性	文献
Xenorhabdus nematophilus	Agriotos	相同	Akhurst，1980
	DD136	相同	Dunpy and Webster，1984
	F1	相同	Volgyi et al.，1998
	19061	相同	Volgyi et al.，1998
	AN6	Ⅰ型有毒性；Ⅱ型无毒性	Volgyi et al.，1998
	N2-4	Ⅰ型有毒性；Ⅱ型无毒性	Volgyi et al.，1998
	N4	Ⅰ型有毒性；Ⅱ型无毒性	Jarosz et al.，1991
Photorhabdus	W14	相同	Bowen and Ensign，1998
	K122	Ⅱ型有毒性，但低于Ⅰ型	Jackson et al.，1995
	H8	Ⅱ型低毒性	Jarosz et al.，1991
	3 个医用分离株（都是Ⅱ型）	对所有昆虫都具有毒性	Peel et al.，1999

4.4.3 调节毒性的环境信号

昆虫病原线虫细菌能够寄生于具有不同理化性质的环境中，其中包括线虫的肠道、昆虫的血腔、结节和肠道，共生菌含有的一系列的信号转导系统能够诱导基因的表达，使细菌在不同的环境中生存（Hentschel et al.，2000）。致病杆菌和发光杆菌中的一些调节系统已被鉴定。

选定的感应系统与细菌种群密度、共生体-寄主或病原菌-寄主间相互作用有关的靶基因的表达有关。哈维氏弧菌（*Vibrio harveyi*）中胞内信号 *N*-羟基丁醇-L-高丝氨酸内脂（HBHL）能够诱导毒素的产生，能够使嗜线虫致病杆菌无毒突变株恢复毒性，同时能增加脂肪酶活性，并达到野生型菌株中的脂肪酶活性水平（Dunphy et al.，1997）。另外从野生型嗜线虫致病杆菌和致病杆菌某一个种中分离出生物活性 HBHL，但在 Tn5 诱导的 3 个不同的无毒突变株却未分离到。这 3 个突变株基因组中都含有多拷贝的不同位点的 Tn5 的插入（Xu et al.，1991；Hurlbert，1994），很可能是由于它们都缺少相同的自身诱导物。这说明在这些突变体中一些调节基因表达系统发生了缺失。最终受 HBHL 调节表达的产物在致病的过程中起着重要的作用。

EnvZ 是一个对革兰氏阴性细菌毒力有作用的两种组分调整系统的感受器，Forsth 和 Tabatabai（1997）发现一个嗜线虫致病杆菌的 *envZ* 突变体具有比野生型更强的致病性。肠细菌的 *flbDC* 操纵子控制包括鞭毛机能在内的 50 个基因的表达，同时也控制着包括一些和毒力有关的固定阶段和Ⅲ型分泌蛋白。因此，一旦 *envZ-ompR* 对 *flhDC* 进行负调控，就不会对以下现象感到奇怪了，即 Givaudan 和 Lanois（2000）发现嗜线虫致病杆菌的 *flhD* 基因被破坏后导致了毒性的削弱及运动能力、脂肪酶和溶血活性的丧失。

4.5 进 化

4.5.1 致病细菌的进化

毒力基因通常被编码在可变的遗传元素（转座子、噬菌体或质粒）或者在染色体内致病的区域。这些基因序列组件通常在基因转录水平，有时在广泛的分歧种间，因为它们的区域不稳定，所以 DNA 获得和丢失得很频繁。随机 DNA 测序显示发光光杆状菌（*P. luminescens*）潜在的毒性影响因子仅和脊椎动物的病原体相联系，这一点可以通过在基因组中存在一个抗菌范围及插入序列元素来解释，这些插入元件可以调节通过侧面转移而得到的毒力基因（ffrench-Constant et al.，2000）。有报道显示，发光光杆状菌和嗜线虫致病杆菌的毒素基因已经通过转录水平分离得到（ffrench-Constan and Bowen，1999）：在这些种中只有一个亚群对烟草天蛾（*M. sexta*）有毒性；有类似于转座酶的序列存在于包含嗜线虫致病杆菌毒素基因的黏粒克隆中（Jarrett et al.，1998）。

4.5.2 线虫-共生菌的进化

对于斯氏线虫（*Steinernema*）和异小杆线虫（*Heterorhabditis*）毒力机制研究显示，它们在共生菌和它们的寄主昆虫相互作用方面有深入的了解。关于异小杆线虫和斯氏线虫之间独立发展史假设是明显不同的，在致病杆菌和发光杆菌的进化上的一种假设依据是：昆虫进化使得其营腐生生活，以含有丰富细菌的昆虫残体为食。它们甚至可能杀死昆虫，发光光杆状菌和嗜线虫致病杆菌的一些菌株的口服毒性可能会残余一段时间，这段时间中细菌还没有和线虫结合，但是已经在昆虫系统进化过程中形成了特异性［像苏云金芽孢杆菌（*Bacillus thuringiensis*）］或在其进化过程中有作用，如乳状芽孢杆菌（*Bacillus popilliae*）。线虫在细菌进化中扮演着注射器的角色，共生关系特异性在开始阶段通过这种假定的祖先在一种特定的细菌中传送和保持得都不稳定。这种与病原细菌的非特异性结合可能与那些已发现的蛞蝓寄生线虫（*Phasmarhabditis hermaphrodita*）比较相似（Wilson et al.，1995）。

4.6 结　论

在线虫和细菌共生体毒性上还存在许多问题未解决。例如，在一个菌株中可以产生多少毒素还不清楚，分离到的毒素在中肠和血腔中是否起作用？通过不同途径进入昆虫体内的细菌是否具有不同的活性？不同菌株在毒性范围和寄主特性上是怎样比较的？只有一个细菌群产生口服毒性，这些菌株能够或者可以生活在土壤中，它们通过线虫怎样进入昆虫口中的呢？仅通过血液侵染昆虫寄主的毒素吗？或者它们是和其他毒力因子相联系作用呢？它们的作用方式是什么？假如所有菌株是产生一种毒素的一些类型，败血症在杀死寄主过程中起什么作用呢？最后，在线虫和细菌共生体同时存在杀死寄主才能有效时，那么线虫又起到什么作用呢？

致谢

我们非常感谢 David Bowen 和 Ralf-Udo Ehlers 博士对文稿的修改，也感谢伊朗企业和高等教育局 PRTL 计划对 BD 项目的资助。

参 考 文 献

Abu Hatab, M., Selvan, S. and Gaugler, R. (1995) Role of proteases in penetration of insect gut by the entomopathogenic nematode *Steinernema glaseri* (Nematoda: Steinernematidae). *Journal of Invertebrate Pathology* 66, 125–130.

Akhurst, R.J. (1980) Morphological and functional dimorphism in *Xenorhabdus* spp., bacteria symbiotically associated with the insect pathogenic nematodes *Neoaplectana* and *Heterorhabditis*. *Journal of General Microbiology* 121, 303–309.

Akhurst, R.J. (1986) *Xenorhabdus nematophilus* spp. *poinarii*: Its interaction with insect pathogenic nematodes. *Systematic and Applied Microbiology* 8, 142–147.

Bedding, R.A. and Molyneux, A.S. (1982) Penetration of insect cuticle by infective larvae of *Heterorhabditis* spp. (Heterorhabditidae: Nematoda). *Nematologica* 28, 354–359.

Bintrim, S.B. and Ensign, J.C. (1998) Insertional inactivation of genes encoding the crystalline inclusion proteins of *Photorhabdus luminescens* results in mutants with pleiotropic phenotypes. *Journal of Bacteriology* 180, 1261–1269.

Blackburn, M., Golubeva, E., Bowen, D. and ffrench-Constant, R.H. (1998) A novel insecticidal toxin from *Photorhabdus luminescens*, toxin complex a (Tca), and its histopathological effects on the midgut of *Manduca sexta*. *Applied and Environmental Microbiology* 64, 3036–3041.

Bowen, D.J. and Ensign, J.C. (1998) Purification and characterization of a high-molecular-weight insecticidal protein complex produced by the entomopathogenic bacterium *Photorhabdus luminescens*. *Applied and Environmental Microbiology* 64, 3029–3035.

Bowen, D., Rocheleau, Blackburn, M., Andreev, O., Golubeva, E., Bhartia, R. and ffrench-Constant, R.H. (1998) Insecticidal toxins from the bacterium *Photorhabdus luminescens*. *Science* 280, 2129–2132.

Bowen, D., Blackburn, M., Rocheleau, T., Grutzmacher, C. and ffrench-Constant, R.H. (2000) Secreted proteases from *Photorhabdus luminescens*: separation of the extracellular proteases from the insecticidal toxin complexes. *Insect Biochemistry and Molecular Biology* 30, 69–74.

Burman, M. (1982) *Neoaplectana carpocapsae*: toxin production by axenic insect parasitic nematodes. *Nematologica* 28, 62–70.

Clarke, D.J. and Dowds, B.C.A. (1992) Pathogenicity of *Xenorhabdus luminescens. Biochemical Society Transactions* 20, 65S.

Clarke, D.J. and Dowds, B.C.A. (1995) Virulence mechanisms of *Photorhabdus* sp. strain K122 toward wax moth larvae. *Journal of Invertebrate Pathology* 66, 149–155.

Cui, L., Gaugler, R. and Wang, Y. (1993) Penetration of steinernematid nematodes (Nematoda: Steinernematidae) into Japanese beetle larvae, *Popillia japonica* (Coleoptera: Scarabaeidae). *Journal of Invertebrate Pathology* 62, 73–78.

Dowds, B.C.A. (1998) Bacterial virulence mechanisms. In: Simoes, N., Boemare, N. and Ehlers, R.-U. (eds) *Pathogenicity of Entomopathogenic Nematodes versus Insect Defence Mechanisms: Impact on Selection of Virulent Strains*. European Commission, Brussels, pp. 9–16.

Dunphy, G.B. (1994) Interaction of mutants of *Xenorhabdus nematophilus (Enterobacteriaceae)* with antibacterial systems of *Galleria mellonella* larvae (Insecta: Pyralidae). *Canadian Journal of Microbiology* 40, 161–168.

Dunphy, G.B. (1995) Physicochemical properties and surface components of *Photorhabdus luminescens* influencing bacterial interaction with non-self response systems of nonimmune *Galleria mellonella* larvae. *Journal of Invertebrate Pathology* 65, 25–34.

Dunphy, G.B. and Bourchier, R.S. (1992) Responses of nonimmune larvae of the gypsy moth, *Lymantria dispar*, to bacteria and the influence of tannic acid. *Journal of Invertebrate Pathology* 60, 26–32.

Dunphy, G.B. and Halwani, A. (1997) Haemolymph proteins of larvae of *Galleria mellonella* detoxify endotoxins of the insect pathogenic bacteria *Xenorhabdus nematophilus* (Enterobacteriaceae). *Journal of Insect Physiology* 43, 1023–1029.

Dunphy, G.B. and Hurlbert, R.E. (1995) Interaction of avirulent transpositional mutants of *Xenorhabdus nematophilus* ATCC 19061 (Enterobacteriaceae) with the antibacterial systems of non-immune *Galleria mellonella* (Insecta) larvae. *Journal of General and Applied Microbiology* 41, 409–427.

Dunphy, G.B. and Thurston, G.S. (1990) Insect immunity. In: Gaugler, R. and Kaya, H.K. (eds) *Entomopathogenic Nematodes in Biological Control.* CRC Press, Boca Raton, Florida, pp. 301–323.

Dunphy, G.B. and Webster, J.M. (1984) Interaction of *Xenorhabdus nematophilus* subsp. *nematophilus* with the haemolymph of *Galleria mellonella. Journal of Insect Physiology* 30, 883–889.

Dunphy, G.B. and Webster, J.M. (1987) Partially characterized components of the epicuticle of dauer juvenile *Steinernema feltiae* and their influence on haemocyte activity in *Galleria mellonella. Journal of Parasitology* 73, 584–588.

Dunphy, G.B. and Webster, J.M. (1988) Virulence mechanisms of *Heterorhabditis heliothidis* and its bacterial associate, *Xenorhabdus luminescens*, in non-immune larvae of the greater wax moth, *Galleria mellonella. International Journal of Parasitology* 18, 729–737.

Dunphy, G.B. and Webster, J.M. (1991) Antihaemocytic surface components of *Xenorhabdus nematophilus* var. *dutki* and their modification by serum of nonimmune larvae of *Galleria mellonella. Journal of Invertebrate Pathology* 58, 40–51.

Dunphy, G., Miyamoto, C. and Meighen, E. (1997) A homoserine lactone autoinducer regulates virulence of an insect-pathogenic bacterium, *Xenorhabdus nematophilus* (Enterobacteriaceae). *Journal of Bacteriology* 179, 5288–5291.

Dunphy, G.B., Miyamoto, C.M. and Meighen, E.A. (1998) Generation and properties of a luminescent insect pathogen *Xenorhabdus nematophilus* (*Enterobacteriaceae*). *Journal of General and Applied Microbiology* 44, 259–268.

Ehlers, R.-U., Wulff, A. and Peters, A. (1997) Pathogenicity of axenic *Steinernema feltiae*, *Xenorhabdus bovienii*, and the bacto-helminthic complex to larvae of *Tipula oleracea* (Diptera) and *Galleria mellonella* (Lepidoptera). *Journal of Invertebrate Pathology* 69, 212–217.

Eidt, D.C. and Thurston, G.S. (1995) Physical deterrents to infection by entomopathogenic nematodes in wireworm (Coleoptera: Elateridae) and other soil pests. *Canadian Entomologist* 127, 423–429.

Ensign, J.C. and Ciche, T. (2000) Release of *Photorhabdus luminescens* cells from infective juvenile nematodes of *Heterorhabditis*. Abstracts of the 2nd US/Hungarian EPN/EPB Annual Meeting, Hungary.

ffrench-Constant, R.H. and Bowen, D. (1999) *Photorhabdus* toxins: novel biological insecticides. *Current Opinion in Microbiology* 2, 284–288.

ffrench-Constant, R.H., Waterfield, N., Burland, V., Perna, N.T., Daborn, P.J., Bowen, D. and Blattner, F.R. (2000) A genomic sample sequence of the entomopathogenic bacterium *Photorhabdus luminescens* W14: potential implications for virulence. *Applied and Environmental Microbiology* 66, 3310–3329.

Finlay, B.B. and Falkow, S. (1989) Common themes in microbial pathogenicity. *Microbiological Reviews* 53, 210–230.

Forschler, B.T. and Gardner, W.A. (1991) Parasitism of *Phyllophaga hirticula* (Coleoptera: Scarabaeidae) by *Heterorhabditis heliothidis* and *Steinernema carpocapsae*. *Journal of Invertebrate Pathology* 58, 396–407.

Forst, S. and Nealson, K. (1996) Molecular biology of the symbiotic-pathogenic bacteria *Xenorhabdus* spp. and *Photorhabdus* spp. *Microbiological Reviews* 60, 21–43.

Forst, S. and Tabatabai, N. (1997) Role of the histidine kinase, EnvZ, in the production of outer membrane proteins in the symbiotic-pathogenic bacterium *Xenorhabdus nematophilus*. *Applied and Environmental Microbiology* 63, 962–968.

Forst, S., Dowds, B., Boemare, N. and Stackebrandt, E. (1997) *Xenorhabdus* and *Photorhabdus* spp.: bugs that kill bugs. *Annual Review of Microbiology* 51, 47–72.

Gaugler, R. and Molloy, D. (1981) Instar susceptibility of *Simulium vittatum* (Diptera: Simuliidae) to the entomogenous nematode *Neoaplectana carpocapsae*. *Journal of Nematology* 13, 1–5.

Gaugler, R., Wang, Y. and Campbell, J.F. (1994) Aggressive and evasive behaviours in *Popillia japonica* (Coleoptera: Scarabaeidae) larvae: defenses against entomopathogenic nematode attack. *Journal of Invertebrate Pathology* 64, 193–199.

Georgis, R. and Hague, N.G.M. (1981) A neoaplectanid nematode in the larch sawfly *Cephalcia lariciphila* (Hymenoptera: Pamphiliidae). *Annals of Applied Biology* 99, 171–177.

Gerritsen, L.J.M., Wiegers, G.L. and Smits, P.H. (1998) Pathogenicity of new combinations of *Heterorhabditis* spp. and *Photorhabdus luminescens* against *Galleria mellonella* and *Tipula oleracea*. *Biological Control* 13, 9–15.

Ghilarov, M.S. and Semenova, L.M. (1957) Die Kutikelpermeabilität bodenbewohnender Tipuliden-Larven. *Zeitschrift für Pflanzenkrankheiten und Pflanzenschutz* 64, 522–528.

Givaudan, A. and Lanois, A. (2000) *flh*DC, the flagellar master operon of *Xenorhabdus nematophilus*: requirement for motility, lipolysis, extracellular hemolysis, and full virulence in insects. *Journal of Bacteriology* 182, 107–115.

Götz, P., Boman, A. and Boman, H.G. (1981) Interactions between insect immunity and an insect-pathogenic nematode with symbiotic bacteria. *Proceedings of the Royal Society of*

London Series B 212, 333-350.

Guo, L., Fatig, R.O. III, Orr, G.L., Schafer, B.W., Strickland, J.A., Sukhapinda, K., Woodsworth, A.T. and Petell, J.K. (1999) *Photorhabdus luminescens* W-14 insecticidal activity consists of at least two similar but distinct proteins. *Journal of Biological Chemistry* 274, 9836-9842.

Hentschel, U., Steinert, M. and Hacker, J. (2000) Common molecular mechanisms of symbiosis and pathogenesis. *Trends in Microbiology* 8, 226-231.

Hurlbert, R.E. (1994) Investigations into the pathogenic mechanisms of the bacterium - nematode complex. *American Society for Microbiology News* 60, 473-478.

Hurst, M.R.H., Glare, T.R., Jackson, T.A. and Ronson, C.W. (2000) Plasmid-located pathogenicity determinants of *Serratia entomophila*, the causal agent of amber disease of grass grub, show similarity to the insecticidal toxins of *Photorhabdus luminescens*. *Journal of Bacteriology* 182, 5127-5138.

Jackson, J.J. and Brooks, M.A. (1989) Susceptibility and immune response of western corn rootworm larvae (Coleoptera: Chrysomelidae) to the entomogenous nematode, *Steinernema feltiae* (Rhabditida: Steinernematidae). *Journal of Economic Entomology* 82, 1073-1077.

Jackson, T.J., Wang, H., Nugent, M.J., Griffin, C.T., Burnell, A.M. and Dowds, B.C.A. (1995) Isolation of insect pathogenic bacteria, *Providencia rettgeri*, from *Heterorhabditis* spp. *Journal of Applied Bacteriology* 78, 237-244.

Jarosz, J. (1998) Active resistance of entomophagous rhabditid *Heterorhabditis bacteriophora* to insect immunity. *Parasitology* 117, 201-208.

Jarosz, J., Balcerzak, M. and Skrzypek, H. (1991) Involvement of larvicidal toxins in pathogenesis of insect parasitism with the rhabditoid nematodes, *Steinernema feltiae* and *Heterorhabditis bacteriophora*. *Entomophaga* 36, 361-368.

Jarrett, P.D., Ellis, D. and Morgan, J.A.W. (1998) World Intellectual Property. Patent WO 98/08388.

Molta, N.B. and Hominick, W.M. (1989) Dose- and time-response assessments of *Heterorhabditis heliothidis* and *Steinernema feltiae* (Nem.: Rhabditida) against *Aedes aegypti* larvae. *Entomophaga* 34, 485-493.

Moureaux, N., Karjanainen, T., Givaudan, A., Bourlioux, P. and Boemare, N. (1995) Biochemical characterization and agglutinating properties of *Xenorhabdus nematophilus* F1 fimbriae. *Applied and Environmental Microbiology* 61, 2707-2712.

Park, Y. and Kim, Y. (2000) Eicosanoids rescue *Spodoptera exigua* infected with *Xenorhabdus nematophilus*, the symbiotic bacteria to the entomopathogenic nematode *Steinernema carpocapsae*. *Journal of Insect Physiology* 46, 1469-1476.

Peel, M.M., Alfredson, D.A., Gerrard, J.G., Davis, J.M., Robson, J.M., McDougall, R.J., Scullie, B.L. and Akhurst, R.J. (1999) Isolation, identification, and molecular characterization of strains of *Photorhabdus luminescens* from infected humans in Australia. *Journal of Clinical Microbiology* 37, 3647-3653.

Peters, A. and Ehlers, R.-U. (1994) Susceptibility of leatherjackets (*Tipula paludosa* and *Tipula oleracea*; Tipulidae; Nematocera) to the entomopathogenic nematode *Steinernema feltiae*. *Journal of Invertebrate Pathology* 63, 163-171.

Peters, A. and Ehlers, R.-U. (1997) Encapsulation of the entomopathogenic nematode *Steinernema feltiae* in *Tipula oleracea*. *Journal of Invertebrate Pathology* 69, 218-222.

Peters, A., Gouge, D.H., Ehlers, R.-U. and Hague, N.G.M. (1997) Avoidance of encapsulation by *Heterorhabditis* spp. infecting larvae of *Tipula oleracea*. *Journal of Invertebrate Pathology* 70, 161-164.

Pinyon, R.A., Linedale, E.C., Webster, M.A. and Thomas, C.J. (1996) Tn5-induced *Xenorhabdus bovienii* lecithinase mutants demonstrate reduced virulence for *Galleria mellonella* mutants.

Journal of Applied Bacteriology 80, 411–417.

Poinar, G.O. Jr and Leutennegger, R. (1971) Ultrastructural investigation of the melanization process in *Culex pipiens* (Culicidae) in response to a nematode. *Journal Ultrastructural Research* 36, 149–158.

Poinar, G.O. Jr and Thomas, G.M. (1966) Significance of *Achromobacter nematophilus* (Achromobacteraceae: Eubacteriales) in the development of the nematode, DD-136 (*Neoaplectana* sp., Steinernematidae). *Parasitology* 56, 385–390.

Pye, A.E. and Burman, M. (1978) *Neoaplectana carpocapsae*: Infection and reproduction in large pine weevil larvae, *Hylobius abietis*. *Experimental Parasitology* 46, 1–11.

Renn, N. (1998) Routes of penetration of the entomopathogenic nematode *Steinernema feltiae* attacking larval and adult houseflies (*Musca domestica*). *Journal of Invertebrate Pathology* 72, 281–287.

Ribeiro, C., Duvic, B., Oliveira, P., Givaudan, A., Palha, F., Simoes, N. and Brehelin, M. (1999) Insect immunity - effects of factors produced by a nematobacterial complex on immunocompetent cells. *Journal of Insect Physiology* 45, 677–685.

Simoes, N. (1998) Pathogenicity of the complex *Steinernema carpocapsae-Xenorhabdus nematophilus*: molecular aspects related with the virulence. In: Simoes, N., Boemare, N. and Ehlers, R.-U. (eds) *Pathogenicity of Entomopathogenic Nematodes versus Insect Defence Mechanisms: Impact on Selection of Virulent Strains*. European Commission, Brussels, pp. 73–83.

Simoes, N., Caldas, C., Rosa, J.S., Bonifassi, E. and Laumond, C. (2000) Pathogenicity caused by high virulent and low virulent strains of *Steinernema carpocapsae* to *Galleria mellonella*. *Journal of Invertebrate Pathology* 75, 47–54.

Smigielski, A.J. and Akhurst, R.J. (1999) World Intellectual Property. US patent 5,972,687.

Steiner, W.A. (1996) Melanization of *Steinernema feltiae* Filipjev and *S. kraussei* Steiner in larvae of *Otiorhynchus sulcatus* (F.). *Fundamental and Applied Entomology* 19, 67–70.

Sudhaus, W. (1993) The nematode genera *Heterorhabditis* and *Steinernema*, both entomopathogenic by means of symbiotic bacteria, are not sister taxa. *Verhandlungen der Deutschen Zoologischen Gesellschaft* 86, 146.

Thaler, J.-O., Duvic, B., Givaudan, A. and Boemare, N. (1998) Isolation and entomotoxic properties of the *Xenorhabdus nematophilus* F1 lecithinase. *Applied and Environmental Microbiology* 64, 2367–2373.

Thurston, G.S., Yule, W.N. and Dunphy, G.B. (1994) Explanations for the low susceptibility of *Leptinotarsa decemlineata* to *Steinernema carpocapsae*. *Biological Control* 4, 53–58.

Trenczek, T. (1998) Endogenous defence mechanisms of insects. *Zoology* 101, 298–315.

Van Sambeek, J. and Wiesner, A. (1999) Successful parasitization of locusts by entomopathogenic nematodes is correlated with inhibition of insect phagocytes. *Journal of Invertebrate Pathology* 73, 154–161.

Volgyi, A., Fodor, A., Szentirmai, A. and Forst, S. (1998) Phase variation in *Xenorhabdus nematophilus*. *Applied and Environmental Microbiology* 64, 1188–1193.

Wang, Y. and Gaugler, R. (1998) Host and penetration site location by entomopathogenic nematodes against Japanese beetle larvae. *Journal of Invertebrate Pathology* 72, 313–318.

Wang, Y. and Gaugler, R. (1999) *Steinernema glaseri* surface coat protein suppresses the immune response of *Popillia japonica* (Coleoptera: Scarabaeidae) larvae. *Biological Control* 14, 45–50.

Wang, Y., Gaugler, R. and Cui, L. (1994) Variations in immune response of *Popillia japonica* and *Acheta domesticus* to *Heterorhabditis bacteriophora* and *Steinernema* species. *Journal of Nematology* 26, 11–18.

Wang, Y., Campbell, J.F. and Gaugler, R. (1995) Infection of entomopathogenic nematodes

Steinernema glaseri and *Heterorhabditis bacteriophora* against *Popillia japonica* (Coleoptera: Scarabaeidae) larvae. *Journal of Invertebrate Pathology* 66, 178–184.

Welch, H.E. and Bronskill, J.F. (1962) Parasitism of mosquito larvae by the nematode, DD-136 (Nematoda: Neoaplectanidae). *Canadian Journal of Zoology* 40, 1263–1268.

Wilson, M.J., Glen, D.M., Pearce, J.D. and Rodgers, P.B. (1995) Monoxenic culture of the slug parasite *Phasmarhabditis hermaphrodita* (Nematoda: Rhabditidae) with different bacteria in liquid and solid phase. *Fundamental and Applied Nematology* 18, 159–166.

Xu, J., Olson, M.E., Kahn, M.L. and Hurlbert, R.E. (1991) Characterization of Tn5-induced mutants of *Xenorhabdus nematophilus* ATCC 19061. *Applied and Environmental Microbiology* 57, 1173–1180.

Yeh, T. and Alm, S.R. (1992) Effects of entomopathogenic nematode species, rate, soil moisture, and bacteria on control of Japanese beetle (Coleoptera: Scarabaeidae) larvae in the laboratory. *Journal of Economic Entomology* 85, 2144–2148.

Yokoo, S., Tojo, S. and Ishibashi, N. (1992) Suppression of the prophenoloxidase cascade in the larval haemolymph of the turnip moth, *Agrotis segetum* by an entomopathogenic nematode, *Steinernema carpocapsae* and its symbiotic bacterium. *Journal of Insect Physiology* 38, 915–924.

Zervos, S. and Webster, J.M. (1989) Susceptibility of the cockroach *Periplaneta americana* to *Heterorhabditis heliothidis* (Nematoda: Rhabditidae) in the laboratory. *Canadian Journal of Zoology* 67, 1609–1611.

5　昆虫病原线虫共生细菌的次生代谢物

John M. Webster[1]，Genhui Chen[2]，Kaiji Hu[2] 和 Jianxiong Li[2]

[1]Department of Biological Sciences, Simon Fraser University, Burnby, Vancouver, British Columbia, V5A 1S6, Canada; [2]Welichem Biotech INC., Burnaby, British Columbia, V5G 3L1, Canada

5.1　引　　言

关于昆虫病原线虫及其共生细菌生物学研究的一个成果就是发现共生细菌产生的化学物质具有多样性，其中一些物质是科学上的新发现。本章主要关注这些次生代谢物，尤其是有机可溶的小分子物质，研究它们的来源、生产和利用潜力。本章还介绍了前人报道的一些信息（Nealson et al.，1990）。

在 Dutky（1959）提出昆虫病原线虫共生菌具有抑菌活性的假设约20年后，Paul 等（1981）才从共生菌致病杆菌属（*Xenorhabdus* spp.）中分离鉴定出几种抑菌化合物。随后科学家相继大量报道了共生菌致病杆菌属和发光杆菌属（*Photorhabdus*）产生的抑菌物质的化学性质及其生物活性（Frost and Nealson，1996；Li et al.，1998；Webster et al.，1998）。从发光杆菌属培养物中分离出了具有杀虫活性的大分子毒素（Ensign et al.，1990）是共生菌研究的一个重要突破，本书第4章对此也有介绍。然而，许多具有抑菌、杀虫和杀线虫作用的小分子化合物在线虫及细菌的共生体中的作用还不清楚。对离体培养共生菌检测后发现其产生的次生代谢物对细菌、真菌（包括人类致病菌）和酵母菌具有抑制作用（McInerney et al.，1991a，1991b；Li et al.，1997），并对多种药物产生抗性的一些人类致病细菌具有较强的抑制作用（Chen，1996），同时也具有抗肿瘤活性（Webster et al.，2000），在医药上具有很大的应用潜力。一些具有抗真菌和杀线虫活性的代谢物及其衍生物在农业上有很好的应用前景。

5.2 代谢物的结构与生物活性

到目前为止，已从致病杆菌属和发光杆菌属中分离鉴定出 30 多种具有生物活性的次生代谢物（表 5.1），分别属于不同类的化学物质，其中包括嘌呤霉素（puromycin）和马杜霉素Ⅱ（madumycin Ⅱ）（未发表），这两种物质最初是从链霉菌属（*Streptomyces*）中分离出来的（Suhadolnik，1970；Tavares et al.，1996）。大多数的致病杆菌属和发光杆菌属的种产生多种具生物活性的次生代谢物，且致病杆菌属产生次生代谢物的种类多于发光杆菌属。二硫吡咯类物质（异杆菌素 xenorhabdins）主要由伯氏致病杆菌（*Xenorhabdus bovienii*）产生，异香豆素（xenocoumacins）由 *Xenorhabdus nematophilu* 产生，而羟基芪（hydroxystilbene）和蒽醌（anthraquinone）则由发光杆菌属产生。这些代谢物不仅在化学结构上具有多样性，而且在医药和农业上有广泛的生物活性，如抗细菌、抗真菌、杀虫、杀线虫、抗溃疡、抗肿瘤和抗病毒。代谢物的结构与生物活性见表 5.1。

表 5.1 致病杆菌属和发光杆菌属的次生代谢物及其衍生物的结构与生物活性

组	主要结构	经鉴定的代谢物 [a]	生物活性 [b]
异杆菌素（xenorhabdins）		R_1=H；R_2=n-C_5H_{11}	1，2，6
		R_1=H；R_2=$(CH_2)_3CH(CH_3)_2$	1，4
		R_1=H；R_2=n-C_7H_{15}	1
		R_1=CH_3；R_2=n-C_5H_{11}	1
		R_1=CH_3；R_2=$(CH_2)_3CH(CH_3)_2$	1，2，6
		R_1=CH_3；R_2=$CH_2CH(CH_3)_2$	1
		R_1=CH_3；R_2=$CH_2CH_2CH_3$	1
环氧化物（xenorxides）		R=n-C_5H_{11}	1，2，6
		R=$(CH_2)_3CH(CH_3)_2$	1，2，6
异香豆素（xenocoumacins）		R=-$CH(NH_2)(CH_2)_3$-NH-$C(NH_2)NH$	1，2，3
		R=2-pyrrolidinyl	1，3

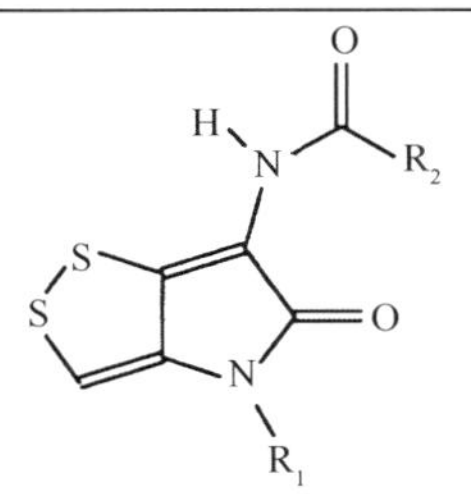

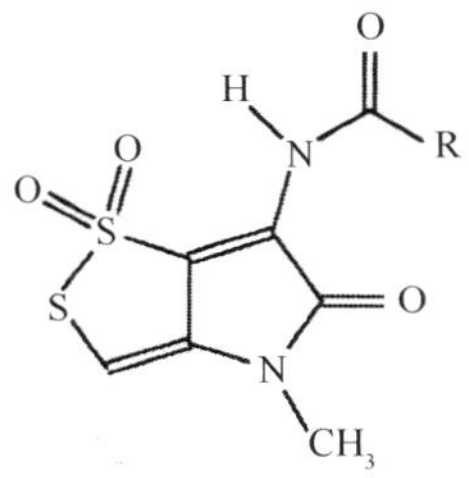

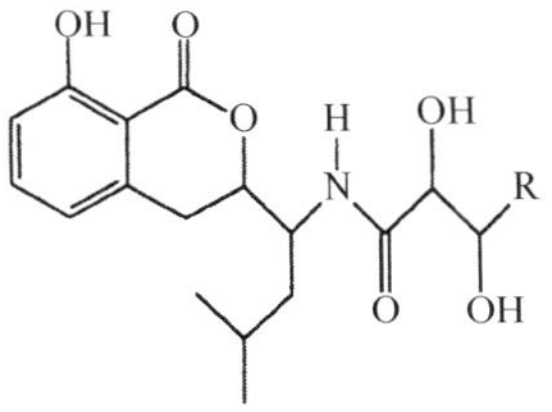

续表

组	主要结构	经鉴定的代谢物[a]	生物活性[b]
吲哚类（indoles）	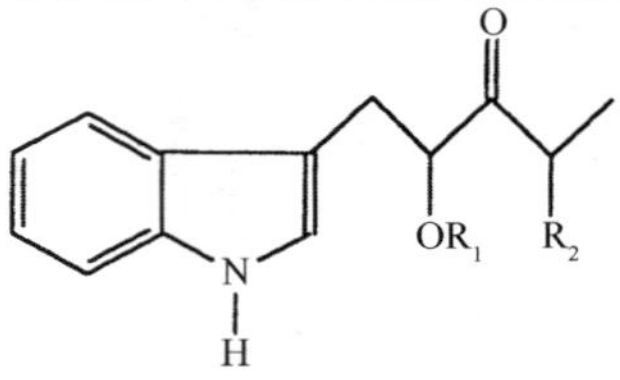	R_1=H；R_2=CH_3 R_1=AC；R_2=CH_3 R_1=H；R_2=CH_2CH_3 R_1=AC；R_2= CH_2CH_3	1，2 1，2 1，2 1，2
	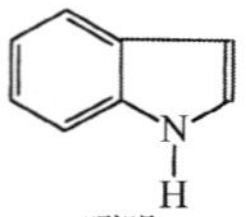 吲哚		
	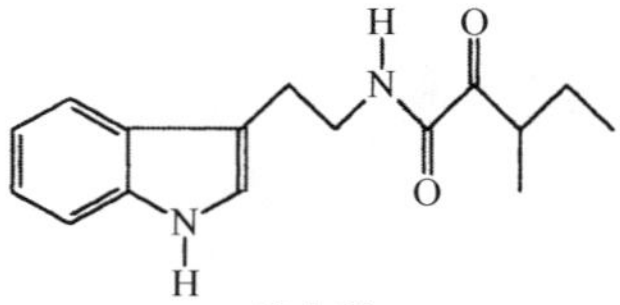 线虫素		1，2
	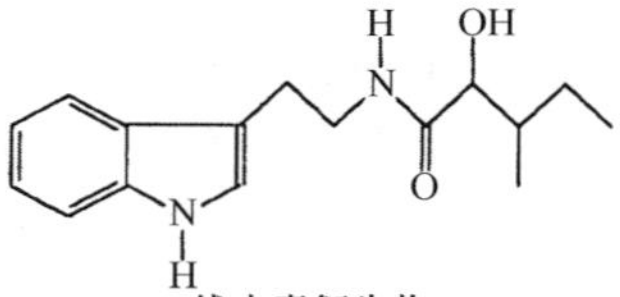 线虫素衍生物		1
异黄酮类（isoflavonoids）	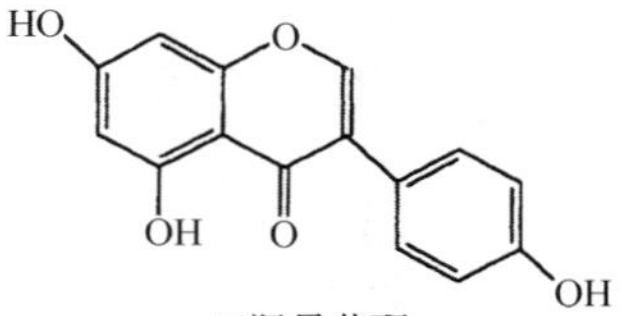 三羟异黄酮		1
羟基芪（hydroxystilbene）	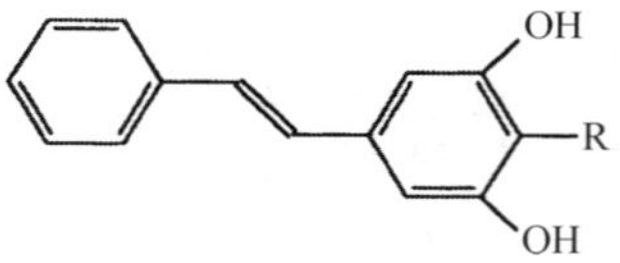	R=-$CH(CH_3)_2$ R=-CH_2CH_3	1，2，5 1
蒽醌类（anthraquinones）	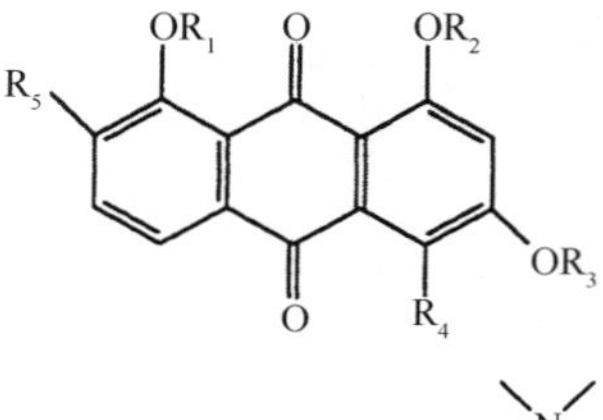	R_1=H；R_2=H；R_3=CH_3；R_4=H；R_5=H R_1=H；R_2=CH_3；R_3=H；R_4=H；R_5=H R_1=H；R_2=H；R_3=H；R_4=H；R_5=H R_1=H；R_2=CH_3；R_3=CH_3；R_4=H；R_5=H R_1=CH_3；R_2=H；R_3=CH_3；R_4=H；R_5=H R_1=H；R_2=CH_3；R_3=CH_3；R_4=H；R_5=OCH_3 R_1=CH_3；R_2=H；R_3=CH_3；R_4=OH；R_5=H	1 1 1
核苷类（nucleosides）	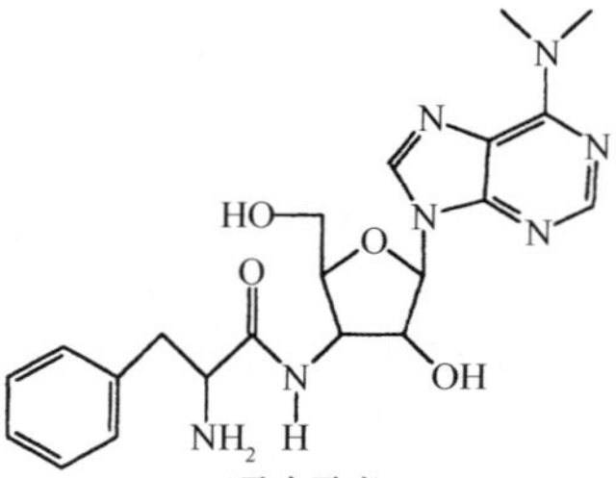 嘌呤霉素		1，2，6，7

续表

组	主要结构	经鉴定的代谢物[a]	生物活性[b]
大环内酯类（macrolides）	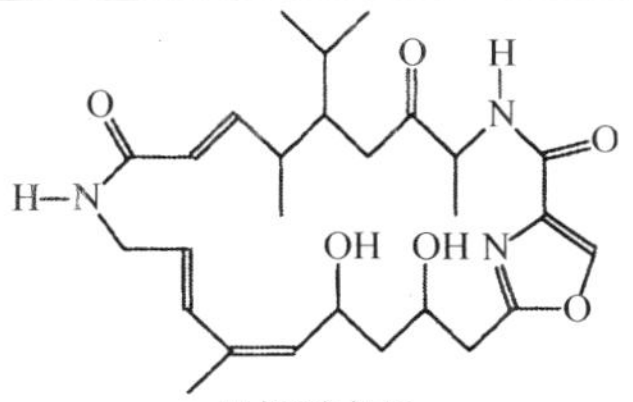 马杜霉素 II		1

[a] 表中所列衍生物的顺序与文中提及的相同化合物前标注数字是对应的，如表中第一个衍生物（异杆菌素 xenorhabdins）指的是文中所描述的 xenorhabdin 1

[b] 1. 抗生素活性；2. 抗真菌活性；3. 抗溃疡活性；4. 杀虫活性；5. 杀线虫活性；6. 抗癌活性；7. 抗病毒活性

5.3　抑 菌 活 性

共生菌可以产生小分子和大分子的抑菌物质。小分子的抑菌物质可以抑制很多细菌和真菌的生长，这些菌大多是医药和农业上的主要病原菌，如大肠杆菌属（*Escherichia*）、葡萄球菌属（*Staphylococcus*）、曲霉菌属（*Aspergillus*）和葡萄孢属（*Botrytis*）等。而一些大分子的抑菌物质，如细菌素只能抑制与致病杆菌和发光杆菌属相近种或菌株的生长（Boemare et al.，1992）。

Akhurst（1982）证明了致病杆菌培养液对许多微生物具有抗菌活性，包括革兰氏阳性菌微球菌属（*Micrococcus*）、葡萄球菌属和芽孢杆菌属（*Bacillus*），革兰氏阴性菌大肠杆菌属、志贺氏菌属（*Shigella*）、肠杆菌属（*Enterobacter*）、沙雷菌属（*Serratia*）、变形杆菌属（*Proteus*）、欧文氏菌属（*Erwinia*）、黄杆菌属（*Flavobacterium*）和假单胞菌属（*Pseudomonas*）、假丝酵母菌属（*Candida*）和酵母菌属（*Saccharomyces*），但是这些抗菌培养物的化学性质还不清楚。Chen 等（1996）研究发现共生菌培养液具有很强的杀真菌活性，对很多真菌包括灰葡萄孢菌（*Botrytis cinerea*）、尖镰孢菌（*Fusarium oxsyporum*）、腐皮镰孢菌（*Fusarium solani*）、梨状毛霉菌（*Mucor piriformis*）、色孢腐霉（*Pythium coloratum*）、终极腐霉（*Pythium ultimum*）、青霉菌（*Penicillium* spp.）、立枯丝核菌（*Rhizocotonia solani*）、拟康氏木霉（*Trichoderma pseudokoningii*）和棉花黄萎病菌（*Verticillium dahliae*）都有抑制作用。自从 Paul 等（1981）从发光杆菌属和致病杆菌中分离鉴定出羟基芪和吲哚类（indoles）抑菌物质以后，又有一些抑菌物质陆续被发现，如二硫吡咯类物质（McInerney et al.，1991a）、异香豆素（McInerney et al.，1991b）、xenorxides（Li et al.，1998）、异黄酮类（xenomins）（未发表）和线虫素（nematophin）（Li et al.，1997）。伯氏致病杆菌（*Xenorhabdus bovienii*）品系 A2 产生的抑菌物质小分子多样性与众不同，它的一些菌株可产生 xenomins、xenorxides 和一些二硫吡咯类物质（包括 3 种新化合物）和 4 种吲哚类化合物（indoles）（Chen，1996）。这些化合物表现出较强的抗革兰氏阳性菌、酵母菌和多种真菌的活性（表 5.2）。特别是 xenorxides 和线虫素，离体检测已对多种药物产生抗药性的金黄色葡萄球菌（*Staphylococcus aureus*）有较强的抑制作用。

异杆菌素（xenorhabdins）是二硫吡咯类衍生物（dithiolopyrrolone），这类化合物起初是从海洋放线菌链霉菌属（*Streptomyces* spp.）中分离到的，对多种真菌、细菌和变形

表 5.2 伯氏致病杆菌 A21 品系分离的 xenorxides（XO1，XO2）和嗜线虫致病杆菌 BC1 品系分离的线虫素（NID）对细菌、酵母和真菌的最低抑制浓度（MIC）

测试种	MIC（μg/ml）		
	XO1	XO2	NID
枯草芽孢杆菌（*Bacillus subtilis*）	6	6	12
大肠杆菌（*Escherichia coli*）ATTCC 25922	>100	>100	>100
黄体微球菌（*Micrococcus luteus*）	25	6.0	>100
铜绿假单胞菌（*Pseudomonas aeruginosa*）	>100	>100	>100
金黄色葡萄球菌（*Staphylococcus aureus*）ATCC 29213	6	6	0.75
金黄色葡萄球菌（*S. aureus*）0012[a]	3	3	1.50
金黄色葡萄球菌（*S. aureus*）0017[a]	3	1.50	0.75
熏蒸曲霉（*Aspergillus fumigatus*）ATCC 13073	0.75	1.50	>100
黄曲霉（*A. flavus*）ATCC 24133	0.75	1.50	>100
灰葡萄孢菌（*Botrytis cinerea*）	12	25	12
粗花念珠菌（*Candida tropicalis*）CBS 94	>100	>100	>100
新型隐球菌（*Cryptococcus neoformans*）ATCC 14117	6	6	>100

[a] 医用甲氧西林抗性菌株

虫有抑制作用（Celmer and Solomons，1955）。异杆菌素对革兰氏阳性菌具有显著的抑制作用，但对革兰氏阴性菌的影响较小（McInerney et al.，1991a）。二硫吡咯类衍生物如硫藤黄素（thiolutin）抗微生物的作用机制主要是抑制 RNA 和蛋白质的合成，这种抑制作用已在酵母菌中得到证实（Jimenez et al.，1973；Tipper，1973）。硫藤黄素在较低浓度下（＜2μg/ml）可抑制 *Saccharomyces cereviseae* 的生长，在 2-4μg/ml 时可完全抑制 RNA 和蛋白质的合成。施用硫藤黄素后 RNA 的合成立即停止，蛋白质合成在 20min 内停止。xenomins 和 xenorxides 也具有相似的二硫吡咯杂环结构，主要区别是 xenorxides 的两个硫原子中的一个被氧化。离体培养时这些化合物表现出相似的抗微生物活性，但在哺乳动物中这些化合物的活性有一定的差异。这些被氧化的化合物抗微生物的作用方式还不清楚。

共生菌产生的吲哚和羟基芪类抑菌物质在结构上有较大的差异，但表现出相同的抗微生物的作用方式（Sundar and Chang，1992，1993）。它们均抑制 RNA 的合成，使鸟苷四磷酸（ppGpp）积累（Sundar and Chang，1992）。在微生物中鸟苷四磷酸一般被看作一种压力下的信号，调节微生物包括如链霉菌属等细菌的大分子合成。在施用抑菌物质几分钟内鸟苷四磷酸积累，诱导 RNA 合成的抑制，进而抑制微生物的生长。然而鸟苷四磷酸的调节作用在所有生物中并不相同。根据 Tipper（1973）证实的二硫吡咯类具有更快的抗微生物作用，共生菌具有逃避和忍耐二硫吡咯类抑菌物质的性质，而共生菌的拮抗微生物不具备这种性质，因而其生长受到了抑制。

异香豆素和阿美菌素（amicoumacins）在结构及病理学活性上是一类相似的化合物，阿美菌素最初是从短小芽孢杆菌（*Bacillus pumilus*）中分离出来的（Itoh et al.，1982）。这类化合物对革兰氏阳性菌具有抑制作用。异香豆素也对葡萄球菌属和链球菌属等革兰氏阳性菌具有较强的抑制作用，对革兰氏阴性菌如大肠杆菌也有抑制作用（McInerney et al.，1991b），然而大多数的肠道细菌和铜绿假单胞菌（*Pseudomonas aeruginosa*）及抗药性品系金黄色葡萄球菌对异香豆素具有抗性。异香豆素 1（表 5.1）对真菌的曲霉菌属和毛藓菌属（*Trichophyton*）等及假丝酵母菌属和隐球菌属（*Cryptococcus*）等具有抑制作用（McInerney et al.，1991b）。

共生菌发酵液产生的大分子代谢物也具有抗微生物的活性。Poinar 等（1980）在致病杆菌属和发光杆菌属中首次发现噬菌体。一种名为 xenorhabdicin 的细菌素被提纯并进行了鉴定，其在型态上类似于噬菌体的尾部结构，包括分子质量为 20kDa 和 43kDa 的两个主要亚基（Thaler et al.，1995）。在致病杆菌属和发光杆菌属中细菌素的含量很低，如果用丝裂霉素进行诱导，细菌素的含量将增加（Boemare et al.，1992）。人们认为从共生菌中得到的细菌素和噬菌素与发光杆菌属和欧文氏菌属的产噬菌株有关联。这些细菌素具有抑制致病杆菌相近种或菌株的特性（Akhurst，1982）。

致病杆菌属和发光杆菌属的某些菌株可以产生分子质量为38.8kDa 的几丁质酶（chitinase）异构体（Chen，1996）。几丁质酶一般具有抗真菌的活性，主要是破坏真菌细胞壁（Chen et al.，1994；Isaacson，2000）。一些几丁质酶具有溶菌酶（lysozyme）的活性，可以降解细菌细胞壁中的肽聚糖（peptidoglycan），因而几丁质酶也具有抗细菌的活性。致病杆菌属和发光杆菌属产生的几丁质酶可以抑制真菌分生孢子的萌发和菌丝体的生长，但无溶菌酶的活性（Chen，1996）。在致病杆菌属和发光杆菌属的菌株之间，内切几丁质酶（endochitinase）和胞外几丁质酶（exochitinase）的活性有一定的差异（表5.3），检测的种和菌株之间的数量与质量存在差异（Chen，1996）。锐比斯氏线虫（*Steinernema riobrave*）的共生菌致病杆菌 RIO 品系的水溶性代谢物具有抗真菌活性，而溶于有机溶剂中的代谢物无抗真菌活性。在蛋白质类的代谢物中，通过从适当的基质中释放的 *p*-硝基酚（nitrophenol）检测到内切几丁质酶和外切酶的存在（Isaacson，2000）。

表 5.3　嗜线虫致病杆菌 3 个菌株（ATC、BC1 和 D1）、伯氏致病杆菌（A21）和发光光杆状菌 C9 TSB 培养 48h 后最大吸光值、总蛋白浓度和内切几丁质酶及胞外几丁质酶活性比较

特性	细菌菌株				
	ATC	BC1	D1	A21	C9
最大吸光值（600nm）	2.93	3.32	3.14	2.66	2.93
总蛋白（mg/ml）	0.13	0.95	0.24	0.63	0.46
胞外几丁质酶（U/mg 蛋白）	29.64	10.32	35.18	12.51	8.03
内切几丁质酶（U/mg 蛋白）	32.14	9.07	17.75	7.01	8.82

蛋白酶（proteinase）和脂肪酶（lipase）活性从致病杆菌的初生型菌中被检测到，但是在次生型菌中没有检测到（Akhurst and Boemare，1988；Boemare and Akhurst，1988；Schmidt et al.，1988）。它们的作用还不清楚，但是有人认为这些酶在菌体破坏昆虫组织时起到一定的作用。晶体蛋白和蛋白质类产物被认为和共生菌有关，这些已在第 2 章进行了讨论。

5.4　杀 虫 活 性

McInerney 等（1991a）在筛选代谢物抗菌特性时从共生菌致病杆菌中鉴定出 5 种二硫吡咯类衍生物（dithiopyrrole derivatives）和 xenorhabdins，其中 xenorhabdin 2 具有杀虫活性（表 5.1）。在幼虫饲喂试验中，xenorhabdin 2 在 150μg/cm^2 的剂量下对细点突夜蛾（*Heliothis punctigera*）有 100%的致死作用，它还有降低活虫体重的作用。在 37.5μg/cm^2

剂量时，死亡率仅为 18.8%，但 64.7%的活虫与对照相比体重明显减轻。该结果表明 xenorhabdin 2 可以干扰昆虫取食。尽管 McInerney 等（1991a）没有检测到 xenorhabdins 及其他组分的杀虫活性，但有报道说 xenorhabdins 的类似物硫藤黄素对丝光绿蝇（*Lucilia sericata*）具有杀虫活性（Cole and Rolinson，1972）。后来对致病杆菌杀虫代谢物的研究转到大分子物质，就像第 4 章讲到的蛋白质类毒素。

5.5 杀线虫活性

在观察昆虫病原线虫-共生菌共生体与植物寄生线虫互作时，Hu 等（1995）发现，胰蛋白大豆肉汤 TSB 培养基培养的致病杆菌属和发光杆菌属的无菌滤液对南方根结线虫（*Meloidogyne incognita*）的 2 龄幼虫、卵和松材线虫（*Bursaphelenchus xylophilus*）的幼虫及成虫有毒性。无菌滤液中的氨是主要的毒性因子（Hu et al.，1995；Hu，1999）。Grewal 等（1999）也报道了致病杆菌无菌发酵液对南方根结线虫 2 龄幼虫的毒力影响。进一步的研究发现，共生菌发光光杆状菌（*Photorhabdus luminescens*）有机提取物中产生的吲哚和 3,5-二羟基-4-异丙基苯乙烯（3,5-dihydroxy-4-isopropylstilbene，ST）具有杀线虫作用（Hu et al.，1996，1999）。ST 的剂量为 100μg/ml 时，可使食真菌线虫的皱纹滑刃线虫（*Aphelenchoides rhytium*）和滑伞刃属线虫（*Bursaphelenchus* spp.）的 4 龄幼虫和成虫及食细菌线虫秀丽隐杆线虫（*Caenorhabditis elegans*）的死亡率达到 100%。然而，即使 ST 的剂量达到 200μg/ml 时，也不会使南方根结线虫的 2 龄幼虫和大异小杆线虫（ *H. megidis*）的侵染期线虫死亡。吲哚的剂量为 300μg/ml 时，可对多种线虫具有致死作用，剂量为 300μg/ml、100μg/ml 和 400μg/ml 时可分别使滑伞刃属线虫、南方根结线虫和异小杆线虫的大部分线虫麻痹。大异小杆线虫 90 和异小杆线虫 HMD 品系的侵染期线虫对吲哚有较强的抗性，吲哚剂量达到 700μg/ml 和 1000μg/ml 时也不能使这两种线虫 100%死亡。ST 和吲哚的剂量分别为 100μg/ml 和 25μg/ml 时可以抑制南方根结线虫卵孵化（Hu et al.，1999）。其他试验发现（Han and Ehlers，1999），嗜菌异小杆线虫（*H. bacteriophora*）H06 品系和印度异小杆线虫（*H. indica*）LN2 品系中分离得到的发光光杆状菌（*P. luminescens*）滤液混合液对无菌的侵染期嗜菌异小杆线虫 H06 品系具有毒性，但是单独滤液无毒性。

共生菌产生的次生代谢物可影响线虫的化学感应系统。平板生测发现，ST和吲哚可影响线虫的扩散行为（Hu et al.，1999）。发光杆菌属在离体和活体条件下产生的ST对南方根结线虫 2 龄幼虫和异小杆线虫的侵染期线虫没有影响，但是斯氏线虫的侵染期线虫在 0.1μg/ml的剂量下就被驱避。而致病杆菌属和发光杆菌属离体条件下产生的吲哚可对异小杆线虫和斯氏线虫的某些种有驱避作用（Hu et al.，1999）。Grewal等（1999）也报道了致病杆菌的无菌滤液对南方根结线虫的 2 龄幼虫产生了同样的影响。

致病杆菌属和发光杆菌属的代谢物产生的杀线虫活性由于细菌和昆虫病原线虫的共生关系而显得十分特殊，并且它们的作用物质还没有被鉴定。有些次生代谢物可能在昆虫病原线虫与土壤和昆虫尸体中其他线虫相互作用的行为策略中被利用。昆虫病原线虫通过其代谢物杀死或驱避其他线虫，竞争食物和生存空间，提高其存活率。特别是其他线虫和寄主昆虫通常被吸引到植物根周围，有利于昆虫病原线虫搜寻寄主和侵染（Hu，1999；Hu et al.，1999）。这种存活机制对昆虫病原线虫十分重要。

5.6 其他生物活性

异香豆素对老鼠的口服测试表明，其除了具有抑菌活性外还对因压力大而引起的溃疡有较好的抑制作用（McInerney et al.，1991b）。虽然异香豆素的病理学活性还不清楚，但它可能与阿美菌素的活性相似（McInerney et al.，1991b），阿美菌素对老鼠具有高毒力（Shimojima et al.，1998）。

在美国国家癌症研究所的大规模筛选化学可预防制剂项目中，发现二硫吡咯类衍生物——硫藤黄素可有效地预防致癌物对老鼠正常气管上皮细胞的作用（Arnold et al.，1995）。然而在老鼠模型中，这类化合物对用致癌物处理的乳腺细胞没有效果（Steele et al.，1994）。致病杆菌产生的二硫吡咯类衍生物对一系列的癌细胞系（肺、结肠、前列腺、皮肤、肾脏、乳房和子宫颈细胞）具有有效的毒性，抑制中浓度在微摩尔范围内（Webster et al.，2000）（表 5.4）。

表 5.4　Xenorhabdin 2 对培养的癌细胞系抑制毒性水平测定

癌细胞系	IC_{50}（μmol/L）
肺（NCI-H460）	0.11
大肠（HT29）	0.17
皮肤（SK-MEL-28）	0.22
前列腺（Du-145）	0.33
乳房（MCF-7）	0.19
白血病引发的脱发-4	0.15

注：IC_{50}=50%的抑制浓度

5.7 抑菌物质的生产

产生具有抑菌活性的次生代谢物是大多数细菌的普遍特征。对致病杆菌属和发光杆菌属在离体（Paul et al.，1981；Akhurst，1982；Li et al.，1995a，1995b，1997）和活体培养下（Maxwell et al.，1994；Jarosz，1996；Hu et al.，1997，1998，1999；Hu and Webster，2000）进行抑菌活性的研究，大大促进了对抑菌物质化学性质及在共生关系中的作用的理解，也有利于提高其生产技术。

5.7.1 离体生产

共生菌不同的菌株和种，以及在不同的培养条件下所产生的抑菌物质在质量和数量上都有很大的差异。利用琼脂扩散检测，致病杆菌在 1%的蛋白胨培养基中不产生抑菌物质（Chen et al.，1996），而在酵母提取物培养基（Akhurst，1982；McInerney et al.，1991a；Sztaricskai et al.，1992；Sundar and Chang，1993）、LB 培养基（Sundar and Chang，1993）、海水培养基（Paul et al.，1981）和 TSB 培养基（Li et al.，1995a，1995b，1997）中可以产生抑菌物质。

Paul 等（1981）报道，致病杆菌 R 品系的吲哚衍生物 1、2 和 3（表 5.1）产量分别为 1.3mg/L、6.7mg/L 和 1.0mg/L，发光杆菌属 Hb 品系的羟基芪 1 和羟基芪 2 产量分别为 7.3mg/L 和 2.2mg/L。嗜线虫致病杆菌 ALL 品系（ATCC 53200）在 TSB 培养基中的异香豆素 1 和异香豆素 2 产量分别为 300mg/L 和 100mg/L（McInerney et al.，1991b）。在酵母提取物液体培养基中，致病杆菌 Q1 在连续培养条件下，异杆菌素 1 和异杆菌素 2 的产量分别为 10.8mg/L 和 36.4mg/L，都达到了 2.4mg/(L·h)的总产量（McInerney et al.，1991a）。在 TSB 培养基中分批培养条件下，伯氏致病杆菌（*X. bovienii*）主要产生异杆菌素，只产生少量的异黄酮类（xenomins）和环氧化物（xenorxides）（Chen，1996）。

不同培养时间抑菌物质的产量也有一定的差异，Li 等（1997）发现不同的共生菌在 TSB 培养基中，吲哚衍生物的产生浓度在不同的培养时间至少相差 5 倍（表 5.5）。从培养的第 1 天到第 2 天，吲哚衍生物的浓度急剧增加，此后维持在较高的水平。伯氏致病杆菌产生的吲哚衍生物 2 和吲哚衍生物 4 的浓度在培养的第 1 天达到最大，分别为 17.00μg/ml 和 11.56μg/ml，此后浓度逐渐降低；而吲哚衍生物 1 和吲哚衍生物 3（表 5.5）在培养第 1 天的浓度最小，分别为 24.42μg/ml 和 18.87μg/ml，此后浓度逐渐增加。这说明吲哚衍生物 2 和吲哚衍生物 4 是在共生菌生长早期合成的，随后逐渐降解为吲哚衍生物 1 和吲哚衍生物 3。吲哚衍生物是通过色氨酸合成的，它保留了色氨酸上的亚甲基碳，去掉了羧基碳，这是因为向培养基中添加色氨酸可以提高吲哚的产量（Sundar and Chang，1993）。不同培养条件下即使是同一菌株的发光光杆状菌产生的羟基芪的量也有较大的差异（Li et al.，1995b；Hu et al.，1999）。

表 5.5 嗜线虫致病杆菌的 3 个菌株 BC1、D1 和 ATC 在胰蛋白胨培养基上 25℃培养 1-5d 产生吲哚衍生物的浓度

时间（d）	吲哚衍生物浓度（μg/ml）		
	BC1	D1	ATC
1	116.83	54.84	11.25
2	605.34	200.67	148.04
3	478.48	39.93	88.72
4	369.28	36.14	36.69
5	564.20	108.00	70.00

细菌的型变、培养温度和溶氧条件都会影响共生菌的生长和抑菌物质的产生（Akhurst，1982；Chen et al.，1996）。初生型共生菌可以产生抑菌物质，而次生型则不能（Akhurst，1982）。在体外培养中，共生菌能由初生型转变为次生型，这是影响抑菌素生产的一个主要问题。嗜线虫致病杆菌 D1 品系在 35℃时的抑菌活性远低于 15-30℃（Chen，1996）。致病杆菌属和发光杆菌属是兼性厌氧菌，氧气是其生长和抑菌物质产生所必需的物质。共生菌在封闭的容器中，在不振荡条件下不产生抑菌素（Akhurst，1982；Chen et al.，1996）。同样在昆虫病原线虫侵染大蜡螟（*Galleria mellonella*）幼虫后，如果立即将其密封在不透气的容器中时，也不会产生抗生素（结果未发表）。这些结果都说明了共生菌抗生素的产生受多种因素的影响。

5.7.2 活体生产

从线虫侵染的大蜡螟虫尸中得到 3 类抑菌物质：异香豆素、羟基芪和蒽醌类（表 5.1）。

在离体和活体培养条件下所产生的抑菌物质在质量和数量上都有很大的差异（Hu et al.，1998）。离体培养发光光杆状菌 C9 不能产生 3,5-二羟基-4-乙基二苯乙烯，但从大异小杆线虫 90-发光光杆状菌 C9 共生体侵染的大蜡螟中可以分离到该抑菌物质，并发现了一种新的抑菌物质（Hu et al.，1998）。从被发光杆菌属侵染的大蜡螟中得到的

ST 的产量（665.2-4182.1μg/g）远远高于在 TSB 培养基中得到的产量（10-180μg/ml）（Li et al.，1995b; Hu et al.，1997，1999; Hu and Webster，2000）。这与 Maxwell 等（1994）的结果一致，活体条件下嗜线虫致病杆菌 GI 和 SFU 产生的抑菌活性高于离体条件下的活性。

通过对小卷叶蛾斯氏线虫 GI 品系（Maxwell et al.，1994）和 SFU 品系及异小杆线虫 90 品系和 HMD 品系（Hu et al.，1999；Hu and Webster，2000）研究发现，侵染 24h 后即可得到抗生素，在共生菌的生长末期仍能从被昆虫病原线虫侵染的大蜡螟幼虫体内检测到。ST 的浓度在侵染 48h 后急剧增加，在第 5 天达到高峰（Hu et al.，1999；Hu and Webster，2000）。ST 从被携带发光光杆状菌的异小杆线虫属侵染的大蜡螟中得到的产量（665.2-4182.1μg/g）（Hu et al.，1999）远远高于 xenocoumacins 1 和 xenocoumacins 2（比例为 1∶1）从嗜线虫致病杆菌 G1 侵染的大蜡螟中得到的产量（4μg/g）（Maxwell et al.，1994）。嗜菌异小杆线虫侵染大蜡螟 2d 和 5d 后，大蜡螟体内 ST 的质量浓度分别为 1500μg/g 和 4000μg/g（Hu et al.，1997），在侵染第 7 天后，5 个不同的异小杆线虫属-发光杆菌属共生体产生的 ST 浓度为 665.2-4182.1μg/g（Hu et al.，1999）。发光光杆状菌 C9 侵染大蜡螟后，3000μg/g 水平的羟基芪 ST 可维持 21d，贯穿线虫的整个发育期（Hu et al.，1999；Hu and Webster，2000）。Maxwell 等（1994）报道在大蜡螟 GI 和小卷叶蛾斯氏线虫 SFU 品系侵染大蜡螟后的 66d 仍可分别检验到 xenocoumacins 1 和 xenocoumacins 2。蒽醌类物质中的一些组分也具有抗菌活性（Sztaricskai et al.，1992；Li et al.，1995b）。在被大异小杆线虫 90-发光光杆状菌 C9 共生体侵染的大蜡螟中可产生大量的蒽醌类物质（Hu et al.，1998）。

Walsh（2000）发现夜蛾斯氏线虫 A21 品系和 R 品系侵染大蜡螟后，在寄主体内除共生菌致病杆菌外，还有其他两种细菌，即肠球菌属（*Enterococcus*）和不动杆菌属（*Acinetobacter*）产生。肠球菌属来源于寄主昆虫的肠腔，在线虫侵染 48h 后，由于致病杆菌产生的抑菌物质，肠球菌属的种群被消减。而来源于昆虫的不动杆菌属，在线虫侵染 100h 后，其群体水平可与致病杆菌程度相当，夜蛾斯氏线虫在虫尸内的整个发育期，尽管致病杆菌产生了大量的抑菌物质，但不动杆菌属的群体数量仍维持在较高的水平。这说明肠球菌属对致病杆菌产生的小分子有机可溶的抑菌物质十分敏感，而不动杆菌属则不敏感。另外一个相似的研究（Jackson et al.，1995）报道，多年的实验室培养后，异小杆线虫的 12 个品系中有 10 个共生菌发光杆菌属是与雷氏普罗威登斯菌（变形）［*Provindencia*（*Proteus*）*rettgeri*］有关的。

这些活体试验结果支持了共生菌产生的抑菌物质可以防止寄主昆虫尸体腐烂的假设（Dutky，1959）。这些抑菌物质主要有两方面的作用，一是减少其他非共生菌的竞争，特别是在侵染初期，另外，可以阻止寄主昆虫尸体的腐烂。然而不同共生菌产生的抑菌物质有一定的差异，并且对抑菌物质的抗性不同。因而寄主昆虫最初的免疫反应和抑菌物质的作用不能保证被侵染寄主昆虫体内总为单菌条件，故有报道认为有多种细菌和昆虫病原线虫有联系（Poinar and Thomas，1966；Lysenko and Weiser，1974；Boemare，1983；Jackson et al.，1995；Babic et al.，2000）。Jarosz（1996）在研究被小卷叶蛾斯氏线虫和嗜菌异小杆线虫侵染的大蜡螟体内的抗生素后，提出的另一个假设是寄主昆虫尸体之所以没有腐烂，其原因可能是共生菌的快速生长阻止和减小了其他微生物的竞争。

显而易见，共生菌产生的抑菌物质不是影响被侵染昆虫中微生物类群的唯一因子（Hu and Webster，2000），这些需要今后更多的研究来证实。尤其要进行自然条件下线虫共生菌和昆虫寄主相互作用过程中所形成的抑菌物质的研究，以便协助揭示这些抗生素在被线虫和共生菌所侵染的昆虫寄主体内的生物学作用。

参考文献

Akhurst, R.J. (1982) Antibiotic activity of *Xenorhabdus* spp., bacteria symbiotically associated with insect pathogenic nematodes of the families Heterorhabditidae and Steinernematidae. *Journal of General Microbiology* 128, 3061–3065.

Akhurst, R.J. and Boemare, N.E. (1988) A numerical taxonomic study of the genus *Xenorhabdus* (Enterobacteriaceae) and proposed elevation of the subspecies of *X. nematophilus* to species. *Journal of General Microbiology* 134, 1853–1845.

Arnold, J.T., Wikinson, B.P., Sharma, S. and Steele, V.E. (1995) Evaluation of chemopreventive agents in different mechanistic classes using a rat tracheal epithelial cell culture transformation assay. *Cancer Research* 55, 537–543.

Babic, I., Fischer-Le Saux, M., Giraud, E. and Boemare, N.E (2000) Occurrence of natural dixenic associations between the symbiont *Photorhabdus luminescens* and bacteria related to *Ochrobacterium* spp. in tropical entomopathogenic *Heterorhabditis* spp. (Nematoda. Rhabditida). *Microbiology* 146, 709–718.

Boemare, N.E. (1983) Recherches sur les complexes nemato-bacteriens entomopathogenes: Etude bacterioloque, gnotoxenique et physiopathologique du mode d'action parasitaire de *Steinernema carpocapsae* Weiser (Rhabditida: Steinernematidae). These Doctorat, d'Etat. University of Montpellier, France.

Boemare, N.E. and Akhurst, R.J. (1988) Biochemical and physiological characterization of colony form variants in *Xenorhabdus* spp. (Enterobacteriaceae). *Journal of General Microbiology* 134, 751–761.

Boemare, N.E., Boyer-Giglio, M., Thaler, J., Akhurst, R.J. and Brehelin, M. (1992) Lysogeny and bacteriocinogeny in *Xenorhabdus nematophilus* and other *Xenorhabdus* spp. *Applied and Environmental Microbiology* 58, 3032–3037.

Celmer, W.D. and Solomons, I.A. (1955) The structures of thiolutin and aureothricin, antibiotics containing a unique pyrrolinonodithiole nucleus. *Journal of the American Chemical Society* 77, 2861–2865.

Chen, G. (1996) Antimicrobial activity of the nematode symbionts, *Xenorhabdus* and *Photorhabdus* (Enterobacteriaceae) and the discovery of two novel groups of antimicrobial substances, nematophin and xenorxides. PhD thesis, Simon Fraser University, British Columbia, Canada.

Chen, G., Dunphy, G.B. and Webster, J.M. (1994) Antifungal activity of two *Xenorhabdus* species and *Photorhabdus luminescens*, bacteria associated with the nematodes *Steinernema* species and *Heterorhabditis megidis*. *Biological Control* 4, 157–162.

Chen, G., Maxwell, P., Dunphy, G.B. and Webster, J.M. (1996) Culture conditions for *Xenorhabdus* and *Photorhabdus* symbionts of entomopathogenic nematodes. *Nematologica* 42, 124–127.

Cole, M. and Rolinson, G.N. (1972) Microbial metabolites with insecticidal properties. *Applied Microbiology* 24, 660–662.

Dutky, S.R. (1959) Insect microbiology. *Advances in Applied Microbiology* 1, 175–200.

Ensign, J.C., Bowen, D.J. and Bintrim, S.B. (1990) Crystalline inclusion proteins and an insecticidal toxin of *Xenorhabdus luminescens* strain NC-19. *Proceedings and Abstracts of the Vth International Colloquium on Invertebrate Pathology and Microbial Control*. Society for Invertebrate Pathology, Adelaide, Australia, p. 218.

Frost, S. and Nealson, K. (1996) Molecular biology of the symbiotic-pathogenic bacteria *Xenorhabdus* spp. and *Photorhabdus* spp. *Microbiological Reviews* 60, 21–43.

Grewal, P.S., Lewis, E.E. and Venkatachari, S. (1999) Allelopathy: a possible mechanism of suppression of plant-parasitic nematodes by entomopathogenic nematodes. *Nematology* 1, 735–743.

Han, R. and Ehlers, R.-U. (1999) Trans-specific nematicidal activity of *Photorhabdus luminescens. Nematology* 1, 687–693.

Hu, K. (1999) Nematicidal properties of *Xenorhabdus* spp. and *Photorhabdus* spp., bacterial symbionts of entomopathogenic nematodes. PhD thesis, Simon Fraser University, British Columbia, Canada.

Hu, K. and Webster, J.M. (2000) Antibiotic production in relation to bacterial growth and nematode development in *Photorhabdus-Heterorhabditis* infected *Galleria mellonella* larvae. *FEMS Microbiology Letters* 189, 21–223.

Hu, K., Li, J. and Webster, J.M. (1995) Mortality of plant-parasitic nematodes caused by bacterial (*Xenorhabdus* spp. and *Photorhabdus luminescens*) culture media. *Journal of Nematology* 27, 502–503.

Hu, K., Li, J. and Webster, J.M. (1996) 3,5-Dihydroxy-4-isopropylstilbene: a selective nematicidal compound from the culture filtrate of *Photorhabdus luminescens. Canadian Journal of Plant Pathology* 18, 104.

Hu, K., Li, J. and Webster, J.M. (1997) Quantitative analysis of a bacteria-derived antibiotic in nematode-infected insects using HPLC-UV and TLC-UV methods. *Journal of Chromatography B Biomedical Applications* 703, 177–183.

Hu, K., Li, J., Wang, W., Wu, H., Lin, H. and Webster, J.M. (1998) Comparison of metabolites produced *in vitro* and *in vivo* by *Photorhabdus luminescens*, a bacterial symbiont of the entomopathogenic nematode *Heterorhabditis megidis. Canadian Journal of Microbiology* 44, 1072–1077.

Hu, K., Li, J. and Webster, J.M. (1999) Nematicidal metabolites produced by *Photorhabdus luminescens* (Enterobacteriaceae), bacterial symbionts of entomopathogenic nematodes. *Nematology* 1, 457–469.

Isaacson, P.J. (2000) Antimicrobial activity of *Xenorhabdus* sp. (Enterobacteriaceae) symbiont of the entomopathogenic nematode, *Steinernema riobrave* (Rhabditida: Steinernematidae). MSc thesis, Simon Fraser University, British Columbia, Canada.

Itoh, J., Shomura, T., Omoto, S., Miyado, S., Yuda, Y., Shibata, U. and Inouye, S. (1982) Isolation, physiochemical properties and biological activities of amicoumacins produced by *Bacillus pumilus. Agriculture and Biological Chemistry* 46, 1255–1259.

Jackson, T., Wang, H., Nugent, M., Griffin, C., Burnell, A. and Dowds, B. (1995) Isolation of insect pathogenic bacteria, *Providencia rettgeri*, from *Heterorhabditis* spp. *Journal of Applied Bacteriology* 78, 237–244.

Jarosz, J. (1996) Ecology of anti-microbials produced by bacterial associates of *Steinernema carpocapsae* and *Heterorhabditis bacteriophora. Parasitology* 112, 545–552.

Jimenez, A., Tipper, D.J. and Davies, J. (1973) Mode of action of thiolutin, an inhibitor of macromolecular synthesis in *Saccharomyces cerevisiae. Antimicrobial Agents and Chemotherapy* 3, 729–738.

Li, J., Chen, G. and Webster, J.M. (1995a) Antimicrobial metabolites from a bacteria symbiont. *Journal of Natural Products* 58, 1081–1086.

Li, J., Chen, G., Wu, H. and Webster, J.M. (1995b) Identification of two pigments and a hydroxylstilbene antibiotic from *Photorhabdus luminescens. Applied and Environment Microbiology* 61, 4329–4333.

Li, J., Chen, G. and Webster, J.M. (1997) Nematophin, a novel antimicrobial substance produced by *Xenorhabdus nematophilus* (Enterobacteraceae). *Canadian Journal of Microbiology*

43, 770-773.

Li, J., Hu, K. and Webster, J.M. (1998) Antibiotics from *Xenorhabdus* spp. and *Photorhabdus* spp. (Enterobacteriaceae). *Chemistry of Heterocyclic Compounds* 34, 1561-1570.

Lysenko, O. and Weiser, J. (1974) Bacteria associated with the nematode *Neoaplectana carpocapsae* and the pathogenicity of this complex for *Galleria mellonella* larvae. *Journal of Invertebrate Pathology* 24, 332-336.

Maxwell, P.W., Chen, G., Webster, J.M. and Dunphy, G.B. (1994) Stability and activities of antibiotics produced during infection of the insect *Galleria mellonella* by two isolates of *Xenorhabdus nematophilus*. *Applied and Environmental Microbiology* 60, 715-721.

McInerney, B.V., Gregson, R.P., Lacey, M.J., Akhurst, R.J., Lyons, G.R., Rhodes, S.H., Smith, D.R.J., Engelhardt, L.M. and White, A.H. (1991a) Biologically active metabolites from *Xenorhabdus* spp. Part 1. Dithiolopyrrolone derivatives with antibiotic activity. *Journal of Natural Products* 54, 774-784.

McInerney, B.V., Taylor, W.C., Lacey, M.J., Akhurst, R.J. and Gregson, R.P. (1991b) Biologically active metabolites from *Xenorhabdus* spp. part 2. Benzopyran-1-one derivatives with gastroprotective activity. *Journal of Natural Products* 54, 785-795.

Nealson, K.H., Schmidt, T.M. and Bleakley, B. (1990) Physiology and biochemistry of *Xenorhabdus*. In: Gaugler, R. and Kaya, H.K. (eds) *Entomopathogenic Nematodes in Biological Control*. CRC Press, Boca Raton, Florida, pp. 271-284.

Paul, V.J., Frautschy, S., Fenical, W. and Nealson, K.H. (1981) Antibiotics in microbial ecology, isolation and structure assignment of several new antibacterial compounds from the insect-symbiotic bacteria *Xenorhabdus* spp. *Journal of Chemical Ecology* 7, 589-597.

Poinar, G.O. and Thomas, G.M. (1966) Significance of *Achromobacter nematophilus* Poinar and Thomas (Achromobacteriaceae: Eubacteriales) in the development of the nematode DD-136 (*Neoaplectana* sp., Steinernematidae). *Parasitology* 56, 385-390.

Poinar, G.O., Hess, R.T. and Thomas, G. (1980) Isolation of defective bacteriophages from *Xenorhabdus* spp. (Enterobacteriaceae). *IRCS Medical Science* 8, 141.

Schmidt, T.M., Bleakley, B. and Nealson, K.H. (1988) Characterization of an extracellular protease from the insect pathogen *Xenorhabdus luminescens*. *Applied and Environmental Microbiology* 54, 2793-2797.

Shimojima, Y., Hayashi, H., Ooka, T.T. and Shibukawa, M. (1982) Production, isolation and pharmaceutical studies of AI-77s. *Agricultural and Biochemical Chemistry* 46, 1823-1829.

Steele, V.E., Moon, R.C., Lubet, R.A., Grubbs, C.J., Reddy, B.S., Wargovich, M., McCormick, D.L., Pereira, M.A., Crowell, J.A., Bagheri, D., Sigman, C.C., Boone, C.W. and Kelloff, G.J. (1994) Preclinical efficacy evaluation of potential chemopreventive agents in animal carcinogensis models: methods and results from the NCI chemoprevention drug development program. *Journal of Cellular Biochemistry (supplement)* 20, 32-54.

Suhadolnik, R.J. (1970) *Nucleoside Antibiotics*. John Wiley, New York, 442 pp.

Sundar, L. and Chang, F.N. (1992) The role of guanosine-3′,5′-bispyrophosphate in mediating antimicrobial activity of the antibiotic 3,5-dihydroxy-4-ethyl-trans-stilbene. *Antimicrobial Agents and Chemotherapy* 36, 2645-2651.

Sundar, L. and Chang, F.N. (1993) Antimicrobial activity and biosynthesis of indole antibiotics produced by *Xenorhabdus nematophilus*. *Journal of General Microbiology* 139, 3139-3148.

Sztaricskai, F., Dinya, Z., Batta, G., Szallas, E., Szentirmai, A. and Fodor, A. (1992) Anthraquinones produced by enterobacters and nematodes. *Acta Chimica Hungarica - Models in Chemistry* 129, 697-707.

Tavares, F., Lawson, J.P. and Meyers, A.I. (1996) Total synthesis of Streptogramin antibiotics. (-)-Madumycin II. *Journal of the American Chemical Society* 118, 3303-3304.

Thaler, J., Baghdiguian, S. and Boemare, N. (1995) Purification and characterization of xenorhabdicin, a phage tail-like bacteriocin, from the lysogenic strain F1 of *Xenorhabdus nematophilus*. *Applied and Environmental Microbiology* 61, 2049–2052.

Tipper, D.J. (1973) Inhibition of yeast ribonucleic acid polymerases by thiolutin. *Journal of Bacteriology* 116, 245–246.

Walsh, K. (2000) Changes in bacterial population size, diversity, and immune system activity in *Galleria mellonella* larvae infected with the entomopathogenic nematodes *Steinernema feltiae* (A21 and R strains) and *Steinernema glaseri*. MSc. thesis, Simon Fraser University, British Columbia, Canada.

Webster, J.M., Chen, G. and Li, J. (1998) Parasitic worms: an ally in the war against the superbugs. *Parasitology Today* 14, 161–163.

Webster, J.M., Li, J. and Chen, G. (2000) Anticancer property of dithiolopyrrolones. *US patent* No. 6,020,360.

6 昆虫病原线虫生物地理学

William M. Hominick

CABI Bioscience UK Centre, Bakeham Lane, Egham, Surrey, TW20 9TY, UK

6.1 引　　言

生物地理学是研究存在于一定空间和时间内的生物的一门学科（Cox and Moore，2000）。生物地理学家试图回答这样的基本问题：为什么有如此多的生物?为什么生物像现在这样分布?为什么分布形式正在受人类活动的影响？把所有这些问题归结到空间尺度内就很容易得到解答。所以，两种昆虫病原线虫能生活在同一大陆同一地区，甚至同一平方米的范围内也能同时生存，因为它们占据着不同的土壤深度或者依靠不同的昆虫来维系自己的种群。

Gaugler 和 Kaya（1990）的著作虽然是昆虫病原线虫研究的里程碑，但目前发现的 25 种斯氏线虫（*Steinernema* spp.）中，有 16 种是 1989 年后描述的；同样 9 种异小杆线虫（*Heterorhabditis* spp.）中也有 7 种是 1989 年后描述的。这反映出昆虫病原线虫研究成果的急剧增加，1990-1998 年每年都有超过 125 种期刊涉及这类研究，而 1973-1979 年这类期刊平均只有 30 种（Kerry and Hominick，2001）。因此，该书出版后出现了大量的研究成果，我们的认识也在以令人高兴的速度改变着。

Hominick 等（1996）对昆虫病原线虫的生物地理学做了全面的研究，更新了原有分布情况的信息，合并并扩展了一些概念，像以前一样，这里只是做了一个截至目前研究结果的概述，人们对于昆虫病原线虫生物地理分布的理解还将不断深入。

6.2 命　　名

昆虫病原线虫的命名法是由 Hominick 等（1997，2000）提出并归纳的，对于该命名法，Adam 和 Nguyen 在第 1 章中已经讨论了。分类是生物学的基础，命名是进一步研究的关键。如果没有名字，也就没有相应的研究知识；如果滥用名字，那么所涉及的知识也是错误的。昆虫病原线虫的分类并不稳定，很多研究都未鉴定到种，这样的研究限制了我们对于生物地理学的了解。Hominick 等（1996）指出了这些局限性，而且强调我们现在可以依靠分子技术的发展来进行精确的鉴定，以此作为我们认识的基础，当代分子系统发育学指出：斯氏线虫和异小杆线虫不是同一个祖先，但是生活方式相似（Blaxter et al.，1998）。当研究这两个属的生物地理学时，有些比较方法可能并不合适。

6.3 从土壤中分离线虫

6.3.1 分离技术

从土壤中分离昆虫病原线虫可以按照标准的土壤线虫分离技术进行。因为会有数以万计的线虫被分离，所以我们需要将昆虫病原线虫加以分离和鉴定。和其他方法相比，实验室方法得到的样本数少（Curran and Heng，1992），而且侵染期线虫的鉴定需要专业的分类专家，而只有少数的科学家才能胜任这个工作。也可选择生物测定的方法，然而，即使是敏感的寄主也只能分离出一部分线虫种群，阴性结果可能反映出样本中没有线虫或者在取样期间缺少土著侵染期线虫（Hominick，1996）。

哪种方法分离昆虫病原线虫最有效？学术界还存在一些争论。例如，Spiridonov 和 Moens（1999）用直接分离的方法从比利时的林地土壤中获得两种斯氏线虫科线虫，而早先的 3 次用大蜡螟（*Galleria mellonella*）作诱饵的方法进行检测却没有分离到任何一种线虫。表 6.1 总结了 3 种分离昆虫病原线虫的方法的预期结果和局限性。

表 6.1　从土壤中分离昆虫病原线虫基本技术的结果和局限性

	流动法	贝曼漏斗法	生物测定
线虫活性	无活性的	有活性的	可侵染的
效率	高	低	最低
分离得到种群	混合	混合	单一
劳动力	高	高	低
实验室培养条件	否	可能	可以
分离的虫龄	侵染期幼虫	侵染期幼虫	所有
是否需要分类专家	高度需要	高度需要	一般
分类工作的可能性	否	否	可以
定量	可以	可以	可以

Sturhan 和 Mracek（2000）在比较了用大蜡螟和直接提取方法分离线虫的有效性中，他们对同一样本用了两种方法，每一种方法都分离到了 5 个种，但是使用大蜡螟的方法不太有效，特别是检测具有多个种的某一点样本时的有效性差些。事实上，分离方法的选择主要取决于研究目的，每种方法都是具有局限性和前提条件的。而且，从环境中取出土壤具有破坏性，这些问题可以通过向取样地适当地增放大蜡螟，使线虫更好地进入寄主体内来解决。

6.3.2 取样效应

昆虫病原线虫是聚集分布而不是随机分布的。Spiridonov 和 Voronov（1995）的试验验证了这点。他们用改良的贝曼漏斗法从爱沙尼亚南部耕地间隔 5cm 的 8 条平行带中分离昆虫病原线虫。结果显示，夜蛾斯氏线虫（*Steinernema feltiae*）侵染期线虫呈聚集分布的状态，在 215cm^3 的土壤中竟然聚集了 80 头线虫，而一般来说，每个样本中只有少数线虫。无论是主动还是被动分离线虫的方法都可以证明线虫种群的空间聚集状态。

昆虫病原线虫分布的丰富度（分离出昆虫病原线虫的样品所占的百分率）和密度（单一样品中的数量）随时间而异（Spiridonov and Voronov，1995）。线虫分为优势种和非优势种，许多样品均能分离这两类种。例如，Sturhan（1999）在德国的 1193 个点取样，分离出 11 个不同的斯氏线虫种和 2 个异小杆线虫种。在有昆虫病原线虫分布的 584 个样点中，*S. affine* 占优势，在 139 个样点中有分布，而小卷叶蛾斯氏线虫（*Steinernema carpocapsae*）和一个新种只在 1 个样点中被分离到，嗜菌异小杆线虫（*Heterorhabditis bacteriophora*）只在 2 个样点中被分离到。结果很明显，无论用的是什么技术，但是也不能确定的说，某一个地区不存在某个种，因为可能受取样的限制很难发现。

6.4 生物地理学

6.4.1 基础知识

广义上来说，昆虫病原线虫是广泛存在的。在 1990 年以前，很多调查证明了昆虫病原线虫是广泛分布的。但很多情况下不能进行属以下的准确分离鉴定，而且在 1990 年前的著作中都比较混乱，不能准确鉴定，对于最常分离的斯氏线虫的 3 个种［（小卷叶蛾斯氏线虫、夜蛾斯氏线虫和毛纹斯氏线虫（*S. bibionis*）］的分离和鉴定也是如此（Poinar，1989）。在 20 世纪 90 年代，分子方法及一些关键技术的应用意味着鉴定到种的水平更为可靠。因此，Poinar（1990）的贡献就是在他的著作中对于分离昆虫病原线虫的地理来源提供了较为基础和权威的参考。

6.4.2 1990 年后的研究

表 6.2 中记录了 1990 年以后的昆虫病原线虫种的生物地理学相关信息，不能进行正确鉴定的线虫未列入表中。为了利于比较，表中列出了线虫来自的地理区域、分离的方法和鉴定出的种，还有生物地理学备注。下列研究并不是调查，而是综述分类学及鉴定方面的研究，以及通过大量采集分离而获得的线虫的分布信息，也包括从相关作者那里

得到的信息，这在表的末尾有所显示。

唯一没有发现昆虫病原线虫的大陆是南极洲（Griffin，1990），表 6.2 中有 36 个欧洲国家，8 个北美-加勒比海地区，4 个南美地区，12 个亚洲地区，1 个非洲地区和 2 个澳大利亚-太平洋地区。由于欧盟资助并鼓励昆虫病原线虫研究工作的协同合作，欧洲对于昆虫病原线虫的生物地理学和生物多样性的了解要比世界其他地区好。然而，世界很多地区的昆虫病原线虫仍然未被开发。

表 6.2　昆虫病原线虫的地理分布

采集地点	方法	经鉴定的线虫种类	注释	参考文献
欧洲				
亚速尔群岛（Azores）	GT	嗜菌异小杆线虫，小卷叶蛾斯氏线虫，格氏斯氏线虫	9 个岛 1180 个采集地；30 处含异小杆线虫，16 处含斯氏线虫	Rosa et al.，2000
比利时	DE GT	夜蛾斯氏线虫，*S. affine*，锯蜂斯氏线虫	从林地采集到的 19/36 的样本呈阳性；*Galleria* 只成功捕获到夜蛾斯氏线虫 *S. feltiae*	Spiridonov and Moens，1999
比利时	GT	夜蛾斯氏线虫，*S. affine*，大异小杆线虫（NW 欧洲型）	21/248 的样本呈阳性，一种异小杆线虫，分布广泛	Miduturi et al.，1997
比利时	GT	夜蛾斯氏线虫，*S. affine*	从 31 个采集地收集到 180 个样本；7 个夜蛾斯氏线虫 *S. feltiae*，4 个 *S. affine*	Miduturi et al.，1996a
比利时	GT	夜蛾斯氏线虫，*S. affine*，大异小杆线虫（NW 欧洲型）	从 21 个采集地收集到 130 个样本；9 个夜蛾斯氏线虫 *S. feltiae*，5 个 *S. affine*，1 个大异小杆线虫 *H. megidis*	Miduturi et al.，1996b
捷克共和国	GT DE	*S. affine*，中长斯氏线虫，锯蜂斯氏线虫	比较两种方法的功效	Sturhan and Mracek，2000
斯洛伐克共和国	DE	*S. affine*，中长斯氏线虫，夜蛾斯氏线虫，锯蜂斯氏线虫，小卷叶蛾斯氏线虫，双角斯氏线虫，异小杆线虫属	36/111 的样本为阳性，分布广泛；*S. affine*，中长斯氏线虫，夜蛾斯氏线虫占 74%	Sturhan and Liskova，1999
捷克共和国	GT	锯蜂斯氏线虫，夜蛾斯氏线虫，中长斯氏线虫，*S. affine*，双角斯氏线虫，斯氏线虫属	61/87 采集地点的昆虫都能够被斯氏线虫科侵染	Mracek and Becvar，2000
捷克共和国	GT	锯蜂斯氏线虫，夜蛾斯氏线虫，中长斯氏线虫，*S. affine*，双角斯氏线虫，大异小杆线虫	342 个样本；54%呈阳性；只有 1 种异小杆线虫	Mracek et al.，1999
丹麦	GT	大异小杆线虫（NW 欧洲型），异小杆线虫属（爱尔兰组）	主要是异小杆线虫，10/26 的海岸线采集地的线虫呈阳性	Griffin et al.，1999
爱沙尼亚	GT	大异小杆线虫（NW 欧洲型）	定向调查，6/22 的海岸线采集地的线虫呈阳性	Griffin et al.，1999
德国	GT DE	*S. affine*，中长斯氏线虫，锯蜂斯氏线虫，夜蛾斯氏线虫	森林土壤；比较两种方法的功效	Sturhan and Mracek，2000
德国	DE	*S. affine*，中长斯氏线虫，夜蛾斯氏线虫，锯蜂斯氏线虫，小卷叶蛾斯氏线虫，双角斯氏线虫，5 个不确定的斯氏线虫，大异小杆线虫（NW 欧洲型），嗜菌异小杆线虫	437/1193 的寄主呈阳性；部分寄主具有特异性；异小杆线虫很少见；小卷叶蛾斯氏线虫曾被分离出来	Sturhan，1999
德国	DE	*S. affine*，夜蛾斯氏线虫	在试验地中采集到 1248 份样本，94%为斯氏线虫属；其中以 *S. affine* 为主	Sturhan，1996

续表

采集地点	方法	经鉴定的线虫种类	注释	参考文献
德国	DE	*S. affine*，夜蛾斯氏线虫，其他斯氏线虫，大异小杆线虫（？）	从某一点采集到 26 个样本	Sturhan，1995
德国	—①	嗜菌异小杆线虫	草地，在 *Amphimallon solstitialis* 中进行自然侵染	Glare et al.，1993
德国	GT	小卷叶蛾斯氏线虫，夜蛾斯氏线虫，*S. affine*	农田。7/600 的昆虫被侵染	Ehlers et al.，1991
希腊	GT	夜蛾斯氏线虫，大异小杆线虫	不同栖息地采集到的土，2/43 呈阳性	Menti et al.，1997
匈牙利	GT	嗜菌异小杆线虫，异小杆线虫（爱尔兰组）	沙质土，主要是异小杆线虫，15/46 呈阳性；以嗜菌异小杆线虫为主	Griffin et al.，1999
意大利南部	GT	夜蛾斯氏线虫，*S. anomali*，*S. affine*，嗜菌异小杆线虫	188 个样本；16 个含有斯氏线虫；10 个含有异小杆线虫	Tarasco and Triggiani，1997
意大利	GT	小卷叶蛾斯氏线虫，夜蛾斯氏线虫	农田，697 个采集点，5%含线虫，其中半数为斯氏线虫，半数为异小杆线虫	Ehlers et al.，1991
荷兰	GT	夜蛾斯氏线虫，*S. affine*，大异小杆线虫（NW 欧洲型）	48/100 呈阳性，13/100 含异小杆线虫，9 个含斯氏线虫	Hominick et al.，1995
波兰	GT	夜蛾斯氏线虫，嗜菌异小杆线虫（以前报道过）	开垦的土地	Jaworska and Dudek，1992
爱尔兰	GT	夜蛾斯氏线虫，*S. affine*	17/169 的森林或草地样本呈阳性；14 个样本中含夜蛾斯氏线虫	Dillon et al.，2000
爱尔兰	GT	只有异小杆线虫属爱尔兰组	18/169 的样本呈阳性，均来自海岸线上，40 个内陆样本呈阴性	Griffin et al.，1994
爱尔兰	GT	夜蛾斯氏线虫，*S. affine*，异小杆线虫属	551 个样本；7%的样本中含有夜蛾斯氏线虫，3%的样本中有 *S. affine*，1 个样本中有异小杆线虫	Griffin et al.，1991
西班牙	GT	夜蛾斯氏线虫，小卷叶蛾斯氏线虫，*S. affine*，2 个未鉴定的斯氏线虫属，嗜菌异小杆线虫	加泰罗尼亚；35/150 样本呈阳性；以夜蛾斯氏线虫为主（23 处）；2 处样本含嗜菌异小杆线虫	Garcia del Pino and Palomo，1996a
西班牙	GT	嗜菌异小杆线虫，夜蛾斯氏线虫	对 6 处进行了 14 个月的动态调查；5 处含嗜菌异小杆线虫，1 处含夜蛾斯氏线虫	Garcia del Pino and Palomo，1997
西班牙	GT	格氏斯氏线虫，嗜菌异小杆线虫	加泰罗尼亚；60 份土壤样本收集到 2 个种群	De Doucet and Gabarra，1994
瑞士	GT	中长斯氏线虫，夜蛾斯氏线虫，锯蜂斯氏线虫，双角斯氏线虫，*S. affine*，小卷叶蛾斯氏线虫，大异小杆线虫，嗜菌异小杆线虫	从低洼地区收集到的 113/600 样本呈阳性，104 个样本含斯氏线虫，以出现的频率列举出来；6 个含大异小杆线虫，1 份含嗜菌异小杆线虫	Kramer et al.，2000
瑞士	GT	锯蜂斯氏线虫，*S. affine*，夜蛾斯氏线虫，中长斯氏线虫，大异小杆线虫（NW 欧洲型）	473 份样本，27%呈阳性。高山上主要以锯蜂斯氏线虫为主，低洼地带主要是夜蛾斯氏线虫，其他品系比较稀少	Steiner，1996
英国：英格兰、苏格兰和威尔士	GT	*S. affine*，夜蛾斯氏线虫，锯蜂斯氏线虫，3 个新的斯氏线虫	两个调查地点，第二个是沿海。呈阳性的区域：41/221 的苏格兰样本；11/154 的英格兰样本；1/39 的威尔士样本。以锯蜂斯氏线虫为主	Gwynn and Richardson，1996
英国：英格兰、苏格兰和威尔士	GT	夜蛾斯氏线虫，*S. affine*，5 个未鉴定的大异小杆线虫（NW 欧洲型），异小杆线虫（爱尔兰组）	197/403 和 60/157 个位点呈阳性，以夜蛾斯氏线虫为主，异小杆线虫稀少	Hominick et al.，1995

① 原书中未对“—”进行解释，译者认为其对应方法不详——译者注。

续表

采集地点	方法	经鉴定的线虫种类	注释	参考文献
英国：苏格兰和威尔士	GT	只有异小杆线虫爱尔兰组	2/51 的苏格兰样本和 9/20 的威尔士样本及所有的海岸线样本呈阳性	Griffin et al.，1994
英国：苏格兰	GT	夜蛾斯氏线虫	1014 个样本中 2.2%呈阳性，不含其他种	Boag et al.，1992
英国：英格兰、苏格兰和威尔士	GT	夜蛾斯氏线虫，异小杆线虫	403 个样本，49%呈阳性，只有一份样本中含有异小杆线虫。有一些未经过鉴定的斯氏线虫属	Hominick and Briscoe，1990
北美，加勒比海				
加拿大：西部和西北部	GT	夜蛾斯氏线虫，斯氏线虫，大异小杆线虫	125 个采样点，18 个含有斯氏线虫，7 个含有大异小杆线虫	Mracek and Webster，1993
加勒比海地区	GT	印度异小杆线虫，嗜菌异小杆线虫，古巴斯氏线虫，双角斯氏线虫，波多黎各斯氏线虫	从瓜德罗普岛的其他 7 个岛屿随机取样；对线虫及其共生细菌进行了分子标记	Fischer-Le Saux et al.，1998
瓜德罗普岛及邻近岛屿	GT	印度异小杆线虫，嗜菌异小杆线虫，斯氏线虫	35/538 个采样点呈阳性，主要是海岸；以印度异小杆线虫为主，只有一个采样点有斯氏线虫	Constant et al.，1998
美国：加利福尼亚	GT	小卷叶蛾斯氏线虫，夜蛾斯氏线虫，锯蜂斯氏线虫，长尾斯氏线虫，*S. oregonense*，马乐异小杆线虫，嗜菌异小杆线虫	从 10 个地理区域的自然栖息地采集到的 71/270 的样本呈阳性；以斯氏线虫为主，其中锯蜂斯氏线虫最多	Stock et al.，1999
美国：新泽西	GT	嗜菌异小杆线虫，小卷叶蛾斯氏线虫，夜蛾斯氏线虫	在沿植被带地区采集到（种有草坪和当地特有植物）	Campbell et al.，1998
美国：新泽西	GT	嗜菌异小杆线虫，格氏斯氏线虫，夜蛾斯氏线虫，小卷叶蛾斯氏线虫	13 个区域，72/600 的样本呈阳性，主要是异小杆线虫科	Stuart and Gaugler，1994
美国：新泽西	GT	格氏斯氏线虫，小卷叶蛾斯氏线虫，夜蛾斯氏线虫，嗜菌异小杆线虫	从不同的区域取得的 304 份样本，66 份呈阳性，42 份含有异小杆线虫，24 份含有斯氏线虫	Gaugler et al.，1992
美国：田纳西	GT OI	嗜菌异小杆线虫，小卷叶蛾斯氏线虫	所取得 113 份样本，17 份样本中收集到线虫。利用蜡螟、家蝇幼虫，蟋蟀及少量的甲虫戌虫进行诱捕	Reuda et al.，1993
南美				
阿根廷	—	夜蛾斯氏线虫，蝼蛄斯氏线虫，小卷叶蛾斯氏线虫，格氏斯氏线虫，稀少斯氏线虫，里特斯氏线虫（*S. ritteri*），嗜菌异小杆线虫，*H. argentinensis*	概述了阿根廷内陆农田中线虫总观	Doucet and De Doucet，1997
阿根廷，南美大草原地区	GT	夜蛾斯氏线虫，小卷叶蛾斯氏线虫，蝼蛄斯氏线虫，嗜菌异小杆线虫，*H. argentinensis*	41/310 的样本呈阳性，14 个采集地。66%样本含斯氏线虫，34%样本含异小杆线虫	Stock，1995
哥伦比亚	GT	嗜菌异小杆线虫	3/8 的样本中含有线虫	Caicedo and Bellotti，1996
委内瑞拉	GT	印度异小杆线虫	主要评定了本土和外来线虫	Rosales and Suarez，1998
亚洲				
中国	—	小卷叶蛾斯氏线虫，格氏斯氏线虫，*S. caudatum*，长尾斯氏线虫，嗜菌异小杆线虫，*H. brevicaudis*	概述了中国的昆虫病原线虫研究	Han，1994

续表

采集地点	方法	经鉴定的线虫种类	注释	参考文献
印度：　安得拉邦	OI	夜蛾斯氏线虫?	在 11 块地中采集到 110 个样本；利用米蛾（*Corcyra cephalonica*）进行诱捕	Singh et al.，1992
印度：泰米尔纳德邦	GT	未鉴定的斯氏线虫，印度异小杆线虫	163 个样本；17 个含有斯氏线虫，1 个含有印度异小杆线虫	Josephraijkumar and Sivakumar，1997
印度尼西亚	GT OI	印度异小杆线虫，2 种斯氏线虫 RFLP 型	在允许的区域取样，16/79 的区域及所有的海岸线呈阳性，这两个属的线虫均很普遍。利用蜡螟、黄粉虫诱捕线虫	Griffin et al.，2000
以色列	GT	嗜菌异小杆线虫，大异小杆线虫	从内盖夫的灌溉区域收集	Glazer et al.，1993
日本	GT	锯蜂斯氏线虫，7 种新的斯氏线虫，印度异小杆线虫，大异小杆线虫	从 5 个不同气候的区域的 266 个样点取样 1416 个，其中 142 个样本呈阳性，以斯氏线虫为主	Yoshida et al.，1998
马来西亚：半岛	GT	印度异小杆线虫，异小杆线虫属，2 个斯氏线虫属的新种	425 个样本中，10%呈阳性；分布广泛；主要是斯氏线虫	Mason et al.，1996
巴基斯坦：信德省	GT	印度异小杆线虫，未鉴定的斯氏线虫和异小杆线虫	从 20 个区域收集到 500 个样本，12%呈阳性，主要是异小杆线虫	Shahina et al.，1998
巴基斯坦：信德省和俾路支斯坦	GT	印度异小杆线虫，未鉴定的斯氏线虫和异小杆线虫	从 15 个区域收集到 415 个样本，20 个样本含斯氏线虫，31 个样本含异小杆线虫，其中 23 种印度异小杆线虫	Anis et al.，2000
巴勒斯坦	?	印度异小杆线虫	分子研究	Sansour and Iraki，2000
朝鲜	GT	小卷叶蛾斯氏线虫，2 种未鉴定的斯氏线虫，嗜菌异小杆线虫	23/499 的样本呈阳性，9 个省均进行了取样	Choo et al.，1995
土耳其	GT	夜蛾斯氏线虫	106 个样本，5 个呈阳性，有 1 个品系经过了鉴定	Ozer et al.，1995
非洲				
肯尼亚	GT	*S. karii*，嗜菌异小杆线虫，印度异小杆线虫	从 154/641 的中央高地和 7/200 的海岸低地收集到了昆虫病原线虫；海岸线以印度异小杆线虫为主	Waturu，1998
澳大利亚/太平洋				
夏威夷	GT	未鉴定的斯氏线虫科和异小杆线虫科	首次揭示异小杆线虫与海岸的联系；从 6 个小岛上取得的 351 份样本中，22 份含有异小杆线虫，2 份含有斯氏线虫	Hara et al.，1991
新西兰	GT	夜蛾斯氏线虫，新西兰异小杆线虫	以夜蛾斯氏线虫为主	Barker and Barker，1998
全球				
全球汇总	TS	*S. affine*，*S. arenarium*，小卷叶蛾斯氏线虫，夜蛾斯氏线虫，格氏斯氏线虫，中长斯氏线虫，锯蜂斯氏线虫，稀少斯氏线虫，蝼蛄斯氏线虫，嗜菌异小杆线虫，大异小杆线虫，新西兰异小杆线虫	斯氏线虫和异小杆线虫品系的综合列表	Poinar，1990
全球汇总	—	各种线虫	对昆虫病原线虫自然寄主的综合概括	Peters，1996
欧洲、美国、澳大利亚和新西兰	TS	嗜菌异小杆线虫，大异小杆线虫（NW 欧洲型），异小杆线虫（爱尔兰组）	利用 RFLP 图谱对分离到的 46 种异小杆线虫进行检测	Smits and Ehlers，1991；Smits et al.，1991

续表

采集地点	方法	经鉴定的线虫种类	注释	参考文献
印度、肯尼亚、印度尼西亚和古巴	TS	印度异小杆线虫	利用分子和杂交技术对分离到的15个印度异小杆线虫进行了检测	Stack et al., 2000
亚速尔群岛、埃及、南非、加勒比海、欧洲、新西兰和澳大利亚	TS	嗜菌异小杆线虫，印度异小杆线虫	利用卫星DNA鉴定分离出的20种线虫，并列举出两个属的典型菌株	Grenier et al., 1996, 1998
美国、加拿大和欧洲	TS	锯蜂斯氏线虫	利用多元分析对9种线虫进行检测	Stock et al., 2000

注：GT=大蜡螟诱集；OI=其他昆虫诱集；DE=直接分离；TS=分类学研究；？=不确定

生物测定是最常见的线虫分离方法，一般采用大蜡螟诱集。直接分离的方法具有局限性：需要分类专家来鉴定分离到的线虫。不同研究中，样本大小和普遍率也存在着很大的不同，普遍率一般在2%-45%及以上。有些自然存在的可变性是可以预计的，可以归纳如下。

- 有目标的取样而不是随机调查。如果优先考虑适于线虫栖息地的地点则“发现率”可以显著提高。例如，Mracek和Becvar（2000）在87个取样点中有61个发现了斯氏线虫，在这些取样地区线虫是呈聚集分布的。相似的如Griffin等（1999）只从认为是异小杆线虫的类似栖息地（砂壤，尤其是沿海地区）取样，就得到了比在非目标区域取样高很多的虫口密度。
- 在最初分离结果不好的地方重复使用生物测定的方法。这能显著地增加得到的线虫数量，因为不是所有的昆虫病原线虫都在同一时间侵染诱饵昆虫（Hominick and Briscoe，1990）。
- 用直接分离的方法能分离到非活动线虫。生物测定只能分离出有侵染性的线虫（Spiridonov and Moens，1999）。
- 使用不同的取样方法。有些人在某个点取很大的样本，而有些人将很多小样本混合成一个大样本（Griffin et al.，1999）。昆虫病原线虫在土壤中种群很小，加之聚集分布，所以一个样本中没有找到线虫是正常的，这就造成了取样的局限性。

表6.2提供了很好的地理分布信息但是没有给出比较量的信息，给出样本的大小是必要的，定量比较比单一样品的研究要好。

在非目标性调查中，发现斯氏线虫要更多于异小杆线虫。在亚速尔群岛、加勒比海、新泽西、田纳西、夏威夷、以色列、巴基斯坦和肯尼亚海岸线的研究印证了这一点。异小杆线虫在大多数欧洲国家的报道中很少见，除非以其栖息地为目标进行取样。斯氏线虫更容易分离，由于斯氏线虫的种比异小杆线虫的种多（表6.3，表6.4），因此它们出现的概率更高。此外，生活史的不同会造成不同的分离结果。一个异小杆线虫在侵染后就足以繁殖，但是斯氏线虫至少也需要两个，一雌一雄，而且必须在繁殖之前侵染（Downes and Griffin，1996）。这意味着斯氏线虫可能有更高的环境丰富度，所以有更高的分离可能性，这从研究结果中便可以看出。

人们经常在靠近海的区域发现异小杆线虫（Hara et al.，1991；Griffin et al.，1994，1999，2000；Constant et al.，1998；Waturu，1998；Yoshida et al.，1998；Stock et al.，

表 6.3　已确认的斯氏线虫地理学记录

种按发表年顺序排列	地点	参考文献
Steinernema kraussei（Steiner，1923）	德国，伐利亚，纽芬兰威斯特附近的瓦尔堡县，埃格山脉	模式标本地点
Travassos，1927	奥地利	Peters，1996
	比利时	Spiridonov and Moens，1999
	捷克	Grenier et al.，1996; Fischer-Le Saux et al.，1998; Mracek et al.，1999；Mracek and Becvar，2000；Sturhan and Mracek，2000
	德国	Mracek et al.，1992；Peters，1996；Sturhan，1999；Stock et al.，2000；Sturhana and Mracek，2000
	荷兰	Hominick et al.，1995
	俄罗斯	A.P. Reid，Egham，2000，个人通信
	斯洛伐克	Sturhan and Liskova，1999
	瑞士	Steiner，1996；Kramer et al.，2000
	英国	Hominick et al.，1995；Gwynn and Richardson，1996；Stock et al.，2000
	加拿大：不列颠哥伦比亚和阿尔伯塔	Stock et al.，2000
	美国：加利福尼亚	Stock et al.，1999，2000
	美国：纽约	Stock et al.，2000
S. glaseri（Steiner，1929）Wouts，Mracek，Gerdin and Bedding，1982	美国：新泽西，哈登菲尔德，塔维斯托克乡村俱乐部	模式标本地点
	亚速尔群岛	Rosa et al.，2000
	西班牙	De Doucet and Gabarra，1994
	美国：佛罗里达	Poinar，1990；Fischer-Le Saux et al.，1998
	美国：新泽西	Grenier et al.，1992；Stuart and Gaugler，1994
	美国：北卡罗来纳	Poinar，1990；Grenier et al.，1996；Fischer-Le Saux et al.，1998
	阿根廷	Doucet and De Doucet，1997
	巴西	Poinar，1990
	中国：海南和广东	Li and Wang，1989；Wang et al.，1991；Han，1994；Liu et al.，1998
	韩国	Stock et al.，1997
S. feltiae（Filipjev，1934）Wouts，Mracek，Gerdin and Bedding，1982	俄罗斯东部	模式标本地点
	奥地利	Peters，1996
	比利时	Miduturi et al.，1996a，1996b，1997；Spiridonov and Moens，1999
	捷克	Poinar，1990；Mracek et al.，1999；Mracek and Becvar，2000
	丹麦	Poinar and Lindhardt，1971
	爱沙尼亚	A.P. Reid，Egham，2000，个人通信
	芬兰	Poinar，1990；Peter，1996
	法国	Poinar，1990；Fischer-Le Saux et al.，1998

续表

种按发表年顺序排列	地点	参考文献
S. feltiae（Filipjev，1934）Wouts，Mracek，Gerdin and Bedding，1982	德国	Ehlers et al.，1991；Sturhan，1995，1996，1999；Sturhan and Mracek，2000
	希腊	Menti et al.，1997
	匈牙利	Mracek and Jenser，1988
	意大利	Ehlers et al.，1991；Tarasco and Triggiani，1997
	荷兰	Poinar，1990；Hominick et al.，1995
	波兰	Sandner and Bednarek，1987；Jaworska and Dudek，1992
	爱尔兰	Griffin et al.，1991；Dillon et al.，2000
	俄罗斯	Spiridonov and Voronov，1995；Peters，1996
	斯洛伐克	Sturhan and Liskova，1999
	西班牙	Garcia del Pino and Palomo，1996a，1997
	瑞典	Burman et al.，1996
	瑞士	Steiner，1996；Kramer et al.，2000
	英国	Hominick and Briscoe，1990；Hominick et al.，1995；Gwynn and Richardson，1996
	北爱尔兰	Blackshaw，1988
	英国，苏格兰	Boag et al.，1992
	乌克兰	Peters，1996
	加拿大：不列颠哥伦比亚省、阿尔伯塔省和育空	Mracek and Webster，1993
	美国：加利福尼亚	Poinar，1992；Stock et al.，1999
	美国：佛罗里达	Fischer-Le Saux et al.，1998
	美国：新泽西	Gaugler et al.，1992；Stuart and Gaugler，1994；Campbell et al.，1998
	阿根廷印度：安得拉邦?	Stock，1993，1995；Doucet and De Doucet，1997
	土耳其	Singh et al.，1992
	埃及	Ozer et al.，1995
	澳大利亚：新南威尔士、堪培拉、维多利亚和昆士兰	Peters，1996
	澳大利亚：塔斯马尼亚	Poinar，1990
	夏威夷	Poinar，1990；Grenier et al.，1996；Fischer-Le Saux et al.，1998
	新西兰	A.P. Reid，Egham，2000，个人通信
		Poinar，1990；Peters，1996；Barker and Barker，1998
S. affine（Bovien，1937）Wouts，Mracek，Gerdin and Bedding，1982	丹麦	模式标本地点
	比利时	Miduturi et al.，1996a，1996b，1997；Spiridonov and Moens，1999
	捷克	Mracek et al.，1999；Mracek and Becvar，2000；Sturhan and Mracek，2000
	丹麦	Poinar，1990
	法国	Fischer-Le Saux et al.，1998
	德国	Poinar，1990；Ehlers et al.，1991；Sturhan，1995，1996，1999；Peters，1996；Sturhan and Mracek，2000
	意大利（南部）	Tarasco and Triggiani，1997
	荷兰	Hominick et al.，1995
	爱尔兰	Griffin et al.，1991；Dillon et al.，2000

续表

种按发表年顺序排列	地点	参考文献
S. affine（Bovien，1937）Wouts，Mracek，Gerdin and Bedding，1982	斯洛伐克	Sturhan and Liskova，1999
	西班牙	Garcia del Pino and Palomo，1996a
	瑞士	Kramer et al.，2000；Steiner，1996
	英国	Hominick et al.，1995；Gwynn and Richardson，1996
S. carpocapsae（Weiser，1955）Wouts，Mracek，Gerdin and Bedding，1982	前捷克斯洛伐克	模式标本地点
	奥地利	Ehlers et al.，1991
	亚速尔群岛	Grenier et al.，1996；Rosa et al.，2000
	捷克	Poinar，1990
	法国	Poinar，1990；Grenier et al.，1996；Fischer-Le Saux et al.，1998
	格鲁吉亚	Fischer-Le Saux et al.，1998
	德国	Ehlers et al.，1991；Sturhan，1999
	意大利	Ehlers et al.，1991
	波兰	Poinar，1990
	俄罗斯：圣彼得堡	Poinar，1990；Fischer-Le Saux et al.，1998
	斯洛伐克	Sturhan and Liskova，1999
	西班牙	Garcia del Pino and Palomo，1996a
	瑞士	Poinar，1990
	瑞典	Kramer et al.，2000
	英国：英格兰	Georgis and Hague，1981
	加拿大：魁北克	Poinar，1990
	墨西哥	Poinar，1990
	美国：加利福尼亚	Poinar，1990；Stock et al.，1999
	美国：佛罗里达	Parkman and Smart，1996
	美国：乔治亚	Poinar，1990；Grenier et al.，1996
	美国：马萨诸塞	Poinar，1990
	美国：新泽西	Gaugler et al.，1992；Stuart and Gaugler，1994；Campbell et al.，1998
	美国：北卡罗来纳	Poinar，1990
	美国：田纳西	Rueda et al.，1993
	美国：弗吉尼亚	Poinar，1990；Grenier et al.，1996
	阿根廷	Poinar，1990；Stock，1995；Doucet and Doucet，1997
	巴西	A.P. Reid，Egham，2000，个人通信
	中国：北京	Han，1994
	朝鲜	Choo et al.，1995
	中国：台湾	Hsiao and All，1998
	澳大利亚：新南威尔士和塔斯马尼亚	Poinar，1990
S. arenarium（Artyukhovsky，1967）Wouts，Mracek，Gerdin and Bedding，1982	俄罗斯，沃罗涅日地区 Usmanski 森林	模式标本地点
	俄罗斯中部	Artyukhovsky et al.，1997
	意大利南部	Tarasco and Triggiani，1997
	俄罗斯	Poinar，1990；Fischer-Le Saux et al.，1998
	西班牙	Garcia del Pino and Palomo，1995
S. intermedium（Poinar，1985）Mamiya，1988	美国：南卡罗来纳，查尔斯顿	模式标本地点
	捷克	Meacek et al.，1999；Mracek and Becvar，2000；Sturhan and Mracek，2000
	德国	Sturhan，1999；Sturhan and Mracek，2000

续表

种按发表年顺序排列	地点	参考文献
S. intermedium (Poinar，1985) Mamiya，1988	斯洛伐克	Sturhan and Liskova，1999
	瑞士	Steiner，1996；Kramer et al.，2000
	美国：南卡罗来纳	Fischer-Le Saux et al.，1998
S. rarum（de Doucet，1986）Mamiya，1988	阿根廷，科尔多瓦省，里奥夸尔托	模式标本地点
	阿根廷	Doucet and De Doucet，1997；Fischer-Le Saux et al.，1998
S. kushidal Mamiya，1988	日本：静冈县	模式标本地点
	日本	Yoshida et al.，1998
S. ritteri de Doucet and Doucet，1990	阿根廷，科尔多瓦省，里奥夸尔托	模式标本地点
	阿根廷	Doucet and De Doucet，1997
S. scapterisci Nguyen and Smart，1990	乌拉圭，里韦拉	模式标本地点
	美国：佛罗里达（引入的）	Parkman and Smart，1996
	阿根廷	Stock，1992，1995；Doucet and De Doucet，1997
	乌拉圭	Fischer-Le Saux et al.，1998
S. caudatum Xu，Wang and Li，1991	中国：广东	模式标本地点
	中国：广东	Han，1994
	中国：山东	模式标本地点
S. longicaudum Shen and Wang，1992	美国：加利福尼亚	Stock et al.，1999
	中国：山东	Han，1994
	澳大利亚	R. Bedding，Malente，1995，个人通信
S. neocurtillae Nguyen and Smart，1992	美国，佛罗里达，阿拉楚阿县，拉克罗斯	模式标本地点
S. cubanum Mracek，Hernandez and Boemare，1994	古巴，柑橘种植园	模式标本地点
	古巴	Fischer-Le Saux et al.，1998
S. puertoricense Roman and Figueroa，1994	波多黎各：洛伊萨	模式标本地点
	波多黎各	
S. riobrave Cabanillas，Poinar and Raulston，1994	美国：得克萨斯，约格兰德谷低地	模式标本地点
	美国：得克萨斯	Fischer-Le Saux et al.，1998
S. bicornutum Tallosi，Peters and Ehlers，1995	塞尔维亚：伏伊伏丁那省，Strazilovo	模式标本地点
	捷克	Mracek et al.，1999；Mracek and Becvar，2000
	丹麦	A.P. Reid，Egham，2000，个人通信
	德国	Sturhan，1999
	斯洛伐克	Sturhan and Liskova，1999
	瑞士	Kramer et al.，2000
	牙买加	Fischer-Le Saux et al.，1998
	加那利群岛	Garcia del Pino and Palomo，1996b
S. oregonense Liu and Berry，1996	美国：俄勒冈，格兰茨帕斯	模式标本地点
	美国：加利福尼亚	Stock et al.，1999
S. abbasi Elawad，Ahmad and Reid，1997	阿曼苏丹国，16°N，54°E	模式标本地点
S. ceratophorum Jian，Reid and Hunt，1997	中国：辽宁	模式标本地点
S. karii Waturu，Hunt and Reid，1997	肯尼亚中部省	模式标本地点
	肯尼亚	Waturu，1998

续表

种按发表年顺序排列	地点	参考文献
S. monticolum Stock，Choo and Kaya，1997	朝鲜：庆尚南道	模式标本地点
	韩国	Fischer-Le Saux et al.，1998
S. siamkayai Stock，Somsook and Reid，1998	泰国：碧差汶省，Lohmsak 地区	模式标本地点
S. tami Van Luc，Khuong，Reid and Spiridonov，2000	越南：吉仙国家公园	模式标本地点
Neosteinernema longicurvica-Uda, Nguyen and Smart，1994	美国：佛罗里达州，棕榈滩县	模式标本地点

注：?=不确定

表 6.4　已确认种的异小杆线虫地理学记录

种（按年代顺序排列）	地点	参考文献
Heterorhabditis bacteriophora Poinar，1976	南澳大利亚，布雷肯	模式标本地点
	亚速尔群岛	Grenier et al.，1996，1998；Rosa et al.，2000
	法国	Grenier et al.，1996，1998
	德国	Smits and Ehlers，1991；Smits et al.，1991；Glare et al.，1993；Sturhan，1999
	匈牙利	Mracek and Jenser，1988；Griffin et al.，1999
	意大利	Akhurst，1987；Poinar，1990；Smits and Ehlers，1991；Smits et al.，1991；Tarasco and Triggiani，1997
	摩尔达维亚	Smits and Ehlers，1991；Smits et al.，1991
	波兰（引入）	Jaworska and Dudek，1992
	西班牙	Smits and Ehlers，1991；Smits et al.，1991；De Doucet and Gabarra，1994；Garcia del Pino and Palomo，1996a，1997
	瑞士	Kramer et al.，2000
	美国：加利福尼亚	Poinar，1990；Smits and Ehlers，1991；Smits et al.，1991；Fischer-Le Saux et al.，1998；Stock et al.，1999
	美国：佛罗里达、乔治亚、南卡罗来纳、肯塔基和得克萨斯	Poinar，1990
	美国：新泽西	Gaugler et al.，1992；Stuart and Gaugler，1994；Campbell et al.，1998
	美国：北卡罗来纳	Poinar，1990；Smits and Ehlers，1991；Smits et al.，1991
	美国：俄亥俄	Fischer-Le Saux et al.，1998
	美国：田纳西	Rueda et al.，1993
	美国：犹他	Poinar，1990；Smits and Ehlers，1991；Smits et al.，1991；Grenier et al.，1996；Stack et al.，2000
	多米尼加	Grenier et al.，1996，1998；Fischer-Le Saux et al.，1998
	瓜德罗普岛	Grenier et al.，1996，1998；Constant et al.，1998；Fischer-Le Saux et al.，1998
	波多黎各	Fischer-Le Saux et al.，1998
	特立尼达岛	Grenier et al.，1996，1998；Fischer-Le Saux et al.，1998

续表

种（按年代顺序排列）	地点	参考文献
Heterorhabditis bacteriophora Poinar，1976	阿根廷	Poinar，1990；Stock，1995；De Doucet et al.，1996，2000；Grenier et al.，1996；Doucet and De Doucet，1997
	巴西	Poinar，1990
	哥伦比亚	Caicedo and Bellotti，1996
	中国：广东和山东	Akhurst，1987；Poinar，1990；Han，1994
	以色列	Glazer et al.，1993
	朝鲜	Choo et al.，1995
	肯尼亚	Waturu，1998
	南非	Grenier et al.，1996，1998
	澳大利亚	Akhurst，1987；Poinar，1990；Smits and Ehlers，1991；Smits et al.，1991；Fischer-Le Saux et al.，1998；Grenier et al.，1996
	新西兰	Smits and Ehlers，1991；Smits et al.，1991；Grenier et al.，1996，1998
H. megidis Poinar Jackson and Klein，1987	美国：俄亥俄，杰罗姆斯维尔	模式标本地点
	捷克	Mracek et al.，1999
	希腊	Menti et al.，1997
	瑞士	Kramer et al.，2000
	加拿大：不列颠哥伦比亚省	Mracek and Webster，2000
	美国：俄亥俄	Fischer-Le Saux et al.，1998
	以色列	Glazer et al.，1993
	日本	Yoshida et al.，1998
NW 欧洲组	比利时	Miduturi et al.，1996b，1997
NW 欧洲组	丹麦	Griffin et al.，1999
NW 欧洲组	爱沙尼亚	Griffin et al.，1999
NW 欧洲组	德国	Smits and Ehlers，1991；Smits et al.，1991；Sturhan，1999
NW 欧洲组	荷兰	Smits and Ehlers，1991；Smits et al.，1991；Hominick et al.，1995
NW 欧洲组	挪威	A.P. Reid，Egham，2000，个人通信
NW 欧洲组	波兰	Smits and Ehlers，1991；Smits et al.，1991
NW 欧洲组	俄罗斯	Fischer-Le Saux et al.，1998
NW 欧洲组	瑞士	Steiner，1996
NW 欧洲组	英国（英格兰）	Hominick et al.，1995
NW 欧洲组	美国：俄亥俄	Smits and Ehlers，1991
爱尔兰组	丹麦	Griffin et al.，1999
爱尔兰组	匈牙利	Griffin et al.，1999
爱尔兰组	爱尔兰	Smits and Ehlers，1991；Smits et al.，1991；Griffin et al.，1994
爱尔兰组	英国：英格兰	Hominick et al.，1995
爱尔兰组	英国：苏格兰和威尔士	Griffin et al.，1994
H. zealandica Poinar，1990	新西兰：奥克兰附近	模式标本地点

续表

种（按年代顺序排列）	地点	参考文献
H. zealandica Poinar，1990	立陶宛	Poinar，1990
	俄罗斯	Poinar，1990
	澳大利亚：塔斯马尼亚和昆士兰	Poinar，1990
	新西兰	Akhurst，1987；Poinar，1990；Grenier et al.，1996；Barker and Barker，1998；Fischer-Le Saux et al.，1998
H. indica Poinar，Karunakar and David，1992	印度：泰米尔纳德邦和哥印拜陀	模式标本地点
	美国：佛罗里达	Stack et al.，2000
	古巴	Grenier et al.，1996，1998；Fischer-Le Saux et al.，1998；Stack et al.，2000
	多米尼加	Grenier et al.，1996，1998；Fischer-Le Saux et al.，1998
	瓜德罗普岛	Constant et al.，1998；Fischer-Le Saux et al.，1998
	牙买加	Fischer-Le Saux et al.，1998；Stack et al.，2000
	马提尼克岛	Fischer-Le Saux et al.，1998
	波多黎各	Fischer-Le Saux et al.，1998
	特立尼达岛	A.P. Reid，Egham，2000，个人通信
	维尔京群岛	Stack et al.，2000
	委内瑞拉	Rosales and Suarez，1998
	印度：哥印拜陀	Grenier et al.，1996；Stack et al.，2000
	印度：泰米尔纳德邦	Josephrajkumar and Sivakumar，1997
	印度尼西亚	Griffin et al.，2000；Stack et al.，2000
	以色列	Fischer-Le Saux et al.，1998
	日本	Yoshida et al.，1998
	马来西亚（半岛）	Mason et al.，1996
	巴基斯坦：信德省和俾路支	Shahina et al.，1998；Anis et al.，2000
	巴勒斯坦	Sansour and Iraki，2000
	斯里兰卡	A.P. Reid，Egham，2000，个人通信
	埃及	Grenier et al.，1996，1998；Stack et al.，2000
	肯尼亚	Waturu，1998；Stack et al.，2000
	澳大利亚	Akhurst，1987；Fischer-Le Saux et al.，1998；Stack et al.，2000
H. argentinensis Stock，1993	阿根廷：圣菲省，Rafaela	模式标本地点
	阿根廷	Stock，1995；Doucet and De Doucet，1997
H. brevicaudis Liu，1994	中国：福建	模式标本地点
	中国：福建	Han，1994
H. hawaiiensis Gardner，Stock and Kaya，1994	美国：夏威夷考艾岛	模式标本地点
H. marelatus Liu and Bery，1996	美国：俄勒冈海边	模式标本地点
	美国：加利福尼亚	Stock et al.，1999
	美国：俄勒冈	Stack et al.，2000
H. poinari Kakulia and Mikaia，1997（*inquirenda*）	美国：乔治亚东部	模式标本地点

1999；Rosa et al.，2000），部分原因可能是异小杆线虫喜欢栖息在沙土中（Griffin et al.，1999，2000）。然而，Rose 等（2000）指出，在亚速尔群岛地区，从海岸线的土壤样本中分离到很多嗜菌异小杆线虫（*H. bacteriophora*），这些土壤沙含量很低，和分离到斯氏线虫的土壤是相似的。然而，沿海地区发现异小杆线虫的原因并没有得到解释，仍然有很多研究发现异小杆线虫不局限于它们的栖居地。异小杆线虫对沙土的偏向性很有可能是随种而异（Griffin et al.，2000）。所以，像嗜菌异小杆线虫，能存在于粉砂壤，比印度异小杆线虫（*H. indica*）和爱尔兰组异小杆线虫的种对具有开放性结构的土壤的依赖性小。研究发现，斯氏线虫在沿海地区比内陆地区发现多（Constant et al.，1998，Griffin et al.，2000）。Homonick 等（1996）猜测，海洋生物提供丰富的营养资源，能够被许多昆虫种群所利用，所以有较多的昆虫病原线虫种群。不管怎样，有大量证据证明沿海地区为昆虫病原线虫提供了极好的资源。

6.4.3 地理分布

表 6.3 和表 6.4 给出了斯氏线虫和异小杆线虫的地理分布情况，Adam、Nguyen（第 1 章）及 Hominick 等（1997）总结了这些种的分类情况，结论很权威，可以作为参考。像表 6.2 中的地点都在同一个地理板块上，其中的国家按照字母顺序排列。表的基本内容即为 Poinar 的权威贡献。表 6.3 和表 6.4，不全是一些新的分离线虫，有些是对先前分离到的线虫及某些文献记载做出了权威鉴定。

汇总过程中经常遇到未经描述的种，没有正式描述的种并没有列在表中，因为精确的鉴定是了解地理分布和特异性栖息地的基础（Reid，1997）。Hominick 等（2000）列出了系统发育树中包含的同一个属，43 个种中有 23 种是未经描述的斯氏线虫，大部分未经描述的线虫种存在于世界各地的实验室中。

Adam 等（1998）比较了异小杆线虫的分子系统发育学，提出印度异小杆线虫（*H. indica*）可能与夏威夷异小杆线虫（*H. hawaiiensis*）、*H. argentinensis*、嗜菌异小杆线虫为同种。所以，异小杆线虫的种很可能比表 6.4 中列举的要少。Smits 和 Ehlers（1991）提出，在欧洲有 3 组异小杆线虫（*Heterorhabditis*），命名为嗜菌异小杆线虫、大异小杆线虫（*H. megidis*）（NW 欧洲组）和一个与大异小杆线虫很相似的未经描述的种，归为爱尔兰组。嗜菌异小杆线虫一般生活在温暖的地区，如地中海和中欧，而其他两个种则生活在温带地区。Griffin（1999）最近分析了这些种有趣而复杂的状况。爱尔兰组的大异小杆线虫被描述为一个新种。由于分类学特征的不同已经得到认可，在表 6.4 中 3 个组被分别列出，而且无论何时都能区分它们。

令人惊奇的是，比异小杆线虫更多的斯氏线虫已经被描述，还有一些斯氏线虫种有待于正式描述。两个属种的数量差异可能是人为造成的。这反映出从形态学上区分异小杆线虫的实际难度。我们认为斯氏线虫的生物多样性比异小杆线虫更加丰富。Dowens 和 Griffin（1996）猜测，由于同体生殖，异小杆线虫种群内的基因变异很小，异小杆线虫可能是无性繁殖或者近似无性繁殖的物种。有限的分散加之较低的基因多样性使种群对当地的环境条件有较高的适应性。大异小杆线虫分类组的存在和对其分类描述的相似性证明了这一假设。另外的证据来自 Stack（2000）的研究，他认为印度异小杆线虫种内的基因漂移可能受到限制。他们还指出，嗜菌异小杆线虫之间的繁殖存在不相融性。不管怎样，比起异小杆线虫，在全球范围内有更多的斯氏线虫存在，说明丰富的、个性差异极大的生物多样性对作为生防因子是非常有利的（Hominick et al.，1996）。对于异小杆线虫来说，多样性似乎存在于亚种水平，种群可以选择和适应当地环境。

随着更多研究的进行，鉴定变得更为可靠，已知种的范围在逐步扩大，德国有着最多的昆虫病原线虫种的纪录，目前已有 13 个种，其中有 5 个是未经描述的斯氏线虫。广泛取样和利用直接分离的方法至少可以部分地说明已发现的生物多样性情况（Sturhan，1999）。毫无疑问，德国是目前唯一的有着如此多样的昆虫病原线虫种类的国家。

对于所有的物种，甚至是人们最为了解的物种在非常规分布区的发现，不断扩大着我们已知的分布范围。所以，需要对生物学家给出的解释加以修正（Cox and Moore，2000）。一些最重要的发现已列于表 6.3 和表 6.4 中，这将有助于我们对昆虫病原线虫生物地理学的理解或推测，主要有如下几点。

- 尽管夜蛾斯氏线虫在世界很多地方很常见，但在美洲，直到 1992 年，Poinar 在加利福尼亚州取食真菌的蚊子幼虫中发现后，才为人所知。从那以后，在新泽西和佛罗里达都有发现。
- 锯蜂斯氏线虫首先在德国被分离，随后在很多欧洲国家都有所报道，所以被认为只在古北区有分布。然而，最近在北美几个地方的发现说明其在全北区都有分布（Stock et al.，2000）。
- 夜蛾斯氏线虫和小卷叶蛾斯氏线虫可以说在温带地区有着广泛分布，Peters（1996）认为这可能与它们广泛的寄主范围和生活对策有关。
- 小卷叶蛾斯氏线虫在欧洲中部和北部地区较为少见，最初描述为捷克的本土种。Mracek 和 Bacvar（2000）尽管在类似其栖息地的地方广泛取样，包括典型地区，但还是没有找到。然而，Sturhan 和 Liskova（1999）在斯洛伐克附近采集的 40 个含有昆虫病原线虫样本中的 2 个样本中分离出了小卷叶蛾斯氏线虫，表明这个种更喜欢生活在温带地区。
- *S. affine* 和夜蛾斯氏线虫在欧洲是最为常见的共存种。
- *S. affine* 在自然情况下侵染双翅目昆虫（Peters，1996），在古北区分布很常见，但格氏斯氏线虫却很少见，它只以金龟子幼虫为寄主（Peters，1996），且地理分布广泛。
- *S. biocornutum* 首先在塞尔维亚被分离，后来有报道邻近国家也有分布。在牙买加和加那利群岛也发现了 *S. biocornutum* 是出乎意料的，需要进一步确定和并解释其原因。
- 中长斯氏线虫过去只在美国有，但现在发现在一些欧洲国家也存在。对不同地理种群之间的形态学变异方面，Stock 等（2000）对锯蜂斯氏线虫进行了详细的分类学研究。
- 从地理上讲，分布最广的异小杆线虫是嗜菌异小杆线虫，它在大陆性气候和地中海气候地区常见，而印度异小杆线虫广泛分布于热带和亚热带地区（Burnell and Stock，2000；Stack et al.，2000）。目前，大异小杆线虫只在北半球被发现，所以是典型的分布在北部地区的种，且比嗜菌异小杆线虫的分布更受限制（Stack et al.，2000）。
- Griffin 等（1999）对于欧洲的大异小杆线虫和嗜菌异小杆线虫的线虫混合体（假定的爱尔兰新种和 NWE 型）的地理分离提供了证据。他们指出，从匈牙利出现的爱尔兰类型及希腊出现的大异小杆线虫明显可以看出，对北部的大异小杆线虫组与南部的嗜菌异小杆线虫组之间严格区分有些过于简单化。

- 后来的文献指出，斯氏线虫一般生活在温带地区，其更适应寒冷气候，但是异小杆线虫则生活在热带地区，然而，数据并不具有普遍性。对气候的适应更应是遗传特性而不是种的特征。大多数斯氏线虫被描述成生活在热带地区，这很可能是由于昆虫病原线虫专家的分布情况而不是线虫的。许多斯氏线虫生活在温带地区，只是未经描述（Hominick et al.，2000）。

像夜蛾斯氏线虫、小卷叶蛾斯氏线虫、嗜菌异小杆线虫和印度异小杆线虫这些种是普遍存在的。这表明对于一些种来说扩散可以提高丰富度，也可能产生多样性，而且可能通过很多方式，包括通过寄主的主动传播及通过风、水和人为活动的被动传播。土壤可在全球范围内移动，如交易的农产品不经意间传播了土壤中的线虫。一个最有名的例子是安第斯山的马铃薯胞囊线虫和马铃薯是协同进化的。当西班牙舰队把马铃薯带回来并在 16 世纪的欧洲广泛种植，昆虫病原线虫很有可能在土壤中随着种植材料而传播。例如，Rose 等（2000）指出，昆虫病原线虫只在亚速尔群岛中部和东部发现，而且，在群岛发现的大多数植物、动物种都是从欧洲或者亚洲引入的。

利用昆虫病原线虫作为生物防治手段，这是另一种隐含着导致线虫传播的人类活动。在一个没有线虫的地区引入线虫，随后其就可建立起种群。在新泽西，格氏斯氏线虫被广泛释放用来防治日本甲虫，但是经过 50 年累积后，建立起种群的却很少，这些种群局限在新泽西洲的南部地区，可能是低温对种群的形成起了限制作用（Gaugler et al.，1992）。另外，乌拉圭的蝼蛄斯氏线虫（*S. scapterisici*）被释放到佛罗里达来防治蝼蛄，防效显著（Parkman and Smart，1996）。我们确认扩散活动经常发生，其中一些可能会成功建立起“外来”种群或株系（Downes and Griffin，1996）。

Poinar 和 Kozodoi（1988）怀疑格氏斯氏线虫（*S. glaseri*）和 *S. anomali*（=*S. arenarium*）可能是同胞种，他们指出在欧洲从未分离到格氏斯氏线虫。所以他们假设一个新的世界性的种，在南美进化形成，并在大约 300 万年前的上新世末期两个美洲大陆连接时进入北美东部（Cox and Moore，2000）。Poinar 和 Kozodoi（1988）认为这两个种的进化是侏罗纪中期亲代长期分离并平行进化的结果。现在，格氏斯氏线虫已经在西班牙、亚速尔群岛、中国、朝鲜和南北美洲被分离到。可以推断，格氏斯氏线虫和 *S. arencrium* 两个种在白垩纪末期距今 9000 万年前，欧洲、亚洲和北美洲还在同一个大陆板块时就存在了。到了距今约 4000 万年前的始新世时期，南北美洲分离（Cox and Moore，2000），所以南美洲没有格氏斯氏线虫在地理时间上可能是近期的事，这一结论与 Poinar 和 Kozodoi（1998）之前的假设不同。在北美洲大陆和欧洲大陆分开之前，两个种可能存在。所以，*S. arenarium* 最终将在新大陆被发现。两个种都存在于西班牙，或许它们能共同生存。

将表 6.3、表 6.4 和 Hominick 等（1996）的研究结果作比较，可以明显地发现，我们对昆虫病原线虫的生物地理学知识正在快速增长。然而，相对少的研究和相对少的样本，加之研究覆盖的地理范围的局限，意味着确定种的分布范围需要大量的样本。

6.4.4　生境偏好

关于昆虫病原线虫生境偏好的文献在 1995 年前是相互矛盾的。很多研究没有足够的数据来测定其相关性。随着研究越来越多，专家提供了大量的样本并精确地鉴定到种的水平，一些栖居地的偏向性才变得明晰起来（Hominik et al.，1996；Sturhan，1999）。这并不奇怪，正如所有的生物都有特别的需要，只能在特定的栖境中生活，而且土壤栖居地是三维的，栖居地的偏向性可使线虫扩展到偏向于生活在不同的土壤深度中，如 Campbell（1998）等发现，小卷叶蛾斯氏线虫（*S. carpocapsae*）主要在草皮接近土壤表面的地方分离到，且一天之中的分离量不同，而嗜菌异小杆线虫（*H. bacteriophora*）却可以在地面 8cm 以下均衡地分离到。

生境偏好很可能反映出适合的寄主分布。现在普遍认为，与在实验室进行侵染测定结果相比较，昆虫病原线虫的侵染性更多受到寄主范围的限制（Peters，1996）。寄主偏向性的不同，可能帮助解释它的共生种分布的不同（Sturhan，1996）。另外，每一个种为了生理、行为上适应生存，要求有特定栖境。因此，印度异小杆线虫主要存在于瓜德罗普岛的石灰质沙中，而嗜菌异小杆线虫则更多地生活在酸性环境中（Constant et al.，1998）。另一些结果显示，印度异小杆线虫不受营养类型的限制（Griffin et al.，2000）。沿海的沙质土壤是异小杆线虫存在的主要区域，比起印度异小杆线虫和大异小杆线虫的混合线虫，嗜菌异小杆线虫在沿海地区很少，更多地分布于草地中（Stuart and Gaugler，1994；Stock et al.，1996）。在亚速尔群岛，嗜菌异小杆线虫在低纬度并没有栖居地偏向性，而是广泛地存在于耕地、林地、草场、果园及当地有植被的地方（Rosa et al.，2000）。

在德国，人们对几种斯氏线虫的栖息地偏向性做了广泛而深入的研究（Sturhan，1999）。*S. affine* 常生活在耕地和草地中，而中长斯氏线虫（*S. intermedium*）和锯蜂斯氏线虫（*S. kraussei*）则主要是森林中的种。夜蛾斯氏线虫（*S. feltiae*）则更喜欢生活在田地和草地中，林地土壤中也有。*S. affine* 和夜蛾斯氏线虫是唯一从耕地土壤中分离得到的种。Homonick 等（1995）把英国及荷兰的研究综合起来也发现，夜蛾斯氏线虫和 *S. affine* 主要存在于田地及其边缘地区。在斯洛伐克共和国，Sturhan 和 Liskva（1999）发现 *S. affine* 主要存在于耕地土壤中，而中长斯氏线虫则主要存在于森林中，夜蛾斯氏线虫并不表现出严格的偏向性。Spiridonov 和 Moens（1999）发现，锯蜂斯氏线虫在比利时主要存在于林地中，特别是在针叶树下，而夜蛾斯氏线虫存在于林地内部和边缘。Stock 等（1999）在加利福尼亚州取样，发现针叶林中的昆虫病原线虫有着最丰富的生物多样性，而橡树林则分布最广泛。数量最多且分布最广的昆虫病原线虫种是锯蜂斯氏线虫，主要存在于森林中，他们还记录了来自于草地的夜蛾斯氏线虫和来自于林地的小卷叶蛾斯氏线虫（*S. carpocapsae*）。小卷叶蛾斯氏线虫还同时存在于加利福尼亚州苹果园和高尔夫球场。广义上来说，斯氏线虫在林地中的广泛度最高并具有最丰富的生物多样性（Stock et al.，1999；Sturhan，1999；Sturhan and Liskova，1999）。土壤类型对于一些异小杆线虫来说是必要条件，但是不像斯氏线虫那么重要（Sturhan，1999）。

6.5 影响调查的立法

生物学家在收集和描述生物时，必须要掌握影响此项活动的诸多法规（Hominick et al.，1996；Smith，2000）。这些法规收录在《生物多样性公约》（*Convention on Biological Diversity*，CBD）中，被 140 个国家所批准，目的是保持生物多样性，永续使用其组成成分（即基因、物种及生态多样性），并公平合理地分享遗传多样性所产生的利益，促进可持续利用和分享基因资源。CBD 给出了成员国对于基因资源利用的主要权利。Smith（2000）详细阐述了这一主题、相关法律及收集、处理、交换和使用生物资源的必要条件。他指出，收集生物多样性行为的一个关键，就是不管在哪里收集，必须是合法的，并遵守本国法律及国际法。基本要素是收集之前要得到输出国的许可，并在输出国及输入国都有相关文件记录，不仅要保存材料收集信息而且要有所收集生物的详细信息。这是一项具有权威性的，并将一直存在下去的议题。CBD 已经写入法律，但在很多国家并没有很好的基金和政府机制来执行和规范。然而，如果某种生物资源被开发，输出国必须进行记录。

该公约在保证持续的全球范围内的生物多样性、控制外来有害生物方面已经起到了重要作用。在本书 15.2 节中，协议的倡导者指出，“确保为不同组织使用基因资源创造便利条件”，这有利于其他团体将基因资源应用于环境。昆虫病原线虫是一种基因资源，公约规定对其收集要在各组织相互许可的情况下才能进行。在实际操作中，就意味着国家间可以相互输出和输入生防制剂（包括昆虫病原线虫）。如果在某地区进行调查研究之前，获得许可，包括采集许可，那么整个过程将是非常简单的。

昆虫病原线虫在全球分布非常广泛，而且在全球的大部分地方尚未开展研究。对害虫进行生物防治的最初策略应该是寻找、利用本土分离的生防因子，这不仅可以减少环境污染，而且也有助于我们对这种重要生物的生物地理学进一步了解。

致谢

感谢众多同行这些年所给予的资料及信息，尤其要感谢 Bernie Briscoe、David Hunt 和 Alex Reid 的支持、建议、指导和友谊。

参 考 文 献

Adams, B.J., Burnell, A.M. and Powers, T.O. (1998) A phylogenetic analysis of *Heterorhabditis* (Nemata: Rhabditidae) based on internal transcribed spacer 1 DNA sequence data. *Journal of Nematology* 30, 22–39.

Akhurst, R.J. (1987) Use of starch gel electrophoresis in the taxonomy of the genus *Heterorhabditis* (Nematoda: Heterorhabditidae). *Nematologica* 33, 1–9.

Anis, M., Shahina, F., Reid, A.P. and Maqbool, M.A. (2000) Redescription of *Heterorhabditis indica* Poinar *et al.*, 1992 (Rhabditida: Heterorhabditidae) from Pakistan. *Pakistan Journal of Nematology* 18, 11–27.

Artyukhovsky, A.K., Kozodoi, E.M., Reid, A.P. and Spiridonov, S.E. (1997) Redescription of *Steinernema arenarium* (Artyukhovsky, 1967) topotypes from Central Russia and a proposal for *S. anomalae* (Kozodoi, 1984) as a junior synonym. *Russian Journal of Nematology* 5, 31–37.

Barker, C.W. and Barker, G.M. (1998) Generalist entomopathogens as biological indicators of deforestation and agricultural land use impacts on Waikato soils. *New Zealand Journal of Ecology* 22, 189–196.

Blackshaw, R.P. (1988) A survey of insect parasitic nematodes in Northern Ireland. *Annals of Applied Biology* 113, 561–565.

Blaxter, M.L., De Ley, P., Garey, J.R., Liu, L.X., Scheldeman, P., Vierstraete, A., Vanfleteren, J.R., Mackey, L.Y., Dorris, M., Frisse, L.M., Vida, J.T. and Thomas, W.K. (1998) A molecular evolutionary framework for the phylum Nematoda. *Nature* 392, 71–75.

Boag, B., Neilson, R. and Gordon, S.C. (1992) Distribution and prevalence of the entomopathogenic nematode *Steinernema feltiae* in Scotland. *Annals of Applied Biology* 121, 355–360.

Burman, M., Abrahamsson, K., Ascard, J., Sjoberg, A. and Eriksson, B. (1986) Distribution of insect parasitic nematodes in Sweden. In: Samson, R.A., Vlak, J.M. and Peters, D. (eds) *Proceedings 4th International Colloquium of Invertebrate Pathology*, Veldhoven, The Netherlands, p. 312.

Burnell, A.M. and Stock, S.P. (2000) *Heterorhabditis, Steinernema* and their bacterial symbionts - lethal pathogens of insects. *Nematology* 2, 31–42.

Caicedo,V.A.M. and Bellotti, A.C. (1996) Survey of native entomogenous nematodes associated with *Cyrtomenus bergi* Froeschner (Hemiptera: Cydnidae) in eight Colombian sites. *Revista Colombiana de Entomologia* 22, 19–24.

Campbell, J.F., Orza, G., Yoder, F., Lewis, E. and Gaugler, R. (1998) Spatial and temporal distribution of endemic and released entomopathogenic nematode populations in turfgrass. *Entomologia Experimentalis et Applicata* 86, 1-11.

Choo, H.Y., Kaya, H.K. and Stock, S.P. (1995) Isolation of entomopathogenic nematodes (Steinernematidae and Heterorhabditidae) from Korea. *Japanese Journal of Nematology* 25, 44–51.

Constant, P., Marchay, L., Fischer-Le Saux, M., Briand Panoma, S. and Mauleon, H. (1998) Natural occurrence of entomopathogenic nematodes (Rhabditida: Steinernematidae and Heterorhabditidae) in Guadeloupe islands. *Fundamental and Applied Nematology* 21, 667-672.

Cox, C.B. and Moore, P.D. (2000) *Biogeography: an Ecological and Evolutionary Approach*, 6th edn. Blackwell, Oxford, 298pp.

Curran, J. and Heng, J. (1992) Comparison of three methods for estimating the number of entomopathogenic nematodes present in soil samples. *Journal of Nematology* 24, 170–176.

De Doucet, M.M.A. and Gabarra, R. (1994) On the occurrence of *Steinernema glaseri* (Steiner, 1929) (Steinernematidae) and *Heterorhabditis bacteriophora* Poinar, 1976 (Heterorhabditidae) in Catalogne, Spain. *Fundamental and Applied Nematology* 17, 441–443.

De Doucet, M.M.A., Bertolotti, M.A. and Cagnolo, S.R. (1996) On a new isolate of *Heterorhabditis bacteriophora* Poinar 1975 (Nemata: Heterorhabditidae from Argentina: life cycle and description of infective juveniles, females, males and hermaphrodites of 2nd and 3rd generation. *Fundamental and Applied Nematology* 19, 415–420.

De Doucet, M.M.A., Bertolotti, M.A., Valenzuela, M. and De Sousa, G. (2000) Analysis of two isolates of a *Heterorhabditis bacteriophora* population detected in Cordoba, Argentina. *Nematology* 2, 473-476.

Dillon, A., Downes, M. and Griffin, C. (2000) Search for indigenous entomopathogenic nematodes for control of the large pine weevil, *Hylobius abietis*, in Ireland. In: Griffin, C.T., Burnell, A.M., Downes, M.J. and Mulder, R. (eds) *COST 819 Developments in Entomopathogenic Nematode/Bacterial Research*. European Commission, DG XII, Luxembourg, p. 241.

Doucet, M.E. and De Doucet, M.M.A. (1997) Nematodes and agriculture in continental Argentina. An overview. *Fundamental and Applied Nematology* 20, 521-539.

Downes, M.J. and Griffin, C.T. (1996) Dispersal behaviour and transmission strategies of the entomopathogenic nematodes *Heterorhabditis* and *Steinernema. Biocontrol Science and Technology* 6, 347–356.

Ehlers, R.U., Deseo, K.V. and Stackebrandt, E. (1991) Identification of *Steinernema* spp. (Nematoda) and their symbiotic bacteria *Xenorhabdus* spp. from Italian and German soils. *Nematologica* 37, 360–366.

Fischer-Le Saux, M., Mauleon, H., Constant, P., Brunel, B. and Boemare, N. (1998) PCR-ribotyping of *Xenorhabdus* and *Photorhabdus* isolates from the Caribbean region in relation to the taxonomy and geographic distribution of their nematode hosts. *Applied and Environmental Microbiology* 64, 4246–4254.

Garcia del Pino, F. and Palomo, A. (1995) A new strain of *Steinernema anomali* (Kozodoi, 1984) from Spain. In: Griffin, C.T., Gwynn, R.L. and Masson, J.P. (eds) *COST 819 - Ecology and Transmission Strategies of Entomopathogenic Nematodes.* European Commission, DG XII, Luxembourg, pp. 110–111.

Garcia del Pino, F. and Palomo, A. (1996a) Natural occurrence of entomopathogenic nematodes (Rhabditida: Steinernematidae and Heterorhabditidae) in Spanish soils. *Journal of Invertebrate Pathology* 68, 84–90.

Garcia del Pino, F. and Palomo, A. (1996b) Presence of *Steinernema bicornutum* (Tallosi, Peters and Ehlers, 1995) (Rhabditida: Steinernematidae) in the Canary Islands (Spain). *Nematropica* 26, 267.

Garcia del Pino, F. and Palomo, A. (1997) Temporal study of natural populations of heterorhabditid and steinernematid nematodes in horticultural crop soils. *Fundamental and Applied Nematology* 20, 473–480.

Gaugler, R. and Kaya, H.K. (1990) *Entomopathogenic Nematodes in Biological Control.* CRC Press, Boca Raton, Florida, 365pp.

Gaugler, R., Campbell, J.F., Selvan, S. and Lewis, E.E. (1992) Large-scale inoculative releases of the entomopathogenic nematode *Steinernema glaseri*: assessment 50 years later. *Biological Control* 2, 181–187.

Georgis, R. and Hague, N.G.M. (1981) A neoaplectanid nematode in the larch sawfly *Cephalcia lariciphila* (Hymenoptera: Pamphiliidae). *Annals of Applied Biology* 99, 171–177.

Glare, T.R., Jackson, T.A. and Zimmermann, G. (1993) Occurrence of *Bacillus popilliae* and two nematode pathogens in populations of *Amphimallon solstitialis* (Col. Scarabaeidae) near Darmstadt, Germany. *Entomophaga* 38, 441–450.

Glazer, I., Liran, N., Poinar, G.O. and Smits, P.H. (1993) Identification and biological activity of newly isolated heterorhabditid populations from Israel. *Fundamental and Applied Nematology* 16, 467–472.

Grenier, E., Bonifassi, E., Abad, P. and Laumond, C. (1996) Use of species specific satellite DNAs as diagnostic probes in the identification of Steinernematidae and Heterorhabditidae entomopathogenic nematodes. *Parasitology* 113, 483–489.

Grenier, E., Abadon, M., Laumond, C. and Abad, P. (1998) Satellite DNAs in entomopathogenic nematodes and their use as diagnostic markers. In: Abad, P., Burnell, A., Laumond, C., Boemare, N. and Coudert, F. (eds) *COST 819 - Genetic and Molecular Biology of Entomopathogenic Nematodes.* European Commission, DG XII, Luxembourg, pp. 95–101.

Griffin, C.T., Downes, M.J. and Block, W. (1990) Tests of antarctic soils for insect parasitic nematodes. *Antarctic Science* 2, 221–222.

Griffin, C.T., Moore, J.F. and Downes, M.J. (1991) Occurrence of insect-parasitic nematodes (Steinernematidae, Heterorhabditidae) in the Republic of Ireland. *Nematalogica* 37,

92–100.

Griffin, C.T., Joyce, S.A., Dix, I., Burnell, A.M. and Downes, M.J. (1994) Characterisation of the entomopathogenic nematode *Heterorhabditis* (Nematoda: Heterorhabditidae) from Ireland and Britain by molecular and cross-breeding techniques, and the occurrence of the genus in these islands. *Fundamental and Applied Nematology* 17, 245–254.

Griffin, C.T., Dix, I., Joyce, S.A., Burnell, A.M. and Downes, M.J. (1999) Isolation and characterisation of *Heterorhabditis* spp. (Nematoda: Heterorhabditidae) from Hungary, Estonia and Denmark. *Nematology* 1, 321–332.

Griffin, C.T., Chaerani, R., Fallon, D., Reid, A.P. and Downes, M.J. (2000) Occurrence and distribution of the entomopathogenic nematodes *Steinernema* spp. and *Heterorhabditis indica* in Indonesia. *Journal of Helminthology* 74, 143–150.

Gwynn, R.L. and Richardson, P.N. (1996) Incidence of entomopathogenic nematodes in soil samples collected from Scotland, England and Wales. *Fundamental and Applied Nematology* 19, 427–431.

Han, R. (1994) Advances in the research of entomopathogenic nematodes *Steinernema* and *Heterorhabditis* in China. *Entomologia Sinica* 1, 346–364.

Hara, A.H., Gaugler, R., Kaya, H.K. and Lebeck, L.M. (1991) Natural populations of entomopathogenic nematodes (Rhabditida: Heterorhabditidae, Steinernematidae) from the Hawaiian islands. *Environmental Entomology* 20, 211–216.

Hominick, W.M. and Briscoe, B.R. (1990) Occurrence of entomopathogenic nematodes (Rhabditida: Steinernematidae and Heterorhabditidae) in British soils. *Parasitology* 100, 295–302.

Hominick, W.M., Reid, A.P. and Briscoe, B.R. (1995) Prevalence and habitat specificity of steinernematid and heterorhabditid nematodes isolated during soil surveys of the UK and the Netherlands. *Journal of Helminthology* 69, 27–32.

Hominick, W.M., Reid, A.P., Bohan, D.A. and Briscoe, B.R. (1996) Entomopathogenic nematodes: biodiversity, geographical distribution and the Convention on Biological Diversity. *Biocontrol Science and Technology* 6, 317–331.

Hominick, W.M., Briscoe, B.R., Garcia del Pino, F., Heng, J., Hunt, D.J., Kozodoy, E., Mracek, Z., Nguyen, K.B., Reid, A.P., Spiridonov, S., Stock, P., Sturhan, D., Waturu, C. and Yoshida, M. (1997) Biosystematics of entomopathogenic nematodes: current status, protocols and definitions. *Journal of Helminthology* 71, 271–298.

Hominick, W.M., Reid, A.P., Hunt, D.J. and Briscoe, B.R. (2000) Systematics and biogeography of entomopathogenic nematodes. In: Griffin, C.T., Burnell, A.M., Downes, M.J. and Mulder, R. (eds) *COST 819 Developments in Entomopathogenic Nematode/Bacterial Research.* European Commission, DG XII, Luxembourg, pp. 17–28.

Hsiao, W.F. and All, J.N. (1998) Survey of the entomopathogenic nematode, *Steinernema carpocapsae*: (Rhabditida: Steinernematidae) natural populations and its dispersal in the field. *Chinese Journal of Entomology* 18, 39–49.

Jaworska, M. and Dudek, B. (1992) A survey of insect parasitic nematodes in the soil of some crops. *Zeszyty Naukowe Akademii Rolniczej im Hugona Kollataja w Krakowie, Ogrodnictwo* 20, 131–147.

Josephrajkumar, A. and Sivakumar, C.V. (1997) A survey for entomopathogenic nematodes in Kanyakumari district, Tamil Nadu, India. *Indian Journal of Entomology* 59, 45–50.

Kerry, B.R. and Hominick, W.M. (2001) Biological control. In: Lee, D.L. (ed.) *The Biology of Nematodes.* Harwood Academic Publishers, Reading, UK.

Kramer, I., Hirschy, O. and Grunder, J.M. (2000) Survey of baited insect parasitic nematodes from the Swiss lowland. In: Griffin, C.T., Burnell, A.M., Downes, M.J. and Mulder, R.

(eds) *COST 819 Developments in Entomopathogenic Nematode/Bacterial Research*. European Commission, DG XII, Luxembourg, pp. 172–176.

Li, X.F. and Wang, G.H. (1989) Preliminary investigation on the distribution of Steinernematidae and Heterorhabditidae in Fujian, Guangdong and Hainan. *Chinese Journal of Zoology* 24, 1–4.

Liu, J., Poinar, G.O. and Berry, R.E. (1998) Taxonomic comments on the genus *Steinernema* (Nematoda: Steinernematidae): specific epithets and distribution record. *Nematologica* 44, 321–322.

Mason, J.M., Razak, A.R. and Wright, D.J. (1996) The recovery of entomopathogenic nematodes from selected areas within Peninsular Malaysia. *Journal of Helminthology* 70, 303–307.

Menti, H., Wright, D.J. and Perry, R.N. (1997) Desiccation survival of populations of the entomopathogenic nematodes *Steinernema feltiae* and *Heterorhabditis megidis* from Greece and the UK. *Journal of Helminthology* 71, 41–46.

Miduturi, J.S., Matata, G.J.M., Waeyenberge, L. and Moens, M. (1996a) Naturally occurring entomopathogenic nematodes in the province of East Flanders, Belgium. *Nematologia Mediterranea* 24, 287–293.

Miduturi, J.S., Moens, M., Hominick, W.M., Briscoe, B.R. and Reid, A.P. (1996b) Naturally occurring entomopathogenic nematodes in the province of West Flanders, Belgium. *Journal of Helminthology* 70, 319–327.

Miduturi, J.S., Waeyenberge, L. and Moens, M. (1997) Natural distribution of entomopathogenic nematodes (Heterorhabditidae and Steinernematidae) in Belgian soils. *Russian Journal of Nematology* 5, 55–65.

Mracek, Z. and Becvar, S. (2000) Insect aggregations and entomopathogenic nematode occurrence. *Nematology* 2, 297–301.

Mracek, Z. and Jenser, G. (1988) First report of entomogenous nematodes of the families Steinernematidae and Heterorhabditidae from Hungary. *Acta Phytopathologica et Entomologica Hungarica* 23, 153–156.

Mracek, Z. and Webster, J.M. (1993). Survey of Heterorhabditidae and Steinernematidae (Rhabditida, Nematoda) in Western Canada. *Journal of Nematology* 25, 710–717.

Mracek, Z., Weiser, J., Bures, M. and Kahounova, L. (1992) *Steinernema kraussei* (Steiner, 1923) (Nematoda: Rhabditida) - rediscovery of its type locality in Germany. *Folia Parasitologica* 39, 181–199.

Mracek, Z., Becvar, S. and Kindlmann, P. (1999) Survey of entomopathogenic nematodes from the families Steinernematidae and Heterorhabditidae (Nematoda: Rhabditida) in the Czech Republic. *Folia Parasitologica* 46, 145–148.

Ozer, N., Keskin, N. and Kirbas, Z. (1995) Occurrence of entomopathogenic nematodes (Steinernematidae: Heterorhabditidae) in Turkey. *Nematologica* 41, 639–640.

Parkman, J.P. and Smart, G.C. (1996) Entomopathogenic nematodes, a case study: introduction of *Steinernema scapterisci* in Florida. *Biocontrol Science and Technology* 6, 413–419.

Peters, A. (1996) The natural host range of *Steinernema* and *Heterorhabditis* spp and their impact on insect populations. *Biocontrol Science and Technology* 6, 389–402.

Poinar, G.O. (1989) Examination of the neoaplectanid species *feltiae* Filipjev, *carpocapsae* Weiser and *bibionis* Bovien (Nematoda : Rhabditida). *Revue de Nematologie* 12, 375–377.

Poinar, G.O. (1990) Taxonomy and biology of Steinernematidae and Heterorhabditidae. In: Gaugler, R. and Kaya, H.K. (eds) *Entomopathogenic Nematodes in Biological Control*. CRC Press, Boca Raton, Florida, pp. 23–61.

Poinar, G.O. (1992) *Steinernema feltiae* (Steinernematidae: Rhabditidae) parasitizing adult fungus gnats (Mycetophilidae: Diptera) in California. *Fundamental and Applied Nematology* 15, 427-430.

Poinar, G.O. and Kozodoi, E.M. (1988) *Neoaplectana glaseri* and *N. anomali*: sibling species or parallelism? *Revue de Nematology* 11, 13-19.

Poinar, G.O. and Lindhardt, K. (1971) The re-isolation of *Neoaplectana bibionis* Bovien (Nematoda) from Danish bibionids (Diptera) and their possible use as biological control agents. *Entomologica Scandinavica* 2, 301-303.

Reid, A.P., Hominick, W.M. and Briscoe, B.R. (1997) Molecular taxonomy and phylogeny of entomopathogenic nematode species (Rhabditida: Steinernematidae) by RFLP analysis of the ITS region of the ribosomal DNA repeat unit. *Systematic Parasitology* 37, 187-193.

Rosa, J.S., Bonifassi, E., Amaral, J., Lacey, L.A., Simoes, N. and Laumond, C. (2000) Natural occurrence of entomopathogenic nematodes (Rhabditida: *Steinernema, Heterorhabditis*) in the Azores. *Journal of Nematology* 32, 215-222.

Rosales, A.L.C. and Suarez, H.Z. (1998) Entomopathogenic nematodes as possible control agents of the banana root borer weevil *Cosmopolites sordidus* (Germar) 1824 (Coleoptera: Curculionidae). *Boletin de Entomologia Venezolana, Serie Monografias* 13, 123-140.

Rueda, L.M., Osawaru, S.O., Georgi, L.L. and Harrison, R.E. (1993) Natural occurrence of entomogenous nematodes in Tennessee nursery soils. *Journal of Nematology* 25, 181-188.

Sandner, H. and Bednarek, A. (1987) Entomophilic nematodes in the Swietokrzyski National Park. *Fragmenta Faunistica* 31, 3-9.

Sansour, M.A. and Iraki, N.M. (2000) RAPD-PCR characterization of two strains of the entomopathogenic nematode *Heterorhabditis indica* isolated from Bethlehem, Palestine. In: Griffin, C.T., Burnell, A.M., Downes, M.J. and Mulder, R. (eds) *COST 819 Developments in Entomopathogenic Nematode/Bacterial Research*. European Commission, DG XII, Luxembourg, p. 240.

Shahina, F., Anis, M., Zainab, S. and Maqbool, M.A. (1998) Entomopathogenic nematodes in soil samples collected from Sindh, Pakistan. *Pakistan Journal of Nematology* 16, 41-50.

Singh, M., Sharma, S.B. and Ganga Rao, G.V. (1992) Occurrence of entomopathogenic nematodes at ICRISAT Center. *International Arachis Newsletter* 12, 15-16.

Smith, D. (2000) Legislation affecting the collection, use and safe handling of entomopathogenic microbes and nematodes. In: Navon, A. and Ascher, K.R.S. (eds) *Bioassays of Entomopathogenic Microbes and Nematodes*. CAB International, Wallingford, UK, pp. 295-314.

Smits, P.H. and Ehlers, R.-U. (1991) Identification of *Heterorhabditis* spp. by morphometric characters and RFLP and of their symbiotic bacteria *Xenorhabdus* spp. by species specific DNA probes. *Bulletin of the International Organization for Biological and Integrated Control of Noxious Animals and Plants* 14, 195-201.

Smits, P.H., Groenen, J.T.M. and DeRaay, G. (1991) Characterisation of *Heterorhabditis* isolates using DNA restriction fragment length polymorphisms. *Revue de Nematology* 14, 445-453.

Spiridonov, S.E. and Moens, M. (1999) Two previously unreported species of steinernematids from woodlands in Belgium. *Russian Journal of Nematology* 7, 39-42.

Spiridonov, S.E. and Voronov, D.A. (1995) Small scale distribution of *Steinernema feltiae* juveniles in cultivated soil. In: Griffin, C.T., Gwynn, R.L. and Masson, J.P. (eds) *COST 819 Biotechnology: Ecology and Transmission Strategies of Entomopathogenic Nematodes*. Luxembourg: European Commission, DG XII, pp. 36-41.

Stack, C.M., Easwaramoorthy, S.G., Metha, U.K., Downes, M.J., Griffin, C.T. and Burnell, A.M. (2000) Molecular characterisation of *Heterorhabditis indica* isolates from India, Kenya, Indonesia and Cuba. *Nematology* 2, 477-487.

Steiner, W.A. (1996) Distribution of entomopathogenic nematodes in the Swiss Alps. *Revue Suisse de Zoologie* 103, 439-452.

Stock, S.P. (1992) Presence of *Steinernema scapterisci* Nguyen et Smart parasitizing the mole cricket *Scapteriscus borellii* in Argentina. *Nematologia Mediterranea* 20, 163-165.

Stock, S.P. (1993) Description of an Argentinian strain of *Steinernema feltiae* (Filipjev, 1934) (Nematoda: Steinernematidae). *Nematologia Mediterranea* 21, 279-283.

Stock, S.P. (1995) Natural populations of entomopathogenic nematodes in the Pampean region of Argentina. *Nematropica* 25, 143-148.

Stock, S.P., Strong, D.R. and Gardner, S.L. (1996) Identification of *Heterorhabditis* (Nematoda: Heterorhabditidae) from California with a new species isolated from the larvae of the ghost moth *Hepialis californicus* (Lepidoptera: Hepialidae) from the Bodega Bay Natural Reserve. *Fundamental and Applied Nematology* 19, 585-592.

Stock, S.P., Choo, H.Y. and Kaya, H.K. (1997) First record of *Steinernema glaseri* Steiner, 1929 (Nematoda: Steinernematidae) in Asia, with notes on intraspecific variation. *Nematologica* 43, 377-381.

Stock, S.P., Pryor, B.M. and Kaya, H.K. (1999) Distribution of entomopathogenic nematodes (Steinernematidae, Heterorhabditidae) in natural habitats in California. *Biodiversity and Conservation* 8, 339-345.

Stock, S.P., Mracek, Z. and Webster, J.M. (2000) Morphological variation between allopatric populations of *Steinernema kraussei* (Steiner, 1923) (Rhabditida: Steinernematidae). *Nematology* 2, 143-152.

Stuart, R.J. and Gaugler, R. (1994) Patchiness in populations of entomopathogenic nematodes. *Journal of Invertebrate Pathology* 64, 39-45.

Sturhan, D. (1995) Studies on the sympatric occurrence of entomopathogenic nematodes. *Nachrichtenblatt des Deutschen Pflanzenschutzdienstes* 47, 54.

Sturhan, D. (1996) Seasonal occurrence, horizontal and vertical dispersal of entomopathogenic nematodes in a field. *Mitteilungen aus der Biologischen Bundesanstalt für Land- und Forstwirtschaft Berlin-Dahlem* 317, 35-45.

Sturhan, D. (1999) Prevalence and habitat specificity of entomopathogenic nematodes in Germany. In: Gwynn, R.L., Smits, P.H., Griffin, C., Ehlers, R.-U., Boemare, N. and Masson, J.-P. (eds) *COST 819 - Entomopathogenic Nematodes - Application and Persistence of Entomopathogenic Nematodes*. European Commission, Luxembourg, DG XII, pp. 123-132.

Sturhan, D. and Liskova, M. (1999) Occurrence and distribution of entomopathogenic nematodes in the Slovak Republic. *Nematology* 1, 273-277.

Sturhan, D. and Mracek, Z. (2000) Comparison of the *Galleria* baiting technique and a direct extraction method for recovering *Steinernema* infective stage juveniles from soil. *Folia Parasitologica* 47, 315-318.

Tarasco, E. and Triggiani, O. (1997) Survey of *Steinernema* and *Heterorhabditis* (Rhabditida: Nematoda) in southern Italian soils. *Entomologica* 31, 117-123.

Wang, G.H., Liu, N.X., Zhang, Z.Y. and Sha, C.Y. (1991) On the nematode *Steinernema glaseri* (Steiner, 1929) Chinese strain (C85011) from Guangdong Province, China. *Acta Zootaxonomica Sinica* 16, 129-132.

Waturu, C.N. (1998) Entomopathogenic nematodes (Steinernematidae and Heterorhabditidae) from Kenya. PhD thesis, University of Reading, UK, 191 pp.

Yoshida, M., Reid, A.P., Briscoe, B.R. and Hominick, W.M. (1998) Survey of entomopathogenic nematodes (Rhabditida: Steinernematidae and Heterorhabditidae) in Japan. *Fundamental and Applied Nematology* 21,185-198.

7 昆虫病原线虫生理学和生物化学

Denis J. Wright[1] 和 Roland N. Perry[2]

[1]*Department of Biology, Imperial College of Science, Technology and Medicine, Silwood Park, Ascot, Berkshire SL5 7PY, UK;* [2]*Plant Pathology Interactions Division, LACR- Rothamsted, Harpenden, Hertfordshire AL5 2JQ, UK*

7.1 引　言

本章以其他线虫的信息，尤其借鉴秀丽隐杆线虫（*Caenorhabditis elegans*）的内容，补充昆虫病原线虫的生理学和生物化学知识，重点研究了两方面内容。

首先，通过体外固体和液体培养方法对昆虫病原线虫进行大量生产的研究重心已转移到如何提高产量和线虫的品质方面。但是，与活体生产相比较，体外培养表明未来的研究要尽可能地了解线虫的生长过程、营养的需求和环境生理学。

其次，昆虫病原线虫的毒力依赖于各种各样的生物和非生物因素，并且重要的是要选择最适应的种群。提高昆虫病原线虫毒力的生理和生化特征在选择线虫种类过程中尤为重要。

7.2 繁　殖

斯氏线虫（*Steinernema*）和异小杆线虫（*Heterorhabditis*）只在 3 龄期具有侵染力，一旦侵入寄主体内，线虫将其体内携带的共生菌释放出来，线虫就开始在寄主的血腔内取食。

7.2.1 两性和孤雌生殖

斯氏线虫的侵染期线虫继续生长为具有繁殖能力的雌虫或雄虫，而异小杆线虫发育为外显雌性特征的雌雄同体。这两类线虫发育到第二代时都由雌虫和雄虫组成，雌雄交配产生第三代线虫，或是侵染期线虫。

异小杆线虫的雌雄同体期可以把部分卵产在体外。然而，大多数第二代异小杆线虫在母体内孵化发育，取食母体营养，结果导致母体死亡，侵染期线虫随即从虫体内爬出，即一种被称为“弑母体内卵发育（endotokia matricida）”的现象（Johnigk and Ehlers，1999）。这种现象同样发生在两性繁殖的斯氏线虫第二代的雌性母线虫体内，最初斯氏线虫雌虫产卵，但稍后也会出现弑母体内卵发育的现象。

被侵染的昆虫在 48h 内死亡，但因共生菌的存在，线虫可继续在死昆虫体内繁殖。Hui 和 Webster（2000）认为由共生菌发光光杆状菌（*Photorhabdus luminescens*）产生的抗生素，3,5-二羟基-4-异丙基二苯乙烯（3,5-dihydroxy-4-isopropylstilbene）可将其他微生物的竞争降低到最小，并且可防止感染异小杆线虫的大蜡螟（*Galleria mellonella*）虫体腐败。

7.2.2 进化和生态学

虽然斯氏线虫和异小杆线虫的生活史一样，但并不来源于同一个祖先。Blaxter 等（1998）认为线虫种群——斯氏线虫和异小杆线虫属于不同的进化枝（后者与秀丽隐杆线虫进化关系更近）。支持这两种线虫是各自独立进化的依据是它们具有不同的共生菌，异小杆线虫中是发光杆菌属（*Photorhabdus*），而斯氏线虫中是致病杆菌属（*Xenorhabdus*）。

致病杆菌属包含 5 个种，而发光杆菌属目前只有一个种的记载，但生物化学和分子方面的描述显示发光光杆状菌由许多不同的菌株组成（Han and Ehlers，1999）。不同种类共生菌之间的丰富度差异性与线虫的多样性相关，斯氏线虫的种类要多于异小杆线虫。个别的异小杆种类在全球都有分布，这可能与它们的雌雄同体繁殖方式有关，被单个的幼虫侵染就足以建立起种群（Hominick et al.，1996），这样其种群的基因多样性会随之减少。

异小杆雌雄同体线虫为 r-选择类生活史策略，满足被侵染昆虫体内快速繁殖的要求，但是斯氏线虫的生活史对策和孤雌生殖都难以满足要求。利用非两性的繁殖方式的优势很小。Glazer 所讲述的昆虫病原线虫的生存策略中，其中一种在这里值得讨论（见第 8 章）。弑母体内卵发育在不利的环境条件下是一种有效的保证发育的方式，它能够使线虫在外部食物缺乏的一段时间内形成具侵染力的线虫，结果在幼虫体内贮存足够的能量以供延长生命的需要（Johnigk and Ehlers，1999）。

7.3 发育生物学

Sulston 和 Horvitz 等（1977）对秀丽隐杆线虫的胚后和胚胎细胞分别进行了描述，但对其他线虫的发育生物学了解得还很少。

7.3.1 胚胎生物学

目前，关于昆虫病原线虫的胚胎发育方面的信息还很缺乏。根据秀丽隐杆线虫可确定胚胎形成是一个基本不变的血统遗传模式。第一次是不均匀分裂，并且早期的分裂形成 6 个“起始细胞”（分裂球）。这些细胞中有 3 种的后代本质上各成一类，其他几种的后代是混合细胞类型。

在多细胞动物发育上，细胞核受体起着实质性的作用，并且秀丽隐杆线虫被公认含有多于 200 个细胞核受体基因（转录因子）（Asahina et al.，2000）。在秀丽隐杆线虫（Schnabel and Priess，1997）中某些蛋白质识别要求有一定的细胞特异性，但是对胚胎形成过程中有关细胞间交互作用的分子方面的了解还很少（Leroi and Jones，1998）。Jones 和 Candido（2000）证实在秀丽隐杆线虫中正常的胚胎和胎后发育必须要有类泛素蛋白 NED-8 结合体系参与。

研究显示，某些线虫的胚胎发育存在较大差异（Leroi and Jones，1998；Schierenberg，2000）。在嘴刺目（Enoplida）中，早期分裂均匀携带变化位置的分裂球可持续到 8 细胞阶段，而且两端对称出现的现象比其他线虫稍晚（Malakhov，1998）。杆状线虫矮小拟丽突线虫（*Acrobeloides nanus*）对体细胞表达具有一种调节能力；现在认为细胞间交互作用的特异受体抑制剂确定了细胞的特异性，在秀丽隐杆线虫细胞特异性中存在这一现象（Wiegner and Schierenberg，2000）。

7.3.2 胚后生物学

过去线虫被认为是典型的细胞数量恒定的生物体，缺乏胚后细胞增殖，但现在已经明确了只有在小杆目（Rhabditida）和嘴刺目的某些组织中才会有这种现象（Leroi and

Jones，1998）。除了少数几种包括昆虫病原线虫在内的线虫，尽管不同种类之间存在差异，但在胚后发育过程中都包括 4 个幼龄期和 4 次蜕皮。对秀丽隐杆线虫胚后发育已进行了广泛的分子生物学研究，例如，利用 RNAi 干扰技术表明在胚胎形成过程中的细胞核受体基因 *nbr-25* 在蜕皮和性别分化中具有重要作用（Asahina et al.，2000）。

胚后发育需要考虑两个方面：①侵染期，侵染期幼虫是昆虫病原线虫生产和应用的关键时期；②性别决定，是株系选择和生产的最基本条件。

不摄取食物并滞育对许多杆状线虫种类是保持长期活性的一种常用策略（Glazer，参考本书第 8 章）。秀丽隐杆线虫在发育过程中保持长期活性的结构转变建立在对拥挤或饥饿的神经反应基础上，这些神经反应是通过给定的温度下测量持续的信息素获得的（类似短链羟基脂肪酸混合物），这种结构在线虫所有部位都可产生，并发出抑制食物摄取的信号。之后会恢复到正常状态，发育成 4 龄期幼虫。高温与形成侵染期幼虫密切相关。通常是在 1 龄期确定发育成侵染期幼虫，但有时 2 龄期幼虫在受到极端条件的影响下也可能转变成侵染期幼虫。2 龄线虫在滞育后如果环境条件改善了，还可继续发育到 3 龄幼虫（Riddle and Albert，1997）。

在秀丽隐杆线虫中，一种胰岛素受体信号传递路径调节成虫的寿命和侵染期线虫的结构（Ailion et al.，1999）。多于 30 个基因控制着侵染期幼虫的形成，这些遗传路径具有平行分支携带单独的纤毛结构基因（图 7.1）。这种方式能够综合两个来源不同的独立信号，产生对环境更精确的反应（Riddle and Albert，1997）。

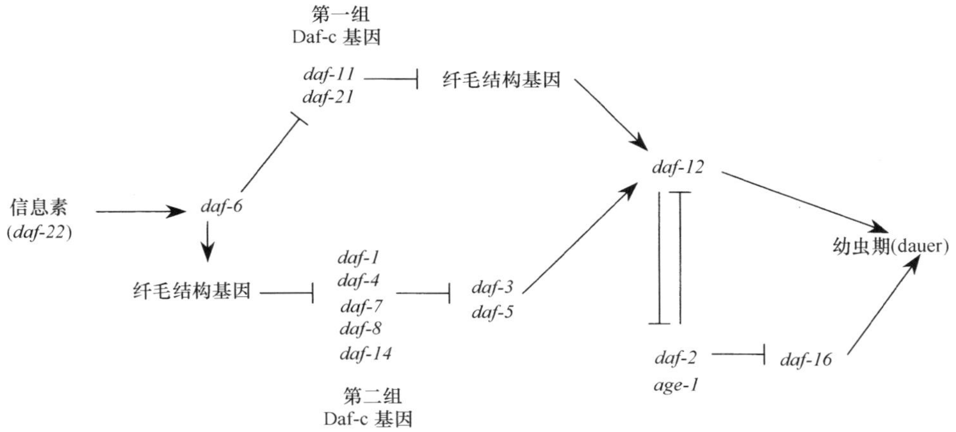

图 7.1　线虫形成侵染期幼虫（dauer）的遗传途径（Schackwitz et al.，1996，数据来自 M. N. Patel）

箭头表示正向调控关系；⊥表示逆向调控关系。Daf-组成性基因（Daf-c）包括 *daf-11*、*daf-21*、*daf-1*、*daf-4*、*daf-7*、*daf-8*、*daf-14* 和 *daf-2*。Daf-缺陷性（defective）基因（Daf-d）包括 *daf-22*、*daf-6*、*daf-3*、*daf-5*、*daf-12* 和 *daf-16*

纤毛结构（cilium structure）基因的突变（mutation）导致感觉纤毛（sensory cilia）产生反常现象。携带这种显性基因（phenotype）的幼虫有缺陷（Daf-d）。其他两个 Daf-d 的基因，*daf-22* 和 *daf-6* 在信息素（pheromone）生产和对环境的神经反应通路上为逆向（upstream）传导。

侵染期线虫构成的（Daf-c）突变甚至在缺乏信息素的时候也能促进侵染期线虫的形成。Daf-c 基因测序分析表明，该基因在蛋白生长的因素调节的细胞间信号转导过程中起作用：*daf-11* 编码横跨膜的胍基环化酶（guanyl cyclase），人们认为这种酶包含在神经信息转换中。

其他 Daf-c 的基因对下游（downstream）化学感受器具有作用，*daf-1*、*daf-4* 和 *daf-7*，包含在 β 转化生长因子（TGF-β）信号转换的路径中；*daf-7* 需要在环境中尚有足够食物的时候传递继续发育的信息。侵染期幼虫诱导的信息素抑制 *daf-7* 在神经中的表达，促进侵染期幼虫形成，恢复对食物信号的表达并促进侵染期幼虫的恢复（Ren et al.，1996）。*daf-8* 和 *daf-14* 编码细胞内蛋白（Smads），其他两类基因 *daf-3* 和 *daf-5* 的感受器在被 Smads 刺激的情况下，发挥相反的作用。

Daf-d 的基因 *daf-12* 在秀丽隐杆线虫位于控制持久幼虫结构及发育年龄和成虫寿命的假定基因路径的集中处（Antebi et al.，2000）。它编码一个与类固醇-甲状腺（steroids-thyroid）激素类似的核蛋白受体，这种核蛋白被认为是构成整体激素在细胞外的信号靶子以调节成虫的生活史特性。

秀丽隐杆线虫的中性脂肪在持续动态合成中受 DAF-2 和类似哺乳动物（mammalian）的胰岛素（insulin）或类似胰岛素的生长因子（growth factor）Ⅰ（IGF-Ⅰ）受体的调节，其中之一的胰岛素和 IGF 配合基可能是混合分子（Kawano et al.，2000）。DAF-2 运行通过 AGE-1 来实现，AGE-1 是一种磷酸酯-3-羟基激酶（phosphatidylinositol-3-OH kinase）的催化亚基，这种亚基通常通过络氨酸（tyrosine）激酶的信号传递路径而被激活。在高信息素水平下，*daf-12* 是活跃的，而 *daf-2* 则不活跃。来自 *daf-2* 和 *age-1* 下游的 Daf-d 基因 *daf-16* 是转录因子（transcription factors）Fork head 家族的成员。DAF-2 或 AGE-1 的信号级联（signaling cascade）修饰 DAF-16 的转录活性。

Tomalak 和 Mracek（1998）通过比较夜蛾斯氏线虫（*S. feltiae*）的突变体（mutant）与野生型侵染期特殊幼虫横截面形态学，观察到该突变体粗短的 *Sfdpy-1*、*Sfseg-1* 片段和双链与野生型在这两种片段上显著不同，结果显示这两种基因与侵染期线虫的角质层（cuticle）形成有关。

目前，急需昆虫病原线虫的侵染期幼虫基因路径的研究，因为研究侵染期线虫恢复发育的遗传路径具有特殊意义。在液体培养基中接种侵染期线虫，其低水平且不稳定的发育恢复可导致繁殖不稳定和龄期不一致。活体繁殖在 1-2d 可恢复约 95%，而在异小杆线虫的离体液体培养中，其恢复期持续时间长并且不一致。Ehlers 等（1998）报道，在实验室内将异小杆线虫用生物反应器（bioreactor）进行单菌生产时，由于侵染期幼虫恢复的差异（18%-90%）可导致最大产量相差 3 倍，达到最大密度的时间相差 2 倍。

侵染期幼虫的恢复由细菌的食物信号引发，这在离体培养中比活体繁殖更明显（Strauch and Ehlers，1998）。Grewal 等（1997）利用蝼蛄斯氏线虫（*S. scapterisci*）的侵染期幼虫与共生菌致病杆菌“S”组合进行单菌培养，以及和小卷叶蛾斯氏线虫（*S. carpocapsae*）与锐比斯氏线虫（*S. riobravis*）的共生菌组合，首次证明了共生菌致使侵染期线虫特异性恢复发育现象。虽然在所有的致病杆菌上都能发育，但对小卷叶蛾斯氏线虫及锐比斯氏线虫内的共生菌上侵染期幼虫的发育恢复受到显著的延迟和减少。

Jessen 等（2000）的研究显示 CO_2 可增强异小杆线虫侵染期幼虫的发育恢复力，但不是由于 CO_2 的浓度提高增加了酸度的结果。在一例结果中，食物信号出现后，侵染期幼虫表现出了明显的不同程度的恢复，这个研究结果显示在处置之前不同的诱导信号可以产生恢复反应的观点。如果这些效果发生在大型的生物反应器中，那么对 CO_2 的控制可以改进生物反应器的生产技术（Jessen et al.，2000）。

目前，只对秀丽隐杆线虫的性别决定机制进行了研究。与其他一些线虫相比，性别决定完全是由遗传型决定并且发生在胚胎形成早期（Leroi and Jones，1998）。主要机制是以性染色体与常染色体的比率为基础。比率为 1∶1 的个体发育成可独立受精的雌雄同体，0.5∶1 的个体发育成雄性。剂量补偿（dosage compensation）机制确保 X-连接的基因表达维持在相似的水平，并不受性染色体数量的影响（Parkhurst and Meneely，1994；Leroi and Jones，1998）。为保证个体存活，剂量补偿方式必须快速出现在胚胎形成早期。由于这种路径与性别决定路径相联系，性别决定也必须快速出现在发育早期。昆虫病原线虫种类和秀丽隐杆线虫的性别决定机制是否一样，或性染色体和剂量补偿的缺乏及基因决定性别的表达是否能够延迟到寄主胚胎发育等，这些都将是以后研究的主要内容（Leroi and Jones，1998）。

Kahel-Raifer 和 Glazer（2000）发现将异小杆线虫个体注入大蜡螟（*G. mellonella*）中，线虫发育成近似数量的雌虫、雌雄同体（35%-40%）和 20%-25%的雄虫，这三者所占的比例相似。增加昆虫中注入线虫的数量并不会明显改变这些比例。尽管如此，对小型寄主尸体来说雌雄同体的比例相当大。将雌雄同体个体在 NGM 琼脂培养基上培养，温度为 21-30℃时并不会影响性别分化。然而，饲养在高浓度酶中会减少雌雄同体的比例，这支持了营养来源是影响性别分化的主要因素的理论。

7.4 肌肉组织和神经生物学

我们对昆虫病原线虫的肌肉组织和神经系统的了解还不足。假设与其他线虫的基本特征一样（见 Bird and Bird，1991；Wright，and Perry，1998），Wood 等（1998）和 Riddle 等（1997）在其著作中描述了秀丽隐杆线虫这 2 个组织和系统的超微结构及分子水平。

线虫虫体肌肉呈倾斜条纹状并且由纺锤体（spindle，会收缩的肌小节）、一个不会收缩的细胞部分和臂状物（由细胞成分延伸到纵向的神经束或神经环）组成。在神经束之前每一个臂划分成一些“指”（finger），“指”再分为多重的纤细神经纤维，并接收神经元突触（synapse）刺激和抑制。线虫特殊的肌肉组织不具条纹（单一的肌小节）。

体肌肉单层纵向排列，单层由表皮束分成 4 个区。背部或腹部携带个别的肌肉神经突触，只限制身体屈曲背腹面；更多复杂的神经分布在侧面，连接前端和末端还有头部控制背-腹运动。大部分线虫通常的运动方式是正弦曲线波浪形式，由背部和腹部的肌肉组织交替收缩进行，这种收缩的动力来自线虫假腔的流体静力学骨架组织的膨胀压力。

昆虫病原线虫侵染期幼虫用身体摇摆、直立（nictating）及跳跃来增加寻找寄主的机会。摇摆发生在当身体有多于 30%的部分抬离地面时，突出特点是动作只有几秒钟（Campbell and Gaugler，1997）。摇摆是所有昆虫病原线虫的特征，但直立只在少数几种线虫中才会发生。线虫直立采用笔直的姿势是以它们弯曲的尾部寻找平衡；这样能够维持一段时间。跳跃在有些种类线虫的侵染期幼虫中是不常见现象。线虫以尾部着陆，当接触到某些刺激时就会跳跃，刺激来源包括寄主的某些挥发物。斯氏线虫迅速弯曲前半部分直到头部触及腹部，所触及的腹部区域是保持在被水膜覆盖的地方（Campbell and Kaya，1999a，1999b）。如果它的身体滑向腹部，弯曲角度将变得更大。身体弯曲力量来自表皮伸长，一边的肌肉组织压缩表皮，另一边肌肉充分削弱表面张力以保持两端同时运动。身体迅速伸直时，表面张力可保护表皮不会破裂，从而驱使线虫穿过空气。目前还不知道身体摇动、直立及跳跃是否要求一种肌肉组织来适应那些寄生在昆虫体内的线虫种，如黑索线虫（*Mermis nigrescens*）就是能够执行独特环形运动的线虫（Gans and Burr，1994）。特殊运动的线虫可能具有比下面介绍的典型简单运动的线虫更复杂的神经排列系统。

线虫神经系统本质上保守。秀丽隐杆线虫雌雄同体包含有302个神经元；成熟的雄虫有381个，雌虫的神经元数量与尾部区域的有性结构相关联。神经元有一简单、相关联的无支链的形态和单一间隙的交叉点，这些足够满足神经元之间的接合。多数神经元纵向运动，如腹部和背部的神经束和接合处。秀丽隐杆线虫的神经系统由两个大的独立部分组成，分别为咽系统（20个神经元）和更大的身体系统。

咽神经环占神经中枢系统的大部分，头部感觉器的神经运动过程在6个神经束和位于神经环的神经键之后进行。神经中枢细胞连接近尾部的感觉器，在头部区域，首先由4束体肌肉连接到神经环上的运动神经部分，接下来的4束肌肉分别连接到神经环和腹神经索的运动神经上，使得肌肉能够保持持续连接。多数神经传导过程中神经环与腹部神经束分离，其间的连接神经键位于肛门前的神经中心或受刺激的神经动力区。神经动力区排列在线形的序列中；某些神经传导过程运行在表皮上的背脊中央接合处，在此处贯穿前后背部神经束，后者很少连接神经元并且没有细胞部分。

乙酰胆碱（acetylcholine）和γ-氨基丁酸（amino butyric acid，GABA）是公认的线虫刺激和抑制神经传递素（neurotransmitter）（Rand and Nonet，1997；Wright and Perry，1998）。其他的假定线虫中神经传递素包括L-谷氨酸盐（L-glutamate）、多巴胺（dopamine）、5-羟色胺（hydroxytrptamine）和多种神经肽（neuropeptide）。酶可切除突出间隙的乙酰胆碱和乙酰胆碱酯酶（acetylcholinesterase），是有机磷酸酯（organophosphate）和氨基甲酸酯（carbamate）杀线虫剂的靶标位置（Wright，1981）。在一些种类的线虫中发现这种酶的不同分子结构，包括斯氏线虫（Arpagaus et al.，1992；Opperman and Chang，1992）。一些症状显示杀虫剂对线虫直立行为和侵染不利。比较增加直立次数的斯氏线虫和没处理过的线虫的氨基乙二酰（oxamyl）（100-500ppm[①]）含量，48h后，直立线虫的指标明显下降（Ishibashi and Takii，1993）。通过沙管生物测定可知，用50ppm的氨基乙二酰处理卵会减少小卷叶蛾斯氏线虫和夜蛾斯氏线虫对大蜡螟的穿透率（Patel and Wright，1996）。

7.5 感官生理学

Perry 和 Aumann（1998）及 Jones（2002）曾报道线虫感觉器和感觉的反应，包括

① $1ppm=1\times10^{-6}$

分子水平方面的感觉器结构细节，这些工作源于对秀丽隐杆线虫的研究。根据昆虫病原线虫行为方面的信息，Lewis 编写了《线虫的行为生态学》（参见本书第 10 章），了解其行为特征可有效用于昆虫控制策略。

与生物体之间相互作用相关的化合物为生物信息素，包括分别用于种间和种内传递的种间化合物及信息素。昆虫病原线虫似乎对寄主的化学信息有反应，尤其是那些在土壤中穿梭寻找寄主的线虫种类［"追击者"（cruiser）或"追寻者"（cruiser forager）］，它们对挥发的和不挥发的化学物质都有反应。无定向地寻找或包围搜索的行为包括任意移动，通常都是直线形运动和发生在缺乏引诱物如食物、异性或性诱剂时的随意运动；有方向性或在原地寻找行为发生在所处的空间对寻找寄主有利的条件下（Perry and Aumann，1998）。

二氧化碳是非特殊的引诱剂或称利它素（由接受者引发的有利反应），包括寄主对昆虫病原线虫的吸引（Gaugler et al.，1980）。Robinson（1995）就发现了格氏斯氏线虫（*S. glaseri*）受二氧化碳所吸引。昆虫病原线虫向二氧化碳源移动的特性曾被用于保护植物根表面不受植物内寄生线虫侵染的试验（Ishibashi and Choi，1991；Perry et al.，1998）。然而，植物内寄生线虫对寄主侵入的障碍可能不是由这种物理阻隔引起的，而是由于线虫所携带的共生菌所释放的氨（Grewal et al.，1999）。昆虫对二氧化碳的反应似乎还有其他诱导因子。已有现象证明，秀丽隐杆线虫对细菌释放的挥发性物质的反应过程中显示了这种调节的作用（Grewal and Wright，1992），这些次生代谢物质对昆虫病原线虫的作用是协同还是非协同作用有待进一步研究。

与二氧化碳一样，温度可能是一个普遍的诱因，温度是刺激线虫反应和可能确定寄主所在位置的因素。Robinson（1994）使用 3-D 生测系统模拟自然界的温度梯度波动进行试验，发现格氏斯氏线虫和嗜菌异小杆线虫（*H. bacteriophora*）的移动随机性较大，他推测这些线虫对温度自然模式变化的影响可能不如二氧化碳和寄主昆虫释放的化学物质大。

植物根系对线虫移动和寄主的寻找有重要影响。例如，线虫不受黑葡萄耳象（*Otiorhynchus sulcatus*）吸引，但是 Van Tol 和 Schepman（1999）认为异小杆线虫使用植物根系当作"快速通道"（highway）来寻找在根上取食的昆虫。根系对线虫的吸引复杂，而且是由土壤根围的许多因素综合导致。夜蛾斯氏线虫侵染期幼虫会对表面灭菌的和未灭菌的大蜡螟幼虫及西红柿幼苗根系做出积极的反应，但是对萝卜幼苗根系会做出消极反应；对萝卜苗根系的消极反应会随着表面灭菌而改变（Hui and Webster，2000）。Hui 和 Webster（2000）认为幼虫表皮和幼苗根系表面的微生物区系对昆虫病原线虫对寄主的搜寻起着明显的作用。

在短距离范围内像寄主昆虫所特有的化学物质等因素才会吸引线虫前来寄生，然而，目前的研究还没有明确昆虫产生的能导致侵染期线虫反应的化感物质的特性。昆虫病原线虫对某些寄主昆虫成分的反应已有研究。小卷叶蛾斯氏线虫被来自不同生境的 9 种昆虫强烈吸引，并朝着大蜡螟幼虫的位置移动，这些大蜡螟幼虫的头和肛门被封住，该现象表明化学引诱剂可能是大蜡螟幼虫表皮分泌的成分（Schmidt and All，1978）。线虫同样受到昆虫排泄物的吸引，但是对组成大蜡螟粪便的个别化合物和化合物的混合物的试验显示，由小卷叶蛾斯氏线虫产生的反应多样，包括积极和消极的趋性、有伴随尿酸的反应和综合行为反应（Schmidt and All，1979）。尽管如此，Lewis 等（1992）对该试验结果提出异议，认为靶标物与接种带太近，并且试验测定时间太长以至于无法分辨吸引和阻止之间的区别。Grewal 等（1993）已考虑到德国小蠊（*Blatella germanica*）粪便中氨的出现可能起到了避免线虫入侵的作用。

有研究显示，3 种寄主昆虫的血液是吸引小卷叶蛾斯氏线虫的引诱剂，但对寄主易感性的相应吸引百分率存在差别，并且与其他大多数易感寄主血液在感受性方面比较体现出不同的吸引量百分比，来自大多数易感寄主如纹白蝶（*Pieris rapae crucivora*）的血液最具吸引力（Khlibsuwan et al.，1992a）。线虫体表及化感器表面的碳水化合物可能在检测次生代谢物质时起作用（Khlibsuwan et al.，1992b）。分离和测试血液成分可以辨别其有效成分，这在寄主特异性方面可以提供更多的信息，并确定了这些成分如何传到寄主表面。

虽然化学信息素可确保线虫找到合适的寄主，但一些研究显示大部分自由生活的昆虫病原线虫幼虫不具有侵染性。已有一种假设提前解释了这种显然是自相矛盾的论点，即线虫与寄主混合体的某些部位产生一种抑制剂，导致侵染期幼虫在这种环境不侵染寄主（Glazer，1997）。Fairbairn 等（2000）利用大蜡螟-夜蛾斯氏线虫（*G. mellonella -S. feltiae*）体系已经证明被侵染的大蜡螟释放一种化学物质或异源激素（allomone）（由接受者诱发一种消极反应）到环境中，以抑制后发侵染。如果同一个昆虫被不只一种线虫侵染，那么就能够导致昆虫体内所有的线虫死亡，这是由于共生菌致病杆菌（*Xenorhabdus*）有机体之间的不相容性，而异源激素的释放可避免有害的种间竞争。另一种异源激素已经被鉴别出是杀线虫的 α-三联噻吩（α-terthienyl）混合物。万寿菊属（*Tagetes* spp.）根部产生 α-三联噻吩，已被用于抑制某些植物性线虫群体；α-三联噻吩同样可用于阻碍小卷叶蛾斯氏线虫的侵染（Kanagy and Kaya，1996）。

显然，针对昆虫病原线虫对寄主化敏感物质反应的认识断断续续，寄主和非寄主昆虫释放的挥发和不挥发物质的化学比较研究，需要确定这些寄主是否具有特有的引诱剂。类似地，需要比较不同线虫种对来自个体昆虫化学物质的反应，决定是否有适当的引诱剂能够与线虫的致病性相关联。非挥发化学物质对昆虫病原线虫的行为影响的评估需要被其他技术补充，如用电生理学分解神经元反应，这已经被用于其他线虫的研究中（Perry，2000）。需要补充的是结合感官行为检查基因结构将要求具有比目前可利用的更广泛的线虫生理和生物化学方面的知识。

7.6 生 物 合 成

除了脂类和碳水化合物，对昆虫病原线虫生物合成过程了解得非常有限。

7.6.1 氨基酸与相关化合物

有关线虫不能合成必需氨基酸的问题，已经有报道，针对一些线虫种类在完全无菌的特定培养基质条件下开展了营养学研究（Vanfleteren，1980）。例如，秀丽隐杆线虫和 *C. briggsae* 需要精氨酸（arginine）加上哺乳动物必需的 9 种氨基酸才能正常生长。研究昆虫病原线虫对营养的要求是为了能够单菌繁殖该线虫。

放射性同位素 ^{14}C 示踪乙酸盐（acetate）已被直接用于研究氨基酸的从头合成途径（*de novo* synthesis），一些植物寄生种类也被发现可用生物合成方法合成化合物，这些化合物在哺乳动物体内是必要的（Chitwood，1998）。对线虫中包括氨基酸合成路径了解得很少，已经从杆状线虫全齿复活线虫（*Panagrellus redivivus*）中纯化出来了新型胱硫醚 β-合成酶，这种酶能够催化同型半胱氨酸（homocysteine）与丝氨酸（serine）或者半胱氨酸（cysteine）合成胱硫醚。这种物质和来自哺乳动物的类似物质不同，说明在线虫中硫氨酸代谢途径是不同的（Papadopoulos et al.，1996）。一个参与半胱氨酸生物合成的 *S*-腺苷半胱氨酸（*S*-adenosylhomocysteine）水解酶的基因编码已经在秀丽隐杆线虫中被鉴别出来（Prasad et al.，1993）。

一些氨基酸和相关化合物，如 L-谷氨酸盐、GABA、多巴胺和 5-羟色胺是假定的线虫神经传递素（neurotransmitter）。Rand（1997）及 Wright 和 Petty（1998）分别对这些化合物在秀丽隐杆线虫中的合成做了详述。Chitwood（1998）阐述了其他与氨基酸有关的化合物生物合成。

7.6.2　核酸和蛋白质

像大多数生物一样，线虫也能够合成嘌呤（purine）和嘧啶（pyrimidine）碱，但是对线虫体内核苷一磷酸（nucleoside monophosphate）生物合成的研究甚少。对线虫的核苷三磷酸（nucleoside triphosphate）循环的核苷生物合成的研究也有限（Chitwood，1998）。线虫 DNA 和 RNA 聚合酶的研究集中在秀丽隐杆线虫（*C. elegans*）（Riddle et al.，1997）。许多转录因子已经在秀丽隐杆线虫中被确定（参见本章 7.3）。Anderson 和 Kimble（1997）综述了秀丽隐杆线虫蛋白质合成的翻译机制。

7.6.3　碳水化合物

糖原（glycogen）是线虫体内主要的贮存能量的碳水化合物（参见本章 7.7）。线虫在脱水或冰冻的环境下能够合成一些特殊的糖，如海藻糖（trehalose）和相关化合物、纤维醇（inositol）和甘油（glycerol）等（见 Glazer，本书第 8 章）。海藻糖在有些线虫体内或孵化过程中同样起着储备能量的作用（Behm，1997；Perry，2002）。这些化合物的合成通常来自贮存的糖原和/或中性油脂（neutral lipid）；中性油脂还参与乙醛酸循环（glyoxylate cycle）中的海藻糖合成（参见本章 7.7 节）。海藻糖合成中的酶来自大多数生物的葡萄糖，已经在线虫中发现了海藻糖 6-磷酸盐合成酶（phosphate synthase）和海藻糖 6-磷酸磷酸酶（phosphatase）（Behm，1997）。在食真菌类线虫燕麦真滑刃线虫（*Aphelenchus avenae*）中，限定速率阶段似乎就是海藻糖 6-磷酸盐（phosphate）形成的过程（Madin and Crowe，1975）。

Qiu 等（1999）指出小卷叶蛾斯氏线虫（*S. carpocapsae*）侵染期幼虫在低温条件下合成海藻糖而不合成甘油。在一些其他昆虫病原线虫中，经低温诱导后线虫体内的海藻糖增加，显示出这是线虫普遍存在的一种生存机制。线虫在感应低温和防御过程中的糖原和蛋白质水平显示出糖原并不合成海藻糖，但脂类（lipid）和/或蛋白质可合成海藻糖。

Qiu 等（2000a）发现小卷叶蛾斯氏线虫暴露在脱水环境下会合成甘油和海藻糖，糖原贮存似乎在脱水和水化过程中起到一种保护剂缓冲液的效果，但是脱水过程中主要的生物合成路径似乎是脂类和蛋白质而不是糖原。

7.6.4 脂类

中性的脂类包括三酰甘油（triacylglycerol）（主要的能量储备物质，参见本章 7.7 节）、二酰甘油（diacylglycerol）、自由脂肪酸（free fatty acid）、脂肪酸固醇酯（sterol ester）和自由固醇（free sterol）。磷脂在细胞膜中占最大比例，它通常由一个甘油分子、两个脂肪酸、磷酸（phosphoric acid）和乙醇（alcohol）衍生而来，如胆碱（choline）、氨基乙醇（ethanolamine）或纤维醇（inositol）。斯氏线虫（*Steinernema*）侵染期幼虫在磷脂组成成分中，磷脂酰乙醇胺（phosphatidylethanolamine）和磷脂酰胆碱（phosphatidylcholine）约占 40%和 30%，特别是在整个磷脂（phospholipid）中，磷脂酰丝氨酸（phosphatidylserine）和磷脂酰纤维醇（phosphatidylinositol）占的比例大于 25%（Patel and Wright，1997c）。其他磷脂还包括糖脂类（glycolipid）、脂蛋白（lipoprotein）和蛋白脂质（proteolipid）（Chitwood，1998）。对昆虫病原线虫来说，侵染期幼虫体内脂的性质和数量对线虫的生存能力和侵染力有重要的影响，因此，对商业化生产极为重要（参见本章 7.7.2 节）。

在大多数自由生活的线虫、植物寄生线虫和昆虫寄生线虫中，C18 脂肪酸占主导地位，但饱和脂肪酸与不饱和脂肪酸（unsaturated fatty acid）在各种类中所占的比例不同。在大多数植物寄生性线虫中，不饱和脂肪酸占主导地位（75%-92%）。昆虫病原线虫中不饱和脂肪酸含量在 35%-62%水平（Selvan et al.，1993a，1993b）和 26%-37%（Fodor et al.，1994；Patel and Wright，1997b）水平，这种不同应归因于所取食的脂质。

通过食物控制线虫中脂肪的含量和品质来增强存储期间线虫的存活能力和侵染力具有相当大的潜能。Abu Hatab 等（1998）发现，格氏斯氏线虫（*S. glaseri*）在日本丽金龟（*Popillia japonica*）（一种自然寄主）体内生长会堆积大量的总脂肪、磷脂和固醇，其数量比在大蜡螟（人为寄主）中寄生的线虫、土壤中的线虫和脂肪培养基中的线虫要多。C18 脂肪酸的含量与生产方法无关，但是活体生产线虫，主要为油酸（oleic）（18:1），因此，油酸（18:1）和亚油酸（linoleic）（18:2）占主导地位。类似，Abu Hatab 和 Gaugler（1999）发现异小杆线虫在日本丽金龟中寄生或固体培养时，脂肪积聚量最多。通过测量液体条件下培养线虫的脂肪发现，磷脂酰甘油具有较高的含量，然而，固体培养线虫的脂肪中，磷脂酰胆脂和磷脂酰乙醇胺占有较大的比例，离体培养的线虫饱和脂肪酸与不饱和脂肪酸比例较低。

温度也能影响脂肪的组成成分。Abu Hatab 等（1997）发现锐比斯氏线虫在高温下（30℃）生长时会产生更多的饱和脂肪酸，并且指出这种现象可能是线虫为了忍受高温所致。Jagdale 和 Gordon（1997）比较循环或贮存在 5-25℃条件下的小卷叶蛾斯氏线虫（*S. carpocapsae*）、锐比斯氏线虫和夜蛾斯氏线虫（*S. feltiae*）的脂肪酸张力，在所有的张力中，总脂肪的不饱和指标（UI）在低温下较高，磷脂的 UI 值除锐比斯氏线虫外也较高，锐比斯氏线虫在低温下生理适应水平较其他两种低。UI 值升高主要是由于不饱和脂肪酸增加而降低饱和脂肪酸比例，尤其是棕榈酸（十六烷酸 palmitic）（16:0）和硬脂酸（Steari）（18:0）的增加。

研究 *C. briggsae*、全齿复活线虫（*P. redivivus*）和醋线虫（*Turbatrix aceti*）时显示，与大多数多细胞动物（metazoan）不同，线虫能够合成脂肪酸（Chitwood，1998）。Watts 和 Browse 等（2000）指出由大蜡螟生物合成多不饱和脂肪酸过程的起始位置与饱和脂肪酸 Delta 9 的位置双重结合。他们确定了 3 个控制脂肪酸的基因：FAT-6 和 FAT-7 容易使硬脂酸（18:0）和棕榈酸（16:0）不饱和，而 FAT-B 是一个异常的棕榈酰-辅酶 A-特殊膜，它可使 Delta 9 位置酶作用导致硬脂酸不饱和。同位素（isotope）试验已显示小卷叶蛾斯氏线虫侵染期幼虫不具脂肪生成功能。

7.7 媒介的新陈代谢

除寄生脊椎动物（vertebrate）时期外，中性脂肪是线虫体内的主要能量贮存库，一般糖原（glycogen）处于主导地位（Barrett and Wright，1998），海藻糖（参见本章 7.6.3 节）和葡萄糖的数量情况也已经被报道。

7.7.1 碳水化合物的分解代谢

目前，已经揭示所有线虫在需氧和厌氧条件下利用糖原的方式。小卷叶蛾斯氏线虫侵染期幼虫在有氧条件下糖原和脂质不同的下降速率导致糖原成为成虫个体的主要能量贮存形式（Wright et al.，1997；Qiu and Bedding，2000a；Qiu et al.，2000b）。在无氧条件下，小卷叶蛾斯氏线虫停止活动但能利用糖原和海藻糖存活数日（Qiu and Bedding，2000b）。糖酵解酶（glycolytic enzyme）在许多线虫的体内被发现，包括昆虫病原线虫和小杆线虫种类（表 7.1）。碘乙酰胺（iodoacetamide）是一种糖抑制剂，在全齿复活线虫混合时期对线虫是有毒性的（Butterworth et al.，1989），当糖原是主要能量贮存库时，能可逆地降低长期贮存的小卷叶蛾斯氏线虫侵染期线虫的侵染力（Patel and Wright，1997a）。通过研究小卷叶蛾斯氏线虫体内糖分解（glycolytic）酶和氧化（oxidative）酶发现，它是一种典型的兼性需氧微生物（facultative aerobe）（Shih et al.，1996）。

表 7.1 小杆线虫的糖酵解酶

线虫种类	酶
Caenorhabditis briggsae	1，3-7，13，14
Caenorhabditis elegans（成虫）	1，4，7，13，15
Caenorhabditis elegans（侵染期线虫）	1，4，7，11，13
Panagrellus redivivus	5-7，11-14
Steinernema carpocapsae（侵染期线虫）	2-4，11-14，16
Steinernema feltidae（侵染期线虫）	2，3，14，16
Turbatrix aceti	3，5，6，8-13

注：1. 己糖激酶；2. 葡萄糖磷酸变位酶；3. glucosephosphate 异构酶；4. 磷酸果糖激酶；5. 醛缩酶；6. 磷酸丙糖异构酶；7. 甘油醛-3-磷酸脱氢酶；8. 磷酸甘油酸盐激酶；9. 磷酸甘油变位酶；10. 磷酸烯醇丙酮酸盐；11. 丙酮酸盐激酶；12. 乳酸脱氢酶；13. 果糖-1,6-bisphosphatase；14. 甘油-1-磷酸脱氢酶；15. 乙醇脱氢酶；16. 甘露糖-6-磷酸异构酶

线虫中的戊糖路径（pentose pathway）（在哺乳动物中的核苷酸合成）受限于前两种酶：葡萄糖-6-磷酸盐脱氢酶和 6-磷酸葡萄糖脱氢酶。后者在小卷叶蛾斯氏线虫和夜蛾斯氏线虫中都有发现（Barrett and Wright，1998）。

一些三羧酸（tricarboxylic acid, TCA）循环酶（cycle enzyme）在包括小卷叶蛾斯氏线虫和夜蛾斯氏线虫在内的小杆目中已得到了证实，带有 ^{14}C 标记的秀丽隐杆线虫、*Rhabditis anomola*、全齿复活线虫和醋线虫孵化后的与三羧酸（TCA）循环功能一致（Barrett and Wright，1998），在秀丽隐杆线虫的幼虫发育到成虫阶段期间，观察到了三羧酸（TCA）循环活力在增加（Wadsworth and Riddle，1989）。

乙醛酸（glyoxylate）循环系统使来自脂肪酸的β-氧化的乙酰基（acetyl）辅酶 A 能够用于糖异生合成，在多胞动物中，只在线虫中有所发现。在酶体系中，异柠檬酸裂合酶（isocitrate lyase）和苹果酸合成酶（malate synthase）在 TCA 系统中绕过脱羧阶段，催化纯粹的异柠檬酸和乙酰基辅酶 A 转化为琥珀酸（succinate）和苹果酸。在秀丽隐杆线虫中这些酶由单一基因编码并表达成单一的具有两种不同功能的多肽（polypeptide）（Liu et al.，1995）。酶循环过程在燕麦真滑刃线虫（*A. avenae*）、全齿复活线虫、醋线虫、*R. anomola*、*C. briggsae* 和小卷叶蛾斯氏线虫侵染期幼虫体内存在功能性（Barrett and Wright，1998），在这个过程中海藻糖和糖原主要由脂肪再合成（Qiu et al.，2000b；Qiu and Bedding，2000b）。乙醛酸酶活性不断进行调节，秀丽隐杆线虫酶体系在晶胚（embryos）和 1 龄幼虫期最活跃，并且主要集中在中肠和肌肉处（Liu et al.，1997）。酶体系在水栖生物（anhydrobiotic）线虫体内脂质转化为碳水化合物（carbohydrate）过程中可能很重要（参见本章 7.6.3 节）。

在自由生活和寄生性线虫的生产中，无氧条件是限制性因子。在周期性暴露于无氧气条件下的有机体中，终端生产的碳水化合物再合成酶对线虫长期保持在地下环境很重要。秀丽隐杆线虫属和全齿复活线虫产生多种化合物，包括乙醇、甘油和乙酸盐（Barrett and Wright，1998）。在全齿复活线虫体内，乙醇产生包括一部分丙酮酸脱氢酶（pyruvate dehydrogenase）联合体的反应。无氧气条件下，全齿复活线虫线粒体使丙酮酸（pyruvate）转变成乙醛（acetaldehyde），后者在 NADH-链的乙醇脱氢酶（alcohol dehydrogenase）作用下还原成乙醇。乙醛的形成受到 ATP 和 NAD^+等许多生理因子的调控（Barrett and Butterworth，1984）。

中间产物如乙醇或甘油，对自由生活线虫和植物寄生线虫的作用仍不清楚。甘油能够轻易地被再合成碳水化合物和甘油，当酶作用物处于高水平时可能因此表现“溢出”（overflow）型新陈代谢（Barrett，1984）。由乙醇再合成碳水化合物过程更复杂且包括乙醛酸体系。小卷叶蛾斯氏线虫与寄生在脊椎动物体内的线虫类似，会在无氧条件下分泌琥珀酸，同时琥珀酸、丙酸酯（propionate）、乙酸盐（acetate）和乳酸盐在组织中堆积（Thompson et al.，1991）。目前，对琥珀酸合成路径了解得还很少，但可能与寄生在脊椎动物体内的线虫种类相同，包括二氧化碳固定和一部分相反的 TCA 体系（Barrett，1981）。

7.7.2 脂类的分解代谢

目前已研究了自由生活线虫、植物寄生线虫和昆虫病原线虫的脂肪在有氧条件下的利用情况（Barrett and Wright，1998；Patel et al.，1997）。三酰甘油片段（总脂质中占70%-80%）试验结果显示，三酰甘油被利用并且有某些现象指出饱和脂肪酸优先产生代谢变化（Selvan et al.，1993a，1993b；Holz et al.，1998）。Patel 等（1997b）报道小卷叶蛾斯氏线虫、夜蛾斯氏线虫、锐比斯氏线虫和格氏斯氏线虫侵染期幼虫在贮藏期优先利用 C18:1n9、C16:0 和 C18:0。除了小卷叶蛾斯氏线虫（参见本章 7.7.1 节），斯氏线虫属侵染性下降与中性脂肪贮存量下降有关（Patel et al.，1997）。Fitters 等（1999）推算出欧洲西北部的异小杆线虫属贮存期的脂肪酸成分，并发现贮存期 UI 值增加，这再一次支持了饱和脂肪酸优先利用的观点。

甘油酯（acylglyceride）被水解为脂肪酸后，脂肪酸通过 β-氧化方式降解为乙酰基辅酶 A、NADH 和还原性的黄素蛋白（flavoprotein）。β-氧化酶已被证明存在于全部或部分种类中，包括秀丽隐杆线虫、全齿复活线虫和醋线虫；全齿复活线虫和其他两种线虫的功能路径已被证实（Barrett and Wright，1998）。

7.7.3 氨基酸分解代谢

Caenorhabditis briggsae 和三形茎线虫（*Ditylencbus triformis*）已被证明在饥饿状态下利用蛋白质形式贮存能量，并发现在一些饥饿状态下植物寄生线虫的侵染期幼虫利用蛋白质的迹象（Barrett and Wright，1998）。氨基酸分解代谢（amino acid catabolism）的第一阶段包括由转氨作用或去氨基驱使的氨基团（amino group）移动。全齿复活线虫是唯一被充分研究的自由生活线虫（Grantham and Barrett，1986a）。其主要的转氨酶（transaminase）出现在 2-氧化戊二酸（oxoglutarate）/戊二酸（glutarate）体系中，并携带少量的氨基酸作为丙酮酸（pyruvate）/丙氨酸（alanine）和草酰乙酸（oxaloacetate）/天冬氨酸（aspartate）体系的原料物质。它能氧化使一定范围的 L-氨基酸脱去氨基，但 D-氨基酸氧化酶的活性低。值得注意的是，不具氧化特性的脱氨基，如丝氨酸（serine）和苏氨酸（threonine）水合酶（hydratase）也同样出现。一般来说，在许多其他有机体中促进氨基酸转氨基和脱氨基的能力相似。丙氨酸（alanine）氨基转移酶已在全齿复活线虫和夜蛾斯氏线虫中表现出特性（Walker and Barrett，1991），而且也有研究报道了夜蛾斯氏线虫和小卷叶蛾斯氏线虫中的天冬氨酸（aspartate）氨基转移酶的活性（Jagdale et al.，1996）。

氨基酸的碳骨架被转换到糖分解或 TCA 媒介体系中，最终形成二氧化碳。已证明在全齿复活线虫中脯氨酸（proline）分解代谢过程都含有这 3 种酶（Grantham and Barrett，1986b）。这个种类也能异化支链氨基酸——亮氨酸（leucine），在哺乳动物肝脏中发现异亮氨酸（isoleucine）和缬氨酸（valine）也具有相似的分解路径。

线虫是典型的水生动物（aquatic animal），排泄物中有 40%-90%的氮是非蛋白氮，如氨（ammonia）（Wright，1998；Thaden and Reis，2000）。专家认为侵染期幼虫的主要氮排泄物经由体壁排泄，这点却和其他线虫种类相似，尽管排泄物也有可能通过排泄孔排出体外（Wright，1998）。侵染期幼虫 2 龄体壁可能不会阻止氨排泄。

7.7.4 细胞色素链

在线粒体中，NADH 和还原的黄素蛋白在氧减少时被细胞色素链（cytochrome chain）

氧化成水和 ATP，这在多数线虫种类中都被证实过，腺苷酸核苷酸水平（ATP、ADP、AMP）在多种线虫中测到过，包括小卷叶蛾斯氏线虫（Thompson et al.，1991，1992）。精氨酸磷酸盐（arginine phosphate）或精氨酸激酶（arginine kinase）在有些种类线虫中已有发现，包括小卷叶蛾斯氏线虫、夜蛾斯氏线虫和锐比斯氏线虫（Thompson et al.，1992；Jagdale et al.，1996）。

细胞色素 $a^{+}a3$ 和许多其他细胞色素已在某些自由生活线虫和植物寄生线虫中发现（Barrett and Wright，1998）。燕麦真滑刃线虫（*A. avenae*）线粒体片段显示 ADP 与氧的比值是 1.4-2.2，这与正常线粒体中的相似，秀丽隐杆线虫中酶作用物和抑制剂的反应与线粒体的细胞色素链也相似。已有大量数据描述秀丽隐杆线虫内 b-类型的细胞色素，而且在这个种类线虫中或存在一种氰化物，它对线虫氧化酶没有反应，然而对哺乳动物的细胞色素氧化酶却有反应。选择性的氧化酶可能不与细胞色素链相连，但可能是膜束缚的 NADH 黄素蛋白氧化酶（flavoprotein oxidase）与细胞色素链相连（Barrett and Wright，1998）。

7.7.5 新陈代谢调控

秀丽隐杆线虫持久幼虫与非持久性幼虫相比的一个关键特征是它们有较长的寿命，与其他幼虫相比，它们新陈代谢较慢，并且能量贮存较大（Albert and Riddle，1998）。在非持久幼虫中，DAF-2 信号传输促进生殖生长与食物的利用和相关的小能量贮存。*daf-2* 突变异种体内，脂肪和糖原质量大量地增加（Kimura et al.，1997）。较少的 *daf-2* 和 *age-1* 突变种不形成持久幼虫，但其寿命仍高于野生种（Morris et al.，1996），这表明哺乳动物的寿命调控是通过热量限制，类似于胰岛素（insulin）代谢物的相似物，从而延长寿命（Kimura et al.，1997）。Ogg 等（1997）指出突变体缺失位于 *daf-2* 和 *age-1* 下游的 *daf-16*，绕开对上述路径的需求。因此，DAF-2/AGE-1 信号传递的主要任务是与 DAF-16 相对抗，是调节关键代谢和控制发育基因的一种因素。

时间表达突变基因 *clk-1* 和 *gro-1* 在一定程度上影响秀丽隐杆线虫的能量生产，尤其是控制能量消耗，因此减少合成代谢的新陈代谢速率能延长寿命（Braneckman et al.，2000）。

减少秀丽隐杆线虫新陈代谢速率的环境条件同样能够延长寿命。Van Voorhies 和 Ward（1999）发现，长时期存活的秀丽隐杆线虫变异种的新陈代谢的速率比野生种低，而当此变异种恢复正常寿命后，其新陈代谢的速率也恢复正常。因此，有些变异种增加的寿命可能归因于它们新陈代谢速率的降低，而非改变基因路径。

7.8 渗透和离子调控

目前，已知许多种线虫具有低于或高于环境渗透性的渗透调节能力（Wright，1998）。这对线虫来说尤其重要，这要归因于它们的水晶体骨架；如果在水中改变渗透性导致体长超过 *c*.15%则会削弱线虫移动能力。在土壤溶液中，自然变化和农业的输入会产生渗透压的变化（Bednarek and Gaugler，1997）。渗透性波动可在上层土壤中发生，此处单一的蒸发速率就可对渗透压产生巨大影响。植物叶片上，昆虫病原线虫的侵染期幼虫通过水溶液喷洒，这些线虫暴露在由水分蒸发而增加的渗透压下。

目前，对昆虫病原线虫渗透调节的研究甚少，尽管高于环境渗透压的规律预示着许多线虫种类能够存活于蒸馏水中（Thurston et al.，1994；Patel et al.，1997）。人们认为在昆虫中寄生的侵染期幼虫和其他时期的幼虫可能具有调节低于环境渗透性的能力，并且经常在沿海的沙土中发现异小杆线虫属，线虫在此处感受着高盐环境。

Piggott 等（2000）在一个补充不同浓度氯化钠盐溶液平衡的溶液中，测定了印度异小杆线虫（*H. indica*）侵染期幼虫和两个从马来西亚分离的斯氏线虫属的水分含量。印度异小杆线虫和斯氏线虫属线虫 SSL85 品系的低渗调节出现在 1000mOsm/kg，这表明，即使在土壤和植物内具有高浓度的溶解物时，线虫的渗透调节能力依然具有侵染力。斯氏线虫属 M1 品系的水容量调节的数据很少。这些不同可能与各自独立的生活环境有关。斯氏线虫属 M1 品系是在马来西亚中部的土壤黏重且潮湿的土壤中发现的，其他线虫是从沿海的沙土中分离得到，这似乎显示渗透压下的波动归因于排泄、蒸发和海水影响。

侵染期幼虫在高于环境渗透压的土壤水溶液中存活可能主要归因于被动的机制（Womersley et al.，1998）。嗜菌异小杆线虫（*Heterorhabditis bacteriophora*）卵处在高于环境渗透压的钠盐溶液中相较处在渗透性相对平衡的盐溶液中，幼虫调节身体长度的能力下降（S. J. Piggott，未发表的数据，Ascot，英国，2000），这标志着特殊的离子机制。Marra 等（1993）提出一个假定的 Na^+/K^+未封闭序列，用以描述 cDNA 在秀丽隐杆线虫的水通道（Kuwahara et al.，1997）和一个基因（*flr-1*）编码的特异的 Na^+通道（Take-uchi et al.，1998），这可能会引起人们的兴趣——关于秀丽隐杆线虫如何调控水和钠离子活性。

表皮渗透性是决定线虫在缺水条件下存活能力的一个关键因素，包括侵染期幼虫（见 Glazer，本书第 8 章）。可耐干燥的夜蛾斯氏线虫品系已被指出具有标志性的忍受渗透压的能力。然而，缺乏耐干燥能力的品系可以在适度的情况下忍受渗透压（Piggott，未发表的数据，Ascot，英国，2000）。这表明在线虫体内没有一个必需的通道控制水流失，其主要取决调节适于干燥生存的渗透作用和机制。比较一种忍受干燥的野生型大异小杆线虫，其忍受水蒸发流失的能力很强，这与体表较强的负电荷有关（O'Leary et al.，1998），但这也不能揭示在高渗透压条件下调节水容量能力之间的关系（Piggott et al.，2000）。

7.9 总　　结

有关昆虫病原线虫生理学和生物化学方面的信息很零散。基本的研究应该是扩充线虫生物学方面的知识，这在商业应用上很重要。在许多方面对昆虫病原线虫的了解来自于对秀丽隐杆线虫的研究。对秀丽隐杆线虫的基因组学和后基因组学的研究使得有关昆虫病原线虫广泛的基因和基因路径的功能被揭示出来，尤其感兴趣的将是侵染期线虫的形成、发育，以及诸多关于其生理生化过程的分子遗传学。

致谢

感谢 Mavji Patel 博士。感谢 Leverhulme Trust 在 ICSTM 线虫工作上提供的资助，感谢农业、水产和食品部，感谢英国生物技术和生物学科学研究委员会（BBSRC）的支持和帮助，以及来自欧盟提供的昆虫病原线虫其他方面的资助。

参考文献

Abu Hatab, M.A. and Gaugler, R. (1997) Influence of growth temperature on fatty acids and phospholipids of *Steinernema riobravis* infective juveniles. *Journal of Thermal Biology* 22, 237–244.

Abu Hatab, M.A. and Gaugler, R. (1999) Lipids of *in vivo* and *in vitro* cultured *Heterorhabditis bacteriophora*. *Biological Control* 15, 113–118.

Abu Hatab, M.A., Gaugler, R. and Ehlers, R.U. (1998) Influence of culture method on *Steinernema glaseri* lipids. *Journal of Parasitology* 84, 215–221.

Ailion, M., Inoue, T., Weaver, C.I., Holdcraft, R.W. and Thomas, J.H. (1999) Neurosecretory control of aging in *Caenorhabditis elegans*. *Proceedings of the National Academy of Sciences USA* 96, 7394–7397.

Albert, P.S. and Riddle, D.L. (1988) Mutants of *Caenorhabditis elegans* which form dauer-like larvae. *Developmental Biology* 126, 270–293.

Anderson, P. and Kimble, J. (1997) mRNA and translation. In: Riddle, D.L., Blumenthal, T., Meyer, B.J. and Priess, J.R. (eds) C. elegans *II*. Cold Spring Harbor Laboratory Press, Cold Spring Harbor, pp. 185–208.

Antebi, A., Yeh, W.H., Tait, D., Hedgecock, E.M. and Riddle, D.L. (2000) *daf-12* encodes a nuclear receptor that regulates the dauer diapause and developmental age in *C. elegans*. *Genes and Development* 14, 1512–1527.

Arpagaus, M., Richier, P., Bergé, J.-B. and Toutant, J.-P. (1992) Acetylcholinesterases of the nematode *Steinernema carpocapsae*. Characterization of two types of amphiphilic forms differing in their mode of membrane association. *European Journal of Biochemistry* 207, 1101–1108.

Asahina, M., Ishihara, T., Jindra, M., Kohara, Y., Katsura, I. and Hirose, S. (2000) The conserved nuclear receptor Ftz-F1 is required for embryogenesis, moulting and reproduction in *Caenorhabditis elegans*. *Genes to Cells* 5, 711–723.

Barrett, J. (1981) *Biochemistry of Parasitic Helminths*. Macmillan, London, 308 pp.

Barrett, J. (1984) The anaerobic end-products of helminths. *Parasitology* 88, 179–198.

Barrett, J. and Butterworth, P.E. (1984) Acetaldehyde formation by mitochondria from the free-living nematode *Panagrellus redivivus*. *Biochemical Journal* 221, 535–540.

Barrett, J. and Wright, D.J. (1998) Intermediary metabolism. In: Perry, R.N. and Wright, D.J. (eds) *The Physiology and Biochemistry of Free-living and Plant-parasitic Nematodes*. CAB International, Wallingford, pp. 331–353.

Bednarek, A. and Gaugler, R. (1997) Compatibility of soil amendments with entomopathogenic nematodes. *Journal of Nematology* 29, 220–227.

Behm, C.A. (1997) The role of trehalose in the physiology of nematodes. *International Journal for Parasitology* 27, 215–229.

Bird, A.F. and Bird, J. (1991) *The Structure of Nematodes*, 2nd edn. Academic Press, New York, 316 pp.

Blaxter, M.L., De Ley, P., Garey, J.R., Lui, L.X., Scheldeman, P., Vierstraete, A., Vanfleteren, J.R., Mackey, L.Y., Dorris, M., Frisse, L.M., Vida, J.T. and Thomas, W.K. (1998) A molecular evolutionary framework for the phylum Nematoda. *Nature* 392, 71–75.

Braeckman, B.P., Houthoofd, K. and Vanfleteren, J.R. (2000) Patterns of metabolic activity during aging of the wild type and longevity mutants of *Caenorhabditis elegans*. *Journal of the American Aging Association* 23, 55–73.

Butterworth, P.E., Perry, R.N. and Barrett, J. (1989) The effects of specific inhibitors on the energy metabolism of *Globodera rostochiensis* and *Panagrellus redivivus*. *Revue de Nematologie* 12, 63–67.

Campbell, J.F. and Gaugler, R. (1997) Inter-specific variation in entomopathogenic nematode foraging strategy: dichotomy or variation along a continuum? *Fundamental and Applied Nematology* 20, 393–398.

Campbell, J.F. and Kaya, H.K. (1999a) How and why a parasitic nematode jumps. *Nature* 397, 485–486.

Campbell, J.F. and Kaya, H.K. (1999b) Mechanism, kinematic performance, and fitness consequences of jumping behaviour in entomopathogenic nematodes (*Steinernema* spp.). *Canadian Journal of Zoology* 77, 1947–1955.

Chitwood, D.J. (1998) Biosynthesis. In: Perry, R.N. and Wright, D.J. (eds) *The Physiology and Biochemistry of Free-living and Plant-parasitic Nematodes*. CAB International, Wallingford, pp. 303–330.

Ehlers, R.U., Lunau, S., Krasomil-Osterfeld K. and Osterfeld, K.H. (1998) Liquid culture of the entomopathogenic nematode-bacterium-complex *Heterorhabditis megidis-Photorhabdus luminescens*. *Biocontrol* 43, 77–86.

Fairbairn, J.P., Fenton, A., Norman, R.A. and Hudson, P.J. (2000) Re-assessing the infection strategies of the entomopathogenic nematode *Steinernema feltiae* (Rhabditidae; Steinernematidae). *Parasitology* 121, 211–216.

Fitters, P., Patel, M.N., Griffin, C.T. and Wright, D.J. (1999) Fatty acid composition of *Heterorhabditis* sp. during storage. *Comparative Biochemistry and Physiology* 124B, 81–88.

Fodor, A., Dey, I., Farkas, T. and Chitwood, D.J. (1994) Effects of temperature and dietary lipids on phospholipid fatty acids and membrane fluidity in *Steinernema carpocapsae*. *Journal of Nematology* 26, 278–285.

Gans, C. and Burr, A.H.J. (1994) Unique locomotory mechanism of *Mermis nigrescens*, a large nematode that crawls over soil and climbs through vegetation. *Journal of Morphology* 222, 133–148.

Gaugler, R., LeBeck, L., Nakagaki, B. and Boush, G.M. (1980) Orientation of the entomogenous nematode *Neoaplectana carpocapsae* to carbon dioxide. *Environmental Entomology* 9, 649–652.

Glazer, I. (1997) Effects of infected insects on secondary invasion of steinernematid entomopathogenic nematodes. *Parasitology* 114, 597–604.

Grantham, B.D. and Barrett, J. (1986a) Amino acid catabolism in the nematodes *Heligmosomoides polygyrus* and *Panagrellus redivivus*. I. Removal of the amino group. *Parasitology* 93, 481–493.

Grantham, B.D. and Barrett, J. (1986b) Amino acid catabolism in the nematodes *Heligmosomoides polygyrus* and *Panagrellus redivivus*. II. Metabolism of the carbon skeleton. *Parasitology* 93, 495–504.

Grewal, P. and Wright, D.J. (1992) Migration of *Caenorhabditis elegans* (Nematoda: Rabditidae) larvae towards bacteria and the nature of the bacterial stimulus. *Fundamental and Applied Nematology* 15, 159–166.

Grewal, P.S., Gaugler, R. and Selvan, S. (1993) Host recognition by entomopathogenic nematodes: behavioural response to contact with host feces. *Journal of Chemical Ecology* 19, 1219–1231.

Grewal, P.S., Matsuura, M. and Converse, V. (1997) Mechanisms of specificity of association between the nematode *Steinernema scapterisci* and its symbiotic bacterium. *Parasitology* 114, 483–488.

Grewal, P.S., Lewis, E.E. and Venkatachari, S. (1999) Allelopathy: a possible mechanism of suppression of plant parasitic nematodes by entomopathogenic nematodes. *Nematology* 1, 735–743.

Han, R. and Ehlers, R.-U. (1999) Nutritional significance of *Photorhabdus* bacteria for the growth and reproduction of *Heterorhabditis* nematodes. In: Bomare, N., Richardson, P. and Coudert, F. (eds) *Taxonomy, Phylogeny and Gnotobiological Studies of Entomopathogenic Nematode Bacterium Complexes*. Office for Official Publications of the EU, Luxembourg, pp. 89–96.

Holz, R.A., Wright, D.J. and Perry, R.N. (1998) Changes in the lipid content and fatty acid composition of hatched second stage juveniles of *Globodera rostochiensis* and *G. pallida*. *Parasitology* 116, 183–190.

Hominick, W.M., Reid, A.P., Bohan, D.A. and Briscoe, B.R. (1996) Entomopathogenic nematodes: Biodiversity, geographical distribution and the convention on biological diversity. *Biocontrol Science and Technology* 6, 317–331.

Hui, E. and Webster, J.M. (2000) Influence of insect larvae and seedling roots on the host-finding ability of *Steinernema feltiae* (Nematoda: Steinernematidae). *Journal of Invertebrate Pathology* 75, 152–162.

Ishibashi, N. and Choi, D.-R. (1991) Biological control of soil pests by mixed applications of entomopathogenic and fungivorous nematodes. *Journal of Nematology* 23, 175–181.

Ishibashi, N. and Takii, S. (1993) Effects of insecticides on movement, nictation, and infectivity of *Steinernema carpocapsae*. *Journal of Nematology* 25, 204–213.

Jagdale, G.B. and Gordon, R. (1997) Effect of temperature on the composition of fatty acids in total lipids and phospholipids of entomopathogenic nematodes. *Journal of Thermal Biology* 22, 245–251.

Jagdale, G.B., Gordon, R. and Vrain, T.C. (1996) Use of cellulose-acetate electrophoresis in the taxonomy of steinernematids (Rhabditida, Nematoda). *Journal of Nematology* 28, 301–309.

Jessen, P., Strauch, O., Wyss, U., Luttmann, R. and Ehlers, R.-U. (2000) Carbon dioxide triggers recovery from dauer juvenile stage in entomopathogenic nematodes (*Heterorhabditis* spp.). *Nematology* 2, 319–324.

Johnigk, S.-A. and Ehlers, R.-U. (1999) *Endotokia matricida* in hermaphrodites of *Heterorhabditis* spp. and the effect of the food supply. *Nematology* 1, 717–726.

Jones, D. and Candido, E.P.M. (2000) The NED-8 conjugating system in *Caenorhabditis elegans* is required for embryogenesis and terminal differentiation of the hypodermis. *Developmental Biology* 226, 152–165.

Jones, J.T. (2002) Nematode sense organs. In: Lee, D.L. (ed.) *The Biology of Nematodes*. Taylor & Francis, London.

Kahel-Raifer, H. and Glazer, I. (2000) Environmental factors affecting sexual differentiation in the entomopathogenic nematode *Heterorhabditis bacteriophora*. *Journal of Experimental Zoology* 287, 158–166.

Kanagy, J.M.N. and Kaya, H.K. (1996) The possible role of marigold roots and α-terthienyl in mediating host-finding by steinernematid nematodes. *Nematologica* 42, 220–231.

Kawano, T., Ito, Y., Ishiguro, M., Takuwa, K., Nakajima, T. and Kimura, Y. (2000) Molecular cloning and characterization of a new insulin/IGF-like peptide of the nematode *Caenorhabditis elegans*. *Biochemical and Biophysical Research Communications* 273, 431–436.

Khlibsuwan, W., Ishibashi, N. and Kondo, E. (1992a) Response of *Steinernema carpocapsae* infective juveniles to the plasma of three insect species. *Journal of Nematology* 24, 156–159.

Khlibsuwan, W., Ishibashi, N. and Kondo, E. (1992b) Effects of enzymes, chemicals, and temperature on *Steinernema carpocapsae* attraction to host plasma. *Journal of Nematology* 24, 482–488.

Kimura, K.D., Tissenbaum, H.A., Liu, Y. and Ruvkun, G. (1997) *daf-2*, an insulin receptor-like gene that regulates longevity and diapause in *Caenorhabditis elegans. Science* 277, 942–946.

Kuwahara, M., Ishibashi, K., Gu, Y., Kohara, Y., Sasaki, S. and Marumo, F. (1997) Molecular cloning of a cDNA for water channel of the nematode *Caenorhabditis elegans. Journal of the American Society of Nephrology* 8, SS-A0095 (Abstract).

Leroi, A.M. and Jones, J.T. (1998) Developmental biology. In: Perry, R.N. and Wright, D.J. (eds) *The Physiology and Biochemistry of Free-living and Plant-parasitic Nematodes*. CAB International, Wallingford, pp. 155–179.

Lewis, E.E., Gaugler, R. and Harrison, R. (1992) Entomopathogenic nematode host finding: response to host contact cues by cruise and ambush foragers. *Parasitology* 105, 309–315.

Liu, F., Thatcher, J.D., Barral, J.M. and Epstein, H.F. (1995) Bifunctional glyoxylate cycle protein of *Caenorhabditis elegans*: a developmentally regulated protein of the intestine and muscle. *Developmental Biology* 169, 399–414.

Liu, F., Thatcher, J.D. and Epstein, H.F. (1997) Induction of glyoxylate cycle expression in *Caenorhabditis elegans*: fasting response throughout larval development. *Biochemistry* 36, 255–260.

Madin, K.A.C. and Crowe, J.H. (1975) Anhydrobiosis in nematodes - control of carbon flow throughout the glyoxylate cycle. *Journal of Experimental Zoology* 193, 335–342.

Malakhov, V.V. (1998) Embryological and histological peculiarities of the order Enoplida, a primitive group of nematodes. *Russian Journal of Nematology* 6, 41–46.

Marra, M.A., Prasad, S.S. and Baillie, D.L. (1993) Molecular analysis of two genes between *let-653* and *let-56* in the *unc-22* (IV) region of *Caenorhabditis elegans. Molecular and General Genetics* 236, 289–298.

Morris, J.Z., Tissenbaum, H.A. and Ruvkun, G. (1996) A phosphatitidylinositol-3-OH kinase family member regulating longevity and diapause in *Caenorhabditis elegans. Nature* 382, 536–539.

Ogg, S., Paradis, S., Gottlieb, S., Patterson, G.I., Lee, L., Tissenbaum, H.A. and Ruvkun, G. (1997) The fork head transcription factor DAF-16 transduces insulin-like metabolic and longevity signals in *C. elegans. Nature* 389, 994–999.

O'Leary, S.A., Burnell, A.M. and Kusel, J.R. (1998) Biophysical properties of the surface of desiccation-tolerant mutants and parental strain of the entomopathogenic nematode *Heterorhabditis megidis* (strain 211). *Parasitology* 117, 337–345.

Opperman, C.H. and Chang, S. (1992) Nematode acetylcholinesterases: molecular forms and their potential role in nematode behaviour. *Parasitology Today* 8, 406–411.

Papadopoulos, A.I., Walker, J. and Barrett, J. (1996) A novel cystathionine beta-synthase from *Panagrellus redivivus* (Nematoda). *International Journal of Biochemistry and Cell Biology* 28, 543–549.

Parkhurst, S.M. and Meneely, P.M. (1994) Sex determination and dosage compensation: lessons from flies and worms. *Science* 264, 924–932.

Patel, M.N. and Wright, D.J. (1996) The influence of neuroactive pesticides on the behaviour of entomopathogenic nematodes. *Journal of Helminthology* 70, 53–61.

Patel, M.N. and Wright, D.J. (1997a) Glycogen: its importance in the infectivity of aged juveniles of *Steinernema carpocapsae. Parasitology* 114, 591–596.

Patel, M.N. and Wright, D.J. (1997b) Fatty acid composition of neutral lipid energy reserves in infective juveniles of entomopathogenic nematodes. *Comparative Biochemistry and Physiology* 118B, 341–348.

Patel, M.N. and Wright, D.J. (1997c) Phospholipid fatty acid composition in steinernematid entomopathogenic nematodes. *Comparative Biochemistry and Physiology* 118B, 649–657.

Patel, M.N., Stolinski, M. and Wright, D.J. (1997) Neutral lipids and the assessment of infectivity in entomopathogenic nematodes: observations on four *Steinernema* species. *Parasitology* 114, 489–496.

Perry, R.N. (2001) Analysis of the sensory responses of parasitic nematodes using electrophysiology. *International Journal for Parasitology* 31, 909–918.

Perry, R.N. (2002) Hatching. In: Lee, D.L. (ed.) *The Biology of Nematodes*. Taylor & Francis, London.

Perry, R.N. and Aumann, J. (1998) Behaviour and sensory responses. In: Perry, R.N. and Wright, D.J. (eds) *The Physiology and Biochemistry of Free-living and Plant-parasitic Nematodes*. CAB International, Wallingford, pp. 75–102.

Perry, R.N., Hominick, W.M., Beane, J. and Briscoe, B. (1998) Effect of the entomopathogenic nematodes, *Steinernema feltiae* and *S. carpocapsae*, on the potato cyst nematode, *Globodera rostochiensis*, in pot trials. *Biocontrol Science and Technology* 8, 175–180.

Piggott, S.J., Perry, R.N. and Wright, D.J. (2000) Hypo-osmotic regulation in entomopathogenic nematodes: *Steinernema* spp. and *Heterorhabditis* spp. *Nematology* 2, 561–566.

Prasad, S.S., Starr, T.V. and Rose, A.M. (1993) Molecular characterization in the *dpy-14* region identifies the S-adenosylhomocysteine hydrolase gene in *Caenorhabditis elegans. Genome* 36, 57–65.

Qiu, L.H. and Bedding, R. (1999) Low temperature induced cryoprotectant synthesis by the infective juveniles of *Steinernema carpocapsae*: Biological significance and mechanisms involved. *Cryo Letters* 20, 393–404.

Qiu, L.H. and Bedding, R.A. (2000a) Energy metabolism and its relation to survival and infectivity of infective juveniles of *Steinernema carpocapsae* under aerobic conditions. *Nematology* 2, 551–559.

Qiu, L.H. and Bedding, R.A. (2000b) Energy metabolism and survival of the infective juveniles of *Steinernema carpocapsae* under anaerobic and oxygen-deficient conditions. *Journal of Nematology* 32, 271–280.

Qiu, L.H., Lacey, M.J. and Bedding, R.A. (2000a) Permeability of the infective juveniles of *Steinernema carpocapsae* to glycerol during osmotic dehydration and its effect on biochemical adaptation and energy metabolism. *Comparative Biochemistry and Physiology* 125B, 411–419.

Qiu, L.H., Lacey, M.J. and Bedding, R.A. (2000b) Using deuterium as an isotopic tracer to study the energy metabolism of infective juveniles of *Steinernema carpocapsae* under aerobic conditions. *Comparative Biochemistry and Physiology* 127B, 279–288.

Rand, J.B. and Nonet, M.L. (1997) Synaptic transmission. In: Riddle, D.L., Blumenthal, T., Meyer, B.J. and Priess, J.R. (eds) C. elegans *II*. Cold Spring Harbor Laboratory Press, Cold Spring Harbor, pp. 611–643.

Ren, P.F., Lim, C.S., Johnsen, R., Albert, P.S., Pilgrim, D. and Riddle, D.L. (1996) Control of *C. elegans* larval development by neuronal expression of a TGF-β homolog. *Science* 274, 1389–1391.

Riddle, D.L. and Albert, P.S. (1997) Genetic and environmental regulation of dauer larva development. In: Riddle, D.L., Blumenthal, T., Meyer, B.J. and Priess, J.R. (eds) C. elegans *II*. Cold Spring Harbor Laboratory Press, Cold Spring Harbor, pp. 739–768.

Riddle, D.L., Blumenthal, T., Meyer, B.J. and Priess, J.R. (eds) (1997) C. elegans *II*. Cold Spring

Harbor Laboratory Press, Cold Spring Harbor, 1222 pp.

Robinson, A.F. (1994) Movement of five nematode species through sand subjected to natural temperature gradient fluctuations. *Journal of Nematology* 26, 46–58.

Robinson, A.F. (1995). Optimal release rates for attracting *Meloidogyne incognita, Rotylenchulus reniformis*, and other nematodes to carbon dioxide in sand. *Journal of Nematology* 27, 42–50.

Schackwitz, W.S., Inoue, T. and Thomas, J.H. (1996) Chemosensory neurons function in parallel to mediate a pheromone response in *C. elegans. Neuron* 17, 719–728.

Schierenberg, E. (2000) Early development of nematode embryos: differences and similarities. *Nematology* 2, 57–64.

Schmidt, J. and All, J.N. (1978) Chemical attraction of *Neoaplectana carpocapsae* (Nematoda: Steinernematidae) to insect larvae. *Environmental Entomology* 7, 605–607.

Schmidt, J. and All, J.N. (1979) Attraction of *Neoaplectana carpocapsae* (Nematoda: Steinernematidae) to common excretory products of insects. *Environmental Entomology* 8, 55–61.

Schnabel, R and Priess, J.R. (1997) Specification of cell fates in the early embryo. In: Riddle, D.L., Blumenthal, T., Meyer, B.J. and Priess, J.R. (eds) C. elegans *II*. Cold Spring Harbor Laboratory Press, Cold Spring Harbor, pp. 361–382.

Selvan, S., Gaugler, R. and Lewis, E.E. (1993a) Biochemical energy reserves of entomopathogenic nematodes. *Journal of Parasitology* 79, 167–172.

Selvan, S., Gaugler, R. and Lewis, E.E. (1993b) Water content and fatty acid composition of infective juvenile entomopathogenic nematodes during storage. *Journal of Parasitology* 79, 510–516.

Shih, J.J.M., Platzer, E.G., Thompson, S.N. and Carroll, E.J. Jr (1996) Characterization of key glycolytic and oxidative enzymes in *Steinernema carpocapsae. Journal of Nematology* 28, 431–441.

Strauch, O. and Ehlers, R.U. (1998) Food signal production of *Photorhabdus luminescens* inducing the recovery of entomopathogenic nematodes *Heterorhabditis* spp. in liquid culture. *Applied Microbiology and Biotechnology* 50, 369–374.

Sulston, J.E. and Horvitz, H.R. (1977) Postembryonic cell lineages of the nematode *Caenorhabditis elegans. Developmental Biology* 56, 110–156.

Sulston, J.E., Schierenberg, J.G., White, J.G. and Thompson, J.N. (1983) The embryonic cell lineage of the nematode *Caenorhabditis elegans. Developmental Biology* 100, 64–119.

Take-uchi, M., Kawakami, M., Ishihara, T., Amano, T., Kondo, K. and Katsura, I. (1998) An ion channel of the degenerin/epithelial sodium channel superfamily controls the defecation rhythm in *Caenorhabditis elegans. Proceedings of the National Academy of Sciences USA* 95, 11775–11780.

Thaden, J.J. and Reis, R.J.S. (2000) Ammonia, respiration, and longevity in nematodes: Insights on metabolic regulation of life span from temporal rescaling. *Journal of the American Aging Association* 23, 75–84.

Thompson, S.N., Platzer, E.G. and Lee, R.W.K. (1991) Bioenergetics in a parasitic nematode, *Steinernema carpocapsae*, monitored by *in vivo* flow NMR spectroscopy. *Parasitology Research* 77, 86–90.

Thompson, S.N., Platzer, E.G. and Lee, R.W.K. (1992) Phosphoarginine adenosine triphosphate exchange detected *in vivo* in a microscopic nematode parasite by flow p-31 FT-NMR spectroscopy. *Magnetic Research in Medicine* 28, 311–317.

Thurston, G.S., Yansong, N. and Kaya, H.K. (1994) Influence of salinity on survival and infectivity of entomopathogenic nematodes. *Journal of Nematology* 26, 345–351.

Tomalak, M. and Mracek, Z. (1998) Scanning electron microscope study of morphological modifications of lateral fields in infective juveniles of mutant *Steinernema feltiae* (Filipjev) (Rhabditida : Steinernematidae). *Fundamental and Applied Nematology* 21, 89-94.

Van Tol, R.W.H.M. and Schepman, A.C. (1999) Influence of host and plant roots on the migration of *Heterorhabditis* sp. (NEW) in peat soil. In: Gwynn, R.L., Smits, P.H., Griffin, C., Ehlers, R.-U., Boemare, N. and Masson, J.-P. (eds) *Application and Persistence of Entomopathogenic Nematodes.* Office for Official Publications of the EU, Luxembourg, pp. 117-121.

Vanfleteren, J.R. (1980) Nematodes as nutritional models. In: Zuckerman, B.M. (ed.) *Nematodes as Biological Models,* Vol. 2. Academic Press, New York, pp. 47-77.

Van Voorhies, W.A. and Ward, S. (1999) Genetic and environmental conditions that increase longevity in *Caenorhabditis elegans* decrease metabolic rate. *Proceedings of the National Academy of Sciences USA* 96, 11399-11403.

Wadsworth, W.G. and Riddle, D.L. (1989) Developmental regulation of energy metabolism in *Caenorhabditis elegans. Developmental Biology* 132, 167-173.

Walker, J. and Barrett, J. (1991) Studies on alanine amino transferase in nematodes. *International Journal for Parasitology* 21, 377-380.

Watts, J.L. and Browse, J.A. (2000) Palmitoyl-CoA-specific Delta 9 fatty acid desaturase from *Caenorhabditis elegans. Biochemical and Biophysical Research Communications* 272, 263-269.

Wiegner, O. and Schierenberg, E. (1999) Regulative development in a nematode embryo: A hierarchy of cell fate transformations. *Developmental Biology* 215, 1-12.

Womersley, C.Z., Wharton, D.A. and Higa, L.M. (1998) Survival biology. In: Perry, R.N. and Wright, D.J. (eds) *The Physiology and Biochemistry of Free-living and Plant-parasitic Nematodes.* CAB International, Wallingford, pp. 271-302.

Wood, W.B. and the community of *C. elegans* researchers (eds) (1988) *The Nematode* Caenorhabditis elegans. Cold Spring Harbor Laboratory, New York, 667 pp.

Wright, D.J. (1981) Nematicides: mode of action and new approaches to chemical control. In: Zuckerman, B.M. and Rohde, R.A. (eds) *Plant Parasitic Nematodes,* Vol. III. Academic Press, New York, pp. 421-449.

Wright, D.J. (1998) Respiratory physiology, nitrogen excretion and osmotic and ionic regulation. In: Perry, R.N. and Wright, D.J. (eds) *The Physiology and Biochemistry of Free-living and Plant-parasitic Nematodes.* CAB International, Wallingford, pp. 103-131.

Wright, D.J. and Perry, R.N. (1998) Musculature and Neurobiology. In: Perry, R.N. and Wright, D.J. (eds) *The Physiology and Biochemistry of Free-living and Plant-parasitic Nematodes.* CAB International, Wallingford, pp. 49-73.

Wright, D.J., Grewal, P. and Stolinski, M. (1997) Relative importance of neutral lipids and glycogen as energy stores in dauer larvae of two entomopathogenic nematodes, *Steinernema carpocapsae* and *Steinernema feltiae. Comparative Biochemistry and Physiology* 118B, 269-273.

8　昆虫病原线虫生存生物学

Itamar Glazer
Department of Nematology, ARO, The Volcani Center, Bet Dagan, Israel

8.1　引　　言

昆虫病原线虫的天然栖息地——土壤，是由物理、化学和生物学因素构成的复合体，对于一些生物而言是一个很难长期存活的环境。人们已经从亚北极到干旱地区和温带到热带地区的世界各地生态系统中分离到昆虫病原线虫（Poinar，1990；Hominick et al.，1996）。昆虫病原线虫的进化历程被假设为与其他陆生动物一样，皆采用了一套独特的存活机制来抵抗环境的极端变化。

线虫和细菌、真菌及植物一样，能在不利环境下以一种休眠状态生存，以此来延长其生活周期，使它们能够忍受波动状况的逆境（Barrett，1991）。休眠（dormancy）分为滞育期和静止期，滞育期是一种停止发育的状态，即使是恢复到适应的环境条件，也要直到特殊需求被满足才能重新开始发育。静止期则是一种对于不可预料的不利环境的一种兼性反应：包括代谢速度降低，当有利条件恢复则打破静止；如果压力继续存在，一些生物能进入隐生状态，这是一种测不出代谢活动的休眠阶段。不利的环境条件包括缺水、极端的温度、缺氧和渗透压；根据不利条件的不同，生物静止的类型有低湿状态、高温状态、低温状态、厌氧状态和渗透状态（Barrett，1991）。

这些因素中的任意一个都可能影响线虫的存活。所以，认识到这些因素在土壤中互作很重要。例如，土壤温度是由控制热传递的因素所决定的，在同等受热的条件下，潮湿土壤比干燥土壤有更高的传导性并且温度升高幅度小。另一个例子是，溶解度随着土壤干燥程度的升高而增大。因此，线虫的脱水压力经常用来和渗透前的压力相比。对于不同压力抗性的生理生化机制很有可能互相作用。

植物寄生性线虫和非寄生性线虫的生存机制已经积累了大量的资料，但是对昆虫病原线虫的相关知识却知之甚少。这一章将介绍昆虫病原线虫存活阶段的特点，接着将描述与上述所列的与存活相关的重要环境因子的生存机制，而且将指出利用斯氏线虫和异小杆线虫作为生防制剂时与生存策略的关系。

8.2 存 活 阶 段

许多寄生性线虫，它们的生活周期大部分时间都处于被保护的有利环境下（如寄主），只有在不取食的阶段有能力在寄主体外的不良环境中生活。燕麦胞囊线虫（*Heterodera avenae*）以胞囊的形式在干燥季节生存（Cooper and Van Gundy，1971），只要生存条件有利（湿度和寄主根的出现），新的 2 龄幼虫就会从卵中孵出（Brown，1984）。根结线虫（*Meloidogyne* spp.）在干燥季节是以卵的形式生存在一个受保护的袋子中（Cooper and Van Gundy，1971）。起绒草线虫（*Ditylenchus dipsaci*）幼虫和成虫阶段，以休眠的形式越夏（Cooper and Van Gundy，1971；Norton，1978）。在一些杆线虫科中，环境压力（如缺少食物、高种群密度、热等）使线虫发育出现一个独特的幼虫阶段，即侵染期线虫（DJ）（Riddle，1988）。这一阶段，线虫在形态和生理上都能高度适应，即使在不取食和寻找新食物来源过程中也能生存。在昆虫病原杆线虫斯氏线虫（*Steinernema*）和异小杆线虫（*Heterorhabditis*）中，其幼虫阶段也是有侵染力的阶段，能进入并侵染寄主昆虫（Lewis et al.，1992）。侵染阶段也能保护肠内携带的共生细菌（Akhurst，1995）。这个阶段线虫有两层外膜，第三阶段的表皮和第二层蜕都可起到额外的保护作用（Campbell and Gaugler，1991a，1991b；Timper and Kaya，1989）。

线虫的表皮是一种高度有序的细胞外多层结构，因线虫的种类和生长阶段而不同（Inglis，1983；Wright，1987，1991；Bird and Bird，1991）。Patel 和 Wright（1998）强调了表皮在昆虫病原线虫干燥生活中的重要作用，并且指出在小卷叶蛾斯氏线虫（*S. carpocapsae*）和其他 3 种线虫的存活及在相对湿度（RH）达到 80%时脱水的失水率都不同，可能与线虫表皮的超微结构有关，对侵染期线虫表皮的扫描电镜图（图 8.1）分析可知：外部开口（口和肛门）都关闭（Mracek et al.，1981），可以防止微生物拮抗物质和有毒化学物质的渗透。

侵染期线虫不取食，因此依靠内部能量的供应能使它们生存直到找到并侵染寄主。Selvan 等（1993）和 Abu Hatab 等（1998）已经对昆虫病原线虫所存储生化物的质量和数量进行了分析，结果表明，脂类物质和脂肪酸含量与培养基成分高度相关。一些研究表明，线虫的侵染活性随着贮存时能量的消耗而下降（Lewis et al.，1995；Patel et al.，1997b；Patel and Wright，1997a，1997b）。例如，中性脂类的下降和 3 个斯氏线虫（Patel et al.，1997a）的侵染性和存活性的下降紧密相关。在这项研究中，锐比斯氏线虫（*S. riobrave*）（120-135d）没有夜蛾斯氏线虫（*S. feltiae*）和格氏斯氏线虫（*S. glaseri*）（大于 140d）存活时间长。

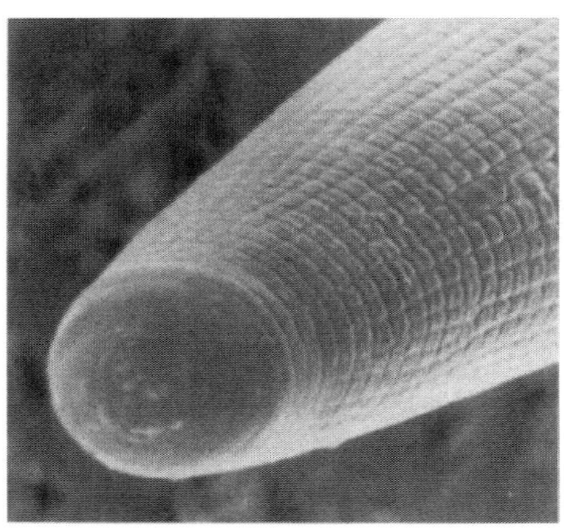

图 8.1 嗜菌异小杆线虫侵染期幼虫头部扫描电镜图

线虫体内另外一种重要的能量贮存物质是糖原（Wright，1998；Barrett and Wright，1998）。这种贮存复合物在昆虫病原线虫体内以一种合适的数量存在（Selvan et al.，1993），但是其重要功能尚不清楚。小卷叶蛾斯氏线虫、格氏斯氏线虫和嗜菌异小杆线虫（*Heterorhabditis bacteriophora*）的侵染期线虫对于糖原的利用可以参见 Lewis 等（1995）的资料，后续的工作确定了小卷叶蛾斯氏线虫、格氏斯氏线虫、夜蛾斯氏线虫和锐比斯氏线虫体内的糖原含量在贮存期间下降，并表明如果中性脂肪在这些种持续侵染性过程中起到次要作用，那么糖原将起到重要作用（Patel and Wright，1997b）。

从以上对于能量贮存的研究可以很明显地看出，昆虫病原线虫侵染期线虫的生存由其代谢速度和原始水平能量贮存的功能来保证。贮存能量的有效性，对于支持线虫生理及行为学过程，以及伴随着的对于环境压力的适应都是必要的。能量来源对于压力的忍耐性的重要性将会进一步讨论。

8.3 极端温度

8.3.1 耐寒性

线虫生活在土壤中，无论在热带地区、极地地区、亚极地地区还是高纬度地区（Wharton，1986），都能遇到 0℃条件以下的情况，从北欧（Burman et al.，1985；Husberg et al.，1988）和加拿大（Mracek and Webster，1993）的很多地点已经分离出斯氏线虫。同样已从欧洲北部地区分离出异小杆线虫（Griffin and Downes，1991）。从这些寒冷地区分离到线虫，说明昆虫病原线虫有能力忍受 0℃条件以下的环境。然而，对于其耐寒机制了解得还不多。

耐寒生物能在 0℃条件下生存有两个主要的策略。它们耐结冰，组织结冰还能继续生存，或者是对于结冻敏感，能防止冰核形成，通过其过冷却能力在远远低于熔点的温度下保证体液流动，度过过冷却时期。耐冰冻的动物，通常被认为只能在体腔或者细胞外空间结冰的情况下生存，而细胞内结冰一般说来是致死性的。然而，已经有报道南极大凹线虫（*Panagrolaimus davidi*）能在细胞内结冰的情况下存活（Wharton and Brown，1991）。在马铃薯金线虫（*Globodera rostochiensis*）和南极大凹线虫的卵期（Wharton and Block，1993）、寄生动物线虫蛇形毛圆线虫（*Trichostrongylus colubriformis*）的土壤生活阶段出现了避免冰冻这种情况，在土壤中以外壳来抵抗冰冻（Wharton and Block，1993）。

Brown 和 Gaugler（1995）证明夜蛾斯氏线虫、*S. anomali* 和嗜菌异小杆线虫都有对冰冻的抗性，它们有着很低的致死温度，分别为–22℃、–14℃和–19℃。Wharton 和 Surry（1994）指出，新西兰异小杆线虫（*H. zealandica*）能避免结冰，新西兰异小杆线虫的外壳能预防无害的结冰，能允许最大限度的温度低达–32℃。然而，侵染期线虫脱鞘后则在–6℃结冰而不能生存。它们能够承受细胞外液结冰（耐结冰），或者通过过冷却现象避免在 0℃以下的温度结冰，但是，当身体结冰即死亡（Wharton et al.，1984）。过冷却现象被定义为生物在冰点以下保持体液流动的能力（Wharton and Block，1993）。糖类和多元醇（polyol），如海藻糖（trehalose）、麦芽糖（maltose）、葡萄糖（glucose）、葡萄（右旋）糖（dextrose）和聚乙二醇（polyethylene glycol）都起着冷冻保护剂的作用，天然冷冻保护剂的合成，如海藻糖，与提高节肢动物过冷却能力有密切关系（Wharton et al.，1984）。

一些线虫能在–80℃低温下生存，在此温度下，代谢活动可能已经停止了，冷冻保护剂的研究已经证明昆虫病原线虫确实能贮存在液氮中（Curran et al.，1992；Popiel and Vasquez，1989）。

8.3.2 耐热性

高温（＞32℃）对很多生物（Wharton，1986），包括线虫（Grewal et al.，1994；Zervos et al.，1991）的繁殖、生长和存活有副作用。热激蛋白（HSP）被认为是生存在逐渐升高的温度下，不断进化从而得到的（Schlesinger，1990）。这些压力蛋白和其相关基因在生物中高度保守（Schlesinger，1990）。一些基因涉及 HSP 的产生已经在自由生活线虫秀丽隐杆线虫（*Caenorhabditis elegans*）中得到证实（Jones et al.，1986）。尽管温度高达 32℃会妨碍嗜菌异小杆线虫 HP88 品系繁殖、活性和生存（Grewal et al.，1994），但在该品系检测到了 *hsp70*（Selvan et al.，1986）。Hashmi 等（1997）用 PCR 和 RFLP 的方法分析了异小杆线虫 5 个种的品系和一个斯氏线虫种中 *hsp70* 基因的分子结构，发现和秀丽隐杆线虫的 *hsp70* 基因有同源性。而且用 *hsp70* 探针的 RFLP 分析异小杆线虫和其品系显示出不同的结合方式。

从以色列（Glazer et al.，1991）、埃及（Shamseldean and Abd-Elgawad，1994）和热带的斯里兰卡（Amarasinghe et al.，1994）等干燥地区分离到的新的异小杆线虫品系都表现出耐热性。Shapiro 等（1995）也证明，异小杆线虫 IS-5 品系中有耐热的特性，这个品系中一个来自以色列的品系，其性状稳定并有遗传基础。Segal 等（Israel，2000，个人通信）已经从秀丽隐杆线虫中分离到与 *hsp70* 基因有高度同源性的 2 个基因。它们的结构已经被确定，并证明基因是热诱导性的，而且与 HP88 品系相比，在 IS-5 品系中基因的表达水平较高。过去几年中，对昆虫病原线虫耐热性的优化成为很多研究的主要目标。

8.3.2.1 用经典遗传学方法提高耐热性

将 IS-5 品系的耐热性性状转移到嗜菌异小杆线虫的 HP88 品系中（Shapoiro et al.，1997）。这个转移是通过将耐热品系 IS-5 和 HP88 品系杂交来完成。子代的杂合性状通过 HP88 品系的突变株作标记进行回交得到确认。IS-5、杂合体和 HP88 品系（*Hp-dpy-2*）的毒力、繁殖力和贮存期的比较表明，杂合体品系的适应性没有下降（Shapoiro et al.，1997）。在 32℃条件下，IS-5 品系和杂合体品系造成大蜡螟（*G. mellonella*）死亡的速率比 HP88 品系要快。该研究表明，利用杂交来进行昆虫病原线虫基因改良的方法很有潜力。

8.3.2.2 基因工程方法

Hashmi 等（1995）开发了转基因的方法和分子标记技术，第一个基因工程昆虫应运而生。他们将秀丽隐杆线虫的一个 *hsp70* 基因导入嗜菌异小杆线虫中，使拷贝数从 1 增加到 10。HSP 的过表达使得转基因线虫在高温下的存活能力大大高于未经修饰和改良的线虫（Hashmi et al.，1998），转基因性状可稳定遗传，而且转基因品系的适应性没有改变（Gaugler et al.，1997）。

8.4 耐脱水性

所有的线虫都是水生生物，它们需要体表周围的薄层水来保持活动（Norton，1978）。干燥环境对于线虫的运动和生存都有负面影响，一些动物性及植物寄生性线虫的不取食阶段，能在干燥情况下生存很长时间（Cooper and Van Gundy，1971；Wharton，1986），这些线虫能进行低湿生活，且能在干燥情况下生活很多年（Cooper and Van Gundy，1971；Wharton，1986）。低湿生活通常在水分缓慢损失的情况下进行（Crowe and Madin，1975）。当暴露在干燥情况下时，一些线虫形成紧缩的卷曲状，这样能通过减少暴露在空气中表皮的面积来减缓水分损失的速度（Wharton，1986；Womersley，1987）。

关于低湿生活的生化机制还没有完全了解，有报道认为，低湿生活型线虫的一个生化变化就是，线虫体内储集多元醇类和糖类，而这两种物质能在脱水时保护生物膜和细胞内蛋白质（Womersley，1990；Barrett，1991；Behm，1997）。例如，Crowe 和 Madin（1975）发现，在脱水时食真菌线虫燕麦真滑刃线虫（*Aphelenchus avenae*）的酯类和糖原水平下降，而甘油和海藻糖水平提高。他们证明了线虫在干燥环境中的生存能力和这两种化合物的产生有极高的相关关系。相似的研究表明，在其他线虫中可涉及不同化合物（Womersley and Smith，1981；Womersley et al.，1982；Higa and Womersley，1993）。海藻糖是主要的研究焦点，由于其在很多低湿型生物（如细菌、酵母、线虫和盐虾等）中含量很高，因此，Crowe 等（1992）指出，特定生物在干燥条件稳定生存的生理学原理可能普遍适用。

在脱水作用下，海藻糖能以两种主要方式保护蛋白质：海藻糖代替束缚水，减少和蛋白质支链氨基酸的干燥葡萄糖的反应（Behm，1997）。海藻糖稳定膜的结构可能有两个机制（Hoekstra et al.，1992，1997）。第一个机制是海藻糖的羟基和磷脂的磷酸根直接反应，代替了和磷脂双分子层结合的水。最终结果是，干燥磷脂的变性温度（T_m）下降，保持膜的流动性和双层结构处于酯类结晶状态，从而防止形成胶体状态，否则在脱水时细胞膜会丧失完整性（Crowe et al.，1992，1996）。第二个机制是，海藻糖能通过玻璃化作用降低干燥磷脂类的变性温度。这是间接反应，即把磷脂困于糖玻璃中，这是一个过饱和与热力学不稳定的固态溶解（Sun et al.，1996）。

在暴露的物体表面，斯氏线虫和异小杆线虫只能存活几小时，而且存活时间因品系、温度和相对湿度的不同而异（Glazer，1992）。在干燥环境中，昆虫病原线虫能存活 2-3 周（Kaya，1990；Kung and Gaugler，1990）。大多数对于斯氏线虫脱水下生存能力的研究集中在小卷叶蛾斯氏线虫（*S. carpocapsae*）上（Simons and Poinar，1973；Ishibashi et al.，1987；Womersley，1990；Glazer，1992）。研究的一般结论是，在缓慢干燥的环境时，小卷叶蛾斯氏线虫的不同品系能生存相当长的时间，另外，小卷叶蛾斯氏线虫所有的品系都比格氏斯氏线虫（*S. glaseri*）（Kung et al.，1991）和锐比斯氏线虫（*S. riobrave*）（Baur et al.，1995）在干燥条件下生活得好。当格氏斯氏线虫暴露在相对湿度 97%的环境时，会诱导其产生行为适应性，如自由的缠绕（卷曲）。小卷叶蛾斯氏线虫在缓慢干燥的基质上也表现同样的行为（Womersley，1990）。一般来说，凝聚现象在脱水过程中并不一直存在，与生存也没有相关性。当侵染期线虫在大量群体（大于 1000 头）（Simons and Poinar，1973）变得干燥时，聚集作用帮助小卷叶蛾斯氏线虫侵染期线虫存活。然而，还不知道这些行为学是否是自然的反应，特别是聚集和团聚作用不是脱水的直接反应（Womersley et al.，1998）。

Womersley（1990）指出，昆虫病原侵染期线虫的外壳可能在脱水过程中起到降低脱水速度的作用。Campbell 和 Gaugler（1991a）及 Patel 等（1997a）均没有找到小卷叶蛾斯氏线虫在干燥生存中外壳起作用的证据。

Patel 等（1997a）发现，小卷叶蛾斯氏线虫新脱壳的个体比其他线虫生存得更好。然而，小卷叶蛾斯氏线虫老龄侵染期线虫（25℃在蒸馏水中存放 75d）不如新脱壳的侵染期线虫耐干燥能力强。在相对湿度为 80%时的干燥情况下，新脱壳的侵染期小卷叶蛾斯氏线虫超强的生活能力是水分损失率低的结果。因为线虫被快速干燥，还没有时间进行生化调节。所以，表面渗透性的不同是对以上结果最显而易见的解释。

Solomon 等（1999）研究了 IS-6、IS-15 和 SF 的夜蛾斯氏线虫（*S. feltiae*）品系的耐干燥性，在以色列干燥地区分离到的 IS-6 品系表现出最高的生存力（图 8.2）；以色列北部地区分离到的 IS-15 品系次之，德国分离到的 SF 品系的耐干燥性最差（图 8.2）。

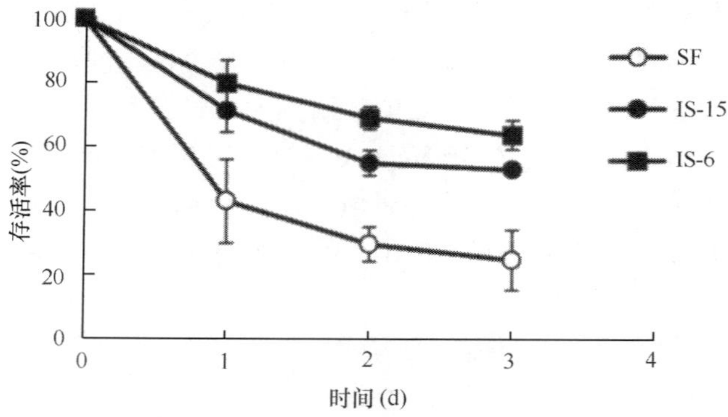

图 8.2　夜蛾斯氏线虫 3 个不同品系（SF、IS-15 和 IS-6）侵染期幼虫在 23℃、相对湿度 85%条件下的存活曲线图

试验重复 3 次，误差线显示±SE

IS-6 和 IS-15 品系的耐干燥性和在缓慢脱水条件下聚集的侵染期线虫的分散反应有关，紧接着是侵染期线虫个体卷曲而进入低湿生活的状态（图 8.3）。侵染期线虫个体在 85%相对湿度的存活和最初的聚集成块的大小正相关，聚集的侵染期线虫从 70 到 7700 不等（Solomon et al.，1999）。

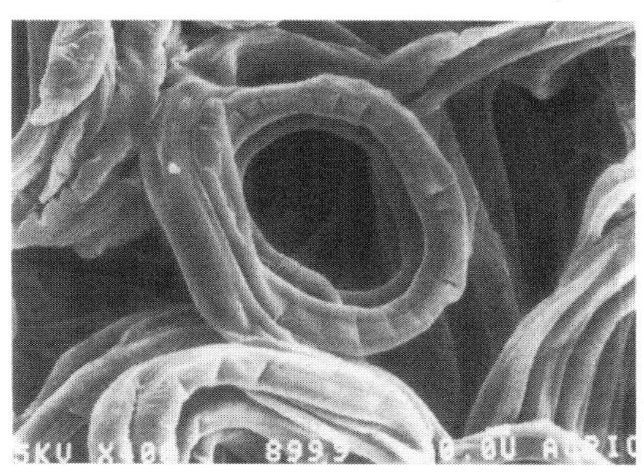

图 8.3 干燥的夜蛾斯氏线虫以卷曲的状态聚集在一起的扫描电镜图

Solomon 等（1999）记录了低的相对湿度下线虫的生理变化，指出，与其他低湿型线虫在脱水过程中的变化一样（Womersley，1987，1990；Crowe and Crowe，1992），海藻糖的含量升高由在相对湿度 97%的条件下暴露 3d 的侵染期线虫决定（每克蛋白质中含量由 0.3g 增加到 0.6g），而糖原则有相反的趋势（每克蛋白质中含量从 0.09g 下降至 0.02g）。一旦复水，糖原在 24h 内恢复到起始的浓度，但海藻糖只能达到起始浓度的一半。结果表明在复水过程中，海藻糖成为能量的来源或者在糖原形成过程中被水解，线虫的毒力和入侵能力在脱水和复水过程中不会被阻碍。

在脱水过程中，蛋白质的合成和积累在细菌、真菌、酵母和植物种子中已经做了描述（Close，1986；Dure，1993）。但是线虫的相关方面却不十分清楚。Solomon 等（2000）鉴定了夜蛾斯氏线虫 IS-6 品系中的一个热稳定和水压力有关系的分子质量为 47kDa 的蛋白质（记作 desc47）。在侵染期线虫（在相对湿度 97%，72h 后）积累了原来的 10 倍，与新鲜的线虫相比损失了 34.4%的水分（图 8.4）。desc47 蛋白在线虫复水之后仍保持较高的含量。在电喷雾离子阱质谱分析系统中，没有发现和其他已知蛋白质有同源性。然而从获得的 5 个短肽（0-21 个氨基酸）序列可见，21 个氨基肽——NVASDAVETVGNAAGQAG（D/T）AV——表明和秀丽隐杆线虫胚胎发生末期冗余蛋白（LEA）同源蛋白（g2353333）有高相似度（79%）及一致性（52%），以及与球子蕨（*Onoclea sensibilis*）的 LEA 第 3 组蛋白（g322390）有 78.9%的相似度和 52.6%的一致性。

LEA 蛋白是一种多样性的水压力相关蛋白组，能在成熟种子和缺水状态下的高等植物营养器官中表达（Chandler et al.，1988；Close，1996）。Xu 等（1996）指出：转大麦 HVA1 基因（3 族 LEA 蛋白）的水稻对脱水和盐分有很高的抗性，这种压力蛋白高度疏水和耐热。研究表明，基于蛋白质的氨基酸序列可预测结构，在脱水时它们通过保护膜和蛋白质的结构或者通过使未折叠的蛋白质复性来保护细胞不被损坏（Dure，1993）。

对于植物脱水酶超微结构（2 族 LEA 蛋白）的探测表明其和细胞质内膜丰富区域有密切联系（Egerton-Warburton et al.，1997），因而，脱水酶在干燥压力下保护膜完整性对细胞存活非常必要。然而，LEA 蛋白反抗干燥压力的生物学功能机制仍然未知。

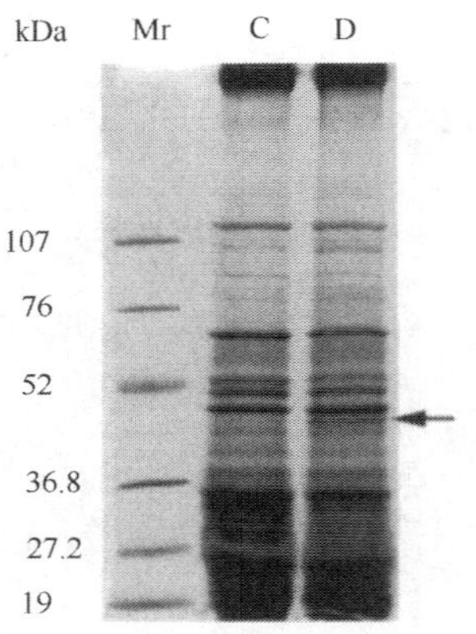

图 8.4　SDS-PAGE（8%-20%丙烯酰胺梯度胶）显示的热溶性、不凝固蛋白电泳图

C=control（对照），线虫放在去离子水中 23℃条件下 3d。D=失去 34.4%原始水分的干燥线虫放在去离子水中 23℃条件下 3d。分子标记（Mr）在图的左侧。每一个泳道加入 40μg 可溶性蛋白。箭头表示 desc47

现在了解到的昆虫病原线虫与耐干燥相关的基因功能，以及分子机制还远远少于生理学方面的知识。只有 Zitmann-Gal 等（2001）鉴定出夜蛾斯氏线虫 IS-6 在脱水时转录水平发生变化的新基因，包括糖原合成酶（*Sf-gsy-1*）、糖原合成中的限速酶，可能在干燥条件下生活中起一定作用。在此研究中，Zitmann-Gal 等（2001）展示了脱水时 *Sf-gsy-1* 转录稳定状态水平的改变，结果表明，在脱水时存在糖原向海藻糖合成转化，这种转化至少一部分受糖原合成酶转录表达的调控。最近，昆虫病原线虫在干燥条件下的新基因和可能的功能已经被这一团队和世界其他实验室研究发掘（Ann Burnell，Maynooth，个人交流）。

正如早先所料，关于异小杆线虫的耐干燥性研究很少。Surry 和 Wharton（1995）检测了新西兰异小杆线虫的干燥生存情况，试验表明，一旦水从培养基中流失，线虫很难生存。他们总结为：无论是调整试验温度，还是调整侵染期线虫的来源，调整复水的方法及增加海藻糖的含量，线虫生存能力都不能得以改善。Menti 等（1997）把从希腊和英国分离到的夜蛾斯氏线虫和大异小杆线虫（*H. megidis*）放置在不同的相对湿度水平下，结果表明，尽管大异小杆线虫比夜蛾斯氏线虫生存能力强，但两个种的耐干燥性都很差（几分钟）。O’Leary 等（1998）将没有经过在高相对湿度处理的线虫直接放在 57%相对湿度下 3d，发现大异小杆线虫（UK211 品系）的生存力很弱。

Liu 和 Glazer（2000）确定了从以色列分离到的异小杆线虫种群的耐干燥性。首先将线虫置于适合逐渐脱水状态的最合适的干燥条件下，用嗜菌异小杆线虫（*H. bacteriophora*）HP88 作对照进行了测定，从以色列不同气候地区分离到的 12 个新异小杆线虫种群侵染期线虫生存力有实质性不同，这些线虫在 97%相对湿度预处理 72h 后，再在 93%相对湿度下处理 72h（图 8.5），HIS-19 有最大的存活率（64%），包括 HP88 在内的其他 7 个品系有中等活力，其他 5 个品系表现出最弱的耐干燥性。

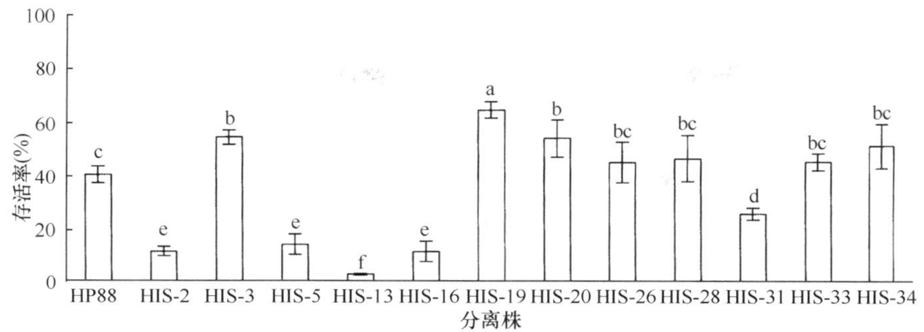

图 8.5 不同的异小杆线虫品系在 25℃、相对湿度 97%条件下处理 72h 后转到相对湿度 93%条件下再处理 72h 后检测对其存活率的影响

室温下在去蒸馏水中 24h 后测定其生存力（P=0.01）。误差线表示平均标准差

8.5 耐渗透性

线虫可能需要忍受环境中盐浓度的巨大变化，即渗透压力（Evans and Perry，1976；Wharton，1986）。最大的渗透问题是在低渗透压情况下水的流入，一些线虫拥有特殊的机制来排除多余的水，很多线虫用限制表皮的渗透性来解决该问题，一些线虫在低渗透情况下，通过肠道积极地排出水分。低渗透情况下水的流入可以通过排出盐从而减少渗透的成分（Wharton，1986）。

尽管研究表明斯氏线虫和异小杆线虫有耐渗透压的能力，但渗透调节作用的机制还不清楚（Thurston et al.，1994；Finnegan et al.，1999）。Glazer 和 Salame（2000）评价了不同渗透压在小卷叶蛾斯氏线虫生存中的作用，将新鲜的侵染期线虫暴露在高温下（45℃），造成生存能力急速降低，然而在相同的蒸发和渗透条件下，干燥的线虫表现出耐热性增强。当将小卷叶蛾斯氏线虫的侵染期线虫放入不同的盐溶液中，在 24h 内线虫有高死亡率。相反，所有的线虫在 48h 后都缩水，非离子溶液不能降低侵染期线虫的生存能力（图 8.6）。

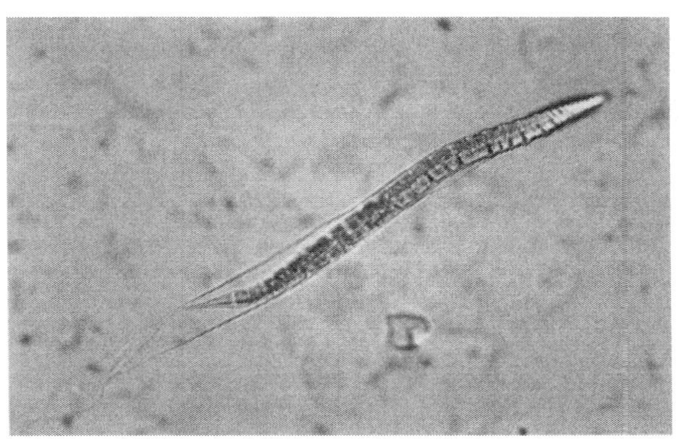

图 8.6 放置于 2.5mol/L 甘油溶液中 24h 后抽缩的小卷叶蛾斯氏线虫侵染期线虫

此外，在非离子溶液中放置 72h，结果使耐热性增强，和蒸发干燥的线虫相似，尤其在 2.2-3.8mol/L 的甘油溶液中，在 300g/mol 浓度为 1.2-1.6mol/L 的聚乙二醇溶液和 600g/mol 浓度为 0.8mol/L 的聚乙二醇溶液中显著增强了耐热性。在逐渐提高甘油浓度的

溶液中放置 72d 后的线虫生存能力提高。将这些线虫放于 45℃条件下，4h 和 8h 后存活率分别为 87.3%和 49.2%（图 8.7）。

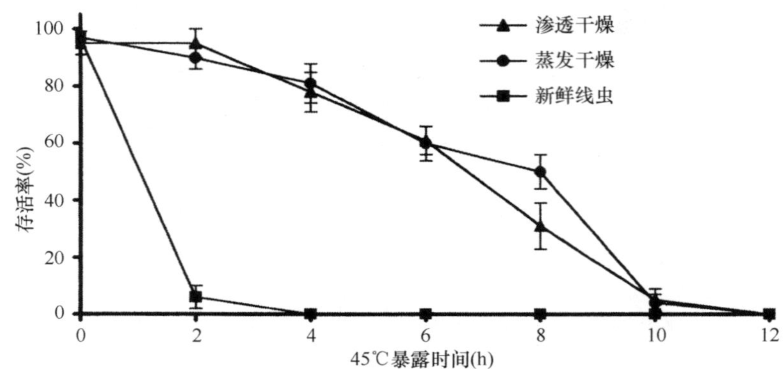

图 8.7 小卷叶蛾斯氏线虫侵染期幼虫暴露于高温条件下不同时间后，接着在 2.5mol/l 甘油溶液中进行渗透干燥，或者在相对湿度 97%条件下蒸发脱水 72h，或者把新鲜的线虫直接溶解在去离子水中后对其存活率的影响

研究表明，渗透脱水的小卷叶蛾斯氏线虫侵染期线虫和蒸发脱水的线虫一样都有耐热性。然而，没有直接证据说明渗透压力下排出水带来的休眠状态和缓慢蒸发诱导的状态相似。

8.6 农　　药

斯氏线虫和异小杆线虫能在很多农药环境中生存（Hara and Kaya，1982；Rovesti and Deseö，1990；Rovesti et al.，1989），然而侵染期线虫对一些农业生态系统中的杀线虫剂高度敏感（Rovesti and Deseö，1990，1991）。

Glazer 等（1997）利用基因选择的方法研究了嗜菌异小杆线虫 HP88 品系对一些杀线虫剂的抗性，这些杀线虫剂包括有机磷酸酯类（organophosphate）的克线磷（fenamiphos）、氨基甲酸酯类（carbamate）的杀线威（oxamyl）和阿维菌素（avermectins，生物制剂）。经过 11 轮筛选试验，研究观察了线虫 HP88 品系对杀线虫剂的抗性及线虫的毒力、耐热性和繁殖潜力等生物学特性，结果表明：对克线磷和阿维菌素的抗性提高了 8-9 倍，对杀线威的抗性提高了 70 倍，与初始种群相比，生物防治相关的性状没有退化。

8.7 通　　风

因为线虫是好氧动物，低氧量会降低其生存能力（Evans and Perry，1976；Wharton，1986）。在紧实土壤中，水分饱和土壤或者富含有机物质的土壤中，氧气成为一个限制因素。实验室研究中已经表明，小卷叶蛾斯氏线虫能在 20℃、0.5%饱和度氧气密度下生存（Burman and Pye，1980）。在沙质土壤中，小卷叶蛾斯氏线虫和格氏斯氏线虫随着氧气浓度的下降，生存力从 20%降至 1%（Kung et al.，1990）。

在一些不取食的线虫中，氧气浓度的降低能导致休眠状态（Wharton，1986），但在斯氏线虫和异小杆线虫中未见报道此现象。

Qin 和 Bedding（1999）研究了缺氧条件对小卷叶蛾斯氏线虫侵染期线虫生存能力、侵染性和生理变化的影响。在有氧条件下，侵染期线虫的存活率在最初的 6 周内稍微减至 91%，而第 7 周骤然降至大约 78%，接着的第 8 周则下降至 55%。当侵染期线虫在 23℃完全缺氧条件下，放在 M9 缓冲液中 16h 后完全失活，但当转换到有氧状态下可以恢复。但是前提条件是不能在无氧条件下放置超过 7d。恢复所需要的时间和无氧条件相关，在无氧条件下存放 7d 的需要几分钟或 24h 不等。线虫在无氧条件下的存活时间受温度影响显著（在 5℃、23℃和 28℃时，90%个体的存活时间分别为 20d、7d 和 5d），但是受线虫密度（10^4-10^5 个/ml）和 CO_2 水平（0%-6%）的影响不显著。无氧条件下对于关键的能量贮存物质变化的分析表明，糖原和海藻糖的浓度急剧下降。在第 6 天从最初的 5ng/头和 1.5ng/头线虫分别降到 1.33ng/头和 0.3ng/头线虫。然而，乳酸水平相应提高而脂类没有显著变化。当无氧培养的线虫转移到有氧环境中，糖原和海藻糖都急剧增高，而酯类和乳酸水平却相应下降。这表明与其他动物一样，在无氧环境下，小卷叶蛾斯氏线虫侵染期线虫依靠贮存的碳水化合物来提供能量。

8.8 其他生存策略

当环境不适合时，一些线虫种群可以转移至受保护的生态位来逃避压力。例如，一些植物寄生线虫能向下前移到土壤更冷或更湿润的土层中，以逃避极端的热或干燥（Varin，1986）。这个行为方式可以解释 Glazer 等（1996）在夏季，相较于浅土层（5-10cm），从深土层（35-40cm）能分离到更多异小杆线虫的现象。寄主昆虫的尸体也能为线虫提供保护型生态位，能够提供不受极端温度（Brown and Gaugler，1995）和低湿逆境（Brown and Gaugler，1997）的保护。另外，共生细菌分泌的抗生素类化合物能抵御拮抗物质的破坏（Akhurst，1995）。

8.9 结　　论

生存机制在昆虫病原线虫的延续中起着重要作用。作为势不可挡的生防制剂，释放大量的昆虫病原线虫以期得到对害虫快速的控制，所以，在处理的地块中，期望 2-3 周都有大量的昆虫病原线虫持续存在（Georgis and Manweiler，1994）。应用存活力高的线虫品系，将提高线虫的使用效果。如果需要长期持效的成功施用，那么应该提前确定所施用线虫品系忍耐特殊环境的能力。

斯氏线虫和异小杆线虫的侵染期线虫依靠贮存的食物维持在环境中的生存，直至找到寄主。阐明与侵染期线虫存活有关的新陈代谢和生理活动过程，将为生产过程中提供信息，提前装载侵染期线虫需要足够的能量贮存物质来保证其存活。

在此，概述了一些对于线虫存活研究的新途径，理解昆虫病原线虫生存最基本的分子和生理结构的基础，将能够改良线虫抵抗极端环境的能力以存活更长的时间。分子技术的新进展、秀丽隐杆线虫基因组测序的完成、基因和信息技术的进步为此领域提供了有力的工具。我们的发现表明，昆虫病原线虫在干燥、渗透压力及热环境下生存的能力可能有通用的机制或确定的多元的分子基础。揭示这些基础方面的知识能为进一步理解线虫存活提供基础，这需要线虫生态学家、分子生物学家和生理学家共同的努力（Glazer and Salame，1999）。

参 考 文 献

Abu Hatab, M., Gaugler, R. and Ehlers, R.U. (1998) Influence of culture method on *Steinernema glaseri* lipids. *Journal of Parasitology* 84, 215–221.

Akhurst, R.J. (1995) Bacterial symbionts of entomopathogenic nematodes – the power behind the throne. In: Bedding, R., Akhurst, R. and Kaya, H. (eds) *Nematodes and the Biological Control of Insect Pests.* CSIRO Publications, East Melbourne, Australia, pp. 127–135.

Amarasinghe, L.D., Hominick, W.M., Briscoe, B.R. and Reid, A.P. (1994) Occurrence and distribution of entomopathogenic nematodes in Sri Lanka. *Journal of Helminthology* 68, 277–286.

Barrett, J. (1991) Anhydrobiotic nematodes. *Agricultural Zoology Reviews* 4, 161–176.

Barrett, J. and Wright, D.J. (1998) Intermediary metabolism. In: Perry, R.N. and Wright, D.J. (eds) *The Physiology of Free-living and Plant Parasitic Nematodes.* CAB International, Wallingford, pp. 128–143.

Baur, M.E., Kaya, H.K. and Thurston, G.S. (1995) Factors affecting entomopathogenic nematode infection of *Plutella xylostella* on a leaf surface. *Entomologia Experimentalis et Applicata* 77, 239–250.

Behm, C.A. (1997) The role of trehalose in the physiology of nematodes. *International Journal for Parasitology* 27, 215–229.

Bird, A.F. and Bird, J. (1991) *The Structure of Nematodes*, 2nd edn. Academic Press, New York, 316 pp.

Brown, R.H. (1984) Cereal cyst nematode and its chemical control in Australia. *Plant Disease* 68, 921–928.

Brown, I.M. and Gaugler, R. (1995) Cold tolerance of steinernematid and heterorhabditid nematodes. *Journal of Thermal Biology* 23, 75–80.

Brown, I.M. and Gaugler, R. (1997) Temperature and humidity influence emergence and survival of entomopathogenic nematodes. *Nematologica* 43, 363–375.

Burman, M. and Pye, A.E. (1980) *Neoaplectana carpocasae:* respiration of infective juveniles. *Nematologica* 26, 214–218.

Burman, M., Abrahamsson, K., Ascard, J., Sojoberg, A. and Eriksson, B. (1986) Distribution of insect parasitic nematodes in Sweden. In: Samson, R.A., Vlak, J.A. and Peters, D. (eds) *Fundamental and Applied Aspects of Invertebrate Pathology.* Proceedings of the Fourth International Colloquium of Invertebrate Pathology, Veldhoven, The Netherlands. Foundation of the Fourth International Colloquium of Invertebrate Pathology, Wageningen, The Netherlands, pp. 300–303.

Campbell, L.R. and Gaugler, R. (1991a) Role of the sheath in desiccation tolerance of two entomopathogenic nematodes. *Nematologica* 37, 324–332.

Campbell, L.R. and Gaugler, R. (1991b) Mechanisms for exsheathment of entomopathogenic nematodes. *International Journal for Parasitology* 21, 219–224.

Chandler, P.M., Walker-Simmons, M., King, R.W., Crouch, M. and Close, T.J. (1988) Expression of ABA-inducible genes in water stressed cereal seedlings. *Journal* of *Cell Biology* 12C, 143.

Close, T.J. (1996) Dehydrins: emergence of a biochemical role of a family of plant dehydration proteins. *Physiological Plantarum* 97, 795–803.

Cooper, A.F. Jr and Van Gundy S.D. (1971) Senescence, quiescence and cryptobiosis, In: Zuckerman B.M., Mai, W.F and Rohde, R.A. (eds) *Plant Parasitic Nematodes*, Vol. II. Academic Press, New York, pp. 297–318.

Crowe, J.H. and Crowe, L.M. (1992) Membrane integrity in anhydrobiotic organisms: Towards a mechanism for stabilizing dry cells. In: Somerso, G.N., Osmond, C.B. and Bolis, C.L. (eds) *Water and Life*. Springer-Verlag, Berlin, pp. 87-103.

Crowe, J.H. and Madin, K.A.C. (1975) Anhydrobiosis in nematodes: Evaporative water loss and survival. *Journal of Experimental Zoology* 193, 323-334.

Crowe, J.H., Hoekstra, F.A. and Crowe, L.M. (1992) Anhydrobiosis. *Annual Reviews in Physiology* 54, 579-599.

Crowe, J.H., Hoekstra, F.A., Nguyen, K.H.N. and Crowe, L.M. (1996) Is vitrification involved in depression of the phase-transition temperature in dry phospholipids. *Biochimica et Biophysica Acta - Biomembranes* 1280, 187-196.

Curran, J., Gilbert, C. and Butler, K. (1992) Routine cryopreservation of isolates of *Steinernema* and *Heterorhabditis* spp. *Journal of Nematology* 24, 269-270.

Dure L. (1993) Plant response to cellular dehydration during environmental stress: structural motifs in LEA proteins. In: Close, T.J. and Bray, E.A. (eds) *Current Topics in Plant Physiology*, Vol. 10. American Society of Plant Physiologists, Rockville, Maryland, pp. 91-103.

Egerton-Warburton, L.M., Balsamo R.A. and Close, T.J. (1997) Temporal accumulation and ultrastructural localization of dehydrins in *Zea mays* L. *Physiologia Plantarum* 101, 545-555.

Evans, A.A.F. and Perry, R.N. (1976) Survival strategies in nematodes. In: Croll, N.A. (ed.) *The Organization of Nematodes*. Academic Press, London, pp. 383-401.

Finnegan, M.M. Downes, J.D., O'Regan, M. and Griffin, C.T. (1999) Effect of salt and temperature stresses on the survival and infectivity of *Heterorhabditis* spp. infective juveniles. *Nematology* 1, 69-78.

Gaugler, R., Wilson, M. and Shearer, P. (1997) Field release and environmental fate of a transgenic entomopathogenic nematode. *Biological Control* 9, 75-80.

Georgis, R. and Manweiler, S.A. (1994) Entomopathogenic nematodes: A developing biological control technology. In: Evans, K. (ed.) *Agricultural Zoology Reviews*. Intersept, Andover, pp. 63-94.

Glazer, I. (1992) Survival and efficacy of *Steinernema carpocapsae* in an exposed environment. *Biocontrol Science and Technology* 2, 101-107.

Glazer, I. and Salame, L. (2000) Osmotic survival of the entomopathogenic nematode *Steinernema carpocapsae. Biological Control* 18, 251-257.

Glazer, I., Liran, N. and Steinberger, Y. (1991) A survey of entomopathogenic nematodes (Rhabditida) in the Negev desert. *Phytoparasitica* 19, 291-300.

Glazer, I., Kozodoi, E., Salame, L. and Nestel, D. (1996) Spatial and temporal occurrence of a natural population of *Heterorhabditis* spp. (Nematoda: Rhabditida) in a semi-arid region. *Biological Control* 6, 130-136.

Glazer, I., Salame, L. and Segal, D. (1997) Genetic enhancement of nematicidal resistance of entomopathogenic nematodes. *Biocontrol Science and Technology* 7, 499-512.

Grewal, P.S., Selvan, S. and Gaugler, R. (1994) Thermal adaptation nematodes: niche breadth for infection, establishment, and reproduction. *Journal of Thermal Biology* 19, 245-253.

Griffin, C.T. and Downes, M.J. (1991). Low temperature activity in *Heterorhabditis* sp. (Nematoda: Heterorhabditidae). *Nematologica* 37, 83-91.

Hara, A.H. and Kaya, H.K. (1982) Effects of selected insecticides and nematicides on the *in vitro* development of the entomogenous nematode *Neoaplectana carpocapsae* (Rhabditida: Steinernematidae). *Environmental Entomology* 12, 496-501.

Hashmi, S., Hashmi, G. and Gaugler, R. (1995) Genetic transformation of an entomopathogenic nematode by microinjection. *Journal of Invertebrate Pathology* 66, 293-296.

Hashmi, S., Hashmi, G., Selvan, S., Grewal, P. and Gaugler, R. (1997) Polymorphism in heat shock protein gene (*hsp*70) in entomopathogenic nematodes (Rhabditida). *Journal of Thermal Biology* 22, 143–149.

Hashmi, S., Hashmi, G., Glazer, I. and Gaugler, R. (1998) Thermal response of *Heterorhabditis bacteriophora* transformed with the *Caenorhabditis elegans hsp70* encoding gene. *Journal of Experimental Zoology* 281, 164–170.

Higa, L.M. and Womersley, C.Z. (1993) New insights into the anhydrobiotic phenomenon: the effects of trehalose content and differential rates of evaporative water loss on the survival of *Aphelenchus avenae. Journal of Experimental Zoology* 267, 120–129.

Hoekstra, F.A., Crowe, J.H., Crowe, L.M., Vanroekel, T. and Vermeer, E. (1992) Do phospholipids and sucrose determine membrane phase-transitions in dehydrating pollen species? *Plant Cell Environment* 15, 601-606.

Hoekstra, F.A., Wolkers, W.F., Buitink, J., Golovina, E.A., Crowe, J.H. and Crowe, L.M. (1997) Membrane stabilization in the dry state. *Comparative Biochemistry and Physiology* 117A, 335-341.

Hominick, W.M., Reid, A.P., Bohan, D.A. and Briscoe, B.R. (1996) Entomopathogenic nematodes: biodiversity, geographical distribution and the convention on biological diversity. *Biocontrol Science and Technology* 6, 317–331.

Husberg, G.B., Vanninen, I. and Hokkanen, H. (1988) Insect pathogenic fungi and nematodes in Finland. *Vaskyddsnotiser* 52, 38–42.

Inglis, W.G. (1983) The design of the nematode body wall: the ontogeny of the cuticle. *Australian Journal of Zoology* 31, 705–716.

Ishibashi, N., Tojo, S. and Hatate, H. (1987) Desiccation survival of *Steinernema feltiae* str. DD-136 and possible desiccation protectants for foliage application of nematodes. In: Ishibashi, N. (ed.) *Recent Advances in Biological Control of Insect Pests by Entomogenous Nematodes in Japan*. Ministry of Education, Japan, pp. 139–144.

Jones, D., Russnak, R.H., Kay, R.J. and Candido, E.P.M. (1986) Structure, expression and evolution of a heat shock gene locus in *Caenorhabditis elegans* that is flanked be repetitive elements. *Journal of Biological Chemistry* 261, 12006–12015.

Kaya, H.K. (1990) Soil ecology. In: Gaugler, R. and Kaya, H.K. (eds) *Entomopathogenic Nematodes in Biological Control.* CRC Press, Boca Raton, Florida, pp. 93–115.

Koppenhöfer, A.M., Baur, M.E., Stock, S.P., Choo, H.Y., Chinnasri, B. and Kaya, H.K. (1997) Survival of entomopathogenic nematodes within host cadavers in dry soil. *Applied Soil Ecology* 6, 231–240.

Kung, S.P. and Gaugler, R. (1990) Soil type and entomopathogenic nematode persistence. *Journal of Invertebrate Pathology* 55, 401–406.

Kung, S.P., Gaugler, R. and Kaya, H.K. (1990) Influance of soil pH and oxygen on entomopathogenic nematode persistence. *Journal of Nematology* 22, 440–445.

Kung, S.P., Gaugler, R. and Kaya, H.K. (1991) Effects of soil temperature, moisture and relative humidity on entomopathogenic nematode persistence. *Journal of Invertebrate Pathology* 57, 242–249.

Lewis, E.E., Gaugler, R. and Harrison, R. (1992) Entomopathogenic nematode host finding: response to host contact cues by cruise and ambusher foragers. *Parasitology* 105, 109–115.

Lewis, E.E., Selvan, S., Campbell, J.F. and Gaugler, R. (1995) Changes in foraging behaviour during the infective stage of entomopathogenic nematodes. *Parasitology* 110, 583–590.

Liu, Q.-Z., and Glazer, I. (2000) Factors affecting desiccation survival of the entomopathogenic nematodes, *Heterorhabditis bacteriophora* HP88. *Phytoparasitica* 28, 331–340.

Menti, H., Wright, D.J. and Perry, R.N. (1997) Desiccation survival of populations of the entomopathogenic nematodes *Steinernema feltiae* and *Heterorhabditis megidis* from Greece and the UK. *Journal of Helminthology* 71, 41-46.

Mracek, Z. and Webster, J.M. (1993) Survey of Steinernematidae and Heterorhabditidae (Rhabditida, Nematoda) in western Canada. *Journal of Nematology* 23, 423-437.

Mracek, Z., Gerdin, S. and Weiser, J. (1981) Head and cuticular structure of some species in the family Steinernematidae (Nematoda). *Nematologica* 27, 443-448.

Norton, D.C. (1978) *Ecology of Plant-Parasitic Nematodes*. John Wiley, New York, pp. 128-132.

O'Leary, S.A. and Burnell, A.M. (1997) The isolation of a mutant of *Heterorhabditis megidis* (Strain UK211) with increased desiccation tolerance. *Fundamental and Applied Nematology*. 20, 197-205.

O'Leary, S.A., Stack, C.M., Chubb, M.A. and Burnell, A.M. (1998) The effect of day of emergence from the insect cadaver on the behaviour and environmental tolerances of infective juveniles of the entomopathogenic nematode *Heterorhabditis megidis* (strain UK211). *Journal of Parasitology* 84, 665-672.

Patel, M.N. and Wright, D.J. (1997a) Glycogen: its importance in the infectivity of aged *Steinernema carpocapsae. Parasitology* 114, 591-596.

Patel, M.N. and Wright, D.J. (1997b) Fatty acid composition of neutral lipid energy reserves from infective juveniles of entomopathogenic nematodes. *Comparative Biochemistry and Physiology* 118B, 341-348.

Patel, M.N. and Wright, D.J. (1998) The ultrastructure of the cuticle and sheath of infective juveniles of entomopathogenic nematodes. *Journal of Helminthology* 72, 257-266.

Patel, M.N., Perry, R.N. and Wright, D.J. (1997a) Desiccation survival and water contents of entomopathogenic nematodes, *Steinernema* spp. (Rhabditida: Steinernematidae). *International Journal for Parasitology* 27, 61-70.

Patel, M.N., Stolinski, M. and Wright, D.J. (1997b) Neutral lipids and the assessment of infectivity in entomopathogenic nematodes: observations on four *Steinernema* species. *Parasitology* 114, 489-496.

Poinar, G.O. Jr (1990) Taxonomy and biology Steinernematidae and Heterorhabditidae. In: Gaugler, R. and Kaya, H.K. (eds) *Entomopathogenic Nematodes in Biological Control*. CRC Press, Boca Raton, Florida, pp. 23-61.

Popiel, I. and Vasquez, E.M. (1989) Cryoprotection of *Steinernema carpocapsae* and *Heterorhabditis bacteriophora. Journal of Nematology* 23, 423-437.

Qiu, L. and Bedding, R. (1999) The relationship between energy metabolism and survival of the infective juveniles of *Steinernema carpocapsae* under unstressed-aerobic and anaerobic conditions. In: Glazer, I., Richardson, P., Boemare, N. and Coudert, F. (eds) *Survival Strategies of Entomopathogenic Nematodes*. EUR 18855 EN Report, pp. 149-156.

Rovesti, L. and Deseö, K.V. (1990) Compatibility of chemical pesticides with the entomopathogenic nematodes, *Steinernema carpocapsae* Weiser and *Steinernema feltiae* (Nematoda, Steinernematidae). *Nematologica* 36, 237-245.

Rovesti, L. and Deseö, K.V. (1991) Compatibility of pesticides with the entomopathogenic nematode, *Heterorhabditis heliothidis. Nematologica* 37, 113-116.

Rovesti, L., Tagliente, F., Deseö, K.V. and Heinzpeter, E.W. (1989) Compatibility of pesticides with the entomopathogenic nematode *Heterorhabditis bacteriophora* Poinar (Nematoda: Heterorhabditidae). *Nematologica* 34, 462-476.

Riddle, D.L. (1988) The dauer larva. In: Wood, W.B. (ed.) *The Nematode* Caenorhabditis elegans. Cold Spring Harbor Laboratory Press, Cold Spring Harbor, pp. 393-412.

Shamseldean, M.M. and Abd-Elgawad, M.M. (1994) Natural occurrence of insect pathogenic nematodes (Rhabditida: Heterorhabditidae) in Egyptian soils. *Afro-Asian Journal of Nematology* 4, 151-154.

Schlesinger, M.J. (1990) Heat shock proteins. *Journal of Biological Chemistry* 265, 12111-12114.

Selvan, S., Gaugler, R. and Lewis, E. (1993) Biochemical energy reserves of entomopathogenic nematodes. *Journal of Parasitology* 79, 167-172.

Selvan, S., Grewal, P.S., Leustek, T. and Gaugler, R. (1996) Heat shock enhances thermotolerance of infective juvenile insect-parasitic nematodes *Heterorhabditis bacteriophora* (Rhabditida: Heterorhabditidae). *Experientia* 52, 727-730.

Shapiro, D., Glazer, I. and Segal, D. (1995) Trait stability and fitness of the heat tolerant entomopathogenic nematode *Heterorhabditis bacteriophora* IS5 strain. *Biological Control* 6, 238-244.

Shapiro, D.I., Glazer, I. and Segal, D. (1997) Genetic improvement of heat tolerance in *Heterorhabditis bacteriophora* through hybridization. *Biological Control* 8, 153-159.

Simons, W.R. and Poinar, G.O. Jr (1973) The ability of *Neoaplectana carpocapsae* (Steinernematidae: Nematodea) to survive extended periods of desiccation. *Journal of Invertebrate Pathology* 22, 228-230.

Solomon A., Paperna, I. and Glazer, I. (1999) Desiccation survival of the entomopathogenic nematode *Steinernema feltiae*: induction of anhydrobiosis. In: Glazer, I., Richardson, P., Boemare, N. and Coudert, F. (eds) *Survival Strategies of Entomopathogenic Nematodes*. EUR 18855 EN Report, pp. 83-98.

Solomon, A., Solomon, R., Paperna, I. and Glazer, I. (2000) Desiccation stress of entomopathogenic nematodes induces the accumulation of a novel heat-stable-protein. *Parasitology* 121, 409-416.

Storey, R.M.J., Glazer, I. and Orion, D. (1982) Lipid utilization by starved anhydrobiotic individuals of *Pratylenchus thornei*. *Nematologica* 28, 373-378.

Sun, W.Q., Leopold, A.C., Crowe, L.M. and Crowe, J.H. (1996) Stability of dry liposomes in sugar glasses. *Biophysical Journal* 70, 1769-1776.

Surrey, M.R. and Wharton, D.A. (1995) Desiccation survival of the infective larvae of the insect parasitic nematode, *Heterorhabditis zealandica* Poinar. *International Journal of Parasitology* 25, 749-752.

Thurston, G.S., Ni, Y. and Kaya, H.K. (1994) Influence of salinity on survival and infectivity of entomopathogenic nematodes. *Journal of Nematology* 26, 345-451.

Timper, P. and Kaya, H.K. (1989) Role of the 2nd-stage cuticle of entomogenous nematode in preventing infection by nematophagous fungi. *Journal of Invertebrate Pathology* 54, 314-321.

Varin, T.C. (1986) Role of soil water in population dynamics of nematodes. In: Leonard, K.J. and Fry, W.E. (eds) *Plant Disease Epidemiology*, Vol. 1. Macmillan, New York, pp. 101-124.

Wharton, D.A. (1986) *A Functional Biology of Nematodes*. Croom Helm, London, 192 pp.

Wharton, D.A. and Block, E. (1993) Freezing tolerance in some Antarctic nematodes. *Functional Ecology* 7, 578-584.

Wharton, D.A. and Brown, I.M. (1991) Cold-tolerance mechanisms of the Antarctic nematode *Panagrolaimus davidi*. *Journal of Experimental Biology* 155, 626-641.

Wharton, D.A. and Surry, M.R. (1994) Cold tolerance mechanisms of the infective larvae of the insect parasitic nematode *Heterorhabditis zealandica* Poinar. *Cryo Letters* 15, 353-360.

Wharton, D.A., Young, S.R. and Barrett, J. (1984) Cold tolerance in nematodes. *Journal of Comparative Physiology* 154, 73-77.

Womersley, C. (1987) A reevaluation of strategies employed by nematode anhydrobiotes in relation to their natural environment. In: Veech, J.A. and Dickson, D.W. (eds) *Vista on Nematology: A Commemoration of the 25th Anniversary of the Society of Nematology*. Society of Nematology, Hyattsville, Maryland, pp. 165–173.

Womersley, C.Z. (1990) Dehydration survival and anhydrobiotic potential. In: Gaugler, R. and Kaya, H.K. (eds) *Entomopathogenic Nematodes in Biological Control*. CRC Press, Boca Raton, Florida, pp. 117–137.

Womersley, C. and Smith, L. (1981) Anhydrobiosis in nematodes: I. The role of glycerol myo-inositol and trehalose during desiccation. *Comparative Biochemistry and Physiology* 70B, 579–586.

Womersley, C., Thompson, S.N. and Smith, L. (1982) Anhydrobiosis in nematodes II: Carbohydrate and lipid analysis in undesiccated and desiccate nematodes. *Journal of Nematology* 14, 145–153.

Womersley, C.Z., Higa, L.M. and Wharton, D.H. (1998) Survival biology. In: Perry, R.N. and Wright, D.J. (eds) *The Physiology and Biochemistry of Free-Living and Plant-Parasitic Nematodes*. CAB International, Wallingford. pp. 271–302.

Wright, K.A. (1987) The nematode's cuticle – its surface and the epidermis: function, homology, analogy – a current consensus. *Journal of Parasitology* 73, 1077–1083.

Wright, K.A. (1991) Nematoda. In: Harrison, F.W. and Ruppert, E.E. (eds) *Microscopic Anatomy of Invertebrates: Aschelminthes*, Vol. 4. Wiley-Liss, New York, pp. 196–218.

Wright, D.J. (1998) Respiratory physiology, nitrogen excretion and osmotic and ionic regulation. In: Perry, R.N. and Wright, D.J. (eds) *The Physiology and Biochemistry of Free-Living and Plant-Parasitic Nematodes*. CAB International, Wallingford, pp. 173–195.

Xu, D., Duan, X., Wang, B., Hong, B., Ho-Tuan-Hua, D. and Wu, R. (1996) Expression a late embryogenesis abundant protein gene, *HVA1*, from barley confers tolerance to water deficit and salt stress in transgenic Rice. *Plant Physiology* 110, 249-257.

Zervos, S., Johnson, S.C. and Webster, J.M. (1991) Effect of temperature and inoculum size on reproduction and development of *Heterorhabditis heliothidis* and *Steinernema glaseri* (Nematoda: Rhabditoidea) in *Galleria mellonella*. *Canadian Journal of Zoology* 69, 1261–1264.

Zitman-Gal, T., Solomon, A., Glazer, I. and Koltai, H. (2001) Reduction in the levels of glycogen and glycogen synthase transcripts during desiccation in the insect-killing, desiccation tolerant nematode *Steinernema feltiae* IS-6. *Journal of Experimental Parasitology* (in press).

9 昆虫病原线虫的天敌和其他拮抗物

Harry K. Kaya
Department of Nematology, One Shields Avenue, University of California, Davis, California, USA

9.1 引 言

昆虫病原线虫及其共生细菌都易受天敌的影响。不取食的、自由生活的、具有侵染力的 3 龄幼虫存在于土壤中，暴露在微生物和原生动物等天敌面前（Kaya and Koppenhöfer，1996；Kara et al.，1998）。尽管一些天敌可以攻击侵染期的线虫，但是人们对于土壤环境对线虫的影响知道得很少，关于天敌对自由生活阶段昆虫病原线虫的了解主要来自实验室和大田试验。此外，当存活的侵染期线虫侵染并杀死它们的寄主昆虫，昆虫尸体内的生物可以拮抗昆虫病原线虫及其共生细菌复合体的发育，另外一种拮抗的交互作用是一些腐生性或杂食性动物的攻击导致了正在发育的线虫及其共生细菌的死亡。

自然条件下，昆虫病原线虫会先适应特殊的生态环境，在它们生活的环境中（Glazer，1996），影响线虫存活的因素分为内部（线虫的遗传、生理和行为特征）和外部因素（非生物因素和生物因素）（Curran，1993）。非生物因素包括温度、湿度、土壤结构、紫外线、化学杀虫剂等（Kaya，1990；Smits，1996）。对线虫有利的生物因素包括寄主和植物的存在，通过调节物理因素（土壤含水量、温度和多孔性等）创造一个适合的环境来生存。生物因素也有可能具有拮抗作用，影响昆虫病原线虫及其共生细菌的存活。这些拮抗因素被广泛证明为抗生、竞争、天敌（Kaya and Koppenhöfer，1996；Kaya et al.，1998）和腐食动物（Baur et al.，1998），抗生发生在从植物根系释放到土壤中的化学物质，可能对线虫侵染阶段的寄主搜寻行为有不利影响（Kaya and Koppenhöfer，1996），或者在寄主昆虫体内存在的化学物质对线虫繁殖有消极影响（Barbercheck et al.，1995）。种内（Selvan et al.，1993）和种间竞争能导致线虫适应力减弱或导致竞争的转移（Kaya and Koppenhöfer，1996；Barbercheck and Millar，2000）。本章的核心是拮抗影响：①昆虫病原线虫和生物防治因子的种内和种间竞争；②自然天敌；③腐生动物和杂食动物对昆虫病原线虫的影响。

9.2 与其他生防因子竞争

从微生物防治的观点来看，种间竞争可以通过增加昆虫对昆虫病原线虫的敏感性，缩短或增加侵染致死时间从而协同影响死亡率来提高防效（Kaya，1993；Koppenhöfer et al.，1999）。然而，竞争导致一种对立关系的产生，这种关系会减少昆虫病原线虫的适应性，或者被另一个物种所取代。昆虫病原线虫最常见的相互间竞争是与其他生防因子的竞争，因为线虫与其他生防因子正在争夺同样的资源——昆虫。

昆虫病原线虫与其他生防因子（病毒、细菌和真菌）的相互作用，可以归为间接拮抗，因为竞争是针对寄主组织，不是直接发生在生防因子之间。例如，核型多角体病毒（nuclear polyhedrosis virus）和颗粒体病毒（granulosis virus）侵染不同的寄主组织，经常在 5-20d 杀死昆虫（Tanada and Kaya，1993）。小卷叶蛾斯氏线虫将在已感染核型多角体病毒（Bednarek，1986；Kaya and Burlando，1989）或颗粒体病毒（Kaya and Brayton，1978）的寄主内侵染和发育。被核型多角体病毒侵染的昆虫有脆弱的体壁，特别是死前 1-2d。当侵染期的小卷叶蛾斯氏线虫幼虫潜入被核型多角体病毒侵染还没有死亡的昆虫时，线虫加速了昆虫的死亡，线虫在体壁破裂前正常发育，这时，正在发育的线虫暴露在外部环境中，随着死亡的寄主昆虫脱水，寄主在能产生侵染性幼虫前死亡。被黏虫（*Pseudaletia unipuncta*）颗粒体病毒侵染后，黏虫体壁不分解。但是小卷叶蛾斯氏线虫在被病毒侵染的寄主比未被侵染的寄主中产生的后代少，估计病毒侵染的寄主有很少的可利用的营养或分解代谢副产物对线虫有不利影响。

被苏云金芽孢杆菌（*Bacillus thuringiensis*，Bt）侵染的寄主可以被小卷叶蛾斯氏线虫或者嗜菌异小杆线虫侵染，但线虫发育取决于 Bt 与寄主接触的时间（Bednarek，1986；Kaya and Burlando，1989；Poinar et al.，1990），鳞翅目昆虫首先与线虫接触 24h 然后与 Bt 接触，线虫仍能正常发育（Kaya and Burlando，1989；Poinar et al.，1990），如果先与 Bt 接触 24h 再与线虫接触，线虫不能发育或死亡。在后面这个例子中，Bt 阻止了线虫共生细菌的发育，然而在前面的例子中，线虫共生细菌阻止了 Bt 的发展。当寄主昆虫同时暴露在 Bt 和线虫中时，在少数虫体中发生双重侵染。在双重侵染中，寄主资源被分为两部分，前面部分为 Bt，后面部分为线虫（Kaya and Burlando，1989）。在被 Bt 侵染的昆虫中正在发育的线虫比较小，更透明，在肠道细胞中贮存的食物更少。在被 Bt 以色列亚种（*B. thuringiensis israelensis*）侵染杀死的蚊子幼虫中，线虫侵入尸体，但在线虫开始发育前尸体就已经瓦解了（Poinar et al.，1990）。

Barberchech 和 Kaya（1990）认为当昆虫病原真菌白僵菌（*Beauverla bassiana*）和小卷叶蛾斯氏线虫或嗜菌异小杆线虫同时施用给大蜡螟时，线虫正常发育并产生后代，且总是排除真菌。Lezama-Gutiérrez 等（1996）在用莱氏蛾霉（*Nomuraea rileyi*）和嗜菌异小杆线虫防治草地贪夜蛾（秋行军虫）（*Spodoptera frugiperda*）时得到类似的结果。菌类的排除可能取决于嗜线虫致病杆菌或发光光杆状菌（*Photorhabdus luminescens*）产生的抗菌物质来抑制白僵菌的生长（Barberchech and Kaya，1990）。将白僵菌在线虫前应用到寄主昆虫可对小卷叶蛾斯氏线虫或嗜菌异小杆线虫产生拮抗影响（Barberchech and Kaya，1990）。尽管可以产生对线虫有不利影响的霉菌毒素（mycotoxin）（Roberts，1981），但有证据表明真菌只是简单的外部与线虫竞争可利用的资源。在土壤中选择没有被侵染和被真菌侵染的寄主的同时，线虫趋向于没有被白僵菌（Barberchech and Kaya，1991）侵染的寄主，这种行为可以减弱拮抗的相互作用。

9.3 天　　敌

昆虫病原线虫有它们自己的一些天敌，因为它们容易受微生物或捕食者的侵害。一些推测的证据显示，天敌对线虫产生不利影响是因为具有侵染性的幼虫处在消毒或灭菌的土壤中比未处理过的土壤中存活更久（Ishibashi and Kondo，1986，1987），试验研究表明被无脊椎捕食者捕食或微生物寄生能降低侵染期线虫的效能。共生菌也有它们自己的天敌，对线虫产生不利影响。

9.3.1 噬菌体和细菌

噬菌体（phage）已经从线虫共生菌发光光杆状菌（Poinar et al.，1989）和嗜线虫致病杆菌（Boemare et al.，1993）中分离出来。细胞溶解（lytic）酶活性只发生在发光光杆状菌的 I 阶段（初生型）而不是 II 阶段（次生型）（Poinar et al.，1989）。线虫噬菌体的 DNA 与共生菌发光光杆状菌明显不同，表明这个噬菌体可能来自无色杆菌源。相反的，Boemare 等（1993）报道了一种通过加热或丝裂霉素 C 在致病杆菌属细胞诱导产生的噬菌体与共生菌有几乎相同的 DNA。来源于不同的细菌寄主的噬菌体或溶原性噬菌体（lysogenic phage）侵染共生细菌，可能影响线虫繁殖或线虫细菌复合体的毒力。此外，共生菌的减少将会降低对线虫发育的食物供应，对具侵染性的线虫有不利影响。

已经从昆虫病原线虫分离到无毒力的或细菌类病原物。然而，最近 Marti 和 Timper（1999）报道了未鉴定的类芽孢杆菌属（*Paenibacillus* sp.）的孢子囊（sporangia）被发现经常附在从大蜡螟体内脱出的具侵染性异小杆线虫的鞘上。孢子囊纺锤形，长 9-11μm，有一中心折射性内生孢子（endospore）。与乳状菌（*Paenibacillus popilliae*）的孢子囊不同，它们的吸器似乎与巴斯德氏芽菌属（*Pasteuria*）孢子相似。大量孢子囊在大蜡螟尸体中产生，这些孢子囊吸附在具侵染性的线虫表皮上。没有明确的证据表明其对侵染期线虫具有致病性，需要更多的试验来了解孢子囊与虫体和侵染期线虫之间的关系。

9.3.2 原生动物

尽管很少，但已经从不同的线虫种类包括昆虫病原线虫中分离到了寄生性原生动物（protozoa）（如微孢子虫 microsporidia）（Poinar and Hess，1988）。Veremtchuk 和 Issi（1970）将小卷叶蛾斯氏线虫作用于被微孢子虫侵染的昆虫，发现微孢子虫［*Pleistophora*（=*Plistophora*）*schubergi*］和 *Nosema mesnili* 对线虫有致病性。微孢子虫侵染少数线虫个体的肠细胞，而 *N. mesnili* 对线虫有更广泛的侵染。然而，微孢子虫对线虫适应性的影响未被测定。病原菌同时侵染天敌及天敌寄主的现象被称为“同物类残杀捕食”（intraguild predation）（Rosenheim et al.，1995）。“同物类残杀捕食”可能是对昆虫病原线虫有拮抗生物作用的一个普遍来源的证明。

一种从天牛中分离到的微孢子虫被发现可以侵染格氏斯氏线虫（Poinar，1988）。这种微孢子虫每个孢囊有 10-28 个孢子（spore），它可侵染许多组织，包括皮下组织、肠道和生殖细胞。对线虫的拮抗作用从很小的损坏到死亡，这取决于微孢子虫的侵染程度。在 22℃时，被侵染的侵染期线虫少于未被侵染的线虫，并且生存时间也短。微孢子虫来源尚不清楚，可能来自寄主昆虫的幼虫或特殊的格氏斯氏线虫。

Poinar（1988）认为，线虫在它们被引入大量培养系统之前，应该先检测寄生物的存在。它们的存在可能对实验室、大田试验或商业销售中线虫的数量产生不利影响。

9.3.3 食线虫真菌

食线虫真菌在全世界以两种基本形式广泛存在于土壤栖息地中（Barron，1977；Gray，1988）。一种形式是真菌用特殊的菌丝捕线虫［粘着菌丝（adhesive hyphae）、分支菌丝（branches hyphae）、网状菌丝（nets hyphae）、瘤状菌丝（knobs hyphae）、非压缩或压缩环状菌丝（constricting ring hyphae）］。菌丝潜入体腔杀死线虫寄主（Jaffee et al.，1992），这些捕食性真菌也能以腐生菌（saprophyte）为生。另一种形式是内寄生真菌（endoparasitic fungi），用分生孢子（conidia）或游动孢子（zoospore）侵染寄主，吸附在线虫表皮或被食入消化道内产生生殖管进入体腔。自然界中内寄生真菌是专性寄生，两类真菌有类似的菌丝，在孢子形成过程中，在体内或体外消耗线虫的身体养分。一些线虫真菌表现寄主的专化性，其他则有多个寄主。然而，一个多寄主的真菌可能比其他的专化性真菌种表现出更大的毒力（Gray，1988；Jaffee and Muldoon，1995）。

9.3.3.1 捕线虫真菌

Jaffee 等（1992）研究了从格氏斯氏线虫中获得的食线虫真菌的捕捉器（trap）的产生（图 9.1）。用含有食线虫真菌的 1.5ml 土壤提取物处理格氏斯氏线虫 2d 后，少孢节丛孢菌（*Arthrobotrys oligospora*）、指状节丛孢菌（*A. dactyloides*）、椭圆单顶孢（*Monacrosporium ellipsosporum*）和柱捕单顶孢菌（*M. cionopagum*）在这种线虫中产生捕捉器。尽管指状节丛孢菌、椭圆单顶孢和柱捕单顶孢菌可以在琼脂平板上被真菌杀死的格氏斯氏线虫上产生捕捉器，但是将健康的线虫接到琼脂平板中，可产生更多的捕捉器。例如，没有健康线虫时柱捕单顶孢菌产生 14 个捕捉器，然而加入健康线虫后可产生 138 个捕捉器。而少孢节丛孢菌只有在健康线虫存在时产生捕捉器。类似地，Van Sloun 等（1990）在一次沙土生测中增加了自由生活线虫全齿复活线虫，诱导真菌 *Arthrobotrys robusta* 产生捕捉器，导致侵染期夜蛾斯氏线虫数量降低 52%。

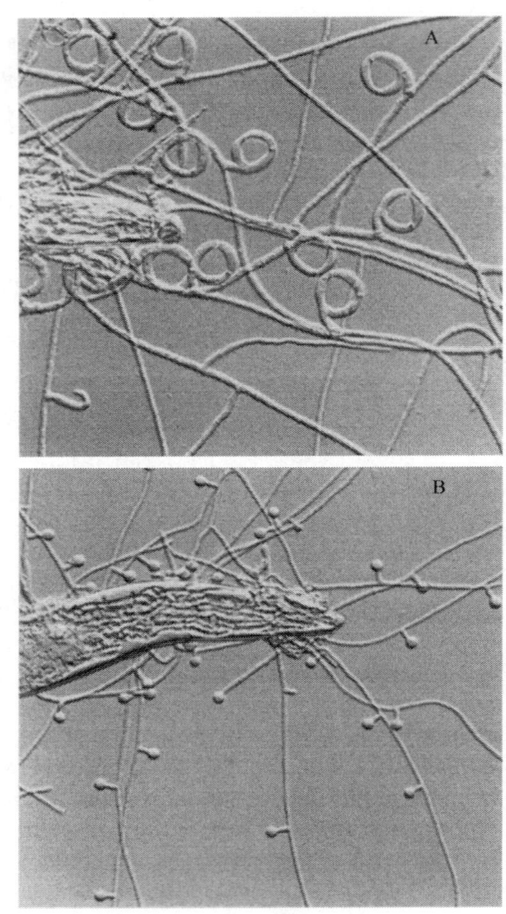

图 9.1　格氏斯氏线虫侵染期幼虫身体上长出的诱捕线虫真菌的显微照片（160×）

A. 由捕食线虫真菌指状节丛孢菌产生的收缩性菌丝环；B. 由捕食线虫真菌厚皮单顶孢菌产生的黏性小球

许多斯氏线虫和异小杆线虫种类的侵染期线虫，对捕食真菌敏感（Poinar and Jansson，1986a；Van Sloun et al.，1990；Koppenhöfer et al.，1996）。例如，真菌节丛孢属（*Arthrobotrys* spp.）、厚皮单顶孢菌（*Monacrosporium eudermatum*）和节丛孢菌（*Geniculifera paucispora*）的黏性捕捉器，柱捕单顶孢菌的黏性分支，*Nematoctonas concarrens* 的黏性腺体细胞和椭圆单顶孢菌的黏性柄，利用这些来捕捉和侵染侵染期线虫，一些侵染期线虫设法从椭圆单顶孢菌中分开并逃离（Poinar and Jansson，1986a），但是黏性柄仍然吸附在线虫表皮上，可能导致真菌侵染线虫，这种侵染只对脱壳后的侵染期线虫发生。具有鞘的表皮的侵染期线虫可以通过脱鞘而逃脱侵染。在另一个试验中，用少孢节丛孢菌、厚皮单顶孢菌、节丛孢菌、柱捕单顶孢菌和 *N. concurrens* 进行土壤生测，减少了线虫 *Heterorhabditis marelatus*（=*hepialus*）对蜡螟虫体的侵入达 54%以上（Koppenhöfer et al.，1997）。

Jaffee 等（1996）假设，食线虫真菌是昆虫病原线虫 *H. marelatus* 的重要致死因素，该线虫在沿海灌木丛里影响羽扇豆（lupine）的数量。最初，蝙蝠蛾（*Hepialus californicus*）的幼虫以羽扇豆的根为食，然后钻入羽扇豆灌木丛中，在较低处枝条内化蛹（Strong et al.，1995）。在一些蝙蝠蛾发生量很大的地方，它们杀死羽扇豆。这种致死率归因于控制蝙蝠蛾幼虫数量的昆虫病原线虫 *H. marelatus* 数量很低（Strong et al.，1996）。而其他在昆虫病原线虫 *H. marelatus* 数量很大的地方，羽扇豆非常多。Jaffee 等（1996）分离了 12 种食线虫真菌，其中少孢节丛孢菌是最丰富的。尽管一些土样中包括大量线虫捕食性真菌，羽扇豆死亡率高的地区的真菌数量并不比低死亡率的地方多。他们认定真菌丰富度和线虫控制的空间和时间模式不支持线虫捕食性真菌导致线虫 *H. marelatus* 和羽扇豆减少的田间分布的假设。因为没有中间体下降的证据（Strong et al.，1999）。

在蝼蛄体壁上的捕食性真菌梨形指环菌（*Dactylaria*）和节丛孢属（*Arthrobotrys*）是一个较突出的影响昆虫病原线虫的拮抗物类型（Fowler and Garcia，1989）。在实验室内用斯氏线虫处理从田间收集的有或没有食线虫真菌的南美蝼蛄（*Scapteriscus borellii*），那些带有真菌的蝼蛄死亡率下降。例如，带有真菌的盲蝼蛄死亡率为 13%，未带真菌的死亡率为 63%。这表明，这些真菌起到防止线虫侵染的作用。这种捕食性真菌与蝼蛄之间的关系称为原始协同作用（protocooperation）。

9.3.3.2 内寄生真菌

内寄生真菌（endoparasitic fungi）以线虫为寄主营生，但一些有严格的寄主范围。Poinar 和 Jasson（1986b）及 Van Sloun 等（1990）研究认为即使分生孢子吸附在线虫表皮，食线虫真菌圆锥掘氏梅里霉（*Drechmeria coniospora*）在琼脂培养基上也不侵染昆虫病原线虫。另外，真菌龟头轮枝孢（*Verticillium balanoides*）在琼脂培养基上可以侵染夜蛾斯氏线虫（*S. feltiae*），但在沙土中没有效果（Van Sloun et al.，1990）。这一现象被 Galper 等（1995）证实，因此，他认为内寄生真菌在培养基中的活性并不代表在土壤中对线虫也有侵染性。

内寄生真菌洛斯里被毛孢（*Hirsutella rhossiliensis*）影响线虫的密度（Jaffee，1992）已经获得相当重视。它有生物防治植物寄生线虫的潜力，其广泛的寄主范围还包括昆虫病原线虫和自由生活线虫。这个真菌特性是它的分生孢子必须在孢子梗（phialide）上才具有侵染性（McInnis and Jaffee，1989）。分离的分生孢子不具有侵染性，因此不能利用这种真菌防治植物寄生线虫。

研究表明不同昆虫病原线虫表现出对这种真菌有不同的敏感性（Timper et al.，1991）。洛斯里被毛孢分生孢子吸附在格氏斯氏线虫（*S. glaseri*）和嗜菌异小杆线虫（*H. bacteriophora*）的表皮上比小卷叶蛾斯氏线虫（*S. carpocapsae*）更容易，表明不同的分生孢子吸附力和不同的真菌敏感性。观察表明，在人工和自然条件下，由土壤中这种真菌侵染的格氏斯氏线虫的死亡率高于嗜菌异小杆线虫或小卷叶蛾斯氏线虫。这归因于该线虫容易脱壳和在土壤中的追击型寄主搜寻行为。这种行为能使格氏斯氏线虫经常与分生孢子吸附的孢子梗接触，从线虫尸体中长出菌丝。格氏斯氏线虫较大的个体使其有更大的表面积与土壤空隙中的分生孢子接触。嗜菌异小杆线虫较低的敏感性归因于其保留

2龄表皮的能力（Timper and Kaya，1989，1992）。Timper和Kaya（1989）观察到孢子可以吸附在2龄表皮（cuticle），其芽管（germ tube）刺入表皮，但生殖管不能透入3龄表皮。因此，嗜菌异小杆线虫在洛斯里被毛孢存在的土壤中作为生防因子应该更有效，尤其是当害虫在较深层土壤中发生的情况下比格氏斯氏线虫更好（Timper and Kaya，1992）。

9.3.3.3 作为拮抗物的食线虫真菌

食线虫真菌具有生物防治植物寄生线虫的潜力（Kerry，2000），但也对昆虫病原线虫有不利影响。Linford等（1938）研究表明，线虫捕食性真菌对植物寄生线虫有抑制作用，一些令人鼓舞的报道表明，食线虫真菌一定程度上能抑制一些植物寄生线虫。但是，在土壤条件下，总体估计令人失望（Stirling，1988）。Jaffee等（1993）表明内寄生真菌洛斯里被毛孢对植物寄生线虫寄主密度有较大影响，而捕食性真菌少孢节丛孢菌和柱捕单顶孢菌影响较小。Timper和Kaya（1992）总结洛斯里被毛孢对昆虫病原线虫可能有极大影响，但是通过适当地选择线虫种类来抑制昆虫，这个不利影响可以被减小。例如，由于2龄表皮的存在和捕捉器的搜寻行为，嗜菌异小杆线虫和小卷叶蛾斯氏线虫对洛斯里被毛孢不敏感。基于Stirling's（1988）的发现，线虫捕食性真菌可能对昆虫病原线虫的影响很小。事实上，在小卷叶蛾斯氏线虫和嗜菌异小杆线虫应用于土壤中后，食线虫真菌并没有增加（Forschler and Gardner，1991），然而，被侵染的线虫可能作为吸引健康侵染期幼虫的捕捉器（Jaffee et al.，1992）。在自然生态系统中，没有食线虫真菌抑制线虫种群的相应报道（Jaffee et al.，1996）。Jaffee等（1996）指出用相关法来确定嗜线虫真菌是昆虫病原线虫的死亡因子并不是最佳方法。他们认为，通过扩增或抑制真菌数量来进行此类研究更为有用。

9.3.4 捕食性无脊椎动物

许多无脊椎动物捕食者包括原生动物、涡虫、线虫、节肢动物、贫毛类环虫、螨类和昆虫与线虫种群数量减少相关（Small，1988），但是这种联系不强，因为大多数据都是定性的。

第一个被记录的昆虫病原线虫捕食者是由Poinar（1979）观察到的，即巨螯螨属（*Macrocheles*）中以小卷叶蛾斯氏线虫侵染期线虫为食的螨类。后来，Ishibashi等（1987）报道了节肢类的螨*Eugamasus* sp.、华丽大生熊虫（*Macrobiotus richtersi*）、单核线虫（*Clarkus* sp.）和矛线目（Dorylaimida）线虫角咽线虫属（*Actinolaimus* sp.）捕食活的小卷叶蛾斯氏线虫侵染期线虫。

许多土壤捕食螨，特别是革螨以线虫为食（Walter，1987，1988）。一些革螨的种类在土壤中钻出小的孔洞，有高的繁殖潜力，优先捕食线虫（Walter，1988）。Epsky等（1988）研究了螨虫*Gamasellodes vermivorax*，实验室的研究结果表明，它降低了小卷叶蛾斯氏线虫防治大蜡螟幼虫的效应。这种螨虫可以通过只取食侵染期线虫来完成它的整个发育，但是成活率很低。Epsky等（1988）也表示，螨虫*Alycus roseus*和紫跳虫*Hypogastura* *scotti* 通过取食侵染期线虫完成从末龄蛹到成虫的整个发育，并可以产生有效卵。两种其他的跳虫，即土壤跳虫（*Folsomia candida*）和裸长角跳（*Sinella coeca*）完全消耗了小卷叶蛾斯氏线虫、夜蛾斯氏线虫和格氏斯氏线虫的营养（Gilmore and Potter，1993）。在平板试验中，由小卷叶蛾斯氏线虫引起的大蜡螟幼虫死亡率与线虫暴露给捕食者 *F. candida* 的时间呈负相关。另一个试验表明，在草坪里由格氏斯氏线虫引起的日本金龟子幼虫的死亡率不受土壤跳虫存在的影响。格氏斯氏线虫的效果取决于在黏重土壤中追击性和对土壤跳虫限制性垂直移动。在一个田间试验中，Forschler 和 Gardner（1991）发现试验小区在应用了昆虫病原线虫 1-4 周后捕食螨（如 Rodacaridae）种群数量增加。然而，螨虫种群数量和昆虫控制没有关系。

9.4　杂食动物和腐食动物

杂食动物（omnivore）和腐食动物（scavenger）在昆虫病原线虫种群动力学中可以起到非常重要的作用。当侵染期线虫侵染昆虫寄主后，寄主在线虫共生细菌与线虫的作用下 48h 内死亡。在侵染期线虫从寄主中出来之前，被线虫杀死的寄主可保留在土壤中或表面 7-15d 或更长时间。在这段时间内，被线虫杀死的寄主有被杂食动物或腐食动物消耗的风险。什么机制可以保护虫尸免受消耗？Akhurst 和 Boemare（1990）推测，被异小杆线虫杀死的昆虫体内的由发光杆菌（*Photorhabdus*）产生的生物荧光可以阻止食腐动物在土壤中的取食活性。然而，没有试验可以明确这种生物荧光的功能。

Baur 等（1998）进行田间试验，结果显示许多蚂蚁种类以被斯氏线虫杀死的昆虫为食，但很少以被异小杆线虫杀死的昆虫为食。更详细的田间试验表明，通过将被线虫杀死的昆虫放到阿根廷蚁（*Linepithema humile*）附近，观察蚂蚁的腐食活性。工蚁能以放置 4d 的被斯氏线虫杀死的昆虫为食，但是几乎不以放置 4d 的被异小杆线虫杀死的昆虫为食。一些被取食的、由异小杆线虫杀死的昆虫，在体壁上有一到两个被咬的孔洞，导致尸体的干燥，然后线虫和它的共生菌死亡。蚂蚁消耗了被线虫杀死的昆虫或者只是在昆虫体壁上制造孔洞，对斯氏线虫和异小杆线虫的生活史产生了重要影响。蚂蚁对被线虫杀死的昆虫的腐食行为的影响，可能对斯氏线虫影响最大，因为被异小杆线虫杀死的昆虫存在阻止被腐食的因子。

试验结果显示，当大蜡螟幼虫被注入嗜菌异小杆线虫共生菌发光光杆状菌后，出现了阻止因素（Baur，1988）。阻止因素与共生菌发光光杆状菌 I 型有关，而与II 型无关（Kaya 未发表数据）。此外，被嗜菌异小杆线虫杀死 2d 的大蜡螟幼虫容易被工蚁消耗，而杀死 4d 的大蜡螟幼虫不易被消耗。数据显示，杀死 2d 的大蜡螟幼虫中，共生细菌还没有产生足够的阻止因素阻止食腐蚂蚁取食。一般来说，虽然土鳖虫（*Armadillidium vulgare*）能够以被嗜菌异小杆线虫侵染致死的白蚁（termite）和鸟类（灌丛鸦 scrub jay）为食，并且将同样被嗜菌异小杆线虫杀死的大蜡螟的尸体从蚂蚁试验点移走（表 9.1）。但是其他腐食动物和杂食动物却拒绝取食被发光光杆状菌杀死的昆虫，我们也没有观察到鸟类以该尸体为食。

表 9.1 腐食和杂食动物对与不同地点异小杆线虫科共生的发光杆菌属取食能力

腐食/杂食动物学名或通用名+科名	发光杆菌来源	腐食/杂食动物的反应	参考文献
蚁科（Formicidae）*Veromessor andrei*	被 *H. bacteriophora* 杀死 4d 的大蜡螟幼虫	阻止取食虫尸	Baur et al.，1998
蚁科 *Pheidole vistana*	被 *H. bacteriophora* 杀死 4d 的大蜡螟幼虫	阻止取食虫尸	Baur et al.，1998
蚁科 *Formica pacifica*	被 *H. bacteriophora* 杀死 4d 的大蜡螟幼虫	阻止取食虫尸	Baur et al.，1998
蚁科 *Monomorium ergatogyna*	被 *H. bacteriophora* 杀死 4d 的大蜡螟幼虫	阻止取食虫尸	Baur et al.，1998
蚁科阿根廷蚁（*Linepithema humile*）	被 *H. bacteriophora* 杀死 4d 的大蜡螟幼虫	阻止取食虫尸	Baur et al.，1998
蚁科阿根廷蚁	被 *H. bacteriophora* 杀死 4d 的大蜡螟幼虫	阻止取食虫尸	Zhou and Kaya（未发表）
蚁科阿根廷蚁	被 *H. megidis* 杀死 4d 的大蜡螟幼虫	阻止取食虫尸	Baur et al.，1998
蚁科广大头蚁（*Pheidole megacephala*）	被 *H. bacteriophora* 杀死 4d 的大蜡螟幼虫	阻止取食虫尸	Kaya（未发表）
蚁科广大头蚁	被 *H. bacteriophora* 杀死 2d 的大蜡螟幼虫	取食虫尸	Kaya（未发表）
蚁科阿根廷蚁	加入 5%蔗糖的无色杆菌培养液	与对照相比很少取食蔗糖	Zhou and Kaya（未发表）
卷甲虫科（ArmadIllidiidae）普通卷甲虫（*Armadillidium vulgare*）	被 *H. bacteriophora* 杀死 4d 的 *Zootermopsis*	取食虫尸	Nguyen and Kaya（未发表）
蜚蠊科（Blattidae）美洲大蠊（*Periplaneta americana*）	被 *H. bacteriophora* 杀死 4d 的 *Zootermopsis*	阻止取食虫尸	Nguyen and Kaya（未发表）
鸦科（Corvidae）灌丛鸦（scrub jay）	被 *H. bacteriophora* 杀死 4d 的大蜡螟幼虫	在蚂蚁试验中移走虫尸	Zhou and Kaya（未发表）

发光光杆状菌在营养肉汤中发酵 120-132h 后有较多的阻止因子产生（图 9.2）（Zhou and Kaya，数据未发表）。将包含发酵产物的发酵液与蔗糖混合，放在阿根廷蚁附近，蚂蚁只以加入 5%蔗糖（对照）为食，或以加入 5%蔗糖的细菌发酵产物为食，在 0-108h 有相同或稍高的阻止强度，之后，在细菌发酵液中的蚂蚁的百分率下降，在 132h 达到

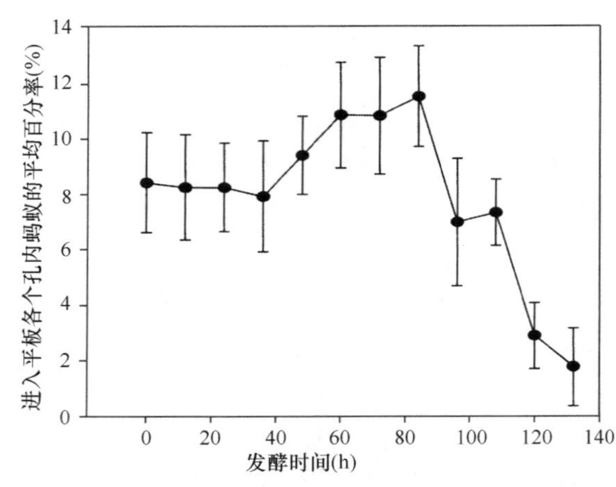

图 9.2 发光光杆状菌悬浮发酵液吸引蚂蚁的平均百分率

细菌样品每间隔 20h 被取走冷冻，直到所有样品被取完为止。每个细菌悬浮液充分溶解，加入蔗糖至终浓度为 5%，96 孔平板当中的每个孔内放入 0.2ml 的蔗糖/细菌悬浮液。处理是随机的，而且只有沿着平板边缘的孔用于试验。阿根廷蚁（*Linepithema humile*）释放后，在 1h 内，每间隔 10min 统计孔内的蚂蚁数。蚂蚁的总计数量为各个孔内蚂蚁计数量之和。该试验被安排在 4 个不同地点完成，试验重复 2 次

一个低点。然而，如果营养肉汤中蔗糖的含量达到20%或25%，抑制因素明显减弱。观察结果表明，增加5%蔗糖的肉汤可以获得稳定的数据来展示阻止因子的存在。

9.5 结　　论

昆虫病原线虫侵染期线虫经常存在于具有大量拮抗微生物和后生动物的土壤根际。作为生态上的成功范例，它们已经广泛分布在世界各地不同土壤生境中。昆虫病原线虫在生态上成功的一部分原因是其较高的繁殖能力（即 r-选择性物种）。躲避或逃避天敌是它们成功的另外一个方面。侵染期线虫能够通过搜寻行为、形态结构或物理因素逃避拮抗，保护它们免受线虫真菌侵害。线虫共生细菌在寄主体内产生的抗生素为线虫的发育提供了有利的环境。尽管没有证据表明生物荧光与无色杆菌保护尸体防止腐生动物有关，但有明显证据表明某些因素延缓了食腐生物消耗被异小杆线虫科杀死的昆虫。斯氏线虫因其生活史短可以使侵染期线虫很快地离开寄主，减小腐食行为的不利影响。通过天敌和拮抗生物对昆虫病原线虫影响的了解，将有助于推动利用这些线虫扩大生物防治的进程。

致谢

感谢 Xinsheng Zhou 和 Loc Nguyen 先生提供了他们尚未发表的资料，感谢 Bruce Jaffee 博士提供了图 9.1 的资料；感谢 Donald Strong 博士和 Lien Luong 女士对于本书初稿提出的宝贵建议。

参 考 文 献

Akhurst, R.J. and Boemare, N.E. (1990) Biology and taxonomy of *Xenorhabdus*. In: Gaugler, R. and Kaya, H.K. (eds) *Entomopathogenic Nematodes in Biological Control*. CRC Press, Boca Raton, Florida, pp. 75–90.

Barbercheck, M.E. and Kaya, H.K. (1990) Interactions between *Beauveria bassiana* and the entomogenous nematodes, *Steinernema feltiae* and *Heterorhabditis heliothidis*. *Journal of Invertebrate Pathology* 55, 225–234.

Barbercheck, M.E. and Kaya, H.K. (1991) Effect of host condition and soil texture on host finding by entomogenous nematodes *Heterorhabditis bacteriophora* (Rhabditida: Heterorhabditidae) and *Steinernema carpocapsae* (Rhabditida: Steinernematidae). *Environmental Entomology* 20, 582–589.

Barbercheck, M.E. and Millar, L.C. (2000) Environmental impacts of entomopathogenic nematodes used for biological control in soils. In: Follett, P.A. and Duan, J.J. (eds) *Nontarget Effects of Biological Control*. Kluwer Academic Publishers, Boston, Massachusetts, pp. 287–308.

Barbercheck, M.E., Wang, J. and Hirsh, I.S. (1995) Host plant effects on entomopathogenic nematodes. *Journal of Invertebrate Pathology* 66, 169–177.

Barron, G.L. (1977) *The Nematode-Destroying Fungi. Topics in Mycobiology*, Vol. 1. Canadian Biological Publications, Guelph, Canada. 140 pp.

Baur, M.E., Kaya, H.K. and Strong, D.R. (1998) Foraging ants as scavengers of entomopathogenic nematode-killed insects. *Biological Control* 12, 231–236.

Bednarek, A. (1986) Development of the *Steinernema feltiae* (Filipjev) entomogenous nematode (Steinernematidae) in the conditions of occurrence in the insect's body cavity of other pathogens. *Annals of Warsaw Agricultural University SGGW-AR Animal Science* 20, 69–74.

Boemare, N.E., Boyer-Giglio, M.-H., Thaler, J.-O. and Akhurst, R.J. (1993) The phages and bacteriocins of *Xenorhabdus* sp., symbiont of the nematodes *Steinernema* spp. and *Heterorhabditis* spp. In: Bedding, R., Akhurst, R. and Kaya, H. (eds) *Nematodes and the Biological Control of Insect Pests*. CSIRO Publications, Victoria, Australia, pp. 137–145.

Curran, J. (1993) Post-application biology of entomopathogenic nematodes in soil. In: Bedding, R., Akhurst, R. and Kaya, H. (eds) *Nematodes and the Biological Control of Insect Pests*. CSIRO Publications, Victoria, Australia, pp. 67–77.

Epsky, N.D., Walter, D.E. and Capinera, J.L. (1988) Potential role of nematophagous microarthropods as biotic mortality factors of entomogenous nematodes (Rhabditida: Steinernematidae and Heterorhabditidae). *Journal of Economic Entomology* 81, 821–825.

Forschler, B.T. and Gardner, W.A. (1991) Field efficacy and persistence of entomogenous nematodes in the management of white grubs (Coleoptera: Scarabaeidae) in turf and pasture. *Journal of Economic Entomology* 84, 1454–1459.

Fowler, H.G. and Garcia, C.R. (1989) Parasite-dependent protocooperation. *Naturwissenschaften* 76, 26–27.

Galper, S., Eden, L.M., Stirling, G.R. and Smith, L.J. (1995) Simple screening methods for assessing the predacious activity of nematode-trapping fungi. *Nematologica* 44, 130–140.

Gilmore, S.K. and Potter, D.A. (1993) Potential role of Collembola as biotic mortality agents for entomopathogenic nematodes. *Pedobiologia* 37, 30–38.

Glazer, I. (1996) Survival mechanisms of entomopathogenic nematodes. *Biocontrol Science and Technology* 6, 373–378.

Gray, N.F. (1988) Fungi attacking vermiform nematodes. In: Poinar, G.O. Jr and Jansson, H.-B. (eds) *Diseases of Nematodes*, Vol. 2. CRC Press, Boca Raton, Florida, pp. 3–33.

Ishibashi, N. and Kondo, E. (1986) *Steinernema feltiae* (DD-136) and *S. glaseri*: persistence in soil and bark compost and their influence on native nematodes. *Journal of Nematology* 18, 310–316.

Ishibashi, N. and Kondo, E. (1987) Dynamics of entomogenous nematode *Steinernema feltiae* applied to soil with and without nematicide treatment. *Journal of Nematology* 19, 404–412.

Ishibashi, N., Young, F.Z., Nakashima, M., Abiru, C. and Haraguchi, N. (1987) Effects of application of DD-136 on silkworm, *Bombyx mori* predatory insect, *Agriosphodorus dohrni*, parasitoid, *Trichomalus apanteloctenus*, soil mites, and other non-target soil arthropods, with brief notes on feeding behaviour and predatory pressure of soil mites, tardigrades, and predatory nematodes on DD-136 nematodes. In: Ishibashi, N. (ed.) *Recent Advances in Biological Control of Insect Pests by Entomogenous Nematodes in Japan*. Ministry of Education, Japan, Grant No. 59860005, pp. 158–164. (In Japanese, English abstract).

Jaffee, B.A. (1992) Population biology and biological control of nematodes. *Canadian Journal of Microbiology* 38, 359–364.

Jaffee, B.A. and Muldoon, A.E. (1995) Susceptibility of root-knot and cyst nematodes to the nematode-trapping fungi *Monacrosporium ellipsosporum* and *M. cionopagum*. *Soil Biology and Biochemistry* 27, 1083–1090.

Jaffee, B.A., Muldoon, A.E. and Tedford, E.C. (1992) Trap production by nematophagous fungi growing from parasitized nematodes. *Phytopathology* 82, 615–620.

Jaffee, B.A., Tedford, E.C. and Muldoon, A.E. (1993) Tests for density-dependent parasitism of nematodes by nematode-trapping and endoparasitic fungi. *Biological Control* 3, 329–336.

Jaffee, B.A., Strong, D.R. and Muldoon, A.E. (1996) Nematode-trapping fungi of a natural shrubland: test for food chain involvement. *Mycologia* 88, 554–564.

Kaya, H.K. (1990) Soil ecology. In: Gaugler, R. and Kaya, H.K. (eds) *Entomopathogenic Nematodes in Biological Control*. CRC Press, Boca Raton, Florida, pp. 93–115.

Kaya, H.K. (1993) Contemporary issues in biological control with entomopathogenic nematodes. *Food and Fertilizer Technology Center, Taipei City, Taiwan, Extension Bulletin No. 375*, pp. 1–13.

Kaya, H.K. and Brayton, M.A. (1978) Interaction between *Neoaplectana carpocapsae* and a granulosis virus of the armyworm *Pseudaletia unipuncta*. *Journal of Nematology* 10, 350–354.

Kaya, H.K. and Burlando, T.M. (1989) Development of *Steinernema feltiae* (Rhabditida: Steinernematidae) in diseased insect hosts. *Journal of Invertebrate Pathology* 53, 164–168.

Kaya, H.K. and Koppenhöfer, A.M. (1996) Effects of microbial and other antagonistic organism and competition on entomopathogenic nematodes. *Biocontrol Science and Technology* 6, 357–371.

Kaya, H.K., Koppenhöfer, A.M. and Johnson, M. (1998) Natural enemies of entomopathogenic nematodes. *Japanese Journal of Nematology* 28, 13–21.

Kerry, B.R. (2000) Rhizosphere interactions and the exploitation of microbial agents for the biological control of plant-parasitic nematodes. *Annual Review of Phytopathology* 38, 423–441.

Koppenhöfer, A.M., Jaffee, B.A., Muldoon, A.E., Strong, D.R. and Kaya, H.K (1996) Effect of nematode-trapping fungi on an entomopathogenic nematode originating from the same field site in California. *Journal of Invertebrate Pathology* 68, 246–252.

Koppenhöfer, A.M., Jaffee, B.A., Muldoon, A.E. and Strong, D.R. (1997) Suppression of an entomopathogenic nematode by the nematode-trapping fungi *Geniculifera paucispora* and *Monacrosporium eudermatum* as affected by the fungus *Arthrobotrys oligospora*. *Mycologia* 89, 220–227.

Koppenhöfer, A.M., Choo, H.Y., Kaya, H.K., Lee, D.W. and Gelernter, W.D. (1999) Increased field and greenhouse efficacy against scarab grubs with a combination of an entomopathogenic nematode and *Bacillus thuringiensis*. *Biological Control* 14, 37–44.

Lezama-Gutiérrez, R., Alatorre-Rosas, R., Arenas-Vargas, M., Bojalil-Jaber, L.F., Molina-Ochoa, J., González-Ramírez, M. and Rebolledo-Domínguez, O. (1996) Dual infection of *Spodoptera frugiperda* (Lepidoptera: Noctuidae) by the fungus *Nomuraea rileyi* (Deuteromycotina: Hyphomycetes) and the nematode *Heterorhabditis bacteriophora* (Rhabditida: Heterorhabditidae). *Vedalia* 3, 41–44.

Linford, M.B., Yap, F. and Oliveira, J.M. (1938) Reduction of soil populations of the root-knot nematode during decomposition of organic matter. *Soil Science* 45, 127–141.

Marti, O.G. Jr and Timper, P. (1999) Phoretic relationship between *Bacillus* sp. and the entomopathogenic nematode, *Heterorhabditis*. *Journal of Nematology* 31, 553.

McInnis, T.M. and Jaffee, B.A. (1989) An assay for *Hirsutella rhossiliensis* spores and the importance of phialides for nematode inoculation. *Journal of Nematology* 29, 229–234.

Poinar, G.O. Jr (1979) *Nematodes for Biological Control of Insects*. CRC Press, Boca Raton, Florida. 277 pp.

Poinar, G.O. Jr (1988) A microsporidian parasite of *Neoaplectana glaseri* (Steinernematidae: Rhabditida). *Revue de Nématologie* 11, 359–360.

Poinar, G.O. Jr and Hess, R. (1988) Protozoan diseases. In: Poinar, G.O., Jr and Jansson, H.-B. (eds) *Diseases of Nematodes*, Vol. 1. CRC Press, Boca Raton, Florida, pp. 103–131.

Poinar, G.O. Jr and Jansson, H.-B. (1986a) Infection of *Neoaplectana* and *Heterorhabditis* (Rhabditida: Nematoda) with the predatory fungi, *Monacrosporium ellipsosporum* and *Arthrobotrys oligospora* (Moniliales: Deuteromycetes). *Revue de Nématologie* 9, 241–244.

Poinar, G.O. Jr, and Jansson, H.-B. (1986b) Susceptibility of *Neoaplectana* spp. and *Heterorhabditis heliothidis* to the endoparasitic fungus *Drechmeria coniospora*. *Journal of Nematology* 18, 225–230.

Poinar, G.O. Jr, Hess, R., Lanier, W., Kinney, S. and White, J. (1989) Preliminary observations of a bacteriophage infecting *Xenorhabdus luminescens* (Enterobacteriaceae). *Experientia* 45, 191–192.

Poinar, G.O. Jr, Thomas, G.M. and Lighthart, B. (1990) Bioassay to determine the effect of commercial preparations of *Bacillus thuringiensis* on entomogenous rhabditoid nematodes. *Agriculture, Ecosystems and Environment* 30, 195–202.

Roberts, D.W. (1981) Toxins of entomopathogenic fungi. In: Burges, H.D. (ed.) *Microbial Control of Pests and Plant Diseases 1970–1980*. Academic Press, London, pp. 441–464.

Rosenheim, J.A., Kaya, H.K., Ehler, L.E., Marois, J.J. and Jaffee, B.A. (1995) Intraguild predation among biological-control agents: theory and evidence. *Biological Control* 5, 303–335.

Selvan, S., Campbell, J.F. and Gaugler, R. (1993) Density-dependent effects on entomopathogenic nematodes (Heterorhabditidae and Steinernematidae) within an insect host. *Journal of Invertebrate Pathology* 62, 278–284.

Small, R.W. (1988) Invertebrate predators. In: Poinar, G.O. Jr and Jansson, H.-B. (eds) *Diseases of Nematodes*, Vol. 2. CRC Press, Boca Raton, Florida, pp. 73–92.

Smits, P.H. (1996) Post-application persistence of entomopathogenic nematodes. *Biocontrol Science and Technology* 6, 379–387.

Stirling, G.R. (1988) Biological control of plant-parasitic nematodes In: Poinar, G.O. Jr and Jansson, H.-B. (eds) *Diseases of Nematodes*, Vol. 2. CRC Press, Boca Raton, Florida, pp. 93–139.

Strong, D.R., Maron, J.L., Connors, P.G., Whipple, A., Harrison, S. and Jefferies, R.L. (1995) High mortality, fluctuation in numbers, and heavy subterranean insect herbivory in bush lupine, *Lupinus arboreus*. *Oecologia* 104, 85–92.

Strong, D.R., Kaya, H.K., Whipple, A.V., Child, A.L., Kraig, S., Bondonno, M., Dyer, K. and Maron, J.L. (1996) Entomopathogenic nematodes: natural enemies of root-feeding caterpillars on bush lupine. *Oecologia* 108, 167–173.

Strong, D.R., Whipple, A.V., Child, A.L. and Dennis, B. (1999) Model selection for a subterranean trophic cascade: root-feeding caterpillars and entomopathogenic nematodes. *Ecology* 80, 2750–2761.

Tanada, Y. and Kaya, H.K. (1993) *Insect Pathology*. Academic Press, San Diego, California, 666 pp.

Timper, P. and Kaya, H.K. (1989) Role of the 2nd-stage cuticle of entomogenous nematodes in preventing infection by nematophagous fungi. *Journal of Invertebrate Pathology* 54, 314–321.

Timper, P. and Kaya, H.K. (1992) Impact of a nematode-parasitic fungus on the effectiveness of entomopathogenic nematodes. *Journal of Nematology* 24, 1–8.

Timper, P., Kaya, H.K. and Jaffee, B.A. (1991) Survival of entomogenous nematodes in soil infested with the nematode-parasitic fungus *Hirsutella rhossiliensis* (Deuteromycotina: Hyphomycetes). *Biological Control* 1, 42–50.

Van Sloun, P., Nicolay, R., Lohmann, U. and Sikora, R.A. (1990) Anfälligkeit von entomopathogenen nematode gegenüber nematodenfangenden und endoparasitären Pilzen. *Journal of Phytopathology* 129, 217–227.

Veremtchuk, G.V. and Issi, I.V. (1970) On the development of the microsporidian of insects in the entomopathogenic nematodes *Neoaplectana agriotis* Veremtchuk (Nematodes: Steinernematidae), *Parazitologiya* 4, 3–7. (In Russian, English abstract)

Walter, D.E. (1987) Life history, trophic behavior and description of *Gamasellodes vermivorax* n. sp. (Mesostigmata: Ascidae) a predator of nematodes and arthropods in semiarid grasslands. *Canadian Journal of Zoology* 65, 1689–1695.

Walter, D.E. (1988) Nematophagy by soil arthropods from the shortgrass steppe, Chihuahuan desert and Rocky Mountains of the central United States. *Agriculture, Ecosystems and Environment* 24, 307–316.

10　昆虫病原线虫行为生态学

Edwin E. Lewis
Department of Entomology, Virginia Polytechnic Institute and State University, Blacksburg, Virginia 24061-0319, USA

10.1　引　　言

在过去的十年里，关于昆虫病原线虫行为和生态的许多研究最初主要是试图找到这些致死性的寄生物产生无法预测田间防治效果的原因，在实验室测定时发现，仅一种昆虫病原线虫——小卷叶蛾斯氏线虫（*Steinernema carpocapsae*）可以侵染几百种昆虫

（Poinar，1990）。然而，用其田间防治害虫的试验结果却令人失望，这主要是因为进行试验前，对线虫的行为生态学了解得不充分（Georgis and Gaugler，1991；Gaugler et al.，1997）。在这里，讨论了直接或间接地影响生物防治成功的昆虫病原线虫行为。这一章讨论了可以预测田间释放效果的线虫行为，并将这种行为分为四类：侵染期幼虫的传播和在土壤中的定位、取食策略、寄主识别力及侵染力。这些区别都是人为的，是为了方便而构建的，所以当我们读到这其中的一类行为时，要记得它们并不独立存在。

大多数的研究都集中在侵染期的幼虫，因为使用者一般应用这个时期的线虫来杀死昆虫。幼虫侵染期是对于研究基本取食生态的一个理想对象。这对所有动物寻找和评价资源是非常重要的，在生活史选择对策上是一些强有力的手段（Koops and Abrahams，1998）。对于昆虫病原线虫，侵染期幼虫是唯一可自由生活的时期，所以它将面对一个简单的而又极其重要的决定：是否侵染一个可能的寄主？侵染期幼虫不需要取食、交配、在寄主体外生长，一旦侵染期幼虫完成侵染将恢复生长繁殖，或离开寄主再继续寻找下一个目标，这说明目前的寄主不合适。这些简单的决定可能比其他任何一个决定对其将来是否成功侵染都重要。因为这很麻烦，而且会影响这个个体及其下一代生活质量等各个方面。事实上，这个简单决定可以代表任何动物做出的任何决定中最重要的一个。出于这种原因，我们期盼侵染期的寄生物能找到寄主并能很好地生长发育。其他各章将主要从侵染期幼虫的角度来分析侵染过程。

昆虫病原线虫面临的一个普遍性的挑战是扩大我们所研究的行为生态的分类基础，更多地认识来自于一些范围很小的昆虫病原线虫的种。事实上，当涉及斯氏线虫属线虫行为的期刊或文章时，就会发现90%以上资料只涉及4个线虫种（图10.1），不到一半的斯氏线虫属种类有关于它们行为的引文，不用对此表示惊讶，因为更多的研究都集中

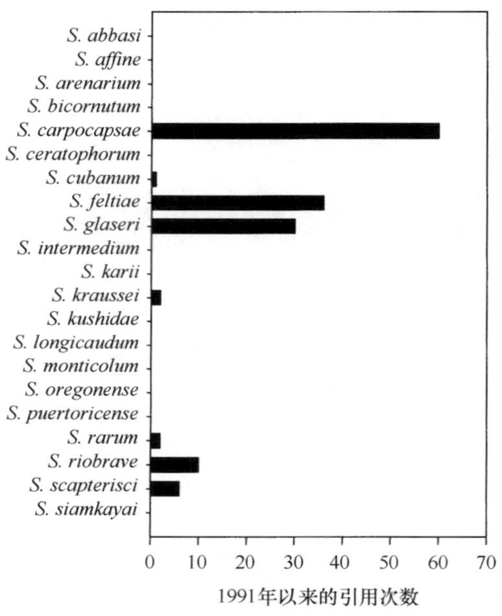

图 10.1 斯氏线虫每一个种的行为学和生态学自1991年以来被引用的次数

来源：昆虫-寄生性线虫主页（Smith，2000）

在当前可作为生物控制利用的那些种，当读到这一章时，要记住昆虫病原线虫行为的多样性在其他大多数的章节中会较少提到。

10.2 田间试验的行为预测

缺乏一致性和可预见性是昆虫病原线虫在害虫生物防治广泛应用上的两个主要难以克服的障碍（Georgis and Gaugler，1991）。当然，行为预测和生态学方面的知识表明了利用昆虫病原线虫进行生物防治的可行性。

对于生物防治也许我们能做的最基本的预测就是应用线虫的定位。昆虫病原线虫对于寄主搜寻可以有多种途径，但是它们都能够活动，所以它们并非必须待在被应用的地方。在土壤中可以附着在顶部或其他地方。垂直分布已经在实验室和田间试验中被证实。结果得出一致结论：小卷叶蛾斯氏线虫种群通常在土壤层下 1-2cm，嗜菌异小杆线虫（*H. bacteriophora*）至少在土层下 8cm（Campbell et al.，1996）。Ferguson 等（1995）曾报道过相似的结果，Ferguson 比较了嗜菌异小杆线虫（NC 和 Oswego 品系）、小卷叶蛾斯氏线虫（NY001 品系）和斯氏线虫属（NY008 品系）的田间应用，研究发现嗜菌异小杆线虫比任何一种供试的斯氏线虫更趋近于在垂直空间里均匀分布。事实上人们曾在土壤中 35cm 处分离得到过嗜菌异小杆线虫。实验室研究表明，小卷叶蛾斯氏线虫的侵染期幼虫趋于向上移动（Georgis and Poinar，1983；Schroeder and Beavers，1987），而格氏斯氏线虫（*S. glaseri*）和嗜菌异小杆线虫同样穿过土壤向下移动。做相关的土壤剖面表明它们可以进行空间移动。因此，格氏斯氏线虫和小卷叶蛾斯氏线虫不会为争夺寄主而产生竞争（Koppenhofer and Kaya，1996）。线虫在土壤剖面的位置也会限制它们侵染寄主的种类。

昆虫病原线虫在自然状态和应用上的空间分布逐渐受到重视。研究表明，昆虫病原线虫分布不均匀（Stuart and Gaugler，1994；Campbell et al.，1995，1996；Glazer et al.，1996；Strong et al.，1996），但是这种不均匀的程度在很多种中是不同的。这种研究并没有进行类似 Gaugler 等（1992）所进行的调查。一般说来嗜菌异小杆线虫种群比小卷叶蛾斯氏线虫和夜蛾斯氏线虫（*Steinernema feltiae*）的种群更不均匀（Campbell et al.，1998）。这些学者也表明，在两个月内关于嗜菌异小杆线虫的分布研究中，它们的种群类似自然种群那样不均匀。并且，这些学者认为日本金龟子在有嗜菌异小杆线虫存在的种群比没有嗜菌异小杆线虫存在地方的种群密度低，说明这些线虫降低了寄主的自然种群密度。线虫在背后起的作用还不清楚。土壤因素和寄主分布是可能的原因。然而，没有决定性的研究表明这些关系的重要性。较充分地了解种群分布对于在靶标寄主上保存高浓度线虫很重要（Lewis et al.，1998）。

确定昆虫病原线虫与寄主关系对于预测其作用效果是必要的。因为这些新的种一般用大蜡螟诱集技术收集（Bedding and Akhurst，1975），它们在自然界中的寄主通常未知。寄主识别的室内试验对这一领域研究有所帮助，这部分内容将在其他相关章节中提到。寻找寄主的方法同样可以影响寄主关系，这将在下一节中提到。寄主行为同样也起到一个重要作用。

在室内对昆虫病原线虫的寿命进行了测定，但是与田间线虫的寿命相差很大。线虫的行为也会影响到寿命。Lewis 等（1995a）认为小卷叶蛾斯氏线虫相对地比嗜菌异小杆线虫的代谢率低。行为上的重大不同导致代谢率和生存状况不同，这能体现在产品的保质期上，小卷叶蛾斯氏线虫的产品比嗜菌异小杆线虫产品保存的时间长。一些关于在田间生存的文章已经发表。Parkman（1993a，1993b）已经描述了蝼蛄斯氏线虫（*Steinernema scapterisci*）寄生关系的建立和传播，而且指出这些线虫对掘洞的蝼蛄（*Scapteriscus*）存在不显著的影响，这可以追溯到若干年以上。Klein 和 Georgis（1992）也证明了昆虫病原线虫可长期与寄主建立寄生关系。这些学者也证实过嗜菌异小杆线虫的 NC 品系在应用 8 个月后抑制了日本甲虫的种群密度。尽管在文献上有许多有趣的报道，但是为什么一些昆虫病原线虫应用后能够在土壤中定居，而有些线虫却不能，这个问题目前还不清楚。

10.3　侵染期幼虫的传播及在土壤中的生存定位

通过近期所有关于昆虫病原线虫的文献可知，当侵染期幼虫暴露在寄主尸体的表面时，它们唯一的目的就是再寄生一个新寄主。这种说法基本上正确，包括从一个寄主尸体中出来的所有个体，它们将要寻找的寄主对它们产生了影响。这过于单一化，就如同线虫与单个寄主尸体的区别（Lewis and Gaugler，1994；Stuart et al.，1996）。侵染期幼虫离开后的寄主尸体同样对线虫的传播和新寄主的回应有深刻的影响（Shapiro and Glazer；Shapiro and Lewis，1999）。本节主要描述线虫的运动及在土壤中不依赖于寄主的栖息位置。

10.3.1　不是所有线虫都相同

从一个尸体中爬出的线虫不必具有相同的行为。这些寄生于昆虫尸体的侵染期幼虫中的某些种大约 3 周后就有可能在个体间产生区别。Lewis 和 Gaugler（1994）证明雄性格氏斯氏线虫侵染期幼虫首先侵染寄主，这些雄性个体对从未被侵染的寄主中发出的挥发性气味比雌性更敏感。然而，小卷叶蛾斯氏线虫雄性个体比雌性个体脱离寄主早，而夜蛾斯氏线虫则是雌性先羽化（Lewis，2000，未发表）。这些学者也证明了格氏斯氏线虫的雌性侵染期幼虫更强烈地依靠被侵染寄主散发的挥发性物质。1996 年 Stuart 通过格氏斯氏线虫的选择试验发现，这种类型和大小都有基因学的基础。1998 年 O'Leary 等发现大异小杆线虫（*Heterorhabditis megidis*）从尸体中较早钻出的侵染期幼虫不仅比晚一些的能更好地寻找寄主，而且钻出早的比钻出晚的线虫更能适应较高的温度，但对干燥环境的适应性则要差一些。这些现象对于我们理解昆虫病原线虫侵染力增加了复杂性，这些结果表明侵染策略有可能比过去猜想得更复杂，每一个种又都与众不同。

从昆虫尸体出来后，作为一个侵染期线虫它们的行为可能有所改变。1995 年 Lewis 比较了 3 个种的侵染期。小卷叶蛾斯氏线虫、格氏斯氏线虫和嗜菌异小杆线虫移动及侵染寄主能力基本上随着时间的增加而增加，而且很难为所有的种做一般的结论，小卷叶蛾斯氏线虫是等待经过的寄主，依靠尾部附着在介质表面从而附着在通过的寄主身上，开始这样做的个体频率很低，所以不是十分有效。另外两个种都是通过在土壤中移动，随着时间的增长，这些移动的线虫速度减缓。嗜菌异小杆线虫侵染期幼虫在这 3 种线虫中代谢率最高，但寿命最短，小卷叶蛾斯氏线虫的代谢率较低，而格氏斯氏线虫的代谢率居中，且寿命最长，这有可能与它们体型较大可以携带更多的能量有关。

10.3.2 死虫体的作用

侵染期幼虫的运动和侵染力的不同与寄主尸体存在有一定的联系。标准的实验室培养、收集线虫是采用“White trap，即 White 诱捕器”方法，收集从昆虫体内出来的线虫（White，1927），然后贮存在水中几天到几周直到使用，基本上所有关于昆虫病原线虫的研究都使用这种方法收集和贮存线虫。嗜菌异小杆线虫和小卷叶蛾斯氏线虫的传播是通过沙土中大蜡螟的尸体或用 White 诱捕器收集并测量，在细菌培养基和沙柱中进行测试时，用寄主中得到的物质加在水中，这些种都能移动得更远（Shapiro and Glazer，1996）。1999 年 Shapiro 和 Lewis 发现自然从昆虫体内出来的嗜菌异小杆线虫的侵染力是人工在水中收集和应用的 10 倍。更有趣的是，用从水中收集的侵染期幼虫侵染寄主 10d 后，寄主周围水的提取物可使侵染期线虫高水平的侵染力得到恢复。这些研究强烈地证明了寄主尸体中的化学物质对存在于寄主体内的侵染性幼虫的行为有一定的影响。它们同样证明依靠从 White 诱捕器中收集的幼虫进行种群动态预测不准确。然而从 White 诱捕中得到的线虫和被应用于生物杀虫剂的线虫的行为相似。

10.3.3 非生物因素

将其他影响昆虫病原线虫运动的因素和非生物的、生物的、人为的条件在土壤中结合起来，人们发现土壤类型也影响线虫的运动、生存和侵染力（Kung et al.，1990），小颗粒的土壤约束了线虫的运动，而沙土和沙子则为线虫运动提供了一个更好的媒介。在农业生产活动中，包括其中加入的肥料和杀虫剂同样可以影响线虫的行为。

10.4 捕 食 策 略

寄生物均有一些增加遇到和识别可能寄主的策略，昆虫病原线虫的捕食方法及与它们有关系的许多生物现象在近十年内进行了广泛的研究，生活史特征方面也直接或间接地与捕食方法有关，恰当的接触（Lewis et al.，1992）、挥发性的寄主信号（Lewis et al.，1993）、性别比例（Lewis and Gaugler，1994）、运动方式（Campbell and Kaya，1999a，1999b）、代谢率（Lewis et al.，1995a）和寿命（Lewis et al.，1995a，1997）是研究过的一些例子。异小杆线虫属（*Heterorhabditis*）和斯氏线虫属（*Steinernema*）的线虫在捕食方法上不同，线虫寻找寄主的方法在伏击型和追击型间转换。线虫侵染期幼虫是可以运动的，而且它们的寻找寄主行为可以分为两种：蠕动和依靠尾部站立后弹跳（Campbell and Gaugler，1997）。

大多数关于捕食生态学的研究都沿着最适宜捕食的理论框架进行（Pyke et al.，1977），对昆虫病原线虫应用的最适捕食理论还不清楚。在理论框架中，最适宜的捕食理论是基于投入与收益并适用于不同的捕食类型。这包括一系列不同类型，然而它们普遍共有的一点是它们捕食的并非一种简单资源。例如，寄生蜂在许多不同的寄主中产卵而草蛉不只取食一种蚜虫。不同的是昆虫病原线虫的侵染期幼虫旨在找到一个合适的寄主，没有机会重复捕食或者评价它们捕食的路径。线虫也不能通过重复捕食来了解寄主资源的质量。对于昆虫病原线虫和所有侵染单一寄主的生物应该有一个独特的搜寻寄主的途径。

10.4.1 系统起源

Campbell（2000，未发表数据）已经利用斯氏线虫属探究了捕食方法的系统发生，一个基于分子（28S rDNA）和形态学数据的种系起源说认为种间的进化关系是捕食策略进化的框架。一些对于大多数已收集的斯氏线虫种行为的数据（P. Stock，2000，未发表）没有出版。对这些种已经进行了分类，按照附着在移动寄主上的效率分为“伏击型”（ambusher）、“追击型”（cruiser）和“中间型”（intermediate）3 种。一般来说，能够进行直立做摇摆运动的种可定义为“伏击型”，而不能做这些运动的则定义为“追击型”，而能够在基质表面举起一部分身体，但这样做只可以维持几秒，这样的种被认为是“中间型”。在基质中直立摇摆的行为虽然属“伏击型”，有时可能是“中间型”，但绝不是“追击型”，在光滑介质上的运动相对很慢，对于寄主信号的反应则更是不一致。这些试验在表 10.1 中都进行了描述。以大蜡螟作为寄主释放物质，对于所有的线虫来说这些昆虫的种可能不适宜。对于寄主信号的反应在寄主识别阶段已进行细节性的描述，这些在搜寻方法中引起了如下 3 个问题：①“伏击型”或者“追击型”是最早的吗？②搜寻方法的变异需要多长时间来完成？③依赖于昆虫病原线虫的种系发生，搜寻方法能够预测吗？

表 10.1 斯氏线虫属大多数种的行为试验总结（Campbell，未发表数据）

线虫种类	搜寻策略	摇摆？	弹跳？	沙土中移动下降？	与寄主接触后定位搜寻？	与寄主接触增强吸引力？
S. abbassi	ND	否	是	否	否	是
S. carpocapsae	伏击型	是	是	是	否	是
S. ceratophorum	中间型	是	是	否	是	否
S. cubanum	追击型	否	否	否	是	否
S. feltiae	中间型	否	否	否	否	否
S. glaseri	追击型	否	否	否	是	否
S. karii	追击型	否	否	是	是	否
S. kraussi	ND	否	否	是	否	是
S. longicaudum	追击型	否	否	否	否	是
S. monticolum	中间型	否	是	否	是	否
S. oregonenses	追击型	否	否	否	是	否
S. puertoricenses	追击型	否	否	否	否	否
S. riobrave	中间型	否	是	否	否	否
S. siamkayai	伏击型	是	是	是	是	否

注：ND 表示没有数据

10.4.2 捕食活动

掌握捕食活动的技巧对于预测捕食方法对线虫生物学的基础产生的影响至关重要。在饲喂过程中“伏击型”的种可做一些微小的运动，如它们通过在培养基层中立起自己的身体。可做微小运动的种减少了与基层的表面摩擦力，这使它们能接近路过的昆虫（Campbell and Gaugler，1993）。这种细节性的运动有许多种形式，有平直的运动，在基层中的局部直立和前后摆动。用小卷叶蛾斯氏线虫（*S. carpocapsae*）和蝼蛄斯氏线虫（*S. scapterisci*）等一些种的侵染期幼虫举个例子，能够在延长的细节性运动上花费几个小时，这是一种“伏击型”的种。夜蛾斯氏线虫（*S. feltiae*）或者锐比斯氏线虫（*S. riobrave*）很少有站立的行为，并且持续的时间也较短。通过测量线虫在光滑培养基和有沙子培养基上的运动率来测量它们的微小运动，沙子以能够使线虫做微小运动为宜，而在平滑培养基上的蠕动则应未受阻。如果线虫做微小运动，在沙子上的运动率应该低（表 10.1）。

许多斯氏线虫种存在跳跃行为，一般是以一种直立姿势开始（Campbell and Gaugler，1993），为了跃起，线虫先使自己的身体成为环状，将头置于一侧而身体绷紧，直到线虫已经贮存了足够的能量，当环伸直时，它们能够借助空气跃起（Campbell and Kaya，1999a，1999b）。小卷叶蛾斯氏线虫身长大约 0.56mm，平均能够跃起 4.8mm 远（接近于身体长度的 10 倍），3.9mm 高（Campbell and Kaya，1999a）。跃起的频率，如直立行为，在不同种中是不同的，可以通过力学关系、空气运动和挥发性的寄主使其增加（Campbell and Kaya，2000）。这些学者同样发现，小卷叶蛾斯氏线虫和蝼蛄斯氏线虫向着寄主释放挥发性物质的方向跃起，这表明跳跃行为在寻找寄主中起到了一个重要的作用。

10.4.3 对寄主信号的反应

什么时候寄主释放的物质对寄生物是恰当的？昆虫病原线虫不同的种对于寄主所释放的反应不同。这些区别最初依赖于它们的搜寻方法。Lewis 等于 1992-1993 年对他的假说进行了试验，即以小卷叶蛾斯氏线虫为代表的伏击者对寄主释放信号的反应没有格氏斯氏线虫（追击者的代表）那样强烈，这个假说的逻辑是已埋伏好的线虫等待潜在的活动寄主接近它们，而追击者为了寻找不便移动的寄主而主动搜寻。以寄主挥发性物质在琼脂平板上进行比较时，小卷叶蛾斯氏线虫的侵染期幼虫对于从大蜡螟中释放的物质的反应比较弱，而蝼蛄斯氏线虫则能够被强烈地吸引（Lewis et al.，1993）。在另外一个关于线虫对于寄主释放物质反应的研究中，Campbell 和 Kaya（1996a）研究表明，小卷叶蛾斯氏线虫的侵染期幼虫是以向释放源跳跃来作为对寄主的挥发性物质的反应，在这种情况下，介质对于该行为起着重要的作用。Lewis 已于 1993 年进行试验，此试验是将小卷叶蛾斯氏线虫的侵染期幼虫置于平滑培养基中，它们不能进行微小的活动或者说是跳跃。寄主信号的关系在于能否改变线虫的搜索路径：从长距离现行运动改为局部的搜索行为（Bell，1991）。Lewis 于 1992 年发现当格氏斯氏线虫的侵染期幼虫与寄主表皮接触时，它们的行为发生了改变，变成了局部运动。而小卷叶蛾斯氏线虫的侵染期幼虫在与寄主表皮接触时并未发现有行为改变。1994 年，Grewal 继续这个试验，测试不同种的昆虫病原线虫对于寄主释放的各种信号的反应，试验发现线虫对于寄主信号的反应依赖于它们搜寻寄主的方式。换句话说，如果侵染期幼虫不能对寄主的信号做出反应，这种线虫很有可能属于“伏击型”。

线虫在很大程度上可能会受到周围环境的化学物质的影响，这也可从小卷叶蛾斯氏线虫和“伏击型”的种使用一些化学信号来寻找和估计寄主的现象给予说明。1995 年，Lewis 提出对于伏击捕食的线虫，信号一定起到了某些决定性作用，对于寄主识别和侵入一定是由一个特殊的信号开始的，对于“伏击型”的线虫来说寻找寄主就是一个指令（图 10.2），当侵染期线虫遇到一个经过它的寄主时，产生的第一个信号可能与寄主的表皮有关，小卷叶蛾斯氏线虫通常从气孔进入寄主，CO_2 是从气孔排出的，事实上，小卷叶蛾斯氏线虫对于大蜡螟释放的挥发性物质的强烈反应仅仅是与其表皮接触后才产生（Lewis et al.，1995b），在相同的研究中，一些学者认为暴露的寄主表皮同样可以导致侵染期幼虫以很快的速率进入寄主体腔，而侵染期幼虫未与寄主表皮接触的进入寄主体腔的速率则较慢，这项研究表明小卷叶蛾斯氏线虫侵染期幼虫对于寄主信号的反应有一个精确的指令，仅当侵染期幼虫与寄主接触后寄主释放的挥发性物质才会起作用。

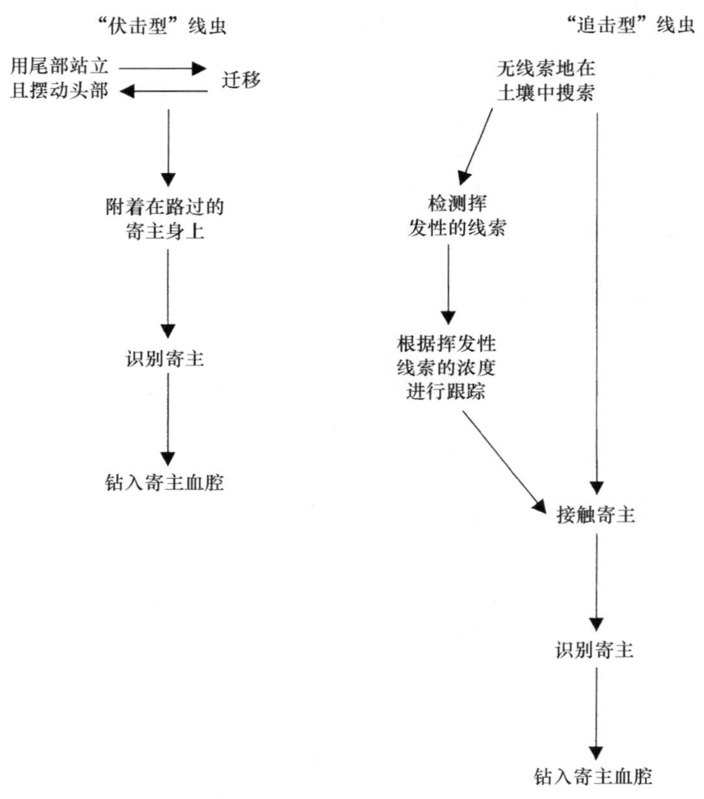

图 10.2 “伏击型”线虫和“追击型”线虫寻找寄主的过程

对于“追击型”线虫的搜寻寄主的指令可能与“伏击型”线虫中预测的不同，对于追击型线虫也提出了一个很容易让人理解搜寻寄主指令的假设（图 10.2），即线虫移动时通过土壤基质，从远处识别寄主的第一种挥发性物质，然后随着与寄主距离的缩短，挥发性物质的浓度逐渐增大。当与一个可能寄生的寄主接触后，如果侵染期幼虫接收到信息，它们就钻入寄主的血腔。然而，挥发性物质对于接触信号的引发来说不是必需的。换句话说，这个信号的指令不需要前后一致。举个例子，一个线虫可能直接进行搜寻并接近寄主而不是当挥发性物质的浓度梯度达到一定程度时，或者搜寻者通过与寄主的代谢物接触（如粪便），这表明附近有寄主，但这些代谢物绝不是寄主身体的一部分。所以，追击型的线虫在对寄主信号的反应上更灵活。格氏斯氏线虫的侵染期幼虫，从全部到局域性地与寄主表皮接触后能够对挥发性物质做出强烈反应并开始运动。

10.5 寄 主 识 别

所处位置和搜寻方法仅部分地决定一个线虫寄主的范围。线虫对寄主的识别行为、接受行为和侵染行为同样在侵染过程中起到重要作用。可以通过线虫的这几种行为对寄主代谢物反应的改变来检测线虫对寄主的识别反应。1993 年 Grewal 测试了嗜菌异小杆线虫、格氏斯氏线虫、小卷叶蛾斯氏线虫和蝼蛄斯氏线虫的侵染期幼虫对于家蟋蟀（*Acheta domesticus*）、日本丽金龟（*Popillia japonica*）、甜菜夜蛾（*Spodoptera exigua*）和德国小蠊（*Blattella germanica*）损坏的肠的反应，记录了线虫的运动特征（爬行的时间、身体的摆动和头的摆动等）及一种被称为“头部回窥”的特征，将这些行为变化与线虫有效杀死寄主联系起来是这些研究中最基本的部分。必须说明的是从寄生物的适合度上来讲，线虫对寄主不同种的行为表现得最强烈，寄生适应性可以通过测量侵染力和繁殖力获得。

10.5.1 小卷叶蛾斯氏线虫的寄主识别

1996 年 Lewis 等研究了小卷叶蛾斯氏线虫侵染期幼虫对于寄主信号的行为反应，发现寄主信号存在等级的问题，正如 Lewis 等（1995b）的解释。通过暴露于寄主表皮下，测试线虫对寄主挥发物质浓度梯度的反应。以 9 种节肢动物寄主［家蝇（*Musca domestica*）、小地老虎（*Agrotis ipsilon*）、玉米根萤叶甲（*Diabrotica virgifera*）、马铃薯叶甲（*Leptinotarsa decemlineata*）、日本丽金龟、家蟋蟀、德国小蠊、等足虫和蜈蚣］和两个对照表面（琼脂和蜡）作为联系信号，以暴露的线虫对大蜡螟挥发出的信号的反应作为识别反应的参数。例如，用对于寄主肠道内容物、排泄物和侵染力与寄主识别反应进行对比，每个寄主接种 200 条侵染期幼虫时，寄主识别和致死率呈现一种正相关性。然而，当每个寄主接种 500 个侵染期幼虫时，这种相关性就下降了。当自然寄主被暴露在较高浓度的线虫下时，这种识别关系就会被打乱。更进一步研究表明，小卷叶蛾斯氏线虫强烈的行为反应由最适合的寄主引起，这些研究支持测量寄主识别行为对从田间新分离出种的特征是有利的观点。然而，不同的寄主识别分析试验的设计必须与线虫的搜寻策略相匹配。这种测定很可能只对伏击型的线虫适合，伏击型的线虫能够通过上面描述的在沙子覆盖的光滑介质的运动而被识别。

10.5.2 格氏斯氏线虫的寄主识别

Glazer 和 Lewis 在 2000 年提出了对于寄主识别的“一步生物测定法”（one-step

bioassay）。这个测定与 1992 年 Lewis 进行的信号接触研究相类似，Lewis 将线虫暴露于寄主表皮 5min，然后涂于琼脂平板培养基上。这个可变的放弃时间通过放置一条线虫放在培养基平板上的直径 1cm 的圆环中央，然后记录线虫从开始进入到离开的时间。这个试验如上所述，依据线虫从大范围寻找寄主到定向搜寻。格氏斯氏线虫是在暴露日本丽金龟幼虫后 600s 放弃了搜寻，而在家蟋蟀表皮暴露后的 700s 放弃。空白对照的值是在 100s 后放弃（Glazer and Lewis，2000）。一个有意义的寄主范围研究仍需要探索。

10.5.3 标准化

除了平板培养皿测试，目前，还未做过寄主对小卷叶蛾斯氏线虫、夜蛾斯氏线虫、格氏斯氏线虫和嗜菌异小杆线虫以外大多数线虫与寄主从属关系的研究。使用这种测定方法可分析描述上述伏击和追击搜索寄主的线虫。首先要确定哪种方法适用于某个特殊种的研究。一种选择的方法是将这些种按照能够做摆动行为和不能做摆动行为进行分类，第二步试验将用能做摆动行为的种，而第一步使用不能做摆动行为的种，试验选用的昆虫类群应适应所有的线虫，而且将这个昆虫类群作为标准。这一类群应该包括昆虫主要目中容易获得的昆虫，记录线虫对于每种寄主的反应。认为引起线虫行为反应最强的寄主中，侵染力和繁殖力也最强，带着这个观点去检测线虫与所有寄主的关系、侵染力和每克寄主组织侵染期线虫的繁殖水平。如果这个试验用于收集新的种和新品系，我们将会对自然界寄主有一个更好的定义，同样这也将支持哪种线虫更有效地杀死哪种害虫的预测。

10.6 侵染动力学

尽管我们已完全了解了诱导线虫侵染的起因及最后成功侵染寄主的过程，但线虫在寄主体内如何发展及破坏寄主？寄主体内的线虫如何影响靠近寄主的侵染期线虫？人们对这些方面的研究还很少。这对于田间生物学、种群动态和种群遗传学有重要的影响，同样对被侵染的寄主是如何影响线虫侵染的也有重要的影响。

10.6.1 侵染能力

寄主的品质呈动态变化，可用多种方法对其进行测定，但寄生物对寄主价值的衡量是每个寄主体内繁殖多少后代，非侵染寄主的品质相对稳定，也可以用同样的方法衡量。然而，仅一个侵染期幼虫就可以侵染一个健康的寄主，因为昆虫病原线虫在一个寄主体内可以由几条到 100 多条，线虫在侵染寄主前必须对其品质进行评价。一条侵染期幼虫进入寄主体内，寄主的品质就成为一种动态的资源，这说明这个寄主有价值（Grewal et al.，1993b，1996）。潜在的代价包括种内和种间对有限资源的竞争。Selvan 于 1993 年论证了低数量的线虫引起平均生殖率下降，这表明对于一个特定的寄主存在一个最适宜的侵染数量，低数量的侵染可能不利，因为较少的个体或者中间个体较少不利于交配繁殖，所以不能破坏寄主的免疫系统。过多线虫对单一寄主侵染的代价包括资源的快速耗尽和增加第二次侵染的危险，这样每个寄生物是否能成功侵染也依靠它对寄主的评价能力，在被侵染的昆虫体内寄主的状态快速改变，共生细菌在侵染期幼虫进入寄主体腔几小时后开始快速生长（Wang et al.，1995），线虫以细菌为食，逐渐长成4龄幼虫，然后成为成虫，昆虫寄主通常在被侵染3d之内死亡，所以这个时期任何免疫反应都被克服了，侵染速度随着温度的升高而增加，线虫的数量越大速度也越快，图10.3为线虫侵染过程与天数的关系。

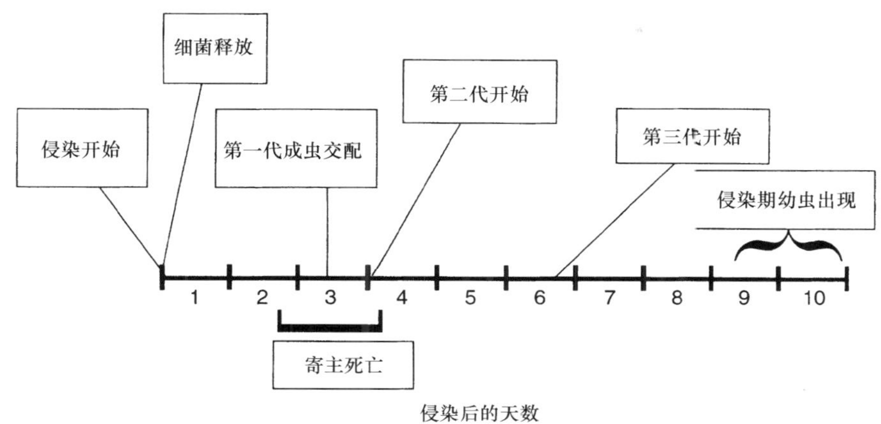

图10.3 小卷叶蛾斯氏线虫在25℃条件下的侵染过程

10.6.2 侵染期幼虫对被侵染昆虫的反应

如果是上面描述的那种情况，人们就不会对侵染期幼虫对被侵染寄主和未被侵染寄主有不同反应而惊讶，1994年专家发现格氏斯氏线虫雌性侵染期幼虫对被同种线虫侵染过的大蜡螟幼体有更强烈的进攻，事实上，很多昆虫病原线虫的种对于侵染和未被侵染过的寄主反应不同（Grewal et al.，1993b，1996），所有这些研究表明，24h以内被同种线虫侵染的寄主有更强的吸引力。

这种影响不局限于增加同种线虫的攻击力，随后的一项研究（针对于上述提到的个体）表明，不仅侵染期线虫对于被侵染的个体反应更强烈，而且它们对于被同种或不同种线虫侵染过的寄主反应不同（Grewal et al.，1996）。实际上，小卷叶蛾斯氏线虫的侵染期幼虫排斥被格氏斯氏线虫侵染过的寄主，相比较而言，格氏斯氏线虫的侵染期幼虫对于被小卷叶蛾斯氏线虫侵染过的寄主和未被侵染过的寄主的反应没有什么不同，这些作者同样测试了侵染期幼虫对于被致病杆菌属细菌侵染过的寄主的反应，发现细菌独自侵染寄主时并没有引起线虫侵染行为的变化。为什么有些侵染期幼虫的种能够排斥同源性的侵染而不受其他线虫侵染的影响呢？一个本能的原因就是死虫体中的线虫对将要侵染的线虫来说是一个很强的竞争对手，而一些相对较弱的竞争者则不会选择它们寄生的寄主，因为它们在这样的环境中不会产生后代，通常，当一个昆虫被两种昆虫病原线虫侵染时，只有一种线虫会产生侵染性幼虫（Alatorre-Rosas and Kaya，1991）。

1997年Glazer在将侵染性幼虫放在被同源线虫侵染过的寄主分泌液中发现了另外一种互相影响。这种情况下线虫侵染率下降，这就表明线虫在侵染时有选择最佳数量的机制，雌性线虫在产卵前会评价一下寄主，看它是被同种线虫侵染过，还是被其他种线虫侵染过（Godfray，1994）。尽管昆虫寄生物和昆虫病原线虫所感受的信号相似，但它们的决策有显著的不同，最重要的是在寄生物对寄主评估完之后不进入寄主，而侵染性线虫则不同。在某些方面，昆虫病原线虫的侵染可能比寄生物更为复杂，这个复杂性是指多少线虫在什么时期进入寄主仍然未知，侵染的数量和侵染的时期都可能影响寄主的质量，但它们这种各自的影响还未阐明，昆虫病原线虫的侵染动态是很复杂的，它可能产生促进作用和相反的影响。

10.6.3 侵染动力学的描述

人们试图用一些改变侵染成功程度的研究来描述这些相互反应。Fan 和 Hominick（1991）认为从寄主的尸体里分离出来的夜蛾斯氏线虫侵染期幼虫只占总数的一部分（少于 40%），而不用考虑寄主的效率。自从这次发现后，所谓的“阶段侵染假说”（phased infectivity hypothesis）已经被检测，也被深入讨论。有关夜蛾斯氏线虫侵染动态描述的文字已经被发表（Bohan and Hominick，1996，1997），主要讲述了一群侵染性幼虫和潜在寄主间短期和长期的相互作用，提出了同阶段侵染假说：一部分从寄主分离出来的侵染性幼虫没有侵染力，这些研究首次在数学上描述昆虫病原的侵染动态，在这方面也是很有用的。为了简化它们的侵染模型，这些研究假设侵染期线虫是随机寻找寄主的。

侵染期线虫不通过随机运动来寻找寄主，并且它们是否能够侵染取决于寄主的特性。Campbell 等（1999）发现，当提供了足够的寄主时，几乎所有侵染性幼虫立刻侵染寄主。由于对于侵染性线虫和寄主间的互相作用了解得较少，在理解昆虫病原线虫侵染动力学方面存在一些困难。侵染过程中寄主发生的改变可能有利于解释为什么不是所有的侵染期线虫都能侵染寄主，即使将它们与寄主紧密的接触也不能侵染寄主（Campbell et al.，1999）。早期的研究表明，昆虫被侵染 72h 后还能再次被侵染（J. F. Campbell，Kansas，2000 个人交流）。这时候前期侵染的线虫已到达成虫阶段，寄主死亡。这个时间侵染对入侵者的好处在哪里还不知道，线虫用什么信号评价寄主也还不清楚，对于线虫侵染阶段的一些观点仍存在争议。

10.7 结论与展望

尽管多年来人们对昆虫病原线虫进行了大量研究，但对昆虫病原线虫的行为和生态学只有部分的了解。本章主要讲述了线虫行为学和生态学方面 4 个领域知识，这 4 个领域早已被命名，分别为侵染期幼虫的传播和土壤中的定位、捕食策略、寄主识别和侵染动力学，人们对侵染期幼虫的捕食方法了解得最透彻。对线虫捕食生态学的理解水平影响到是否能对这个研究领域做出准确的预测，这项工作有助于解释为什么早期防治失败。不足之处是只研究了几个线虫种类，未来面临的主要挑战是研究更多线虫种类和最近分离出的一些品系。

人们对于线虫在土壤中的生存位置非常重视，通常线虫在土壤中的不同位置，有不同的捕食方法，这些室内研究仅限于沙质中线虫的一些研究或测量它们运动的一些试验，大部分都是研究线虫在装满沙子试管中的垂直运动，在人工模拟条件研究线虫的行为的可靠性引来一些怀疑论者。目前已经进行了一些田间试验，大部分的试验结果与预测相吻合。

目前在一定程度上对一些地方线虫和应用线虫种群空间动态做了研究。昆虫病原线虫种群分布不均匀，用“meta-种群”（meta-population）描述其分布状态最恰当（Lewis et al.，

1998）。meta-种群具有有限的基因交换，导致这种类型种群结构的原因还不清楚。另外一个富有成效的研究是阐明什么导致线虫在空间和时间上种群动态的变化，同时也阐明了田间这些寄生物的种群结构。举个例子，昆虫病原线虫的种群能反映寄主的空间分布吗？或者一些非生物因素对线虫的种群分布有更大的影响吗？回答这类问将帮助我们预测田间应用的结果，也有利于我们保护已有线虫种群结构和改善环境以提高线虫种群结构。

由于考虑到寄主识别这一领域信息的可能价值，对这部分关注的还较少，一些种的寄主范围比起初依靠于培养皿侵染分析得到的结果窄，根据很少一部分昆虫病原线虫与寄主的相互反映提出了寄主识别机制，一个标准的、确定寄主范围的方法将加入这一研究领域中，将寄主范围与种系发展史联系起来，可为新的线虫品系提供可靠预测。

对昆虫病原线虫行为生态学了解最少的是线虫侵染动态，在本章中，虽然侵染动力学是理解行为生态其他方面的中心，但根据我们目前对它掌握的知识还不能对其做出准确的预测。这主要是因为我们对侵染力是怎样随着时间而改变的，以及这些改变对侵染期幼虫寻找寄主意味着什么还不了解。目前仍然有以下 3 个问题需要回答：①侵染过程中寄主的质量有何改变？寄主的改变怎样影响寄生物的决定？②侵染期幼虫（年龄和经历）的内源条件如何影响寄主评估？③用什么确定寄主释放的多种化学信号，它们在寄主评价中起到什么作用？

多年前就已认识到线虫行为生态学和生物防治潜能间关系的重要性。目前，仅对昆虫病原线虫最显著和最直接的关系进行了广泛研究，对与生物防治直接关系较小的线虫生态的其他方面的研究正在开展中。这些方面包括侵染期幼虫的抉择的制定和作为资源被侵染的寄主的动态价值。在接下来的十多年里，将会更加重视线虫行为生态学领域的研究，这对预测昆虫病原线虫田间应用效率很重要。

参 考 文 献

Alatorre-Rosas, R. and Kaya, H.K. (1991) Interaction between two entomopathogenic nematode species in the same host. *Journal of Invertebrate Pathology* 57, 1-6.

Bell, W.J. (1991) *Searching Behavior*. Chapman and Hall, London.

Bedding, R.A. and Akhurst, R.J. (1975) A simple technique for the detection of insect parasitic rhabditid nematodes in soil. *Nematologica* 21, 109-110.

Bohan, D.A. and Hominick, W.M. (1996) Investigations on the presence of an infectious proportion amongst populations of *Steinernema feltiae* (Site 76 Strain) infective states. *Parasitology* 112, 113-118.

Bohan, D.A. and Hominick, W.M. (1997) Long-term dynamics of infectiousness within the infective-stage pool of the entomopathogenic nematode *Steinernema feltiae* (site 76 strain) Filipjev. *Parasitology* 114, 301-308.

Campbell, J.F. and Gaugler, R. (1993) Nictation behaviour and its ecological implications in the host search strategies of entomopathogenic nematodes (Heterorhabditidae and Steinernematidae). *Behaviour* 126, 155-169.

Campbell, J.F. and Gaugler, R. (1997) Inter-specific variation in entomopathogenic nematode foraging strategy: dichotomy or variation along a continuum? *Fundamental and Applied Nematology* 20, 393-398.

Campbell, J.F. and Kaya, H.K. (1999a) Mechanism, kinematic performance, and fitness consequences of jumping behavior in entomopathogenic nematodes (*Steinernema* spp.).

Canadian Journal of Zoology 77, 1947-1955.

Campbell, J.F. and Kaya, H.K. (1999b) How and why a parasitic nematode jumps. *Nature* 397, 485-486.

Campbell, J.F. and Kaya, H.K. (2000) Influence of insect associated cues on the jumping behavior of entomopathogenic nematodes (*Steinernema* spp.). *Behaviour* 137, 591-609.

Campbell, J.F., Lewis, E.E., Yoder, F. and Gaugler, R. (1995) Entomopathogenic nematode (Heterorhabditidae and Steinernematidae) seasonal population dynamics and impact on insect populations in turfgrass. *Biological Control* 5, 598-606.

Campbell, J.F., Lewis, E.E., Yoder, F. and Gaugler, R. (1996) Spatial and temporal distribution of entomopathogenic nematodes in turf. *Parasitology* 113, 473-482.

Campbell, J.F., Orza, G., Yoder, F., Lewis, E.E. and Gaugler, R. (1998) Entomopathogenic nematode distribution in turfgrass: variation among sites, correlation with *Popillia japonica* larvae and edaphic factors, and influence of inoculative releases. *Entomologia Experimentalis et Applicata* 86, 1-11.

Campbell, J.F., Koppenhofer, A.M., Kaya, H.K. and Chinnasri, B. (1999) Are there temporarily non-infectious dauer stages in entomopathogenic nematode populations: a test of the phased infectivity hypothesis. *Parasitology* 118, 499-508.

Fan, X. and Hominick, W.M. (1991) Effects of low storage temperature on survival and infectivity of two *Steinernema* species (Nematoda : Steinernematidae). *Revue d'Nematologie* 14, 407-412.

Ferguson, C.S., Schroeder, P.C. and Shields, E.J. (1995) Vertical distribution, persistence, and activity of entomopathogenic nematodes (Nematoda: Heterorhabditidae and Steinernematidae) in alfalfa snout beetle (Coleoptera: Curculionidae) infested fields. *Environmental Entomology* 24, 149-158.

Gaugler, R., Campbell, J.F., Selvan, S. and Lewis, E.E (1992) Large-scale inoculative releases of the entomopathogenic nematode *Steinernema glaseri*: assessment 50 years later. *Biological Control* 2, 181-187.

Gaugler, R., Lewis, E.E. and Stuart, R.J (1997) Ecology in the service of biological control: the case of entomopathogenic nematodes. *Oecologia* 109, 483-489.

Georgis, R. and Gaugler, R. (1991) Predictability in biological control using entomopathogenic nematodes. *Journal of Economic Entomology* 84, 713-720.

Georgis, R. and Poinar, G.O. Jr (1983) Effect of soil texture on the distribution and infectivity of *Neoaplectana carpocapsae* (Nematoda: Steinernematidae). *Journal of Nematology* 15, 308-311.

Glazer, I. (1997) Effects of infected insects on secondary invasion of steinernematid entomopathogenic nematodes. *Parasitology* 114, 597-604.

Glazer, I. and Lewis, E.E. (2000) Bioassays for entomopathogenic nematodes. In: Navon, A. and Ascher, K.R.S. (eds) *Bioassays of Entomopathogenic Microbes and Nematodes*. CAB International, Wallingford, UK, pp. 229-238.

Glazer, I., Kozodoi, E., Salame, L., and Nestel, D. (1996) Spatial and temporal occurrence of natural populations of *Heterorhabditis* spp. (Nematoda: Rhabditida) in a semiarid region. *Biological Control* 6, 130-136.

Godfray, H.C.J. (1994) *Parasitoids: Behavioural and Evolutionary Ecology*. Princeton University Press. Princeton, New Jersey.

Grewal, P.S., Gaugler, R. and Lewis, E.E. (1993a) Host recognition behavior by entomopathogenic nematodes during contact with insect gut contents. *Journal of Parasitology* 79, 495-503.

Grewal, P.S., Selvan, S., Lewis, E.E. and Gaugler, R. (1993b) Males as the colonizing sex in insect parasitic nematodes. *Experientia* 49, 605-608.

Grewal, P.S., Lewis, E.E., Campbell, J.F. and Gaugler, R. (1994) Searching behavior as a predictor of foraging strategy for entomopathogenic nematodes. *Parasitology* 108, 207-215.

Grewal, P.S., Lewis, E.E. and Gaugler, R. (1996) Response of infective stage parasites (Rhabditida: Steinernematidae) to volatile cues from infected hosts. *Journal of Chemical Ecology* 23, 503-515.

Klein, M.G. and Georgis, R. (1992) Persistence of control of Japanese beetle (Coleoptera: Scarabaeidae) larvae with steinernematid and heterorhabditid nematodes. *Journal of Economic Entomology* 85, 727-730.

Koops, M.A. and Abrahams, M.V. (1998) Life history and the fitness consequences of imperfect information. *Evolutionary Ecology* 12, 601-613.

Koppenhofer, A.M. and Kaya, H.K. (1996) Coexistence of two steinernematid nematode species (Rhabditida: Steinernematidae) in the presence of two host species. *Applied Soil Ecology* 4, 221-230.

Kung, S.P., Gaugler, R. and Kaya, H.K. (1990) Soil type and entomopathogenic nematode persistence. *Journal of Invertebrate Pathology* 55, 401-406.

Lewis, E.E. and Gaugler, R. (1994) Entomopathogenic nematode sex ratio relates to foraging strategy. *Journal of Invertebrate Pathology* 64, 238-242.

Lewis, E.E., Gaugler, R. and Harrison, R. (1992) Entomopathogenic nematode host finding: response to host contact cues by cruise and ambush foragers. *Parasitology* 105, 309-319.

Lewis, E.E., Gaugler, R. and Harrison, R. (1993) Response of cruiser and ambusher entomopathogenic nematodes (Steinernematidae) to host volatile cues. *Canadian Journal of Zoology* 71, 765-769.

Lewis, E.E., Selvan, S., Campbell, J.F. and Gaugler, R. (1995a) Changes in foraging behaviour during the infective juvenile stage of entomopathogenic nematodes. *Parasitology* 110, 583-590.

Lewis, E.E., Grewal, P.S. and Gaugler, R. (1995b) Hierarchical order of host cues in parasite foraging strategies. *Parasitology* 110, 207-213.

Lewis, E.E., Ricci, M. and Gaugler, R. (1996) Host recognition behavior reflects host suitability for the entomopathogenic nematode, *Steinernema carpocapsae*. *Parasitology* 113, 573-579.

Lewis, E.E., Campbell, J.F. and Gaugler, R. (1997) The effects of aging on the foraging behaviour of *Steinernema carpocapsae* (Rhabdita: Steinernematidae). *Nematologica* 43, 355-362.

Lewis, E.E., Campbell, J.F. and Gaugler, R. (1998) A conservation approach to using entomopathogenic nematodes in turf and landscapes. In: Barbosa, P. (ed.) *Perspectives on the Conservation of Natural Enemies of Pest Species*. Academic Press, New York, pp. 235-254.

O'Leary, S.A., Stack, C.M., Chubb, M. and Burnell, A.M. (1998) The effect of day of emergence from the insect cadaver on the behavior and environmental tolerances of infective juveniles of the entomopathogenic nematode *Heterorhabditis megidis* (strain UK211). *Journal of Parasitology* 84, 665-672.

Parkman, J.P., Hudson, W.G., Frank, J.H., Nguyen, K.B. and Smart, G.C. Jr. (1993a) Establishment and persistence of *Steinernema scapterisci* (Rhabditida: Steinernematidae) in field populations of *Scapteriscus* spp. Mole crickets (Orthoptera: Gryllotalpidae). *Journal of Entomological Science* 28, 182-190.

Parkman, J.P., Frank, J.H., Nguyen, K.B. and Smart, G.C. Jr (1993b) Dispersal of *Steinernema scapterisci* (Rhabditida: Steinernematidae) after inoculative applications for mole cricket (Orthoptera: Gryllotalpidae) control in pastures. *Biological Control* 3, 226-232.

Poinar, G.O. Jr (1990) Taxonomy and biology of Steinernematidae and Heterorhabditidae. In: Gaugler, R. and Kaya, H. (eds) *Entomopathogenic Nematodes in Biological Control.* CRC Press, Boca Raton, Florida, pp. 23-61.

Pyke, G.H., Pulliam, H.R. and Charnov, E.L. (1977) Optimal foraging: a selective review of theory and tests. *Quarterly Review of Biology* 52, 137-154.

Schroeder, W.J. and Beavers, J.B. (1987) Movement of the entomogenous nematodes of the families Heterorhabditidae and Steinernematidae in soil. *Journal of Nematology* 19, 257-259.

Selvan, S., Campbell, J.F. and Gaugler, R. (1993) Density dependent effects on entomopathogenic nematodes (Heterorhabditidae and Steinernematidae) within an insect host. *Journal of Invertebrate Pathology* 62, 278-284.

Shapiro, D.I. and Glazer, I. (1996) Comparison of entomopathogenic nematode dispersal from infected hosts versus aqueous suspension. *Environmental Entomology* 25, 1455-1461.

Shapiro, D. and Lewis, E.E. (1999) Infectivity of entomopathogenic nematodes from cadavers vs. aqueous applications. *Environmental Entomology* 28, 907-911.

Smith, K. (2000) In: *http://www2.oardc.ohio-state.edu/nematodes/*. Ohio State University, Wooster, Ohio.

Strong, D.R., Kaya, H.K., Whipple, A.V., Child, A.L., Kraig, S., Bondonno, M., Dyer, K. and Maron, J.L. (1996) Entomopathogenic nematodes: natural enemies of root-feeding caterpillars on bush lupine. *Oecologia* 108, 167-173.

Stuart, R.S. and Gaugler, R. (1994) Patchiness in populations of entomopathogenic nematodes. *Journal of Invertebrate Pathology* 64, 39-45.

Stuart, R.J., Lewis, E.E. and Gaugler, R. (1996) Selection alters the pattern of emergence from the host cadaver in the entomopathogenic nematode, *Steinernema glaseri. Parasitology* 113, 183-189.

Wang, Y., Campbell, J.F. and Gaugler, R. (1995) Infection of entomopathogenic nematodes *Steinernema glaseri* and *Heterorhabditis bacteriophora* against *Popillia japonica* (Coleoptera: Scarabaeidae) larvae. *Journal of Invertebrate Pathology* 66, 178-184.

White, G.F. (1927) A method for obtaining infective nematode larvae from cultures. *Science* 66, 302-303.

11 食物网中的昆虫病原线虫种群

Donald R. Strong
Section of Evolution and Ecology and The Bodega Marine Laboratory
University of California, Davis, California, 95616 USA

11.1 引　　言

本章节主要介绍的是昆虫病原线虫在食物网中的作用。这些线虫是在土壤、落叶堆和其他一些与土壤有关的潮湿栖息地中生存的昆虫天敌，除南极洲之外其在各大洲均具有广泛的分布（参见第6章，Hominick）。90%以上的昆虫种类都有在土壤中生活的生活史阶段（Klein，1990），因而昆虫病原线虫能够在土壤中生存也是合乎常理的。少数观点认为能够在地面上找到的大部分昆虫都是昆虫病原线虫的潜在寄主，但在一些非耕作地、垃圾堆及地下昆虫中未发现昆虫病原线虫的存在（Brownh and Gagne，1990）。缺乏相关证据意味着我们对于有关昆虫病原线虫生态地位的生态学的理解均是假定的。

食物网主要是指不同的生物种之间直接的或间接的交互作用（Menge，1995）。昆虫病原线虫的天敌致使食物网变得更为错综复杂，与单一的捕食-植食-植物间接线性食物链相比较，食物链的分支更多，也更为复杂，从而这些线性营养级联系也获得了生态学家的更多关注（Polis et al.，2000）。在我们的试验区，如昆虫病原线虫马乐异小杆线虫（*Heterorhabditis marelatus*）的寄生对依靠灌木羽扇豆（*Lupinus arboyeus*）根生活的蝙蝠蛾幼虫（*Hepialus californicus*）具有抑制作用，蝙蝠蛾使灌木羽扇豆严重受损甚至死亡。比我们更为大规模的试验证据表明与我们的营养级联系试验结果不一致，并且没有符合这种取食链条的。在土壤中昆虫病原线虫马乐异小杆线虫侵染期线虫的高死亡率是由天敌引起的，而捕食性的食线虫真菌是其最主要的天敌，捕食者具有双重营养特性因而构成了交错的捕食网。同时，我们最近已经证实了原来长期疑似为马乐异小杆线虫寄主的多种昆虫为其寄主。这就说明了它们在食物网中存在着明显的竞争关系，并不是单纯的线性关系。

11.2 侵染期线虫在土壤中的生存

侵染期线虫是昆虫病原线虫自由生活和具抗性的阶段，这与生态环境中植物的种子和真菌产生的胞囊类似。但侵染期线虫短期的高死亡率是利用线虫进行生物防治的一个障碍（Smits，1996），这可以通过提高线虫的生育能力进行平衡。从单个寄主的尸体上可以释放出数以万计的侵染期线虫（Mason and Hominick，1995；Strong et al.，1996）。

11.2.1 稳定的存活率、短期试验及半衰期

对任意一个时间段的半衰期进行测定，发现线虫的存活率都是稳定的。这个时期的长短是根据存活率及统计数值的目的进行确定的，用半衰期来衡量线虫的存活率能够很好地对种群的自然消亡时间进行研究，这说明一个昆虫病原线虫品系必须经常通过在寄主中繁殖循环才能存活。在土壤中侵染期线虫的存活率低，其半衰期只有几天或者几周，而存活率高的线虫，其半衰期长达几个月（Baur and Kaya，2001）。半衰期只有几周的线虫存活时间最长不超过几个月，而半衰期为几个月，种群的存活时间可以达到一年。现在还没有关于侵染期线虫在土壤中存活时间超过一年的报道。关于上述存活时间为一年的说法与侵染期线虫通过寄主进行循环维持群体数量有关。

对于稳定的存活率，在半个月后有半数的个体可以存活，一个月之后有 1/4 的个体存活，一个半月之后有 1/8 的个体可以存活，3 个半月之后仅有 1/100 的个体能够存活。用这个助记的公式 $2^{10} \backsimeq 10^3$ 计算 5 个月之后，仅有 1/1000 的个体存活下来。在 8 或 8 个半月后，有 1/100 000 的个体存活。因而，半衰期为 10-15d 的昆虫病原线虫不能够继续存活。尽管有很多关于侵染期线虫田间存活率的报道，但是有关生存率是稳定性还是不稳定性的数据还是很少。并没有试验数据表明昆虫病原线虫成功繁殖所需的存活线虫的最少数量。

斯氏线虫和异小杆线虫侵染期线虫在土壤中的存活率都已经在实验室和田间被测定多次。Baur 和 Kaya（2001）做了大部分完整的工作，并且他们还给出了寄主不存在时的试验数据，对侵染期线虫来说并没有发生再生循环。将线虫在沙土和土壤中存活率

的数据以柱状图的形式描绘出来，将半衰期最短的以周来描绘，长的半衰期以月来进行描绘，共 5 个月（图 11.1）。大约有 18%的个体的半衰期短于 1 周（因此，10 周后少于 1/1000 的侵染期线虫能够存活）。这个模式数据就是关于半衰期是 1 个月的。也就是说，大约有 30%的数据表明线虫的半衰期为 2 个月以上，在土壤中持续 1 年之后，在几千个个体中会有部分个体存在，并且具有稳定的存活率。实验室测定结果表明，其平均半衰期为 62d，在田间的试验表明其半衰期为 34d。对 47 个斯氏线虫所做的半衰期试验表明平均值为 60d，所有的斯氏线虫半衰期都超过 1 个月。因此，可以取该科模式种的数十头或几百头侵染期线虫在冬季经历 6-10 个月，以及其他不利线虫的季节经过 6-10 个月，并在中纬度和高纬度地区对侵染期线虫的存活率进行测定。

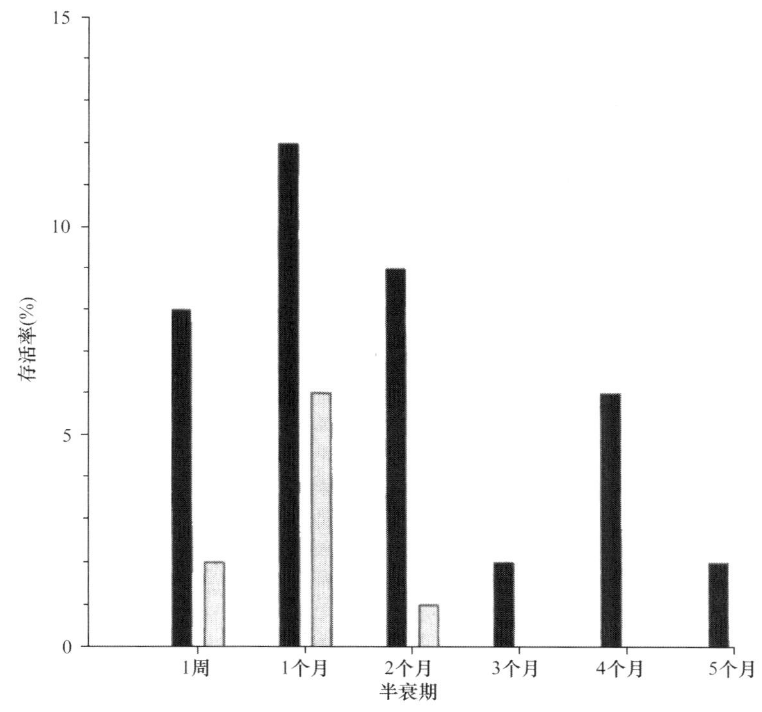

图 11.1　昆虫病原线虫半衰期存活率分布图（按月绘制）

斯氏线虫以黑色柱体表示；异小杆线虫以灰色柱体表示。数据来自 Baur 和 Kaya（2001）

11.2.2　异小杆线虫比斯氏线虫半衰期短

异小杆线虫比斯氏线虫存活率低的现象在以前已经被报道过了（Gaugler，1981）。Baur 和 Kaya 大约只有 16%（57 篇中有 9 篇）的文献是有关异小杆线虫的。异小杆线虫的平均半衰期大约为 34d，约 1 个月（图 11.2）。从上述那些半衰期的存活率总结出，大约 10 个时期中，1000 个个体里有 1 个存活下来，这就意味着 10 000 个侵染期线虫一年生长季节结束后到下一个季节开始有 8-10 个月的时间，至少有 10 个存活下来。然而，有关异小杆线虫的记载中大部分线虫的半衰期都少于 1 个月。这些记载中有两个较长的半衰期（40d 和 23d），7/9 的记载少于平均值：15d、12d、11d、10d、8d、5d 和 3d。对于半衰期最长的一个，15d，在 10 个时间段（5 个月）后有 10/10 000 的存活率，并且经历 15 个时间段后（7.5 个月），仅有 1/10 000 存活。因此，对于超过 100 000 个个体的群体来说，半衰期为 15d 就足以使线虫在不良的环境中度过 8 个月。然而，来自玻底加湾（Bodega Bay）的土居昆虫寄生异小杆线虫的半衰期短，大约有 2/3 异小杆线虫的半衰期都少于 15d，在上面提到的范围内变动。因此，对于很多的异小杆线虫，无论是在新的寄主体内进行周期性循环还是在土壤中经过最初的阶段增加存活率都是与这些群体进行循环的一种方式。

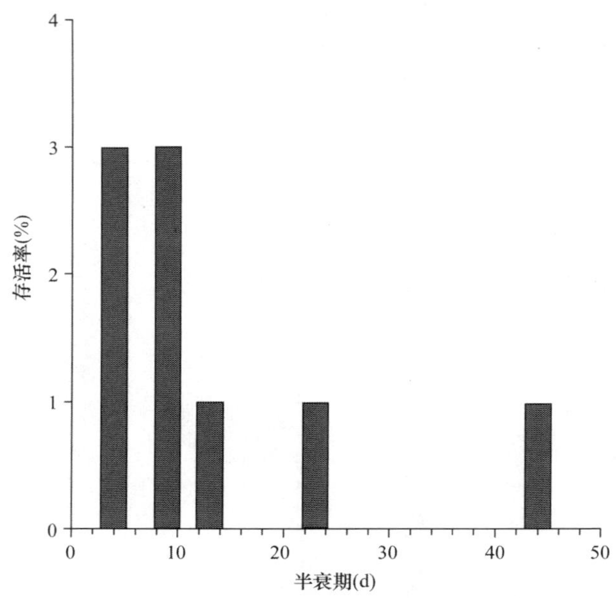

图 11.2 异小杆线虫半衰期存活率分布图（按天数绘制）
数据来自 Baur 和 Kaya（2001）

环境因素对于昆虫病原线虫的存活率具有显著影响。一个典型的例子是土壤中仅 15cm 梯度中锐比斯氏线虫（*Steinernema riobrave*）存活率的差别（Duncan and Mccoy，1996，图 4）。一定数量的活线虫被置于土中，7d 之后，在土壤表面存活的锐比斯氏线虫的数量已经减少到刚投放时线虫数量的 1%，在土壤中 3cm 深度活线虫数量减少了 69%；然而，在 15cm 深的土壤中活线虫的数量没有减少或仅有少量减少。另外一个例子是关于存活率的显著差异足以说明侵染期线虫对于环境因素的变化具有高度敏感性，夜蛾斯氏线虫（*Steinernema feltiae*）在 10℃条件下半衰期为 330d，Molyneux（1985）经过 32 周的实验室试验测得，在 15℃、23℃和 28℃条件下，其半衰期分别是 11d、4d 和 5d（Baur and Kaya，2001）。

11.2.3 变化率和不同种群

通过短期试验估计侵染期线虫的半衰期对于昆虫病原线虫生态学的研究只是最初的一步，下一步是考虑种群之间的变化及不同的存活率是由什么引起的。长期试验表明在土壤中放置前几天或几周里，线虫存活的数量相对于存活率呈增长趋势（Griffin，1996）（参见第 8 章，Glazer）。昆虫病原线虫的行为多样性引发了一些思考，即线虫种群的生存可能受到侵染期线虫对于变化的环境条件反应的影响（参见第 10 章，Lewis）。

在不利的环境条件下，线虫以休眠的侵染期幼虫存在，诱导线虫以休眠的形式存在有利于长时期保存线虫资源。较低的土壤湿度（Kung et al.，1991）和温度（Fan and Hominick，1991；Brown and Gaugler，1997；Griffin，1996）能够暂时降低线虫活性、活泼性及增加线虫存活率。从生理学角度来看，较低的土壤湿度能够诱发小卷叶蛾斯氏线虫（*S. carpocapsae*）处于一种静止的脱水状态（参见第 8 章，Glazer）。在干燥的土壤中，死虫体中的侵染期线虫比死虫体外的侵染期线虫具有更高的存活率（Koppenhöfer et al.，1997a）。因而，异小杆线虫属的侵染性随着在水中存储时间的增长而显著增加（Griffin，1996）。

最后，密度也能够影响侵染期线虫的存活率。正密度决定因素，意思是一定数量的线虫存活率与密度呈正比，存活率随着密度的增加而升高；负密度决定因素，意思是一定数量的线虫存活率与密度呈反比，存活率随着密度的增加而降低（Stilin，1987）。对于一定数量的线虫，位于寄主尸体中的线虫的存活率比在暂时不适宜的土壤环境中的存活率都要高（Koppenhöfer et al.，1997a），这些是正密度决定因素。天敌对侵染期线虫在数量上的反应，会对密度决定存活率产生副作用（Jaffee，1995）。土壤是昆虫病原线虫躲避天敌的场所（参见第 9 章，Kaya）。

观察到的侵染性的形态描述仅仅是侵染期线虫所展现出的一个方面，在有利条件下，土壤中的侵染期线虫是可以发生改变的，能够侵染暴露于它们周围的寄主昆虫。这意味着此类生物具有冒险扩展策略，如果这些线虫在同一时期都具有侵染性，但在没有寄主存在的情况下，这些线虫将会在该处灭绝（Kaya and Gaugler，1993），并且在种群内存在一种具有侵染性的内源周期性（Bohan and Hominick，1997）。

试验表明，高密度寄主（30 头寄主置于含有 50g 沙子的 90mm 直径培养皿中）能够很快耗尽斯氏线虫的 3 个种中有活性的侵染期线虫，随后放置的寄主不能被侵染（Campbell et al.，1999）。然而对于嗜菌异小杆线虫（*H. bacteriophora*）来说却与此不同，即使大量的寄主不能耗尽所有的侵染期线虫，在周围受测区域也能检测到大量的受侵染寄主，在寄主不存在时侵染期线虫能够形成不具侵染性的状态。昆虫不同运动方式（如分散和迁出）能够引起部分线虫群体对其进行侵染。有选择的侵入与寄主的状态有关。由于斯氏线虫这一种类是雌雄异体的，在寄主中侵染期线虫聚集在一起，与此观点相一致。而且，侵染期线虫从寄主中释放得越早，其活力越强，并形成一新品系。在大部分自然界情况下，寄主的密度比在实验室里少得多，并在土中留下一些个体进行以后的侵染。因此，当在土壤中发现一些不具活性的侵染期线虫也不足为奇，特别是异小杆线虫，其生理学方面与遗传学方面仍不清楚。

11.3 加利福尼亚玻底加湾土居昆虫寄生的马乐异小杆线虫

研究计划中第一个关注的焦点是关于昆虫病原线虫土居昆虫寄生的马乐异小杆线虫的营养级联，其中的昆虫病原线虫能够杀死靠从根部取食的鳞翅目（Lepidoptera）蝙蝠蛾科（Hepialidae）蝙蝠蛾幼虫，从而间接地保护灌木羽扇豆（Strong et al.，1995）。羽扇豆能够经受该幼虫对根部严重的破坏，在玻底加湾（Bodega Bay），羽扇豆死亡率与根部幼虫的数量密切相关（图 11.3）。试验利用内吸性杀虫剂处理蛾类幼虫，结果显示，即使是在幼虫数量很低的情况下，也能引起羽扇豆丛死亡率增加及种子产量减少（Maron，1998）。

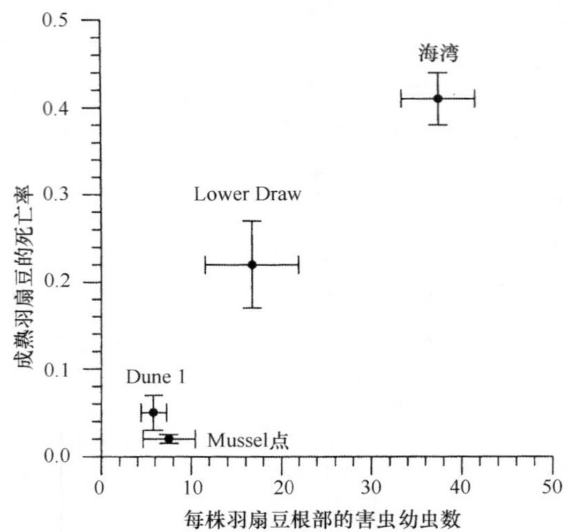

图 11.3 蝙蝠蛾幼虫在灌木羽扇豆丛根部为害导致羽扇豆死亡情况

试验在玻底加湾设置 4 个点进行。数据来自 Strong 等（1995）

土居昆虫寄生的马乐异小杆线虫，在羽扇豆丛根部能够引起其自然寄主较高的死亡率：在不同的试验地点蝙蝠蛾幼虫的死亡率分别为 65%、75%和 80%（Strong et al.，1996，表 1）。土居昆虫寄生的马乐异小杆线虫的空间分布与长时期覆盖羽扇豆丛的区域变动有关，在 Mussel 看来，羽扇豆的种植区域，那里的土居昆虫寄生的马乐异小杆线虫数量最高；而在羽扇豆种植区域变动较频繁的区域，线虫发生最少（图 11.4），这种相关性与这 3 个种营养级联的例子是一致的。

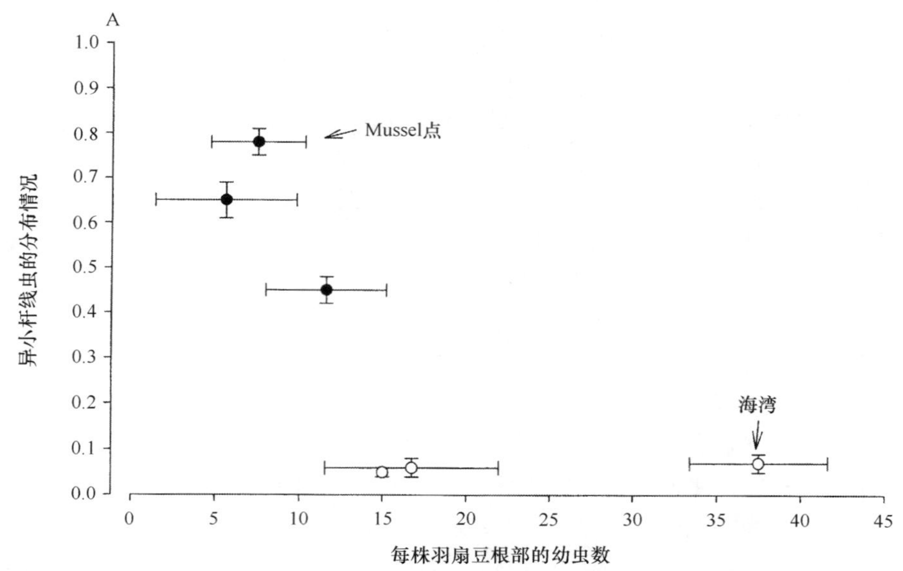

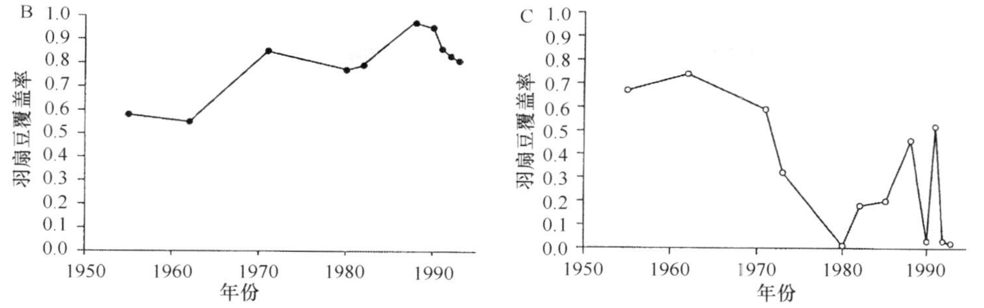

图 11.4 马乐异小杆线虫在海湾分布及羽扇豆覆盖情况

A. 1994-1995 年马乐异小杆线虫在玻底加湾 6 个不同地点的分布情况，表示出每株羽扇豆根部幼虫数量对线虫的影响。6 个地点为 Mussel Pt、Cove、Dune 1、Lower Draw、Upper Draw 和海湾，按照纵坐标降落式排列（数据来源于 Strong et al., 1995，表 2）。B. 在 Mussel Pt.羽扇豆的覆盖率。C. 羽扇豆在海湾的覆盖率。B 和 C 的数据来自 Strong 等（1995）

11.3.1 实验室中侵染期线虫的存活

来自加利福尼亚玻底加湾土居昆虫寄生的马乐异小杆线虫的野生型类群在实验室中用自然土壤保存具有较短的半衰期。例如，在一个装有 15cm^3 土壤的容器中进行 2d 试验，侵染期线虫存活率为 71%-90%（Koppenhöfer et al., 1996，表 3），其半衰期为 4-15d（图 11.5）。在另外一个试验中，发现半衰期最短的为 2d（一周后，存活率为 8%或 9%），最长的为 1 个月（一周后的存活率为 85%）。试验时间的长短与半衰期没有必然的联系。

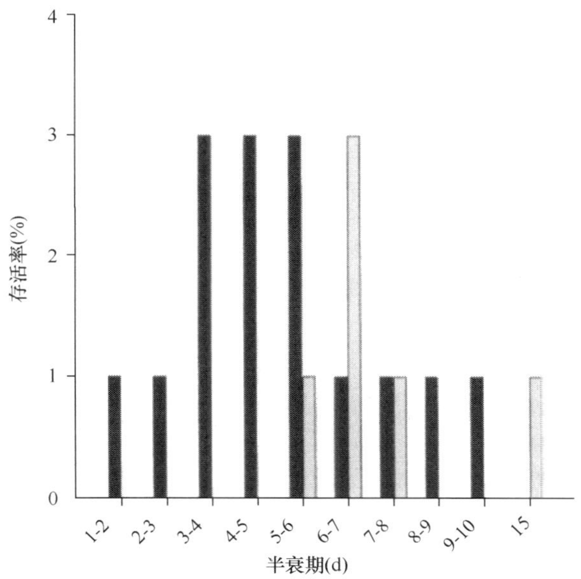

图 11.5 实验室检测没有经过巴氏灭菌的原土中马乐异小杆线虫的半衰期

灰色柱子表示，15cm^3 土壤中 2d 试验（Koppenhöfer et al., 1996，表 3，原土，无真菌）。黑色柱子表示，100cm^3 土壤，20%湿度，1cm^3 土壤中一头侵染期线虫，室温条件下，试验重复 10 次。试验方法来自 Strong 等（1996）

试验中一些侵染期线虫在土中能够存活 8 周。这些影响并不能改变异小杆线虫的半衰期。因此，在试验的第一周所测得的线虫的半衰期与仅存的少数几条线虫的半衰期是一致的。例如，8 周后 1%的侵染期线虫的半衰期恢复为 8d[ln 0.5/(ln 0.01/56)=8.4]。然而，此次试验中在仅存的线虫里并没有证据说明存活率可以随着时间的延长而增大，并且土居昆虫寄生的马乐异小杆线虫的半衰期与科内其他属的半衰期相似（图 11.2），实际上必须在田间没有寄主的条件下长时间地研究昆虫病原线虫的存活情况。

11.3.2 利用土居昆虫寄生的马乐异小杆线虫进行的田间试验

一个大的羽扇豆每年都可以经受得住一些蛾类昆虫的危害，但是幼苗是最易受伤害的。小的虫子在植物第一次萌发的几个月里可以切断植物新鲜的幼根端部，而春天在土壤中的昆虫病原线虫可以杀死小的幼虫。试验将正在孵化的蝙蝠蛾幼虫施放在田间生长的羽扇豆幼苗附近（Strong et al.，1999）。试验挑取新生的蝙蝠蛾幼虫的 4 个不同的阶段（孵化 0d、8d、16d、32d）并与昆虫病原线虫随机组合（有昆虫病原线虫的和没有的）。每一个处理都为相似的 15 株幼苗。结果说明该组合是一个强有力的营养链（图 11.6）。试验开始后两个月，未经昆虫病原线虫处理的植株中有 46%（21/45）的死亡率，而那些经昆虫病原线虫处理的植株只有 11%（5/45）的死亡率。

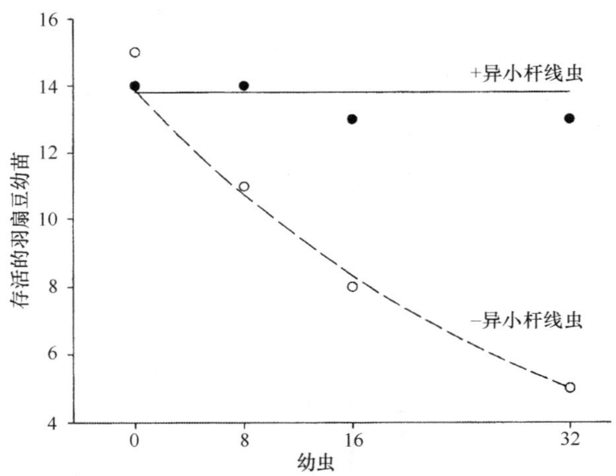

图 11.6 田间试验中灌木羽扇豆幼苗存活数与蝙蝠蛾幼虫数量的关系

空心环表示在灌木羽扇豆幼苗植株周围土壤中没有应用异小杆线虫；实心环表示在植株周围土壤中应用了马乐异小杆线虫。数据来自 Strong 等（1999）

11.3.3 在田间的存活率

田间释放的大部分马乐异小杆线虫都消失了（Strong et al.，1999）。在 4 月将马乐异小杆线虫接种到 60 种植物的根际，到 9 月利用大蜡螟（*G. mellonella*）幼虫重新收集线虫，结果仅在 6 种植物根际收集到。在 5 种根际中收集到一个土居昆虫寄生的马乐异小杆线虫，另外 4 个土居昆虫寄生的马乐异小杆线虫是从第 6 个根际收集到的。经粗略计算，取 120 000 个侵染期线虫，释放到 60 个根际中，每个根际 2000 条。接种与再次收集之间的间隔时间大约为 120d。因此推测其半衰期大约为 9d，这是根据实验室短期对异小杆线虫的半衰期测定的范围进行估计得出的结论（表 11.1）。没有收集到的那一小部分线虫对半衰期的估测不造成影响（参见本章 11.3.1 节）。当然，在试验过程中一些线虫可能在蛾类幼虫体内进行繁殖再生。然而，如果试验用幼虫小，所产生的侵染期线虫的数量也就会少。

表 11.1 从加利福尼亚玻底加湾海洋保护区灌木羽扇豆土壤中分离和观察到的食线虫真菌

真菌	营养结构或模式
环捕节丛孢菌（*Arthrobotrys brochopaga*）	收缩环
弯孢节丛孢菌（*Arthrobotrys musciformis*）	黏性菌网
少孢节丛孢菌（*Arthrobotrys oligospora*）	黏性菌网
多孢节丛孢菌（*Arthrobotrys superba*）	黏性菌网
节丛孢菌（*Geniculifera paucispora*）	黏性菌网
洛斯里被毛孢菌（*Hirsutella rhossiliensis*）	黏性孢子
柱捕单顶孢菌（*Monacrosporium cionopagum*）	黏性分支
Monacrosporium deodycoides	收缩环
厚皮单顶孢菌（*Monacrosporium eudermatum*）	黏性菌网
Monacrosporium parvicollis	黏性球
杀线虫真菌（*Nematoctonus concurrens*）	黏性腺细胞
梗虫霉（*Stylopage* sp.）	黏性菌丝
侧耳（*Pleurotus ostreatus*）	源于分泌细胞的杀线虫毒素

11.3.4 天敌

在玻底加湾土居昆虫寄生的马乐异小杆线虫存在的土壤中发现有许多食线虫真菌（表 11.1）（Jaffee et al.，1996）。这些真菌是杂食性线虫的天敌，能够引起昆虫病原线虫的大量死亡（参见第 9 章，Kaya）。在进行研究的区域昆虫病原线虫的其他天敌（食线虫昆虫、螨类、弹尾目昆虫、节肢动物和肉食的线虫）较少。在研究的区域已经鉴定出 15 种食线虫真菌，在样本中最多的是少孢节丛孢菌（*Arthrobotrys oligospora*），在所有的区域及 92%（44/48）的样本内有这一种类，在研究的区域里每克土壤中大约有 695 个个体；另两个种，厚皮单顶孢菌（*Monacrosporium eudermatum*）和节丛孢菌（*Geniculifera paucispora*），在样本中数量占据第二位和第三位。在研究中发现，从试验中得到的 5 种食线虫真菌，置于琼脂平板上 36h 后，能够引起 38%-39%的土居昆虫寄生的异小杆线虫死亡（Koppenhöfer et al.，1996）。在土壤中，无论是否进行巴氏消毒，由这些真菌引起的死亡率比在琼脂平板上观察到的少。4/5 的真菌种群在琼脂平板上能够引起 80%的线虫死亡，但在土壤中引起的线虫死亡率却不足 30%。这说明土壤天然的抑菌特性能够平衡真菌和侵染期线虫之间关系，保持一种最佳状态（Stirling，1991），即使是很少量的土壤也能为真菌提供生存的场所。食真菌线虫的种间竞争并不是很激烈（Koppenhöfer et al.，1997b）。

11.3.5 局部密度和存活率

少孢节丛孢菌能引起蝙蝠蛾幼虫尸体中马乐异小杆线虫非常高的死亡率，蝙蝠蛾是生存于玻底加湾羽扇豆根际土居寄生异小杆线虫的主要寄主。很多在野外采集的昆虫幼虫的尸体都有一层真菌的覆盖物，该菌可扩散到在实验室中的“White traps”上。在尸体上能够看到由少孢节丛孢菌组成的捕捉结构，真菌与从虫尸中扩散出来的马乐异小杆线虫缠结在一起。菌丝不能伸到尸体中，因而尸体内马乐异小杆线虫可以继续繁殖并不断形成侵染期线虫。这些观察为室内试验得出的死亡率与密度相关的机制做出了一种合理的解释。真菌的捕食活动能够随着侵染期线虫密度的增加而增加。这里是一个能导致高死亡率的热点；在尸体外侵染期线虫密度非常低的区域，少孢节丛孢菌所引起的线虫死亡率也是很低的。

11.3.6 食线虫真菌的双重营养

食线虫真菌的一些种类是完全肉食的或者是内寄生的（Jaffee and Muldoon，1995），其他一些真菌除食肉外还能进行双重营养和降解细胞。具有双重营养的真菌依赖死的植物体或活线虫进行繁殖（Cooke，1977）。该观点认为线虫能够为营双重营养生活的真菌提供植物腐烂时期所缺乏的氮源（Barron，1992）。在这些真菌种群里存在着较广的营养谱，有喜好食粪的，也有喜好食肉的（Stirling，1991）。研究发现，在取样地点所采集到的大部分潮湿的土壤样品加入羽扇豆碎屑后少孢节丛孢菌能够进行快速生长和大量繁殖。

11.3.7 昆虫病原线虫的食物网

侵染食草昆虫的昆虫病原线虫食物网的基本构成元素是 3 个种的食物链；线虫能够限制食草昆虫的数量从而保护植物。在玻底加湾，由对马乐异小杆线虫有伤害作用的食线虫真菌构成一条简单的食物链，并扩展了食物网。因此，这种真菌能够削弱对植物的保护作用（图 11.7A）。然而，这个线上的 4 个种营养不是完全合理的。食线虫的真菌不受取食昆虫病原线虫的限制，因为此类真菌可以取食多种线虫。在富含新鲜碎屑的有营养的土壤中，小型的暴露在外的线虫是这种真菌的主要食物（图 11.7B）（Van Den Boogert et al.，1994；Jaffee，1996）。最后，双重营养意味着这些真菌的总体数量受到线虫及腐殖质的限制（图 11.7C）。在图 11.7B 和 11.7C 的例子中，寄主植物的保护受食草昆虫的数量限制，而食草昆虫又受食线虫真菌的控制。

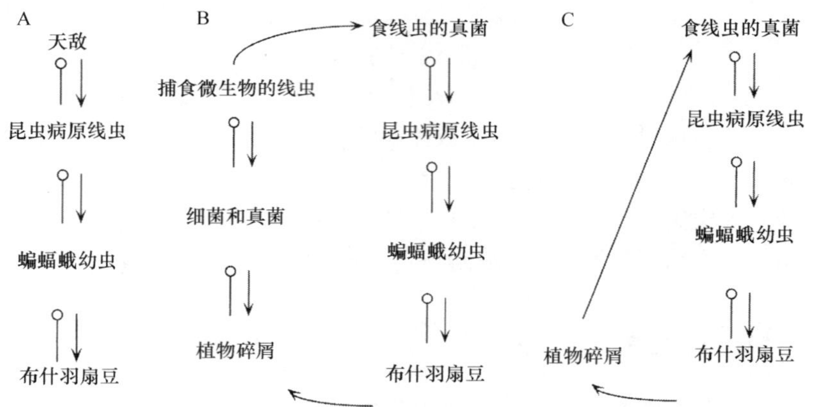

图 11.7 在玻底加湾以土居昆虫寄生的马乐异小杆线虫为例，说明昆虫病原线虫的食物网中的重要组成部分

A. 4 个种线性营养尺度，即由昆虫病原线虫的天敌构成直接的线性食物链；B. 由多种天敌（食线虫真菌）与多种食菌线虫，以及植物腐败后产生的细菌构成的复杂的网状食物网；C. 以双重营养为基础，食物网中的真菌能够以昆虫病原线虫及植物腐解沉淀物为生

11.4 总结和展望

半衰期对于衡量昆虫病原线虫存活状况是一个很有用的概率统计值，假定死亡率是恒定的，这个统计量能够为侵染期线虫死亡率的研究提供一个基础。斯氏线虫的半衰期长达5个月，其死亡率非常低，在生长季节能够存活。异小杆线虫的半衰期较短，该科2/3的受测线虫的半衰期不足15d，这意味着在经历了一个漫长的冬天或者在干燥的季节7.5个月以后只有1/100 000个体能够存活。因此，无论是在土壤中不活跃阶段存活率增加，还是在生长季节通过寄主进行再次循环，对于线虫群体来说其半衰期在一个较低的范围内变动。

实验室测得马乐异小杆线虫的半衰期为几天到一周，与异小杆线虫属的其他种进行比较大致相当。因此，在玻底加湾地中海气候，也就是干燥的夏季持续 8 个月以上，对于该线虫群体来说死亡率会非常高。在生长季节通过不同的寄主进行线虫的再循环或者提高线虫的存活率，对于线虫在干燥的夏季的土壤中持续较长时间是有可能的。在长期无寄主的自然条件下进行试验对于解决该问题是十分必要的。

昆虫病原线虫侵染期幼虫能够被分布于土壤中的自然天敌杀死。在玻底加湾，马乐异小杆线虫与食线虫的真菌群落一起生活在土壤中。研究者已经观察到在这些真菌中最普遍的种是少孢节丛孢菌，它在马乐异小杆线虫侵染的寄主蝙蝠蛾幼虫的尸体中进行繁殖。捕捉结构与从昆虫尸体中扩散出来的侵染期线虫缠结在一起。

这些高致死率区域与远离虫尸后的低死亡率形成对比，即使是少量的土壤也能够为线虫提供躲避真菌的场所（也就是说，实验室实验中在琼脂平板上的死亡率比土壤中的死亡率高），这与由密度决定的死亡率是一致的。类似地，Fowler和Garcia（1989）在对少孢节丛孢菌攻击侵染蟋蟀的夜蛾斯氏线虫（*S. feltiae*）的研究中也观察到了密度效应。

马乐异小杆线虫的食物网为其他昆虫病原线虫食物网的研究提供了模型。马乐异小杆线虫杀死了依靠食根的鳞翅目幼虫蝙蝠蛾，因此也保护在这一区域大量种植的羽扇豆植物。土居昆虫寄生的马乐异小杆线虫群体的数量是不稳定的，并且在这一区域白羽扇豆的大量种植使线虫数量增加，从而使此类植物也维持一种相对稳定的数量。据推测马乐异小杆线虫的食物网不是一种单纯的线性营养链，而是要复杂得多。首先，食线虫天敌往往具杂食性，这就意味着土壤中取食微生物的线虫比侵染期线虫更容易成为天敌的食物来源，尤其是昆虫病原线虫。其次，食线虫真菌的双重营养使食物网不断增加变得更为复杂。这些因素意味着包括昆虫病原线虫的食物网的动力学将会变得复杂。因此猜测，昆虫病原线虫属于一个大的群体，具有较高的区域特异性及较低的密度（Stuart and Gaugler，1994）。

也有研究发现，在玻底加湾一些生活在土壤中小的昆虫，如拟步行虫科（Tenebrionidae）也是马乐异小杆线虫的寄主。在俄勒冈州这些线虫还能侵染农业害虫中的几个种（Berry et al.，1997a，1997b）。生物多样性使得在食物网中增加了竞争的可能性，如与马乐异小杆线虫竞争两个或更多的寄主昆虫（Holt Lawton，1993）。能忍受马乐异小杆线虫最高水平袭击的寄主昆虫种类在竞争过程中将获胜并继续生存，而其他的昆虫将会灭绝。理论上认为对于马乐异小杆线虫的不同寄主能够同时存在，其原因可能是它们从时间上或是空间上避开了由大部分耐受性寄主产生的侵染期线虫。如果证实不同种类的寄主昆虫具有不同种类的寄主植物，对于寄主共存的机制也就会清楚了。昆虫病原线虫是土壤中和枯落叶堆中重要的天敌生物。宽广的地理分布引起寄主昆虫的高死亡率，以及昆虫病原线虫处于复杂的营养系统使得昆虫病原线虫的应用性和基础生态学研究成为一个重要课题。

参 考 文 献

Barron, G.L. (1992) Lignolytic and cellulolytic fungi as predators and parasites. In: Carroll, G.C. and Wicklow, D.T. (eds) *The Fungal Community*. Marcel Decker, New York, pp. 311-326.

Baur, M.E. and Kaya, H.K. (2001) Persistence of entomopathogenic nematodes. In: Baur, M.E. and Fuxa, J. (eds) *Environmental Persistence of Entomopathogens and Nematodes*. Southern Cooperative Series Bulletin 398. Oklahoma Agricultural Experiment Station, Stillwater, Oklahoma, pp. 47.

Berry, R.E., Liu, J. and Groth, E. (1997a) Efficacy and persistence of *Heterorhabditis marelatus* (Rhabditida: Heterorhabditidae) against root weevils (Coleoptera: Curculionidae) in strawberry. *Environmental Entomology* 26, 465–470.

Berry, R.E., Liu, J. and Reed, G. (1997b) Comparison of endemic and exotic entomopathogenic nematode species for control of Colorado potato beetle (Coleoptera: Chrysomelidae). *Journal of Economic Entomology* 90, 1528–1533.

Bohan, D.A. and Hominick, W.M. (1997) Long-term dynamics of infectiousness within the infective-stage pool of the entomopathogenic nematode *Steinernema feltiae* (Site 76 strain) Filipjev. *Parasitology* 114, 301-308.

Brown, I.M. and Gaugler, R. (1997) Temperature and humidity influence emergence and survival of entomopathogenic nematodes. *Nematologica* 43, 363–375.

Brown, V.K. and Gange, A.C. (1990) Insect herbivory below ground. *Advances in Ecological Research* 20, 1–58.

Campbell, J.F., Koppenhöfer, A.M., Kaya, H.K. and Chinnasri, B. (1999) Are there temporarily non-infectious dauer stages in entomopathogenic nematode populations: A test of the phased infectivity hypothesis. *Parasitology* 118, 499–508.

Cooke, R.C. (1977) *The Biology of Symbiotic Fungi*. John Wiley, New York, 282 pp.

Duncan, L.W. and McCoy, C.W. (1996) Vertical distribution in soil, persistence, and efficacy against citrus root weevil (Coleoptera: Curculionidae) of two species of entomogenous nematodes (Rhabditida: Steinernematidae; Heterorhabditidae). *Environmental Entomology* 25, 174–178.

Fan, X. and Hominick, W.M. (1991) Effects of low storage temperature on survival and infectivity of two *Steinernema* spp. (Nematoda : Steinernematidae). *Revue de Nematologie* 14, 407–412.

Fowler, H.G. and Garcia, C.R. (1989) Parasite-dependent protocooperation. *Naturwissenschaften* 76, 26–27.

Gaugler, R. (1981) Biological control potential of neoaplectanid nematodes. *Journal of Nematology* 1, 241–249.

Griffin, C.T. (1996) Effects of prior storage conditions on the infectivity of *Heterorhabditis* sp. (Nematoda: Heterorhabditidae). *Fundamental and Applied Nematology* 19, 95–102.

Holt, R.D. and Lawton, J.H. (1993) Apparent competition and enemy-free space in insect host-parasitoid communities. *American Naturalist* 142, 623–645.

Jaffee, B.A. (1996) Soil microcosms and the population biology of nematophagous fungi. *Ecology (Washington DC)* 77, 690–693.

Jaffee, B.A. and Muldoon, A.E. (1995) Numerical responses of the nematophagous fungi *Hirsutella rhossiliensis, Monacrosporium cionopagum*, and *M. ellipsosporum. Mycologia* 87, 643–650.

Jaffee, B.A., Strong, D.R. and Muldoon, A.E. (1996) Nematode-trapping fungi of a natural shrubland: tests for food chain involvement. *Mycologia* 88, 554–564.

Kaya, H.K. and Gaugler, R. (1993) Entomopathogenic nematodes. *Annual Review of Entomology.* 38, 181–206.

Klein, M.G. (1990) Efficacy against soil-inhabiting insect pests. In: Gaugler, R. and Kaya, H.K. (eds) *Entomopathogenic Nematodes in Biological Control.* CRC Press, Boca Raton, Florida, pp. 195–210.

Koppenhöfer, A.M., Jaffee, B.A., Muldoon, A.E., Strong, D.R. and Kaya, H.K. (1996) Effect of nematode-trapping fungi on an entomopathogenic nematode originating from the same field site in California. *Journal of Invertebrate Pathology* 68, 246–252.

Koppenhöfer, A.M., Baur, M.E., Stock, P.S., Choo, H.Y., Chinnasri, B. and Kaya, H.K. (1997b) Survival of entomopathogenic nematodes within host cadavers in dry soil. *Applied Soil Ecology* 6, 231–240.

Koppenhöfer, A.M., Jaffee, B.A., Muldoon, A.E. and Strong, D.R. (1997b) Suppression of an entomopathogenic nematode by the nematode-trapping fungi *Geniculifera paucispora* and *Monacrosporium eudermatum* as affected by the fungus *Arthrobotrys oligospora. Mycologia* 89, 220–227.

Kung, S.P., Gaugler, R. and Kaya, H.K. (1991) Effects of soil temperature, moisture, and relative humidity on entomopathogenic nematode persistence. *Journal of Invertebrate Pathology* 57, 242–249.

Maron, J.L. (1998) Insect herbivory above- and belowground: individual and joint effects on plant fitness. *Ecology (Washington DC)* 79, 1281–1293.

Mason, J.M. and Hominick, W.M. (1995) The effect of temperature on infection, development and reproduction of heterorhabditids. *Journal of Helminthology* 69, 337–345.

Menge, B.A. (1995) Indirect effects in marine rocky intertidal interaction webs: patterns and importance. *Ecological Monographs* 65, 21–74.

Molyneux, A.S. (1985) Survival of infective juveniles of *Heterorhabditis* spp., and *Steinernema* spp. (Nematoda: Rhabditida) at various temperatures and their subsequent infectivity for insects. *Revue de Nematologie* 8, 165–170.

Polis, G.P., Sears, A.L., Huxel, G.R., Strong, D.R. and Maron, J. (2000) When is a trophic cascade a trophic cascade? *Trends in Ecology and Evolution* 15, 473–475.

Smits, P.H. (1996) Post-application persistence of entomopathogenic nematodes. *Biocontrol Science and Technology* 6, 379–387.

Stiling, P.D. (1987) The frequency of density dependence in insect host-parasitoid systems. *Ecology (Tempe)* 68, 844–856.

Stirling, G.R. (1991) *Biological Control of Plant Parasitic Nematodes.* CAB International, Wallingford, 263 pp.

Strong, D.R., Maron, J.L., Connors, P.G., Whipple, A., Harrison, S. and Jefferies, R.L. (1995) High mortality, fluctuation in numbers, and heavy subterranean insect herbivory in bush lupine, *Lupinus arboreus. Oecologia (Berlin)* 104, 85–92.

Strong, D.R., Whipple, A.V., Child, A.L., Kraig, S., Bondonno, M., Dyer, K., Kaya, H.K. and Maron, J.L. (1996) Entomopathogenic nematodes: natural enemies of root-feeding caterpillars on bush lupine. *Oecologia (Berlin)* 108, 167–173.

Strong, D.R., Whipple, A.V., Child, A.L. and Dennis, B. (1999) Model selection for a subterranean trophic cascade: Root-feeding caterpillars and entomopathogenic nematodes.

Ecology (Washington DC) 80, 2750–2761.

Stuart, R.J. and Gaugler, R. (1994) Patchiness in populations of entomopathogenic nematodes. *Journal of Invertebrate Pathology* 64, 39–45.

Van Den Boogert, P.H.J.F., Velvus, H., Ettema, C.H. and Bouwman, L.A. (1994) The role of organic matter in the population dynamics of the endoparasitic nematophagous fungus *Drechmeria coniospora* in microcosms. *Nematologica* 40, 249-257.

12　昆虫病原线虫的遗传学和遗传改良

Ann Burnell

Institute of Bioengineering and Agroecology, Department of Biology, National University of lreland Maynooth, Maynooth, Co. Kildare, lreland

12.1　引　　言

由于昆虫病原线虫及其共生菌研究的动力在于害虫防治的商业作用，因此，对于昆虫病原线虫遗传学研究的大多数重点都集中在品系改良的应用方面，研究领域包括对环境的耐受、对于昆虫的侵染力、剂型及生活史（Burnell and Dowds，1996）。传统遗传学技术——诱变作用、远缘杂交和人工选择已被成功地应用于昆虫病原线虫的改良。相反，除了分子诊断和系统发生学领域的研究，分子遗传学技术还没有广泛地应用于昆虫病原线虫的研究。

昆虫病原线虫与新秀丽线虫同属一个科，秀丽隐杆线虫（*Caenorhabditis elegans*）的基因组已被完全测序并注册。原则上讲，可以将已经开发起来的用于秀丽隐杆线虫研究的分子生物学方法应用于昆虫病原线虫的研究中，但实际上，还很缺乏对于这类技术的转化方法。本章介绍了昆虫病原线虫传统遗传学和分子遗传学目前的研究现状，其中概括了当前可应用的方法，研究了如何将分子遗传学和新秀丽线虫的基因组序列作为工具应用于昆虫病原线虫。最后，主要概括了昆虫病原线虫及其共生菌的应用潜力，叙述了它们之间这种良好的共生模式可以用于研究一些基本生物学问题。

12.2 研 究 进 展

自从《用于生物防治的昆虫病原线虫》（Gaugler and Kaya，1990）出版以来，昆虫病原线虫的传统遗传学研究，以及发展建立起来的研究方法和实验手段都取得了重大进展。但是，为了充分认识和了解昆虫病原线虫生物和分子的复杂性，采用分子遗传学的研究方法是非常必要的。

12.2.1 一般生物学和生活史

昆虫病原线虫异小杆线虫属（*Heterorhabditis*）和斯氏线虫属（*Steinernema*）不取食的侵染期幼虫（J2）是一种修饰的第三阶段幼虫（J3），它们适应了扩散、生存和寻找宿主，然后对其侵染。这与秀丽隐杆线虫的幼虫阶段很相似。秀丽隐杆线虫是一种自然生长在土壤和肥堆中的食细菌自由生活的线虫，它是一种非选择的贪婪进食者，有很强的繁殖能力和快速的生长潜力，在 20℃条件下 36h 内就可以从卵中孵化并且发育为成虫。这种快速繁殖的方式致使线虫在自然生活环境中的种群过于密集，并且使食物紧缺。在此条件下，通过高温调节和密度依赖型外信息素的产生，秀丽隐杆线虫的繁殖停止了，而在第二幼虫蜕皮期产生耐受期的幼虫（Golden and Riddle，1984）。秀丽隐杆线虫的耐受期幼虫可以在缺乏食物的条件下生存数月，而当它们得到食物时会快速地重新发育成为雌雄同体或可以自身繁殖的雌虫。当侵染期昆虫病原线虫幼虫在宿主昆虫体内重新发育时，异小杆线虫属幼虫像秀丽隐杆线虫的幼虫一样，都会发育成雌雄同体的雌虫。这些第一代的异小杆线虫属雌虫可繁殖出第二代两性融合的雄性个体和雌性个体（早期的第二代后代），也可以在第二世代晚期繁殖出可自身繁殖的雌雄同体的雌虫和侵染期幼虫（Dix et al.，1992；Strauch et al.，1994；Wang and Bedding，1996）。相反，典型的侵染期幼虫成熟后应该或者变为雄虫或者变为雌雄异体的雌虫，但是 Griffin 等（2001）最近鉴定出雌雄同体的斯氏线虫属品系，在图 12.1 中说明了异小杆线虫属、斯氏线虫属和秀丽隐杆线虫的生活史。

大多数小杆目线虫都是生存在土壤中以细菌为食。一些小杆目线虫已经进化为与它们的寄主一样的生活史，它们的寄主一般是生活在土壤中的无脊椎动物（invertebrate）。在这些线虫的耐受期，线虫一进入宿主体内，就开始休眠，直到宿主死亡腐生菌侵入寄主体内。然后这些线虫重新开始进食、发育和繁殖。Sudhaus（1993）提出的假说认为，异小杆线虫和斯氏线虫是由食菌线虫进化而来的，并且与昆虫病原细菌发展了共生关系。图 12.2 是 Blaxter 等（1998）制作的线虫系统发育树的一部分，如图所示，嗜菌异小杆线虫（*H. bacteriophora*）与秀丽隐杆线虫属于同一分支，而且是本研究中与秀丽隐杆线虫关系最近的寄生线虫。小卷叶蛾斯氏线虫（*S. carpocapsae*）位于与秀丽隐杆线虫相邻的分支，与之关系较远。因此，昆虫病原线虫斯氏线虫很明显与秀丽隐杆线虫具有相近的系统发育关系，并且有相似的生活史和发育史，这一点有力地说明了这些属在基因组水平上有许多保守的基因、基因的遗传过程和路径。

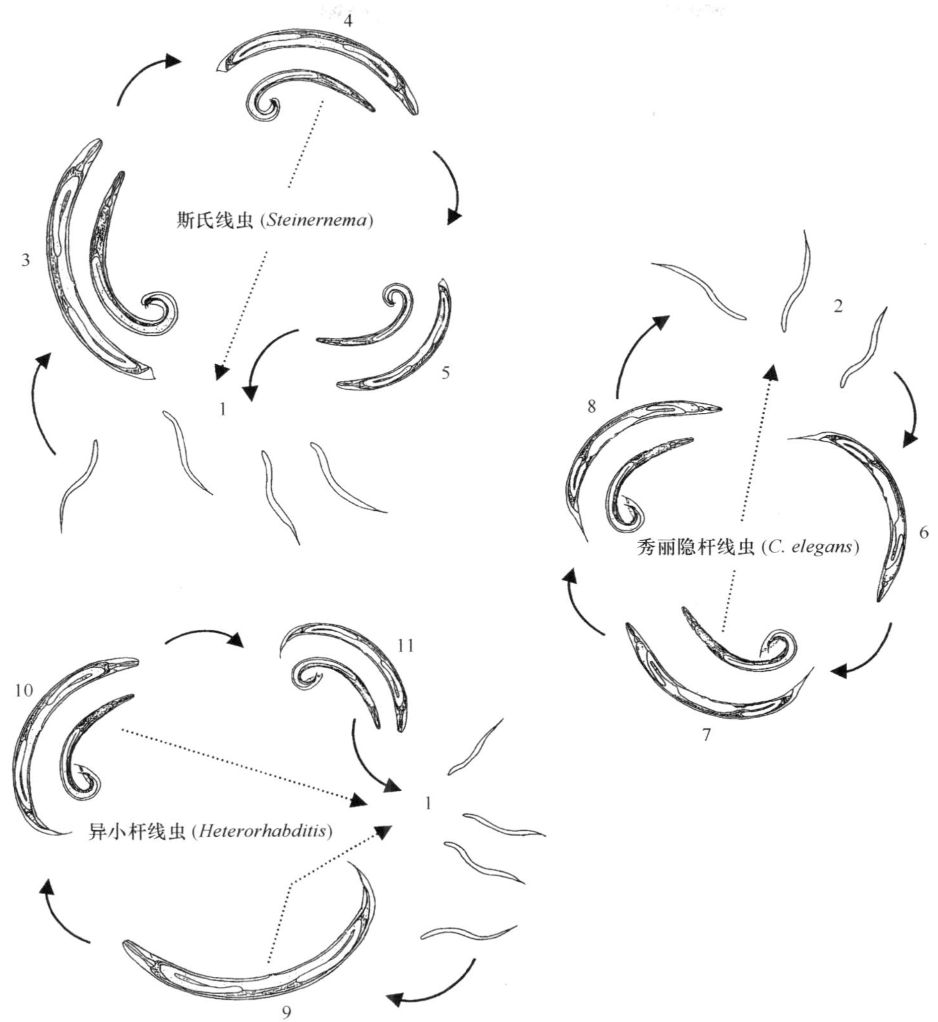

图 12.1 异小杆线虫、斯氏线虫及秀丽隐杆线虫的生活史

1. 斯氏线虫和异小杆线虫的侵染期幼虫；2. 秀丽隐杆线虫耐受态幼虫［侵染期幼虫（dauer）］；3. 第一代雌雄两性生殖的雌虫和雄虫；4. 第二代雌雄两性生殖的雌虫和雄虫；5. 第三代雌雄两性生殖的雌虫和雄虫；6. 第一代雌雄同体的雌虫；7. 第二代雌雄同体的雌虫和稀有的雄虫；8. 第三代雌雄同体的雌虫和稀有的雄虫；9. 第一代雌雄同体的雌虫；10. 第二代雌虫（可能是雌雄同体的或者是雌雄异体的）和稀有的雄虫；11. 第三代雌雄同体的雌虫和稀有的雄虫（表示从成虫到侵染期幼虫或耐受态幼虫再次出现）

12.2.2 传统遗传学

昆虫病原线虫是最易处理的寄生性线虫之一，基于这一点完成了其遗传学研究：它们的生活史很短，可以进行离体或活体培养，且繁殖力非常强。Kaya 和 Stock（1997）提供了一个用于这类线虫研究的通用技术与方法非常有用的纲要。杂交育种试验方法也建立起来了，并被常规地使用了。对于斯氏线虫，这些试验可以在大蜡螟（*Galleria mellonella*）的血淋巴（haemolymph）悬滴（hanging drop）培养液中进行，也可以通过向活体大蜡螟

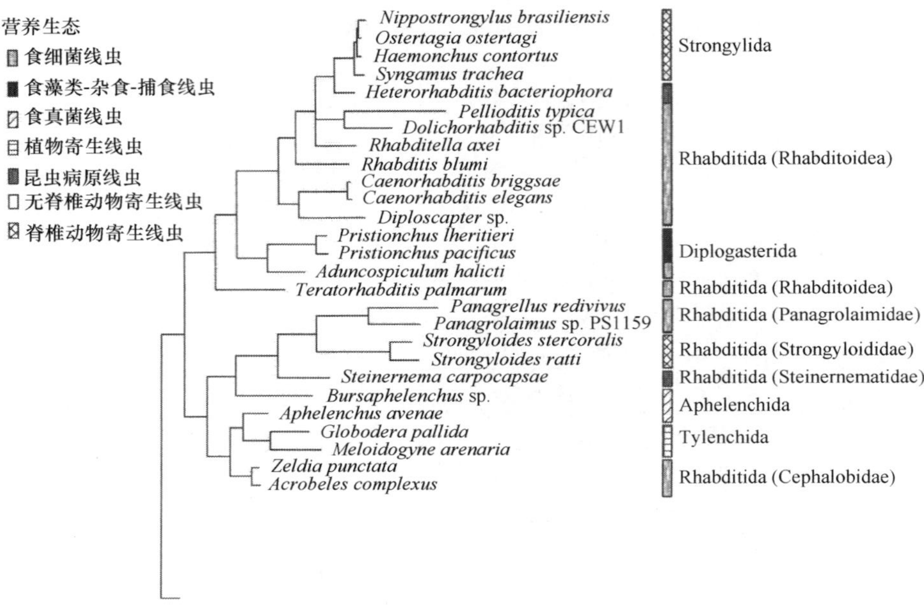

图 12.2 线虫系统发育树的一部分

Blaxter 等（1998）应用 DNA 序列小亚单位核糖体表示嗜菌异小杆线虫、小卷叶蛾斯氏线虫和秀丽隐杆线虫之间的亲缘关系。经 *Nature*（392，71-75）版权（1998）和 *Macmillan* 杂志有限公司许可再印刷

中注射有侵染力的幼虫进行（Akhurst and Bedding，1978）。对于异小杆线虫，必须将第二代的雌雄异体的未交配的雌虫小心地挑选出来，然后与第二代的雄虫一起转移到已准备好的大蜡螟尸体中，或者转移到脂溶性琼脂平板上（Dix et al.，1992）。根据 Brenner 开发的用于秀丽隐杆线虫的诱变方法—— 用诱变剂甲基磺酸乙酯（ethylmethane sulphonate，EMS）将其常规地应用于昆虫病原线虫的诱变（Zioni et al.，1992；Rahimi et al.，1993；Tomalak，1994）。应用这种方法已经分离出形态诱变体，这些诱变体可以在遗传分析中作为标记使用，也可以用于生活史研究（Dix et al.，1994）。昆虫病原线虫可以成功地被冷藏保存，也可以用液氮保存（Popiel and Vasquez，1991；Curran et al.，1992；Nugent et al.，1996）。这就意味着线虫品系与它们的共生菌可以被永久地保存，不用继代培养，从而可保护它们的遗传稳定性，并且使它们免受污染和丢失。

12.2.2.1 选择育种

较早发展的遗传工程、遗传诱变和选择育种是获得重要经济植物和动物优良性状的主要方法。许多优良性状是多基因遗传的，被大量的基因所编码，每个基因对其表型仅有很小的影响。对于这些优良性状，选择育种是最合适的遗传改造的方法。一种可供选择的策略就是自然选择。例如，线虫品系对于冷或热气候区的特异性会在低温或高温条件下通过自然选择来适应其功能。这种冷活性或热活性的品系已经在定向选择中分离出来（Glazer et al.，1996；Mracek et al.，1998）。

数量表型是遗传因子与环境因子相互作用的结果。有些数量性状受环境条件的强烈影响，而受遗传力的影响较小，具有较高遗传效率的表型对于选择育种更为敏感。图 12.3（Gaugler et al.，1989）表示一种系统处理方法，这种方法可以用于昆虫病原线虫的选择培育。该图中大多数步骤的原理都是很明显的，更进一步的讨论见 Gaugler 等（1989）、Hastings（1994）及 Falconer 和 Mackay（1996）的文献。试验者可以根据遗传力估计所选择性状的反应，这些估计通常是通过应用方差分析比较来自近亲繁殖后代的亲缘关系相近性水平而得出的（Glazer et al.，1991）。Gaugler 等（1989）认为一个优良性状的潜在遗传力的特征也可以通过收集大量的生态学上的特殊品系，然后评价所要得到的性状的表型差异而获得。妊娠及子宫可以用在线虫上，然后收集它们的后代，产生一系列完全同裔的后代，每个后代都来自于同一个侵染期幼虫。

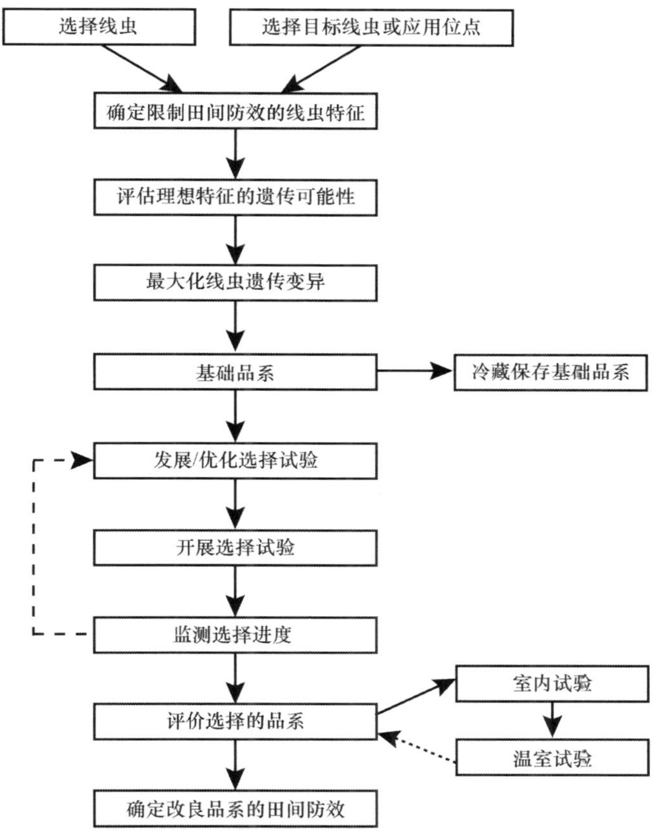

图 12.3　昆虫病原线虫遗传选择过程设计的系统方案（Gaugler et al.，1989）

已经研究出几种用于提高寻找宿主能力和增强对宿主致病性的选择培育的方法（Gaugler et al.，1989；Grewal et al.，1993；Tomalak，1994b；Peters and Ehlers，1998）。其中一些（并非全部）在实验室获得的提高寻找宿主能力和增强致病性的正向选择可以进一步应用于田间。Gaugler 和 Campbell（1991）完成了小卷叶蛾斯氏线虫在寻找金龟子幼虫（蛴螬）作为宿主能力方面的 72 倍的改良品种，但是选择的品系无论是在实验室还是在田间试验中都没有增强寄生能力（Gaugler et al.，1994）。所选择的侵染期幼虫，应用二氧化碳作为定向指示宿主气门的信号，但是蛴螬的气门用筛板给保护起来了。因此，正如 Gaugler 等（1994）所指出的那样，在增强田间效力的选择中，重要的是要选择已知的线虫种寄生靶昆虫，还要选择有穿透能力和寻找寄主能力的线虫。人工选择在提高低温条件下的侵染力方面（Griffin and Downes，1994；Grewal et al.，1996）和增强对于杀线虫剂的耐受能力方面（Glazer et al.，1997）均已取得成功。用于品系改良的人工选择中可能会产生一个问题，那就是在其他非选择的特性方面会产生相关反应，而这一点可能会影响所选品系的适应性。一旦得到所需的表型，就会放松选择压力，所选品系的表型有时会恢复到未选择的水平（Hastings，1994）。要想避免这个问题，可以利用低温保存所选品系，或对所选品系定期再运用选择压力的方法。

12.2.2.2 诱变作用

昆虫病原线虫的高度繁殖能力和较短的世代周期都为适应性筛选提供了可能，而诱变作用可以为品种改良提供一种可供选择的方法。想要筛选成千上万个所需的表型的侵染期幼虫是相当耗时的，除非设计一种适用于大量筛选的方法。致病性筛选是一种简单的诱变选择方法，这种筛选方法非常适合于用增强耐受压力来分离所需品系。如果得到了父辈品系对于一定环境压力的剂量致死曲线，如热、冷、紫外线及杀线虫剂的耐受力等，那么那些导致父辈虫体 100%致死的环境条件就可以用于分离具有抑制能力的突变体。也可以设计行为筛选，这种方法便于突变体的大量筛选，如用于分离嗜冷或嗜热突变体，或化学感应突变体及具有宿主选择范围型的品系。

有一些线虫种，包括秀丽隐杆线虫（Hedgecock and Russell，1975）和小卷叶蛾斯氏线虫（Burman and Pye，1980）表现出敏感的温度趋向习性。这种习性可以通过以下试验来观察，即把线虫放在温度梯度环境中，于是它们就会聚集，直到温度达到足以使它们繁殖的温度。温度变化试验显示，线虫对温度的偏向性可以在实验室中 4-12h 积累较高或较低的温度来测定（Hedgecock and Russell，1975；Burman and Pye，1980；Nugent，1996）。Hedgecock 和 Russell（1975）利用秀丽隐杆线虫的这种体温调节习性去分离嗜冷、嗜热及化学感应突变体。当把线虫突变体随机放在温度梯度中时，根据它们在温度梯度中向较它们培养温度低的地方迁移来筛选嗜冷突变体；而嗜热突变体则向较它们培养温度高的地方迁移。Nugent（1996）应用一种与秀丽隐杆线虫相似的方法，用 EMS 诱变从爱尔兰分离的品系异小杆线虫属 K122，分离出了嗜冷突变体。所有嗜冷的异小杆线虫的突变体在 9℃都表现出对黄粉虫幼虫具有较强的侵染力，而在 20℃时这种侵染力没有提高。O'Leary 和 Burnell（1997）用 EMS 诱变法分离出了大异小杆线虫（*H. megidis*）的耐受干燥的突变体。总体来说，EMS 诱变法作为一种获得改良的昆虫病原线虫品系还在开发中，特别是在环境耐受型品系的改良方面。

12.2.2.3 分子遗传学

除了在分子诊断和系统发生学方面的研究，昆虫病原线虫的分子遗传学研究已经落后于它们的共生菌的研究。小卷叶蛾斯氏线虫和嗜菌异小杆线虫的基因组大小已经被确定（Grenier et al.，1997），嗜菌异小杆线虫的基因组是 4×10^7bp，小于秀丽隐杆线虫（1×10^8bp）基因组的一半，而小卷叶蛾斯氏线虫基因组是 2.3×10^8bp，是秀丽隐杆线虫基因组的两倍。已经确定了斯氏线虫属内几个种的雄性和雌性的核型：雄性核型是 $2n=9$，而雌性核型是 $2n=10$（Poinar，1967；Guohan et al.，1989）。异小杆线虫的双倍体核型还未被确定，但是，在异小杆线虫的一些种及品系的雌雄共生体中发现了 $n=7$ 的核型（Curran，1989）。

嗜菌异小杆线虫（Hashmi et al.，1995）和夜蛾斯氏线虫的遗传转化体系都已经建立起来，应用的是由秀丽隐杆线虫（参见本章 12.3.5）建立起来的微生物侵染技术。

12.3 对秀丽隐杆线虫研究方法的技术转化

昆虫病原线虫与秀丽隐杆线虫同属于一个科，因此希望用于研究秀丽隐杆线虫的遗传方法学迅速应用于昆虫病原线虫研究中，这种想法在实验中已经得到了证实。某些实验如转座子诱变，就可能需要充分地研究以得到用于昆虫病原线虫的研究体系，主要难点是人力、资源及研究焦点。秀丽隐杆线虫的研究工作只对应于秀丽隐杆线虫的一个品系（Bristol N2），而昆虫病原线虫的研究工作对应的是两个线虫属的数量庞大的种和品系，研究重点也不只一个。对于秀丽隐杆线虫的研究经过 25 年的不懈努力，已经建立起一个无与伦比的遗传资源系统，我们可以任意地接触所有的研究者。这些资源包括：一个具有丰富基因的遗传图谱，一个具有重叠黏性末端质粒和 YAC（酵母菌人工染色体）克隆的物理图谱、一个含有 19 000 个预测蛋白质编码基因的基因组序列（秀丽隐杆线虫测序协会，1998），还有一个可以获得的突变体、基因组和 cDNA 克隆的资源中心。两本重要的著作 *The Nematode Caenorhabditis elegans*（Wood，1998）和 *C. elegans II*（Riddle et al.，1997）提供了秀丽隐杆线虫的遗传学及分子生物学各方面的详细信息。还有两本非常好的方法学工具书：Epstein 和 Shakes（1995）和 Hope（1999）。秀丽隐杆线虫的服务网址：http://elegans.swmed.edu/，该网站提供了大量可以进入秀丽隐杆线虫相关资源的网址。

秀丽隐杆线虫的研究者利用以下两种方法克隆了通过突变体表型确定的基因：①根据 YAC 和/或表型突变体的黏性末端建立的遗传图谱；②转座子诱变。第一种方法对于昆虫病原线虫是无法实现的，因为缺乏异小杆线虫和斯氏线虫的遗传学和物理图谱。第二种方法现在也无法应用，因为还没有得到昆虫病原线虫的活性转座品系。那么现在，对于异小杆线虫和斯氏线虫的基因克隆只能应用基于 cDNA 的方法，或者应用简并 PCR 引物和同源探针的方法。

12.3.1 转座子诱变作用

转座子（transposon）是分子的寄生物，它能够复制自身 DNA 序列，然后将复制的 DNA 序列插入宿主基因组新的位点中。当转座子插入基因的编码区时，就会导致基因突变。转座子有活性和非活性形式，活性转座子编码基因及其侧翼序列需要转座子的移动性。因为它们会通过插入突变使宿主基因组不稳定，从而在宿主中产生很强的选择压力抑制它们。因此，活性元素相对较少。

转座子为分子遗传学研究提供了非常有效的工具，转座子标签可以用来分离所有突变表型容易鉴定的基因，由转座子插入产生的突变体可以利用活性转座子从菌株中分离出来，突变基因可以通过聚丙烯酰胺凝胶电泳显示转座子插入来鉴定。与转座子插入位点侧翼相连的基因组序列包含着来自突变基因的序列，该基因可用于从基因组和 cDNA 文库中分离野生型基因（图 12.4）。活性转座子已经在 *C. briggsae* 和秀丽隐杆线虫及其突变体品系中鉴定并被分离出来（Collins et al.，1987）。利用这些品系的有效性制成了秀丽隐杆线虫基因克隆的第一条曲线。

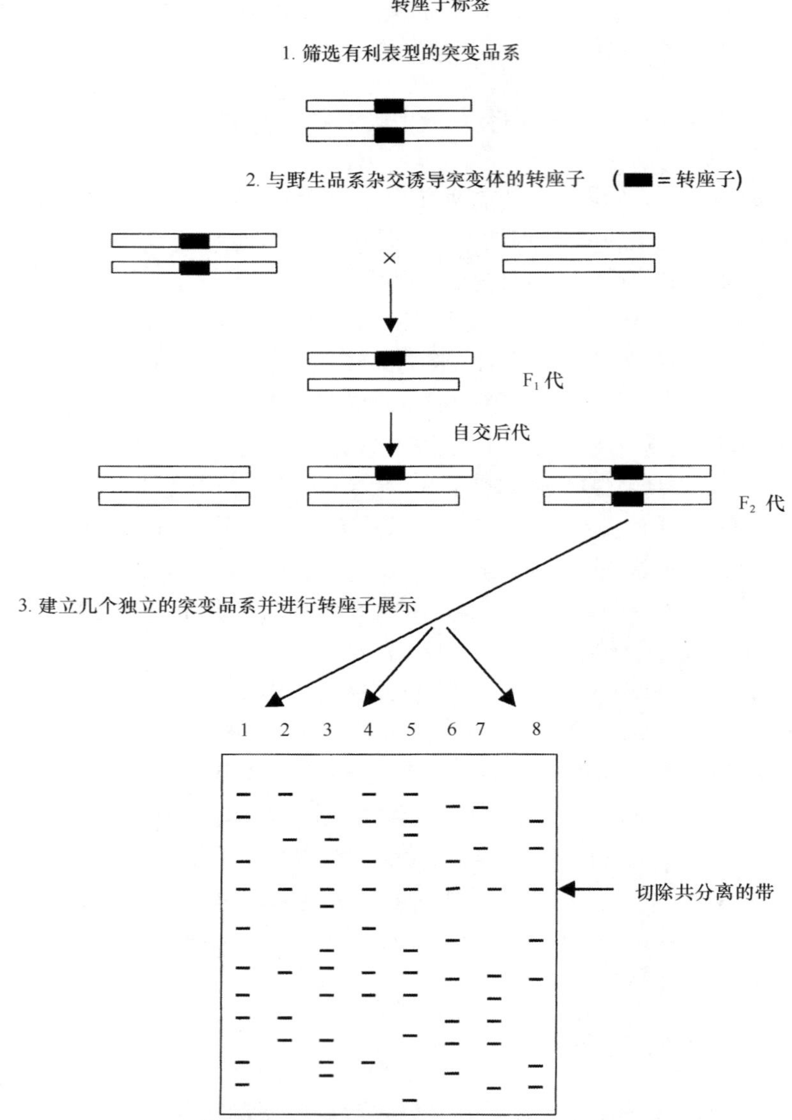

图 12.4 用转座子标记和转座子表现特征来分离基因，筛选具有有利表型的突变株

在一个单独的突变品系下建立一系列亚系。它们的基因组 DNA 用两种限制酶消煮，再用一对引物经 PCR 扩增转座子和接头。对扩增产物进行聚丙烯酰胺凝胶电泳，从胶上切去与突变株表型共分离的片段，再扩增，使用探针筛选一个基因组文库［见 Frve 等（1998）和 Wicks 等（2000）的详细阐述］

Greiner 等（1999）已经克隆并测序了来自异小杆线虫一定范围的 mariner 类的转座子，但是在这些序列中所有的克隆包括终止密码子及其他突变体都没有活性元素。对于昆虫病原线虫来讲，活性转座子系统应该为分子遗传学领域研究这些线虫提供巨大的动力，活性转座子可在以下两方面进行开发利用：①异源的转座子系统；②同源的转座子系统。已经确定几个 *mariner* 类的转座子在异源宿主中具有转座能力（Schouten et al., 1998）。这类转座子可被转入昆虫病原线虫中并检测它们耐受转座的能力。即使用转座子转化也不能在它们的种系中表现出活性转座，但是通过秀丽隐杆线虫（Collins et al.,

1987）可以推论出可能将诱变作用（参见本章 12.3.4.2 部分）产生的突变基因转化到这些品系中，通过寻找自然产生的变异品系，在昆虫病原线虫中也可以看到具有活性（同源）转座能力的元素。带有活性转座子的秀丽隐杆线虫品系（或其他生物体）具有较高的自发突变的比例，而且繁殖力较差。在世界范围内，在各个不同的实验室培养着大量的不同种和品系的病原线虫，通过相关实验室的协调努力去鉴定他们所收集的表现较差的弱势虫体中可能会产生带有活性转座子的突变品系。那么，转座子突变可以用于鉴定和克隆异小杆线虫和斯氏线虫的基因，使之适用于致死、形态学及行为学的突变体筛选。

12.3.2　表达序列标签（EST）

一个生物体中所有基因的表现都可以通过测序（sequencing）、比对（aligning）和注释（annotating）它们的基因组 DNA 来进行鉴定。尽管现在技术先进，但这项工作还是非常艰巨的，因为这项工作不仅耗时、进度缓慢，而且只适合于一小部分的模式生物（model organism）。当人力和资源都很有限时，可以不断地转入一个表达序列标签（EST）来查找基因。EST 是短的 DNA 序列，长 250-400bp，是从单个 cDNA 克隆子（clone）的 5′端或 3′端随机挑选出来的，EST 程序包括以下几个步骤：①从合适的组织或发育阶段分离 mRNA，该 mRNA 是从活性基因中转录而来的；②使用 RNA 反转录酶（reverse transcriptase）将 mRNA 反转录为 cDNA；③将 cDNA 克隆到一个质粒（plasmid）或噬菌体载体中构建 cDNA 文库；④从文库中随机选择克隆子测序；⑤此 DNA 测序结果使用数据库寻找同源的 DNA 或蛋白质序列，鉴定出该基因的来源（Adams et al.，1991）。一个公开的 EST 数据库、序列标签数据库（dbEST）也保存在 GenBank 中（Boguski et al.，1993）。大部分的 EST 方法所得到的 EST 序列都保存在 dbEST 中，这一数据库现在还在快速增长中（dbEST 在 2001 年 2 月 9 日释放了 7.35×10^6 个条目）。

许多应用其他方法很难分离的基因在 EST 方法中都已得到鉴定。秀丽隐杆线虫是第一个建立 EST 的线虫（McCombie et al.，1992；Waterson et al.，1992）。几个 EST 计划正在其他线虫中进行，其目的是利用秀丽隐杆线虫基因组获得信息。马来丝虫（*Brugia malayi*）的 EST 计划从 1994 年已经开始进行了，到目前为止其数据库中含有 20 000 个定义了 7000 个基因的 EST（Williams et al.，2000）。dbEST 数据库（http: //www.ncbi.nlm.nih.gov/dbEST/index.html）现在包含动物寄生线虫蛔虫属（*Ascaris*）、血矛线虫属（*Haemonchus*）、板口线虫属（*Necator*）、*Nipostrongylus*、盘尾属（*Onchocerca*）、类圆线虫属（*Strongyloides*）、弓首属（*Toxocara*）和鞭虫属（*Trichuris*）；植物寄生线虫球形胞囊线虫属（*Globodera*）和非寄生线虫秀丽隐杆线虫、*C. briggsae*、*Pristionchus* 和 *Zeldia*。这些已被鉴定的基因不但提供了一些特殊线虫种的信息，也包含了一些用于比较线虫基因组的重要信息。由 EST 筛选鉴定的基因中有与非线虫种具有同源性的基因，也有与秀丽隐杆线虫同源或不同源的特异阶段的基因，还有在秀丽隐杆线虫或其他生物中没有被鉴定的新基因。这些基因的许多新转录体在某些寄生物种中很丰富，这些基因可能执行着许多重要功能，应该用 EST 筛选来鉴定昆虫病原线虫的新基因转录体，这些转录体也许是与寄生或共生相联的适应改变的重要指示器。

DNA 测序不再受成本的限制，现在 EST 测序对于昆虫病原线虫来说是可行的，即使一个几乎只有很少构建 cDNA 文库经历的实验室，也可以进行 EST 实验，许多商业公司都提供用总 RNA 来构建 cDNA 文库的服务。甚至是很小的一段（~300 个克隆子）EST 序列也能鉴定出许多重要的功能基因，为进一步研究提供了资源和推动力（Tetteh et al.，1999；Hoekstra et al.，2000）。基于这一原因我的实验室已经开始了一项构建嗜菌异小杆线虫侵染期幼虫的 EST 实验，期望通过这一实验来鉴定一些包括致病性和形态遗传的基因。将侵染期线虫置于注射了发光光杆状菌（*Photorhabdus luminescens*）细胞而杀死的大蜡螟尸体内，3h 后收集开始发育的幼虫。

12.3.3 差异表达基因

差异表达基因就是那些受特殊组织或发育阶段限制，或是受环境刺激或环境信号诱导而表达的基因。使用两种 PCR 技术能够分离差异表达基因，就是 mRNA 差异显示（Liang and Pardee，1992）和 cDNA AFLP 分析（Bachem et al.，1996）（AFLP，即扩增片段长度多态性）。参见 Tawe 等（1998）使用差异显示方法来鉴定秀丽隐杆线虫的胁迫基因。Jones 和 Harrower（1998）比较了两种方法在分离马铃薯胞囊线虫的差异表达基因的区别。他们得出的结论是 cDNA AFLP 分析是一种更好的方法。在这种方法中，cDNA 来源于两种不同的发育阶段或处理，每种 cDNA 都用两种限制酶进行酶切。在酶切 DNA 的末端连接上双链接头。接头具有引物结合位点，进行 PCR。控制反应条件，以便扩增出最好的片段数量，进行银染的聚丙烯酰胺（polyacrylamide）测序凝胶（每泳道一般为 50-100 个片段）（图 12.5）。从凝胶上切除差异表达的 cDNA 片段、PCR 扩增、克隆并测序。

用抑制消减杂交构建具有高丰富度差异表达基因的 cDNA 文库（Diatchenko et al.，1996）。这一方法可以有效地扩增微量的转录体，反应流程可以在试剂盒中完成［PCR-选择 cDNA 抑制性消减试剂盒（Subtraction kit）、Clontech、Palo Alto、加利福尼亚］。尽管这一技术已经被广泛地应用到哺乳动物细胞中，但是目前还没有将它应用到线虫中的报道，Evans 和 Wheeler（1999）已将它应用到蜜蜂不同基因表达的研究中。

12.3.4 RNA 干扰

Fire 等（1998）报道使用双链 RNA（dsRNA）显微注射方法将 *unc-22* 基因的一部分注射到秀丽隐杆线虫的生殖腺，结果是特异并有效地抑制了 *unc-22* 基因。这导致了被注射动物的 F_1 代都产生很强的抽动现象，而被注射动物本身则产生很弱的抽动。这比注射单链有意义或比注射反义 RNA 更有效，也可通过将 dsRNA 直接注射入体腔而达到目的。Fire 等（1998）将其命名为 RNA 干扰（RNAi）。Fire 课题组及其他学者使用具有良好特性的基因研究了 RNA 干扰效应。一般在用 RNAi 获得的基因突变型中可以发现除去目标基因就不具备目标基因的功能。研究发现，通过 RNA 干扰而获得的突变型与消除目的基因的功能是有区别的。dsRNA 相应的非编码区，如内含子和启动子并没有 RNA 干扰效应（尽管可能存在基因特异性）。同源依赖性基因沉默与内源性 mRNA 转录体的缺失有关，但 RNA 干扰没有改变目的基因的主要 DNA 序列，使 F_2 代恢复野生型的表型（Montgomery et al.，1998），在每个被影响的细胞中使用少量 dsRNA 分子便可产生 RNA 干扰效应，表明它是非化学剂量性的，可能包含一个催化或扩增机制。后来

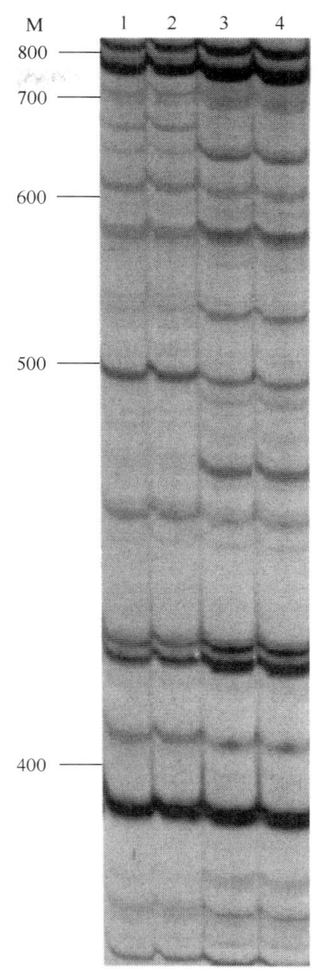

图 12.5　cDNA AFLP 部分凝胶显示了秀丽隐杆线虫发育时期的差异基因表达

这些 cDNA AFLP 图谱是秀丽隐杆线虫孵化后的 4 龄期幼虫在 15℃培养 117h（泳道 1，2）或 123h（泳道 3，4）条件下的条带（Browne and Burnell，2000，未发表的数据）

发现，RNAi 可以使活性基因断裂，可通过用 dsRNA 浸泡蠕虫（Tabara et al.，1998），用表达秀丽隐杆线虫 dsRNA 的大肠杆菌（*Escherichia coli*）来饲喂蠕虫（Timmons and Fire，1998），或通过从合成发夹 dsRNA 的转基因转录体（Tavernarkis et al.，2000）来达到目的（图 12.6）。RNAi 已经应用到各种生物体中，如原生动物、昆虫、植物、真菌和老鼠中，并且已经成为许多研究的目标（Fire，1999；Bosher and Labousesse，2000；Plasterk and Ketting，2000）。

12.3.4.1　RNA 干扰和功能基因组

RNAi 的发现为寻找功能基因组提供了有利的工具。秀丽隐杆线虫的基因组计划已经完成，但是预计 19 000 个基因中的 12 000 个基因的功能是未知的。现在通过 RNAi 有可能发现这些假定基因的功能。几个全基因组 RNAi 项目已经启动（Frazer et al.，2000）。除了在这些具有好的遗传特性的生物体中应用，如秀丽隐杆线虫、果蝇（*Drosophila*）和拟南芥（*Arabidopsis*），RNAi 还用于那些缺少基因组数据的生物体上，

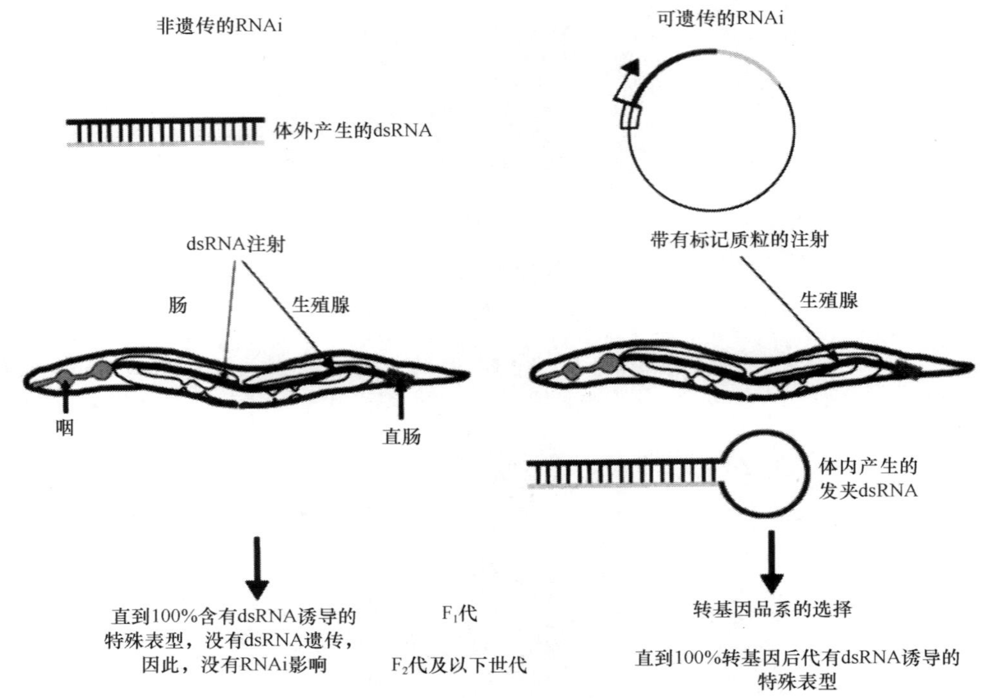

图 12.6　在秀丽隐杆线虫中 dsRNA 的传递策略

当 dsRNA 注射到生殖腺或体腔中时，或用于表达 dsRNA 的细菌饲喂蠕虫时或将蠕虫浸泡在 dsRNA 溶液中时均得到不可遗传的 RNAi。将带有秀丽隐杆线虫转化子的质粒转入线虫体内来表达 dsRNA 时产生可遗传的 RNAi（Boscher and Labouesse，2000）。来源：《自然细胞生物学》（2，E31-E36）的 Macmillan 杂志有限公司允许再版（2000）

如刺胞动物（*Hydra*）（Lohmann et al.，1999）和涡虫（*Schmidtea mediterranea*）（Alvarado and Newmark，1999）。因此看来，RNAi 技术应该是一项很容易从秀丽隐杆线虫应用到昆虫病原线虫的研究技术。Kuwabara 和 Coulson（2000）介绍了下面的 RNAi 实验方法：①选择一个敲除表现型可见的基因；②dsRNA 的长度应该在 0.6-2.0kb；③cDNA 序列是 dsRNA 选择模板；④dsRNA 序列与靶序列应该具有高度同源性。因此一旦昆虫病原线虫的功能基因组使用了 RNAi，dsRNA 就有可能由 cDNA 的克隆子合成。RNAi 可通过 EST 方法或基因克隆方法连接起来，通过差异表达来鉴定具有重要功能的昆虫病原线虫的基因。例如，决定持久力、恢复能力、性别决定、共生、寻找寄主及病原性等基因可以使用 RNAi 鉴定。RNAi 还可以用来研究在秀丽隐杆线虫和昆虫病原线虫间是否有某些基因功能未表达。

12.3.4.2　RNA 干扰和转座子沉默

转座子突变需要具有活性转座子的种系，而且保守突变不会传递给后代。有些秀丽隐杆线虫的野生型品系，如 Bergerac 品系，具有活性转座子，将其与标准实验室秀丽隐杆线虫 N2 品系进行杂交，Bergerac 品系产生一个具有活性品系转座子的 N2 基因组背景的品系。用化学诱变剂可分离品系中具有高比率运动性转座子的秀丽隐杆线虫品系，并产生突变品系（Collins et al.，1987）。Ketting 等（1999）发现许多其他非相关序列转座子在突变品系中被激活，而且这些突变品系中的大部分都能抵抗 RNAi。Tabara 等（1999）在秀丽隐杆线虫中分离缺乏 RNAi 的突变品系，当用 dsRNA 处理时，这些突变品系都没有出现基因沉默，未测试到种系的转座子位置，分离的 4 个基因中，有两个基因的内生转座子已经被激活，这些研究表明转座沉默现象与 RNAi 从机制上说是有联系的。

第一个发现同源依赖性基因沉默是在植物中，这一行为是抵抗 RNA 病毒的防御系统。RNA 病毒在其重复阶段形成 dsRNA（Wassenegger and Pelissier，1999）。尽管线虫是重要的植物病毒载体，但线虫被病毒侵染是很少见的。相反地。活性转座子似乎在线虫中是很普通的。但基因中的 RNAi 可促使线虫种系中 mRNA 转座酶受限。因此 RNAi 是一个古老的监督系统，保护生物体抵抗病毒和转座子（Boscher and Labouesse，2000）。

如果能在病原线虫中建立有效的 RNAi 系统，当 RNAi 抑制目标基因时将产生一个致死表型。由秀丽隐杆线虫类推可知，RNAi 筛选限制突变品系，将产生转座子监督系统受抑制的品系，这些突变品系可以通过转座子标记用于基因克隆，如本章 12.3.1 节所述。

12.3.5 遗传转化

遗传转化是一种能够从任何原核生物或真核生物中进行转基因的技术，转基因方法是一种常见的技术，可精确地改变原核生物或真核生物中的单一表型。转基因技术的可操作性和精确度已经使它可以对一些品系来进行改良，其中大部分是作物和微生物。

Hashmi 等（1995）运用 β-牛乳糖（β-gal）报道构建显微注射技术在启动子的控制下成功地将秀丽隐杆线虫 *hsp-16* 热休克基因转入嗜菌异小杆线虫中，嗜菌异小杆线虫后来又转入了一个绿色荧光蛋白（GFP）报道基因（reporter gene）（Hashmi et al.，1997），并带有一个来自于秀丽隐杆线虫热诱导的热休克基因（heat shock gene）（*hsp70A*）（Hashmi et al.，1998）。超过 90%的 *hsp70A* 转基因线虫在严重热休克处理下（40℃，1h）可存活（Hashmi et al.，1998），而嗜菌异小杆线虫的野生型只有 2%-3%存活（Hashmi et al.，1998）。Vellai 等（1999）在秀丽隐杆线虫 *hsp-16* 热休克启动子的控制下将海藻糖磷酸盐合成酶（TPS）基因转入夜蛾斯氏线虫。TPS 是海藻糖生物合成的关键酶，是一种重要的冷冻保护剂和渗透保护剂分子。TPS 在夜蛾斯氏线虫中的过量表达可增加转基因线虫中渗透保护剂的产生，并且更耐干燥。

这些研究已经清楚地说明转基因方法对于改进嗜菌异小杆线虫和夜蛾斯氏线虫的潜力，尤其是增加它们对环境的耐受力。昆虫病原线虫的其他特性可以通过转化单基因结构来改变，如耐寒、耐紫外线和抗杀线虫剂等，也可通过新杀虫蛋白（如毒素细胞溶解酶或免疫抑制剂）在唾液腺中分泌物里的表达来改进生防线虫的潜能与特性。遗传转化也可用于线虫的基础研究，通过使用 GFP 或 β-gal 报道基因或克隆突变定义基因可研究这些线虫的发育和组织依赖性基因的表达。

通过使用已开发的秀丽隐杆线虫的显微注射方法已经实现了异小杆线虫和斯氏线虫的基因转化（Mello et al.，1991）。这些转化方法具有技术难度，并需要特殊设备。微粒轰击方法广泛地应用于植物转化中，已经被 Wilm 等（1999）成功地应用于秀丽隐杆线虫中，也可将它用于昆虫病原线虫中。目前已经开发了运用形态学标记来鉴定昆虫病原的转化[*rol* 标记被广泛用于秀丽隐杆线虫转化子的鉴定，但未用于异小杆线虫的表达（Hashmi et al.，1995）]。这一结构所需的转化仪器的发展将是今后一个重要的研究方向。

遗传改造生物（GMO）一般会将一个单一外源基因整合到它的基因组上，以此改变一个特性，然而 GMO 的环境释放也是个重要的课题。GMO 释放的核心问题有：①GMO

的转化是有可能平行漂移到其他生物中的，尤其是有毒生物如病原菌和害虫；②在某些环境中，GMO 可能比其亲代存活得更好，但是结构未知（Hoy 综述，2000 年）。Gaugler 等（1997）证明在携带有秀丽隐杆线虫的热诱导的热休克蛋白（*hsp70A*）的嗜菌异小杆线虫进行田间转基因试验前需要完成调整过程。许多研究者都阐述了他们将安全措施与田间试验相结合，以使转基因线虫扩散的可能性降到最低。Gaugler 等（1997）报道了美国环境保护部门认为转基因嗜菌异小杆线虫不需要注册，但是其细菌共生体必须注册，因为在自然环境中它会与线虫产生关系，所以共生菌不能进行遗传改造。有些学者也报道了美国农业动物与植物健康检查局（APHIS）认为转基因嗜菌异小杆线虫的热休克可能对线虫存活或其生态关系产生一些影响，因为自然环境中热休克问题是很少见的，且它对土壤环境具有稀释作用。因此，含有秀丽隐杆线虫 *hsp70A* 基因的嗜菌异小杆线虫田间释放的许可在权威机构的调整下已获批准。

转基因线虫在欧洲至今还没有进行释放。在欧洲，田间释放转基因生物是受到委员会法案 90/220/EEC 限制的（参看 EU 和环境立法执行手册，在 http://europa.eu/int/comm/environmen-tal/enlarg/handbook）。该委员会认为应该像美国一样采取预防措施。欧洲国家认为国家权威机构应预先告知释放后对人类健康和环境带来的风险评估，建立检查和监测程序来确保必要的安全措施，并由欧盟来执行（参见 Richardson，1996 年详细说明）。Gaugler 等（1997）认为释放转基因线虫的申请应当受到权威部门调整：①转基因的性状应侧重于商业性方面（如延长货架期或提高产品功效）而不是生态优势方面；②基因的供给生物和接受生物都应该是生态系统中本来存在的；③遗传改造结果应该是线虫基因产品的大量表达；④降低风险（如政策牵制）是很重要的。

12.4 结论与展望

目前，所具有的异小杆线虫和斯氏线虫的改良品系主要是通过传统遗传学方法获得的。Hashmi 等（1998）和 Vellai 等（1999）改进的品系充分展示了用转基因技术提高品系的性能，尤其是提高品系对环境的忍耐力方面具有很大的潜力。由于公众对转基因生物的关注，通过传统的方法对昆虫病原线虫进行遗传改造将来会很重要。无论如何，我们现在对于昆虫病原线虫的研究进入了一个新的阶段，大量的分子遗传工具被用来解决一系列理论上和应用上的生物问题。

对于研究异小杆线虫和斯氏线虫的学者来说，要想在线虫遗传学和生物学方面取得进步，一个方法就是强调线虫及其共生菌作为基础研究的重要性和作用。这样的话，具备分子生物学技术的一些学者就会被昆虫病原线虫的研究所吸引，并从事这一研究。这些线虫及其共生细菌对于许多基础生物问题的研究是很好的模式系统，其中包括：

- 线虫与其昆虫寄主之间的致病关系；
- 线虫与其共生细菌之间共生关系的进化与维系；
- 秀丽隐杆线虫和昆虫病原线虫发育方式的比较，尤其是成虫形成和恢复的方式；
- 环境信号及遗传进化对于昆虫病原线虫，尤其是异小杆线虫的性别分化具有重要的决定意义；
- 化学感应和寄主寻找之间的关系。

昆虫病原线虫作为模式动物具有很多的优势。它们（尤其是异小杆线虫）在系统发育上与秀丽隐杆线虫相近，而且在生活周期及进化上也具有很多相似之处。这说明从基因水平来看，在这些属中，许多基因、遗传进化和方式具有保守性。昆虫病原线虫和秀丽隐杆线虫之间基因的特性、组织及表达具有显著差异（如 EST 的表达），这些差异对于与寄生状态或共生关系有关的适应性变化具有指示作用。从所获得的信息来看，昆虫病原线虫将会是一种更为有效的生物杀虫剂，并且这些线虫及其共生体之间作为一种独特的、严格的生物系统会受到高度关注。

致谢

感谢 Mark Blaxter、Michel Labouesse 和 Macmillan 杂志有限公司提供图 12.2 和图 12.6 的信息。本研究受到爱尔兰 HEA 项目和欧洲委员会 FAIR 项目的资助。

参 考 文 献

Adams, M.D., Kelley, J.M., Gocayne, J.D., Dubnick, M., Polymeropoulos, M.H., Xiao, H., Merril, C.R., Wu, A., Olde, B., Moreno, R.F., Kerlavage, A.R., McCombie, W.R. and Venter, J.C. (1991) Complementary DNA sequencing: expressed sequence tags and human genome project. *Science* 252, 1651–1656.

Akhurst, R.J. and Bedding, R.A. (1978) A simple cross-breeding technique to facilitate species determination in the genus *Neoaplectana*. *Nematologica* 24, 328–330.

Alvarado, A.S. and Newmark, P.A. (1999) Double-stranded RNA specifically disrupts gene expression during planarian regeneration. *Proceedings of the National Academy of Sciences USA* 96, 5049–5054

Bachem, C.W.B., Van der Hoeven, R.S., DeBruijn, S.M., Vreugdenhil, D., Zabeau, M. and Visser, R.G.F. (1996) Visualization of differential gene expression using a novel method of RNA fingerprinting based on AFLP: analysis of gene expression during potato tuber development. *Plant Journal* 9, 745–753.

Blaxter, M.L., De Ley, P., Garey, J.R., Liu, L.X., Scheldeman, P., Vierstraete, A., Vanfleteren, J.R., Mackey, L.Y., Dorris, M., Frisse, L.M., Vida, J.T. and Thomas, W.K. (1998) A molecular evolutionary framework for the phylum Nematoda. *Nature* 392, 71–75.

Boguski, M.S., Lowe, T.M.J. and Tolstoshev, C.M. (1993) dbEST – database for expressed sequence tags. *Nature Genetics* 4, 332–333.

Bosher, J.M. and Labouesse, M. (2000) RNA interference: genetic wand and genetic watchdog. *Nature Cell Biology* 2, E31–E36.

Brenner, S. (1974) The genetics of *Caenorhabditis elegans*. *Genetics* 77, 71–94.

Burman, M. and Pye, A.E. (1980) *Neoaplectana carpocapsae*: movement of nematode populations on a thermal gradient. *Experimental Parasitology* 49, 258–265.

Burnell, A.M. and Dowds, B.C.A. (1996) The genetic improvement of entomopathogenic nematodes and their symbiont bacteria: phenotypic targets, genetic limitations and an assessment of possible hazards. *Biocontrol Science and Technology* 6, 435–447.

Collins, J., Saari, B. and Anderson, P. (1987) Activation of a transposable element in the germline but not the soma of *C. elegans*. *Nature* 328, 726–728.

Curran, J. (1989) Chromosome numbers of *Steinernema* and *Heterorhabditis* species. *Revue de Nematologie* 12, 145–148.

Curran, J., Gilbert, C and Butler, K. (1992) Routine cryopreservation of *Steinernema* and *Heterorhabditis* species. *Journal of Nematology* 24, 38–45.

Diatchenko, L., Lau, Y.F.C., Campbell, A.P., Chenchik, A., Moqadam, F., Huang, B., Lukyanov, S., Lukyanov, K., Gurskaya, N., Sverdlov, E.D. and Siebert, P.D. (1996) Suppression subtractive hybridization: a method for generating differentially regulated or tissue-specific cDNA probes and libraries. *Proceedings of the National Academy of Sciences USA* 93, 6025–6030.

Dix, I., Burnell, A.M., Griffin, C.T., Joyce, S.A., Nugent, M.J. and Downes, M.J. (1992) The identification of biological species in the genus *Heterorhabditis* (Nematoda: Heterorhabditidae) by cross-breeding second generation amphimictic adults. *Parasitology* 104, 509–518.

Dix, I., Koltai, H., Glazer, I. and Burnell, A.M. (1994) Sperm competition in mated first generation hermaphrodite females of the HP88 strain of *Heterorhabditis* (Nematoda: Heterorhabditidae) and progeny sex ratios in mated and unmated females. *Fundamental and Applied Nematology* 17, 17–27.

Epstein, H.F. and Shakes, D.C. (eds) (1995) *Caenorhabditis elegans: Modern Biological Analysis of an Organism. Methods in Cell Biology*, 48, Academic Press, San Diego, 654 pp.

Evans, J.D. and Wheeler, D.E. (1999) Differential gene expression between developing queens and workers in the honey bee, *Apis mellifera. Proceedings of the National Academy of Sciences USA* 96, 5575–5580.

Falconer, D.S. and Mackay, T.F.C. (1996) *Introduction to Quantitative Genetics.* Longman, Harlow, Essex, UK, 464 pp.

Fire, A., Xu., S., Montgomery, M.K., Kostas, S.A., Driver, S.E. and Mello, C.C. (1998) Potent and specific interference by double-stranded RNA in *Caenorhabditis elegans. Nature* 391, 806–811.

Fire, A. (1999) RNA-triggered gene silencing. *Trends in Genetics* 15, 358–363.

Frey, M., Stettner, C. and Gierl, A. (1998) A general method for gene isolation in tagging approaches: amplification of insertion mutagenised sites (AIMS). *The Plant Journal* 13, 717–721

Fraser, A.G., Kamath, R.S., Zipperlen, P., Martinez-Campos, M., Sohrmann, M. and Ahringer, J. (2000) Functional genomic analysis of *C. elegans* chromosome I by systematic RNA interference. *Nature* 408, 325–330.

Gaugler, R. and Campbell, J.F. (1991) Selection for enhanced host-finding of scarab larvae (Coleoptera, Scarabaeidae) in an entomopathogenic nematode. *Environmental Entomology* 20, 700–706

Gaugler, R. and Kaya, H.K. (eds) (1990) *Entomopathogenic Nematodes in Biologial Control.* CRC Press, Boca Raton, Florida, 365 pp.

Gaugler, R., McGuire, T. and Campbell, J. (1989) Genetic variability among strains of the entomopathogenic nematode *Steinernema feltiae. Journal of Nematology* 21, 247–253.

Gaugler, R., Glazer, I., Campbell, J.F. and Liran, N. (1994) Laboratory and field-evaluation of an entomopathogenic nematode genetically selected for improved host-finding. *Journal of Invertebrate Pathology* 63, 68–73.

Gaugler, R., Wilson, M. and Shearer, P. (1997) Field release and environmental fate of a transgenic entomopathogenic nematode. *Biological Control* 9, 75–80.

Glazer, I., Gaugler, R. and Segal, D. (1991) Genetics of the nematode *Heterorhabditis bacteriophora* strain HP88: the diversity of beneficial traits. *Journal of Nematology* 23, 324–333.

Glazer, I., Kozodoi, E., Hashmi, G. and Gaugler, R. (1996) Biological characteristics of the entomopathogenic nematode *Heterorhabditis* sp. IS-5: a heat tolerant isolate from Israel. *Nematologica* 42, 481–492.

Glazer, I., Salame, L. and Segal, D. (1997) Genetic enhancement of nematicide resistance in entomopathogenic nematodes. *Biocontrol Science and Technology* 7, 499–512.

Golden, J.W. and Riddle, D.L. (1984) The *Caenorhabditis elegans* dauer larva: developmental effects of pheromone, food and temperature. *Developmental Biology* 102, 368–378.

Grenier, E., Catzeflis, F.M. and Abad, P. (1997) Genome sizes of the entomopathogenic nematodes *Steinernema carpocapsae* and *Heterorhabditis bacteriophora* (Nematoda: Rhabditida). *Parasitology* 114, 497-501.

Grenier, E., Abadon, M., Brunet, F., Capy, P. and Abad, P. (1999) A *mariner*-like transposable element in the insect parasitic nematode *Heterorhabditis bacteriophora. Journal of Molecular Evolution* 48, 328-336.

Grewal, P.S., Tomalak, M., Keil, C.B.O. and Gaugler, R. (1993) Evaluation of a genetically selected strain of *Steinernema feltiae* against the mushroom sciarid *Lycoriella mali. Annals of Applied Biology* 123, 695-702.

Grewal, P.S., Gaugler, R. and Wang, Y. (1996) Enhanced cold tolerance of the entomopathogenic nematode *Steinernema feltiae* through genetic selection. *Annals of Applied Biology* 129, 335-341.

Griffin, C.T. and Downes, M.J. (1994) Selection of *Heterorhabditis* sp. for improved infectivity at low temperatures. In: Burnell, A.M., Ehlers, R.-U. and Masson, J.P. (eds) *Genetics of Entomopathogenic Nematode-Bacterium Complexes.* European Commission Publications, Luxembourg, pp. 143-149.

Griffin, C.T., O'Callaghan, K.M. and Dix, I. (2001) A self-fertile species of *Steinernema* from Indonesia: further evidence of convergent evolution amongst entomopathogenic nematodes? *Parasitology* 122, 181-186.

Guohan, W., Junlie, L. and Zengsun, W. (1989). Comparative studies on the karyotypes of three species of nematodes in the genus *Neoaplectana. Zoological Research* 10, 71-77.

Hashmi, S., Hashmi, G. and Gaugler, R. (1995) Genetic transformation of an entomopathogenic nematode by microinjection. *Journal of Invertebrate Pathology* 66, 293-296.

Hashmi, S., AbuHatab, M.A. and Gaugler, R. (1997) GFP: green fluorescent protein a versatile gene marker for entomopathogenic nematodes. *Fundamental Applied Nematology* 20, 323-327.

Hashmi, S., Hashmi, G., Glazer, I. and Gaugler, R. (1998) Thermal response *of Heterorhabditis bacteriophora* transformed with the *Caenorhabditis elegans hsp70* encoding gene. *Journal of Experimental Zoology* 281, 164-170.

Hastings, I.M. (1994) Introduction to quantitative genetics: inbreeding, heritability estimates, artificial selection. In: Burnell, A.M., Ehlers, R.-U. and Masson, J.P. (eds) *Genetics of Entomopathogenic Nematode-Bacterium Complexes.* European Commission Publications, Luxembourg, pp.120-129.

Hedgecock, E.M. and Russell, R.L. (1975) Normal and mutant thermotaxis in the nematode *Caenorhabditis elegans. Proceedings of the National Academy of Sciences USA* 72, 4061-4065.

Hoekstra, R., Visser, A., Otsen, M., Tibben, J., Lenstra, J.A. and Roos, M.H. (2000) EST sequencing of the parasitic nematode *Haemonchus contortus* suggests a shift in gene expression during transition to the parasitic stages. *Molecular and Biochemical Parasitology* 110, 53-68.

Hope, I.A. (1999) C. elegans: *A Practical Approach.* Oxford University Press, Oxford, 281 pp.

Hoy, M.A. (2000) Transgenic arthropods for pest management programs: risks and realities. *Experimental and Applied Acarology* 24, 463-495.

Jones, J.T. and Harrower, B.E. (1998) A comparison of the efficiency of differential display and cDNA-AFLPs as tools for the isolation of differentially expressed parasite genes. *Fundamental and Applied Nematology* 21, 81-88.

Kaya, H.K. and Stock, S.P. (1997) Techniques in insect nematology. In: Lacey, L.A. (ed.) *Manual of Techniques in Insect Pathology*. Biological Techniques Series, Academic Press, San Diego, pp. 281-324.

Ketting, R.F., Haverkamp, T.A., van Luenen, H.G.A.M. and Plasterk, R.H.A. (1999) *mut-7* of *C.*

elegans, required for transposon silencing and RNA interference is a homolog of Werner syndrome helicase and RNaseD. *Cell* 99, 133–141.

Kuwabara, P.E. and Coulson, A. (2000) RNAi - prospects for a general technique for determining gene function. *Parasitology Today* 16, 347–349.

Liang, P. and Pardee, A.B. (1992) Differential display of eukaryotic messenger RNA by means of the polymerase chain reaction. *Science* 257, 967–971.

Lohmann, J.U., Endl, I. and Boscg, T.C. (1999) Silencing of developmental genes in *Hydra. Developmental Biology* 214, 211–214.

McCombie, W.R., Adams, M.D., Kelley, J.M., Fitzgerald, M.G., Utterback, T.R., Khan, M., Dubnick, M., Kerlavage, A.R,. Venter, J.C. and Fields, C. (1992) *Caenorhabditis elegans* expressed sequence tags identify gene families and potential disease gene homologs. *Nature Genetics* 1, 124–131.

Mello, C.C., Kramer, J.M., Stinchcomb, D. and Ambros, V. (1991) Efficient gene-transfer in *C. elegans* - extrachromosomal maintenance and integration of transforming sequences. *The EMBO Journal* 10, 3959–3970.

Montgomery, M.K., Xu, S. and Fire, A. (1998) RNA as a target of double stranded RNA mediated genetic interference in *Caenorhabditis elegans. Proceedings of the National Academy of Sciences USA* 95, 15502–15507.

Mracek, Z., Becvar, S., Kindlmann, P. and Webster, J.M. (1998) Infectivity and specificity of Canadian and Czech isolates of *Steinernema kraussei* (Steiner, 1923) to some insect pests at low temperatures in the laboratory. *Nematologica* 44, 437–448.

Nugent, M.J. (1996) An investigation of cold tolerance and the genetic improvement of the entomopathogenic nematode *Heterorhabditis*. PhD thesis, National University of Ireland, Maynooth.

Nugent, M.J., O'Leary, S.A. and Burnell, A.M. (1996) Optimised procedures for the cryopreservation of different species of *Heterorhabditis. Fundamental and Applied Nematology* 19, 1–6.

O'Leary, S.A. and Burnell, A.M. (1997) The isolation of mutants of *Heterorhabditis megidis* (Strain UK211) with increased desiccation tolerance. *Fundamental and Applied Nematology* 20, 197–205.

Peters, A and Ehlers, R.-U. (1998) Evaluation and selection for enhanced nematode pathogenicity against *Tipula* spp. In: Simões, N., Boemare, N. and Ehlers, R.-U. (eds) *Pathogenicity of Entomopathogenic Nematodes Versus Insect Defence Mechanisms: Impact on Selection of Virulent Strains*. European Commission Publications, Luxembourg, pp. 225–242.

Plasterk, R.H.A. and Ketting, R.F. (2000) The silence of the genes. *Current Opinion in Genetics and Development* 10, 562–567.

Poinar, G.O. Jr (1967) Description and taxonomic position of the DD136 nematode (Steinernematidae, Rhabditoidea) and its relationship to *Neoaplectana carpocapsae* Weiser. *Proceedings of the Helminthological Society of Washington* 34, 199–209.

Popiel, I. and Vasquez, E.M. (1991) Cryopreservation of *Steinernema carpocapsae* and *Heterorhabditis bacteriophora. Journal of Nematology* 23, 432–437.

Richardson, P.N. (1996) British and European legislation regulating rhabditid nematodes. *Biocontrol Science and Technology* 6, 449–463.

Riddle, D.L., Blumenthal, T., Meyer, B.J. and Preiss, J.R. (eds) (1997) C. elegans *II.* Cold Spring Harbor Laboratory Press, Cold Spring Harbor, New York, 1222 pp.

Rahimi, F.R., McGuire, T.R. and Gaugler, R. (1993) Morphological mutant in the entomopathogenic nematode *Heterorhabditis bacteriophora. Heredity* 84, 475–478.

Schouten, G.J., van Luenen, H.G.A.M., Verra, N.C.V, Valerio, D. and Plasterk, R.H.A. (1998)

Transposon *Tc1* of the nematode *Caenorhabditis elegans* jumps in human cells. *Nucleic Acids Research* 26, 3013-3017.

Shapiro, D.I., Glazer, I. and Segal, D. (1997) Genetic improvement of heat tolerance in *Heterorhabditis bacteriophora* through hybridisation. *Biological Control* 8, 153-159.

Strauch, O., Stoessel, S. and Ehlers, R.-U. (1994) Culture conditions define automictic or amphimictic reproduction in entomopathogenic rhabditid nematodes of the genus *Heterorhabditis. Fundamental and Applied Nematology* 17, 575-582.

Sudhaus, W. (1993) Die mittels symbiontischer Bakterien entomopathogenen Nematoden Gattungen *Heterorhabditis* and *Steinernema* sind keine Schwestertaxa. *Verhandlungen der Dueutschen Zoologischen Gesellschaft* 86, 146.

Tabara, H., Grishok, A. and Mello, C.C. (1998) RNAi in *C. elegans:* soaking in the genome sequence. *Science* 282, 430-431.

Tabara, H., Sarkissian, M., Kelly, W.G., Fleenor, J., Grishok, A., Timmons, L., Fire, A. and Mello, C.C. (1999) The *rde-1* gene, RNA interference and transposon silencing in *C. elegans. Cell* 99, 123-132.

Tavernarkis, N,M., Wang, S.L., Dorovkov, M., Ryazanov, A. and Driscoll, M. (2000). Heritable and inducible genetic interference by double-stranded RNA encoded by transgenes. *Nature Genetics* 24, 180-183.

Tawe, W.N., Eschbach, M.L., Walter, R.D. and Henkle-Duhrsen, K. (1998) Identification of stress-responsive genes in *Caenorhabditis elegans* using RT-PCR differential display. *Nucleic Acids Research* 26, 1621-1627.

Tetteh, K.K.A., Loukas, A., Tripp, C. and Maizels, R.M. (1999) Identification of abundantly expressed novel and conserved genes from the infective larval stage of *Toxocara canis* by an expressed sequence tag strategy. *Infection and Immunity* 67, 4771-4779.

The *C. elegans* Sequencing Consortium (1998) Genome sequence of the nematode *C. elegans*: a platform for investigating biology. *Science* 282, 2012-2018.

Timmons, L. and Fire, A. (1998) Specific interference by ingested dsRNA. *Nature* 395, 854.

Tomalak, M. (1994a) Phenotypic and genetic characterisation of dumpy infective juvenile mutant in *Steinernema feltiae* (Rhabditida: Steinernematidae). *Fundamental and Applied Nematology* 17, 485-495.

Tomalak, M. (1994b) Selective breeding of *Steinernema feltiae* (Filipjev) (Nematoda Steinernematidae) for improved efficacy in control of mushroom fly *Lycoriella solani* Winnertz (Diptera : Sciaridae). *Biocontrol Science and Technology* 4, 187-198.

Vellai, T., Molnár, A., Laktos, L., Bánfalvi, Z., Fodor, A. and Sáringer, G. (1999) Transgenic nematodes carrying a cloned stress resistance gene from yeast. In: Glazer, I., Richardson, P., Boemare, N. and Coudert, F. (eds) *Survival of Entomopathogenic Nematodes.* European Commision Publications, Luxembourg, pp. 105-119.

Wang, J. and Bedding, R.A. (1996) Population development of *Heterorhabditis bacteriophora* and *Steinernema carpocapsae* in the larvae of *Galleria mellonella. Fundamental and Applied Nematology* 19, 363-367.

Wassenegger, M. and Pelissier, T. (1999) Signalling in gene silencing. *Trends in Plant Science* 4, 207-209.

Waterston, R., Martin, C., Craxton, M., Huynh, C., Coulson, A., Hillier, L., Durbin, R., Green, P., Shownkeen, R., Halloran, N., Metzstein, M., Hawkins, T., Wilson, R., Berks, M., Du, Z., Thomas, K., ThierryMieg, J. and Sulston, J. (1992) A survey of expressed genes in *Caenorhabditis elegans. Nature Genetics* 1, 114-123.

Wicks, S.R., de Vries, C.J., van Luenen, H.G.A.M. and Plasterk, R.H.A. (2000) CHE-3, a cytosolic dynein heavy chain, is required for sensory cilia structure and function in *Caenorhabditis elegans. Developmental Biology* 221, 295-307.

Williams, S.A., Lizotte-Waniewski, M.R., Foster, J., Guiliano, D., Daub, J., Scott, A.L., Slatko, B. and Blaxter, M.L. (2000) The filarial genome project: analysis of the nuclear, mitochondrial and endosymbiont genomes of *Brugia malayi. International Journal for Parasitology* 30, 411-419.

Wilm, T., Demel, P., Koop, H.-U., Schnabel, H. and Schnabel, R. (1999) Ballistic transformation of *C. elegans. Gene* 229, 31-35.

Wood, W.B. (ed.) (1988) *The Nematode* Caenorhabditis elegans. Cold Spring Harbor Laboratory Press, Cold Spring Harbor, New York, 667pp.

Zioni (Cohen-Nissan), S., Glazer, I. and Segal, D. (1992) Phenotypic and genetic analysis of a mutant of *Heterorhabditis bacteriophora* strain HP88. *Journal of Nematology* 24, 359-364.

13 昆虫病原线虫的剂型和应用技术

Parwinder S. Grewal
Department of Entomology, Ohio State University, Wooster, Ohio 44691-4096, USA

13.1 引　　言

在昆虫病原线虫作为生物杀虫剂的推广应用中最大的障碍就是贮存和应用后残存物的问题。在化学杀虫剂要求标准下不应有 2 年货架期的线虫制剂。本章探讨了线虫的剂型、应用技术及影响线虫制剂贮存、运输和应用中一些因子的重要评价，还对质量测定、标准化、处理和运输问题做了简短的描述。探讨了常规的杀虫剂、肥料和灌溉设备中实际应用线虫的方法，讨论在应用期间影响线虫存活的因素。近期主要考察研究：用辅助物使线虫在植物叶面上延长保留和存活时间。重点是找出相关知识的同时研究能够增强线虫在稳定贮存和后期应用中使线虫存活的方法。

13.2 剂　　型

剂型指的是通过加入某种有活性或无活性的物质构成一种有活性的产品。剂型使用的目的是改善这种有活性部分的活性、吸收、传递和简单应用或贮存的稳定性。典型的混合型杀虫剂包括吸收剂、抗凝结剂、杀菌剂、抗氧化剂、结合剂、载体、分散剂、湿润剂、防腐剂、溶剂、表面活化剂、增稠剂及紫外吸收剂。尽管线虫剂型总的概念与传统的杀虫剂方法相似，但线虫制剂目前仍具有挑战性。高氧和湿度要求、温度范围的敏感性及侵染期线虫行为都对选择方法和配料起到限制作用。开发线虫剂型主要的目标包括保持质量、增强贮存的稳定性、改善运输和使用方法、减少运输上的耗费，同时增强线虫在应用期间或应用后的存活力。斯氏线虫和异小杆线虫主要剂型和货架期列于表 13.1 中。

表 13.1　斯氏线虫和异小杆线虫制剂中预期的货架期

剂型	线虫种类	品系	货架期（月）	
			22-25℃	2-10℃
活跃线虫				
海绵[a]	*S. carpocapsae*	All	0.03-0.1	2.0-3.0
	H. bacteriophora	HP88	0	1.0-2.0
蛭石[a]	*S. carpocapsae*	All	0.1-0.2	5.0-6.0
	S. feltiae	UK	0.03-0.1	4.0-5.0
	H. megidis	UK	0	2.0-3.0
钝化线虫				
藻酸盐凝胶	*S. carpocapsae*	All	3.0-4.0	6.0-9.0
	S. feltiae	SN	0.5-1.0	4.0-5.0
流动性凝胶	*S. arpocapsae*	All	1.0-1.5	3.0-5.0
	S. glaseri	NJ43	0.03-0.06	1.0-1.5
	S. scapterisci	Colon	1.0-1.5	3.0-4.0
浓缩液[a]	*S. carpocapsae*	All	0.16-0.2	0.4-0.5
	S. riobrave	RGV	0.1-0.13	0.23-0.3
脱水生活线虫				
可湿性粉剂	*S. carpocapsae*	All	2.0-3.5	6.0-8.0
	S. feltiae	UK	2.5-3.0	5.0-6.0
	H. megidis	UK	2.0-3.0	4.0-5.0
	H. zealandica	NZ	1.0-2.0	3.0-4.0
水分散性粒剂[a]	*S. carpocapsae*	All	4.0-5.0	9.0-12.0
	S. feltiae	SN	1.5-2.0	5.0-7.0
	S. riobrave	RGV	2.0-3.0	4.0-5.0

[a] 商品化剂型

13.3 剂型的贮存和运输

尽管侵染期线虫能够在冷藏容器的通气水中贮存几个月，但这种方法的运用需要高额的费用而且维持质量也有很多难处。高氧的要求、某些线虫种类对低温的敏感、对微生物污染的敏感、在水中贮存期间微生物的毒性是影响线虫质量问题的因素，因此，线虫在生产出来后通常很快被放入无水或半液体的基质中。

13.3.1 主动活动线虫的剂型

把线虫放置起来或放在无活性的载体上对贮存和运输小部分线虫很方便，在这些方法中线虫很有活力而且能在底层自由游动。这种无活性的载体方法制作起来既简便又便宜，但大多数产品在贮存和运输期间需要冷藏，因此相对昂贵。

13.3.1.1 海绵

在美国，线虫制剂主要服务于家庭草坪和花园市场的家庭作坊，把由聚氨酯制成的海绵状基质中剂型广泛应用于贮存和运送少量的线虫。该海绵剂型里有大量悬浮在海绵中的线虫，通常该剂型的表面每平方厘米有 500-1000 头线虫。海绵上的线虫在 5-10℃能够保存 1-3 个月。通常从海绵上取出的（5-25）$\times10^6$ 的线虫被移放在一个塑料包中，在运送过程中塑料包被冰袋包裹。在应用前，可通过在水中浸透或用手挤压使线虫从海绵中移动出来，这种剂型需要大量的海绵，并不适合大面积的应用。

13.3.1.2 蛭石

蛭石剂型是一种比海绵要有所改善的剂型。它的优点在于能够承载更多的线虫。稳定保存的时间更长，而且应用方便。通常线虫水溶液同蛭石混匀后被放入薄薄的塑料袋中，这种蛭石混合物可被直接放入水容器中，与水混合喷雾应用。

13.3.2 较少活动线虫的剂型

由于线虫在无活性载体上的高频率运动，线虫贮存的能量物质经常耗尽，有时它们甚至从制剂中逃脱出来。因此，剂型应该进一步改进。通过物理阻滞或代谢阻化剂来最大程度地减少线虫的运动，这种剂型包括藻酸盐和可移动凝胶及一种浓缩液体制成的专有的变形阻化剂。

13.3.2.1 物理阻滞

在塑料网上面涂一层薄薄的海藻酸钙曾被用于阻滞线虫的活动（Georgis，1990）。施用时通过在水中加入柠檬酸钠溶解该胶体基质，使线虫从中释放出来（Georgis，1990）。藻酸盐基质小卷叶蛾斯氏线虫（*Steinernema carpocapsae*）是第一个控制货架期的产品。同时使得线虫在高端市场上进一步被接受（Grewal，1998）。然而，提取步骤在时间上的耗费，大量塑料隔板和容器的处理问题，均表明该剂型不适合大规模使用。

曾报道一种将线虫混合放置在黏性可移动的凝胶或浆糊上减少其移动性的剂型

（Georgis，1990）。尽管这种可移动的凝胶很容易提供，但是线虫的存活期比在藻酸盐凝胶上要短，因此这种产品没被应用。Chang 和 Gehert（1995）描述了一种将线虫混合物放在氢化油和丙烯酰胺上的方法，据报道，这种还未商业化的剂型超过 80%的线虫在室温下 35d 后依然存活。

13.3.2.2 新陈代谢吸收

Grewal（1998）指出加入一种专有的可变性抑制剂可以减少小卷叶蛾斯氏线虫、夜蛾斯氏线虫（*Steinernema feltiae*）和锐比斯氏线虫（*Steinernema riobrave*）对氧气的消耗，甚至在室温下无需气泡供氧也能集中贮藏。室温下小卷叶蛾斯氏线虫超过 7×10^9 个侵染期线虫在 10L 容器中能够保存 6d，而其存活力丧失很少。这种浓缩液已被成功地应用于运输锐比斯氏线虫，该线虫用于防治柑橘上的非耳象属（*Diaprepes*）根象鼻虫。Yukawa 和 Pitt（1985）指出，线虫陷入作为吸附剂的活性炭粉中，这种炭粉和线虫混合在一起被贮存到氧气减少到最低的密闭容器中。高价格、对贮存温度的要求及应用困难都使得它不适用于商品化。

13.3.3 脱水线虫的剂型

线虫身体周围包裹一层水有利于线虫新陈代谢、生存和运动。可是，侵染期线虫在运动期间体内贮存的能量经常耗尽。因此，这种剂型的目的是侵染期线虫运动时减少消耗体内的能量，可通过使侵染期线虫脱水等方法完成。昆虫病原线虫只偏于低湿休眠，因此，常在休眠期被利用（Womersely，1990）。尽管控制线虫脱水与湿度已被证实可行（Simmons and Poinar，1973；Popiel et al.，1993），但这种商业化的方法几乎没有成功过。有种通过控制水的活性（A_w）来应用的剂型已获得成功（Bedding，1998；Silver et al.，1995；Grewal，2000）。水的活性就是水在结构上或化学上与线虫黏合起来的力度。与水含量相反，A_w 是受水分子与表面结合力和渗透力的影响。A_w 等于空气的相对湿度，与装在密闭容器中的线虫样品相平衡。A_w 是蒸汽压与水压的比，这种水的活动力是标准大气压强的 100 倍。用水流计很容易测量水的流动性，就像经常用于食品加工一样（AquaLab Model CX-2，Decagon Devices，Inc.，Pullman，Washington）。这种剂型包括凝胶、粉剂和颗粒。

13.3.3.1 凝胶

Bedding 和 Butler（1994）研制了一种将线虫与一种脱水凝胶混合成的剂型，凝胶的水活性为 0.800-0.995，线虫呈半脱水状态，但在室温下存活率却很低。另外，这种剂型比较难溶于水，因此，可能会阻塞喷雾器。

13.3.3.2 粉剂

1988 年又有人开发了一种将线虫与黏土混合的剂型，使其低于土表湿度起到干燥效果（Bedding，1988）。这种方法被称为“三明治”，线虫夹在两层黏土之间。这种剂型被澳大利亚生物技术公司商品化，但是后来由于保存的不稳定性，常阻塞喷雾器的嘴，而且线虫含量低就没能继续应用。

一种改进的可湿性粉剂使得异小杆线虫和斯氏线虫在室温下保存成为可能（Grewal，1998），在该剂型中线虫干燥是由于在该种剂型中加入吸水剂，这种剂型在分散性很好的水中很容易应用。大异小杆线虫（*Heterorhabditis megidis*）在这种方法中于22℃条件下能够保存3个月而不失活（表13.1）。

13.3.3.3 颗粒剂

Capinera 和 Hibbard（1987）报道了一种颗粒状的剂型，即将线虫包裹于有花粉和小麦粉制成的胶囊中。在此之后，Connick 等（1993）研制了一种通过挤压将线虫分散后遍及小麦面筋的基质中的颗粒剂型。这种“pesta”制剂中加入了一个填装物和一个保湿剂来增强线虫的成活率，这个利用包裹在线虫外面的颗粒来降低湿度的过程是为了阻止线虫迁移而且减少污染的危险，可是在线虫保存期间颗粒快速的干燥也可导致线虫存活率降低。

水分散颗粒剂（WG）就是将侵染期线虫裹入由各种类型的硅土、黏土、纤维素、木质素和淀粉混合而成的直径为10-20mm的颗粒中（图13.1）（Georgis et al.，1995；Silver et al.，1995）。这些颗粒都是用普通的器皿一步步制成的，一般都是将线虫悬浮液喷洒到装在倾斜旋转中的粉末上（Grewal and Georgis，1998）。当线虫落到粉末里时候，颗粒开始形成，与此同时滚过干燥的粉末并开始吸附周围的粉末，然后筛出颗粒以外的多余粉末、进行包装、装入纸箱中贮存、运输。在线虫保存和运输的过程中，这些颗粒剂中要保持有氧气存在。在最适温度下，线虫通过借助身体周围的水慢慢移动，在这种低湿休眠状态中，该制剂在4-7d可使氧气消耗减少30%-40%（Grewal，2000a，2000b）。

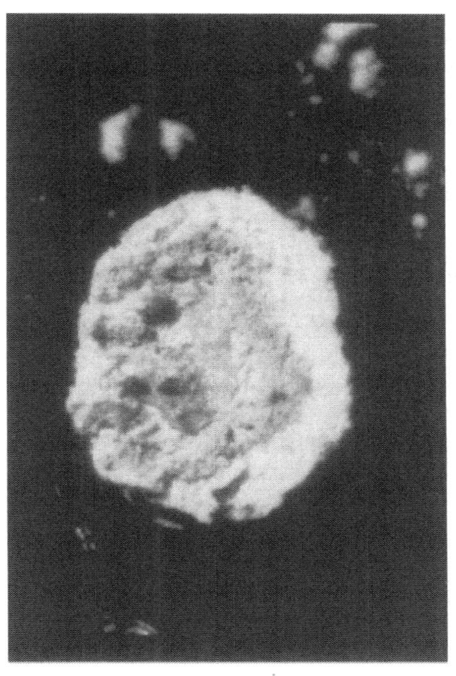

图13.1 显示附着小卷叶蛾斯氏线虫侵染期线虫的水分散颗粒剂横截面

水分散颗粒剂型与一般的剂型相比有如下的优点。

（1）使线虫在室温下可延长贮存稳定性。

（2）增强线虫对温度的承受力，使运输更加容易，降低运输成本。

（3）通过减少时间和劳动力改善线虫的应用方法。

（4）可减小贮存容器的体积。

（5）减少材料配置，使其更广泛地被应用。

这是第一个使得小卷叶蛾斯氏线虫能够在 25℃条件下保存 6 个月的商品化的剂型（Grewal，2000a）。

13.4 剂型的应用

线虫制剂施用到土壤中和植物叶面上之后存活率会降低，因而导致线虫效力降低（Smits，1996）。尽管一些辅助的物质对于增强线虫的存活率很有价值，但是增强线虫存活率的剂型开发才刚刚起步，这方面研究也有限。线虫剂型的开发，重点着眼于在应用制剂期间和应用后能够提供保护线虫制剂在极端环境下保存稳定的功效，这方面引起人们很高的注意并发展迅速。这种增强线虫在土壤中或肥料中存活的剂型在下文将特别介绍。

13.4.1 脱水的死虫体

应用被线虫侵染的大蜡螟（*Galleria mellonella*）幼虫防治地下害虫的防治效果与线虫水悬浮液效率相当（Welch and Briand，1960；Janson and Lecrone，1984）。这种剂型在应用上优于水悬浮液（Shapiro and Glazer，1996）。这种剂型是在干燥的虫体外包裹一层黏土，以便在应用时防止虫体外裂开或黏附在一起（D. Shapiro，Georgia，2000，私人通信）。

13.4.2 胶囊

有人提出了利用凝胶胶囊作为包埋线虫的载体并用于控制地下和食叶类害虫。Kaya 和 Neken（1985）首次报道在有孔钙凝胶中包埋线虫，他们将此用作诱饵或应用于土壤。当在适当的湿度下把包埋的线虫放于土壤中，大多数线虫在一周内都会从这些颗粒中出来。Navaon 等（1999）对为锐比斯氏线虫（*S. riobrave*）制作的昆虫可食用钙凝胶制剂做了评价，他们提出在凝胶湿度为 61%的时候，线虫存活率在 48h 之内最高。一种凝胶体系常用来增强沙质土壤的含水量，从而增强小卷叶蛾斯氏线虫的存活率来防治柑橘根象鼻虫（W. Schroeder in Georgis，1990）。Chang 和 Gehert（1992）发现凝胶中包埋的小卷叶蛾斯氏线虫可与含水的 Gellan 橡胶混合，Gellan 橡胶在室温下为液体，当加入像钙离子那样的二价阳离子就能诱导为凝胶。

13.4.3 诱饵

目前已经开发出了诱饵，该诱饵包括侵染期线虫，无活性载体（如粉碎的玉米穗轴、花生壳、麦麸），诱食剂（如葡萄糖、麦芽提取物、糖浆或蔗糖等）或性诱剂（Georgis，

1990）。小卷叶蛾斯氏线虫和蝼蛄斯氏线虫（*S. scapterisci*）由于其伏击性“坐-和-等”（“sit-and-wait”）取食策略和不会从饵料中逃逸及较耐干燥等特性，在诱饵利用上具有很大的发展前景，在地老虎、蝗虫和黄褐蝼蛄上获得了稳定的防效（Georgis，1990）。当用陷阱来确保线虫与目标害虫相接触，并保证线虫避免光照和干燥时，利用诱饵来防治猪舍的家蝇（Renn，1998）和公寓中的德国蟑螂，取得了好于常规化学杀虫剂的防治效果（Appel et al.，1993）。

13.5 影响线虫在制剂中存活的因素

13.5.1 培养方法

利用活体方法生产的线虫比离体生产的线虫更稳定。例如，用大蜡螟幼虫繁殖的线虫在 9℃水中保存的存活率要高于在液体培养基中生产的线虫（图 13.2）。然而，这种存活率差异的机制尚不清楚，但无疑提供了影响线虫存贮稳定性生理因素的线索。在培养线虫期间遇到极端温度、氧气不足、压力骤变、不同消泡剂类型和质量，以及微生物污染等都能影响线虫质量而导致线虫货架存贮期下降。线虫的高度敏感性和与搅拌发酵罐相关的因素均能影响线虫的繁殖（Friedman，1990）。发酵期间的一些因素还能降低线虫在制剂中的存活率。在搅拌式发酵罐中批量生产小卷叶蛾斯氏线虫，25℃条件下的线虫存活率与叶轮外缘速度呈高度负相关（图 13.3）。

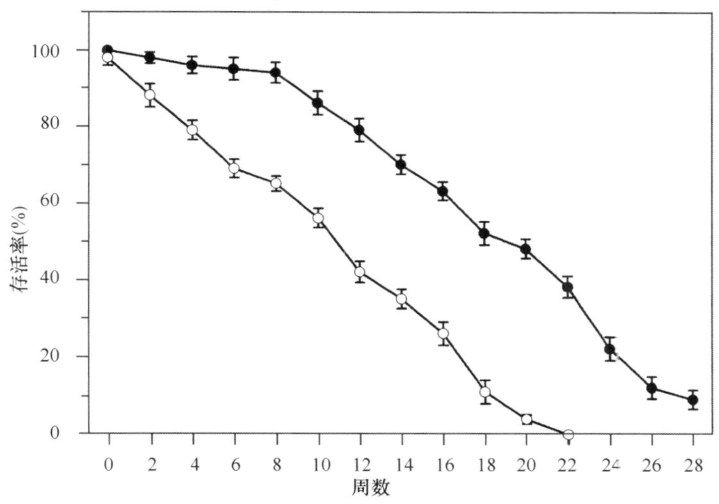

图 13.2 在 9℃条件下水中保存（●）用大蜡螟幼虫繁殖的锐比斯氏线虫侵染期线虫和在液体培养基中生产（○）的存活率（±SE）

13.5.2 能量物质的贮存

昆虫病原线虫侵染期线虫干重的 60%为脂类物质（Selvan et al.，1993b），同时被认为是主要的贮存能量的物质。大量的脂类物质随线虫种类的不同而有差别（Grewal and Georgis，1998），随生产批次的不同也不同，同时也受培养基种类、成分、消泡剂、培

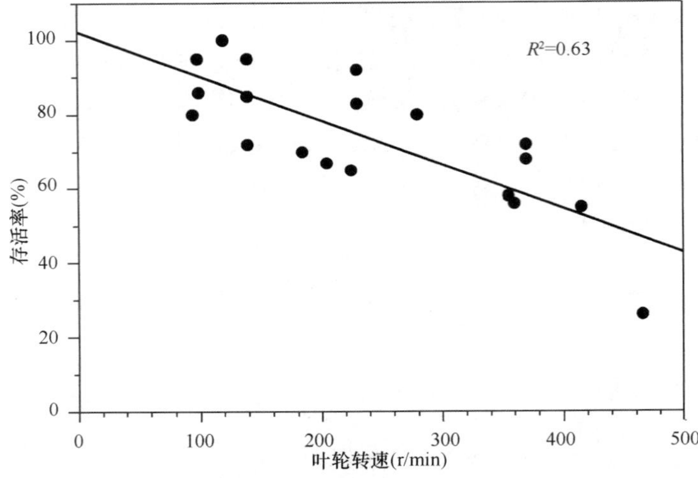

图 13.3　在搅拌式发酵罐中批量生产线虫时的叶轮外缘速度对在 25℃条件下液体胶里存放 8 周后小卷叶蛾斯氏线虫侵染期线虫存活率的影响

养温度及在发酵期间的氧气可溶性等问题影响。在不同种线虫中脂类物质的利用率不同，在同种不同个体间利用率也不同（Patel et al.，1997b）。其他因素如温度、氧气量、线虫在保存时的活力均能影响脂类物质的利用率和存活率（Grewal and Georgis，1998）。

13.5.3　温度

在制剂中，温度是影响线虫存活最重要的因素，每种线虫都有一种最适的存贮温度，略低于最适温度对于线虫活性、繁殖能力有益，这些特性也反映了线虫种类原始分布地的气候特点（表 13.2）。导致线虫成功进入低湿休眠状态的最适温度也随线虫种类而异。大多数品种在最适繁殖温度下都能抵抗一定的干燥，但是在极限温度下直接干燥对线虫却是致命的。例如，将线虫锐比斯氏线虫制成水分散颗粒剂后立即转入 5℃条件下保存，在 2-3 周死亡率达 100%，与之相比，在 25℃时死亡率不足 20%（Grewal，1998）。在制成制剂之前将侵染期线虫在 5℃水中存放 4-7d，锐比斯氏线虫在 5℃时对干燥的敏感性

表 13.2　斯氏线虫和异小杆线虫最适温度和原始分布地

线虫种类	品系	原生地（平均低温-高温）（℃）	最适贮藏温度（℃）[a]	最适繁殖温度（℃）[a]	繁殖温度范围（℃）[b]	侵染温度范围（℃）[b]
S. carpocapsae	All	美国，乔治亚州（9-26）	5	25	20-30	10-32
S. feltiae	SN	法国（6-19）	5	18	10-25	8-30
S. glaseri	NC	美国，北卡罗来纳州（3-22）	10	25	12-35	10-37
S. riobrave	RGV	美国，得克萨斯州（14-27）	15	28	20-35	10-39
S. scapterisci	Colon	阿根廷，科隆（8-28）	10	28	20-32	10-35
H. bacteriophora	HP88	美国，犹他州（3-22）	10	25	15-30	10-32
H. megidis	HO1	美国，俄亥俄州（3-17）	5	18	10-25	8-32

[a] P. Grewal，未发表数据；[b] Grewal 等（1994a）

将极大降低（Grewal，2001，结果未发表）。这一点与低温预处理导致线虫海藻糖聚集有关（Ogura and Nakashima，1997；Qiu and Bedding，1999；Grewal and Jagdale，2001，结果未发表）。昆虫病原线虫在低温条件下出现海藻糖积聚物很普遍，可能是适应环境压力的生存对策之一（Jagdale and Grewal，2001，结果未发表）。

13.5.4 低湿休眠

尽管低湿休眠对于昆虫病原线虫保存很重要，但近期才对干燥与非干燥条件下侵染期线虫的寿命进行了研究。Grewal（2000a）列举了一个实例，在 25℃条件下将干燥的小卷叶蛾斯氏线虫保存在水分散颗粒剂中寿命长达 3 个月，与之相比，将干燥的线虫锐比斯氏线虫存放在水中，寿命仅达 1 个月。这些干燥条件下不同的存活时间可能与侵染期线虫体内水分的散失速率有关。Patel 等（1997a）报道小卷叶蛾斯氏线虫的水散失速率比锐比斯氏线虫低。Kondo 和 Ishibashi（1989）认为在斯氏线虫种类之间水的散失程度不同是与它们表皮结构有关。尽管线虫可以一定程度低湿休眠，但在制剂中仍需要较高湿度才能存活。Grewal（1998）曾报道，在 30℃的水分散颗粒中，小卷叶蛾斯氏线虫的初始湿度与其存活率呈正相关。

通过低湿休眠延长寿命需要高度的代谢消耗，在低温时干燥与非干燥下的寿命延长使得这种代谢消耗变得越发明显。在 5℃时，干燥的小卷叶蛾斯氏线虫、夜蛾斯氏线虫和锐比斯氏线虫的寿命在水分散颗粒剂中要比在水中短（Grewal，2000b）。在最初 24h 干燥线虫的新陈代谢率急速增长，然后在 4-7d 又逐渐降至正常的代谢水平（Grewal，2000a，2000b），与此同时糖原和贮存的脂类物质转变成海藻糖（Womersely，1990；Solomon et al.，1999），吸水后海藻糖既可用于能源物质也可以再转化成为糖原。

昆虫病原线虫可以采用两种不同的抗干燥存活策略：即对干燥的回避或直接忍受（Grewal and Jagdale，2001，未发表结果）。夜蛾斯氏线虫和锐比斯氏线虫都显现出对干燥条件的回避行为，它们会迅速从干燥颗粒中移动出来，而小卷叶蛾斯氏线虫对此却没有回避反应。经观察发现，在控制相对湿度的滤纸上，小卷叶蛾斯氏线虫（Simmons and Poinar，1973；Womersely，1990）表现为聚集，而夜蛾斯氏线虫的某些品系（Solomon et al.，1999）则表现为迁移。Duncan 等（1996）报道，在垂直试验地土壤表面，锐比斯氏线虫对干燥反应为向下迁移。对于干燥保存法在行为反应上的不同应该与线虫取食的策略有关。小卷叶蛾斯氏线虫是“伏击者”（ambusher），它用“坐-和-等”的策略去寻找寄主；而夜蛾斯氏线虫和锐比斯氏线虫则是“追击者”（cruiser），追击寻找食物（参见第 10 章，Lewis）。在伏击中，侵染期线虫可以瞬间将 90%的身体移动到空气中或靠近土壤表面来寻找快速移动的寄主。与通过在土壤表层寻找猎物的线虫相比，这种行为可使侵染期线虫遭遇快速干燥环境。因此，这就预示着追击搜索的线虫将会采用干燥回避策略，移动到更深的土壤中来捕食，而伏击取食者则需要更加耐受干燥条件。

13.5.5 抗微生物剂

在湿度高的线虫制剂中，微生物污染是一个很重要的问题。微生物污染能够耗尽可用氧，减少制剂的分散性，引起喷雾器喷嘴的阻塞，以及减少产品的适应性。尽管杀菌剂能够用来控制微生物的生长，但是在该剂型中，因其能减少线虫的存活率，必须小心地选择。另外，不同线虫种类对于抗微生物剂的敏感性不同。例如，对 Proxel 这种普遍的防腐剂，夜蛾斯氏线虫和锐比斯氏线虫比小卷叶蛾斯氏线虫更敏感。

13.6 质量控制及标准化

在线虫生产和制剂制备期间维持线虫高度的生活力和致病力是核心质量控制策略。生活力是指侵染期线虫的存活率（与死亡及非侵染期线虫相比较），而线虫存活的总数则是在悬浮液中侵染期线虫存活的总数。这个明显的区别对于超期溶解而死去的线虫很重要，单独利用存活力指标可能被误导。有些线虫种类适应静态姿势，因此很容易被认为是死了的线虫。因此，对于运动较少的线虫种类，在悬浮液中滴入过氧化氢使其更容易判断存活情况。在保存期过保压（over-packing）线虫可以保证线虫最低的存活总数。

致病力是线虫质量中最重要的组成部分。致病力能够用不同方法测定，包括一对一的生物测定（Grewal et al.，1999；Converse and Miller，1999）、LC_{50}（Georgis，1992）、生长效率（Gominick and Reid，1990；Epsky and Capinera，1994）和入侵率（Glazer，1992）。但是，由于存在自然寄主的补充或是分布过于分散等寄主-寄生互作关系，因此基于质量控制目的而采用多种线虫侵染单一或多种寄主的测定是不适宜的（Grewal et al.，1999）。利用提前已确定的“一对一”测定标准，可以用来比较任一种线虫对大蜡螟幼虫这类敏感性寄主的致病力。这种方法可测定侵染期线虫种群的比例而且对“损伤”的线虫很灵敏，该方法可用于测定每头幼虫是否具有特定的侵染期线虫致死水平（表 13.3）。但是，利用其他一些线虫种类的最低线虫浓度也可以使大蜡螟幼虫达到 50%的诱虫死亡率。例如，采用 15 条蝼蛄斯氏线虫（*S. scapterisci*）处理 1 头幼虫可导致 30%-70%死亡率，而每头幼虫用 5 条嗜菌异小杆线虫（*H. bacteriophora*）侵染期线虫的剂量可造成 40%-65%的幼虫死亡率（表 13.3）。大蜡螟因其高度的敏感性，可以商品化供应，已成为一种公认的用于生物测定的寄主。

表 13.3 斯氏线虫和异小杆线虫沙井法毒性生测参数

线虫种类	品系	大蜡螟：线虫比率	生测温度（℃）	72h 后的幼虫期望死亡率[a]
S. carpocapsae	All	1∶1	28	50-75
S. feltiae	SN	1∶1	25	35-50
S. glaseri	NJ43	1∶1	28	35-50
S. riobrave	RGV	1∶1	28	50-75
S. scapterisci	Colon	1∶15	28	30-70
H. bacteriophora	HP88	1∶5	25	40-65
H. megidis	UK	1∶5	25	35-55

[a] 在 4 个 24 孔细胞培养板上几批幼虫的平均死亡率

滤纸法对“伏击型”（ambusher）线虫很适合，沙柱法特别适合“追击型”（cruiser）线虫（Grewal et al.，1994b）。可是，“伏击型”（ambusher）和“追击型”（cruiser）线虫在最近发明的沙井（sand-well）生物测定中却表现一致（Grewal et al.，1999），这种沙井装置对于“伏击型”（ambusher）和“追击型”（cruiser）侵染期线虫的行为表现都很适合。这种方法很容易建立，而且比滤纸生物测定法更接近于田间情况。因此，人们提议沙井生物测定方法是适合质量控制中评价昆虫病原线虫毒力的标准方法。以下给出了进行生物测定的主要步骤。

（1）在 24 孔的细胞培养板上，各孔中加入 1g 干燥消毒沙子（Lonestar 60 号，颗粒大小<710μm）（Falcon）。

（2）从混合好的线虫样本中，取出侵染期线虫试样。将这个试样放到培养皿中培养，然后加入足够的无离子水覆盖线虫 2-3mm。盖好后贴上标签，在室温下保存 48h。

（3）48h 之后，向旋转的摇瓶中加入大约 10ml 的无离子水。准确的用水量要足够分开线虫而且能将单头线虫用移液管转移出来。

（4）在解剖镜下用移液管将 1 头、5 头或 15 头存活侵染期线虫分别转移到 30μl 水中（表 13.3）。将线虫注入其中一个细胞加样孔中。然后在相同的孔中用同一移液管立即加入 30μl 的 MICRO soap（国际产品公司，特伦顿，新泽西州）稀释液。MICRO soap 稀释液是将 20μl 的 MICRO 加入室温下 50ml 的无离子水中制备。

（5）继续从培养皿中把侵染期线虫转移到细胞加样孔中，用配好的 MICRO 液冲净线虫。当转移一排孔后，用盖玻片把细胞板孔盖好，同样将侵染期线虫转移到 96 个细胞加样孔中（4 孔细胞培养板）。

（6）当所有的孔都转移完毕后，每个孔中放入 1 头干净的大蜡螟幼虫，然后覆膜。依据线虫的种类，将细胞培养板分别于 25℃或 28℃条件下培养（表 13.3）。

（7）在 48h 或 72h 后（因线虫种类/品系而异）检查死去的大蜡螟幼虫。记录死亡幼虫总数。

（8）设一个清水对照，在 4 个细胞培养板（96 孔）加入 1g 干沙、30μl 室温下的清水、30μl 稀释的 MICRO 液和一头大蜡螟，用于估算对照的死亡率。在 48h 或 72h 记录幼虫的死亡数。

（9）不同操作人员用相同批次的线虫样品和大蜡螟进行测试。每个试验要设重复，结果用于统计分析实验误差。

当产品达到保质期的时候，贮存的能量耗尽后可能降低毒力（Patel et al.，1997b；Wright et al.，1997）、活动能力（Lewis et al.，1995）和侵染期线虫对周围环境的抵抗力（Selvan et al.，1993a；Patel et al.，1997a）。因此，从生产到包装，从包装到运输的时间均需严格掌握。用批次追踪码和存活历期控制的方法可以很好地掌控货架产品存活有效期（应用前冰箱保存）。对于微生物污染的评价仍是线虫质量评估的重要部分，例如，产品颜色和质量、分散颗粒的大小、生产温度和包装等物理特征也要检查，要减少每一批次之间的差异并保持产品质量的一致性。

Gaugler 等（2000）针对美国邮购市场评估线虫的商业化生产的质量，他们发现大多数的公司都可接受，并且能可靠及时地运输正确的种类，放在坚固的容器里，经常需附上很详细的产品指导。收到的线虫都处在适合的条件和生存水平下。但是，每一个供应商都有一个或多个不足，因此产品质量的一致性是一个问题。大多数的运输产品都未达到预期的线虫数量，有一次运输的产品中竟然没有线虫。一些产品对大蜡螟幼虫的致病力并未达到实验室的标准。嗜菌异小杆线虫产品并不总能满足订货需要。极少部分产品是小卷叶蛾斯氏线虫和嗜菌异小杆线虫的混合种，一些供应商的商品供应率不理想。

他们总结认为生产的厂房缺少质量控制标准，自我调控没有反馈机制，而且消费者也很少提供反馈。改善线虫的工业化生产还需要在质量标准上达成一致。

13.7 运输和处理

零售商或者最终使用者不适当的贮存方式是影响线虫活力的主要因素。应将那些来自寒冷气候、抵抗高温能力弱的线虫，以及那些来自温暖气候、抗低温弱的种群分开（表13.2，表13.4）。干燥后的线虫比非干燥的线虫更加抗极端温度，同时在运输和处理期间更加稳定。Georgis 等（1995）叙述小卷叶蛾斯氏线虫在38℃条件下水分散颗粒中能够保存2d 而不失活，但在藻酸盐或流动的凝胶中却不行。Glazer 和 Salame（2000）也报道，在40℃条件下小卷叶蛾斯氏线虫干燥的要比不干燥的有更高的存活率。由于线虫随种类不同抗温度的能力也不同（表13.4），而且运输的温度也不好预测，因此冷冻运输在任何时候都是必需的。

表 13.4　主要昆虫病原线虫斯氏线虫属和异小杆线虫属对环境条件的相对耐受性

线虫种类	耐干燥性	缺氧耐受性	紫外耐受性	耐热性	耐寒性
S. carpocapsae	高	高	高	中	高
S. feltiae	中	中	中	低	高
S. glaseri	中	中	中	中	中
S. riobrave	中	中	中	高	低
S. scapterisci	高	高	高	高	低
H. bacteriophora	低	低	低	中	中
H. megidis	中	中	低	低	高

还有一种不当方式是在运输和投递期间把液体制剂中的线虫存放在缺氧环境中。尽管侵染期线虫能抵抗短暂的暴露在含氧量低的条件下，但它们不能无限期抵抗低氧条件。同时线虫种群不同抗低氧条件的能力也不同（表 13.4）。Qiu 和 Bedding（2000）报道，小卷叶蛾斯氏线虫侵染期线虫在厌氧条件下，培养在 25℃的 M9 缓冲液中不超过7d，当放到有氧条件下将会恢复活力。冷冻贮存和注入空气能够改善线虫贮存的稳定性，现用这种方法测定从加利福尼亚到佛罗里达的冷藏运输卡车中用于柑橘工业的线虫（M. Dimock，2001，私人通信）。另外，加入适量代谢抑制剂可以增加水中浓缩线虫的稳定性，这样即使无冷藏运输也可以。

13.8 应 用 技 术

表 13.5 中列出了主要靶标害虫和昆虫病原线虫的商业化制剂。尽管线虫通常被作为防治方法应用，但是在幼苗和种子周围土壤中作为预防的方法也已被采纳。曾在新泽西州尝试接种格氏斯氏线虫（*S. glaseri*）来控制日本金龟子（Grewal and Georgis，1998），1939-1942 年接种释放了几种线虫。尽管格氏斯氏线虫在新泽西的南部被再次分离出来，但体外培养时抗生素导致共生菌的丧失，以及不适合的气候条件限制了这株从新热带分离出来的线虫的成功（Gaugler et al.，1992b）。另一尝试中，将最初从乌拉圭分离的蝼

蛄斯氏线虫引入佛罗里达州作为一种常规生防因子用于防治草地黄褐蝼蛄（Parkman and Smart，1996），报道称，用侵染期线虫或线虫侵染黄褐蝼蛄处理牧场的 50m^2 小区后，蝼蛄斯氏线虫在该地区已经建立起种群。

表 13.5 主要昆虫病原线虫斯氏线虫属和异小杆线虫属主要靶标害虫和商品化制剂

通用名	学名	虫期[a]	线虫种类	剂型[b]
牧草长喙象	*Sphenophorus parvulus*	L	*S. carpocapsae*	WP
		L，A	*S. carpocapsae*	WG，WP
			H. bacteriophora	海绵
黑葡萄耳象	*Otiorhynchs sulcatus*	L	*H. bacteriophora*	海绵
			H. marelate	海绵
			H. megidis	WP
小地老虎	*Agrotis ipsilon*	L，P	*S. carpocapsae*	WG，WP
蓝草网螟	*Parapediasia teterrella*	L	*S. carpocapsae*	WG，WP
			H. bacteriophora	海绵
猫跳蚤（猫栉首蚤）	*Ctenocephalides felis felis*	L，P	*S. carpocapsae*	WG，WP
橘根象甲（蔗根非耳象）	*Diaprepes abbreviatus*	L	*H. bacteriophora*	海绵
			S. riobrave	WG，LC
蔓越橘吉丁虫	*Chrysoteuchia topiaria*	L	*S. carpocapsae*	WG，WP
			H. bacteriophora	海绵
			H. marelate	海绵
蔓越橘根虫	*Rhabopterus picipes*	L	*H. bacteriophora*	海绵
秋行军虫	*Spodoptera frugiperda*	L	*S. carpocapsae*	WG，WP
蕈蚊（真菌蚋）	*Bradysia* spp.	L	*S. feltiae*	蛭石
日本甲虫	*Popillia japonica*	L	*H. bacteriophora*	海绵
			H. zealandica	WP
薄荷根螟	*Fumibotrys fumalis*	L	*S. carpocapsae*	WG，WP
薄荷跳甲	*Longitarsus waterhousei*	L，A	*H. bacteriophora*	海绵
			S. carpocapsae	WG，WP
北方独角仙	*Cyclocephala borealis*	L	*H. bacteriophora*	海绵
			H. zealandica	WP
尖眼蕈蚊	*Lycoriella* spp.	L	*S. feltiae*	蛭石
草莓根象甲	*Otiorhynchus ovatus*	L	*H. bacteriophora*	海绵
西印度蝼蛄	*Scapteriscus vicinus*	N，A	*S. scapterisci*	WP
			S. riobrave	WG

[a] A=成虫，L=幼虫，N=若虫，P=蛹；[b] LC=乳油，WG=水分散剂，WP=可湿性粉剂

13.8.1 应用设备

施用杀虫剂、肥料和灌溉的大部分常规液体喷施设备都可用于线虫的施用（表 13.6）。在选择应用时，需要考虑设备容积、搅拌系统、压力和循环时间、设备的施用环境条件和雾滴分布形式等（Shetlar，1999）。表 13.6 中已列出用于不同的作物体系的线虫应用设备及其输运条件。用于防治地下害虫，通常推荐喷雾量为每公顷 750-1890L（Georgis et al.，1995）。这一点非常适合用于草地装有大喷嘴的杆架式喷雾机。可是，这种杆架式喷雾机容量小，通常量程为每公顷 200-400L。虽然线虫能用低容量的喷雾器

施用，但是所减少的用水量需以喷施之前和之后的灌溉加以补偿。喷之前灌溉是将土面或草皮上面弄湿使线虫能够移动，而喷施之后的灌溉则有助于将植物表面存留的线虫冲入土壤。研究显示，喷施线虫后，灌溉 0.25-0.65cm 的水面足可使线虫进入土壤中（Shetkar et al.，1998）。喷施后灌溉需在线虫雾滴干燥前实施，对于很多作物体系，这就意味每次处理的地块不要过大，而且施用线虫之后要立即采取灌溉措施。

表 13.6　不同作物系统和处理方式下线虫应用设备

应用系统	种植系统	处理中需要考虑的问题
表土施用		
拖拉机或机动喷雾系统	大田作物	罐搅拌过度，过度泵压，喷施溶液温度，过滤喷嘴和筛网堵塞
喷雾灌溉系统（旋转或线性）适于滴灌施肥或灌灌施用化学药剂	大田作物	注射保持搅拌罐系统，分配管内的液流，收集线虫和清空系统
滴水管系统或渗透管	水果蔬菜	搅拌线虫，过滤和过筛
背式手动泵喷雾器	水果蔬菜	搅拌线虫，过滤和过筛
低容量（喷嘴）涡流片系统	水果蔬菜	搅拌线虫
手持式快速或淋浴式小水滴	草地	罐和管内线虫沉淀
有一根长软管的单喷嘴系统	观赏植物	软管内温度
手持喷枪	草地 观赏植物	罐和管内线虫沉淀 软管内温度
手持喷雾罐	室内庭院	线虫沉淀
软管接头喷雾器	室内庭院	软管内线虫沉淀
地表下施用		
缝隙注射器	草地 观赏植物	搅拌线虫，过滤和过筛
土壤缝隙注射器	乔灌木	搅拌线虫，过滤和过筛
注射器	乔灌木	线虫搅拌

喷施设备的滤网和滤嘴必须足够大以适合线虫通过。小卷叶蛾斯氏线虫能够通过滤网直径为 100μm 的喷雾器，但是对于那些像格氏斯氏线虫和大异小杆线虫等大一些的线虫则需要大一些的滤孔。因此，尽管更换滤网，之后仪器也需要再次校正，但还是建议采用可替换的滤网和滤嘴。泵压系统的高压和持续循环能够破坏线虫，大多数的农业抽水系统用膜式或滚轴式抽水泵不会产生很强压力或切力使线虫破坏。可是，高压泵可能产生很高的内部压力把线虫冲成碎片。总体来说，线虫不适合压力超过 300 磅/平方英寸（psi）（2070 kPa）。

喷施线虫使用的设备，无论在水罐中，还是在喷管或喷嘴都应该避免温度超过 30℃。同样，多数的灌溉施肥和施药设备在不用的时候也不会是空的，会有些水留存。因此，接近抽水泵水面很近的管嘴会比管嘴末端更早开始释放线虫。所以，设备需要校准线虫到达管嘴末端时有多少液体应该进入喷施系统中。喷水罐中缺乏氧气和传送软管都能使线虫失活。当喷施设备暴露于可促使升温和耗氧的阳光直射下会使线虫失活，由于线虫移动能力下降，缺氧使线虫更加趋光和干燥，因此对线虫损害更大。

13.8.2　土壤中应用

把线虫喷洒到土壤表面是最普通的应用方法。土壤类型和湿度影响线虫的存活和移动。总的来说，线虫的活力和存活率在泥土中比在沙土中要低（Kaya，1990）。线虫为了运动需要薄薄的一层水，但是水淹没条件下却不能运动。土壤湿度对线虫寻找寄主的影响对于追击型嗜菌异小杆线虫和格氏斯氏线虫比追击型小卷叶蛾斯氏线虫更大（P. Grewal and T. Webber，1995，未发表结果）。在应用线虫后要保持最佳土壤湿度可以增强线虫活性和使用效果（Shetlar et al.，1988）。土壤温度也能影响线虫的使用效果，高温减少线虫的存活率而低温可降低线虫的活性和侵染力（Grewal et al.，1994a）。土壤温度在 12-28℃被认为是应用大部分线虫种群最适合的温度范围（表 13.2）。如果土壤温度高于 28℃，在应用线虫前通常要进行灌溉以降低土壤温度，天敌的存在也会降低应用线虫的存活率（参见第 9 章，Kaya）。

13.8.3 叶面应用

当在叶面的环境中应用线虫时，雾滴的大小及分布非常重要。已知的适合喷嘴都可以形成很宽幅的雾滴大小，也有许多喷嘴太小不能使侵染期线虫通过。Lello 等（1996）报道指出高通量的喷嘴（标准风扇和滴滤式）可以在叶子上喷上大量的线虫，在中国防治白菜上小菜蛾（*Plutella xylostella*），导致小菜蛾死亡率达到 98%。同样情况下，使用旋转喷嘴，超过 90%的液滴却不会含有线虫（Mason et al.，1998a）。总之，喷嘴水流通过率增加，喷出的线虫数量也随之增加。线虫在叶片上的沉降程度会通过在喷雾液体中加入助剂而极大增加（Mason et al.，1998b）。

可是，在叶片上应用线虫很少有成功的，主要原因是侵染期线虫不能容忍极端干燥（Lello et al.，1996）、温度（Grewal et al.，1994a）和紫外线辐射（Gaugler and Boush，1978；Gaugler et al.，1992a），大多数线虫种群在超过 32℃时不会侵染寄主，而且在抵抗干燥和 UV 抗性上表现不同（表 13.2）。Nickle 和 Shapiro（1992，1994）证实，利用荧光增白剂 Tinopal 和病毒增效剂 Blankophor BBH 可以有效保护小卷叶蛾斯氏线虫抵抗光照。Lello 等（1996）称黑暗中应用线虫可使光照影响最小，但是在叶表维持高湿（相对湿度大于 80%）和游离水很难实现。尽管助剂通常能增强线虫的防治效果（MacVean et al.，1982；Eidt，1991；Glazer et al.，1992；Broadbent and Olthof，1995；Baur et al.，1997），但是增加的幅度通常不大（Baur et al.，1997；Mason et al.，1998b）。

13.8.4 农药的兼容性

昆虫病原线虫经常应用于一些地块和生态系统，这些地块经常需要施用包括化学杀虫剂、表面活性剂（surfactant）（如保湿剂）、肥料和土壤改良剂等可与线虫发生相互作用的成分，因此通常可以考虑同时在水罐中混入一种或多种成分以节省时间和成本。侵染期线虫对于短期接触（2-6h）的化学药剂有一定的抗性，包括除草剂、杀真菌剂、杀螨剂及杀虫剂（Rovesti and Deseo，1990；Ishibashi，1993）。因此，这些可以被混合在水罐中。但是，一些农药能够降低线虫的侵染力和存活率（Zimmerman and Cranshaw，1990；Pate and Wright，1996；Grewal et al.，1998）。农药的一些表面活性剂和其他添加剂成分可能对线虫也有毒性。例如，印度楝树油在一般条件下无毒，但是若与清洁剂混用则为高毒（Krishnayya and Grewal，2000，结果未发表）。线虫对化学杀虫剂的敏感性因种群不同而异，在一种线虫上获得的数据在另一个种中应用就要小心。同样，同种杀虫剂的剂型不同对线虫毒性也不同。由于缺乏持续不断的农药添加剂、不同市场的制剂和线虫对杀虫剂敏感性数据，很难提供最新的信息。可是，异小杆线虫对于农药等物理因子的变化显得比斯氏线虫更敏感。

一些杀虫剂与昆虫病原线虫有协同增效作用，能够在淹没式施用上增加线虫的防效。吡虫啉（imidacloprid）（Koppenhoffer and Kaya，1998）、七氟菊酯（tefluthrin）（Nishimatsu and Jackson，1998）及乳状芽孢杆菌（*Paenibacillus popillae*）（Thurston et al.，1994）和苏云金芽孢杆菌（*Bacillus thuringiensis*）（Koppenhoffer and Kaya，1997）等昆虫病原与昆虫病原线虫有协同增效作用。当应用淹没法的时候，线虫也可同无机肥料相混合，但对自然种群数量产生不利影响（Bednarek and Gaugler，1997）。腐熟的粪肥和尿素不会对小卷叶蛾斯氏线虫产生不利作用，但新鲜的粪肥能够减小线虫的毒性（Shapiro et al.，1997）。

13.9 结论和前景展望

在过去的 20 年里，可以增强线虫存贮力的剂型开发取得了显著的进步。一些冷藏的线虫产品在冰箱中能够被保存 5 个月以上，而且有一个产品保存了 12 个月，但延长在室温下的产品货架期更具有挑战性。在室温下依靠藻酸盐凝胶法首次将小卷叶蛾斯氏线虫产品保存了 3-4 个月，进一步改善水分散颗粒剂保存法可在 25℃条件下保存小卷叶蛾斯氏线虫 5-6 个月。通过物理陷阱、代谢抑制、冷藏或低湿休眠等措施，大部分线虫产品可以延长货架期。用聚氨酯作为载体的海绵用于小规模工厂生产线虫，通过邮购被广泛用在家庭草坪和花市中。由于需要过夜冷藏运输，海绵载体的线虫产品花费很高（Gaugler et al.，2000）。蛭石和水分散颗粒产品经常用于零售市场，用于防治蘑菇、温室、草坪、酸果蔓的果实和柑橘上的害虫等。

低湿休眠是改善线虫稳定性的关键。可是，低湿休眠的代谢消耗大，同时斯氏线虫和异小杆线虫只能部分低湿休眠，甚至在此方法中脱水线虫为了保证延长存活期要求更高的湿度，但这会造成真菌污染。在各种群之间耐干燥性存在很大的不同，应寻找新的种和品系以适应极端的干燥。用海藻糖-6-磷酸盐合成酶基因来转入烟草增强了抗干燥性（Homstrom et al.，1996）。

该例子的成功为今后通过基因工程技术改进线虫低湿休眠潜力开辟了新的途径，线虫行为和生理学的改进理解，促进了线虫制剂的改进和开发。研究线虫的剂型表明昆虫病原线虫取食行为的进化使得干燥线虫存活能量产生差异。“伏击型”（ambusher）线虫经常采用抵抗干燥的策略，而“追击型”（cruiser）采用躲避干燥的策略。“伏击型”很少在贮存期活动，该类线虫可保持较低的代谢速率，以获得更强的耐干燥力，因此在制剂中才更稳定。搜寻者在贮存期经常活动，有较高的代谢速率，因此不耐干燥，所以，在剂型中很不稳定。只有通过再次冷藏的条件来增强海藻糖的堆积，可以减少“追击型”的迁移，使低湿休眠限制生产成为可能。

尽管线虫能够用于土壤和植被，与杀虫剂、肥料和喷灌设备应用之后的存活性仍然不清楚，之后线虫在土壤中或暴露的肥料中的存活因素仍然还不了解，开发提高应用之后存活率的剂型还很少。尽管增强线虫的保存期限，保持在叶面的存活性仍被认为同辅助药相一致，在叶面上的应用技术还远远不够完善。这一方面值得更多的研究，因为叶面上大多数害虫对线虫都很敏感，而且环境和所涉及的安全性使得在市场上有更广泛的应用前景。

参 考 文 献

Appel, A.G., Benson, E.P., Ellenberger, J.M. and Manweiler, S.A. (1993) Laboratory and field evaluations of an entomogenous nematode (Nematoda: Steinernematidae) for German cockroach (Dictyoptera: Blatellidae) control. *Journal of Economic Entomology* 86, 777–784.

Bauer, M.E., Kaya, H.K., Gaugler, R. and Tabashnik, B. (1997) Effects of adjuvants on entomopathogenic nematode persistence and efficacy against *Plutella xylostella*. *Biocontrol Science and Technology* 7, 513–525.

Bedding, R.A. (1988) Storage of insecticidal nematodes. *World Patent* No. WO 88/08668.

Bedding, R.A. and Butler, K.L. (1994) Method for storage of insecticidal nematodes. *World Patent* No. WO 94/05150.

Bednarek, A. and Gaugler, R. (1997) Compatibility of soil amendments with entomopathogenic nematodes. *Journal of Nematology* 29, 220–227.

Broadbent, A.B. and Olthof, Th.H.A. (1995) Foliar application of *Steinernema carpocapsae* (Rhabditida: Steinernematidae) to control *Liriomyza trifolii* (Diptera: Agromyzidae) larvae in chrysanthemums. *Environmental Entomology* 24, 431–435.

Capinera, J.L. and Hibbard, B.E. (1987) Bait formulations of chemical and microbial insecticides for suppression of crop feeding grasshoppers. *Journal of Agricultural Entomology* 4, 337–344.

Chang, F.N. and Gehret, M.J. (1992) Insecticide delivery system and attractant. *US Patent* No. 5,141,744.

Chang, F.N. and Gehret, M.J. (1995) Stabilized insect nematode compositions. *US Patent* No. 5,401,506.

Connick, W.J. Jr, Nickle, W.R. and Vinyard, B.J. (1993) 'Pesta': new granular formulations for *Steinernema carpocapsae*. *Journal of Nematology* 25, 198–203.

Converse, V. and Miller, R.W. (1999) Development of the one-on-one quality assessment assay for entomopathogenic nematodes. *Journal of Invertebrate Pathology* 74, 143–148.

Duncan, L.W. and McCoy, C.W. (1996) Vertical distribution in soil, persistence, and efficacy against citrus root weevil (Coleoptera: Curculionidae) of two species of entomopathogenic nematodes (Rhabditida: Steinernematidae; Heterorhabditidae). *Environmental Entomology* 25, 174–178.

Eidt, D.C. (1991) Control of spruce budmoth, *Zeiraphera canadensis* in white spruce plantations with entomopathogenic nematodes, *Steinernema* spp. *Canadian Entomologist* 123, 379–385.

Epsky, N.D. and Capinera, J.L. (1994) Invasion efficiency as a measure of efficacy of the entomopathogenic nematode *Steinernema carpocapsae* (Rhabditida: Steinernematidae). *Journal of Economic Entomology* 87, 366–370.

Friedman, M.J. (1990) Commercial production and development. In: Gaugler, R. and Kaya, H.K. (eds) *Entomopathogenic Nematodes in Biological Control*. CRC Press, Boca Raton, Florida, pp. 153–172.

Gaugler, R. and Boush, G.M. (1978) Effects of ultraviolet radiation and sunlight on the entomogenous nematode, *Neoaplectana carpocapsae*. *Journal of Invertebrate Pathology* 32, 291–296.

Gaugler, R., Bednarek, A. and Campbell, J.F. (1992a) Ultraviolet inactivation of heterorhabditids and steinernematids. *Journal of Invertebrate Pathology* 59, 155–160.

Gaugler, R., Campbell, J.F., Selvan, S. and Lewis, E.E. (1992b) Large scale inoculative releases of the entomopathogenic nematode *Steinernema glaseri*: assessment 50 years later. *Biological Control* 59, 155–160.

Gaugler, R., Grewal, P.S., Kaya, H.K. and Smith-Fiola, D. (2000) Quality assessment of commercially produced entomopathogenic nematodes. *Biological Control* 17, 100–109.

Glazer, I. (1992) Invasion rate as a measure of infectivity of steinernematid and heterorhabditid nematodes to insects. *Journal of Invertebrate Pathology* 59, 90–94.

Glazer, I. and Salame, L. (2000) Osmotic survival of the entomopathogenic nematode *Steinernema carpocapsae. Biological Control* 18, 251–257.

Glazer, I., Klein, M.G., Navon, A. and Nakache, Y. (1992) Comparison of efficacy of entomopathogenic nematodes combined with antidesiccants applied by canopy sprays against three cotton pests (Lepidoptera: Noctuidae). *Journal of Economic Entomology* 85, 1636–1641.

Georgis, R. (1990) Formulation and application technology. In: Gaugler, R. and Kaya, H.K. (eds) *Entomopathogenic Nematodes in Biological Control.* CRC Press, Boca Raton, Florida, pp. 173–191.

Georgis, R. (1992) Present and future prospects for entomopathogenic nematode products. *Biocontrol Science and Technology* 2, 83–99.

Georgis, R., Dunlop, D.B. and Grewal, P.S. (1995) Formulation of entomopathogenic nematodes. In: Hall, F.R. and Barry, J.W. (eds) *Biorational Pest Control Agents: Formulation and Delivery*. American Chemical Society, Bethesda, Maryland, pp. 197–205.

Grewal, P.S. (1998) Formulations of entomopathogenic nematodes for storage and application. *Japanese Journal of Nematology* 28, 68–74.

Grewal, P.S. (2000a) Enhanced ambient storage stability of an entomopathogenic nematode through anhydrobiosis. *Pest Management Science* 56, 401–406.

Grewal, P.S. (2000b) Anhydrobiotic potential and long-term storage stability of entomopathogenic nematodes (Rhabditida: Steinernematidae). *International Journal of Parasitology* 30, 995–1000.

Grewal, P.S. and Georgis, R. (1998) Entomopathogenic nematodes. In: Hall, F.R. and Menn, J. (eds) *Methods in Biotechnology: Biopesticides: Use and Delivery*. Humana Press, Totowa, New Jersey, pp. 271–299.

Grewal, P.S., Selvan, S. and Gaugler, R. (1994a) Thermal adaptation of entomopathogenic nematodes: niche breadth for infection, establishment, and reproduction. *Journal of Thermal Biology* 19, 245–253.

Grewal, P.S., Lewis, E.E., Gaugler, R. and Campbell, J. F. (1994b) Host finding behavior as a predictor of foraging strategy in entomopathogenic nematodes. *Parasitology* 108, 207–215.

Grewal, P.S., Webber, T. and Batterley, D.A. (1998) Compatibility of *Steinernema feltiae* with chemicals used in mushroom production. *Mushroom News* 46, 6–10.

Grewal, P.S., Converse, V. and Georgis, R. (1999) Influence of production and bioassay methods on infectivity of two ambush foragers (Nematoda: Steinernematidae). *Journal of Invertebrate Pathology* 73, 40–44.

Holmstrom, K., Mantyla, E., Welln, B., Mandal, A. and Palva, E. (1996) Drought tolerance in tobacco. *Nature* 379, 6834.

Hominick, W.M. and Reid, A.P. (1990) Perspectives on entomopathogenic nematology. In: Gaugler, R. and Kaya, H.K. (eds) *Entomopathogenic Nematodes in Biological Control.* CRC Press, Boca Raton, Florida, pp. 327–345.

Ishibashi, N. (1993) Integrated control of insect pests by *Steinernema carpocapsae.* In: Bedding, R., Akhurst, R. and Kaya, H.K. (eds) *Nematodes and Biological Control of Insects.* CSIRO, East Melbourne, Australia, pp. 105–113.

Janson, R.K. and Lecrone, S.H. (1994) Application methods for entomopathogenic nematodes (Rhabditida: Heterorhabditidae): aqueous suspensions versus infected cadavers. *Florida Entomologist* 77, 281–284.

Kaya, H.K. (1990) Soil ecology. In: Gaugler, R. and Kaya, H.K. (eds) *Entomopathogenic Nematodes in Biological Control.* CRC Press, Boca Raton, Florida, pp. 93–115.

Kaya, H.K. and Nelsen, C.E. (1985) Encapsulation of steinernematid and heterorhabditid nematodes with calcium alginate: a new approach for insect control and other application. *Environmental Entomology* 14, 572-574.

Kondo, E. and Ishibashi, N. (1989) Ultrastructural characteristics of the infective juveniles of *Steinernema* spp. (Rhabditida: Steinernematidae) with reference to their motility and survival. *Applied Entomology and Zoology* 24, 103-111.

Koppenhoffer, A.M. and Kaya, H.K. (1997) Additive and synergistic interactions between entomopathogenic nematodes and *Bacillus thuriengiensis* for scarab grub control. *Biological Control* 8, 131-137.

Koppenhoffer, A.M. and Kaya, H.K. (1998) Synergism of imidacloprid and entomopathogenic nematodes: a novel approach to white grub control in turfgrass. *Journal of Economic Entomology* 91, 618-623.

Lello, E.R., Patel, M.N., Mathews, G.A. and Wright, D.J. (1996) Application technology for entomopathogenic nematodes against foliar pests. *Crop Protection* 15, 567-574.

Lewis, E.E., Selvan, S., Campbell, J.F. and Gaugler, R. (1995) Changes in foraging behavior during the infective stage of entomopathogenic nematodes. *Parasitology* 105, 583-590.

MacVean, C.M., Brewer, J.W. and Capinera, J.L. (1982) Field tests of antidesiccants to extend the infection period of an entomogenous nematode, *Neoaplectana carpocapsae*, against the Colorado potato beetle. *Journal of Economic Entomology* 75, 97-101.

Mason, J.M., Mathews, G.A. and Wright, D.J. (1998a) Appraisal of spinning disc technology for the application of entomopathogenic nematodes. *Crop Protection* 17, 453-461.

Mason, J.M., Mathews, G.A. and Wright, D.J. (1998b) Screening and selection of adjuvants for the spray application of entomopathogenic nematodes against a foliar pest. *Crop Protection* 17, 461-470.

Navon, A., Keren, S., Salame, L. and Glazer, I. (1999) An edible-to-insects calcium alginate gel as a carrier for entomopathogenic nematodes. *Biocontrol Science and Technology* 8, 429-437.

Nickle, W.R. and Shapiro, M. (1992) Use of stilbene brightener, Tinopal LPW, as solar radiation protectants for *Steinernema carpocapsae*. *Journal of Nematology* 24, 371-373.

Nickle, W.R. and Shapiro, M. (1994) Effects of eight brighteners as solar radiation protectants for *Steinernema carpocapsae*, All strain. *Supplement to the Journal of Nematology* 26, 786-784.

Nishimatsu, T. and Jackson, J.J. (1998) Interaction of insecticides, entomopathogenic nematodes, and larvae of the western corn rootworm (Coleoptera: Chrysomelidae). *Journal of Economic Entomology* 91, 410-418.

Ogura, N. and Nakashima, T. (1997) Cold tolerance and acclimation of infective juveniles of *Steinernema kushidai* (Nematoda: Steinernematidae). *Nematologica* 43, 107-115.

Parkman, P.P. and Smart, G.C. Jr (1996) Entomopathogenic nematodes, a case study: introduction of *Steinernema scapterisci* in Florida. *Biocontrol Science and Technology* 6, 413-419.

Patel, M.N. and Wright, D.J. (1996) The influence of neuroactive pesticides on the behaviour of entomopathogenic nematodes. *Journal of Helminthology* 70, 53-61.

Patel, M.N., Perry, R.N. and Wright, D.J. (1997a) Desiccation survival and water contents of entomopathogenic nematodes, *Steinernema* spp. (Rhabditida: Steinernematidae). *International Journal of Parasitology* 27, 61-70.

Patel, M.N., Stolinski, M. and Wright, D.J. (1997b) Neutral lipids and the assessment of infectivity of entomopathogenic nematodes: observations on four *Steinernema* species. *Parasitology* 114, 489-496.

Popiel, I., Holtmann, K.D., Glazer, I. and Womersely, C. (1993) Commercial storage and shipment of entomopathogenic nematodes. *US Patent* No. 5,183,950.

Qiu, L. and Bedding, R.A. (1999) Low temperature induced cryoptrotectant synthesis by the infective juveniles of *Steinernema carpocapsae*: its biological significance and the mechanisms involved. *Cryo Letters* 20, 393-404.

Qiu, L. and Bedding, R.A. (2000) Energy metabolism and survival of *Steinernema carpocapsae* under oxygen-deficient conditions. *Journal of Nematology* 32, 271-280.

Renn, N. (1998) The efficacy of entomopathogenic nematodes for controlling house fly infestations of intensive pig units. *Medical and Veterinary Entomology* 12, 46-51.

Rovesti, L. and Deseo, K.V. (1990) Compatibility of chemical pesticides with the entomopathogenic nematodes, *Steinernema carpocapsae* Weiser and *S. feltiae* Filipjev (Nematoda: Steinernematidae). *Nematologica* 36, 237-245.

Selvan, S., Gaugler, R. and Grewal, P.S. (1993a) Water content and fatty acid composition of infective juvenile entomopathogenic nematodes during storage. *Journal of Parasitology* 79, 510-516.

Selvan, S., Gaugler, R. and Lewis, E.E. (1993b) Biochemical energy reserves of entomopathogenic nematodes. *Journal of Parasitology* 79, 167-172.

Shapiro, D.I. and Glazer, I. (1996) Comparison of entomopathogenic nematode dispersal from infected hosts versus aqueous suspension. *Environmental Entomology* 25, 1455-1461.

Shapiro, D.I., Tylka, G.L. and Lewis, L.C. (1997) Effects of fertilizers on virulence of *Steinernema carpocapsae. Applied Soil Ecology* 3, 27-34.

Shetlar, D.J. (1999) Application methods in different cropping systems. In: Polararapu, S. (ed.) *Proceedings of the Workshop on Optimal Use of Insecticidal Nematodes in Pest Management.* August 28-30, New Brunswick, New Jersey, pp. 31-36.

Shetlar, D.J., Suleman, P.E., Georgis, R. (1988) Irrigation and use of entomopathogenic nematodes, *Neoaplectana* spp. and *Heterorhabditis heliothidis* (Rhabditida: Steinernematidae and Heterorhabditidae), for control of Japanese beetle (Coleoptera: Scaraboidea) grubs in turfgrass. *Journal of Economic Entomology* 81, 1318-1322.

Silver, S.C., Dunlop, D.B. and Grove, D.I. (1995) Granular formulations of biological entities with improved storage stability. *World Patent* No. WO 95/0577.

Simmons, W.R. and Poinar, G.O. Jr (1973) The ability of *Steinernema carpocapsae* (Steinernematidae: Nematoda) to survive extended period of desiccation. *Journal of Invertebrate Pathology* 22, 228-230.

Smits, P.H. (1996) Post-application persistence of entomopathogenic nematodes. *Biocontrol Science and Technology* 6, 379-387.

Solomon, A., Paperna, I. and Glazer, I. (1999) Desiccation survival of the entomopathogenic nematode *Steinernema feltiae*: induction of anhydrobiosis. *Nematology* 1, 61-68.

Thurston, G.S., Kaya, H.K. and Gaugler, R. (1994) Characterizing the enhanced susceptibility of milky disease-infected scarabaeid grubs to entomopathogenic nematodes. *Biological Control* 4, 67-73.

Welch, H.E. and Briand, L.J. (1960) Field experiment on the use of a nematode for the control of vegetable crop insects. *Proceedings of the Entomological Society of Ontario* 91, 197-202.

Womersely, C.Z. (1990) Dehydration survival and anhydrobiotic potential. In: Gaugler, R. and Kaya, H.K. (eds) *Entomopathogenic Nematodes in Biological Control.* CRC Press, Boca Raton, Florida, pp. 117-137.

Wright, D.J., Grewal, P.S. and Stolinski, M. (1997) Relative importance of neutral lipids and glycogen as energy stores in dauer larvae of two entomopathogenic nematodes, *Steinernema carpocapsae* and *Steinernema feltiae. Comparative Biochemistry and Physiology* 118B, 269-273.

Yukawa, T. and Pitt, J.M. (1985) Nematode storage and transport. *World Patent* No. WO 85/03412.

Zimmerman, R.J. and Cranshaw, W.S. (1990) Compatibility of three entomogenous nematodes (Rhabditida) in aqueous solutions of pesticides used in turfgrass maintenance. *Journal of Economic Entomology* 83, 97-100.

14　昆虫病原线虫的生产技术

Randy Gaugler[1] 和 Richou Han[2]

[1]Department of Entomology, Rutgers University, New Brunswick, New Jersey 08901-8524, USA; [2]Guangdong Entomological Institute, 105 Xingang Road W., Guangzhou 510260 China

14.1　引　　言

昆虫病原线虫在遗传进化上主要归属于两个线虫科，即斯氏线虫科（Steinernematidae）和异小杆线虫科（Heterorhabditidae），这两个科的线虫通常是以从寄主昆虫中获得的共生细菌为营养，这些从原始的线虫进化为寄生物的同时从来没有中断与共生细菌间的营养关系，它们之间的关系的实际内涵是非同寻常的，而其他的虫媒线虫和昆虫寄生物是需要复杂营养来培养的，共生细菌能把很多的蛋白质转化成线虫生长繁殖所需物质，从而也使得在不足 20 年的时间里昆虫寄生物从模糊理解到广泛地被认知为生防制剂，线虫的大量生产也因这些进步成为现实。

除了生产技术，昆虫病原线虫其他方面没有什么需要保密甚至其中可能会有错误的信息。公司对于线虫商品化大规模生产工艺的发展和改进方面的研究数据已经足够充分，因而也更加证实了商品化大规模生产难以实现。即使被公共机构进行商业化线虫生产，但规模化生产的发展趋势也是趋向于私有企业，有时候专利在描述其开发的目的时是不准确的，而且，早期的线虫生产公司是从赞成“专利技术保护权”出发的，因此线虫生产更趋向于“商业机密”而不是专利的申请（Friedman，1990）。这是可以理解的，不同的配方技术，最终产品的专利侵权是隐性的。简言之，主要资料文献的缺乏给昆虫病原线虫大量生产和分析方面带来了巨大的挑战。

Friedman（1990）、Gaugler 和 Kaya（1990）为线虫的生产投资模式、规模经济、生产能力和技术开发战略提供了一个良好的基础。在此，我们诠释线虫创新生产技术，解释具体的方法，并思考存在的挑战与机遇，同时为生产者提供指导。

14.2 线虫品系开发

昆虫病原线虫品系需要有两种特性：对靶标昆虫的高毒力和易培养性。一个品系必须要具有这两种特性，因为毒性差仅高产的品系也是没用的，反之亦然。比较理想的品系是要有较好的稳定性（货架期）和多功能性（可以侵染多种害虫的能力）。

品系开发包括品系分离和品系改良。品系分离有两种方法：大尺度样地取样和适宜环境的特定区域取样（Bains，1993）。大尺度样地取样是在昆虫病原线虫有可能活动的广泛区域随机取样，用诱饵昆虫进行诱集（Bedding and Akhurst，1975），然后筛选出分离物。采用这种“散弹猎枪”（shotgun）方式已经从十多个国家和多种栖息地得到数以千计的线虫品系（参见第 6 章，Hominick）。因为昆虫病原线虫是无处不在的，即使一个偶然的采样地也极有可能会得到新的品系。不幸的是，没有室内实验和令人烦琐的室内筛选很难得到具有理想性状的品系。学术和政府研究机构通常将筛选的焦点放在毒力和多功能上，前景好的品系需要进一步开展田间试验，通常认为通过这些试验的种或者品系是适合大量生产和贮存的，可以进行工业化生产。尽管鳞翅目昆虫无系统特点和趋性，鳞翅目昆虫大蜡螟（*G. mellonella*）幼虫还是常被用来作为诱饵昆虫，这种方法已经用于一些线虫的生产商品化了，包括锐比斯氏线虫（*Steinernema riobrave*）（Cabanillas et al.，1994）和马乐异小杆线虫（*Heterorhabditis marelatus*）（Liu and Berry，1996）。

另外一种方法是直接从环境中获得理想特性的生物体进行研究，如最早从含有天然气的土壤中分离到分解甲烷（methane）的微生物。对于昆虫病原线虫的分离主要是对大量靶标害虫寄生试验，该方法被有效地应用在杀死鼻涕虫的蛞蝓寄生线虫（*Phasmarhabditis hermaphrodita*）上（Wilson et al.，1993）。研究者在大田收集到一定量的鼻涕虫，然后在实验室进行了大量的烦琐实验，研究线虫的致病状况。同样方法，从蝼蛄体内分离到了蝼蛄斯氏线虫（*Steinernema scapterisci*）（Nguyen，1998）。尽管这种系统的分离方式是最好的，但是大多数商品化的品系仍然是很偶然才能发现的。也就是说，它们不能被用来抵御原始寄主。例如，小卷叶蛾斯氏线虫（*S. carpocapsae*）的 All 品系可以防治多种害虫，但是不能防治葡萄根透翅蛾（*Vitacea polistriformis*），虽然小卷叶蛾斯氏线虫是从该虫分离到的（All et al.，1981）。大异小杆线虫（*H. megidis*）是防治黑葡萄象鼻虫的商品化线虫，但它是从金龟子幼虫中分离到的（Poinar et al.，1987）。

线虫品系开发的第二步是品系改良，也就是进行生物体的基因修饰，以达到使其更有效的目的（Bains，1993）。这种方法主要将微生物应用在工业上，包括生物杀虫剂，如苏云金芽孢杆菌（*Bacillus thuringiensis*），但是在昆虫病原线虫生产上还很少应用。

Burnell 讨论了品系改良方法，有特定选择、突变种和基因工程等方法（参见第 12 章），但仅有杂交以增加遗传多样性的方法用在了商品化上。Gaugler（数据未发表）发现嗜菌异小杆线虫（*H. bacteriophora*）的一个品系通过基因改良后显示了极高的产量和毒力。这个品系被命名为 Hb-NJ，可以防治金龟子幼虫。这个品系具有很好的产量特性，在发酵特点上，于一个 3000L 的生物反应器中培养 9d，侵染期幼虫密度可以达到 2.5×10^5-3.2×10^5 条/ml（图 14.1）。Ecogen 在 1994 年将其商品化，1995 年形成生物一体化技术。在“商业机密”基础上的许可证被认为优于传统的、昂贵的专利方法。

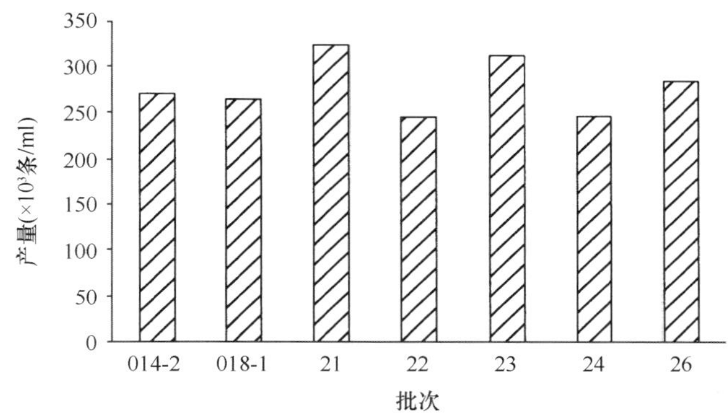

图 14.1 来自于 3000L 生物反应器的嗜菌异小杆线虫 Hb-NJ 品系侵染期线虫的 7 个生产批次产量（S. Franceschini，意大利，2000，数据未发表）

线虫品系对于生产的影响远远超过其他方面，因而，令人担忧的是缺乏发现基于工业对品系开发的其他生物学领域的巨大努力，然而几乎所有线虫公司都忽视了这个事实。在 Friedman（1990）的其他关于生产技术卓越性的论述中，提到了很有优势的线虫公司的前景和生物系统，但没有提到品系开发。特别不清楚的是十年甚至是更久以前分离的品系及其反复次级培养，如嗜菌异小杆线虫的品系 HP88（Gaugler et al.，2000），尽管毒力值得怀疑，但在市场上仍有销售。

为了线虫品系开发，就需要不断地进行大量土壤样品采样，以保证获得更多的遗传多样性。而对于目标寄主群体及环境进行直接的研究，获得有用品系的可能性也比较大，这种系统方法确定了一种寄主-寄生关系，可以围绕一些品系的发育阶段进行检测。人们比较赞同从被侵染的土壤中收集寄主并从中分离蛞蝓寄生线虫的方法。

新线虫品系的不断增多及线虫库的出现（CABI Bioscience UK Centre，生物科学英国中心）为未来的线虫开发奠定了基础。进一步研究这种生物多样性需要利用更好的方法对一些未知线虫进行鉴定，如现在通常是将从土壤中收集到的线虫与寄主进行配对寄生，并利用试验误差（trial-and-error）方法进行分析比较枯燥乏味、消耗资金，而且只停留在试验阶段。Lewis 等（1997）指出寄主是否适合，可以通过寄生识别行为来预测。研究表明，小卷叶蛾斯氏线虫对于鳞翅目幼虫具高度侵染性，对蛴螬侵染性适中，但却不能分辨千足虫和塑料。这种昆虫作为线虫适宜寄主的相关性，可以用于预测线虫-昆虫适合性的依据。

新线虫品系陆续被发现也增加了发现新性状的机会，可以对野生型品系进行改造提高其特性，其中可以结合基因手段对昆虫病原线虫进行改良用于害虫治理。

14.3 接 种 体

解决生产问题首先要从接种体开始。对于活体培养来讲，单菌培养既是不必要的也是不切实际的，这与人工培养形成鲜明的对比。但活体培养失败的原因主要是污染问题，用次氯酸钠清洗侵染期幼虫体表可以减少线虫体表的一些微生物。污染问题可以通过体外纯化细菌并将其重新转入线虫体内来解决，线虫在活体内的生长发育依赖于侵染期线虫肠道内存在的共生细菌；目前有一些线虫，特别引人注意的是格氏斯氏线虫（*S. glaseri*）（Akhurst，1993），它仅携带有少量的细菌，因此产量很低。

尽管这方面的文献不多，但还是表明了大多数学者经历了“热门”品系、原始品系效应、遗传图谱分析或同系繁殖的室内研究阶段，并伴有产量低、毒力差或两者均不佳的结果，具体是细菌还是线虫引起的还不是很清楚。基因退化是在培养过程中引起污染的另一个原因。液氮（–196℃）贮存能够保持线虫基因的完整性，能够为大量生产提供适宜的线虫原料（Popiel and Vasquez，1991）。但应用活体技术进行少量生产的企业通常将线虫保存在大蜡螟体内，这些生产者可以对保存的菌种进行实时检测，以评估其性能，并定期地加入新的基因材料。简单地依靠产量来判断也是很有帮助的，产量下降通常是材料退化的先兆。昆虫尸体颜色的轻微变化也可以对材料的适宜程度进行判断（L. S. Portales，Cuba，2001，个人交流）。

大量用人工培养基进行培养的厂家也遇到了培养问题。共生细菌表现出菌落、细胞和功能的多态性（参见第 2 章，Boemare）。对于共生菌型态变化进行控制势在必行，因为只有 I 型菌能够产生晶体内含物蛋白，该蛋白质能够支持线虫的繁殖（Bintrim and Ensign，1998），而 II 型菌不含抗生素活性，并且能够抑制线虫的生长。纯 I 型菌在极低的温度（–80℃）下保存能够保持菌体型态的稳定性。由于致病杆菌（*Xenorhabdus*）和发光杆菌（*Photorhabdus*）中温和性噬菌体的存在，在保存时要注意保护温和性噬菌体（Boemare et al.，1992，1993）。

14.4 活 体 培 养

活体生产线虫是在由少量生产者组成的乡村企业中进行的。在资金及专业技术有限的情况下（表 14.1）可采用将线虫在昆虫寄主体内进行活体培养的对策。活体大量生产需要廉价、高度可靠、极具敏感性的寄主来源，黄粉虫（*Tenebrio*）比较便宜可作为寄主（Blinova and Ivanova，1987），还有少数其他寄主，如 20 世纪 80 年代中期提供的蟋蟀、大蜡螟幼虫也可以作为选择寄主，大蜡螟比其他昆虫有更多的公司进行养殖。没有发现其他昆虫对多个品种线虫的敏感性。当原料体积>1×10^5头幼虫时，加上运费每头幼虫的成本少于 0.01 美元。每头幼虫能生产（1-3.5）$\times10^5$条侵染期线虫（Dutky et al.，1964；Milstead and Poniar，1978），因此若以每公顷 2.5×10^9 条线虫的标准，则每公顷需要 25 000 头大蜡螟。另外，线虫的生产者已经证明因为病毒的入侵、抗生素的使用和不利的运输条件（如温度的限制）可导致敏感的寄主变异。

表 14.1 线虫大量繁殖技术的比较

	活体培养	固体体外培养阶段 I [a]	固体体外培养阶段 II [b]	体外液体培养
资金成本	××××× [c]	×××	×	×
劳动力成本	×	×××	××××	×××××
商品成本	×	×××	××××	××××
大规模生产的容易度	×	××	××××	×××××
专业技术	×××××	×××	×	×
R&D 需要	××××	××	××	×
废物处理	×××××	×	××	××××
税收或生产商	×	×	××	×××××
需要的空间	××	×	××	×××××
收获的容易度	××××	×	××	××××
原材料稳定性	×	×××××	×××××	×××××

[a] Tasmania 模式生产体系（1993-1995），见 14.5.2 节；[b] Ecogen-Sylvan 模型生产体系（1995-1996），见 14.5.3 节；[c] 差（×）至优秀（×××××）评价

14.4.1 实验室培养

White（1927）在一篇关于从粪便中收集脊椎动物寄生线虫的经典著作中，提出了活体培养的方法。这个方法被 Dutky 等用来收获寄主体内的侵染期线虫。这个方法利用的是侵染期线虫从寄主体内钻出后趋水性迁移的特性。虽然实验室收获方法都有所改进，但都是基于“White trap”原理（Lindegren et al.，1993）。这个简单的收获方法非常适合实验室接种实验，但它是集约型劳动，即一个家庭生产者的投资相当于其个人劳动力价值（Friedman，1990）。

14.4.2 扩大生产

能在实验室形成规模化生产的方法很少，扩大生产是把实验室的繁殖水平上升到一个商品生产的规模上，活体培养方法很难实现规模化生产。温度和湿度是整个繁殖过程仅可控制的参数，向寄主昆虫喷施侵染期线虫或用昆虫蘸线虫悬浮液能够提高接种率。但是收获钻出的侵染期线虫是一件很困难的事。扩大生产主要是提供一个更大的“White trap”系统，这样通过增加线虫迁移到水池的距离降低了收获的效率。

Carne 和 Reed（1964）描述了一种收获线虫的装置，将寄主尸体放在一个打孔的圆盘上，圆盘固定在一个口较大的漏斗上，漏斗中的水由一个持续供水装置提供，保持与寄主尸体相平。侵染期线虫迁移经过圆盘沉积到漏斗底部，打开底部阀门将线虫收获。采用打孔的圆盘是这个装置的一个创新，线虫通过圆盘上的孔进入水池，减少了向侧面

迁移，但这种装置设计的试验还未见报道。

Gaugler 和 Brown（2001）设计了一种不依赖于线虫自动迁移进入水池的活体繁殖方法，这种方法使用打孔的浅盘来接种和收获线虫。每个持有几百头寄主的浅盘浸渍到线虫悬浮液中，然后转移到一个高湿的环境里，当线虫完成侵染，将浅盘系统移到一个收获装置中，收获装置类似从土壤中诱集线虫使用的薄雾室（mist chamber）（Southey，1986）。每个浅盘斜吊在两个带有喷头的硬塑料管装置下，一个定时器连接到供水装置可以定时地给盘子循环喷雾（每 6h 间隔 3min）。空气的流通也很重要，可以保持寄主死尸的湿润，同时也缓解氧气的缺乏。暴露在流水中有利于侵染期线虫的钻出，线虫被流水沿着倾斜的浅盘底部冲到一个收集器中。一个收集器可以供 10 个或更多的浅盘使用。收集器里的线虫被引导流到一个中心贮存罐中。97%的寄主尸体在 48h 内可完成线虫的收获，然后丢掉死虫，清洗浅盘并消毒。这种装置基本都是自动化，减少了劳动力成本。

不考虑收获的方法，在形成制剂前收集到侵染期线虫应是浓缩的，并且不带任何培养残留物、细菌和其他活体。例如，纯化不彻底，细菌活动会导致产品货架期缩短。可以通过离心、重力沉降或过滤来完成线虫的浓缩和纯化。但是对于工厂化活体培养来说离心机的费用非常昂贵。这些小生产者将线虫悬浮液静止后除去上层废液，却除不掉悬浮液内的杂质，这种粗糙的方法最大的缺点就是将线虫置于一个缺氧的环境中并消耗了线虫的脂类物质。过滤，这种方法费用低，但是过滤器很快会淤塞中断过滤。Gaugler 和 Brown（2001）提到了一种交叉过滤，能够解决过滤中断的问题。在交叉过滤中，液体通过滤膜时可移去膜表面的杂质。他们也提出了一个简单便宜的连续偏转的分离方法，从液流中捕获线虫，这个方法成功地用于从急流中分离微粒（Schwartz and Wells，1999）。这个方法在实验室规模下进行了检测，结果在除去的 98%废水中线虫的损失小于 5%。Young 等（1998）在一个结果比较好的研究中描述了线虫培养基成分的物理特性，为长期以来分离装置的设计提供了一个理论基础。对于目前依赖于重力沉降分离线虫的生产者来说，关键是要有一种新型的分离技术来适合规模化生产。

14.5 离体固体培养

在 Dutky 等（1964）建立有效的活体培养方法的 30 年前，人工方法大量生产线虫就已经实现了。第一个人工培养寄生线虫的学者 Rudolf Glaser 首先提出了固体培养。Glaser 和他的同事在一个非常著名的生物防治实验室工作，1939-1942 年，生产了大量的格氏斯氏线虫，并在新泽西州广泛释放用来防治日本丽金龟（*Popillia japonica*）。很遗憾，人们的早期工作中并没有意识到线虫共生菌的作用。线虫用牛肉膏培养基进行大量生产，在培养基上加水杨酸和甲醛可抑制杂菌（McCoy and Girth，1938），包括天然共生体 *Xenorhabdus poinarii*（Gaugler et al.，1992）。目前，单菌线虫的普遍需求被认为是线虫离体培养的前提之一（Poinar and Thomas，1966）。

14.5.1 实验室培养

其他学者通过研究一些动物组织匀浆类选择性培养基，例如，House 等（1965）所用的狗食料培养基在 Glaser 的基础上取得很大的进步。无论生长培养基如何，由于需要充分的气体交换，培养物一般产生在表面，也就是说，培养物具有二维性，更适宜于实验室培养，而对于大规模的商业化生产具有一定的局限性。

Bedding（1981，1984）开发的固体培养技术对于线虫的生产是关键性的一步，因为该技术将二维底物变为三维底物。Bedding 摇瓶培养主要是用家禽内脏匀浆作为培养液，用一层薄的聚氨酯泡沫胶体封口。多孔渗水泡沫具有凹凸不平的表面，提供了适于线虫生长的面积与体积之比，这创造了适当的气体交换，具体方法见 Woodring 和 Kaya（1988）文献。

后来又开发了一种方法，用大的灭菌塑料袋代替摇瓶（Bedding，1984），将培养基和碎海绵泡沫混匀装入袋中，经高压灭菌进行消毒处理。将细菌接种体注入袋中、混匀、置于保温房间的架子上。细菌生长 24h 后，将线虫接入袋中（例如，每克培养基接种 2000 头蝼蛄斯氏线虫的侵染期线虫），再次混匀。在培养的 2 周内，放置塑料袋的架子用一小型空气压缩机向袋中输送氧气。

因为家禽内脏培养基没有一个固定的标准，而且提供的结果也不是很可靠，所以对传统的培养基进行了改良。Wouts（1981）开发了用于摇瓶培养的酵母提取物、玉米油培养基和大豆粉培养基，在基于酵母提取物、玉米油、玉米淀粉和干鸡蛋固体培养基的基础上研发了一种新的培养基。

14.5.2 括大生产阶段Ⅰ：Biotech Australia

Bedding 的大规模商业性生产一直是通过与澳大利亚生物技术公司（Biotech Australia）合作进行的，该公司已于 1985 年通过 CSIRO 技术认证。他们在塔斯马尼亚岛（Tasmania）建立了 570m^2 的生产车间，利用了 Bedding 实验室搬到堪培拉（Canberra）后留下的 CSIRO 的技术。

布袋的应用和培养基的改进促进了线虫商业化生产，但也面临效率降低的缺点。最大的麻烦是每个袋子都需要一个可过滤微生物的过滤装置以保证通气，压缩机增加了孵化室空调的负担，这就使蝼蛄斯氏线虫在袋中产生的代谢热量成为制约其生长的一个因素。浓缩物（代谢水分）有时会浸透袋子的边缘，使线虫生长质量下降，这些限制因素可导致生产的不协调。

Bedding 等（1996）提出空气交换的问题，利用不锈钢的盒子作为替代品。主要创新点在于用一个海绵垫圈将内部盖子的边缘封起来以提供通气环境。然而，Biotech Australia 认为这不是有效的改进，因为构建这样一个盒子花费太多，这个新的体系并未执行。

通过贝曼漏斗装置可以有效地完成从海绵泡沫培养基中分离线虫，收获盘有几立方米大，底部用一铝制筛子支撑，盘子中水的高度调节至筛子的高度，将一块帆布盖到筛子上，将袋子倒空在布上，线虫可穿过布进入蓄水池中。盘子上装有铰链装置，可以在转移线虫后轻轻移走细菌及培养基残渣。收集到的线虫被泵到预冷的收集盒内，盒内装有抑菌剂。这个生产过程可以用于生产高度稳定的品系如嗜菌异小杆线虫。相对地，土著线虫如蝼蛄斯氏线虫的迁移率为 50%-75%。常常伴随产生较多的非侵染期线虫，并刺激微生物活性导致货架期变短。

线虫产量与线虫品系和种类有关，嗜菌异小杆线虫侵染期线虫平均每袋产量为 1.4×10^9-2.9×10^9 条。而蝼蛄斯氏线虫乌拉圭品系产量平均每袋为 4.8×10^9 条。这一结果可能和不是完全的单菌有关（Bonifassi et al.，1999）。

Biotech Australia 计划投入市场一亿美元进行线虫生产，但并没有物化和实施成为线虫商业化。1993 年 Tasmanian 的生产设备被卖到 Ecogen 公司，Ecogen 公司是美国一家打算开发包括苏云金芽孢杆菌在内的生物杀虫剂生物技术公司。Ecogen-Australia 的产品很快集中于蝼蛄斯氏线虫，以满足佛罗里达州害虫生物防治市场的需求。

14.5.3 括大生产阶段Ⅱ：Ecogen-Sylvan

1994 年线虫固体培养又一次被改进。Ecogen 提出将他们的线虫生产技术与 Sylvan 的食物生产技术相结合。Sylvan 公司那时已经处于领衔地位，该公司用固体培养的方法生产蘑菇菌的孢子（相当于种子）。Ecogen 主要注重长期的商业发展和商业投资，而 Sylvan 主要注重短期的规避风险和利益追求，这看起来是一个暂时联合，但都是为了其自身利益的发展。Ecogen 的利益基于他们在美国而不是塔斯马尼亚的市场，美国市场上的产品会降低制冷运费，然而间歇的关税和其他的障碍也会对产品竞争力产生影响。而且，Sylvan 认为固体培养可以解决以前未解决的问题，从而真正地进行大规模生产，解决长期生产的不足。

Sylvan 培养体系的核心是一个蒸汽灭菌的双圆锥体装置搅拌器，可容纳 200kg 培养基和少量的泡沫海绵。通过搅拌可以使每个泡沫颗粒表面都覆有培养基（即达到饱和状态），可向培养基中加入 Kelgum，提高培养基在泡沫海绵表面的附着力。搅拌器是蒸汽灭菌的，通过搅拌可以使蒸汽充斥泡沫的每个孔隙。因此，Sylvan 生产克服了在塔斯马尼亚单一生产最大的障碍——高压灭菌器每次只能灭一定数量的袋子。

当培养基冷却时往搅拌器里接种 1.3×10^8 条线虫和 6L 细菌悬浮液，再次搅拌，使接种体均匀分布，这就较以前的系统有进步了。以前的装置接种体均匀性差，线虫发育同步性不好，因而导致在收获期出现很高水平的非侵染期线虫，同步接种需要更多的细菌接种体，下面紧接着是一个市场化改进的优于劳动密集型的两步接种程序。

现在圆锥形的搅拌罐灭菌后可以通过重力流动来清空，将培养基通过楼层板进入一个干净的房间。干净的房间实质上是一个围起来的实验室，通过过滤进来的空气除去微生物以保持干净。墙、地板和天棚涂上一层不粘灰的材料。工人必须带灭菌帽，穿实验服和戴鞋套。干净房间实际的作用是降低培养基从搅拌罐向灭菌袋转移过程的污染。

搅拌罐可装满 70 个聚丙烯繁殖袋，每个袋 2.3kg 培养基，其中装有泡沫培养基。繁殖袋（Unicorn Imp.和 Mfg. crop.，美国得克萨斯州 Commerce）包含一个通风条（Tyvac®），是一个坚韧的、气体通透性好的、不透水的织物纤维，允许条带通风而不破坏灭菌条件。这比笨重的气泵系统或 Bedding 的钢盒有很大进步。关键是介质不能和纤维保持接触，会导致油脂的转移影响气体的交换。袋子热密封并转到培养室（25℃，70% RH）开放的架子上，保持良好的空气流通。

袋子培养两周后用离心的筛子收获，筛子用螺旋式旋转的划桨在圆柱的筛选室里连续推动进入的颗粒通过筛孔，划桨不接触圆柱的尼龙网丝。水和过大的颗粒通过筛子积累逆流进入一个贮存罐。筛子不依靠线虫的移动，所以不受侵染期线虫移动的影响，对所有的线虫都适用。然而这个过程易于使侵染期线虫的外壳被剥去。

一次用 3 个离心的筛子，每个筛子成本为 1800 美元，把它们放在一起，孔径逐渐降低。第一个是大孔径的（840μm），把线虫从泡沫中分离。第二个（120μm）除去成熟期线虫。第三个（37μm）除去细菌。同时为了冷冻贮藏罐，把线虫集中成浆糊状，海绵碎片可以重复利用一次到多次，直到失去完整性，可以降低垃圾处理的负担。

尽管可用小一点的袋子，Sylvan 公司生产的蝼蛄斯氏线虫每袋的产量也明显高于 Ecogen-Australia，线虫发育的同步性得到很大的改善，但仍有较少的非侵染期线虫产生，造成浪费。在 Ecogen-Australia，每周加工 300 袋，Sylvan 每周 700 袋。两个工厂线虫的月生产能力分别是 6×10^{11} 条和 1×10^{13} 条侵染期线虫。最后，Sylvan 拥有更大的搅拌机，并有适应不断增长的市场需求能力。因此，塔斯马尼亚的公司很快就倒闭了。

好技术不能解决所有的问题，Ecogen 同 Sylvan 公司合作对线虫固体培养技术的巨大改进最后被证明是无用的。由于产品的市场占有率较低，两个公司无法继续合作（如线虫年销售量 6×10^{12} 条）。两个公司很快分别又转向原来的核心业务—— 微生物杀虫剂和蘑菇。

14.6 离体液体培养

液体培养和 Ecogen-Sylvan 方法需要同样高的成本和技术，但是空闲发酵罐的可利用性、低费用或雇用的生产者都使液体培养有一个明确的优势（表 14.1）。更多的优势包括需要空间量小、收获更简单、处理废物少，并且和其他生物杀虫剂具有兼容性，如苏云金芽孢杆菌，可以用同样的生产设备。在企业中超过 95%的线虫是用液体培养系统来生产的，这些公司包括美国的 Certis 公司（以前的 Thermo Trilogy 或 Biosys）、MicroBio、E-Nema 和 SDS Biotech。

14.6.1 培养基的开发

Gaugler 和 Georgis（1991）指出，早期液体培养嗜菌异小杆线虫（*H. bacteriophora*）的生产批次中因脂类贮藏量低而显示差的田间效果。为了保证质量，尤其是异小杆线虫属培养基的营养成分必须小心选择以提高脂类贮藏（Fodor et al.，1994；Hatab and Gaugler，1997，1999）。成本、易得性和易于分离在选择液体培养基时也要考虑。

为了进行格氏斯氏线虫无菌培养，基于动物肾脏提取物，Glaser（1940）开发了第一个液体培养基。随着共生细菌营养功能的阐明，不久便产生了为单菌线虫培养的特殊培养基。Friedman 等（1989）提出一个以豆粉、酵母提取物、玉米油和卵黄为基础的培养基。这个培养基可提供小卷叶蛾斯氏线虫产生 1.1×10^5 条/ml 侵染期线虫。Buecher 和 Popiel（1989）描述了一个培养基，其中包括胰蛋白酶的大豆、酵母提取物和胆固醇。Surrey 和 Davies（1996）报道用蛋、酵母提取物和玉米油在 15-20d 生产嗜菌异小杆线虫达 1×10^5 条/ml。Tachibana 等（1997）为 *S. kushidai* 申请了一个专利培养基，包括可溶性淀粉、葡萄糖、蛋白胨、酵母提取物和玉米油。他们后来声称加入胆固醇会降低锯蜂斯氏线虫的毒力。脂质比其他营养物质受到更多的关注，因为停止取食的侵染期线虫总能量的 60%来源于脂质代谢（Hatab and Gaugler，1997）。Hatab 和 Gaugler（2001）总结认为来源于高比例可溶性脂肪酸的脂质并不能导致最理想的生产。Yoo 等（2000）描述了一个培养嗜菌异小杆线虫的培养基，包括 8%橄榄油和菜籽油（50∶50），强调在单一不饱和脂肪酸中脂质丰富的重要性。离子补充营养对最佳生长是不可缺少的，它们可以通过 NaCl（0.4% *w/v*）、$MgSO_4$（0.05%）、$CaCl_2$（0.03%）和 KCl（0.03%）的形式补充（Yoo et al.，2000）。

液体培养基生产 1×10^{12} 条小卷叶蛾斯氏线虫，费用大约为 0.80 美元，这只代表总生产费用的 12.38 美元的 6.4%（计算数据来自 Georgis，第 17 章）。这个数字与嗜菌异小杆线虫培养基的费用有较相近的一致性，估计在 8%（图 14.2）。尽管培养基组分像商业秘密一样被保密着，现在商业上应用的线虫培养基组分，无论如何，与在工业上广泛应用的培养基不可能有根本的区别。如果线虫培养基没有酵母提取物作为主要的氮源、蔬菜油提供的脂质、谷物粉（如大豆）提供的糖类和盐类的提供离子，难以想象。

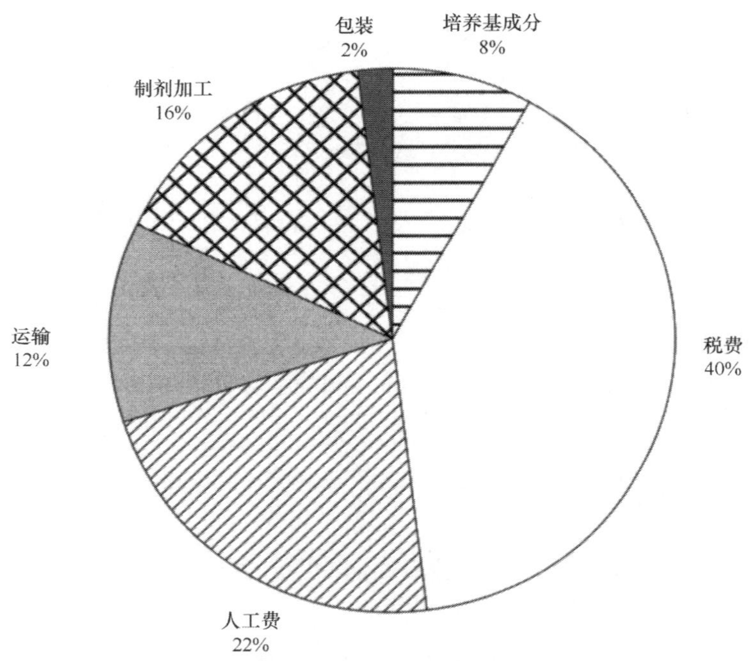

图 14.2　生产商用 3000L 的生物反应器大量繁殖嗜菌异小杆线虫 Hb-NJ 品系的生产成本分解（Franceschini，意大利，2000，未发表数据）

14.6.2　恢复

恢复是指发育停滞的侵染期线虫重新开始恢复生长和取食，是一个由“食物信号”引发的过程（Strauch and Ehlers，1998）。食物信号由致病杆菌属（*Xenorhabdus*）和发光杆菌属（*Photorhabdus*）细菌产生，并被分泌到培养基中。嗜菌异小杆线虫（*H. bacteriophora*）的恢复现象在现有的细胞和晶体内含物蛋白中被观察到（Bintrim and Ensign，1998）。而由致病杆菌属产生的信号不能引起异小杆线虫属的恢复（Han and Ehlers，1998），然而小卷叶蛾斯氏线虫（*S. carpocapsae*）侵染期线虫对来自发光光杆状菌（*P. luminescens*）培养物的信号有反应（Han，数据未发表）。

食物信号在人工培养基中也能被产生，但是异小杆侵染期线虫的恢复与活体培养相比非常少（活体和离体培养的恢复率分别是 18%-90%和 100%）（Ehlers et al.，1998），一个结果粗略地显示其能进行商品化生产。Ehlers 等（1998）考虑了不可预测性，非同步培养和低恢复接种的大异小杆线虫（*H. megidis*）侵染期线虫对液体培养异小杆线虫结果的不确定性是有一定影响的。低恢复通常是线虫少和细菌多的结果，并且Ⅰ型线虫发育到杂交繁育的比雌雄同体的成虫要多。异小杆线虫在液体培养时不产生杂交繁育，所以延长发酵时间成为一个两代的过程，不同时的两代种群生长，降低产量。目前一个世代的过程只能通过增加接种体密度来达到（Ehlers et al.，1998）。通过比较，在斯氏线虫中种类恢复没有被研究透彻，并且结论中没有指出关于它们对液体培养的影响。

共生细菌不是线虫恢复生长的先决条件，因为无菌的线虫在无菌的大蜡螟中能恢复（Han and Ehlers，2000）。食物信号也没有在普通细菌或线虫培养基（Strauch and Ehlers，1998）、细胞培养基（如 Grace's）和鲜蛋中检测到（Han，未发表的数据）。

原因还不清楚，但在固体培养比液体培养中恢复得要多一些（Han，未发表的数据；Wang and Gaugler，未发表的数据）。这些培养系统中可能涉及分泌的食物信号浓度的差别，或者因为食物信号是可变的（Strauch and Ehlers，1998），蒸发作用在固体中可能更有效。

尽管食物信号已知有热抗性，溶于乙醇，在极端 pH 下不稳定（Strauch and Ehlers，1998），这个化学物质的分子结构还没有被描述。如果在培养基中简单地加入这些信号能增加恢复和产量，也是设想合成食物信号用于线虫生产的重要性。现在这项和其他关于恢复的假设一样还没有被实验验证。

14.6.3 扩大培养和生物反应器设计

液体系统扩大培养的困难在于，数十亿线虫在一个生物反应器中与几千条线虫在一个三角瓶中很少能表现出一样的效果。尽管生物反应器（发酵罐）的设计是工程上的事，然而考虑昆虫病原虫线虫设计的双重影响因子（氧气和剪切力）是必要的。

氧气输入在三角瓶振荡培养中不是限制因子，但在商业的生物反应器中对共生细菌是关键问题，线虫相对来说需要较低的氧气（Burman and Pye，1980；Gbewonoyo et al.，1997）。氧气很少溶于水，需要叶轮转动、气体注射喷雾和中心环增加氧气转运。结果是令人激动的，其解决了细菌对氧气的需求，相反发动机的剪切力由线虫来决定。在 Biosys 较早的商业生产中解决这个问题的办法是在生物反应器中使用气柱，这些高的生物反应器只在底部注入空气用于混合。上升的气泡使液体沿着反应器缓慢地转动，对线虫产生微小的剪切力。这个生物反应器被证明是可以满足生产量增加的，也可升级，且应用范围广，连续发酵反应器成为明显的需求。

在一个连续的生物反应器中为了解决细菌高氧气和线虫低剪切力需求之间的矛盾，Pace 等（1986）用低剪切力的叶轮来搅动培养基并带有一个向下的空气喷头。Friedman 等（1989）发现小卷叶蛾斯氏线虫发育的不同时期对剪切力的敏感程度不同，杂交繁育的成虫和它们的交配行为受到严重的影响。这是通过开发一个“变化扰动体制”来解决的（Friedman，1990），推测可能是基于在细菌对数生长期剧烈的搅动达到氧气的需求，在发育迟滞期降低搅动，尤其是在线虫出现的时候。因为第二代雌性和雄性的异小杆线虫在液体培养基中不能交配（Strauch et al.，1994），所以剪切力的影响在这里就不重要了。

Ehlers 等（1998）介绍了一个线虫生产的三级生物反应器，它的中心循环发酵罐是一个搅拌管生物反应器，带有一个与盖子接触的中心管或圆柱，它改进了氧气循环同时平衡了剪切力。液体推动器和空气喷雾式中心柱产生向下的流动，同时中心柱外壁和生物反应器间产生向上的流动。这个设计已经用于 E-Nema 商业性生产的 500L 反应器上。

Nerver 等（2001）描述了一种不连续的外循环空气转运反应器，为了生产小卷叶蛾斯氏线虫并认为它比以前的设计“更有效”。尽管产量仅仅是 6×10^4 条/ml，但有学者报道接种密度与最终产量的比值可达 1∶120 的案例。这个结果对增加雌性和雄性线虫在生物反应器中减速区的接触是有用的。有趣的是，新的生物反应器是利用原位 Betadine 溶液灭菌的。

14.6.4 更多的过程参数

为开发昆虫病原线虫液体发酵，下面总结除氧气和剪切力以外的重要的参数。

泡沫 剧烈搅动增加氧气转运产生的气泡是另一个重要的负面因素，能导致空气过滤器的阻塞和压力上升。控制泡沫是喷雾生物反应器中基本的元素。当在 150L 搅拌生物反应罐中生产秀丽隐杆线虫时，可加入 1ml/L Ucon 消泡剂（Gbewonyo et al.，1994）。选择抗泡沫剂时应考虑它对细菌或线虫可能的毒性及扰乱氧气输入。例如，工业上广泛应用硅制剂来控制泡沫，但是它能降低异小杆线虫的产量。还有更新的技术，即新的营养因子可提供非毒性的泡沫控制剂，亦可促进线虫的生长。

二氧化碳 如果为了减少泡沫降低搅动的速率，就会产生二氧化碳并对线虫的培养有害（Strauch and Ehlers，2000）。然而，效率是不定的，高浓度能刺激恢复（Jessen et al.，2000），超过培养时间后最佳二氧化碳浓度还没有确定，但是值得研究。

温度 在大的反应器中代谢有机物产生很多热量，这必须控制。然而，温度必须精确地调节以适合细菌和线虫两者。因为共生细菌的最佳生长温度和它的寄主线虫是不一致的，在各自的指数增长期调节温度是明智的。两阶段的温度调节也可以提高培养的同步性。这可能与恢复有关，如 Ehlers 等（2000）解释侵染期线虫的存在形式受培养温度的影响。

同渗容摩 低的容量渗透摩尔浓度能诱导共生细菌的相转变（Krasomil-Osterfeld，1995），这就意味着当培养基的容量渗透摩尔浓度如果没有被很好地调控，线虫产量就会受到不良影响。

黏滞性 生产异小杆线虫，即使是活体培养的方法也会使培养基的黏滞性提高。这是由共生细菌产生的“多聚糖胶囊”造成的（Young et al.，1998）。液体培养时高黏滞性会减小氧气的输入。这方面是对异小杆线虫起作用的一些未研究领域的巨大挑战之一，与大多数斯氏线虫科线虫相比在生产可靠性上有更大的困难。

14.6.5 培养时间

发酵培养时间是搅拌罐发酵生产系统中最重要的成本因子。不像细菌杀虫剂，如苏云金芽孢杆菌只培养 24h，线虫生产可能占用昂贵的生物反应器，最多可达 17d，如印度异小杆线虫（*H. indica*）要 17d（Ehlers et al.，2000），大异小杆线虫（*H. megidis*）要

16d（Strach and Ehlers，2000），致病杆菌（*H. bacteriophora*）要 8d（Yoo et al.，2000）。

体型小的线虫品种由于产量大，看起来较好（图 14.3）。长度为 528μm（侵染期线虫总长度）的印度异小杆线虫产品平均 4.6×10^5 条/ml（Ehler et al.，2000），588μm 的（侵染期线虫总长度）嗜菌异小杆线虫产品平均 3.2×10^5 条/ml（Yoo et al.，2000），大异小杆线虫（824μm）产生 7.2×10^4 条/ml（Strach and Ehlers，2000），格氏斯氏线虫（1030μm）产生 5.8×10^4 条/ml（Gaugler，未发表的数据）侵染期线虫。由于培养参数不同，这样的产量可能是不足以令人信服。可利用的数据显示，在某些情况下，高产量可以弥补与培养时间长相关的成本折旧费用。

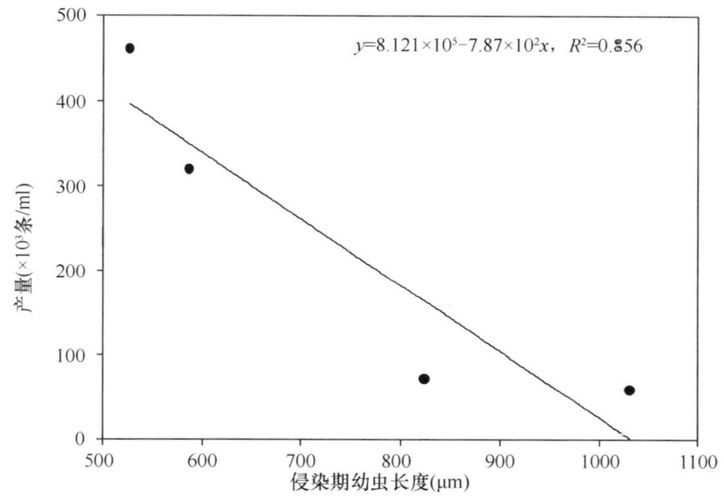

图 14.3　侵染期线虫的大小与产量的关系

接种体密度对最终产量、培养时间和生产成本都有影响。在液体培养基中培养，Han（1996）发现最优生产嗜菌异小杆线虫比小卷叶蛾斯氏线虫需要一个较高的接种体密度。当异小杆线虫接种体密度低时培养基中营养充分，导致高比率杂交繁育的成虫不能交配，因此第二代需要一个连续的长时间培养（Johnigk and Ehlers，1999）。

14.6.6　下游处理过程

与活体和离体固体培养相比，液体培养系统需要更加熟练的下游处理方法才能处理大体积产品，这就是离心。因为在生物反应器中，分离最好是在低压环境下。Davey 等（1993）在对鱼寄生线虫伪地新线虫（*Pseudoterranova decipiens*）研究中发现，处理与悬浮相关的压力可扰乱渗透调解能力。

Gbewonyo 等（1994，1997）从用尽的液体培养基中用持续的相位密度离心持续分开新秀丽线虫幼虫，尽管这种方法昂贵并能引起渗透性波动。Surrey 和 Davies（1996）报道试验用篮子和漩涡离心分离机成功地分离出嗜菌异小杆线虫，两个设计都提供有效分离快速下降的固体。然而，用篮子和漩涡离心分离机分离是劳动集约型的，因为剪切力使线虫的有效性降低。20 世纪 90 年代大的线虫工厂 Biosys 是月一个水平漩涡瓶来收获一些线虫品系的。

忽略离心技术的使用，相似密度的侵染期和非侵染期线虫能显著地达到发育的同步性。同步性在一些种中比其他种容易达到。例如，Young 等（1998）报道在三角瓶振荡培养的夜蛾斯氏线虫、大异小杆线虫和寄生软体动物的蛞蝓寄生线虫侵染期线虫的比率分别为 98%、91.5%和 59%。

14.7　未来展望与分析

部分或完全地限制一些有机磷酸酯和氨基甲酸盐土壤杀虫剂是一个巨大的工程。作为典型的防治地下害虫生物杀虫剂，昆虫病原线虫将弥补一部分作物管理策略的不足，使一些“温和”化学防治成为次要的。关键问题是生产技术的不断创新，最终目的是降低成本和提高实用性。

线虫活体繁殖产业没有对这个很有前景的产业做出重大贡献，因为活体繁殖技术源于大约 80 年前繁殖方法的开发。活体繁殖甚至没有被 Friedman（1990）考虑，这可能是因为刚出现的离体繁殖技术而使活体繁殖技术消失。与以前相比尽管有更多的乡村工厂生产线虫，但是他们很少有资源和技术来进行研究和发展，这不是由于 Glaser 的出现，也不是 Bedding 已经出现，而是缺少创新，导致高成本和有限的能力成为活体繁殖的标志。尽管企业和学术界不愿意在活体繁殖方法学上投资，然而随着当地品系在本地市场、生产者的合作和开发区域的显著作用，这个方法看起来还不能消失。

活体繁殖技术的每一个方面均需要更新，以使线虫繁殖更经济有效。需要优先考虑包括证明劳动节省方法的示范、重力沉降的浓缩和分离及一个广大的低廉的寄主清单。进一步地，为了共享共同发展的进步成果，少量生产必须明确机制。

Ecogen-Sylvan 代表线虫固体培养改革的最高峰，提供了经济的液体培养方法。很难想象固体扩大培养下一阶段的状况，但是不通用且昂贵的传统设备需求表明，固体培养基可能回到它的根源，即在液体培养和活体培养的资本和经验的中间状态。第三阶段的改革必须保留被动充气袋和一步接种，优先开发新的收获方法。同时发现资本集约型的灭菌、接种和装袋方法。最终，适合固体发酵的特殊参数需要说明，使这个生产技术像液体培养一样有理论基础。

只有一个美国公司（BioLogic）最近利用液体培养技术进行线虫生产（Gaugler et al., 2000）。BioLogic 是一个小的乡村工厂，家庭私有而且投入资金、分配和销售渠道有限，但它拥有程度较高的专业技术。在中国，随着 Bedding（1990）技术的传入，线虫固体培养技术也已发展起来。

1993 年，Ecogen 计划在 1997 年销售线虫 12 亿美元，在当时所有生产者的世界销量少于 1.5 亿美元，这将意味着一个 800%惊人的增加量（R. Georgis，美国，2001，个人交流）。Ecogen 计划被证明是一个幻觉，并且中心转移到塔斯马尼亚生产。回顾塔斯马尼亚的技术，虽然袋子需要改进，但可能是最接近市场的。Ecogen 持失望观点的人士 Georgis 认为（参见第 17 章），Biosys 公司和其他风投公司所实施的传统化学杀虫剂发展模式被用于启动线虫杀虫剂的大规模发展可能是不合适的。可用资本和经验成为不对称的双制约因子使生产技术滞后。因此他们需要结合市场的大小而随之调整计划。

工业和学术界在线虫液体培养技术上的投资已达到了商业化的规模（10 000L 反应

器），每公顷（2.5×10^9条线虫）生产成本约 31 美元［小卷叶蛾斯氏线虫（*S. carpocapsae*）］（参见第 17 章，Georgis）至 42 美元［嗜菌异小杆线虫（*H. bacteriophora*），图 14.4］。在许多市场上最终使用者的成本仍然比可选的昆虫杀虫剂策略要高（参见第 17 章，Georgis）。昆虫病原线虫的应用转移到少数高价格空间的市场，当有易于使用并且价格低的类似产品可选择时，种植者就不可能高价使用线虫制剂。

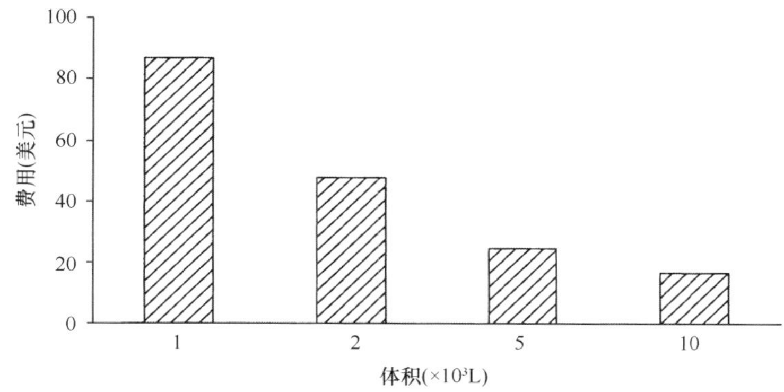

图 14.4 生产 10 亿条嗜菌异小杆线虫 NJ 品系侵染期线虫的成本，培养时间为 9d（S. Franceschini，意大利，2000，未发表数据）

怎样能真正地使线虫液体培养生产的费用降低？迄今为止，各种努力都集中在经济规模和产量上。实现经济规模被证明格外得节省（图 14.4），但是长远目标的前景非常遥远，并且市场空间较小。对于产量，1ml 培养基有一个高的起点并且可由目前的商业品系达到。除了异小杆线虫发育下降，优化过程参数经过努力可以达到。换言之，结果可能不足以拉近化学药剂和线虫商品之间的差距。

为了理解生产成本，对化学杀虫剂和线虫进行比较。一个化学合成药品的不锈钢罐可用和压力灭菌一样大小容器价格的 1/12 买下来（Yoshioka and Fujita，1988）。除此之外，化学药品的周期时间要比线虫少得多。生产其他生物产品的时间要 14d，和小卷叶蛾斯氏线虫相同，估计占成本的 64%（包括折旧和利息）（Yoshioka and Fujita，1988）。因此成本投资是生物反应器中生产线虫最重要的参数，是成本节省的最大契机。

Hsiao 等（1999）建议在一个不是很贵的塑料容器内生产植物细胞以消除对昂贵压力罐的需要。塑料容器的非控制反应器设计由一个顶部的盖子、一个塑料内胆、压缩密封使顶盖和内胆安全的一个支持容器组成。塑料内胆用环氧乙烷灭菌。给人印象特别深刻的是，一个 6.5L 的工作体积模型显示和高控制培养埃及莨菪（*Hyoscyamus muticus*）细胞的搅拌罐生物反应器（费用 2 万美元）有相同的增长速度和产量。在美国农业小商业改革研究计划的支持下，Biologic 和宾夕法尼亚州立大学进行合作，使这个技术适应于生产嗜菌异小杆线虫（匿名的，2000）。另一个范例是利用气升式塑料袋发酵技术（Gaugler and Hatab，1999），这种设计是运送成套工具包，包括微型发酵桶、空气泵、微生物过滤器、脱水培养基、接种体和简单的说明书。终端用户只提供水、电力和悬挂袋子的空间。这个设计不仅能降低成本，而且可简化、降低贮存和运输费用。这些非控制发酵技术缩放的可行性是不确定的，但是成本减少的目标或者还难以想象的方法是必不可少的。

较理想的氧气传送、剪切力、渗透压、接种体、抗泡沫和其他一些过程参数间都影响线虫质量。但是在生产中线虫质量仍然是难阐述的、不好定义的一个术语，尽管质量控制趋于作为一个最终的生产问题。检测线虫密度、培养基成分的质量、共生细菌的相变和数量及污染的过程控制程序应该被建立并公开，从而为发展工业质量范围标准努力。

Friedman 的基准在 1990 年公开，尽管在缺乏基本调查和线虫固有的特性研究中艰难的前进，但是在线虫大量生产技术上已经有了巨大的飞跃。现在的挑战是在公共和私人资金停滞时期保持创新的步伐。关键在于：①增加学术界和企业的合作关系（如 Biologic 和宾夕法尼亚州立大学）；②转变使用传统化学杀虫剂的心态。

参 考 文 献

Akhurst, R.J. (1993) Efficacy of entomopathogenic nematode strains against *Popillia japonica* (Coleoptera: Scarabaeidae) larvae. *Journal of Economic Entomology* 86, 353–359.

All, J.N., Saunders, M.C., Dutcher, J.D. and Javid, A.M. (1981) Susceptibility of grape root borer, *Vitacea polistiformis*, to *Neoaplectana carpocapsae. Miscellaneous Publications of the Entomological Society of America* 12, 9–14.

Anonymous. (2000) USDA/SBIR Phase I Fiscal Technical Abstracts. *http://www.reeusda.gov/crgam/sbir/00phase1.htm#fermentation*.

Bains, W. (1993) *Biotechnology*. Oxford University Press. 228 pp.

Bedding, R.A. (1981) Low cost *in vitro* mass production of *Neoaplectana* and *Heterorhabditis* species (Nematoda) for field control of insect pests. *Nematologica* 27, 109–114.

Bedding, R.A. (1984) Large scale production, storage and transport of the insect parasitic nematodes *Neoaplectana* spp. and *Heterorhabditis* spp. *Annals of Applied Biology* 104, 117–120.

Bedding, R.A. (1990) Logistics and strategies for introducing entomopathogenic nematodes into developing countries. In: Gaugler, R. and Kaya, H.K. (eds) *Entomopathogenic Nematodes in Biological Control*. CRC Press, Boca Raton, Florida, pp. 233–248.

Bedding, R.A. and Akhurst, R.J. (1975) A simple technique for the detection of insect parasitic rhabditid nematodes in soil. *Nematologica* 21, 109–110.

Bedding, R.A., Stanfield, M.A. and Crompton, G.W. (1996). Apparatus and methods for rearing nematodes, fungi, tissue cultures and the like, and for harvesting nematodes. *US Patent* No 5,554,533 960,910.

Bintrim, S.B. and Ensign, J.C. (1998) Insertional inactivation of genes encoding the crystalline inclusion proteins of *Photorhabdus luminescens* results in mutations with pleiotropic phenotypes. *Journal of Bacteriology* 180, 1261–1269.

Blinova, S.L. and Ivanova, E.S. (1987) Culturing the nematode-bacterial complex of *Neoaplectana carpocapsae* in insects. In: Sonin, M.D. (ed.) *Helminths of Insects*. Amerind Publications, New Delhi, pp. 13–21.

Boemare, N.E., Boyer-Giglio, M.-H., Thaler, J.-O., Akhurst, R.J. and Brehélin, M. (1992) Lysogeny and bacteriocinogeny in *Xenorhabdus nematophilus* and other *Xenorhabdus* spp. *Applied and Environmental Microbiology* 58, 3032–3037.

Boemare, N.E., Boyer-Giglio, M.-H., Thaler, J.-O. and Akhurst, R.J. (1993) The phages and bacteriocins of *Xenorhabdus* spp., symbiont of the nematodes *Steinernema* spp. and *Heterorhabditis* spp. In: Bedding, R., Akhurst, R. and Kaya, H. (eds) *Nematodes and the Biological Control of Insect Pests*. CSIRO Publications, East Melbourne, Vic., Australia, pp. 137–145.

Bonifassi, E., Fischer-Le Saux, M., Boemare, N., Lanois, A., Laumond, C. and Smart, G. (1999) Gnotobiological study of infective juveniles and symbionts of *Steinernema scapterisci*: a model to clarify the concept of the natural occurrence of monoxenic associations in entomopathogenic nematodes. *Journal of Invertebrate Pathology* 74, 164–172.

Buecher, E.J. and Popiel, I. (1989) Liquid culture of the entomogenous nematode *Steinernema feltiae* with its bacterial symbiont. *Journal of Nematology* 21, 500–504.

Burman, M. and Pye, A.E. (1980) *Neoaplectana carpocapsae*: respiration of infective juveniles. *Nematologica* 26, 214–219.

Cabanillas, H.E., Poinar, G.O. Jr and Raulston, J.R. (1994) *Steinernema riobravis* n. sp. (Rhabditida: Steinernematidae) from Texas. *Fundamental and Applied Nematology* 17, 123–128.

Carne, P.B. and Reed, E.M. (1964) A simple apparatus for harvesting infective stage nematodes emerging from their insect hosts. *Parasitology* 54, 551–553.

Davey, K.G., Summerville, R.I. and Fuse, M. (1993) Stress-induced failure of osmoregulation in the parasitic nematode *Pseudoterranova decipiens*: indirect evidence for hormonal regulation. *Journal of Experimental Biology* 180, 263–271.

Dutky S.R., Thompson, J.V. and Cantwell, G.E. (1964) A technique for the mass propagation of the DD-136 nematode. *Journal of Insect Pathology* 6, 417–422.

Ehlers, R.-U., Lunau, S., Krasomil-Osterfeld, K. and Osterfeld, K.H. (1998) Liquid culture of the entomopathogenic nematode-bacterium-complex *Heterorhabditis megidis/Photorhabdus luminescens*. *BioControl* 43, 77–86.

Ehlers, R.-U., Niemann, I., Hollmer, S., Strauch, O., Jende, D., Shanmugasundram, M., Mehta, U.K., Easwaramoorthy, S.K. and Burnell, A. (2000) Mass production potential of the bacto-helminthic biocontrol complex *Heterorhabditis indica-Photorhabdus luminescens*. *Biocontrol Science and Technology* 10, 607–616.

Fleming, W.E. (1968) Biological control of the Japanese beetle. *United States Department of Agriculture Technical Bulletin* No. 1383.

Fodor, A., Dey, I., Farkas, T. and Chitwood, D.J. (1994) Effects of temperature and dietary lipids on phospholipid fatty acids and membrane fluidity in *Steinernema carpocapsae*. *Journal of Nematology* 26, 278–285.

Friedman, M.J. (1990) Commercial production and development. In: Gaugler, R. and Kaya, H.K. (eds) *Entomopathogenic Nematodes in Biological Control*. CRC Press, Boca Raton, Florida, pp. 153–172.

Friedman, M.J., Langston, S.L. and Pollitt, S. (1989) Mass production in liquid culture of insect-killing nematodes. *International Patent* No. WO89/04602.

Gaugler, R. and Brown, I. (2001) Apparatus and method for mass production of insecticidal nematodes. *US Patent* No. 09/845, 816.

Gaugler, R. and Georgis, R. (1991) Culture method and efficacy of entomopathogenic nematodes (Rhabditida: Steinernematidae and Heterorhabditidae). *Biological Control* 1, 269–274.

Gaugler, R. and Hatab, M.A. (1999) Disposable bioreactor for culturing microorganisms and cells. *US Patent* No. 09/533, 180.

Gaugler, R. and Kaya, H.K. (eds) (1990) *Entomopathogenic Nematodes in Biological Control*. CRC Press, Boca Raton, Florida, 365pp.

Gaugler, R., Campbell, J., Selvan, M. and Lewis, E. (1992) Large-scale inoculative releases of the entomopathogen *Steinernema glaseri*: assessment 50 years later. *Biological Control* 2, 181–187.

Gaugler, R., Grewal, P., Kaya, H. and Smith-Fiola, D. (2000) Quality assessment of commercially produced entomopathogenic nematodes. *Biological Control* 17, 100–109.

Gbewonyo, R., Rohrer, S., Lister, L., Burgess, B., Cully, D. and Buckland, B. (1994) Large scale cultivation of the free living nematode *Caenorhabditis elegans*. *Bio-Technology* 12, 51–54.

Gbewonyo, R., Rohrer, S. and Buckland, B. (1997) Bioreactor cultivation of the nematode *Caenorhabditis elegans*: large scale production of biologically active drug receptors for pharmaceutical research. *Biotechnology and Genetic Engineering Reviews* 14, 37–49.

Glaser, R.W. (1940) The bacteria-free culture of a nematode parasite. *Proceedings of the Society of Experimental Biology and Medicine* 43, 512–514.

Han, R.C. (1996) The effects of inoculum size on yield of *Steinernema carpocapsae* and *Heterorhabditis bacteriophora* in liquid culture. *Nematologica* 42, 546–553.

Han, R.C. and Ehlers, R.-U. (1998) Cultivation of axenic *Heterorhabditis* spp. dauer juveniles and their response to non-specific *Photorhabdus luminescens* food signals. *Nematologica* 69, 1–12.

Han, R.C. and Ehlers, R.-U. (2000) Pathogenicity, development and reproduction of *Heterorhabditis bacteriophora* and *Steinernema carpocapsae* under axenic *in vivo* conditions. *Journal of Invertebrate Pathology* 75, 55–58.

Hatab, M.A. and Gaugler, R. (1997) Growth-mediated variations in fatty acids of *Xenorhabdus* sp. *Journal of Applied Microbiology* 82, 351–358.

Hatab, M.A. and Gaugler, R. (1999) Lipids of *in vivo* and *in vitro* cultured *Heterorhabditis bacteriophora. Biological Control* 15, 113–118.

Hatab, M.A. and Gaugler, R. (2001) Diet composition and lipids of *in vitro*-produced *Heterorhabditis bacteriophora. Biological Control* 20, 1–7.

House, H.L., Welch, H.E. and Cleugh, T.R. (1965) Food medium of prepared dog biscuit for the mass-production of the nematode DD-136) (Nematoda: Steinernematidae). *Nature* 206, 847.

Hsiao, T.Y., Bacani, F.T., Carvalho, E.B. and Curtis, W.R. (1999) Development of a low capital investment reactor system: application for plant cell suspension culture. *Biotechnology Progress* 15, 114–122.

Jessen, P., Strauch, O., Wyss, U., Luttmann, R. and Ehlers, R.-U. (2000) Carbon dioxide triggers dauer juvenile recovery of entomopathogenic nematodes (*Heterorhabditis* spp.) *Nematology* 2, 310–324.

Johnigk, S.A. and Ehlers, E.U. (1999) Juvenile development and life cycle of *Heterorhabditis bacteriophora* and *H. indica* (Nematoda: Heterorhabditidae). *Nematology* 1, 251–260.

Krasomil-Osterfeld, K. (1995) Influence of osmolarity on phase shift in *Photorhabdus luminescens. Applied Environmental Microbiology* 61, 3748–3749.

Lewis, E., Ricci, M. and Gaugler, R. (1997) Host recognition behaviour predicts host suitability in the entomopathogenic nematode *Steinernema carpocapsae. Parasitology* 113, 573–579.

Lindegren, J.E., Valero, K.A. and Mackey, B.E. (1993) Simple *in vivo* production and storage methods for *Steinernema carpocapsae* infective juveniles. *Journal of Nematology* 25, 193–197.

Liu, J. and Berry R.E. (1996) *Heterorhabditis marelatus* n. sp. (Rhabditida: Heterorhabditidae) from Oregon. *Journal of Invertebrate Pathology* 67, 48–54.

McCoy, E.E. and Girth, H.B. (1938) The culture of *Neoaplectana glaseri* on veal pulp. *New Jersey Agriculture* 285.

Milstead, J.E. and Poinar, G.O., Jr. (1978) A new entomogenous nematode for pest management systems. *California Agriculture* 32, 324–327.

Nerves, J.M., Teixeira, J.A., Simones, N. and Mota, M. (2001) Effect of airflow rate on yields of *Steinernema carpocapsae* Az 20 in liquid culture in an external-loop airlift bioreactor. *Biotechnology and Bioengineering* 72, 369–373.

Nguyen, K.B. (1988) A new nematode parasite of mole crickets: its taxonomy, biology and potential for biological control. PhD. dissertation. University of Florida, Gainesville, Florida. 167 pp.

Pace, W.G., Grote, W., Pitt, D.E. and Pitt, J.M. (1986) Liquid culture of nematodes. *International Patent* No. WO 86/01074.

Poinar, G.O. and Thomas, G.M. (1966) Significance of *Achromobacter nematophilus* Poinar and

Thomas (Achromobacteriaceae: Eubacteriales) in the development of the nematode DD-136. *Parasitology* 56, 385–390.

Poinar, G.O. Jr., Jackson, T. and Klein, M. (1987) *Heterorhabditis megidis* sp. n. (Heterorhabditidae: Rhabditida), parasitic in the Japanese beetle, *Popillia japonica* (Scarabaeidae: Coleoptera). *Ohio Proceedings of the Helminthological Society of Washington* 54, 53–59.

Popiel, I. and Vasquez, E.M. (1991) Cryopreservation of *Steinernema carpocapsae* and *Heterorhabditis bacteriophora*. *Journal of Nematology* 23, 432–437.

Schwarz, T.S. and Wells, S.A. (1999) Stormwater particle removal using a cross-flow filtration and sedimentation device. In: Leung, W. and Ptak, T. (eds) *Advances in Filtration and Separation Technology*, Volume 13. American Filtration and Separations Society, pp. 219–226.

Southey, J.F. (1986) *Laboratory Methods for Work with Plant and Soil Nematodes*. 6th Edn. Ministry of Agriculture, Fisheries and Food. HMSO, London.

Strauch, O. and Ehlers, R.-U. (1998) Food signal production of *Photorhabdus luminescens* inducing the recovery of entomopathogenic nematodes *Heterorhabditis* spp. in liquid culture. *Applied Microbiology and Biotechnology* 50, 369–374.

Strauch, O. and Ehlers, R.-U. (2000) Influence of the aeration rate on the yields of the biocontrol nematode *Heterorhabditis megidis* in monoxenic liquid culture. *Applied Microbiology and Biotechnology* 54, 9–13.

Strauch, O., Stoessel, S. and Ehlers, R.-U. (1994) Culture conditions define automictic or amphimictic reproduction in entomopathogenic rhabditid nematodes of the genus *Heterorhabditis*. *Fundamental and Applied Nematology* 17, 575–582.

Surrey, M.R. and Davies, R.J. (1996) Pilot scale liquid culture and harvesting of an entomopathogenic nematode, *Heterorhabditis bacteriophora*. *Fundamental and Applied Nematology* 17, 575–582.

Tachibana, M., Uechi, T., Suzuki, N. and Kawasugi, T. (1997) Nematoda cultivating method. *US Patent* No. 5,694,883.

White, G.F. (1927) A method for obtaining infective nematode larvae from cultures. *Science* 66, 302–303.

Wilson, M.J., Glen, D.M. and George, S.K. (1993) The rhabditid nematode *Phasmarhabditis hermaphrodita* as a potential biological control agent for slugs. *Biocontrol Science and Technology*, 3, 513–521.

Woodring, J.L. and Kaya, H.K. (1988) Steinernematid and heterorhabditid nematodes: a handbook of techniques. *Southern Cooperative Series Bulletin* No. 331, Arkansas Agricultural Experiment Station, Fayetteville, AR, 30 pp.

Wouts, W.M. (1981) Mass production of the entomogenous nematode *Heterorhabditis heliothidis* (Nematode: Heterorhabditidae) on artificial media. *Journal of Nematology* 13, 467–469.

Yoo, S.K., Brown, I. and Gaugler, R. (2000) Liquid media development for *Heterorhabditis bacteriophora*: lipid source and concentration. *Applied Microbiology and Biotechnology* 54, 759–763.

Yoshioka, T. and Fujita, Y. (1988) Economic aspects of plant cell biotechnology. In: Pais, M., Mavituna, F. and Novais, J.M. (eds) *Plant Cell Biotechnology*. Springer-Verlag, Berlin, pp. 476–482.

Young, J.M., Dunnill, P. and Pearce, J.D. (1998) Physical properties of liquid nematode cultures and the design of recovery operations. *Bioprocess Engineering* 19, 121–127.

15 昆虫病原线虫的管理与安全性

Ray Akhurst[1] 和 Kirk Smith[2]

[1]*CSIRO Entomology, Canberra ACT 2600, Australia;* [2]*University of Arizona, Maricopa Agricultural Center, Maricopa, Arizona 85239-3010, USA*

15.1 引 言

斯氏线虫属（*Steinernema*）和异小杆线虫属（*Heterorhabditis*）的昆虫病原线虫和它们的共生细菌致病杆菌（*Xenorhabdus*）及发光杆菌（*Photorhabdus*），分别代表独特的昆虫生物控制体系。实验室和大田试验已经能够表明，有超过 17 个目和 135 个科的昆虫在一定程度上对线虫是易感的（Smith et al.，1992）。这种潜在毒力的广谱性和一些昆虫病原线虫的商业应用大大推进了昆虫病原线虫对非靶标生物安全性研究，以及开发管理方案以确保其使用的安全性。本章介绍了全球范围内不同管理制度和现阶段昆虫病原线虫及它们的共生细菌对非靶标生物影响方面的研究动态，同时发表了从人类临床样品中分离出来的偶尔与线虫和发光杆菌有联系的非共生细菌。

15.2 管 理 环 境

15.2.1 野生型昆虫病原线虫复合体

20 世纪 80 年代早期，美国的昆虫病原线虫商业化开发得益于其登记注册不需要通过环保机构（联邦杀虫剂、杀菌剂、灭鼠剂 Act）（Gorsuch，1982）。几年以后，加拿大也采取了类似的措施（Anonymous，1986），免除所有昆虫病原微生物登记注册，包括细菌、病毒、真菌、原生动物和线虫。

大量的非本土种类的线虫被带入美国用于研究，而这些线虫并没有经过正常地对捕食性昆虫和寄生性昆虫要求的操作流程进行严格检疫。外地种和品系如来自于南美洲的蝼蛄斯氏线虫（*Steinernema scapterisci*）和来自欧洲的夜蛾斯氏线虫（*Steinernema feltiae*）已经被开发成商业产品在美国出售。在佛罗里达用于控制草场蝼蛄的蝼蛄斯氏线虫已经被申请确定作为“自然”种群的一部分（Parkman and Smart，1996）。然而，在实验室间交换昆虫病原线虫的同时，很少有人了解随之而来的最终引起线虫种质重大变化的风险及担忧（Jansson，1993）。

这一系列针对昆虫病原线虫和其他昆虫病原微生物的内容迫使美国不得不重新考虑对害虫外来天敌的管理机制做出调整，因为没有专门的法律对线虫类生物的使用和引入进行解释，例如，1992 年的植物检疫法、1957 年的联邦植物害虫法和 1969 年的国家环境政策法（Kaya and Gaugler，1993）。美国环保总局于 1987 年对昆虫病原线虫登记注册问题进行了复审，并再次做出免于注册的决定（Anonymous，1987）。Nickle 等（1988）在一本书中提出了昆虫病原线虫向美国引种的指导方案，大致内容包括引种的必要性、国外勘察、分类法、装船出货、检疫设备、许可证、寄主范围测试、释放和文件。然而，由于这些指导方案没有成为官方政策，因此很少有研究者遵守。

在美国，现在已经有了一套复杂的管理规程和专业的安检部门用于非本地线虫的引种工作（Rizvi et al.，1996）。每个州都要求昆虫病原线虫制品必须上报，而且每种产品的标签内容必须与其特定的要求严格一致。生物控制因子（包括昆虫病原线虫在内）许可证的发放必须在生物鉴定和分类学支持的基础上，由动植物卫生检测服务组织（该组织是国家植物保护检疫局的分支机构）做出有机生物许可风险性分析。申请者必须从植物保护检疫局得到许可文件，并将其送到昆虫病原线虫将运往那个州的州植物管理机构。接下来这个州再将文件送给动植物卫生检测服务组织，尽管该组织成员有义务去讨论推荐以加速进程，但他们警告说除非将活的样品送到美国并积极合作遵守规定的单位，否则许可证可能被驳回或者这个进程要花费很多年来完成。

在欧洲，情况略有不同（Ehlers，1996；Ehlers and Hokkanen，1996）。1995 年，一个经济合作发展组织委员会讨论了用于生物防治的非本地线虫引种和商业化相关的潜在问题，他们的结论是，所有科学证据都支持昆虫病原线虫是安全的这一假设，几乎没有检测到危险性。他们认为没必要强制登记注册线虫，但是应该规范非本地昆虫病原线虫的引种程序。鉴于这个结论，经济合作发展委员会在报告中这样记载：“经过多年使用，昆虫病原线虫没有引起任何已知的问题”“相对化学杀虫剂而言，昆虫病原线虫有高效、低毒和对环境低污染的特性”（Ehlers and Hokkanen，1996）。

规章制度在不同的欧洲国家间也有所不同。在英国，本地的非改良的线虫不需要像生物杀虫剂那样必须经过注册才能使用，然而，非本地线虫和共生细菌的引种是被严格控制的（Richardson，1996）。昆虫病原线虫被划分为“动物”，通过 1982 年出台的野生动植物法来管理（Hominick and Collins，1997）。而在其他一些欧洲国家登记注册是强制执行的。对这一现象，欧盟正通过欧洲经济共同体粮食食品委员会来探索一种能够协调各国针对植保产品的管理标准流程，也包括线虫在内。由于欧盟的努力，现在已经有一份限制注册规程出台，但它仅是规定了有限的审批程序和注册费用（G. Gowling，Wittlesford，英国，2000，个人通信）。这份限制注册要求已经在瑞典、挪威、爱尔兰三国开始实施。相反，一些欧洲国家（如德国和法国）要求一份包含针对公司产品生产过程的官方权威研究报告。这一要求是为满足那些关注潜在的污染问题的人，如黏土剂型里的真菌，以确立更高的安全性。显然，这比简单的文书工作复杂得多。

1990 年，一家美国的生物防治公司开始着手与一个日本杀虫剂销售商开发一种名为小卷叶蛾斯氏线虫的生物产品，所有的品系都抗狩猎喙甲（*Sphenophorus venatus vestitus*）。日本卫生农业部门联合要求这种昆虫病原线虫制品必须经过注册，该注册要求在政府指定的昆虫专家合作下进行有效的田间试验，效果虽等于甚至大于一般注册的杀虫剂一倍，但是这个结论是在花费了两年田间试验的情况下得出的。任何已发表的和未发表的安全性信息都不被承认。有必要成立一个独立实验室，指导对于线虫及它的共生细菌基础的、分阶段的急性毒力研究。这个共生细菌案例是第一个被载入文献的用于说明注册问题的案例。1996 年，日本政府回顾了他们对于生物制品的注册规程，并提出了昆虫病原线虫的“低标准”地位。这一新地位认为那些昆虫病原线虫产品是良性的，因此加快了注册程序和降低了注册成本。2000 年，格氏斯氏线虫（*Steinernema glaseri*）在日本注册使用，花费了大约 27 万美元（S. Yamanaka，Ibaraki，日本，2000，个人通信）。

Bedding 等（1996）概述了澳大利亚和新西兰对外来昆虫病原线虫引入的要求。因为澳大利亚国家登记权威机构将昆虫病原线虫分在宏观生物范围内，所以是不用注册的，但外来线虫引进到澳大利亚是要被管制的。澳大利亚检疫监督服务机构和澳大利亚自然保护机构分别独立地依据检疫法和野生动物保护法（规范进出口工作）对引种工作担负责任。引种进程包括—— 发给澳大利亚检疫监督服务机构的独立申请，然后经过咨询相关的国家和权威机构后决定是否发放引入许可。与之相反，新西兰明确规定昆虫病原线虫为杀虫剂，要求杀虫剂产品在投入商业化试验和销售前必须是注册登记并被授权认可的。输入品必须由农业部和水产部门审核批准，外来线虫的释放则由杀虫剂主办方来管理。

15.2.2 致病杆菌和发光杆菌

线虫的共生细菌致病杆菌和发光杆菌能够独立于线虫并用于控制昆虫，是很有前景的生防因子。一个使用嗜线虫致病杆菌（*X. nematophila*）来控制火蚁的专利已经被授权（Dudney，1997）。虽然传统的调查表明，细菌在环境中的存留时间一般不超过几天（Morgan et al.，1997），但已有记录表明其存活时间一直持续了 6 个月（K. Smith，美国，亚利桑那州，2000，个人观察）。环保总局对于近期使用嗜线虫致病杆菌作为一种独立的杀虫剂来注册登记的问题做出的评估回应是，只有做完一份全面的急性毒力研究后才能考虑登记（R. Dudney，美国，得克萨斯州，2000，个人通信）。

共生细菌广泛应用的方法是把它们的基因整合进入植物体内。致病杆菌和发光杆菌都产生两种杀虫蛋白用于帮助植物抵抗害虫（Bowen and Ensign，1998；East et al.，1998）。转基因植物对致病杆菌和发光杆菌的表达一般来说要参考相关法律进行管理。Barber（1999）总结的转基因植物管理方法已经被经济合作与开发组织的 29 个成员国采用。

现在关注的焦点是允许在食物中使用新的蛋白质之前，必须要确定没有潜在的过敏原存在。尽管已经证实转基因植物表达了苏云金芽孢杆菌（*Bacillus thuringiensis*）的 Cry1 和 Cry3 两种杀虫蛋白，但人们担忧在谷类作物中还会表达 Cry9C 这种蛋白质（StarLink™）（Anonymous，2000）。虽然 Cry9C 既没有被检测出过敏反应也没有发现它与任何已知的过敏原有表位序列同源性，但 Cry9C 蛋白在对胃解和热的稳定性方面与 Cry1 和 Cry3 有所不同。2000 年 2 月，美国环保机构的一个科学顾问小组表示，有效的数据不能提供证据说明 Cry9C 是或不是一种潜在的食品过敏原（Anonymous，2000）。由于缺乏反驳的证据，美国环保机构标记了 Cry9C 作为潜在过敏原，而且减少了允许 Starlink™ 谷物在人类食品中的使用。这一做法说明在允许含有转共生细菌基因的植物大田种植前还要进行更广泛的试验。

15.2.3 遗传改良昆虫病原线虫

田间试验表明昆虫病原线虫能使靶标害虫种群数量大大缩减。昆虫病原线虫要成功地作为生物控制因子最大的问题在于非生物因素，即土壤环境中的相关因素，这些都是线虫生存的基本环境，现在基因控制已经有效地克服了这些障碍。

遗传工作的重点已经从传统选种（Gaugler et al.，1994）转向了基因插入（Hashmi et al.，1995）。Liu 等（2000）对与昆虫病原线虫基因相关的文献做了总结，他们这样总结基因工程：

> “基因工程希望通过对昆虫病原线虫基因的合理改良来克服其局限性，如不适应性、不稳定性，以及降低全面防治害虫所需的经济费用，我们相信在不久的将来昆虫病原线虫能被大量用于害虫防治。”

通过从秀丽隐杆线虫（*Caenorhabditis elegans*）（Gaugler et al.，1997）引入热休克蛋白 70A 基因（*hsp 70A*），对嗜菌异小杆线虫（*H. bacteriophora*）的一个品系进行了遗传改良以增强耐热性。这是第一个释放到环境中的、基因工程设计的、非微生物的昆虫天敌，同时也是唯一释放的一例基因改良过的昆虫病原线虫，它也是我们了解最新管理动态的唯一指导。

支持者不得不通过一些政府机构来获得田间释放所必需的许可和权力，美国环保机构认为联邦杀虫剂、杀真菌剂和灭鼠剂条例中都免除了对线虫的管理，而遗传工程线虫和野生型线虫之间是没有区别的，因此遗传工程线虫也不需要注册。美国环保机构进一步规定，线虫的相关共生细菌作为线虫作用机制整体中的一部分不受联邦杀虫剂、杀真菌剂和灭鼠剂条例的保护，应作为独立的实体存在，但必须是与没有在遗传上经过改良过的线虫共同出现在自然界的细菌中。

但是，还有一个关键的管理障碍是美国农业部动植物卫生监察部门，这个机构认为生物防治因子对植物有潜在的或间接的伤害，美国农业部动植物卫生监察部门转基因研究小组根据申请者的要求制定了一份评估标准。评估要求提供一份详细的信息，包括转化方法、特征和供体、带菌体、受体的地理起源及改良机体的特征、潜在的环境影响、安全性、寄主、产地选择、传播特点和实验设计方案。专家组认为热休克蛋白可能与线虫存活率及生态环境没有什么太大的关系，是可以允许区域释放的，但许可证还要通过各级地方管理机构的最终认可，评审完成至少也要 3 个月时间。

Gaugler 等（1997）认为转基因线虫在美国的释放将是一个不断完善的过程，目前对非美国本土的转基因线虫的管理构想是模糊的，转基因生物的释放也将会从社会性的、政治性的和科学性的角度讨论。

15.3 对非靶标生物的影响

自然存在的昆虫病原体，包括昆虫病原线虫在内，都对不同昆虫种群数量调控起到了很重要的作用（Akhurst et al.，1992；Raulston et al.，1992；Strong et al.，1996）。因此，确定每种线虫在害虫防治时对非靶标生物种群的影响程度是非常必要的。

15.3.1 无脊椎动物

对于大部分已知的斯氏线虫和异小杆线虫种群来说，它们的天然寄主信息是很缺乏的，尽管早期收集的昆虫病原线虫来自大自然中被侵染的昆虫（Peters，1996），但大多数还是从土壤样本中用易感种属昆虫分离出来的，如大蜡螟（*Galleria mellonella*）（Akhurst and Brooks，1984）。由此，我们可以很好地证明昆虫病原线虫对靶标生物的作用效果，但不足的是，我们对其在非靶标物种上的影响就很难了解了。

昆虫病原线虫对捕食性和寄生性昆虫都有潜在的影响，通过直接侵染可引起寄主早期死亡，甚至种群数量缩减。室内采用的间接侵染寄主实验证明线虫能够杀死一些寄生性昆虫的种属（Kaya，1978，1984；Triggiani，1985）。Battisti（1994）发现在黄跃姬蜂（*Xenoschesis fulvipes*）因线虫侵染羽化率降低了66%，田间试验中夜蛾斯氏线虫被创新性地用于云杉叶蜂（*Cephalcia arvensis*）的防治。与寄生性相比，捕食性昆虫很容易被直接侵染。Lemire 等（1996）指出在培养皿中小卷叶蛾斯氏线虫侵染瓢虫能够引起其暂时性麻痹，有时甚至引起死亡。Georgis 等（1991）指出一些捕食性甲虫在未成熟期易于被小卷叶蛾斯氏线虫和嗜菌异小杆线虫侵染（表15.1）。相反，当捕食性甲虫的成虫和幼虫被放在含有小卷叶蛾斯氏线虫的土壤中，我们会发现幼虫没受影响而成虫有一些死亡。很明显，分析线虫对捕食性和寄生性昆虫的影响应该让线虫作用于它们的整个生活史。

表 15.1 已报道昆虫病原线虫对于非靶标无脊椎动物有影响的实例

非靶标生物	线虫种	效果	参考文献
寄生性昆虫			
绒茧蜂蛹（*Apanteles militaris*）（膜翅目：茧蜂科）	*Steinernema carpocapsae* *Heterorhabditis bacteriophora*	室内试验中间接的（宿主死亡）	Kaya，1978
康刺腹寄蝇（*Compsilura concinnata*）	*S. carpocapsae*	室内试验中间接的（宿主	Kaya，1984

续表

非靶标生物	线虫种	效果	参考文献
（双翅目：寄蝇科）		死亡）	
卷蛾绒茧蜂（*Apanteles ultor*） （膜翅目：茧蜂科）	*S. feltiae* *H. bacteriophora*	室内试验中间接的（宿主死亡）	Triggiani，1985
阿佛腮扁叶蜂（*Cephalcia arvensis*） （膜翅目：姬蜂科）	*S. feltiae*	减少在大田中的出现	Battisti，1994
捕食性昆虫			
异色瓢虫（*Harmonia axyridis*） （鞘翅目：瓢甲科）	*S. carpocapsae*	在培养皿试验中有的甲虫被暂时麻痹，有的被杀死	Lemire et al.，1996
婪步甲属和通缘步甲属（*Harpalus* sp. 和 *Pterostaticus* sp.） （鞘翅目：步甲科）； 虎甲属（*Cicindela* sp.）和 *Tetracha* sp. （鞘翅目：虎甲科） 菲隐翅虫属（*Philonthus* sp.） （鞘翅目：隐翅虫科）； 溪岸蠼螋（*Labidura riparea*） （革翅目：蠼螋科）	*S. carpocapsae* *H. bacteriophora*	室内试验中能够杀死幼虫，而对成虫没有影响，对大田种群数量没有效果	Georgis et al.，1991
Bembidion prerans，*Pteroslichus Curpreus*（鞘翅目：步甲）	*S. carpocapsae*	室内试验中杀死成虫，而对幼虫没有效果，大田种群数量轻度减少	Ropek and Jaworska，1994
Platynus dorsalis 和 *Amara similata* （鞘翅目：步甲）； 未鉴定的隐翅甲科 （鞘翅目）	*S. feltiae* *Heterorhabditis* spp.	线虫应用于大田之后，有的种类密度稍有减少，有的增加	Rethmeyer and Bathon，1992
其他无脊椎动物			
长附跳甲属和菜跳甲属（*Longitarsus* sp. 和 *Phyllotreta* sp.） （鞘翅目：叶甲科） 实象属（*Barypeithes* sp.） （鞘翅目：象甲科），未鉴定叩甲科（Elateridae） （鞘翅目）	*S. feltiae* *Heterorhabditis* spp.	线虫应用于大田之后，有的种类密度稍有减少，有的增加	Rethmeyer and Bathon，1992
棘跳属（*Onychiurus*） （弹尾纲）	*S. carpocapsae*	大田种群数量减少，室内试验中被杀死	Poinar，1989
庭园幺蚰（*Scutigerella immaculate*） （综合目）	*S. carpocapsae*		Poinar，1989
球鼠妇和鼠妇虫（*Armadillidium vulgare*，*Porcellio scaber*） （甲壳纲：等足目）	*S. carpocapsae* *H. bacteriophora* *S. glaseri*	室内试验中被 *S. carpocapsae* 和 *H. bacteriophora* 杀死，而 *S. glaseri* 对其没有效果	Poinar，1989
鼠妇虫（*Porcellio scaber*） （甲壳纲：等足目）	*S. carpocapsae* *S. feltiae*	室内试验中被杀死，*S. feltiae* 在温室试验中致死率 50%	Jaworska，1991
Atyia innocous，*Macrobrachium acanthurus* （真虾次目：甲壳纲）	*S. carpocapsae*	室内试验中没有效果	Kermarrec and Mauléon，1985
蛛形纲（Arachnida）的多个种	*H. bacteriophora*	室内试验中被杀死	Poinar，1989
马陆（*Blaniulus guttulattus*） （多足纲）	*S. carpocapsae*	室内试验中被杀死， *S. feltiae* 在温室试验中致死率 50%	Jaworska，1991
环形牛蜱（*Boophilus annulatus*），微小牛蜱（*B. icroplus*），彩饰花蜱（*Amblyomma variegatum*） （蜱螨亚纲）	*S. feltiae* *Steinernema* 和 *Heterorhabditis* spp.	*B. annulatus* 在室内试验中被 17 种线虫杀死，而 *B. microplus* 和 *A. variegatum* 没被任何种类的线虫杀死	Mauléon et al.，1993
黑脚硬蜱（*Ixodes scapularis*） （蜱螨亚纲）	*Steinernema* 和 *Heterorhabditis* 的 13 个种	室内试验中只有过饱的雌虫被杀死	Hill，1998；Zhioua et al.，1995

续表

非靶标生物	线虫种	效果	参考文献
阿波蚓属（*Aporrectodea* sp.）	*S. carpocapsae*	完整的蚯蚓没有被侵染	Capinera et al.，1982
缟蚯蚓（*Allolobophora caliginosa*）	*S. scapterisci*	只有死的和伤的蚯蚓被侵染，但线虫在结合有细菌的蚯蚓片段上发育	Nguyen and Smart，1991
暗色阿波蚓（*Aporrectodea caliginosa*）	*Steinernema* sp.	室内试验中对蚯蚓茧没有效果	Nüutinen et al.，1991
膨涨流蚓（*Aporrectodea turgida*），暗灰阿波蚓（*Aporrectodea trapezoids*）暗色阿波蚓(*Aporrectodea caliginosa*)，陆正蚓和爱胜蚓属(*Lumbricus errestris* 和 *Eisenia* sp.	*S. carpocapsae*，*S. glaseri*	室内试验中没有效果	Potter et al.，1994
Macrobiotus richtersi（缓步纲）	*S. carpocapsae*	在室内试验中被侵染	Ishibashi et al.，1987
湖北钉螺（*Oncomelania hupensis*）（腹足纲）	*S. carpocapsae*，*S. glaseri*，*S. feltiae*，*H. bacteriophora* *H. zealandica*	室内试验中有一定的致死率	Li et al.，1986
野蛞蝓，网纹野蛞蝓（*Dericeras agreste*，*D. Reticulatum*）（腹足纲）	*S. carpocapsae* *S. feltiae*，*H. bacteriophora*	室内试验中被杀死	Jaworska，1993

Barbercheck 和 Millar（2000）评估了昆虫病原线虫对环境的潜在影响。他们认为，当释放线虫后最容易受影响的非靶标昆虫是那些在地下栖息活动的种属。然而，也有人认为非靶标物种区域种群数量减少与昆虫病原线虫的应用关联不大（Ishibashi et al.，1987；Buck and Bathon，1993；Ropek and Jaworska，1994）。例如，Rethmeyer 和 Baton（1992）调查了夜蛾斯氏线虫和异小杆线虫属在山毛榉-橡树（*Betula-Quercus*）林、松树（*Pinus*）林、作物田和果园 4 个区域中对鞘翅类昆虫科的影响，通过对步甲科（Carabidae）、隐翅虫科（Staphylinidae）、叶甲科（Chrysomelidae）、象甲科（Curculionidae）及叩头甲科（Elateridae）的观察，发现这些科的昆虫种群数量没有太大变化。但是，这些使用过线虫的区域和没使用过的区域相比，鞘翅类昆虫要恢复原来的种群数量就要有更高的种群基数。

昆虫病原线虫在实验室条件下能够在某些非昆虫的节肢动物中进行侵染和繁殖。Poinar（1989）报道了在培养皿中综合纲（Symphyla）、弹尾纲（Collembola）、蛛形纲（Arachnida）、甲壳纲（Crustacea）和倍足纲（Diplopoda）动物被昆虫病原线虫侵染后的死亡率和发育状况。Jaworska（1991）指出在培养皿中当陆生等足动物和多足纲动物暴露于 3000 个侵染期线虫如小卷叶蛾斯氏线虫或夜蛾斯氏线虫时，死亡率为 100%，这两种昆虫在温室试验中夜蛾斯氏线虫的致死率是 50%。Ishibashi 等（1987）报道了在缓步动物中小卷叶蛾斯氏线虫的发育状况。

昆虫病原线虫对一些蜱虫（tick）也有致病性。Samish 和 Glazer（1991）指出用小卷叶蛾斯氏线虫侵染具环牛蜱(*Boophilus annulatus*)雌虫只需 4d 时间。Mauléon 等(1993)发现尽管具环牛蜱对斯氏线虫或异小杆线虫的 17 个分离物是敏感的，但微小牛蜱（*Boophilus microplus*）和彩饰钝眼蜱（*Amblyomma variegatum*）并不被侵染。Zhioua 等（1995）发现只要是取食后的成虫，肩突硬蜱（*Ixodes scapularis*）雌虫就能被小卷叶蛾斯氏线虫和夜蛾斯氏线虫侵染。Hill（1998）研究了 13 个昆虫病原线虫种或品系时得出同样的结论，它们不会侵染没有取食的幼虫、若虫、雄虫及雌虫蜱虫。

Capinera 等（1982）、Nguyen 和 Smart（1991）、Nuutinen 等（1991）和 Potter（1994）研究了不同的昆虫病原线虫对各种蚯蚓种类的效果。实例证明，线虫可以发育，但对蚯蚓种群数量没有明显影响。在对是否有利于小卷叶蛾斯氏线虫在土壤中传播的调查研究中，Shapiro 等（1993）发现只要土壤中有蚯蚓，线虫就会遍布蚯蚓体内外。

一些腹足纲（Gastropoda）动物也易于被昆虫病原线虫感染。Jaworska（1993）指出在培养皿活体鉴定中两个不同的蛞蝓（*Deroceras agreste* 和 *D. reticulatum*）易于被小卷叶蛾斯氏线虫、夜蛾斯氏线虫和嗜菌异小杆线虫侵染，研究还发现每一种昆虫病原线虫种都能在蛞蝓体内发育。然而，Wilson 等（1994）发现网纹蛞蝓（*D. reticulatum*）并不能被夜蛾斯氏线虫和嗜菌异小杆线虫侵染或杀死，当共生细菌侵入蛞蝓体内时，只有伯氏致病杆菌（*Xenorhabdus bovienii*）是可致病的，但效果不是很理想。Li 等（1986）发现当使用浓度为每平方厘米300条夜蛾斯氏线虫或嗜菌异小杆线虫的侵染期幼虫进行土壤钵试验时用来防治湖北钉螺（*Oncomelania hupensis*），该钉螺作为血吸虫（blood fluke）——日本血吸虫（*Schistosoma japonicum*）中间寄主时，侵染率能达到97.5%。

证据表明昆虫病原线虫对非靶标昆虫和其他无脊椎动物的影响是有限的。线虫在高浓度的实验条件下对无脊椎动物若干门类有一定的侵染作用。可是，明显地对非靶标无脊椎动物的区域种群数量的影响是很小的或短时间的。关于本土线虫数量对昆虫数量影响的报告分为相对稳定的线虫和寄主的关系（Strong et al.，1996），以及不稳定的、短期存在的动物流行病（Akhurst et al.，1992）。只有很少的论文研究线虫流行病与害虫种群的关系，同样关于非靶标非害虫种群的论文也很少。

一份关于昆虫病原线虫对非靶标无脊椎动物影响的概述（表 15.1）表明，迄今为止，大多数的研究都是在实验室内完成的。这些研究基本都使用了高剂量的线虫浓度，而高浓度也反映了无脊椎动物一定程度的感病性。在一定程度上，这份关于昆虫病原线虫对非靶标无脊椎动物影响范围、商业线虫剂量使用的调查研究，已基本做出了昆虫病原线虫对环境影响的适当评估。

15.3.2 脊椎动物

15.3.2.1 昆虫病原线虫

昆虫病原线虫注册管理比一般杀虫剂宽松的一个重要原因是它们不能在脊椎动物体内侵染和繁殖（表 15.2）。Kermarrec 和 Mauléon（1985）及 Kermarrec 等（1991）用不同昆虫病原线虫种分别对蟾蜍（toad）、青蛙（frog）和蜥蜴（lizard）做了感病性实验，发现尽管成熟的蟾蜍和青蛙不会被感染，但早期的海蟾蜍（*Bufo marinus*）蝌蚪（tadpole）能被线虫杀死。Poinar 和 Thomas（1988）也指出小卷叶蛾斯氏线虫和嗜菌异小杆线虫（*H. bacteriophora=heliothidis*）可以通过蝌蚪的消化道侵入体内，小卷叶蛾斯氏线虫释放共生细菌，并能坚持到线虫发育成成熟的雌虫后再死亡。蝌蚪的死亡率取决于侵入线虫体内的细菌量，而与致病杆菌无关。Kermarrec 等（1991）发现成熟的 *Anolis marmoratus*——一种鬣鳞蜥属的蜥蜴，口服 80 000 倍的侵染期小卷叶蛾斯氏线虫或嗜菌异小杆线虫后会死亡。研究发现小卷叶蛾斯氏线虫在体腔内活体侵染，而嗜菌异小杆线虫在肠内致病时线虫也无法存活。线虫对蜥蜴的影响从表面上看，是蜥蜴作为活体被非共生细菌侵染。这些研究往往会被忽略，因为它们是在高光照、恒压强的实验控制条件下完成的，然而，应该在田间试验中进行深一步的观察研究。

已经测定了昆虫病原线虫对恒温物种的影响（表15.2）。除了老鼠的皮下注射，没有关于昆虫病原线虫侵染性、病原菌和毒力的证据。Kobayashi 等（1987）指出，老鼠

表 15.2 昆虫病原线虫及其共生细菌对脊椎动物影响的试验

试验动物	线虫和共生细菌种类	应用方式	影响	参考文献
豚鼠	*Xenorhabdus bovienii*	口服、吸入、皮内注射、皮下注射、腹腔注射	不致病	Obendorf et al.，1983
大鼠	*Steinernema glaseri*	腹腔注射	不致病	Jackson and Bradbury，1970
	S. carpocapsae	口服、腹腔注射	不致病或影响体重的增加	Gaugler and Boush，1979
	X. bovienii	口服、皮内注射、皮下注射、腹腔注射	不致病	Obendorf et al.，1983
小鼠	*S. carpocapsae*	口服、皮下注射、腹腔注射	皮下注射时引起皮肤溃疡	Kobayashi et al.，1987
	S. feltiae，*S. glaseri*	口服、皮下注射、腹腔注射	不致病	Kobayashi et al.，1987
	Heterorhabditis bacteriophora	口服	不致病	Kobayashi et al.，1987
	S. carpocapsae *H. bacteriophora*	皮下注射	不致病	Poinar et al.，1982
	X. nematophila *Photorhabdus Iuminescens*	皮下注射，颅内注射	不致病	Poinar et al.，1982
	X. nematophila	作用于磨损的皮肤	不致病	Kermarrec et al.，1991
	X. bovienii	口服、吸入、皮内注射、皮下注射、腹腔注射	不致病	Obendorf et al.，1983
兔	*S. glaseri*	口服、腹腔注射、眼窝注射	不致病	Wang and Liu，1983
	X. bovienii	结膜注射	不致病	Obendorf et al.，1983
猴	*S. glaseri*	口服、腹腔注射、吸入	不致病	Wang et al.，1984
鸡	*S. carpocapsae*	口服	不致病	Kermarrec and Mauléon，1985
	X. nematophila，*P. iuminescens*	皮下注射	不致病	Poinar et al.，1982
蟾蜍	*S. carpocapsae*	用于水中	小蝌蚪被杀死	Kermarrec and Mauléon，1985
青蛙	*S. carpocapsae*	用于水中	小蝌蚪被杀死	Poinar and Thomas，1988
	H. bacteriophora *S. carpocapsae*，*S. glaseri* *S. anomali*，*S. feltiae*，*Heterorhabditis* spp.	用于水中	成年青蛙不受影响	Kermarrec et al.，1991
鱼	*S. carpocapsae*	用于水中	不致病	Kermarrec and Mauléon，1985
蜥蜴	*S. carpocapsae*	口服	不致病	Kermarrec and Mauléon，1985
	S. carpocapsae，*S. glaseri* *S. anomali*，*S. feltiae* *Heterorhabditis* spp.	口服	肝脏受到弧菌，铜绿假单胞菌和 *Chromobacterirm* 类细菌的感染	Kermarrec et al.，1991

皮下注射 2×10^4 条小卷叶蛾斯氏线虫或夜蛾斯氏线虫的侵染期线虫会引起皮肤溃疡。相反，Poinar 等（1982）使用低剂量（10^3）小卷叶蛾斯氏线虫和嗜菌异小杆线虫的侵染期线虫注入老鼠皮下组织，并没有检测到任何症状。

从生物杀虫剂产品试验中看出，昆虫病原线虫引起病变反应的可能性虽然很小，但确是存在的。Biosys 作为一个规模超过 75 人的大型线虫产品公司，在 12 年中对 5 种以上的线虫种进行了研究，记录中只有一个可能引起过敏性反应的案例。这个引起过敏反应的人是在产品的收获、净化、贮藏过程中浓缩线虫溶液时与皮肤作用的。一个在澳大利亚的实验室工作的实验人员指出，20 年内生产出至少 10 种昆虫病原线虫产品，但只有一个过敏性反应，即每当小卷叶蛾斯氏线虫接触到眼睛时会引起缓慢的过敏，同时在过去的 12 年研究中，他还发现线虫接触其他组织时不会引起过敏性反应。

15.3.2.2　共生细菌

试验证明，昆虫病原线虫的共生细菌对脊椎动物的安全性与线虫无关。对白来杭鸡、成熟小白鼠和哺乳期小白鼠的皮下组织分别注射嗜线虫致病杆菌和发光光杆状菌，没有病症出现（Poinar et al.，1982）。同样的对豚鼠、小白鼠和小白兔的口服，皮内、皮下组织和腹膜内注射伯氏致病杆菌，没有侵染性、致病性和致毒症状发生，小白兔的结膜接种和豚鼠、小白鼠的吸入试验也同样没有有害影响（Obendorf et al.，1983）。

据记载，致病杆菌的过敏性反应是嗜线虫致病杆菌引起了某人的哮喘病症（K. Smith，美国，亚利桑那州，2000，个人观察）。从事线虫制剂开发的研究人员每天在实验室中只工作几小时，同时，线虫和它的共生物与一些有机物相似，能引起敏感个体的过敏性反应，但没有征兆显示能使很多人发生过敏反应，也没有对照的数字证据来说明长期从事细菌研究的人多少年会被感染，这说明引起过敏性反应的风险是很低的。

15.3.3　土壤微生物和微生物区系

致病杆菌和发光杆菌能产生很多的代谢物，它们对于细菌和真菌是有毒的（Paul et al.，1981；Akhurst，1982；McInerney et al.，1991a，1991b；Li et al.，1997；Ng and Webster，1997），因此对土壤微生物具有潜在的影响。Maxwell 等（1994）指出被嗜线虫致病杆菌杀死的尸体中的渗出物对土壤中细菌数量有短暂的影响。Webster（2000）认为共生细菌的代谢物可能会引起根际周围微生物发生局部的、迅速的改变，因为昆虫病原线虫可以被以根部为食的昆虫取食。然而，Maxwell 等（1994）检测的结果表明，使用高浓度细菌处理 4-8d 后，只产生轻微的影响。因为使用水和未感染的死虫体做对照，同时也导致两倍的变化而且引起的变化是不确定的。这种实验设计可能会增强效果，因为通过水或水浸泡过的死虫体会提高那些代谢物的传播范围和比率。

致病杆菌和发光杆菌的代谢物是有杀线虫活性的（Hu et al.，1999；Han and Ehlers，1999；Grewal et al.，1999）。这很可能是抵制竞争机制的表现，防止其他昆虫病原物或腐生生物利用昆虫尸体。然而，Grewal 等（1999）研究植物病原线虫在施入昆虫病原线虫后的种群变化时发现，对夜蛾斯氏线虫和锐比斯氏线虫进行热灭菌处理后能抑制南方根结线虫（*Meloidogyne incognita*）对根的侵入，他认为这就是共生细菌代谢物的作用。嗜菌异小杆线虫和印度异小杆线虫在商业中的应用，降低了土壤中植物寄生线虫种群的多样性（种类数量）和种群密度，但是对自由生活的线虫没有产生影响（P. S. Grewal，美国，俄亥俄州，2000，个人通信）。对于植物寄生性线虫影响的有限性说明，杀线虫的代谢物制品可能并不违背竞争机制。然而，也说明昆虫病原线虫和它们的共生物在抑制植物寄生线虫方面的优势并不明显。

15.4 人类发光杆菌的分离

Farmer 等（1989）报道 1986 年从人的伤口分离到了嗜线虫致病杆菌（*Xenorhabdus luminescens*）（经常被写成 *Pbotorhabdus luminescens*）（Boemare et al.，1993）。美国疾病控制中心（CDC，美国）肠道细菌学部检测中心在 1977-1987 年发现 4 个品系，随后被鉴定为发光光杆状菌（*P. luminescens*）。Peel（1999）在 1994-1998 年报道的从澳大利亚 4 个患者身上分离的发光杆菌之前没有进一步的报道。另外一个从人体伤口分离到发光杆菌的事例也是在 1999 年的澳大利亚（D. Alfredson，澳大利亚，昆士兰州，1999，个人交流）。后来疾病控制中心的检测表明在肠道细菌学方面没有进一步的关于发光杆菌分离群的临床记录（M. Peel，澳大利亚，维多利亚，1998，个人交流）。

分离物来自于人体不同组织和位置（表15.3）。从身体或血液的多个不同部位分离的6个细菌案例说明细菌能扩散感染。受感染者，除了一个美国患者（USA4）持续至少2周和一个澳大利亚患者（Aus3）持续2个月感染，其他人都迅速对抗生素的处理有了反应。有3个人可能是免疫功能不全，但有5个人有效，其他2个人效果不明确。

表 15.3　人体发光杆菌分离（after Farmer et al.，1989；Peel et al.，1999；D. Alfredson，澳大利亚，昆士兰州，2000，个人通信）

患者	年龄/性别	分离位置		分离间隔天数	免疫耐受	蜘蛛咬过
		伤口	血液			
美国 1	78 男	+	–	2	?[a]	–
美国 2	80 女	+	+	nr[b]	nr	nr
美国 3	72 女	nr	+	nr	nr	nr
美国 4	45 男	+	nr	nr	–	+
美国 5	36 女	+m[c]	nr	nr	?	nr
澳大利亚 1	11 女	+	nr	12	–	?
澳大利亚 2	90 男	nr	+	nr	–	nr
澳大利亚 3	50 男	+m[c]	–	60	–	+
澳大利亚 4	55 男	+	nr	3	–	–
澳大利亚 5	78 男	+m	nr	nr	+	nr

[a] 可能；[b] 未报道；[c] 多位点

对任何患者来说，传染途径都是不确定的。据报道有两个患者曾被蜘蛛咬过，有 1/3 的患者可能曾被蜘蛛咬过（表 15.3）。一个患者（USA4）被咬伤 6 周后才接受治疗，而另外一个（Aus3）被咬的当天就接受了治疗。确定被蜘蛛咬伤过的患者对抗生素处理的反应很慢。然而，并不能被确定咬伤是侵染的来源，并且另外两个患者确定在侵染区内从未被咬伤过。

从分子水平上可以清晰地将从人的伤口分离的发光杆菌与从线虫中分离的发光杆菌区分开来。DNA 和 DNA 杂交试验（Farmer et al.，1989；Boemare et al.，1993）研究表明，有很高水平的组内亲缘关系的美国临床试验组和其他各种共生菌分离株的试验组存在明显区别。通过对 165 个 rDNA 基因测序和 PCR 限制性内切核酸酶多型性分析，确定美国临床分离株之间有着很高的亲缘关系（Szallas et al.，1997，Fischer-Le Saux et al.，1998，1999）。Fischer-Le Saux 等（1999）提出美国临床分离种应定义为一个独立的种 *P. asymbiotica*。PCR 限制性内切核酸酶多型性分析和 165 种 rDNA 基因的测序表明澳大利亚临床分离种彼此间也有高度的相似性。然而，澳大利亚和美国临床分离种的明显区别是前者不是 *P. asymbiotica*。对 165 种 rDNA 基因的测序数据做系统进化分析也得出澳大利亚临床分离株应被划分为发光杆菌的一个新种。

目前还没有报道从临床试验中分离到致病杆菌。这很可能是因为致病杆菌菌株不侵染人类，也可能是因为临床分离认证致病杆菌的技术不足。在临床试验中，发光杆菌的所有分离株都处在Ⅱ型阶段，目前它们也都能被鉴定，而且它们的特点都表现为阴性。尽管发光杆菌的Ⅱ型阶段能通过发光来确认，但Ⅱ型阶段的致病杆菌还没有什么明显的特性可以被用来作为鉴定依据。虽然能够列出过去未被鉴定的临宋致病杆菌菌株，但现在临床实验室中使用的比较流行的方法都是查阅致病杆菌和发光杆菌的数据库。因此我们认为致病杆菌没有侵染人类的基因组，即使有侵染发生，也是很罕见的。

线虫共生细菌传染的风险不会很大，有几个原因。第一，实验室或产品加工厂工作者研究了很多种的菌株，也包括临床菌株在内，但没有被发光杆菌侵染的病例。第二，过去可能很多实验室在认识致病杆菌和发光杆菌方面有困难，但现今包含致病杆菌和发光杆菌在内的细菌鉴定数据库已经投入使用。此外，即使实验室在临床试验中成功地鉴定发光杆菌，也很难对其进行分离。第三，与线虫共生的发光杆菌的菌种和从人类临床试验中分离的菌种，在分类学上明显的特征说明后者是从线虫共生物谱系或独立的谱系中分离出来后发生变异了。在分子系统发育上，发光杆菌的线虫共生种和人类临床种与炭疽芽孢杆菌（*Bacillus anthracis*）和芽孢杆菌相比只有很小的亲缘关系，如同使用了 40 多年的苏云金芽孢杆菌（*Bacillus thuringiensis*）一样，作为细菌生物杀虫剂有广谱性和安全性。

15.5 非共生细菌对昆虫病原线虫产品安全性的作用

除共生细菌致病杆菌和发光杆菌以外的细菌有时会与昆虫病原线虫有关联。Lysenko 和 Weiser（1974）及 Boemare（1983）在对小卷叶蛾斯氏线虫侵染期幼虫表面灭菌时发现了一些其他属的细菌［假单胞菌属（*Pseudomonas*）、肠杆菌属（*Enterobacter*）和产碱杆菌属（*Alcaligenes*）等］。Mracek（1977）从被锯蜂斯氏线虫（*S. kraussei*）侵染的锯蜂幼虫体内分离出黄杆菌（*Flavobacterium* sp.）。据报道已从表面灭菌的锯蜂斯氏线虫（Aguillera et al.，1993）、印度异小杆线虫（*H. indica*）和嗜菌异小杆线虫（Babic et al.，2000）的侵染期幼虫上分离到苍白杆菌（*Ochrobactrum*）。Jackson 等（1995）报道，检测的雷氏普威登斯菌（*Providencia rettgeri*）都是伴随大多数异小杆线虫存在的，包括嗜菌异小杆线虫、印度异小杆线虫和大异小杆线虫。在几个实验室对多种线虫的非共生细菌分离株研究表明，非共生细菌与昆虫病原线虫的关系十分密切。

目前还没有一种细菌表现出与昆虫病原线虫有特殊关系。这种特殊关系仅限于致病杆菌和斯氏线虫之间，或发光杆菌和异小杆线虫之间（Boemare et al.，1993）。共生体是在异小杆线虫属的侵染期幼虫肠内的管腔中被携带的（Poinar and Georgis，1990；Poinar et al.，1992），或者在斯氏线虫和异小杆线虫肠内的小囊内被携带（Bird and Akhurst，1983；Poinar et al.，1992）。与昆虫病原线虫相关联的非共生细菌则不是在体内被携带，而是被携带在侵染期幼虫体表（Poinar，1979）。尽管从侵染期幼虫分离到非共生细菌，可能是由于不适当的体表灭菌，但已经检测到非共生细菌传播到寄主昆虫体内的机制。细菌在蝼蛄斯氏线虫（*S. scapterisci*）侵染期幼虫第二（J2）和第三阶段角质层的空隙中（Bonifassi et al.，1999）被发现。虽然异小杆线虫在侵入寄主昆虫的过程中脱去 J2 角质层（Bedding and Molyneux，1982），但它们中的一些细菌会被线虫带入寄主体内。Molyneux 等（1983）指出由线虫携带非共生细菌可能会在昆虫寄主体内存活。

人们发现了一些与昆虫病原线虫有关联的非共生细菌可能是人的致病菌，如苍白杆菌和雷氏普威登斯菌，对人类的潜在感染性至少在一次事件中被意识到。1958 年，Jaroslav Weiser 由于从事向大蜡螟幼虫体内接种小卷叶蛾斯氏线虫的工作而发生泌尿道感染，这种感染是由铜绿假单胞杆菌（*Pseudomonas aeruginosa*）引起的，用常规抗生素处理反应良好。

非共生细菌对于昆虫病原线虫产品的安全性来说并不是什么大问题。大多数商业化的昆虫病原线虫产品是在试管内使用线虫和线虫特异性共生菌的单菌培养。这种方法容易被非共生细菌或真菌污染而导致产量严重下降，所以必须十分小心以防止或消除污染。商业化的试管产品不含具有潜在危险的非共生菌。然而，对于商业化产品来说，可以视非共生细菌为安全的，在试管生产线虫的分离和研究阶段，如果有非共生细菌存在于试管中，就会有大量的培养基被污染。虽然 20 年商业化生产的记载说明非共生细菌的安全风险性很低，但我们并不能对其完全忽视。

15.6 结　　论

昆虫病原线虫中很多不同的种属和菌株都已经成功地应用于各个地方来控制多种不同的虫害。对于潜在的过敏性我们要时刻保持警惕，以防在产品生产和应用阶段昆虫病原线虫和它们的共生物直接暴露出这些问题，同样还要警惕与线虫有关联的非共生微生物的影响。线虫产品的质量控制规程中对已污染微生物存活度的测试也关注了这一点。

线虫的广泛应用还没有发现对人类或脊椎动物有明显的急性或慢性毒力，对非靶标无脊椎动物种群也没有长期的影响。因此，还无法找到任何和安全有关的因素来阻止我们使用昆虫病原线虫作为生物控制因子。

参 考 文 献

Aguillera, M.M., Hodge, N.C., Stall, R.E. and Smart, G.C. Jr (1993) Bacterial symbionts of *Steinernema scapterisci. Journal of Invertebrate Pathology* 62, 68–72.

Akhurst, R.J. (1982) Antibiotic activity of *Xenorhabdus* spp., bacteria symbiotically associated with insect pathogenic nematodes of the families Steinernematidae and Heterorhabditidae. *Journal of General Microbiology* 128, 3061–3065.

Akhurst, R.J., Bedding, R.A., Bull, R.M. and Smith, D.R.J. (1992) An epizootic of *Heterorhabditis* spp. (Heterorhabditidae: Nematoda) in sugar cane scarabaeids (Coleoptera). *Fundamental and Applied Nematology* 15, 71–73.

Akhurst, R.J. and Brooks, W.M. (1984) The distribution of entomophilic nematodes (Heterorhabditidae and Steinernematidae) in North Carolina. *Journal of Invertebrate Pathology* 44, 140–145.

Anonymous (1986) Microbial insecticides in Canada: their registration and use in agriculture, forestry and public and animal health. *Bulletin of the Entomological Society of Canada* 18, 43.

Anonymous (1987) EPA entomogenous nematode exemption letter. In: Hazard, W.R. (ed.) *Policy for Regulation of Nematode/Xenorhabdus Bacteria Biocontrol Agents*. Environmental Protection Agency Evaluation Division, Washington, DC.

Anonymous (2000) Assessment of scientific information concerning Starlink® Corn Cry9C Bt corn plant-pesticide; Notice. *Federal Register Part VI: Environmental Protection Agency* 65 (211), 65246–65251.

Babic, I., Fischer-Le Saux, M., Giraud, E. and Boemare, N. (2000) Occurrence of natural dixenic associations between the bacterial symbiont *Photorhabdus luminescens* and bacteria related to *Ochrobactrum* spp. in tropical entomopathogenic *Heterorhabditis* spp. (Nematoda, Rhabditida). *Microbiology* 146, 709–718.

Barber, S. (1999) Transgenic plants and safety regulations. In: Ammann, K., Jacot, Y., Simonsen, V. and Kjellsson, G. (eds) *Methods for Risk Assessment of Transgenic Plants. III. Ecological Risks and Prospects of Transgenic Plants*. Birkhäuser Verlag, Basel. pp. 155-158.

Barbercheck, M.E. and Millar, L.C. (2000) Environmental impacts of entomopathogenic nematodes used for biological control in soil. In: Follett, P.A. and Duan, J.J. (eds) *Nontarget Effects of Biological Control*. Kluwer Academic Publishers, Boston, pp. 287–308.

Battisti, A. (1994) Effects of entomopathogenic nematodes on the spruce web-spinning sawfly *Cephalcia arvensis* Panzer and its parasitoids in the field. *Biocontrol Science and Technology* 4, 95–102.

Bedding, R.A. and Molyneux, A.S. (1982) Penetration of insect cuticle by infective juveniles of *Heterorhabditis* spp. (Heterorhabditidae: Nematoda). *Nematologica* 28, 354–359.

Bedding, R.A., Tyler, S. and Rochester, N. (1996) Legislation on the introduction of exotic entomopathogenic nematodes into Australia and New Zealand. *Biocontrol Science and Technology* 6, 465–475.

Bird, A.F. and Akhurst, R.J. (1983) The nature of the intestinal vesicle in nematodes of the family Steinernematidae. *International Journal of Parasitology* 13, 599–606.

Boemare, N. (1983) Recherches sur les complexes némato-bacteriens entomopathogenes: Etude bactériologique, gnotobiologique et physiopathologique du mode d'action parasitaire de *Steinernema carpocapsae* Weiser (Rhabditida: Steinernematidae). Doctoral thesis, Université des Sciences et Techniques du Languedoc, Montpellier, 300 pp.

Boemare, N.E., Akhurst, R.J. and Mourant, R.G. (1993) DNA relatedness between *Xenorhabdus* spp. (Enterobacteriaceae), symbiotic bacteria of entomopathogenic nematodes, a proposal to transfer *Xenorhabdus luminescens* to a new genus, *Photorhabdus* gen. nov. *International Journal of Systematic Bacteriology* 43, 249–255.

Bonifassi, E., Fischer-Le Saux, M., Boemare, N., Lanois, A., Laumond, C. and Smart, G. (1999) Gnotobiological study of infective juveniles and symbionts of *Steinernema scapterisci*: a model to clarify the concept of the natural occurrence of monoxenic associations in entomopathogenic nematodes. *Journal of Invertebrate Pathology* 74, 164–172.

Bowen, D. and Ensign, J.C. (1998) Purification and characterization of a high-molecular-weight insecticidal protein complex produced by the entomopathogenic bacterium *Photorhabdus luminescens*. *Applied and Environmental Microbiology* 64, 3029–3035.

Buck, M. and Bathon, H. (1993) Effects of a field application of entomopathogenic nematodes (*Heterorhabditis* sp.) on the nontarget fauna, part 2: Diptera. *Anzeiger für Schädlingskunde Pflanzenschutz Umweltschutz* 66, 84–88.

Capinera, J.L., Blue, S.L. and Wheeler, G.S. (1982) Survival of earthworms exposed to *Neoaplectana carpocapsae* nematodes. *Journal of Invertebrate Pathology* 39, 419–421.

Dudney, R.A. (1997) Use of *Xenorhabdus nematophilus* Im/1 and 19061/1 for fire ant control. US Patent US 5,616,318 970,401. (Application Information US 95-483,820 950,609)

East, P.D., Cao, A. and Akhurst, R.J. (1998) Toxin genes from the bacterium *Xenorhabdus nematophilus* and *Photorhabdus luminescens. International Patent Application* PCT/AU98/00562.

Ehlers, R.-U. (1996) Current and future use of nematodes in biocontrol: practice and commercial aspects with regard to regulatory policy issues. *Biocontrol Science and Technology* 6, 303-316.

Ehlers, R.-U. and Hokkanen, H.M.T. (1996) Insect biocontrol with non-endemic entomopathogenic nematodes (*Steinernema* and *Heterorhabditis* spp.): conclusions and recommendations of a combined OECD and COST workshop on scientific and regulatory policy issues. *Biocontrol Science and Technology* 6, 295-302.

Farmer, J.J. III, Jorgensen, J.H., Grimont, P.A.D., Akhurst, R.J., Poinar, G.O. Jr, Ageron, E., Pierce, G.V., Smith, J.A., Carter, G.P., Wilson, K.L. and Hickman-Brenner, F.W. (1989) *Xenorhabdus luminescens* (DNA hybridization group 5) from human clinical specimens. *Journal of Clinical Microbiology* 27, 1594-1600.

Fischer-Le Saux, M., Mauléon, H., Constant, P., Brunel, B. and Boemare, N. (1998) PCR-ribotyping of *Xenorhabdus* and *Photorhabdus* isolates from the Caribbean region in relation to the taxonomy and geographic distribution of their nematode hosts. *Applied and Environmental Microbiology* 64, 4246-4254.

Fischer-Le Saux, M., Viallard, V., Brunel, B., Normand, P. and Boemare, N. (1999) Polyphasic classification of the genus *Photorhabdus* and proposal of new taxa: *P. luminescens* subsp. *luminescens* subsp. Nov., *P. luminescens* subsp *akhurstii* subsp. nov., *P. luminescens* subsp. *laumondii* subsp. nov., *P. temperata* sp. nov., *P. temperata* subsp. *temperata* subsp. nov. and *P. asymbiotica* sp. nov. *International Journal of Systematic Bacteriology* 49, 1645-1656.

Gaugler, R. and Boush, G.M. (1979) Nonsusceptibility of rats to the entomogenous nematode, *Neoaplectana carpocapsae. Environmental Entomology* 8, 658-660.

Gaugler, R., Glazer, I., Campbell, J.F. and Liran, N. (1994) Laboratory and field evaluation of an entomopathogenic nematode genetically selected for improved host-finding. *Journal of Invertebrate Pathology* 63, 68-73.

Gaugler, R., Wilson, M. and Shearer, P. (1997) Field release and environmental fate of a transgenic entomopathogenic nematode. *Biological Control* 9, 75-80.

Georgis, R. (1992) Present and future prospects for entomopathogenic nematode products. *Biocontrol Science and Technology* 2, 83-99.

Georgis, R., Kaya, H.K. and Gaugler, R. (1991) Effect of steinernematid and heterorhabditid nematodes (Rhabditida: Steinernematidae and Heterorhabditidae) on nontarget arthropods. *Environmental Entomology* 20, 815-822.

Gorsuch, A.M. (1982) Regulations for the enforcement of the Federal Insecticide, Fungicide and Rodenticide Act: Exemption from regulation of certain biological control agents. *Federal Register* 47, 23928-23931.

Grewal, P.S., Lewis, E.E. and Venkatachari, S. (1999) Allelopathy: a possible mechanism of suppression of plant-parasitic nematodes by entomopathogenic nematodes. *Nematology* 1, 735-743.

Han, R. and Ehlers, R.-U. (1999) Trans-specific nematicidal activity of *Photorhabdus luminescens. Nematology* 1, 687-693.

Hashmi, S., Ling, P., Hashmi, G., Reed, M., Gaugler, R. and Trimmer, W. (1995) Genetic transformation of nematodes using arrays of micromechanical piercing structures. *BioTechniques* 19, 766-770.

Helgason, E., Økstad, O.A., Caugant, D.A., Johnansen, H.A., Fouet, A., Mock, M., Hegna, I. and Kolstø, A.-B. (2000) *Bacillus anthracis, Bacillus cereus,* and *Bacillus thuringiensis* – one species on the basis of genetic evidence. *Applied and Environmental Microbiology* 66, 2627–2630.

Hill, D.E. (1998) Entomopathogenic nematodes as control agents of developmental stages of the black-legged tick, *Ixodes scapularis*. *Journal of Parasitology* 84, 1124–1127.

Hominick, W.M. and Collins, S.A. (1997) Application of ecological information for practical use of insect pathogenic nematodes. Symposium Proceedings No. 68. *Microbial insecticides: Novelty or Necessity?* British Crop Protection Council, Farnham, pp. 73–82.

Hu, K., Li, J. and Webster, J.M. (1999) The nematicidal metabolites of the bacterial symbionts of entomopathogenic nematodes. *Journal of Nematology* 30, 500.

Ishibashi, N., Young, F., Nakashima, M., Abiru, C. and Haraguchi, N. (1987) Effects of application of DD-136 on silkworm, *Bombyx mori*, predatory insect, *Agriophodorus dohrni*, parasitoid, *Trichomalus apanteloctenus*, soil mites, and other non-target soil arthropods, with brief notes on feeding behaviour and predatory pressure of soil mites, tardigrades, and predatory nematodes on DD-136 nematodes. In: Ishibashi, N. (ed.) *Recent Advances in Biological Control of Insect Pests by Entomogenous Nematodes in Japan*. Ministry of Education, Culture and Science, Japan, Saga University, Japan, pp. 158–164.

Jackson, G.J. and Bradbury, P.C. (1970) Cuticular fine structure and molting of *Neoaplectana glaseri* (Nematoda), after prolonged contact with rat peritoneal exudate. *Journal of Parasitology* 56, 108–115.

Jackson, T.J., Wang, H., Nugent, M.J., Griffin, C.T., Burnell, A.M. and Dowds, B.C.A. (1995) Isolation of insect pathogenic bacteria, *Providencia rettgeri*, from *Heterorhabditis* spp. *Journal of Applied Bacteriology* 78, 237–244.

Jansson, R.K. (1993) Introduction of exotic entomopathogenic nematodes (Rhabditida: Heterorhabditidae and Steinernematidae) for biological control of insects: potential and problems. *Florida Entomologist* 76, 82–96.

Jaworska, M. (1991) Infection of the terrestrial isopod *Porcellio scaber* Latr. and millipede *Blaniulus guttulatus* Bosc. with entomopathogenic nematodes (Nematoda: Rhabditida) in laboratory conditions. *Folia Horticulturae* 3, 115–120.

Jaworska, M. (1993) Laboratory infection of slugs (Gastropoda: Pulmonata) with entomopathogenic nematodes (Rhabditida: Nematoda). *Journal of Invertebrate Pathology* 61, 223–224.

Kaya, H.K. (1978) Infectivity of *Neoaplectana carpocapsae* and *Heterorhabditis heliothidis* to pupae of the parasite *Apanteles militaris*. *Journal of Nematology* 10, 241–244.

Kaya, H.K. (1984) Effect of the entomogenous nematode *Neoaplectana carpocapsae* on the tachinid parasite *Compsilura concinnata* (Diptera: Tachinidae). *Journal of Nematology* 16, 9–13.

Kaya, H.K. and Gaugler, R. (1993) Entomopathogenic nematodes. *Annual Review of Entomology* 38, 181–206.

Kermarrec, A. and Mauléon, H. (1985) Potential noxiousness of the entomogenous nematode *Neoaplectana carpocapsae* Weiser to the Antillan toad *Bufo marinus* L. *Mededelingen Faculteit Landbouwkundige University of Gent* 50, 831–838.

Kermarrec, A., Mauléon, H., Sirjusingh, C. and Baud, L. (1991) Experimental studies on the sensitivity of tropical vertebrates (toads, frogs and lizards) to different species of entomoparasitic nematodes of the genera *Heterorhabditis* and *Steinernema*. In: Pavis, C. and Kermarrec, A. (eds) *Rencontres Caraïbes en Lutte Biologique*. Institut National de la Recherche Agronomique, Paris, France. (Les Colloques; 58). pp. 193–204.

Kobayashi, M., Okano, H. and Kirihara, S. (1987) The toxicity of steinernematid and heterorhabditid nematodes to the male mice. In: Ishibashi, N. (ed.) *Recent Advances in Biological Control of Insect Pests by Entomogenous Nematodes in Japan*. Ministry of Education, Culture and Science, Japan, Saga University, Japan, pp. 153–157.

Lemire, S., Coderre, D., Vincent, C. and Bélair, G. (1996) Lethal and sublethal effects of the entomogenous nematode, *Steinernema carpocapsae*, on the coccinellid *Harmonia axyridis. Nematropica* 26, 284-285.

Li, J.X., Chen, G.H. and Webster, J.M. (1997) Nematophin, a novel antimicrobial substance produced by *Xenorhabdus nematophilus* (Enterobacteriaceae). *Canadian Journal of Microbiology* 43, 770-773.

Li, P.S., Deng, C.S., Zhang, S.G. and Yang, H.W. (1986) Laboratory studies on the infectivity of the nematode *Steinernema glaseri* to *Oncomelania hupensis*, a snail intermediate host of blood fluke, *Schistosoma japonicum. Chinese Journal of Biological Control* 2, 50-53.

Liu, J., Poinar, G.O. Jr and Berry, R.E. (2000) Control of insect pests with entomopathogenic nematodes: the impact of molecular biology and phylogenetic reconstruction. *Annual Review of Entomology* 45, 287-306.

Lysenko, O. and Weiser, J. (1974) Bacteria associated with the nematode *Neoaplectana carpocapsae* and the pathogenicity of this complex for *Galleria mellonella* larvae. *Journal of Invertebrate Pathology* 24, 332-336.

Mauléon, H., Barré, N. and Panoma, S. (1993) Pathogenicity of 17 isolates of entomophagous nematodes (Steinernematidae and Heterorhabditidae) for the ticks *Amblyomma variegatum* (Fabricius), *Boophilus microplus* (Canestrini) and *Boophilus annulatus* (Say). *Experimental and Applied Acarology* 17, 831-838.

Maxwell, P.W., Chen, G., Webster, J.W. and Dunphy, G.B. (1994) Stability and activities of antibiotics produced during infection of the insect *Galleria mellonella* by two isolates of *Xenorhabdus nematophilus. Applied and Environmental Microbiology* 60, 715-721.

McInerney, B.V., Gregson, R.P., Lacey, M.J., Akhurst, R.J., Lyons, G.R., Rhodes, S.H., Smith, D.R.J., Engelhardt, L.M. and White, A.H. (1991a) Biologically active metabolites from *Xenorhabdus* spp., part 1. Dithiolopyrrolone derivatives with antibiotic activity. *Journal of Natural Products*, 54, 774-784.

McInerney, B.V., Taylor, W.C., Lacey, M.J., Akhurst, R.J. and Gregson, R.P. (1991b) Biologically active metabolites from *Xenorhabdus* spp., part 2. Benzopyran-1-one derivatives with gastroprotective activity. *Journal of Natural Products*, 54, 785-795.

Molyneux, A.S., Bedding, R.A. and Akhurst, R.J. (1983) Susceptibility of larvae of the sheep blowfly *Lucilia cuprina* to various *Heterorhabditis* spp., *Neoaplectana* spp., and an undescribed steinernematid (Nematoda). *Journal of Invertebrate Pathology* 42, 1-7.

Morgan, J.A.W., Kuntzelmann, V., Tavernor, S., Ousley, M.A. and Winstanley, C. (1997) Survival of *Xenorhabdus nematophilus* and *Photorhabdus luminescens* in water and soil. *Journal of Applied Microbiology* 83, 665-670.

Mracek, Z. (1977) *Steinernema kraussei*, a parasite of the body cavity of the sawfly, *Cephaleia abietis*, in Czechoslovakia. *Journal of Invertebrate Pathology* 30, 87-94.

Ng, K.K. and Webster, J.M. (1997) Antimycotic activity of *Xenorhabdus bovienii* (Enterobacteriaceae) metabolites against *Phytophthora infestans* on potato plants. *Canadian Journal of Plant Pathology* 19, 125-132.

Nguyen, K.B. and Smart, G.C. Jr (1991) Pathogenicity of *Steinernema scapterisci* to selected invertebrates. *Journal of Nematology* 23, 7-11.

Nickle, W.R., Drea, J.J. and Coulson, J.R. (1988) Guidelines for introducing beneficial insect-parasitic nematodes into the United States. *Annals of Applied Nematology* 2, 50-56.

Nüutinen, V., Tyni-Juslin, J., Vänninen, I. and Vainio, A. (1991) The effects of four entomopathogenic fungi and an entomoparasitic nematode on the hatching of earthworm (*Aporrectodea caliginosa*) cocoons in laboratory. *Journal of Insect Pathology* 58, 147-149.

Obendorf, D.L., Peel, B., Akhurst, R.J. and Miller, L.A. (1983) Non-susceptibility of mammals to the entomopathogenic bacterium *X. nematophilus. Environmental Entomology* 12, 368–370.

Parkman, J.P. and Smart, G.C. Jr (1996) Entomopathogenic nematodes, a case study: introduction of *Steinernema scapterisci* in Florida. *Biocontrol Science and Technology* 6, 413–419.

Paul, V.J., Frautschy, S., Fenical, W. and Nealson, K.H. (1981) Antibiotics in microbial ecology: isolation and structure assignment of several new antibacterial compounds from the insect-symbiotic bacteria *Xenorhabdus* spp. *Journal of Chemical Ecology* 7, 589–597.

Peel, M.M., Alfredson, D.A., Gerrard, J.G., Davis, J.M., Robson, J.M., McDougall, R.J., Scullie, B.L. and Akhurst, R.J. (1999) Isolation, identification, and molecular characterization of strains of *Photorhabdus luminescens* from infected humans in Australia. *Journal of Clinical Microbiology* 37, 3647–3653.

Peters, A. (1996) The natural host range of *Steinernema* and *Heterorhabditis* spp. and their impact on insect populations. *Biocontrol Science and Technology* 6, 389–402.

Poinar, G.O. Jr (1979) *Nematodes for Biological Control of Insects.* CRC Press, Boca Raton, Florida, 227 pp.

Poinar, G.O. Jr (1989) Non-insect hosts for the entomogenous rhabditoid nematodes *Neoaplectana* (Steinernematidae) and *Heterorhabditis* (Heterorhabditidae). *Revue de Nématologie* 12, 423–428.

Poinar, G.O. Jr and Georgis, R. (1990) Characterization and field application of *Heterorhabditis bacteriophora* strain HP88 (Heterorhabditidae: Rhabditida). *Revue de Nématologie* 13, 387–393.

Poinar, G.O. Jr and Thomas, G.M. (1988) Infection of frog tadpoles (Amphibia) by insect parasitic nematodes (Rhabditida). *Experientia* 44, 528–531.

Poinar G.O. Jr, Thomas, G.M. Presser, S.B. and Hardy, J.L. (1982) Inoculation of entomogenous nematodes, *Neoaplectana* and *Heterorhabditis* and, their associated bacteria, *Xenorhabdus* spp., into chicks and mice. *Environmental Entomology* 11, 137–138.

Poinar, G.O. Jr, Karunakar, G.K. and Hastings, D. (1992) *Heterorhabditis indicus* n. sp. (Rhabditida: Nematoda) from India: separation of *Heterorhabditis* spp. by infective juveniles. *Fundamental and Applied Nematology* 15, 467–472.

Potter, D.A., Spicer, P.G., Redmond, C.T. and Powell, A.J. (1994) Toxicity of pesticides to earthworms in Kentucky bluegrass turf. *Bulletin of Environmental Contamination and Toxicology* 52, 176–181.

Raulston, J.R., Pain, S.D., Loera, J. and Cabanillas, H.E. (1992) Prepupal and pupal parasitism of *Helicoverpa zea* and *Spodoptera frugiperda* (Lepidoptera: Noctuidae) by *Steinernema* sp. in cornfields in the lower Rio Grande Valley. *Journal of Economic Entomology* 85, 1666–1670.

Rethmeyer, U. and Bathon, H. (1992) Impact of entomopathogenic nematodes on the coleopteran fauna. *Mitteilungen der Deutschen Gesellschaft für Allgemeine und Angewandte Entomologie* 8, 115–119.

Richardson, P.N. (1996) British and European legislation regulating rhabditid nematodes. *Biocontrol Science and Technology* 6, 449–463.

Rizvi, S.A., Hennessey, R. and Knott, D. (1996) Legislation on the introduction of exotic nematodes in the US. *Biocontrol Science and Technology* 6, 477–480.

Ropek, D. and Jaworska, M. (1994) Effect of an entomopathogenic nematode, *Steinernema carpocapsae* Weiser (Nematoda, Steinernematidae), on carabid beetles in field trials with annual legumes. *Anzeiger für Schädlingskunde Pflanzenschutz Umweltschutz* 67, 97–100.

Samish, M. and Glazer, I. (1991) Killing ticks with parasitic nematodes of insects. *Journal of Invertebrate Pathology* 58, 281–282.

Shapiro, D.I., Berry, E.C. and Lewis, L.C. (1993) Interactions between nematodes and earthworms: enhanced dispersal of *Steinernema carpocapsae*. *Journal of Nematology* 25, 189–192.

Smith, K.A., Miller, R.W. and Simser, D.H. (1992) Entomopathogenic nematode bibliography: heterorhabditid and steinernematid nematodes. *A publication of the Nematode Subcommittee of the Southern Project S-240 Development of Entomopathogens as Control Agents for Insect Pests.* University of Arkansas, Arkansas Agriculture Experiment Station, Fayetteville, Arkansas. Wyatt, N.G. (ed.) Southern Cooperative Series Bulletin, 370 pp.

Strong, D.R., Kaya, H.K, Whipple, A.V., Child, A.L., Kraig, S., Bondonno, M., Dyer, K. and Maron, J.L. (1996) Entomopathogenic nematodes: natural enemies of root-feeding caterpillars on bush lupine. *Oecologia* 108, 167–173.

Szállás, E., Koch, C., Fodor, A., Burghardt, J., Buss, O., Szentirmai, A., Nealson, K.H. and Stackebrandt, E. (1997) Phylogenetic evidence for the taxonomic heterogeneity of *Photorhabdus luminescens. International Journal of Systematic Bacteriology* 47, 402–407.

Triggiani, O. (1985) Influence of *Steinernema* and *Heterorhabditis* (Rhabditida) on the parasitoid *Apanteles ultor* Rhd. (Hymenoptera: Braconidae). *La Difesa delle Piante* 8, 293–300.

Wang, J.X. and Liu, Z.M. (1983) The safety of the nematode, *Neoaplectana glaseri* Steiner, to vertebrates. II. A test on rabbits. *Natural Enemies of Insects* 5, 241–242.

Wang, J.X., Huang, J.T. and Chen, Q.S. (1984) The safety of the nematode *Neoaplectana glaseri* Steiner, to vertebrates. III. A test on monkeys, *Macaca mulatta. Natural Enemies of Insects* 6, 41–42.

Webster, J.M. (2000) The role and potential of secondary metabolites of the bacterial symbionts. Insect pathogens and insect parasitic nematodes. *IOBC/WPRS Bulletin* 23, 93–95.

Wilson, M.J., Glen, D.M., Hughes, L.A., Pearce, J.D. and Rodgers, P.B. (1994) Laboratory tests of the potential of entomopathogenic nematodes for the control of field slugs (*Deroceras reticulatum*). *Journal of Invertebrate Pathology* 64, 182–187.

Zhioua, E., Lebrun, R.A., Ginsberg, H.S. and Aeschlimann, A. (1995) Pathogenicity of *Steinernema carpocapsae* and *S. glaseri* (Nematode: Steinernematidae) to *Ixodes scapularis* (Acari: Ixodidae). *Journal of Medical Entomology* 32, 900-905.

16 影响昆虫病原线虫商业化进程的因素：以在棉花、草坪和柑橘上的应用为例

David I. Shapiro-Ilan[1]，Dawn H. Gouge[2] 和 Albrecht M. Koppenhöfer[3]

[1]*USDA-ARS, SE Fruit and Tree Nut Research Lab, Byron, Georgia 31008, USA;*

[2]*Department of Entomology, University of Arizona, Maricopa, Arizona 85239, USA;*

[3]*Department of Entomolgy, Rutgers University, New Brunswick, New Jersey 08901, USA*

16.1 引　　言

昆虫病原线虫的商品化历经坎坷，成功的例子包括对蔗根非耳象（*Diaprepes abbreviatus*）(Duncan et al.，1996；Grewal and Georgis，1998)、黑葡萄耳象（*Otiorhynchus sulcatus*）(Georgis et al.，1991)、谷茎象甲属（*Sphenophorus* spp.）(Smith，1994)、蘑

菇和温室植物的菌类害虫防治（Gouge and Hague，1995；Grewel and Georgis，1998），但是每个成功例子都经历了多次失败。在很多情况下，尽管有些害虫，如为害蔬菜和玉米的马铃薯叶甲（*Leptinotarsa decemlineata*）（Wright et al.，1987）、为害玉米的谷实夜蛾（*Helicoverpa zea*）（Cabanillas and Raulston，1996）、城市和工业环境中的蟑螂（Appel et al.，1993），在实验室和田间试验都显示对线虫很敏感，但应用起来却很难。昆虫病原线虫对 200 多种昆虫有致病作用（Poinar，1979；Klein，1990），但目前只有一少部分成功地应用线虫进行防治。本章主要从生物防治方面分析影响应用线虫成功和失败的因素，以 3 种不同作物体系害虫的防治研究为例作为我们分析的依据，所选用的这些体系说明了线虫应用从失败（棉花）、部分成功（草坪），到完全成功（柑橘）。

16.2 棉　　花

棉花是世界上最重要的天然纺织纤维，它是多年生植物，但是为了控制有害生物种群，把它作为一年生植物种植。棉花上的害虫能够显著影响棉花的产量和品质（Schwartz，1983）。其经济阈值受很多因素影响，包括棉花生长期的损害和收获期的预测值。一些棉花害虫对昆虫病原线虫是敏感的，包括美洲棉铃虫（谷实夜蛾）、草地贪夜蛾（*Spodoptera frugiperda*）、甜菜夜蛾（*Spodoptera exigua*）、粉纹夜蛾（*Trichoplusia ni*）、烟草夜蛾（*Heliothis virescens*）和棉红铃虫（*Pectinophora gossypiella*）（Raulston et al.，1992；Henneberry et al.，1995a；Gouge et al.，1999）。这里我们重点介绍棉红铃虫，因为在使用昆虫病原线虫防治棉红铃虫方面已经有很多的研究。

棉红铃虫是一种外来生物，1917 年第一次在美国为害种子，该虫来自于墨西哥（Spears，1968），现在已经成为美国西部主要的棉花害虫，并且已经威胁到棉花产区加利福尼亚州的圣华金河谷，现在确定棉红铃虫已经危害到亚利桑那州、加利福尼亚州、新墨西哥州、部分俄克拉荷马州、佛罗里达州和得克萨斯州西部，而且在阿肯色州、路易斯安那州和密苏里州也有发现。

棉红铃虫以滞育期幼虫越冬，然后在春季和夏初化蛹、羽化（Bariola and Henneberry，1980）。棉红铃虫通过幼虫取食而降低棉蕾和种子的产量，也影响棉蕾的品质。棉红铃虫通过提供传染途径也加剧了植物病原菌的危害，如黄曲霉（*Aspergillus flavus*）所产生的危害。从 1966-1980 年，在加利福尼亚州的 Imperial 流域，每年棉花的损失平均占作物总值的 26%，使棉花的种植面积显著减少（Naranjo et al.，1995），目前的防治方法是在棉蕾成熟期针对成虫使用化学药剂喷雾和利用转基因的杀虫品种。

16.2.1 线虫防治棉红铃虫的研究进展

在 20 世纪 90 年代初，人们发现小卷叶蛾斯氏线虫（*Steinernema carpocapsae*）和锐比斯氏线虫（*Steinernema riobrave*）对棉红铃虫幼虫有很高的侵染力（Lindegren et al.，1992，1993a，1994）。人们对锐比斯氏线虫特别感兴趣，因为它是从鳞翅类寄主体内分离出来的，这种寄主昆虫生活在得克萨斯州干旱地区 Lower Rio 大峡谷（Cabanillas et al.，1994）。在美国西部农业生态系统中，与小卷叶蛾斯氏线虫相比，锐比斯氏线虫具有更好地搜寻寄主的能力（Lindegren et al.，1963a），并且更耐高温（Henneberry et al.，1996a）。小面积试验显示昆虫病原线虫对棉红铃虫的防治具有很好的应用前景（Lindegren et al.，1993b；Henneberry et al.，1995a，1995b，1996b）。例如，在亚利桑那州锐比斯氏线虫处理的田间试验显示，大部分线虫可以存活 19d，并且处理后 75d 仍可回收到线虫（Gouge et al.，1996）。与未处理的相比，被害棉蕾数量减少，产量增加 19%。在得克萨斯州用锐比斯氏线虫和小卷叶蛾斯氏线虫的棉田试验也都得到了相似的结果（Gouge et al.，1997），不过也只有小卷叶蛾斯氏线虫和锐比斯氏线虫在田间条件下做了试验。

16.2.2 影响防治效果的因素

16.2.2.1 生物气候因子

生物防治的田间效果取决于昆虫病原线虫田间施用时期和害虫易感期的相互关系，一些室内和田间的研究已经证实，棉红铃虫的两个龄期幼虫在土壤中对昆虫病原线虫比较敏感，即化蛹前期和幼虫滞育期（Henneberry et al.，1995a；Gouge et al.，1997），蛹不易被斯氏线虫侵染（Henneberr et al.，1995a）。

16.2.2.2 环境因子

在线虫应用期间适时灌溉和保持适宜的土壤湿度是线虫运动、存活和侵染的必要条件（Georgis and Gaugler，1991）。Henneberry 等（1996b）发现在良好灌溉条件下，施用锐比斯氏线虫后棉红铃虫死亡率增加。因为施用线虫需要灌溉，所以只有灌溉条件好的棉花种植区使用线虫才会有较好的效果（T. J. Henneberry，美国亚利桑那州，2000，个人交流）。除了新墨西哥州东部的小部分地区，整个西部棉田灌溉都很好，但是对于整个美国只有 37%的棉田能得到灌溉，如果棉红铃虫在东部和中部发生，这种灌溉处理将非常必要。

温度影响线虫的活动、共生菌活性，或者二者都被影响，从而影响斯氏线虫的毒性（Kaya，1990；Grewal et al.，1994）。棉花田的地下温度一般高于 28℃，而地表温度可达 50℃。锐比斯氏线虫对棉红铃虫侵染在 28.5℃时效果最好，至 36℃时仍可侵染；小卷叶蛾斯氏线虫和嗜菌异小杆线虫（*H. bacteriophora*）在 25℃时侵染效果最好（Gouge et al.，1999）。其他种线虫在高温条件下也能侵染昆虫，但没有用于防治棉红铃虫，如格氏斯氏线虫（*S. glaseri*）、*S. anomoli*（Grewal et al.，1994）和印度异小杆线虫（*H. indica*）（Shapiro and McCoy，2000a）。

16.2.2.3 应用的方法和时期

利用灌溉系统已经将昆虫病原线虫应用到棉红铃虫防治中（Lindegren et al.，1992；Forlow Jech and Henneberry，1997），在地下应用一种轮轴或圆盘系统（K. A. Smith，美国亚利桑那州，2000，个人交流），地上使用多种喷雾设备，包括航空设备。这些方法之间还没有在实验上做过比较，但是线虫在灌溉后应用或随水灌溉与其他方法相比可减少干燥和紫外线的照射，理论上能减少线虫的死亡率。

在种植前灌溉时施用线虫防治滞育地下害虫幼虫，此时土壤温度低又没有植物的阻碍，无疑是最方便的途径。但是，滞育期的棉红铃虫有较高的移动性（Flint and Merkle，1981），而且除非大面积采用这种方法，否则局部保护只能起到短期效果。而在棉花植株长大，开始开花以后，在相对较小的地域使用线虫会更为有效。

在早期施用侵染期线虫量为每公顷 2.5×10^9 条时，棉红铃虫的死亡率达到最高，应用小卷叶蛾斯氏线虫和锐比斯氏线虫后的死亡率分别为 92.5%和 100%（Henneberry et al.，1996b），中期侵染期幼虫施用量为每公顷 3.25×10^9 条（沟施，死亡率达 100%）（Gouge et al.，1996）。然而，加强施用标准和减少用量，进行多次使用的效果还有待于进一步研究。

16.2.3 现状及分析

尽管应用昆虫病原线虫防治棉红铃虫非常有效，但这种防治手段还不是完全可行，因为这种方法很难竞争过当前的防治方法，化学杀虫剂对棉红铃虫的防治效果已被人们接受，而且现在人们更倾向于转基因棉花。苏云金芽孢杆菌（*Bacillus thuringiensis*，BT）内的毒素基因已经被直接转到棉花中，形成具有杀虫特性的转基因品种。2000 年在亚利桑那州种植的棉花中大约 70%都是 BT-棉花。比起线虫，BT-棉花更经济，而且可以同时防治几种害虫，包括棉红铃虫、棉铃虫和烟草夜蛾。在美国，棉花种植者每公顷转基因种子花费 87 美元，而使用锐比斯氏线虫按每公顷 2.5×10^9 条，每公顷要花费 312.5 美元。另外，因为 BT-棉花对非靶标作物和环境的影响也很小，使得线虫相对于化学杀虫剂在生态学方面的优点也不占优势了，BT-棉花和化学杀虫剂的另外一个优点就是比线虫使用更方便，故人们很少考虑用昆虫病原线虫防治棉花害虫。

昆虫病原线虫防治棉红铃虫的前景不是很乐观，因为转基因棉花品种在棉花产区已被广泛使用，对害虫综合治理有很好的前景。与此同时，人们主要关注 BT-棉花上的昆虫对 BT-毒素的抗性，但早已证明这种抗性非常微小，而且人们正在使用基因叠加技术开发新的转基因棉花品种，如多个基因编码不同的行为模式。在未来的一段时间内，转基因棉花大有前景。因此，棉红铃虫是一个经典的例子，可以用昆虫病原线虫防治害虫，但是由于一些实际原因，在常规棉花田中线虫没有得到应用。

昆虫病原线虫在棉花综合治理上唯一可以起作用的是在彩棉上，彩棉的价值是传统种植棉花的 2-3 倍，线虫的应用才具有可行性，但是人们对彩棉的种植兴趣在 20 世纪 90 年代中期就大减，除非人们现在恢复对彩棉的种植兴趣，否则线虫不会用在棉花的综合治理上。

16.3 草　　坪

草坪草与一般的草种相比，被广泛地种植作为永久或半永久性绿化（如庄园、墓地、农场、高尔夫球场和运动场）。不同的草坪系统之间，在价值、投入、需求损伤阈值都有很大的不同，因此对于害虫的耐受性也大不相同。草坪系统损伤阈值一般比较低，很多昆虫被认为是害虫（Potter，1998；Vittum et al.，1999），其中一些害虫可以使用昆虫病原线虫来防治。这部分将重点介绍一些昆虫病原线虫的靶昆虫，如蛴螬［鞘翅目（Coleoptera）：金龟科（Scarabaeidae）］、蝼蛄（*Scapteriscus* spp.）、谷茎象甲属（*Sphenophorus* spp.）和小地老虎（*Agrotis ipsilon*）。其他已经被线虫控制的害虫有一年生兰草象鼻虫（*Listronotus maculicollis*）、地老虎、黏虫、草地螟和欧洲大蚊（*Tipula paludosa*）。

16.3.1 蛴螬

蛴螬是世界上最重要的草坪害虫，它是金龟子类的幼虫，取食植物根。很多重要的种是一年发生一代，成虫在 6 月盛发，在土壤中产卵，夏季末大部分幼虫在 3 龄和末龄龄期，越冬后幼虫春天继续取食，直到夏初化蛹。大龄幼虫食量大，可造成大面积草坪枯死，特别是在温暖和干燥的环境下为害更重。另外，一些昆虫天敌如脊椎动物和食肉动物，即使在低密度时也能够拔起草坪取食幼虫而造成次级危害。

16.3.1.1 昆虫病原线虫防治草坪的研究进展

作为线虫的靶害虫，关于蛴螬的研究最多（Klein，1990，1993）。作为地下害虫，蛴螬更易受到线虫攻击，许多线虫种和品系都是从蛴螬中分离得到的（Peters，1996）。然而，由于它们与土壤病原物的协同进化，在幼虫当中，蛴螬已经形成了一些防御机制，使它们能不同程度地抵抗线虫的侵染。

从日本金龟子（*Popillia japonica*）幼虫中分离的格氏斯氏线虫，第一次报道用于新泽西州防治害虫（Glaser，1932；Fleming，1968）。因为缺少对线虫共生菌的认识，导致大规模的引入计划失败（Gaugle et al.，1992），即使这样，这些成就也为未来昆虫病原线虫的发展和作为生物防治因子奠定了基础。

20 世纪 80 年代早期昆虫病原线虫的商业化，促使人们重新努力将线虫用于蛴螬的生物防治。人们发现异小杆线虫属（*Heterorhabditis* spp.）和格氏斯壬线虫的生防效果比夜蛾斯氏线虫和小卷叶蛾斯氏线虫要好（Klein，1990，1993）。美国大部分地区都用小卷叶蛾斯氏线虫和嗜菌异小杆线虫（*H. bacteriophora*）进行田间试验，因为这两个种比较容易获得。一项关于在 1984-1988 年对日本丽金龟控制的 82 个田间试验分析结果显示，嗜菌异小杆线虫在适宜的条件下使用，与标准杀虫剂的作用效果相同，而最广泛使用的小卷叶蛾斯氏线虫却不适合用于防治蛴螬。20 世纪 90 年代对线虫防治蛴螬效果的影响因素进行了更深入的研究和生产技术的改进，其结果也证实了上述结论。用于异小杆线虫属的液体培养基的开发提高了生产效率，这使得线虫用于蛴螬的防治更具有可行性。

16.3.1.2 影响线虫防治效果的因素

线虫防治蛴螬的效果受多种生物和非生物交互作用的影响。土壤和植被之间有机物的沉积，如茅草的厚度限制线虫的向下运动，使防治效果降低（Georgis and Gaugler，1991；Zimmerman and Cranshaw，1991）。当土壤温度为 20℃时，线虫的防治效果较好，尤其是嗜菌异小杆线虫对蛴螬的侵染力显著增加（Georgis and Gaugler，1991）。增加灌溉次数、灌溉量和土壤湿度能够提高防治效果（Shetlar et al.，1988；Georgis and Gaugler，1991）。线虫在质地细的土壤中效果更好，因为土壤质地细，能够更好地保持水分，并限制线虫在蛴螬少出现的上层土壤中运动（Georgis and Gaugler，1991）。

由于与土壤病原物的协同进化，蛴螬对线虫产生了一些防御机制，如蛴螬减少二氧化碳的释放、在气孔上形成筛网、经常清洗、防御和逃避行为、围食膜增厚和免疫力增强。为了提高线虫的防效，关键要找到能够在生物学和生态学上适合蛴螬生活环境的线虫种。通常运动性强的“追击型”（cruiser）线虫如异小杆线虫或格氏斯氏线虫比“伏击型”（ambusher）的小卷叶蛾斯氏线虫对深层地下害虫侵染效果更好（Gaugler et al.，1997a）（参见第 10 章）。这些种搜寻寄主方式的不同，说明异小杆线虫和格氏斯氏线虫比小卷叶蛾斯氏线虫更适用于防治日本丽金龟，此外线虫及共生细菌与蛴螬免疫系统间相互作用也不同（Cui et al.，1993；Wang et al.，1995）（参见第 4 章）。所有线虫都能引起日本丽金龟子非常强的免疫反应，大部分嗜菌异小杆线虫一般能被日本丽金龟的黑色素包埋致死，而格氏斯氏线虫能逃脱黑色素的包埋。

尽管缺乏直接的比较，但显然线虫对蛴螬的防治效果与金龟子和线虫的种类有关。例如，东方异丽金龟（*Exomala orientalis*）不如日本金龟子对嗜菌异小杆线虫易感，而欧洲金龟子（*Rhizotrogus majali*）或者紫绒鳃角金龟（*Maladera castanea*）对嗜菌异小杆线虫有抵抗性（Koppenhöfer，未发表数据）。但是最近分离出的一种异小杆线虫对亚洲花园金龟子（紫绒鳃角金龟）有防治效果，但对东方丽金龟子（*Exomala orientalis*）和欧洲金龟子防治效果较差（R. Cowles，康涅狄克农业试验站，2000，个人交流）。不同种金龟子幼虫对线虫的易感性不同（Deseö et al.，1990；Fujiie et al.，1993；Smits et al.，1994）。防御机制表现的不同可能是由于线虫易感性的不同，日本丽金龟的防御和逃避习性比伪装的金龟子和多毛犀金龟（*Cyclocephala hirta*）强很多（Koppenhöfer et al.，2000），但是后者却比前者对线虫不易感，专家学者认为可能存在其他防御机制。

16.3.1.3 现状及分析

尽管在线虫的研究和开发上已经做了相当多的工作，但是应用线虫防治蛴螬仍受到限制。蛴螬类害虫种类的多样性和对不同种线虫易感程度的不同，都造成线虫应用困难。但也有一些成功的例子。日本的两个公司最近开始销售格氏斯氏线虫（SDS Biotech K.K.）和 *S. kushidai* 用于防治日本高尔夫球场蛴螬，而德国有 1/3 的公司（E-Nema Gmbh）也生产嗜菌异小杆线虫用于德国同样的市场。在美国一些小公司生产异小杆线虫属用于防治蛴螬，由于线虫活体培养的价格昂贵，线虫的应用受到限制，只能用于小面积庄园。

经济效益低与化学杀虫剂的竞争阻碍了线虫的广泛应用，单从防治效果看，线虫能够被人们在一定程度上接受，但实际上活体培养的花费每公顷至少 500 美元，是杀虫效果相似的有机磷类杀虫剂的 4 倍多。这些逐步被淘汰的化学制剂比使用线虫更经济，但是新型低残留化学杀虫剂仍然阻碍线虫商品用于蛴螬的防治。这些新型低毒化学杀虫剂的费用在每公顷 250 美元左右，如吡虫啉（imidacloprid）和氯虫酰肼（halofenozide）。由于这些杀虫剂的防治效果随着害虫长大而降低，因此这些杀虫剂必须在害虫暴发预测之前应用，包括大面积草坪的处理可能需要部分或者不处理。这些化学杀虫剂在预防作用上的花费比线虫的活体培养费用还要高，而且使用线虫相当有效（接近 100%），并且对人畜相当安全，符合综合治理的原则，尤其是在一些不考虑费用问题的地方（如许多高尔夫球场）。因此，目前用线虫防治蛴螬仅在一些化学杀虫剂受到限制的国家（如德国、日本）或小贸易区如庄园中使用。

尽管线虫的应用前景有所改善（例如，生产成本的降低，有更多的病原线虫种或品系，对蛴螬-线虫相互作用更深入的了解），但由于化学杀虫剂的竞争，线虫作为生物杀虫剂用于防治蛴螬仍然受到限制。随着线虫作为可替代的生物杀虫剂的发展，线虫用于治理蛴螬也许会有更好的前景，例如，更好地保护和调控草坪中分布广泛的自然线虫种群，可以用于防止蛴螬的暴发。

16.3.2　蝼蛄

1900 年，蝼蛄从美国南部被带到佛罗里达后就成为美国东南部一种主要的草地害虫，其成虫和若虫破坏草根和嫩枝并以草根和嫩枝为食，它们以此方式大量繁殖并在地下挖掘隧道以扩大其活动范围。每年春天成虫排卵后死去，整个夏天害虫都是若虫状态直到夏末羽化为成虫。整个冬季都以成虫［茶色蝼蛄（西印度蝼蛄 *Scapteriscus vicinus*）或是若虫［南方蝼蛄（*S. borellii*）］状态度过。

16.3.2.1　用线虫控制蝼蛄的研究进展

最初的研究显示小卷叶蛾斯氏线虫对大田中的蝼蛄能够起到一定的控制作用（每公顷 2.5×10^9 条，平均防效 58%）（Georgis and Poinar，1994）。然而，美国南部在天敌的研究中，乌拉圭和阿根廷的蝼蛄分离得到一个新的线虫种蝼蛄斯氏线虫（*Steinernema scapterisci*）。后来将蝼蛄斯氏线虫引入美国用于防治蝼蛄（Parkman and Smart，1996），是昆虫病原线虫在生物防治中首次获得成功。试验研究后显示了蝼蛄斯氏线虫的生防潜力及对非靶标害虫的安全性。1985 年在牧场（Parkman et al.，1993a）和 1989 年在高尔夫球场（Parkman et al.，1994）共 $1hm^2$ 的区域应用了线虫。由于线虫的成功定殖，在 3 年内蝼蛄数量下降了 98%。线虫的寄生及感染在很大程度上减轻了蝼蛄的传播速度（Parkman et al.，1993b）。线虫的定殖还通过利用蝼蛄斯氏线虫侵染的死虫体和电子发音引诱器来吸引蝼蛄到达所在位置而致死（Parkman et al.，1993a）。这些试验证明蝼蛄斯氏线虫可以永久地定殖或被用作引入性天敌，而不是大规模重复使用。

1993 年，蝼蛄斯氏线虫被市场化，从而提高了作为引入性天敌的应用潜力。蝼蛄斯氏线虫能达到相当于标准化学杀虫剂的防治水平（平均 75%，Georgis and Poinar，1994）。蝼蛄斯氏线虫在高尔夫球场、跑马场和牧场的广泛应用加速了蝼蛄斯氏线虫的推广。

16.3.2.2　影响效果的因素

实验室和田间试验表明，蝼蛄斯氏线虫的效果受蝼蛄种类和发育阶段影响（Hudson and Nguyen，1989a，1989b；Nguyen and Smart，1991；Parkman and Frank，1992）。在实验室条件下，短翅蝼蛄（*S. abbreviatus*）不如对西印度蝼蛄和南方蝼蛄敏感。另外，在大田试验条件下，南方蝼蛄比西印度蝼蛄更敏感，也许由于它们具有较强的捕食习性，从而增加了与“伏击者”（ambusher）蝼蛄斯氏线虫的接触机会。蝼蛄蛹与成虫相对不易被侵染，并且较小的蛹更不容易受到蝼蛄斯氏线虫的影响。除蝼蛄斯氏线虫之外，锐比斯氏线虫也已经制成防治蝼蛄的制剂（Grewal and Georgis，1998）。锐比斯氏线虫已显示出对蝼蛄相同的防治效果，但对蝼蛄蛹无效并且不能反复循环利用（K. Smith，亚利桑那大学，2000，个人交流）。

16.3.2.3 现状与分析

也许用蝼蛄斯氏线虫防治蝼蛄最重要的方面是线虫可循环利用的能力，将有可能在美国蝼蛄广泛分布的区域投放线虫（Frank and Parkman，1999）。蝼蛄斯氏线虫是用于遭受蝼蛄严重破坏的牧场和草场中的理想生防因子。由于线虫从侵染地点向四周传播速度较慢，因此线虫的广泛应用或加速线虫传播速度的方法显得非常必要。而且，线虫活动能力已阻碍了它的应用，因此还要经历一段时间的研究才能将蝼蛄斯氏线虫投入商业应用。成本是限制线虫发展的主要因素。每公顷 240 美元，蝼蛄斯氏线虫远比普通杀虫剂贵，但是与一些用于草场的新型杀虫剂具有可比性。更重要的是，蝼蛄蛹对蝼蛄斯氏线虫防治效果的限制要求它必须在春天或秋天成虫羽化的季节使用，而在夏天防治虫蛹是非常必要的。此外，在佛罗里达东南部的蝼蛄斯氏线虫的效果不稳定，因为那里有丰富的非线虫易感型蝼蛄（短翅蝼蛄）。最后，由于缺乏竞争力和供应有限很难立足市场。最近几年，线虫在蝼蛄防治中的作用减小，甚至不起作用，此时，无论锐比斯氏线虫还是蝼蛄斯氏线虫都没有应用于蝼蛄的防治中。但是近年来对线虫应用的兴趣又重新复燃。最近 MicroBio 公司，一家已证明可以通过液体培养大量生产昆虫病原线虫的公司，获得了生产和销售蝼蛄斯氏线虫的高级认证（G. Gowling，英国，剑桥，MicroBio , 2000，个人交流）。时间将会证明这家公司（或其他公司）是否会让线虫在蝼蛄的防治中发挥更重要的作用。

16.3.3 喙甲

喙甲，即谷茎象甲属（*Sphenophorus* spp.）昆虫，是美国和日本重要的草场害虫，幼虫以茎、花冠和地下根茎部表皮为食，季节性生活史因其种类和所在纬度有所不同，关于喙甲-线虫相互关系的详细研究还未见报道。在俄亥俄州的田间试验表明，蓝草喙甲（早熟禾象甲 *Sphenophorus parvulus*）可以用小卷叶蛾斯氏线虫（平均防效 78%）或嗜菌异小杆线虫（平均防效 74%）来控制（Georgis and Poinar，1994；Smith，1994）。在日本，已经将小卷叶蛾斯氏线虫比普通杀虫剂更有效地应用于另一种喙甲（*S. venatus*）的防治上（平均控制效果 84%，普通杀虫剂对照为 69%）（Smith，1994；Kinoshita and Yamanaka，1998）。利用含有小卷叶蛾斯氏线虫和嗜菌异小杆线虫的线虫产品防治喙甲在美国没有被广泛应用，而在日本高尔夫球场主要利用小卷叶蛾斯氏线虫控制喙甲。这种差异的主要原因是在美国有用于防治喙甲更有效的杀虫剂，而日本比较缺乏这类产品。另外，在日本有利的环境条件（温度和降雨量）和适当的施用线虫的方法，如喷洒线虫后立即浇水，并严格按照标签说明使用线虫，能够使线虫发挥最大效果。

16.3.4 地老虎

地老虎是危害高尔夫球场草坪和树木的一种世界范围性难题。该虫的幼虫在草坪土壤的表面挖洞穴，夜间取食洞穴附近草的茎叶。它们一年可以繁殖多代。Georgis 和 Poinar（1994）指出嗜菌异小杆线虫对控制该害虫已达到令人满意的效果（平均 62%）。而小卷叶蛾斯氏线虫对该害虫的控制效果更有效（平均 95%）。虽然有如此高的防治效果，但是昆虫病原线虫并没有广泛地用于地老虎的防治。在这些高收益的草坪场地成本并不是主要限制原因，而是因为高尔夫球场对害虫危害的经济阈值很低，人们认为用化学杀虫剂比用线虫更能快速有效地防治地老虎。除非客户的观念有所改变，否则这种防治方式会一直使用下去。

16.4 柑　　橘

柑橘是果园作物，是一种多年生常绿灌木植物。害虫可以导致柑橘的产量和质量明显下降（Browning，1999）。经济损失取决于害虫是否造成直接或间接损害、损害的严重程度、水果是否进入鲜果或加工市场（加工成果汁或其他产品）。许多的柑橘害虫已经被用于昆虫病原线虫易感性试验，其中包括柑橘潜叶蛾（*Phyllocnistis citrella*）（Beattie et al.，1995）、地中海实蝇（*Ceralitis capitata*）（Lindergren et al.，1990）、加勒比按实蝇（*Anastrepha suspensa*）（Beavers and Calkins，1984）、玫瑰金龟子（*Asynonychus godmani*）（More and Lindegren，1996）。到目前为止，昆虫病原线虫防治柑橘害虫的研究最多的是对佛罗里达州和加勒比海象鼻虫危害柑橘根部系统的控制（Duncan et al.，1999；McCoy et al.，2000a），主要防治象甲类害虫（*Pachnacus* spp.）和蔗根非耳象。本章节研究和分析的重点就是这种柑橘根部象鼻虫的复杂性，主要是指蔗根非耳象——佛罗里达州最严重的柑橘害虫（Duncan et al.，1999）。

1964 年，首次在佛罗里达州发现蔗根非耳象（Wooddruff，1964），现在已经对佛罗里达州 15%的柑橘果树造成威胁（Duncan et al.，1999）。McCoy（1999）对这种害虫的生活史进行了概述，土壤中全年都有象甲成虫出现，而在春季 3-6 月的时候产生一个高峰（Stansly et al.，1997）。成虫以植物的叶片为食，幼虫在土壤内取食果树的根。经济损害主要是由幼虫的取食造成的，并且因为致病真菌疫霉菌（*Phytophthora* spp.）的侵入而加重危害（Duncan et al.，1999）。虽然化学杀虫剂可以杀死成虫，但是对幼虫防治效果较差，因此防治蔗根非耳象的幼虫采用昆虫病原线虫的效果会更好（Bullock et al.，1999a）。

16.4.1 昆虫病原线虫用于防治蔗根非耳象的研究进展

小卷叶蛾斯氏线虫是研究发现的对蔗根非耳象有致病性的第一个线虫（Laumond et al.，1979），并且已被商业开发用于防治柑橘的地下害虫。实验室、温室及田间试验表明，小卷叶蛾斯氏线虫有很好的防治蔗根非耳象的潜力，并且高于格氏斯氏线虫和夜蛾斯氏线虫（Schrocder，1987；Figueroa and Roman，1990）（表 16.1）。但是据报道田间试验对蔗根非耳象防治效果不高（70%以下），与实验室结果差异较大，常常会有较高的应用比率（表 16.1）。

一种新的昆虫病原线虫——锐比斯氏线虫的发现使线虫防治柑橘根部象鼻虫虫害的商业价值发生了改变，试验结果表明对蔗根非耳象的防治非常有效。在实验室、温室

表 16.1 斯氏线虫属和异小杆线虫属线虫对非耳象属根部象甲的田间防治效果

线虫	应用量（cm^2）	死亡率（%）	参考文献
H. bacteriophora	127	78	Suggars Downing et al.，1991
H. bacteriophora	255	63	Suggars Downing et al.，1991
H. bacteriophora	637	63	Suggars Downing et al.，1991
H. bacteriophora	100	62	Schroeder，1992
H. bacteriophora	250	ns[a]	Duncan and McCoy，1996
H. bacteriophora	175	54	Duncan et al.，1996
H. bacteriophora	255	57	Duncan et al.，1996
S. carpocapsae	250	65	Schroeder，1987
S. carpocapsae	25	42	Schroeder，1990
S. carpocapsae	100	50	Schroeder，1992
S. carpocapsae	637	48	Suggars Downing et al.，1991
S. carpocapsae	153	ns	Duncan et al.，1996
S. carpocapsae	306	ns	Duncan et al.，1996
S. glaseri	250	35	Schroeder，1987
S. riobrave	250	77-90	Duncan and McCoy，1996
S. riobrave	120	93	Duncan et al.，1996

[a] ns：无效果，如死亡率与未处理对照差异不显著

和田间试验中，锐比斯氏线虫对蔗根非耳象的防治效果明显高于小卷叶蛾斯氏线虫（Schroeder，1994；Duncan et al.，1996；Bullock et al.，1996b）。一些研究表明锐比斯氏线虫对蔗根非耳象的田间防治效果≥90%（Duncan and McCoy，1996；Duncan et al.，1996；Bullock et al.，1996b）。这一令人鼓舞的研究促使商业上开发锐比斯氏线虫以代替小卷叶蛾斯氏线虫来控制蔗根非耳象（Grewal and Georgis，1998）。1999 年，大约有 19 000hm^2 的柑橘利用锐比斯氏线虫防治蔗根非耳象（M. Dimock，Thermo Trilogy 公司，哥伦比亚，马里兰，2000，个人交流）。另外，根据实验室及田间试验结果报道，锐比斯氏线虫、嗜菌异小杆线虫和印度异小杆线虫被商业开发用来防治蔗根非耳象（Shapior et al.，1999）（表 16.1）。

16.4.2 影响防治效果的因素

虽然昆虫病原线虫已经被成功地商业化应用于防治佛罗里达州的柑橘的根部象鼻虫蔗根非耳象，但是控制水平差异很大（表 16.1）。因此使研究重点集中到了影响昆虫病原线虫防治柑橘根部象鼻虫蔗根非耳象的因素上。

当利用昆虫病原线虫防治任何害虫时，选择合适的昆虫病原线虫种类也许是防治能否成功的重要因素之一（Gegorgis and Gaugler，1991；Gaugler，1999）。利用昆虫病原线虫来防治蔗根非耳象的时候就应考虑这一点。如果没有发现锐比斯氏线虫的防治效果优于小卷叶蛾斯氏线虫的结果，那么在佛罗里达州利用该昆虫病原线虫来防治果树的根部害虫的市场就有可能会失败。而且目前发现锐比斯氏线虫是控制蔗根非耳象最有效的线虫。在实验室研究中发现，锐比斯氏线虫对于 7-8 龄的蔗根非耳象的致病力要高于其他 8 种线虫，即嗜菌异小杆线虫、印度异小杆线虫、*H. marelatus*、大异小杆线虫（*H. megidis*）、新西兰异小杆线虫（*H. zealandica*）、小卷叶蛾斯氏线虫、夜蛾斯氏线虫和格

氏斯氏线虫和 17 个品系（Shapiro and McCoy，2000a）。而在另一个实验室研究中发现，印度异小杆线虫对于 4-5 龄幼虫的防治效果要好于锐比斯氏线虫（Shapiro et al.，1999）。在温室试验中发现，锐比斯氏线虫对蔗根非耳象的防治效果要高于嗜菌异小杆线虫（对 7 和 11 龄幼虫）和印度异小杆线虫（对 7 龄幼虫）（Shapiro and McCoy，2000b）。田间试验发现，锐比斯氏线虫是防治蔗根非耳象唯一一个防治效果超过 90%的线虫品种（表 16.1）（Bullock et al.，1999b）。

除毒力之外，线虫的持效期长短也是衡量昆虫病原线虫的一个重要标准（Shields et al.，1999）。佛罗里达地区合适的自然环境（温度、空气、湿度）使果树园内的昆虫病原线虫能够循环和长久的生活（Kaya，1990）。当然，当地线虫种群的存在（Beavers et al.，1983）也对蔗根非耳象起着重要的抑制作用（如 7%-42%）（McCoy et al.，2000b）。但是，线虫对柑橘的滥用（如嗜菌异小杆线虫、印度异小杆线虫、小卷叶蛾斯氏线虫和锐比斯氏线虫）会造成持效期过短，应用后两周之内达到处理前的水平（Duncan et al.，1996；McCoy et al.，2000b）。因此，应当积极地去发现既有毒力又有持效性的其他线虫种。

剂型和培养方法（活体和离体）也可能是昆虫病原线虫使用效果的影响因素（Gaugler and Georgis，1991；Baur et al.，1997）。然而，对于应用锐比斯氏线虫防治蔗根非耳象的效果，培养方法和剂型（液体或颗粒）对其没有显著的影响（Duncan and McCoy，1996；Shapiro and McCoy，2000c）。与毒力作用相比，锐比斯氏线虫颗粒剂的生存能力变化较大（McCoy et al.，2000b；Shapiro and McCoy，2000c）。然而，生存能力的不同可能不会对防效有负面影响（Thermo Trilogy 公司），因为产品货架期内锐比斯氏线虫颗粒产品包装含有多于标注量的线虫，以保证产品在货架期内至少有标注的线虫量存活（M. Dimok，Thermo Trilogy 公司，哥伦比亚，马里兰，2000，个人交流）。另外，在产品贮藏期内生存能力低的线虫，并不会影响货架期内存活下来的线旦的毒力（Shapiro and McCoy，2000c）。尽管如此，生存能力的不稳定性仍然是农民接受线虫杀虫剂的一大障碍。一些生存能力较差的产品锐比斯氏线虫（通过生产商、零售商和研究者发现）会导致商品的召回和消费者对这个产品的信心下降。利用海绵或液态制剂会增加线虫的成活力（如分别>90%和>75%）（McCoy et al.，2000b）。

蔗根非耳象的死亡率与线虫的浓度有直接关系（McCoy et al.，2000b）。一般情况下，每平方厘米至少需要有 25 条有致病能力的线虫才能使害虫感病（Georgis and Hague，1991；Gaugler et al.，2000）。在柑橘果园里，要想有效地控制害虫，线虫密度要达到或超过每平方厘米 100 条线虫（表 16.1）。工业生产上建议应用线虫数量则较低，一般每平方厘米 10 条线虫（Biovector，355 Thermo Trilogy 公司，哥伦比亚，马里兰）。

16.4.3 现状及分析

昆虫病原线虫应用于防治柑橘果园里的蔗根非耳象及其他象甲的商业化，实际上是受生物学、生态学和经济学多方面因素影响的。从生物角度上看，商业化已经获得成功，因为线虫的数量和害虫的种群已经基本保持平衡。这些林地的土壤中沙质较多（Shapiro et al.，2000），有利于线虫在土壤内的移动（Georgis and Poinar，1983；Barbercheck and Kaya，1991），并且为线虫提供充足的氧气（Kung et al.，1990）。因为蔗根非耳象一般存在于树阴下，所以线虫可以保持湿润（Duncan et al.，1999；McCoy et al.，2000a），而且可以保护它们不受紫外线的伤害（Gaugler and Boush，1978）。另外，佛罗里达州的果园是可以灌溉的，所以能保持土壤的湿润，有利于线虫的存活（Kaya，1990）。

线虫防治蔗根非耳象成功的商业化，经济因素的重要性不可低估。首先，蔗根非耳象是重要的害虫，所以果农强烈地要求对其进行防治。另外，对蔗根非耳象幼虫的防治，其他的防治方法和线虫相比，很少或基本没有竞争力（Bullock et al.，1999a；McCoy，1999）。廉价的化学药剂由于选择压力而被淘汰，而用新型的化学药剂防治蔗根非耳象的幼虫，从防治机制和价格上都无法和线虫杀虫剂相比。实际上，最重要的因素是线虫的成本，因为蔗根非耳象发生在树阴下，所以没有必要在行间或者树间施用线虫。处理每公顷的柑橘果园所使用的线虫数量和成本是大田作物用量的1/11-1/4，因为一般作物要对整块地施用（如棉花、草坪）。线虫应用的低成本（每公顷62美元）结合果园的高收益（每公顷6000美元）使得应用昆虫病原线虫在佛罗里达州防治果树虫害取得成功。

昆虫病原线虫很可能成为佛罗里达州柑橘树害虫治理的一个重要部分，通过不断地研究和改善质量控制将提高线虫控制蔗根非耳象的效果，如前面所描述的影响效果因素需要继续研究。另外，在柑橘生态系统中已经开始调查地方性的昆虫病原线虫。应用非本土线虫是怎样影响本地线虫种群的呢？就像其他生物（如蚂蚁）（McCoy et al.，2000b）一样一定要继续探讨。土壤特性（Shapiro et al.，2000）、线虫应用时间和方法的影响也一定得继续调查研究（Duncan et al.，1999；McCoy，1999；Shapiro et al.，1999）。最后，仍要解决的最重要的问题是为了确保效果和避免经济损失而保护树木，需要确定最小的应用剂量。

16.5 结　论

根据试验研究结果及查阅过的相关文献（表16.2）（Klein，1990；Georgis et al.，1991；Grewal and Georgis，1998），可以得出几点结论。影响成功使用线虫的两个基本因素是：①对靶标害虫适合的线虫和有利的经济学。例如，防治蔗根非耳象、*O. sulcatus*和尖眼蕈蚊类害虫的线虫对其寄主具有高度的适应性。②应用到相对较高价值的商品上，其他防治方法对其有很小或是根本没有竞争。昆虫病原线虫没有成功应用的原因主要是线虫与寄主不能很好的匹配，经济条件要求严格。例如，锐比斯氏线虫对棉红铃虫具有较高的毒性，但是在棉花棉铃虫的防治上，从经济角度来说线虫的防治效果不如其他防治措施。其他一些密植作物上的昆虫也存在着类似的问题，如谷实夜蛾（Cabanillas and Raulston，1996）、玉米上的玉米根虫（*Diabrotica* spp.）（Jackson，1996）等，过去找不到一个合适的线虫对其进行防治，如金针虫［鞘翅类昆虫（Coleoptera）：叩头虫科（Elateridae）］（Eidt and Thurston，1995）和由国外传进的红火蚁（*Solenopsis invicta*）（Drees et al.，1992），用昆虫病原线虫进行防治是无效的。另外还有一些因素会影响昆虫病原线虫商业化生产，包括与其他防治方法相比对害虫的防治效率及高质量线虫产品的稳定供应等。

一种适当的线虫商品需要对寄主具有毒性、具有搜寻寄主的能力，并且符合生态条件，如果一种线虫对于靶标害虫的毒性不高，那么利用该线虫进行防治的可能性不大。在极少数的情况下连续使用可能也会弥补其毒性不高这一缺陷（Shields et al.，1999）。

表 16.2 昆虫病原线虫对于防治不同寄主的适合性分析 [a]

害虫	线虫种	寄主适应性（抑制率%）[b]	参考文献数量
葡萄黑象甲	*Heterorhabditis bacteriophora*	良（71）	7
（*Otiorhynchus sulcatus*）	*Steinernema feltiae*	良（75）	3
	S. carpocapsae	中（58）	5
科罗拉多马铃薯甲虫	*S. carpocapsae*	中（57）	3
（*Leptinotarsa decemlineata*）			
玉米根虫	*S. carpocapsae*	良（61）	7
（叶甲属 *Diabrotica* spp.）			
日本金龟子	*H. bacteriophora*	优（80）	7
（*Popillia japonica*）	*S. carpocapsae*	中（47）	6
	S. glaseri	良（63）	3
白蛴螬	*H. bacteriophora*	良（72）	3
（*Phyllophaga* spp.）			
金龟子	*H. bacteriophora*	中（59）	3
（*Cyclocephala* spp.）			
尖眼蕈蚊科 Sciaridae	*S. feltiae*	优（89）	5
（眼菌蚊属 *Lycoriella* spp.和韭属 *Bradysia* spp.）			
斑潜蝇	*S. carpocapsae*	良（66）[c]	3
（*Liromyza trifolii*）			
小地老虎	*S. carpocapsae*	优（86）	5
（*Agrotis ipsilon*）			
小菜蛾	*S. carpocapsae*	中（56）	3
（*Plutella xylostella*）			
谷实夜蛾	*S. riobrave*	优（90）[d]	4
（*Helicoverpa zea*）			
钻蛀虫	*S. feltiae*	优（86）	4
（*Synanthedon* spp.）			
灰翅夜蛾属（*Spodoptera* spp.）	*S. carpocapsae*	差（27）[e]	3
外来红火蚁	*S. carpocapsae*	差（25）	3
（*Solenopsis invicta*）			

[a] 这里列举的害虫（属或种）是至少 3 篇文献提及的、可被一种线虫侵染而用于田间试验的害虫，而且线虫的使用量不超量（≤125 条/cm^2）；[b] 寄主适应性评价分级基于抑制效果：80%-100%为优，60%-79%为良，40%-59%为中，<40%为差。抑制水平通过相关文献的田间试验平均结果计算得出；[c] 高湿度条件下的室内应用；[d] 土壤应用；[e] 地上应用

将线虫与其搜寻的寄主进行合理搭配也是至关重要的（Lewis et al.，1992；Gaugler，1999）。伏击型较强的线虫，如小卷叶蛾斯氏线虫，适用于防治在土壤表面运动的昆虫，而运动能力较强的线虫，如嗜菌异小杆线虫，更适用于防治地表下不太运动的昆虫（Lewis et al.，1992）。要选择最适宜的线虫产品对某种害虫进行防治，考虑线虫对生态因素如对干旱和温度的忍耐能力也是很重要的。

纵观历史，昆虫病原线虫应用失败的普遍原因是对寄主的不适应性（Gaugler，1999）。商业化生产线虫的厂家所列的靶害虫名单经常发生改变（Gaugler et al.，2000）。实验室条件下引起的死亡率往往与大田效果不一致（Gaugler et al.，1991）。具有比较夸张的寄主范围的典型例子可能是小卷叶蛾斯氏线虫，多年来，人们实际看到的是“防治所有害虫”的名单（Gaugler et al.，1999）。

田间条件下检测寄主的适应性是有效的，因此建议至少做 3 个一致的田间试验以确

定寄主的适应性。表 16.2 对线虫的寄主适应性进行了分析。该表包括根据至少 3 篇有关田间试验文献发表的匹配的寄主-线虫。在某一特定的环境中线虫对其匹配寄主毒性较高，如日本甲虫、菌类昆虫和蛀虫等。如果在具有紫外线辐射或干燥的环境中施用线虫，如灰翅夜蛾属（*Spodoptera* spp.），往往起不到防治作用。靶标寄主本身的行为反应也是影响线虫应用效果的一个因素，如红火蚁在被线虫侵染后迁移（Drees et al.，1992）。

如果经济因素不利，即使线虫对目标害虫的防治效果再好，也注定会失败。经济因素主要包括栽培者利用线虫防治害虫的意识；与其他防治措施相比，利用线虫防治害虫所需要的成本；在农业市场中将其作为商品的价值及其重要性；昆虫病原线虫的生产不必到环境保护协会进行杀虫剂注册，可以不交税（这无疑有助于线虫的商品化生产）。昆虫病原线虫的使用对于小型市场来说是比较适宜的，不仅仅是由于作物价值高，而且线虫商品在农业市场中占有比例小，能够于免交的商品注册税中获利。另外，垄作作物，如玉米、棉花、大豆和小麦等似乎不可能与昆虫病原线虫市场接轨，由于这些作物的价值较低，而线虫市场过于昂贵。

可以通过一系列的方法使昆虫病原线虫得到成功应用。在过去十年中，几种新的昆虫病原线虫的发现为害虫的防治提供了新的选择，如用锐比斯氏线虫（Cabanillas et al.，1994）防治根部的象鼻虫（*Diaprepes*）（表 16.1）和植物寄生线虫（Grewal et al.，1997），用印度异小杆线虫（Poinar et al.，1992）防治根部的象鼻虫（Shapiro et al.，1999），用 *H. marelatus*（Liu and Berry，1990）防治耳象属害虫（*Otiorhynchus* spp.）（Berry et al.，1997），用蝼蛄斯氏线虫（Nguyen and Smart，1990）防治蝼蛄（Parkman et al.，1994）。新的昆虫病原线虫的不断发现及其新的应用，无疑为害虫的防治提供了新的途径并提高了害虫防治的效率。通过对线虫进行遗传改良获得更好的寄主适应性能够扩大其范围（Gaugler，1987；Gaugler et al.，1997b；Shapiro et al.，1997）。生产工艺的改进、销售及应用对于降低线虫成本及其质量保证是关键的一步。为此，Gaugler（1997）提出，应该建立一些地方性企业，并根据该区域的需求生产比较廉价和有效的线虫商品。直接应用被侵染的寄主取代线虫悬浮液可能会成为一种有潜力的方法（Shapiro and Lewis，1999），由于一些需要大量劳动力进行操作的过程被省去，因此可以降低活体培养的成本。

来自社会各界的压力，尤其是食品质量保护法要求对有害的化学杀虫剂进行控制，因此对于昆虫病原线虫及其他生防制剂的发展具有很大的推动力。相反地，新的“对环境无害”的化学物质吡虫啉和氯虫酰肼的发现对于线虫的使用是一种阻碍。目前存在的昆虫病原线虫市场在一段时间内会保持稳定，而一些寄主适应性强而且比较经济的线虫市场会有所扩大。近几年一些靶标害虫会成为线虫发展的重要领域，如山核桃树上的核桃象甲（*Curculio caryae*）成虫（Shapiro-Ilan，2001），草皮和蔬菜上的植物寄生线虫（Grewal et al.，1997）。另外，昆虫病原线虫的应用、它们的共生细菌及相关代谢物也作为抗菌剂在杀虫剂和药物上应用（Li and Webster，1997）。然而，昆虫病原线虫在具有挑战性障碍的市场上，如低价值作物和户外的地表以上的应用还有待一些主要技术上的突破。

致谢

感谢 C.W. McCoy（佛罗里达大学）对本章初稿提出的宝贵建议。

参考文献

Appel, A.G., Benson, E.P., Ellenberger, J.M. and Manweiler, S.A. (1993) Laboratory and field evaluations of an entomogenous nematode (Nematoda: Steinernematidae) for German cockroach (Dictyoptera: Blattellidae) control. *Journal of Economic Entomology* 86, 777-784.

Barbercheck, M.E. and Kaya, H.K. (1991) Effect of host condition and soil texture on host finding by the entomogenous nematodes *Heterorhabditis bacteriophora* (Rhabditida: Heterorhabditidae) and *Steinernema carpocapsae* (Rhabditida: Steinernematidae). *Environmental Entomology* 20, 582-589.

Bariola, L.A. and Henneberry, T.J. (1980) Induction of diapause in field populations of the pink bollworm in the Western United States. *Environmental Entomology* 9, 376-380.

Baur, M.E., Kaya, H.K. and Tabashnik, B.E. (1997) Efficacy of a dehydrated steinernematid nematode against black cutworm (Lepidoptera: Noctuidae) and diamondback moth (Lepidoptera: Plutellidae). *Journal of Economic Entomology* 90, 1200-1206.

Beattie, G.A., Somsook, V., Watson, D.M., Clift, A.D. and Jiang, L. (1995) Field evaluation of *Steinernema carpocapsae* (Weiser) (Rhabditida: Steinernematidae) and selected pesticides and enhancers for control of *Phyllocnistis citrella* Stainton (Lepidoptera: Gracillariidae). *Journal of Australian Entomological Society* 34, 335-342.

Beavers, J.B. and Calkins, C.O. (1984) Susceptibility of *Anastrepha suspensa* (Diptera: Tephritidae) to steinernematid and heterorhabditid nematodes in laboratory studies. *Environmental Entomology* 13, 137-139.

Beavers, J.B., McCoy, C.W. and Kaplan, D.T. (1983) Natural enemies of subterranean *Diaprepes abbreviatus* (Coleoptera: Curculionidae) larvae in Florida. *Environmental Entomology* 12, 840-843.

Berry, R.E., Liu, J. and Groth, E. (1997) Efficacy and persistence of *Heterorhabditis marelatus* (Rhabditida: Heterorhabditidae) against root weevils (Coleoptera: Curculionidae) in strawberry. *Environmental Entomology* 26, 465-470.

Browning, H. (1999) Arthropod pests of fruit and foliage. In: Timmer, L.W and Duncan, L.W. (eds) *Citrus Health Management*. American Phytopathological Society, St. Paul, Minnesota, pp. 116-123.

Bullock, R.C., Futch, S.H., Knapp, J.L. and McCoy, C.W. (1999a) Citrus root weevils. In: Knapp, J.L. (ed.) *1999 Florida Citrus Pest Management Guide*. University of Florida Cooperative Extension Service, Gainesville, Florida, pp. 13.1-13.4.

Bullock, R.C., Pelosi, R.R. and Killer, E.E. (1999b) Management of citrus root weevils (Coleoptera: Curculionidae) on Florida citrus with soil-applied entomopathogenic nematodes (Nematoda: Rhabditida). *Florida Entomologist* 82, 1-7.

Cabanillas, H.E. and Raulston, J.R. (1996) Effects of furrow irrigation on the distribution and infectivity of *Steinernema riobravis* against corn earworm in corn. *Fundamental and Applied Nematology* 19, 273-281.

Cabanillas, H.E., Poinar, G.O. Jr and Raulston, J.R. (1994) *Steinernema riobravis* sp. nov. (Rhabditida: Steinernematidae) from Texas. *Fundamental and Applied Nematology* 17, 123-131.

Cui, L., Gaugler, R. and Wang, Y. (1993) Penetration of steinernematid nematodes (Nematoda: Steinernematidae) into Japanese beetle larvae, *Popillia japonica* (Coleoptera: Scarabaeidae) larvae. *Journal of Invertebrate Pathology* 62, 73-78.

Deseö, K.V., Bartocci, R., Tartaglia, A. and Rovesti, L. (1990) Entomopathogenic nematodes for control of scarab larvae. *IOBC/WPRS Bulletin* 14, 57-58.

Drees, B.M., Miller, R.W., Vinson, B. and Georgis, R. (1992) Susceptibility and behavioural response of red imported fire ant (Hymenoptera: Formicidae) to selected entomogenous nematodes (Rhabditida: Steinernematidae and Heterorhabditidae). *Journal of Economic Entomology* 85, 365–370.

Duncan, L.W. and McCoy, C.W. (1996) Vertical distribution in soil, persistence, and efficacy against citrus root weevil (Coleoptera: Curculionidae) of two species of entomogenous nematodes (Rhabditida: Steinernematidae; Heterorhabditidae). *Environmental Entomology* 25, 174–178.

Duncan, L.W., McCoy, C.W. and Terranova, C. (1996) Estimating sample size and persistence of entomogenous nematodes in sandy soils and their efficacy against the larvae of *Diaprepes abbreviatus* in Florida. *Journal of Nematology* 28, 56–67.

Duncan, L.W., Shapiro, D.I., McCoy, C.W. and Graham, J.H. (1999) Entomopathogenic nematodes as a component of citrus root weevil IPM. In: Polavarapu, S. (ed.) *Optimal Use of Insecticidal Nematodes in Pest Management*. Rutgers University, New Brunswick, New Jersey, pp. 69–78.

Eidt, D.C. and Thurston, G.S. (1995) Physical deterrents to infection by entomopathogenic nematodes in wireworms (Coleoptera: Elateridae) and other soil insects. *The Canadian Entomologist* 127, 423–429.

Figueroa, W. and Roman, J. (1990) Biocontrol of the sugarcane rootstalk borer, *Diaprepes abbreviatus* (L.), with entomophilic nematodes. *Journal of Agriculture of the University of Puerto Rico* 74, 395–404.

Fleming, W.E. (1968) Biological control of the Japanese beetle. *US Department of Agriculture Technical Bulletin* No 1383.

Flint, H.M. and Merkle, J.R. (1981) Early-season movements of pink bollworm male moths between selected habitats. *Journal of Economic Entomology* 74, 366–371.

Forlow Jech, L.J. and Henneberry, T.J. (1997) Pink bollworm larval mortality following application of *Steinernema riobravis* entomopathogenic nematodes in cotton furrow irrigation. In: Dugger, P. and Richter, D.A. (eds) *Proceedings of the Beltwide Cotton Production Research Conference*, National Cotton Council of America, Memphis, pp. 1192–1194.

Frank, J.H. and Parkman, J.P. (1999) Integrated pest management of pest mole crickets with emphasis on the southeastern USA. *Integrated Pest Management Reviews* 4, 39–52.

Fujiie, A., Yokoyama, T., Fujikata, M., Sawada, M. and Hasegawa, M. (1993) Pathogenicity of an entomogenous nematode, *Steinernema kushidai* (Nematoda: Steinernematidae), on *Anomala cuprea* (Coleoptera: Scarabaeidae). *Japanese Journal of Applied Entomology and Zoology* 37, 53–60.

Gaugler, R. (1987) Entomogenous nematodes and their prospects for genetic improvement. In: Maramorosch, K. (ed.) *Biotechnology in Invertebrate Pathology and Cell Culture*. Academic Press, San Diego, California, pp. 457–484.

Gaugler, R. (1997) Alternative paradigms for biopesticides. *Phytoparasitica* 25, 179–182.

Gaugler, R. (1999) Matching nematode and insect to achieve optimal field performance. In: Polavarapu, S. (ed.) *Optimal Use of Insecticidal Nematodes in Pest Management*. Rutgers University, New Brunswick, New Jersey, pp. 9–14.

Gaugler, R. and Boush, G.M. (1978) Effects of ultraviolet radiation and sunlight on the entomogenous nematode *Neoaplectana carpocapsae*. *Journal of Invertebrate Pathology* 32, 291–296.

Gaugler, R. and Georgis, R. (1991) Culture method and efficacy of entomopathogenic nematodes (Rhabditida: Steinernematidae and Heterorhabditidae). *Biological Control* 1, 269–274.

Gaugler, R, Lewis, E. and Stuart, R.J. (1997a) Ecology in the service of biological control: the case of entomopathogenic nematodes. *Oecologia* 109, 483–489.

Gaugler, R., Wilson, M. and Shearer, P. (1997b) Field release and environmental fate of a transgenic entomopathogenic nematode. *Biological Control* 9, 75–80.

Gaugler, R., Campbell, J.F., Selvan, S. and Lewis, E.E. (1992) Large-scale inoculative releases of the entomopathogenic nematode *Steinernema glaseri*: assessment 50 years later. *Biological Control* 2, 181–187.

Gaugler, R., Grewal, P., Kaya, H.K. and Smith-Fiola, D. (2000) Quality assessment of commercially produced entomopathogenic nematodes. *Biological Control* 17, 100–109.

Georgis R. and Gaugler R. (1991) Predictability in biological control using entomopathogenic nematodes. *Journal of Economic Entomology* 84, 713–720.

Georgis, R. and Hague, N.G.M. (1991) Nematodes as biological insecticides. *Pesticide Outlook* 3, 29–32.

Georgis, R. and Poinar, G.O. Jr (1983) Effect of soil texture on the distribution and infectivity of *Neoaplectana carpocapsae* (Nematode: Steinernematidae). *Journal of Nematology* 15, 308–311.

Georgis, R. and Poinar, G.O. Jr (1994) Nematodes as bioinsecticides in turf and ornamentals. In: Leslie, A.R. (ed.) *Integrated Pest Management for Turfgrass and Ornamentals*. Lewis Publishers, Boca Raton, Florida, pp. 477–489.

Georgis, R., Kaya, H.K. and Gaugler, R. (1991) Effect of steinernematid and heterorhabditid nematodes (Rhabditidae: Steinernematidae and Heterorhabditidae) on nontarget arthropods. *Environmental Entomology* 20, 815–822.

Glaser, R. (1932) Studies on *Neoaplectana glaseri*, a nematode parasite of the Japanese beetle (*Popillia japonica*). *New Jersey Department of Agriculture Circular* No. 211.

Gouge, D.H. and Hague, N.G.M. (1995) Glasshouse control of fungus gnats, *Bradysia paupera*, on fuchsias by *Steinernema feltiae. Fundamental and Applied Nematology* 18, 77–80.

Gouge, D.H., Reaves, L.L., Stoltman, M.M., Van Berkum, J.R., Burke, R.A., Forlow Jech, L.J. and Henneberry, T.J. (1996) Control of pink bollworm *Pectinophora gossypiella* (Saunders) larvae in Arizona and Texas cotton fields using the entomopathogenic nematode *Steinernema riobravis* (Cabanillas, Poinar and Raulston) (Rhabditida: Steinernematidae). In: Richter, D.A. and Armour, J. (eds) *Proceedings of the Beltwide Cotton Production Research Conference*. National Cotton Council of America, Memphis, pp. 1078–1082.

Gouge, D.H., Smith, K.A., Payne, C., Lee, L.L., Van Berkum, J.R., Ortega, D. and Henneberry, T.J. (1997) Control of pink bollworm, *Pectinophora gossypiella*, (Saunders) (Lepidoptera: Gelechiidae) with biocontrol and biorational agents. In: Dugger, P. and Richter, D.A. (eds) *Proceedings of the Beltwide Cotton Production Research Conference*. National Cotton Council of America, Memphis, pp. 1066–1072.

Gouge, D.H., Lee, L.L. and Henneberry, T.J. (1999) Effect of temperature and lepidopteran host species on entomopathogenic nematode (Nematoda: Steinernematidae, Heterorhabditidae) infection. *Environmental Entomology* 28, 876–883.

Grewal, P. and Georgis, R. (1998) Entomopathogenic nematodes. In: Hall, F.R and Menn, J.J. (eds) *Methods in Biotechnology*, Vol. 5, *Biopesticides: Use and Delivery*. Humana Press, Totowa, New Jersey, pp. 271–299.

Grewal, P.S., Selvan, S. and Gaugler, R. (1994) Thermal adaptation of entomopathogenic nematodes: niche breadth for infection, establishment, and reproduction. *Journal of Thermal Biology* 19, 245–253.

Grewal, P. S., Martin, W.R., Miller, R.W. and Lewis, E.E. (1997) Suppression of plant-parasitic nematodes in turfgrass by application of entomopathogenic nematodes. *Biocontrol Science and Technology* 7, 393–399.

Henneberry, T.J., Lindegren, J.E., Forlow Jech, L.J. and Burke, R.A. (1995a) Pink bollworm (Lepidoptera: Gelechiidae), cabbage looper, and beet armyworm (Lepidoptera: Noctuidae) pupal susceptibility to steinernematid nematodes (Rhabditida: Steinernematidae). *Journal of Economic Entomology* 88, 835–839.

Henneberry, T.J., Lindegren, J.E., Forlow Jech, L.J. and Burke, R.A. (1995b) Pink bollworm (Lepidoptera: Gelechiidae): Effect of steinernematid nematodes on larval mortality. *Southwestern Entomologist* 20, 25–32.

Henneberry, T.J., Forlow Jech, L.F., Burke, R.A. and Lindegren, J.E. (1996a) Temperature effects on infection and mortality of *Pectinophora gossypiella* (Lepidoptera: Gelechiidae) larvae by two entomopathogenic nematode species. *Environmental Entomology* 25, 179–183.

Henneberry, T.J., Forlow Jech, L.F. and Burke, R.A. (1996b) Pink bollworm adult and larval susceptibility to steinernematid nematodes and nematode persistence in the soil in laboratory and field tests in Arizona. *Southwestern Entomology* 21, 357–367.

Hudson, W.G. and Nguyen, K.B. (1989a) Effect of soil moisture, exposure time, nematode age, and nematode density on infection of *Scapteriscus vicinus* and *S. acletus* (Orthoptera: Gryllotalpidae) by a Uruguayan *Neoaplectana* sp. (Rhabditida: Steinernematidae). *Environmental Entomology* 18, 719–722.

Hudson, W.G. and Nguyen, K.B. (1989b) Infection of *Scapteriscus vicinus* (Orthoptera: Gryllotalpidae) nymphs by *Neoaplectana* sp. (Rhabditida: Steinernematidae). *Florida Entomologist* 72, 383–384.

Jackson, J.J. (1996) Field performance of entomopathogenic nematodes for suppression of western corn rootworm (Coleoptera: Chrysomelidae). *Journal of Economic Entomology* 89, 366–372.

Kaya, H.K. (1990) Soil ecology. In: Gaugler, R. and Kaya, H.K. (eds) *Entomopathogenic Nematodes in Biological Control.* CRC Press, Boca Raton, Florida, pp. 93–116.

Kinoshita, M. and Yamanaka, S. (1998) Development and prevalence of entomopathogenic nematodes in Japan. *Japanese Journal of Nematology* 28, 42–45.

Klein, M.G. (1990) Efficacy against soil-inhabiting insect pests. In: Gaugler, R. and Kaya, H.K. (eds) *Entomopathogenic Nematodes in Biological Control.* CRC Press, Boca Raton, Florida, pp. 195–214.

Klein, M.G. (1993) Biological control of scarabs with entomopathogenic nematodes. In: Bedding, R., Akhurst, R. and Kaya, H. (eds) *Nematodes and the Biological Control of Insects.* CSRIO, East Melbourne, pp. 49–57.

Koppenhöfer, A.M., Grewal, P.S. and Kaya, H.K. (2000) Synergism of imidacloprid and entomopathogenic nematodes against white grubs: the mechanism. *Entomologia Experimentalis et Applicata* 94, 283–293.

Kung, S., Gaugler, R. and Kaya, H.K. (1990) Influence of soil pH and oxygen on persistence of *Steinernema* spp. *Journal of Nematology* 22, 440–445.

Laumond, C., Mauleon, H. and Kermarrec, A. (1979) Donnes nouvelles sur le spectre d'hotes et le parasitisme du nematode entomophage *Neoaplectana carpocapsae. Entomophaga* 24, 13–27.

Lewis, E.E., Gaugler, R. and Harrison, R. (1992) Entomopathogenic nematode host-finding: response to host contact cues by cruise and ambush foragers. *Parasitology* 105, 309–315.

Li, J. and Webster, J.M. (1997) Bacterial symbionts of entomopathogenic nematodes – useful sources of bioactive materials. *Canadian Chemical News* 49, 15–16.

Lindegren, J.E., Wong, T.T. and McInnis, D.O. (1990) Response of Mediterranean fruit fly (Diptera: Tephritidae) to the entomogenous nematode *Steinernema feltiae* in field tests in Hawaii. *Environmental Entomology* 19, 383–386.

Lindegren, J.E., Henneberry, T.J. and Forlow Jech, L.J. (1992) Mortality response of pink bollworm to the entomopathogenic nematode *Steinernema carpocapsae*. In: Herber, D.J. and Richter, D.A. (eds) *Proceedings of the Beltwide Cotton Production Research Conference*. National Cotton Council of America, Memphis, pp. 930–931.

Lindegren, J.E., Valero, K.A. and Forlow Jech, L.J. (1993a) Host searching response of various entomopathogenic nematodes; sand barrier bioassay. In: Herber, D.J. and Richter, D.A. (eds) *Proceedings of the Beltwide Cotton Production Research Conference*. National Cotton Council of America, Memphis, pp. 1044–1045.

Lindegren, J.E., Meyer, K.F., Henneberry, T.J., Vail, P., Forlow Jech, L.J. and Valero, K.A. (1993b) Susceptibility of pink bollworm (Lepidoptera: Gelechiidae) soil associated stages to the entomopathogenic nematode *Steinernema carpocapsae* (Rhabditida: Steinernematidae). *Southwestern Entomology* 18, 113–120.

Lindegren, J.E., Henneberry, T.J., Raulston, J.R., Forlow Jech, L.J. and Valero, K.A. (1994) Current status of pink bollworm control with entomopathogenic nematodes. In: Herber, D.J. and Richter, D.A. (eds) *Proceedings of the Beltwide Cotton Production Research Conference.* National Cotton Council of America, Memphis, pp. 1242–1243.

Liu, J. and Berry, R.E. (1996) *Heterorhabditis mareleatus* n. sp. (Rhabditida: Heterorhabditidae) from Oregon. *Journal of Invertebrate Pathology* 67, 48–54.

McCoy, C.W. (1999) Arthropod pests of citrus roots. In: Timmer, L.W. and Duncan, L.W. (eds) *Citrus Health Management*. American Phytopathological Society, St. Paul, Minnesota, pp. 149–156.

McCoy, C.W., Shapiro, D.I. and Duncan, L.W. (2000a) Application and evaluation of entomopathogens for citrus pest control. In: Lacey, L. and Kaya, H.K. (eds), *Field Manual of Techniques in Insect Pathology*. Kluwer Academic Publishers, Dordrecht, The Netherlands, pp. 577–596.

McCoy, C.W., Shapiro, D.I., Duncan, L.W. and Nguyen, K. (2000b) Entomopathogenic nematodes and other natural enemies as mortality factors for larvae of *Diaprepes abbreviatus* (Coleoptera: Curculionidae). *Biological Control* 19, 182–190.

Morse, J.G. and Lindegren, J.E. (1996) Suppression of Fuller rose beetle on citrus with *Steinernema carpocapsae. Florida Entomologist* 79, 373–384.

Muraro, R.P., Roka, F.M. and Rouse, R.L. (1999) Budgeting costs and returns for southwest Florida citrus production, 1998–1999. Report EI 99-5. University of Florida, IFAS, Gainesville, Florida.

Naranjo, S.E., Henneberry, T.J. and Jackson, C.G. (1995) Pink bollworm, *Pectinophora gossypiella* (Saunders) (Lepidoptera: Gelechiidae). In: Nechols, J.R., Andres, L.E., Beardsley, J.W., Goeden, R.D. and Jackson, C.G. (eds) *Biological control in the U.S. western region: accomplishments and benefits of regional research project W-84*, 1964–1989. University of California Press, Oakland, pp. 199–202.

Nguyen, K.B. and Smart, G.C. Jr (1990) *Steinernema scapterisci* n. sp. (Rhabditida: Steinernematidae). *Journal of Nematology* 22, 187–199.

Nguyen, K.B. and Smart, G.C. Jr (1991) Pathogenicity of *Steinernema scapterisci* to selected invertebrates. *Journal of Nematology* 23, 7–11.

Parkman, J.P. and Frank, J.H (1992) Infection of sound-trapped mole crickets, *Scapteriscus* spp., by *Steinernema scapterisci. Florida Entomologist* 75, 163–165.

Parkman, J.P. and Smart, G.C. Jr (1996) Entomopathogenic nematodes, a case study: introduction of *Steinernema scapterisci* in Florida. *Biocontrol Science and Technology* 6, 413–419.

Parkman, J.P., Hudson, W.G., Frank, J.H., Nguyen, K.B. and Smart, G.C. Jr (1993a) Establishment and persistence of *Steinernema scapterisci* (Rhabditida: Steinernematidae) in field populations of *Scapteriscus* spp. mole crickets (Orthoptera: Gryllotalpidae). *Journal of Entomological Science* 28, 182–190.

Parkman, J.P., Frank, J.H., Nguyen, K.B. and Smart, G.C. Jr (1993b) Dispersal of *Steinernema scapterisci* (Rhabditida: Steinernematidae) after inoculative applications for mole cricket (Orthoptera: Gryllotalpidae) control in pastures. *Biological Control* 3, 226–232.

Parkman, J.P., Frank, J.H., Nguyen, K.B. and Smart, G.C. Jr (1994) Inoculative release of *Steinernema scapterisci* (Rhabditida: Steinernematidae) to suppress pest mole crickets (Orthoptera: Gryllotapidae) on golf courses. *Environmental Entomology* 23, 1331-1337.

Peters, A. (1996) The natural host range of *Steinernema* and *Heterorhabditis* spp. and their impact on insect populations. *Biocontrol Science and Technology* 6, 389–402.

Poinar, G.O. Jr (1979) *Nematodes for Biological Control of Insects*. CRC Press, Boca Raton, Florida, 340 pp.

Poinar, G.O. Jr, Karunakar, G.K. and David, H. (1992) *Heterorhabditis indicus* n. sp. (Rhabditida: Heterorhabditidae) from India: separation of *Heterorhabditis* spp. by infective juveniles. *Fundamental and Applied Nematology* 15, 467–472.

Potter, D.A. (1998) *Destructive Turfgrass Insects: Biology, Diagnosis, and Control.* Ann Arbor Press, Chelsea, Michigan, 344 pp.

Raulston, J.R., Pair, S.D., Loera, J. and Cabanillas, H.E. (1992) Prepupal and pupal parasitism of *Helicoverpa zea* and *Spodoptera frugiperda* (Lepidoptera: Noctuidae) by *Steinernema* sp. in cornfields in the lower Rio Grande valley. *Journal of Economic Entomology* 85, 1666–1670.

Schroeder, W.J. (1987) Laboratory bioassays and field trials of entomogenous nematodes for control of *Diaprepes abbreviatus. Environmental Entomology* 16, 987–989.

Schroeder, W.J. (1990) Water-absorbent starch polymer: survival aid to nematodes for control of *Diaprepes abbreviatus* (Coleoptera: Curculionidae) in citrus. *Florida Entomologist* 73, 129–132.

Schroeder, W.J. (1992) Entomopathogenic nematodes for control of root weevils of citrus. *Florida Entomologist* 75, 563–567.

Schroeder, W.J. (1994) Comparison of two steinernematid species for control of the root weevil *Diaprepes abbreviatus. Journal of Nematology* 26, 360–362.

Schwartz, P.H. (1983) Losses of yield in cotton due to insects. In: *Agricultural Handbook*. US Department of Agricultural Research Service, Beltsville, Maryland.

Shapiro, D.I. and Lewis, E.E. (1999) A comparison of entomopathogenic nematode infectivity from infected hosts versus aqueous suspension. *Environmental Entomology* 28, 907–911.

Shapiro, D.I. and McCoy, C.W. (2000a) Virulence of entomopathogenic nematodes to *Diaprepes abbreviatus* (Coleoptera: Curculionidae) in the laboratory. *Journal of Economic Entomology* 93, 1090–1095.

Shapiro, D.I. and McCoy, C.W. (2000b) Susceptibility of *Diaprepes abbreviatus* (Coleoptera: Curculionidae) larvae to different rates of entomopathogenic nematodes in the greenhouse. *Florida Entomologist* 83, 1–9.

Shapiro, D.I. and McCoy, C.W. (2000c) Effect of culture method and formulation on the virulence of *Steinernema riobrave* (Rhabditida: Steinernematidae) to *Diaprepes abbreviatus* (Coleoptera: Curculionidae). *Journal of Nematology* 32, 281–288.

Shapiro, D.I., Glazer, I. and Segal, D. (1997) Genetic improvement of heat tolerance in *Heterorhabditis bacteriophora* through hybridization. *Biological Control* 8, 153–159.

Shapiro, D.I., Cate, J.R., Pena, J., Hunsberger, A. and McCoy, C.W. (1999) Effects of temperature and host range on suppression of *Diaprepes abbreviatus* (Coleoptera: Curculionidae) by entomopathogenic nematodes. *Journal of Economic Entomology* 92, 1086–1092.

Shapiro, D.I., McCoy, C.W, Fares, A., Obreza, T. and Dou, H. (2000) Effects of soil type on virulence and persistence of entomopathogenic nematodes in relation to control of *Diaprepes abbreviatus*. *Environmental Entomology* 29, 1083–1087.

Shapiro-Ilan, D.I. (2001) Virulence of entomopathogenic nematodes to pecan weevil (Coleoptera: Curculionidae) adults. *Journal of Entamological Science* 36, 325–328.

Shetlar, D.J., Suleman, P.E. and Georgis, R. (1988) Irrigation and use of entomogenous nematodes, *Neoaplectana* spp. and *Heterorhabditis heliothidis* (Rhabditida: Steinernematidae and Heterorhabditidae), for control of Japanese beetle (Coleoptera: Scarabaeidae) grubs in turfgrass. *Journal of Economic Entomology* 81, 1318–1322.

Shields, E.J., Testa, A., Miller, J.M. and Flanders, K.L. (1999) Field efficacy and persistence of the entomopathogenic nematodes *Heterorhabditis bacteriophora* 'Oswego' and *H. bacteriophora* 'NC' on Alfalfa snout beetle larvae (Coleoptera: Curculionidae). *Environmental Entomology* 28, 128–136.

Smith, K.A. (1994) Control of weevils with entomopathogenic nematodes. In: Smith, K.A. and Hatsukade, M. (eds) *Control of Insect Pests with Entomopathogenic Nematodes*. Food and Fertilizer Technology Center, Republic of China in Taiwan, pp. 1–13.

Smits, P.H., Wiegers, G.L. and Vlug, H.J. (1994) Selection of insect parasitic nematodes for biological control of the garden chafer, *Phyllopertha horticola*. *Entomologia Experimentalis et Applicata* 70, 77–82.

Spears, J.H. (1968) The westward movement of the pink bollworm. *Bulletin of the Entomological Society of America* 14, 118–119.

Stansly, P.A., Mizell, R.F. and McCoy, C.W. (1997) Monitoring *Diaprepes abbreviatus* with Tedders traps in southwest Florida citrus. *Proceedings of the Florida State Horticultural Society* 110, 22–26.

Suggars Downing, A., Erickson, C.G. and Kraus, M.J. (1991) Field evaluations of entomopathogenic nematodes against citrus root weevils (Coleoptera: Curculionidae) in Florida citrus. *Florida Entomologist* 74, 584–586.

Vittum, P.J., Villani, M.G. and Tashiro, H. (1999) *Turfgrass insects of the United States and Canada*, 2nd edn. Cornell University Press, Ithaca, New York, 422 pp.

Wang, Y., Campbell, J.F. and Gaugler, R. (1995) Infection of entomopathogenic nematodes *Steinernema glaseri* and *Heterorhabditis bacteriophora* against *Popillia japonica* (Coleoptera: Scarabaeidae) larvae. *Journal of Invertebrate Pathology* 66, 178–184.

Woodruff, R.E. (1964) A Puerto Rican weevil new to the United States (Coleoptera: Curculionidae). Florida Department of Agriculture. *Plant Industry Entomology Circular* 77, 1–4.

Wright, R.J., Agudelo-Silva, F. and Georgis, R. (1987) Soil applications of steinernematid and heterorhabditid nematodes for control of Colorado potato beetles, *Leptinotarsa decemlineata* (Say). *Journal of Nematology* 19, 201–206.

Zimmerman, R.J. and Cranshaw, W.S. (1991) Short-term movement of *Neoaplectana* spp. (Rhabditida: Steinernematidae) and *Heterorhabditis* 'HP-88' strain (Rhabditida: Heterorhabditidae) through turfgrass thatch. *Journal of Economic Entomology* 84, 875–878.

17　Biosys 公司的经历：业内人士的观点

Ramon Georgis
EcoSmart Technologies, 318 Seaboard Lane, Suite 202, Frankin, Tennessee 37067, USA

17.1　引　　言

1983 年，加利福尼亚 Biosys 公司的建立标志着昆虫病原线虫发展的起步，该公司资金充足，致力于昆虫病原线虫大规模生产技术的开发。容易获得的大量免费线虫和 Biosys 的经费，激起了爆发性的田间效果试验，同时也激发了人们对线虫的基础理论和应用方面的广泛兴趣。Biosys 公司已成为这个学科的一个标志。然而，尽管 Biosys 公司融资了上百万美元努力挣扎，但最终仍未获得效益。公司在 1997 年被马里兰的哥伦比亚 Thermo Trilogy 公司收购，成为该公司的一个分公司，它的线虫研究小组致力于一些最有收益的线虫市场的研究。

作为一名科学家，作者在 1985 年加入该公司，主要管理应用性研究和田间开发。后来他从事了其他的管理职位，包括在 1988 年做产品开发的主管，1993 年做研究和开发的副总裁，他在 1997-1998 年为 Thermo Trilogy 公司研究和开发部的主管。他在 Biosys 公司和 Thermo Trilogy 的工作内容包括制剂加工、试验工厂生产、田间试验研究、产品开发和质量安全。这一章主要介绍 Biosys 公司技术和市场上的业绩，目的是强化线虫产品的使用，分析公司失败的原因。

17.2 公 司 建 立

1983 年，为了满足社会对环境安全性的需求，寻找化学药剂的替代品，遂即建立了 Biosys 公司。在公司开发和完善将生物杀虫剂的想法变成产品、技术的同时，也花费了时间来制定和发展公司的商业结构。通过确定 4 个关键因素建立一个成功的公司至关重要，公司形成了一个长期的商业战略目标，使公司在它的生产线上获得巨大的成功。

公司商业战略第一个要素是使用昆虫病原线虫控制地下害虫，公司招募了经验丰富的人员和顾问去市场中开发和定位线虫产品。通过利用在线虫学、微生物学、化学工程、生物化学和细胞生理学方面的经验，公司首创了活体发酵工程，该过程模拟线虫自然繁殖的环境，并取得了专利权。然后公司通过产品生产、物流、销售和使用链，将注意力转移到几种制剂和包装技术的开发和申请专利上，以此来保持线虫的活性和有效性。此外公司与农业部科研人员、一些农业大学和有潜力的销售伙伴进行合作，将它生产的产品在世界范围内进行大量的试验。很多地点、季节性试验的成功结果使产品进入市场（Georgis，1992；Georgis and Manweiler，1994；Georgis and Poinar，1994）。公司商业策略的第二个要素涉及确定扩大公司增长潜能的方法，保持资金收支平衡。最终，公司确定和实施了几种资金管理策略。该公司宁愿与合约生产商合作达成一个有效的长期协议来提供发酵设备，也不愿意建立自己的发酵生产设备。

公司战略计划的第三个要素是和几家主要的农化公司建立合作，利用这些合作公司已有的基础设施，使公司生产产品能够无需花过多的时间和资金就可形成自己的销售和分配网络。此外，由于这些合作者都是不同市场和地理区域的主导者，因此公司能够很快地在美国和欧洲市场开发它的产品。

Biosys 公司意识到多元化对于一个公司的发展是非常重要的。因此，商业策略第四个要素是提高昆虫病原线虫的技术基础。在 1993-1996 年，这家公司并购了 3 个农业生物技术公司（AgriSense、AgriDyn 和 Crop Genetics International），并购后又增加了在信息素、植物源杀虫剂和杆状病毒等新技术。公司通过收购补充的产品计划快速和低成本地扩大了产品在世界范围内的影响力。

17.3 技 术 评 价

在 1986-1995 年，公司已经有 22-31 家从事发酵、制剂研发和昆虫病原线虫的田间应用效果评价的机构。他们的目标是开发针对常规化学杀虫剂在成本、易于应用和性能方面均有竞争力的产品。公司采纳这种产品的发展路径，在以后的3-5年证明了该方法对于发展线虫产品是一种可靠的方法（表17.1）。

表17.1　Biosys公司开发斯氏线虫和异小杆线虫产品的过程

开发过程	具体内容
阶段1：基础研究	线虫分类及其生物学研究
	共生体分类及其生物学研究
	基于DNA分类鉴定
阶段2：应用研究	线虫寄主范围
	对非靶标生物的影响
	最适温度及极限温度
	离体培养的优化
	制剂研究
	应用技术
	药效及田间评价
	质量控制
阶段3：商业化	规模化生产
	制剂规模化
	标准化及质量保证
	示范试验
	市场化

17.3.1　液体发酵

到1988年，Biosys公司开发了活体半自动和固体培养的大量生产方法来生产小卷叶蛾斯氏线虫（*Steinernema carpocapsae*）、夜蛾斯氏线虫（*Steinernema feltiae*）和嗜菌异小杆线虫（*Heterorhabditis bacteriophora*）产品。线虫的应用量是每公顷2.5×10^9条，用线虫产品处理的成本比标准杀虫剂高2.5-5倍。由于劳动力的成本高，在市场上生产大量线虫要求有足够的空间是不切实际的。在1986年该公司集中进行液体发酵的研究。研究领域包括线虫和细菌接种、线虫与细菌间互作、扩大培养、加工进程开发（如强烈的敏感性、优化通氧量、种群动态和时间选择）、下游进程和贮存。直到1989年，通过努力完成了在10 000-15 000L液体发酵灌中3种线虫的生产。在1991年和1992年，该公司和Archer Daniels Midland（ADM）达成了12年的生产协议来生产线虫产品和其他生物产品。公司已拥有了10个80 000L的发酵罐。在1994-1997年（表17.2），公司为了满足市场需求每个月成功生产10^{12}条小卷叶蛾斯氏线虫。但公司在嗜菌异小杆线虫的生产能力和产量预测上遭遇了失败，使公司无法进行该种的生产。侵染期线虫死亡、收获时间不适及线虫接种到1龄雄虫和雌虫的转化率低，这些都是嗜菌异小杆线虫产品生产的主要问题。尽管夜蛾斯氏线虫产品不如嗜菌异小杆线虫有很好的前景（表17.3），但公司仍为了获得高额的市场价值而持续在蘑菇栽培室和温室中应用（表17.2）。

表 17.2 公司线虫产品的开发（1994-1997 年）

线虫种类	产品	占有市场	公司
Steinernema carpocapsae	BioSafe	家用草坪和花园	美国，Ortho Solaris Group
		草坪	日本，SDS Biotech
	Exhibit	草坪和观赏植物	美国，Ciba-Geigy（现在的先正达 Syngents）
	Boden-Nutzlinge	观赏植物	西欧，Ciba-Geigy
	Sanoplant	家用草坪和花园	德国，Celeflor
	Biosafe	家用草坪和花园	瑞士，Dr. R. Maag
	BioFlea，Halt，Defend，	家用草坪和花园	英国，Pan Britannica Ltd
	Interrupt	宠物和牲畜（蚤）	美国，Farnham Company
S. feltiae	BioSafe-N	酸果蔓	美国，Biosys
	Magnet	蘑菇	美国，Amycel Spawnmate
S. glaseri	X-Gnats	苗圃	
S. riobrave	Vector-WG	草坪（蛴螬）	美国，Biosys
	BioVector 355	柑橘（象鼻虫）	美国，Biosys
	Vector MC	草坪（蝼蛄）	美国，Lesco

1993 年，公司被批准开发斯氏线虫（*Steinernema*）的两个新种，第一个种是格氏斯氏线虫（*S. glaseri*）的一个品系，该品系是由 Rutgers 大学开发，它在控制常见的草坪害虫蛴螬（金龟子科 Scarabaeidae）有很好的效果。另一种是锐比斯氏线虫（*S. riobrave*），它是公司通过合作获得批准的，是美国农业部研究人员分离获得的，这个种可以有效地控制蝼蛄（*Scapteriscus* spp.）和柑橘象鼻虫的混合发生（参见第 16 章，Shapiro 等）。锐比斯氏线虫产品可用 80 000L 发酵罐进行发酵生产。然而格氏斯氏线虫产品在 1995 年被终止生产了，主要是由于线虫在收获之前进入侵染期阶段转化率低（低于 60%），且从接种线虫到第一代雄、雌虫的转化率低，这些都是格氏斯氏线虫产品低成功率的原因（表 17.3）。

表 17.3 Biosys 公司病原线虫的生产 [a]

线虫	产量 [b]（线虫）(ml)	成功可能性（%）[c]
Steinernema carpocapsae	154×10^3	92
S. feltiae	93×10^3	83
S. glaseri	62×10^3	71
S. riobrave	157×10^3	91
Heterorhabditis bacteriophora	142×10^3	69

[a] 半连续发酵过程，300L、1500L 和 80 000L；[b] 80 000L 发酵罐中 10 个成功的产品的平均值；[c] 基于 80 000L 发酵罐中 20 个产品在产量、脂质浓度和病原性的指标

由于线虫之间在生理学、生物化学和形态学的差异，那么对于每一种线虫的培养、加工过程和下游工程也是不同的。尽管大量的资源已被分配到实验室和中试阶段，但只开发了小卷叶蛾斯氏线虫（*S. carpocapsae*）和锐比斯氏线虫两个种有效的生产流程。

17.3.2 制剂

不方便使用的制剂和不适宜的保质期阻碍了昆虫病原线虫产品的开发（Grewal and Georgis，1988；Georgis and Kaya，1998）。在斯氏线虫和异小杆线虫中存在生理性的差异。因此，公司研究人员对每一个种所需要的氧气和温度进行研究，以便筛选出最优的制剂类型、制剂组分、包装尺寸及贮藏条件。

公司早期的制剂是把线虫悬浮在凝胶涂层的尼龙筛子里，制剂在室温条件下可贮藏7个月，冷藏可贮存1年（表17.4）。这种制剂使公司打开了新的市场，如应用在住宅花园、酸果蔓和蘑菇上。

表 17.4 Biosys 公司线虫制剂开发的历史回顾 [a]

时期	制剂形式	线虫状态	需氧量（ml）/10^6线虫（d）[b]	货价期（月）[c]
1985-1987 年	将线虫置于潮湿的物质如蛭石、聚醚聚氨酯、海绵或刨花上	活动的	3.2	0.5-1.1
1987-1990 年	将线虫置于潮湿的凝胶材料上，如藻酸钙、氧杂蒽或聚丙烯酰胺	固定不动的	0.67	3-4
1993 年	将线虫装入由硅、黏土、纤维素化合物、木质素和淀粉等构成的直径为 10-20mm 的水分散颗粒中	部分干燥	0.21	5-6

[a] 生产能力为每1.2L容器生产10^6条小卷叶蛾斯氏线虫（Georgis and Kaya，1998）；[b] 制剂生产3d后计算；[c] 从生产出制剂后线虫存活率大于90%，并且在25℃条件下致病性不变

在1993年，公司开发了水溶性的制剂（WDG），制剂在生产后的几个小时内线虫大部分被干贮（Georgis and Dunlop，1994），这种水溶性的制剂加水后会很快溶解。此外，线虫需氧量少，这使得制剂在室温条件下可贮存几个月（表17.4）。

研究人员除了研究小卷叶蛾斯氏线虫和锐比斯氏线虫，还研究了斯氏线虫属和异小杆线虫属的其他线虫，但均未获得可靠、稳定的线虫制剂。在这些研究中，大多数线虫从颗粒中爬出无法进入半脱水阶段，或者是颗粒不能在水中溶解（线虫包埋在颗粒中），这种制剂不适合用于活动能力强的“追击型”线虫。

这种制剂主要的缺点之一就是易污染，尽管在制剂生产时需要使用一些如Kathan的杀真菌剂（用量较低以避免政府限制）和清洁的生产过程，但由于住宅和花园市场需要的货架期为室温条件下至少6个月，因此，保持几个月清洁的产品没有成功。尽管如此，线虫制剂还是打开了新的市场和提高了利润。

17.3.3 质量控制

Biosys 公司意识到了线虫产品市场被接受程度主要依靠产品在运输和贮存过程中的稳定性、使用的方便性和田间应用条件的一致性。稳定性是指线虫在产品加工过程中保持线虫的质量；线虫标准化第一阶段的目标是生产可行性和生产出致病力强的线虫。用活体培养生产低温冷冻贮藏的线虫品系和细菌（Popiel and Vasquez，1991）以减少批量生产时线虫的致病性变异，随后关注发酵收获期到用户手中线虫的生存能力和致病力

的保持。为确保加工质量，可通过侵染期线虫的 LT_{50}（致死中时间）和 LC_{50}（致死中浓度）测定产品的稳定性（Georgis and Kaya，1998）。

产品保证的另一方面就是根据不同季节的市场需要生产适时的产品。在日本和欧洲，需要的产品大多数都在 1-3 月完成，然而在美国则是在 5-8 月生产。如果 8-12 月是市场需求时期，线虫的生产应该在 3-6 月完成，产品生产的跨度仅为 6 个月。

侵染期线虫脂质浓度是公司采用的一种标准化方法用来检测产品质量，对于侵染期线虫，脂质是主要的能量载体，其脂质的水平可以直接影响货架期（Selvan et al., 1993）。为确保获得稳定的产品，线虫通常被贮存在 5-10℃通气的容器中，且在收获后 4 周内生产成制剂（Georgis and Kaya，1998）。

17.4 市场评价

产品效果、成本、利润率、竞争力、货架期和使用简便程度都是任何一种杀虫产品成功引入和立足于市场最重要的因素。在 1985-1995 年，Biosys 公司在很多市场开发线虫产品，尽管经历了多年的研究，但公司由于面临一个或多个问题被迫终止研究或者从市场上召回产品（表 17.5，表 17.6）。

表 17.5 市场上防治害虫的斯氏线虫产品介绍

市场分区	通用名	学名	产品引入（1992-1995 年）[a]
朝鲜蓟	朝鲜蓟（artichoke plume moth）	*Platytilia cardiuidactyla*[b]	否
柑橘类	青绿象鼻虫（blue green weevil）	*Pachnaeus litus*	是
	甘蔗菲尔象（sugarcane rootstalk borer）	*Diaprepes abbreviatus*	是
玉米	小地老虎（black cutworm）	*Agrotis ipsilon*	否
	西方玉米根虫（western corn rootworm）	*Diabrotica virgifera vigifera*	否
酸果蔓和浆果	葡萄黑象甲（black vine weevil）	*Otiorhynchus sulcatus*	是
	蔓越橘（cranberry girdler）	*Chrysoteuchia topiaria*	是
	皇冠蛀虫（crown borer）	Sesiidae	否
	蛴螬（white grub）	Scarabbaeidae	否
	草莓根象鼻虫（strawberry root weevil）	*O. ovatus*	是
温室和苗圃植物	甜菜夜蛾（beet armyworm）	*Spodoptera exigua*[b]	否
	葡萄黑象甲	*O. sulcatus*	是
	潜叶蝇（leafminer）	*Liriomyza trifolii*[b]	否
	尖眼蕈蚊（sciarid fly）	Sciaridae	是
	草莓根象鼻虫	*O. ovatus*	是
薄荷	地老虎（cutworm）	Noctuidae	否
	薄荷跳蚤甲虫（mint flea beetle）	*Longitarsus waterhousei*	否
	薄荷钻根虫（mint root borer）	*Fumibotys fumalis*	是
	根象甲（root weevil）	*Otiorhynchus* spp.	是
蘑菇	驼背蝇（phorid fly）	*Megaselia halterata*	否
	尖眼蕈蚊	*Lycoriella* spp.	是
花生	粒肤地老虎（granulate cutworm）	*Feltia subterranean*	否

续表

市场分区	通用名	学名	产品引入（1992-1995 年）[a]
花生	玉米秸秆食心虫（lesser cornstalk borer）	*Elasmopalpus lignosellus*	否
	南方玉米根虫（southern corn rootworm）	*Diabrotica undecimpunctata*	否
甜菜	甜菜象甲（sugar beet weevil）	*Cleonus mendikus*	否
甜马铃薯	甘薯小象甲（sweet potato weevil）	*Cylas formicarius*	否
草坪	黏虫（armyworm）	*Pseudaletia unipuncta*	是
	喙甲（billbug）	*Sphenophorus* spp.	是
	小地老虎	*A. ipsilon*	是
	蓝草结网毛虫（bluegrass webworm）	*Parapediasia teterrella*	是
	欧洲大蚊（European crane fly）	*Tipula paludosa*	否
	蝼蛄（mole cricket）	*Scapteriscus* spp.	是
	蛴螬	Scarabaeidae	是
蔬菜和大田作物	地老虎	Noctuidae	否
	黄瓜叶甲（cucumber beetle）	Chrysomelidae	否
	跳甲（flea beetle）	Chrysomelidae	否

[a] 产品的采用取决于效果成本、制剂的稳定性及竞争力，直到 Georgis（1992）的改进和规划，所有土壤应用和对目标害虫的应用时期才成熟；[b] 应用于地上害虫：隐蔽性害虫或温室环境内的害虫

表 17.6　Biosys 公司由于斯氏线虫在田间和实验室试验防效低无法继续的产品 [a]

通用名	学名	因素 [b]
美国蟑螂	*Periplaneta americana*	若虫和成虫相对不敏感
德国蟑螂	*Blattella germanica*[c]	早期不成熟阶段相对不敏感
葡萄根瘤蚜	*Phylloxera* sp.	若虫和成虫相对不敏感害虫，位于土壤深处的害虫
家蝇	*Musca domestica*	线虫在粪肥中不能存活
外来的火蚁	*Solenopsis invicta*	通过移动它们的群落避免与线虫接触
美洲山核桃象鼻虫	*Curculio caryae*	蛹阶段形成的巢室在土表下方 15cm
稻水象甲	*Lissorhoptrus oryzophilus*	线虫在积水土壤中沉淀下来较快，低龄相对不敏感
根蛆	*Delia* spp.	害虫幼虫阶段相对不敏感
金针虫（切根虫）	Elateridae	害虫幼虫阶段相对不敏感

[a] Georgis（1992）改进；[b] 采用土壤或平皿生测法，每头昆虫的 LC_{50} 大于 100 条线虫的被认为相对不敏感（Woodring and Kaya，1998）；[c] 用陷阱法，装有线虫和诱集剂

17.4.1　产品效果

尽管公司与各种科研人员和农业化学公司合作，但在 1985-1995 年仍有 480 万美元被花费在数百次的田间效果试验中。在此期间，田间试验部门拥有 7-9 个人。最终，公司在科研人员、产业、经销商和用户方面引领了害虫治理策略的新局面。所有的结果列于表 17.5 和表 17.6 中，一些主要的消极方面如下。

（1）防治玉米根部虫害的不一致性和低效性。很多杀虫剂被用于随玉米播种来防治根部幼虫侵害，在播种后 4-6 周发挥功效。多次试验证明，斯氏线虫和异小杆线虫应用

于玉米在播种后的 4-6 周很难维持其较高的群体数目。与类似靠接触来杀死幼虫的杀虫剂相比，线虫的持效性低和玉米根部 1 龄和 2 龄幼虫敏感性差导致了不一致的防治效果，而那些化学杀虫剂田间半衰期比线虫长，多为 6 周。

（2）与标准化的化学杀虫剂相比线虫产品防治洋葱蛆和白菜根蛆效果差一些。在几个小时的害虫卵孵化期，1 龄幼虫可以进入植物的根部，而杀虫剂无法接近目标。因此，杀虫剂被用于土壤表面防治那些在土表产卵的成虫或从卵中孵出的幼虫。根蛆对根部的快速侵染和害虫幼虫对线虫的抗性使它们成为不适宜线虫防治的对象。

（3）与标准杀虫剂相比防治切根虫效果差，主要是由于它在幼虫阶段可以抵抗病原线虫，线虫被发现在切根虫内脏中死亡和被破坏。

（4）线虫产品从宠物市场上撤回，是由于产品的污染性和有新的化学产品进入市场来防治猫的跳蚤。

（5）在草坪市场上防治蛴螬的线虫产品被撤回，是新化学产品的引入和发酵产量低导致较低的利润率。

积极的方面，杀虫剂由于环境问题和无需注册使公司在赢得市场方面取得了如下机会。

（1）日本草坪上应用（喙甲、夜蛾科幼虫和结网毛虫）。

（2）美国和欧洲用于观赏植物和温室种植植物（黑藤象甲和蘑菇蛆）。

（3）美国用于蔓越橘（黑藤象甲和蔓越橘草螟）。

（4）美国柑橘（柑橘多种象鼻虫）。

17.4.2 产品的使用

1987 年，线虫不经干燥处理的钙盐制剂的引进是一个重大的突破，它是第一个在理想的室温条件下货架期为 3-4 个月的制剂（每 4L 容器 250×10^9 条线虫）。因此，大量的生化公司将该产品推荐到不同的市场包括草坪、温室、浆果和住宅花园。不幸的是，该产品在使用前需花 20-30min 从钙盐产品中提取。30min 的提取时间限制了它在市场上的运行，尤其在大规模生产中。此外，装钙盐的框架材料（如塑料筛）的处理也很麻烦，处理大量的产品包装也被认为是不切实际的。

由于以上原因，在 20 世纪 90 年代产品的研究主要集中在开发浓缩的产品结构和简单混合应用的产品上，以便于进一步扩大市场。这些努力促进了 WDG 产品的发展，它允许侵染期幼虫进入一个部分干贮的阶段，在 25℃时贮存 5-6 个月可加强其生存能力和保持它的致病性，并且提高线虫耐受温度，高达 36℃（表 17.4），该产品由于不需过多耗时的预备步骤而被广泛应用。

诱导线虫进入部分干贮阶段意味着它需要很少的氧气。因此，每升包装中可以得到较高的线虫数量（表 17.4）。为获得 5-6 个月的货架期，一个 1.2L 的容器足够贮存 250×10^6 个 WDG 产品中干贮的小卷叶蛾斯氏线虫。相反，一个 4L 的容器装有同样数量的不移动的线虫钙盐产品，其货架期较短。

WDG 制剂的引进立即获得了 630 万美元的市场效益，占公司 1994 年线虫产品销售总量的 90%。此外，新的制剂使线虫产品市场规模增加了 52%。

17.4.3 市场接受度

在 20 世纪 80 年代末期，昆虫病原线虫出现并应用主要是由于害虫对传统的化学药剂产生抗性，但产品没有达到预期的效果。在产品达到预期效果且公司准备去开发新产品、新市场和支持这些产品之前，许多产品被市场冲击。这些产品的价格比传统化学药剂的价格高，且有不同的剂型和活性组分。缺乏关键性的合作和缺乏销售商的支持意味着在产品的应用上信息缺乏，因而造成最终的使用者对产品的特点和产品的使用形式没有被正确的指导。

公司在 20 世纪 90 年代对大量的产品进行了改进，它们的线虫产品在市场上与传统的化学防治药剂相比有很大的竞争力。产品的价格有所提高，主要是由于选择的线虫品系和质量控制的提高，如产品具有线虫浓度高、防治效果一致、较长的贮存和货架期等特点，公司将它的产品重新定位在高附加值市场上，如观赏性植物、柑橘、浆果和草坪。此外公司投入大量的努力包括学术研讨会、短期培训和田间示范来培训使用这些产品的种植者和销售者。

17.5 Biosys 公司的失败

20 世纪 80 年代，由于大量的资金投入市场项目和热衷于农业生物技术，大量的杀虫剂公司包括 Biosys 公司开始探索超有潜力的生物产品来替代化学杀虫剂。在 20 世纪 90 年代不同的微生物杀虫剂和传统的杀虫剂进行竞争，生物杀虫剂在市场规模和利润率上都没有达到早期的预计效果，这很大程度影响了它的工业结构（Gaugler，1997）。Biosys 公司（线虫、病毒）、Entotech 公司（细菌）、EcoScience 公司（真菌）和 Crop Genetics International 公司（病毒、细菌）都通过合并或被吞并而消失了。Ecogen 公司（细菌、线虫）历经了历次缩小规模，Mycogen（起初是真菌，后来又开发了细菌）通过自身改造，作为 1 个种子公司生存了下来。Mycotech（真菌）也由于它保持小规模的生产设施和渐进的市场渗透力而得以幸存。在 2000 年，Microbio 公司被美国的 Becker Underwood 公司吞并。在 1997 年 Biosys 公司被 Thermo Trilogy 公司合并，在美国生物杀虫剂快速稳固时期达到了发展的高潮。在 4 年内，5 家公司有效地合并为一家公司，在 1993-1996 年 Biosys 又合并了 3 家公司，在 1996 年后期 Biosys 公司宣告破产。

导致公司破产有很多复杂的原因。通常，公司无法提供必要的资金投入进行再生产。20 世纪 90 年代中期，大多数投资者将资金转移到网络公司，这将得到比在生物杀虫剂公司投入的资金多 10 倍以上的回报，即使是 Biosys 公司也只能得到 2-3 倍的回报。利润低和有限的市场占有率也导致了公司在增加资金方面的失败。1996 年，从线虫、信息素、植物源农药和病毒制剂产品中获得的收入不足 1500 万美元。

17.5.1 产品成本

产品成本高对于公司仍然是一个问题，生产商每公顷所用的水溶性制剂（WDG）产品中有 2.5×10^9 条小卷叶蛾斯氏线虫，其生产成本为 30.97 美元（线虫每升产量 150×10^6 条，每升培养基 0.12 美元，每升的劳动力和加工费用为 1.3 美元，每 2.5L 包装 900g 250×10^6 线虫为 1.6 美元），这阻碍了早期达到低价格市场如玉米、棉花、马铃薯和大多数蔬菜的目标。甚至对公司和销售者仅有 30%利润率，种植者每公顷 52.33 美元的费用也相对高于使用化学药剂。而通常，种植者使用的化学药剂费用为每公顷 10-20 美元，生产者和销售者的利润为 40%。最终，公司注意力转移到高效益的市场上。新的方向消减了公司早期预计的超过 1 亿美元的投入，那对于投资者来说利润不超过 5000 万美元。

公司已成功地在 80 000L 发酵罐中生产小卷叶蛾斯氏线虫和兇比斯氏线虫，每毫升产品超过了 150×10^3 条线虫（表 17.3）。然而，污染、侵染期线虫的活力和线虫繁殖力都是保持 90%生产率可能出现新的问题。

这些因素甚至更大地影响了夜蛾斯氏线虫、格氏斯氏线虫和嗜菌异小杆线虫的生产，在 80 000L 发酵罐中产品的生产率不超过 85%。此外，夜蛾斯氏线虫和格氏斯氏线虫的产量在侵染期每毫升少于 1×10^5 条（表 17.3）。因此，以每公顷 2.5×10^9 条的应用比例，对于两种斯氏线虫的利润率都是很低的。

17.5.2 产品的利用率

尽管 WDG 适合各种不同的消费者和在园艺种植中应用。在草皮上应用，每公顷需要大量的制剂产品，用量是化学杀虫剂的 4-8 倍。为了获得 5-6 个月的货架期，一个 1.2L 的包装袋中颗粒所含干线虫数量需要达到 250×10^6 条，控制蝼蛄每公顷需要 6 个 1.2L 的包装。对于标准的杀虫剂，一个 4L 的包装可处理 $10hm^2$ 的害虫。因此，许多使用者认为与标准杀虫剂相比，其产品的利用率低，而且使用起来不方便。

17.5.3 产品的稳定性

通常，应用于中高价位市场的杀虫剂产品不用冷藏贮存至少应有两年的保质期。WDG 产品货架期为 5-6 个月，它需要通过冷藏贮存来延长货架期。这种需求对于许多销售者和使用者来说是很困难的。尤其是用于防治蘑菇蛆（观赏植物）、蝼蛄（草坪）和跳蚤（室外应用）的杀虫剂的活力要超过 5 个月。

相对湿度高是保存干线虫所必需的，但高湿环境可促进真菌和细菌的生长。尽管真菌杀虫剂也被包埋在制剂中，但污染仍是许多产品存在的问题。在大多数情况下，污染不会影响线虫的活力，但它所引起的外表问题使最终的使用者不能接受。例如，污染是导致销售者无法继续销售线虫产品来防治跳蚤的主要原因。另外还与利润率和在室内应用时由于新害虫的引入所进行的调整有关。

17.5.4 开发优势产品

即使斯氏线虫和异小杆线虫在实验室能寄生广泛的昆虫物种，但某一种类的线虫或品系在田间控制特定种类的害虫会比其他线虫更有效。例如，格氏斯氏线虫和嗜菌异小杆线虫在土壤中垂直运动能力强，它们具有很强的穿透和寄生金龟子幼虫的能力，可与有机磷酸酯和氨基甲酸盐杀虫剂相媲美（Georgis and Gaugler，1991；Georgis and Poinar，

1994）。公司不具备开发高效液体发酵工程和生产两种线虫的稳定制剂的能力，从而阻碍了公司在广大草坪市场上的发展。

线虫产品对昆虫的敏感性、生态学行为、剂型、使用的简便性、贮藏和产品的成本，这些原因都限制了线虫防治特定害虫的使用和在市场上的应用。产品最大的遗憾就是对玉米根切虫、根蛆和金针虫的防治效果差（表 17.6）。在 1995 年全球范围内用于控制土壤害虫的杀虫剂在生产水平上超过了 3.5 亿美元。

17.5.5 新的竞争

农业小市场和主要的市场相比缺乏相对的竞争力。除许多苏云金芽孢杆菌（*Bacillus thuringiensis*，Bt）产品外，微生物杀虫剂包括线虫产品都被迫集中在小市场上，这是因为它们在大的杀虫剂市场竞争中缺乏价格优势（Georgis，1997）。

降低毒性、提高专一性和解决抗性问题及旧的综合防治知识都是驱动生物杀虫剂发展的重要理念。生物杀虫剂市场主要被那些新一代的公司如 Biosys 和显赫的大公司如 Abbott 实验室（现在的 Valenta）及 Novartis（现在的先正达 Syngenta）这样的公司生产的新产品所主宰。这些公司在生产技术改进方面取得了很大的进步，这些主要体现在与低效率的传统化学药剂（主要是拟除虫菊酯 pyrethroids）的比较，对管理环境友好和符合安全性产品的需求等方面。

然而，科学家从分子生物学、昆虫生理学、遗传学和生物化学的发展中获取大量信息，发展了新一代的防治技术。新的技术与微生物杀虫剂、线虫制剂和传统的化学药剂形成竞争，它被认为是一种新的化学产品和转基因植物。这些新的产品对主要应用生物杀虫剂在农化工业结构中具有很大影响，新的化学产品有它新的作用形式，活性成分低，且比传统的杀虫剂专一性强。

在 20 世纪 80 年代和 90 年代早期，某种类或品系的昆虫病原线虫防治金龟子幼虫和蝼蛄（mole cricke）与有机磷酸酯（organophosphate）及氨基甲酸盐（carbamate）杀虫剂的作用效果相当（Georgis and Gaugler，1991；Georgis and Poinar，1994），它可引起害虫的数量减少 65%-95%。新的化学杀虫剂如甲氧虫酰肼（methoxyfenozide）、氟虫腈（Fipronil）和吡虫啉（Imidacloprid）等均可以使害虫数量减少 90%以上。所以格氏斯氏线虫（*S. glaseri*）产品在草坪市场中被撤销。很显然，仅被指定在非化学药剂控制的高尔夫球场用线虫防治蛴螬。相比之下，在日本用于防治蛴螬的化学杀虫剂被注册的很少，由于与这些化学杀虫剂产生环境污染的相关问题，为这些 SDS 生物技术公司将格氏斯氏线虫引入日本草坪市场带来机遇。

17.5.6 战略伙伴

为了达到超过 1 亿美元的市场目标，Biosys 公司的战略就是与主要的农化公司去建立市场协议。在 1985 年和 1993 年间许多公司如 Ciba（现在的先正达 Syngenta）、Sandoz（现在的先正达 Syngenta）、Shell（现在的杜邦 Dupont）、拜耳（Bayer）、Chevron（现在的 Sumitomo）、美国 Cyanamid（现在的 BASF）、FMC、Scott 和 SDS Biotech 公司在研究与开发协议上签字。靶标昆虫包括玉米食根虫、根蛆（葫芦、圆葱、胡萝卜和甜菜）和切根虫（玉米、马铃薯和甜菜）。尽管许多公司已用线虫防治害虫获得了很有潜力的成果，但线虫的防治效果仍不如化学杀虫剂。在此期间，Biosys 公司无法通过农化公司满足开发制剂的标准，且产品的成本与现存的市场标准相当。

Biosys 公司没有能力与大的农化公司达成全球市场上的一致协议，那是市场项目投资低的一种信号。在中、高价位的市场中，公司能够签约大量战略性市场协议，使其在 1994 年、1995 年和 1996 年每年都带来大约 700 万美元的收入。然而公司这些收入比原有项目的收入低得多。在 1994 年，当公司应用在住宅和花园的产品不能被继续生产时，使公司的困难进一步加剧。产品被 Ortho 公司（Chevron 化学公司的分公司）市场化了。后来 Ortho 公司被孟山都（Monsanto）公司的 Solaris 集团吞并，新的公司决定终止 Ortho 开发的生物杀虫剂的生产线。

17.6 结论和展望

20 世纪 90 年代，Biosys 公司在线虫商品化上取得了很大的进步，线虫大规模批量生产技术和创新的发展及便于使用的制剂的开发都促进了线虫使用量的扩大。产品在质量和品种多样性的改进、藻酸盐（alginate）和颗粒剂里程碑式的开发都促使了消费者去接受线虫产品。强调每公顷确切的用量和采用起主导作用的标准质量控制程序（如 1∶1 的生物量），为研究人员和种植者获得可靠的结果提供了机会。这些开发导致了利用线虫去控制蝼蛄、草坪喙甲、柑橘属植物根象鼻虫、蘑菇和温室中的尖眼蕈蚊、黑色攀缘植物象鼻虫和酸果蔓果实中的害虫。公司与大学和联邦机构合作，以及公司在降低使用化学杀虫剂上与社会政治形势相联系，这使得公司取得了很大的进步。尽管公司取得了进步，但事实上线虫杀虫剂除在柑橘（在美国柑橘象鼻虫）和草坪（在日本喙甲和结网毛虫）上应用外并没有成为市场上的主导产品。限制市场的主要原因在于产品的成本、有限的防治效果、田间寄主范围、易用性、产品稳定性和缺乏使用信息说明等问题。

尽管公司在 1985-1995 年，花费大约 3000 万美元来研究和开发昆虫病原线虫，但对垄上种植的作物和蔬菜，公司仍没有获得与美国、欧洲市场上与标准杀虫剂相媲美的线虫杀虫剂。结果，除股票持有者外，公司没有获得收入和效益。在当前世界范围的市场中，线虫产品在生产水平上并没有超过 1000 万美元（Georgis，1997），收益低和市场潜能小使当前许多公司如 Thermo Trilogy 和 Microbio 失去信心，将必要的资金投到开发制剂、控制质量和产品加工上来。未来的研究与发展将很可能来自于政府和科研机构。新品种和品系的发现、新品种的大量生产和进一步改善制剂将继续进行。遗传工程技术将用来加强线虫生物防治的潜能（Gaugler，1988，1993）。在确切使用线虫产品上培训扩大代理商和终端使用者将被更加重视。

开发有效的防治害虫的线虫产品在可持续农业上将是主要的挑战，因此需要一个真正的综合防治技术，使所有的农业措施从已给定的干扰中或没有其他有效干扰的实践中获得最大的效果。由于低的环境影响和线虫选择性，它们将是害虫综合防治中理想的组成部分。

在过去的几年内，线虫商品化已发生了令人瞩目的变化，在传统的化学制剂的压力下，在美国和欧洲，公司主要以小规模的乡村工业出现。这些小规模的商业主要是满足高价值的园艺和住宅草坪花园的需要，它主要依靠活体生产。农业生物技术公司投资风险的降低为这种趋势发展提供动力，它也被期望在 21 世纪初期能很好地继续下去。然而，加强产品质量和控制水平是使线虫作为合理的害虫防治工具的重要阶段（Gaugler et al.，2000）。线虫生产作为一个当地的或区域性的产业，可能为使用线虫进行害虫防治带来新的机遇和潜能，服务于当地市场的小规模的商业可能在传播速度、公司扩大支持和降低贮存问题上获得很大的优势。

参 考 文 献

Gaugler, R. (1993) Ecological genetics of entomopathogenic nematodes. In: Bedding, R. Akhurst, R. and Kaya, H. (eds.) *Nematodes and the Biological Control of Insect Pests.* CSIRO Publications, East Melbourne, pp. 89-95.

Gaugler, R. (1997) Alternative paradigms for commercializing biopesticides. *Phytoparasitica* 25, 179-182.

Gaugler, R. (1988) Entomogenous nematodes and their prospects for genetic improvement: In: Maramorosch, K. (ed.) *Biotechnological Advances in Invertebrate Pathology and Cell Culture.* Academic Press, New York, pp. 457-484.

Gaugler, R., Grewal, P., Kaya, H.K. and Smith-Fiola, D. (2000) Quality assessment of commercially produced entomopathogenic nematodes, *Biological Control* 17, 100-109.

Georgis, R. (1992) Present and future prospects for entomopathogenic nematode products. *Biocontrol Science and Technology* 2, 83-99.

Georgis, R. (1997) Commercial prospects of microbial insecticides in agriculture. *Proceeding of the British Crop Protection Symposium 1997-Microbial Insecticides: Novelty or Necessity, No. 68.* British Crop Protection Council, Farnham, pp. 243-252.

Georgis, R. and Dunlop, D.B. (1994) Water dispersible granules: a novel formulation for nematode-based bioinsecticides. *Proceedings of the British Crop Protection Conference 1994 - Pests and Diseases.* British Crop Protection Council, Farnham, pp. 31-66.

Georgis, R. and Gaugler, R. (1991) Predictability of biological control using entomopathogenic nematodes. *Journal of Economic Entomology* 84, 713-720.

Georgis, R. and Kaya, H.K. (1998) Formulation of entomopahogenic nematodes. In: Burges, H.S. (ed.) *Formulation of Microbial Biopesticides, Beneficial Microorganism, Nematodes, and Seed Treatments.* Kluwer Academic Press, Dordrecht, pp. 289-308.

Georgis, R. and Manweiler S.A. (1994) Entomopathogenic nematodes: a developing biological control technology. *Agricultural Zoology Reviews* 6, 63-94.

Georgis, R. and Poinar, G.O. Jr (1994) Nematodes as bioinsecticides in turf and ornamentals. In: Leslie, A.R. (ed.) *Integrated Pest Management for Turf and Ornamentals.* CRC Press, Boca Raton, Florida, pp. 477-489.

Grewal, P. and Georgis, R. (1998) Entomopathogenic nematodes. In: Hall, F.R. and Menn, J.J. (ed.) *Biopesticides: Use and Delivery.* Humana Press, Totowa, New Jersey, pp. 271-299.

Popiel, I. and Vasquez, E.M. (1991) Cryopreservation of *Steinernema carpocapsae* and *Heterorhabditis bacteriophora*. *Journal of Nematology* 23, 432–437.

Selvan, S., Gaugler, R. and Grewal, P.S. (1993) Water content and fatty acid composition of infective juvenile entomopathogenic nematodes during storage. *Journal of Parasitology* 79, 510–516.

Woodring, J.L. and Kaya, H.K. (1988) Steinernematid and heterorhabditid nematodes: a handbook of techniques. *Southern Cooperative Series Bulletin* No. 331. Arkansas Agricultural Experiment Station, Fayetteville, Arkansas.